"十二五"职业教育国家规划教材
经全国职业教育教材审定委员会审定

高等职业院校
机电类"十二五"规划教材

机械制图

（第4版）

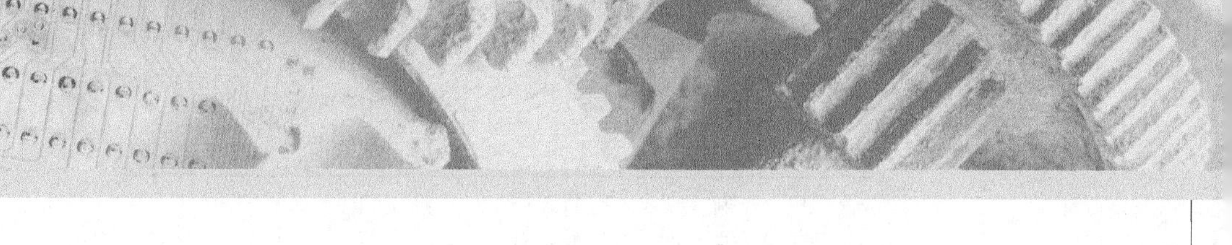

◎ 王其昌　翁民玲　主编
◎ 张武奎　郭永欣　副主编

人 民 邮 电 出 版 社
北 京

图书在版编目（CIP）数据

机械制图 / 王其昌，翁民玲主编. -- 4版. -- 北京：
人民邮电出版社，2014.9(2018.9重印)
高等职业院校机电类“十二五”规划教材
ISBN 978-7-115-34618-6

Ⅰ. ①机… Ⅱ. ①王… ②翁… Ⅲ. ①机械制图－高
等职业教育－教材 Ⅳ. ①TH126

中国版本图书馆CIP数据核字(2014)第029435号

内 容 提 要

本书贯彻教育部高职高专《工程制图课程教学基本要求（机械类专业）》，并在第 3 版的基础上修订。修订后的教材，以读图为主干线，读画并举，把读图想象培养贯彻到每一章节中，形成读图连续性，不断提高读者的读图想象能力、投影分析和空间想象的能力，本书在读图思维训练方法上引入创新内容，如形象而有趣的“视图归位拉伸法”“特征面加厚度法”等，把抽象思维转换为“形体切割”“凸凹构形”“表面组装”等行之有效的形象思维的读图方法；突出测绘绘制草图能力，以适应从事现场技术工作所需制图能力、贯彻制图新标准，如极限与配合、几何公差、表面结构（表面粗糙度）等。

本书主要内容包括：制图基本知识和技能、投影基础、轴测投影、常见立体表面交线和读图思维基础、组合体、机件的表示方法、标准件和常用件、零件图、装配图等。选学内容包括：读第三角画法视图、焊接图等。

本书可作为高职高专及高级技校、技师学院的机械、机电一体化、模具、汽车、数控等专业的教材，也可供工程技术人员自学参考。

◆ 主　　编　王其昌　翁民玲
副 主 编　张武奎　郭永欣
责任编辑　刘盛平
责任印制　杨林杰
◆ 人民邮电出版社出版发行　　北京市丰台区成寿寺路 11 号
邮编　100164　　电子邮件　315@ptpress.com.cn
网址　http://www.ptpress.com.cn
固安县铭成印刷有限公司印刷
◆ 开本：787×1092　1/16
印张：21　　　　　　2014 年 9 月第 4 版
字数：526 千字　　　　2018 年 9 月河北第 5 次印刷

定价：42.00 元

读者服务热线：(010)81055256　印装质量热线：(010)81055316
反盗版热线：(010)81055315

第4版前言

本书从高等职业教育培养目标和特色、招收生源和教学时数的变动、贯彻国家制定的制图新标准等角度出发，结合读者对第3版教材返回信息综合考虑编写而成。修订版具有以下特点。

（1）保持第3版特色，以读图为主干线，读与画并举，把读图想象培养贯彻到每一章节中，形成读图连续性，不断提高读图想象能力，及读图投影分析能力和空间想象能力，并把创新想象寓于读图中。本书突出测绘绘制草图的能力培养，以适应从事现场技术工作所需制图能力。

（2）保持原教学体系，对部分内容进行调整，如把第8章零件图的零件测绘划归第9章装配图中的部件测绘；第2章和第7章部分内容顺序也进行了调整。

（3）贯彻国家制定的制图新标准，如对极限与配合、几何公差、表面结构（表面粗糙度）作了较大更动，简化螺纹紧固件连接画法等。

（4）精简内容、力求说明明确、简练。如读组合体视图和读典型零件图等章节中的视图与说明尽量做到简明，易于教学，同时改正了图例的错误画法。

（5）删除部分内容，如删除第5章的平面直迹表示法，第4章的相贯线的圆柱偏交、圆锥与圆球相贯等。

（6）为适应不同专业和不同要求，读者可对修订后的“*”章节和内容，根据需要进行选学。

本书由福建工程学院王其昌、翁民玲任主编，山西职业技术学院张武奎，潍坊工商职业学院郭永欣任副主编。

由于编者水平有限，书中难免存在不足之处，恳请读者批评指正。

编　者

2013年12月

目录

1. 工程图样及其在生产中的作用

工程技术中，根据投影原理及国家标准规定表示工程对象（如机器、建筑物等）的形状、大小以及技术要求的图样，统称为工程图样。不同性质的生产部门所需的工程图样有不同的标准和名称，如机械制造行业的机械图样、建筑行业的建筑图样、水利工程图样等。

许多生产活动，如机器、仪器等的设计、制造，船舶、房屋、桥梁等的设计和建造等，都必须有图样。设计部门用图样表达设计意图，而制造或施工部门依照图样了解设计要求并进行制造或建造，所以图样是生产活动中的基本技术文件。人类在生产活动过程中往往不是直接用语言或文字来表达技术信息，而是通过图样来进行传递的。图样是人类借以表示和交流技术思想的媒介工具之一，俗称为“工程界的技术语言”，因此，从事生产技术工作的工程技术人员必须掌握这种“语言”，即必须具备绘图和读图的能力。

2. 本课程性质和目标

机械制图是研究机械图样的投影原理和图示方法的一门学科，包括绘图和识图两方面内容，具有很强的实用性，要获得绘制和阅读机械图样的能力，必须通过一定量的作业和练习才能达到目标。

通过本课程的学习，学生应达到以下几个目标。

（1）掌握用正投影法对空间物体进行图示的基本理论和方法。

（2）熟练掌握正确使用常用绘图工具画图和徒手画图的方法。

（3）能根据国家标准有关规定及所学的投影基本知识，识读和绘制中等复杂程度的零件图和装配图。

（4）具备一定的空间想象能力。

（5）具有认真负责的工作态度和一丝不苟的工作作风。

3. 本课程的学习方法

（1）本课程的特点是实践性强，因此在学习过程中要注重实际训练，在“图”与“物”“平面图形”与“立体形状”的相互转换过程中，要多画、多读、多动手、多动脑，反复实践，不断提高读图和画图能力。

（2）投影基本理论必须强调于“用中学”，在“用”字上下工夫，以牢固掌握点、线、面的投影规律及其应用，为读图和画图奠定较扎实的投影分析基础。

（3）注意观察、分析空间形体（模型、零件、部件）的结构、形状特征及其与视图之间的投影对应关系，不断地丰富空间想象力，从多方面扩大想象思路、增强空间想象力。

（4）在各个阶段的绘图和读图学习过程中反复地培养形体分析和线面分析的能力，逐步提高绘图和读图的能力。

第1章 制图基本知识和技能

1.1 常用绘图工具、仪器和用品的使用

“工欲善其事，必先利其器”。为了提高利用绘图工具、仪器绘图的质量和效率，必须掌握常用绘图工具、仪器和用品的正确使用方法。

1.1.1 常用绘图工具

1. 图板

图板是用来固定图纸进行绘图的，图板板面必须平整、光滑，左侧面是画线的导边，应平直，如图 1-1 所示。

2. 丁字尺

丁字尺由尺头和尺身组成，如图 1-1 所示。尺头内侧是画线的导边，尺身上缘是画线的工作边。丁字尺和图板配合画水平线。画线时用左手使尺头内侧紧靠在图板左侧的导边，如图 1-2 所示，此时左手位于位置①，并上下滑移丁字尺到画线所需位置，然后把左手移到尺身上位置②处并压紧，右手拿铅笔沿着尺身工作边从左往右向前倾斜画线。禁止用丁字尺画垂线或用尺身下缘画水平线。

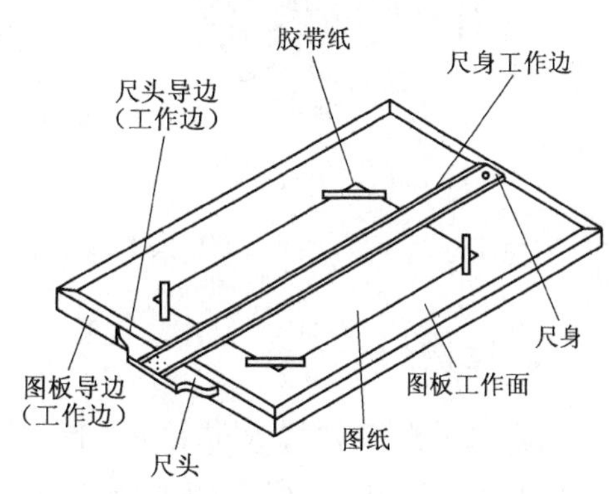

图 1-1 图板与丁字尺

3. 三角板

三角板有 45° 与 30°（60°）两种。三角板与丁字尺配合使用可画铅垂线，如图 1-3 所示。还可画 15° 和 15° 倍数角（如 45°、30°、60°、15° 和 75°）的斜线，如图 1-4 所示。

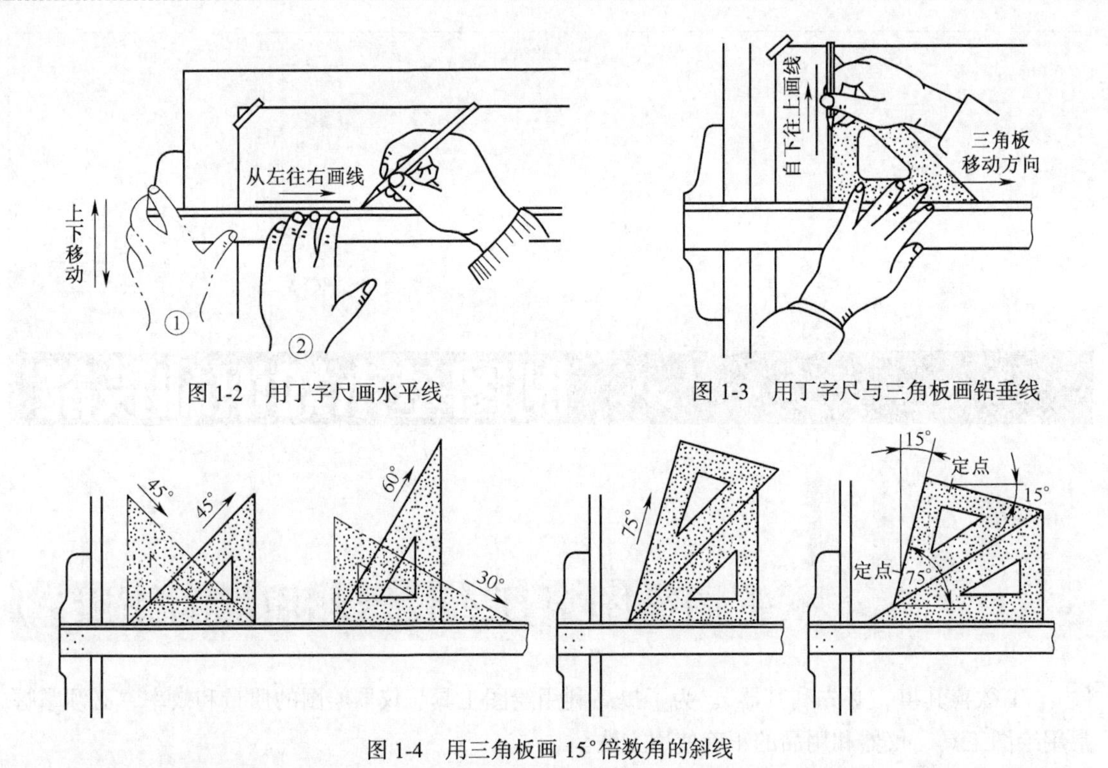

图 1-2　用丁字尺画水平线

图 1-3　用丁字尺与三角板画铅垂线

图 1-4　用三角板画 15°倍数角的斜线

两块三角板配合使用，可画任意方向已知线的平行线和垂直线，如图 1-5 所示。

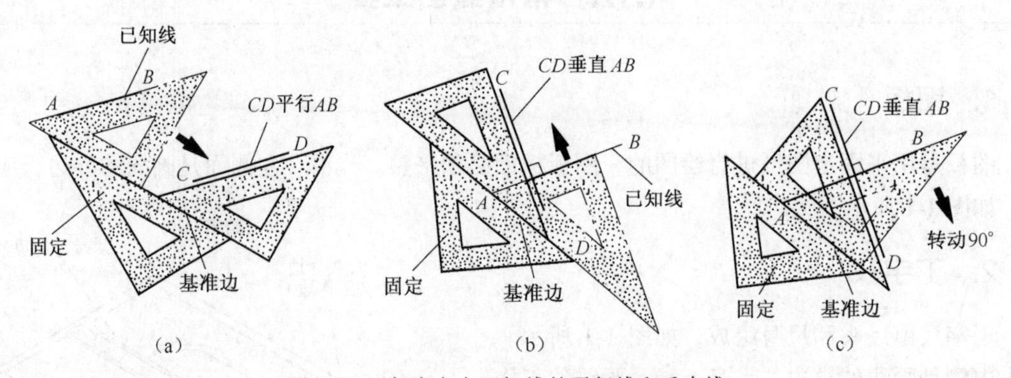

图 1-5　画任意方向已知线的平行线和垂直线

4. 比例尺

比例尺俗称三棱尺，是供绘制不同比例的图形使用，如图 1-6 所示。比例尺的棱面刻有 6 种比例刻度，使用时，按所需的绘图比例量取尺寸。

5. 曲线板

曲线板用于描绘非圆曲线。作图时，先用铅笔徒手将所求作曲线上各点轻轻勾画出曲线轮廓，然后在曲线板上找出与此曲线轮廓相吻合的一段（每段至少通过曲线上 4 个点）。描绘每一段时，应留下一小段，待下一段与曲线板上相应段相吻合时再描绘，如图 1-7 所示。

图 1-6　比例尺

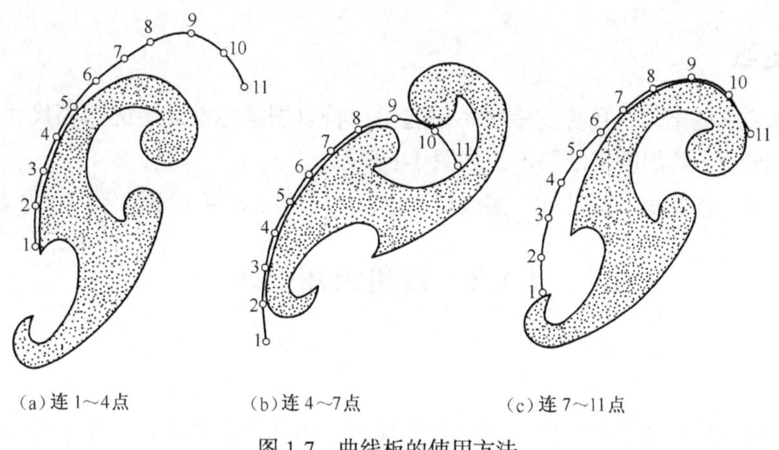

(a)连 1～4点　(b)连 4～7点　(c)连 7～11点

图 1-7　曲线板的使用方法

1.1.2　常用绘图用品

1. 铅笔

铅笔分为硬、中、软 3 种，在其杆端印有标号“H”“HB”“B”，表示铅芯软硬。B 前数字越大，表示越软；H 前的数字越大，表示越硬。6 H 最硬，6 B 最软，HB 软硬适中。铅笔削法和铅芯形状，如图 1-8 所示。

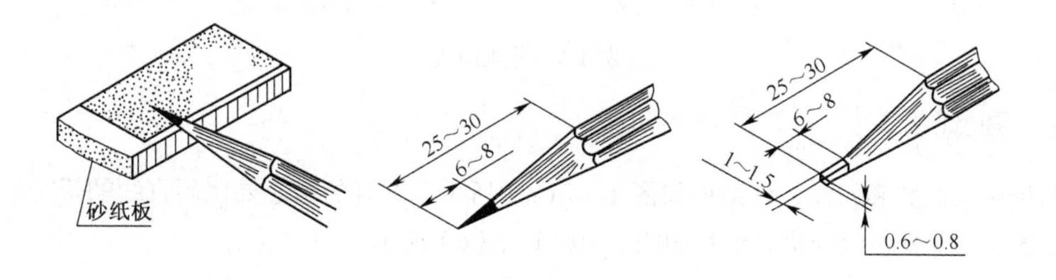

(a) 铅芯的修磨　(b) 削磨成圆锥形　(c) 削磨成四棱柱形

图 1-8　铅笔削法和铅芯形状

表 1-1 所示为不同软硬铅芯削磨形状及用途。

表 1-1　不同软硬铅芯形状及用途

类　别	铅　笔				圆 规 铅 芯		
铅芯软硬	2H	H	HB	HB 或 B	H	HB	B 或 2 B
铅芯形式	(圆锥形)			(四棱锥台形)	(圆锥形、圆柱斜切)		(四锥锥台)
用途	画底稿线	描深细实线、细点画线	写字、画箭头	描深粗实线	画底稿线	描深细点画线、细实线、虚线等	描深粗实线

2. 绘图纸

绘图纸要求质地坚实，用橡皮擦拭不易起毛，符合国家标准规定的图幅尺寸。绘图纸放在图板左下方，四角一般用胶带纸固定，如图 1-1 所示。

其他绘图用品有橡皮、胶带纸、擦线板、砂纸、小刀、软毛刷等。

1.1.3 常用绘图仪器

1. 分规

分规用于量取尺寸或等分线段。当两腿合拢时，两针尖应对齐，如图 1-9（a）所示；调整开度量取距离，如图 1-9（b）所示。

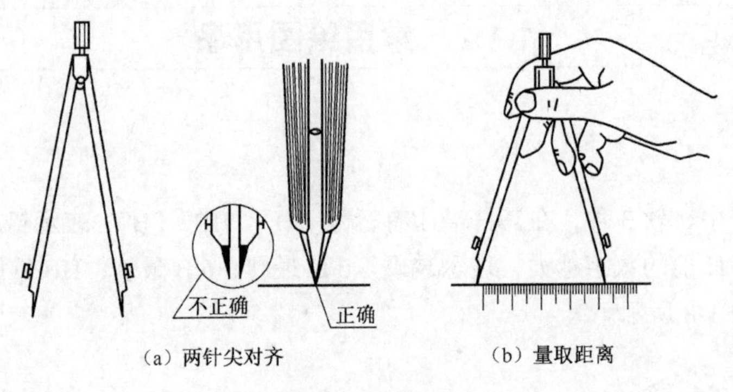

图 1-9 分规用法

2. 圆规

圆规用来画圆和圆弧，其结构如图 1-10（a）所示。圆规的铅芯要比画直线的铅芯软一号，画细线的铅芯和描粗线的铅芯形状如图 1-10（b）、（c）所示。

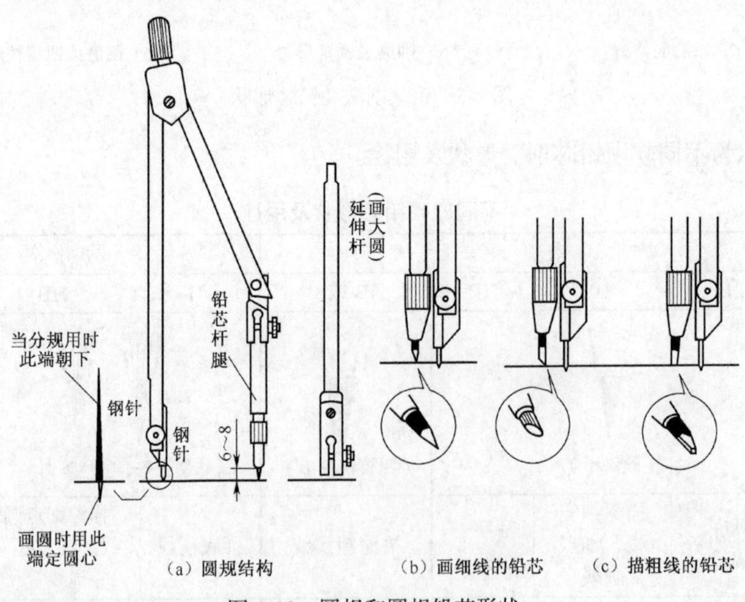

图 1-10 圆规和圆规铅芯形状

画圆时，用钢针一端定圆心，钢针与铅芯平齐如图 1 -10（a）所示。两腿应尽可能与纸面垂直，然后按顺时针方向倾斜画线，如图 1-11（a）、（b）所示。画小圆时，圆规肘关节向内弯，如图 1-11（c）所示；画大圆时，可接上延伸杆，如图 1-11（d）所示。

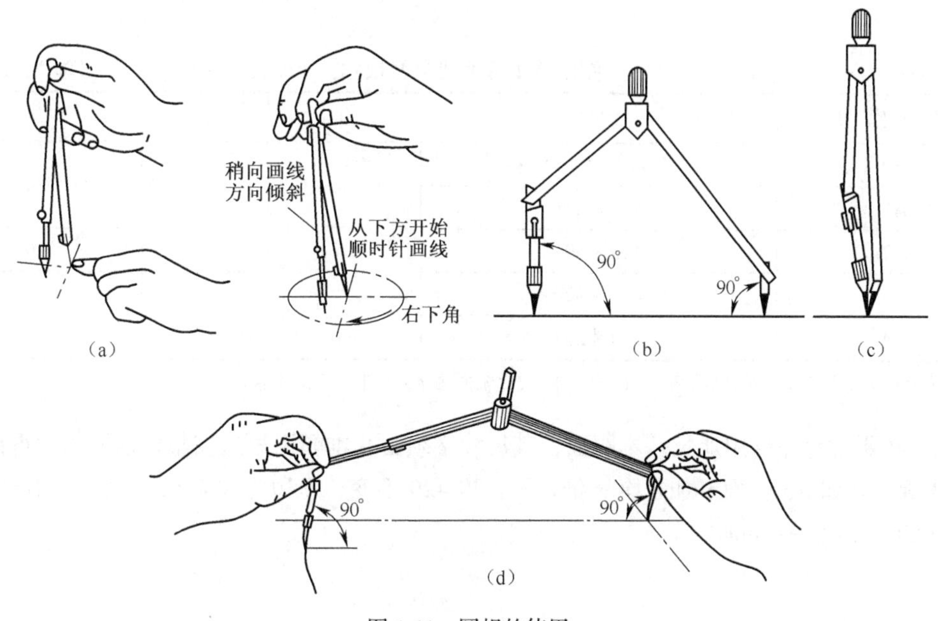

图 1-11　圆规的使用

1.2 国家标准《技术制图》与《机械制图》的基本规定

机械图样是现代工业生产中的重要技术文件，也是工程界交流技术信息的共同语言。国家发布了《技术制图》和《机械制图》国家标准，对图样的内容、格式、表示方法都作了统一规定，是绘制和识读技术图样的准则，工程技术人员必须严格遵守，认真执行。

1.2.1 图纸幅面及格式（GB/T 14689—2008）①

为了统一图纸幅面，便于装订和管理，并符合缩微复制原件的要求，绘制技术图样应按以下规定选用图纸幅面和格式。

① GB/T 14689—1993 是图纸幅面和图框格式的国家标准代号。“GB/T”是国家标准推荐性的汉语拼音缩写，GB 的“G”“B”分别表示“国标”两个字的汉语拼音的第一个字母，“T”表示是推荐标准；“14689”为国家标准号，“—”为分隔符号，“1993”表示该项目标准的发布年份。后续标准号的含义与此类同，不再逐一解释。

1. 图纸幅面

（1）图纸幅面由图纸宽度 B 和图纸长度 L 组成，简称图幅。标准图幅大小有 5 种，代号从 A0 至 A4。绘制图样时应优先采用表 1-2 中规定的图纸图幅。图 1-12 所示的基本幅面尺寸关系。

表 1-2　　　　图纸基本幅面代号及尺寸　　　　（单位：mm）

幅面代号	$B \times L$	a	c	e
A0	841 × 1 189	25	10	20
A1	594 × 841			
A2	420 × 594			10
A3	297 × 420		5	
A4	210 × 297			

A0（全开）面积 $1m^2$，A1 幅面为 A0 面积一半，A2 幅面为 A1 一半，依此类推。

（2）必要时允许选用加长基本幅面，其尺寸必须由基本幅面短边按整数倍增加后得出，如图 1-13 所示。如 A3 幅面要加长至 3 倍，则长边 420 不变，短边为 297 × 3 = 891，因此其幅面尺寸为 420 mm × 891 mm。

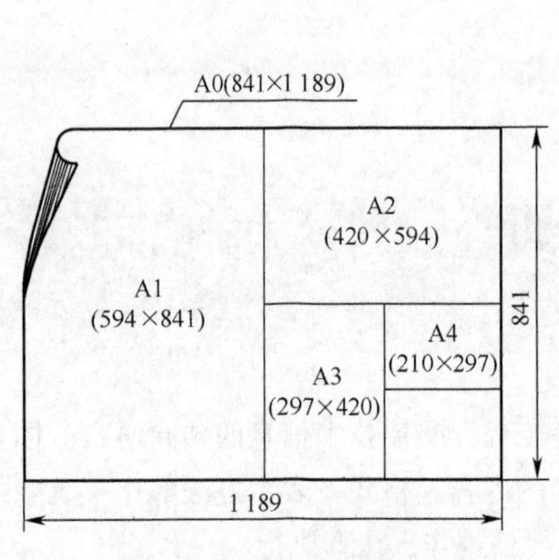

图 1-12　基本幅面尺寸关系

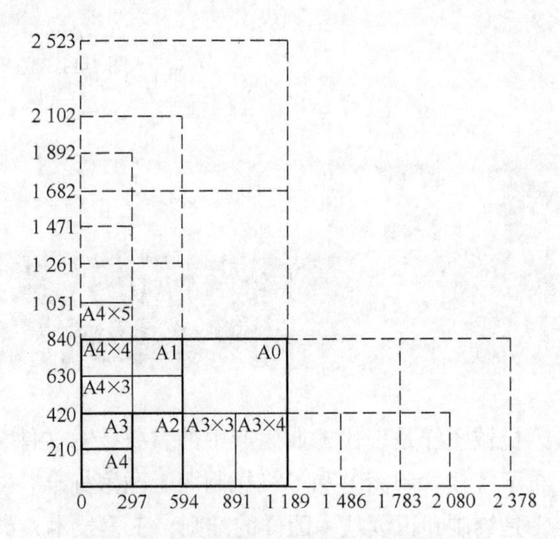

图 1-13　图纸的基本幅面及加长幅尺寸

2. 图框格式

（1）在图纸上必须用粗实线画出图框和标题栏的框线，图框格式：不留装订边和留有装订边，但同一产品的图样只能采用一种格式。

（2）不留装订边的图纸，其图框格式如图 1-14 所示，尺寸规定参见表 1-2。

（3）留有装订边的图纸。其图框格式如图 1-15 所示，尺寸规定参见表 1-2。

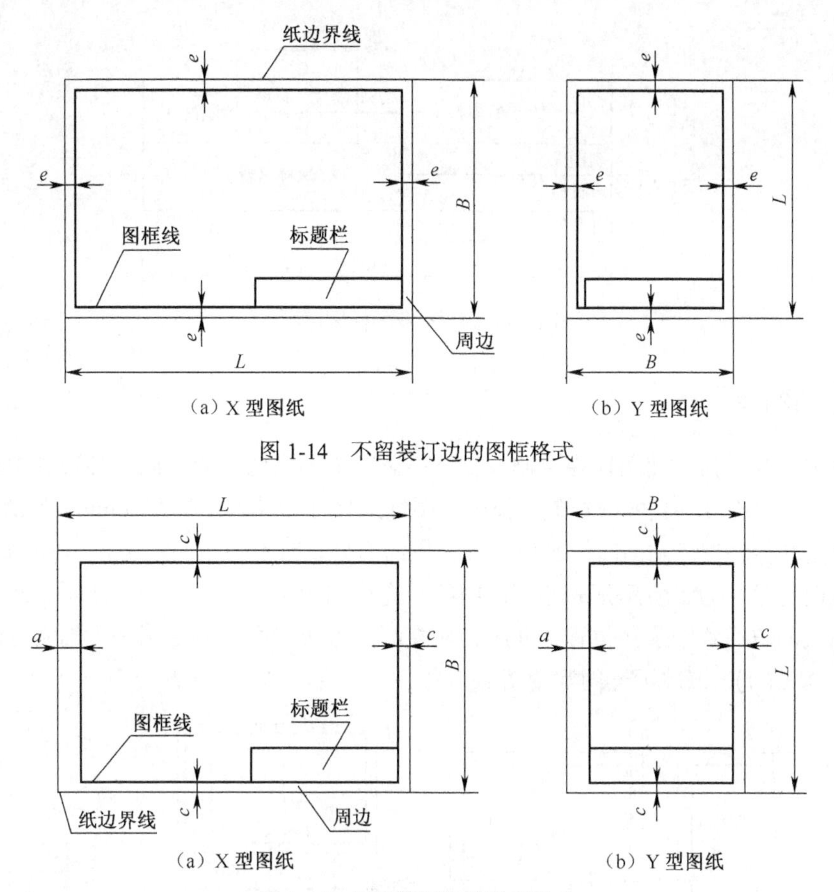

（a）X 型图纸　（b）Y 型图纸

图 1-14　不留装订边的图框格式

（a）X 型图纸　（b）Y 型图纸

图 1-15　留有装订边的图框格式

3. 标题栏（GB/T 10609.1—2008）及其方位

每张图纸右下角必须画出标题栏，标题栏的内容、格式和尺寸作了统一规定，如图 1-16 所示。制图作业建议采用图 1-17 所示的格式。

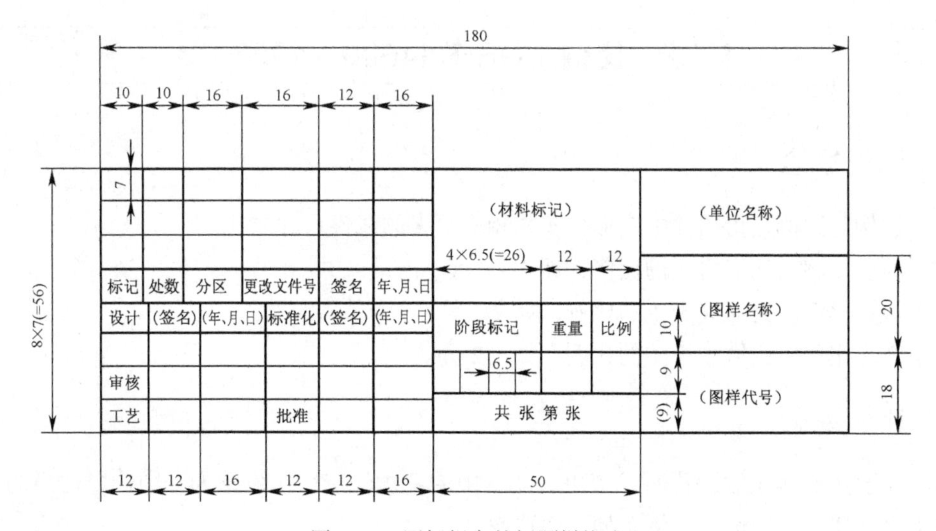

图 1-16　国标规定的标题栏格式

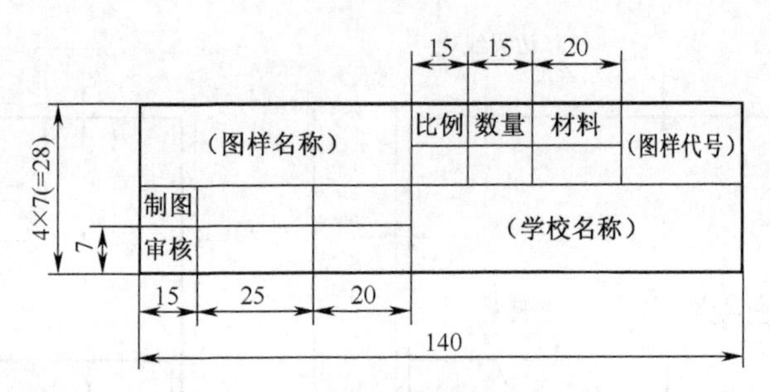

图 1-17　制图作业的标题栏格式

4. 附加符号

（1）对中符号。为了使图样在复制或缩微摄影时准确定位，应在图纸各边的中点处分别画出对中符号。对中符号用粗实线绘制，长度从图纸边界开始伸入图框约 5 mm，如图 1-18 所示。当对中符号处在标题栏范围内时，则伸入标题栏的部分省略不画，如图 1-18（b）所示。

（2）方向符号。为了使用预先印制的图纸，允许如图 1-18（a）、（b）所示，X 型图纸的短边、Y 型图纸的长边置于水平位置，此时，应在图纸下边对中符号处画一个细实线的等边三角形（见图 1-18（c）），以表示绘图和读图的方向。

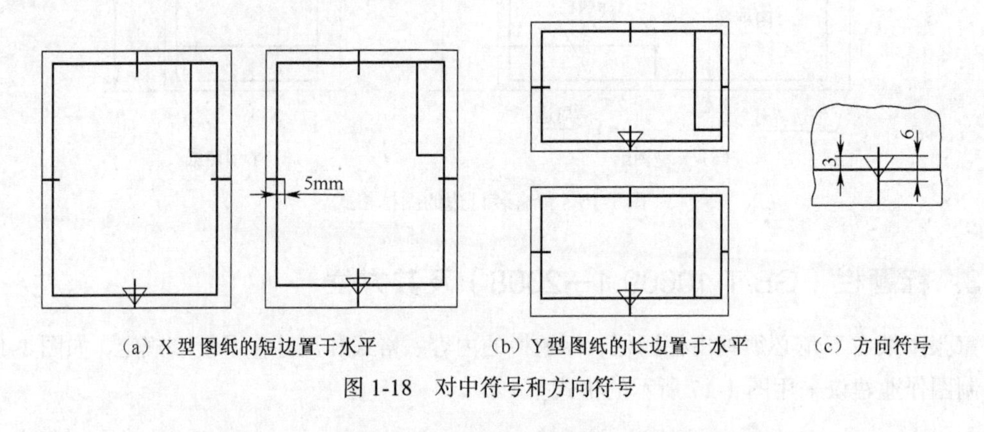

（a）X 型图纸的短边置于水平　（b）Y 型图纸的长边置于水平　（c）方向符号

图 1-18　对中符号和方向符号

1.2.2　比例（GB/T 14690—1993）

1. 比例概念

（1）比例。比例是指图样中图形与实物相应要素的线性尺寸之比。

（2）原值比例。比值为 1 的比例，即 1:1。

（3）放大比例。比值大于 1 的比例，如 2:1 等。

（4）缩小比例。比值小于 1 的比例，如 1:2 等。

2. 比例系列

（1）需要按比例绘制图样时，应由表 1-3 中的“优先选用比例系列”中选取适当的比例，必要时也允许从“允许选择比例系列”中选取。

表 1-3　　比例系列

种　类	优先选用比例系列			允许选择比例系列
原值比例	1:1			
放大比例	5:1 $5 \times 10^n:1$	2:1 $2 \times 10^n:1$		4:1　2.5:1 $4 \times 10^n:1$　$2.5 \times 10^n:1$
缩小比例	1:2 $1:2 \times 10^n$	1:5 $1:5 \times 10^n$	1:10 $1:1 \times 10^n$	1:1.5　1:2.5　1:3　1:4 1:6　$1:1.5 \times 10^n$　$1:2.5 \times 10^n$ $1:3 \times 10^n$　$1:4 \times 10^n$ $1:6 \times 10^n$

注：n 为正整数。

（2）为了从图样上直接反映出实物的大小，绘图时应尽量采用原值比例。若机件太大或太小，可选用缩小或放大比例绘制。选用何种比例应有利图形的清晰表达和图纸幅面的有效利用。

不论采用何种比例，图形上所注尺寸数字必须是实物的实际尺寸值，绘制图形角度时，不论该图形采用何种比例，都要按物体实际角度绘出，如图 1-19 所示。

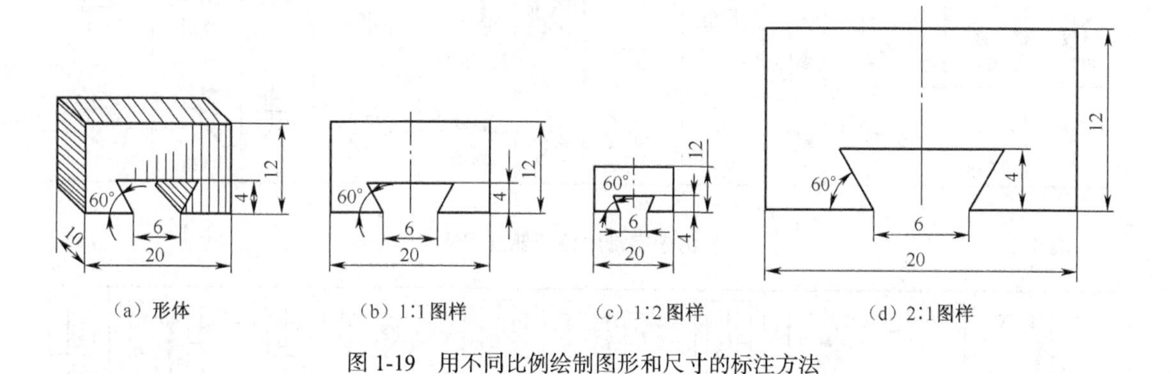

（a）形体　（b）1:1 图样　（c）1:2 图样　（d）2:1 图样

图 1-19　用不同比例绘制图形和尺寸的标注方法

1.2.3　字体（GB/T 14691—1993）

1. 基本要求

（1）图样中的书写字体（汉字、数字和字母）必须做到：字体工整、笔画清楚、间隔均匀、排列整齐。

（2）字体高度（用 h 表示）的公称尺寸系列为：1.8 mm，2.5 mm，3.5 mm，5 mm，7 mm，10 mm，14 mm，20 mm。如需要书写更大的字，其字体高度应按 $\sqrt{2}$ 的比率递增。字体高度代表字体号数。

2. 汉字

（1）图样中的汉字应写成长仿宋体（见图 1-20），并应采用国家正式公布推行的简化字。汉字的字宽约等于字高的 $\frac{2}{3}$，字高不应小于 3.5 mm。表 1-4 和表 1-5 所示为长仿宋体字的基本笔画和常用偏旁、部首的写法，掌握其写法技巧是写好整体字的基础。

字体端正　笔画清楚　排列整齐　间隔均匀

写仿宋体要领：横平竖直 注意起落 结构匀称 填满方格

图 1-20　长仿宋体字例

表 1-4　　长仿宋体字的基本笔画和书写技巧

字例	笔画	字例	笔画	字例	笔画	字例	笔画
心	垂点	中	竖	大	斜捺	械	右曲弯钩
大	尖点	千	斜撇	建	横捺	卤	横折
冷	挑点	月	竖撇	划	竖左向钩	斤	竖折
当	撇点	地	平挑	买	横钩	建	双折
平	平横	打	斜挑				

表 1-5　　长仿宋字常用偏旁部首写法

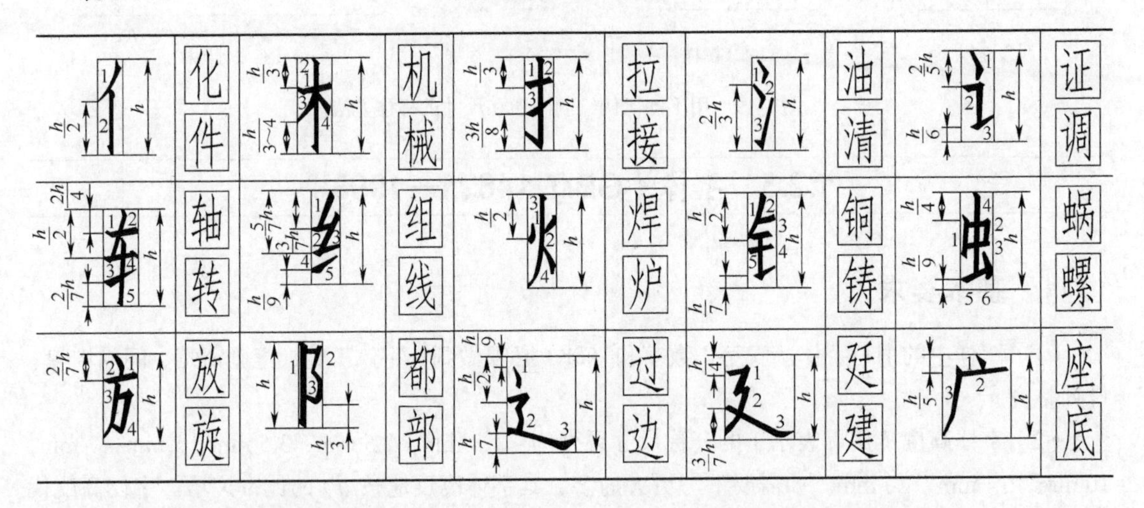

（2）书写长仿宋体字的要领是：横平竖直、注意起落、结构匀称、写满方格。

① 横平竖直：这是对字形主体骨架的要求。横画应从左到右保持平直，而略向右上方微斜。竖画应铅垂。横与横、竖与竖之间大致平行，如图 1-21（a）所示。

② 注意起落：这是对下笔和提笔的要求。即在下笔和提笔处呈尖锋（三角形的棱角），如图 1-21（b）所示。

③ 结构匀称：这是对字形结构的要求。即应根据各字的结构特点，恰当地布置其各组成笔

画和编旁、部首所占的位置和比例，同类笔画等距、平行，笔画疏密适中，结构合理，重心平稳，达到字形匀称美观，如图 1-21（c）所示。

④ 填满方格：这是对字形大小的要求。满格指的是主要笔画的尖锋触及格子线，并非要求每笔都触及格子线。例如，图、国等字，四周笔画不可与格子线重合；对笔画少的细长形和扁平形字，如日、月、工、四等字，其左右、上下应向格子里适当缩进，称为缩格，否则这些字显得大而不匀称，如图 1-21（d）所示。

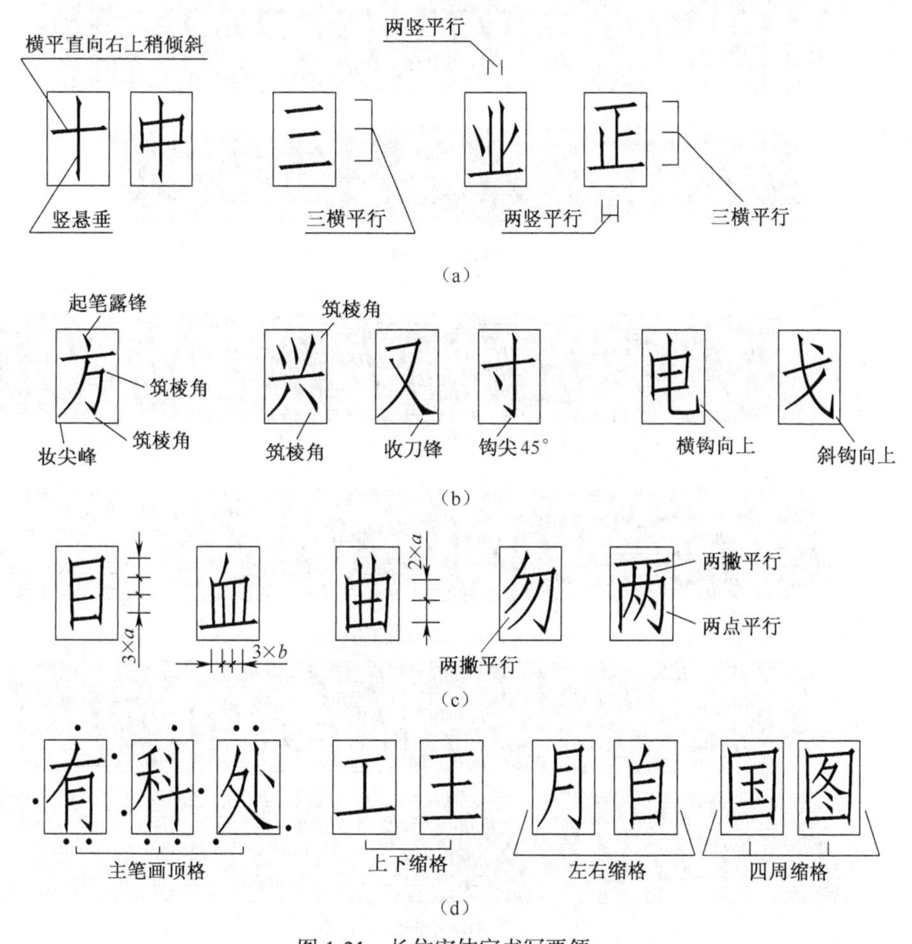

图 1-21 长仿宋体字书写要领

初练长仿宋体字时，应先按字体规格画好格子线（长方框格），在方格中练习。书写时，应先分析字形和结构，以便确定各笔画和偏旁、部首的恰当位置和大小比例。书写时每一笔画应一次写成，不能重笔或勾描。

3. 数字和字母

（1）数字和字母写成斜体或正体，一般常用斜体。斜体字头向右倾斜，与水平基准线成 75°。

（2）数字和字母分 A 型和 B 型。A 型字体的笔画宽度 $d=h/14$（h 为字高），B 型字体的笔画宽度 $d=h/10$。图 1-22 所示为拉丁字母和数字示例。

斜体

0123456789

正体

0123456789

（a）阿拉伯数字示例

直体

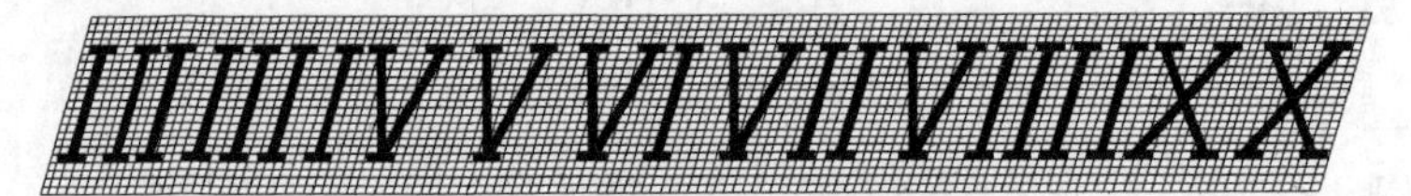

斜体

I II III IV V VI VII VIII IX X

（b）罗马数字示例

大写斜体

ABCDEFGHIJKLMNOP

QRSTUVWXYZ

（c）大写拉丁字母

小写斜体

abcdefghijklmnopq

rstuvwxyz

（d）小写拉丁字母

图 1-22　数字和拉丁字母示例

1.2.4 图线（GB/T 4457.4—2002）

1. 图纸的型式和应用

图样的图形是由各种不同形式的图线所组成，国家标准《技术制图　图线》（GB/T 17450—1998）规定了 15 种基本线型，以适用于各种技术图样。机械图样根据基本线型及其变形规定了 9 种图线，其名称、形式、宽度及应用示例如表 1-6 和图 1-23 所示。

表 1-6　机械制图的图线名称、形式、宽度及应用（根据 GB/T 4457.4—2002）

序号	图线名称	图线形式	线宽	一般应用
1	粗实线		粗 d	可见轮廓线、可见棱边线、相贯线、螺纹牙顶线、齿顶圆（线）
2	细实线		细 $d/2$	尺寸线及尺寸界线、剖面线、重合剖面的轮廓线、螺纹的牙底及齿轮的齿根线、引出线、分界线与范围线、弯折线、辅助线、不连续的同一表面的连线、成规律分布的相同要素的连线、可见过渡线
3	波浪线		细 $d/2$	断裂处的边界线、视图与剖视图的分界线
4	双折线	30° 30°	细 $d/2$	断裂处的边界线
5	细虚线		细 $d/2$	不可见轮廓线、不可见棱边线、不可见过渡线
6	细点画线		细 $d/2$	轴线、对称中心线、轨迹线、节圆及节线
7	细双点画线		细 $d/2$	相邻辅助零件的轮廓线、极限位置的轮廓线、坯料的轮廓线或毛坯图中制成品的轮廓线、假想投影轮廓线
8	粗双点画线		粗 d	有特殊要求的线或表面的表示线
9	粗虚线		粗 d	允许表面处理的表示线

注：以下把细虚线、细点画线、细双点画线简称为虚线、点画线和双点画线。

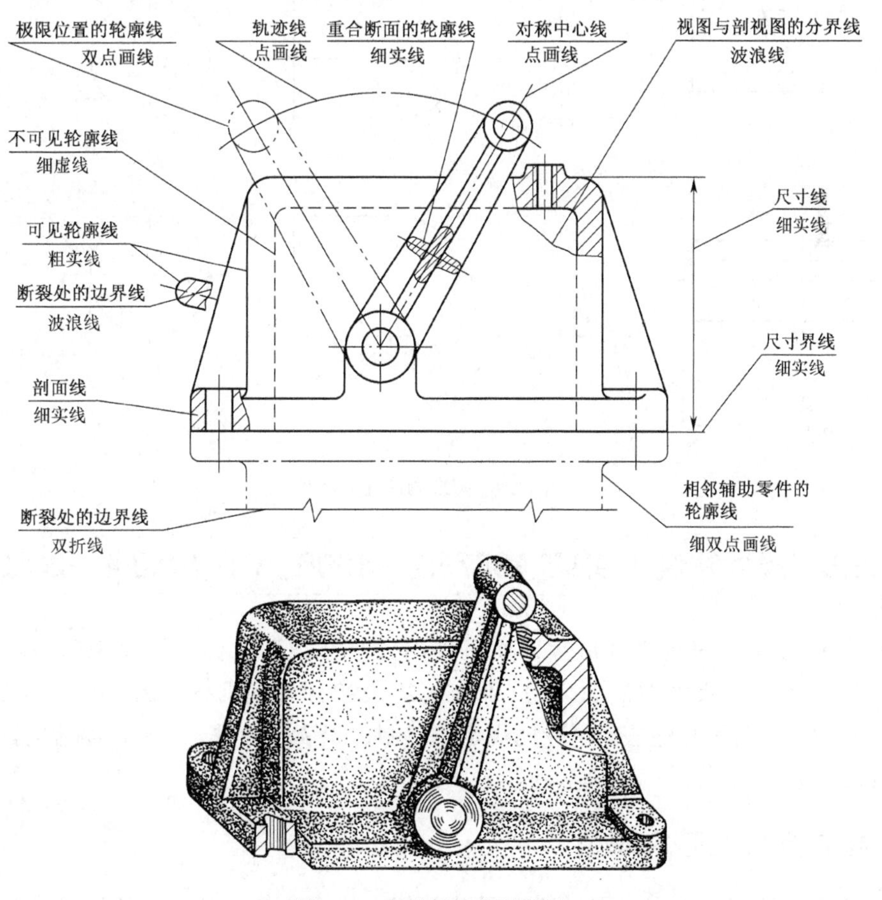

图 1-23　各种图线应用举例

2. 图线的宽度

机械图样中采用粗细两种图线宽度，它们的比例关系为 2:1。图线的宽度（d）按下列数系选取：0.13，0.18，0.25，0.35 ，0.5，0.7，1.0，1.4，2（单位 mm）。通常采用 $d=0.5$ 或 0.7，为保证图样清晰，便于复制，图样避免出现线宽小于 0.18 的图线。

各种图线应用举例，如图 1-23 所示。

3. 图线的画法

（1）在同一图样中，同类图线的宽度应保持一致；虚线、点画线、双点画线的线段长度和间隔应大致相等。

（2）各种线型相交时，都应以画相交，而不是点或间隙，如图 1-24（a）所示。

（3）虚线在粗实线的延长线上，对接的虚线端留间隔，如图 1-24（b）所示。

（4）画圆的中心线时，圆心处应是长画相交。细点画线的两端的长画超出轮廓线 2～5 mm，如图 1-24（c）、（d）所示。当圆的图形较小（直径小于 12mm）时，允许用细实线代替点画线，如图 1-24（d）所示。

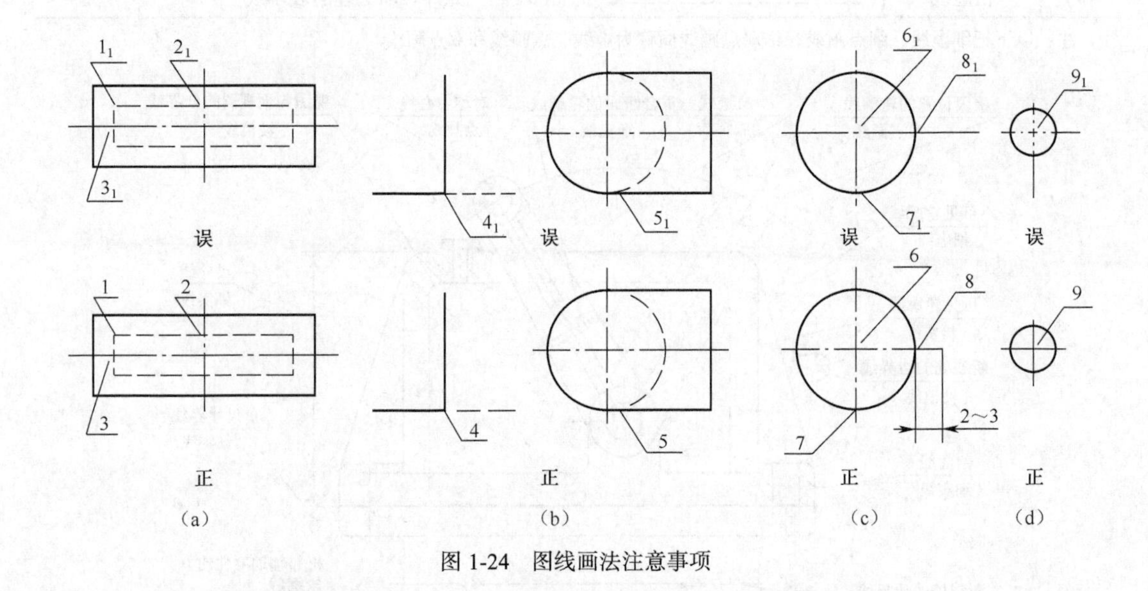

图 1-24　图线画法注意事项

1.1.5　尺寸注法（GB/T 16675.2—1996、GB 4458.4—2003）

图样的图形主要表达机件形状，而机件的大小必须通过标注尺寸来确定。因此，国家标准《技术制图　尺寸注法》（GB/T 16675.2—1996）和《机械制图　尺寸注法》（GB/T 4458.4—2003）中对尺寸注法作了专门规定。绘制、识读图样时，必须严格遵守国标规定的原则和标注方法。

1. 标注尺寸的基本规则

（1）机件的真实大小应以图样所注尺寸数值为依据，与绘制图形的比例及绘图准确度无关。

（2）图样中（包括技术要求和其他说明）的线性尺寸，若以毫米为单位，不需标注计量单位的符号。若采用其他单位（如英寸、角度等），则必须注明相应的计量单位的符号。本书中没有注明计量单位符号的尺寸，均为 mm 单位。

（3）图样中所标注的尺寸，为该图样所示机件的最后完工尺寸，否则应另加说明。

（4）机件上每一个尺寸，一般只标注一次，并应标注在反映该结构最清晰的图形上。

2. 标注尺寸的组成要素

图样上标注的尺寸，一般由尺寸界线、尺寸线（包括尺寸线终端）和尺寸数字三要素所组成，如图 1-25 所示。

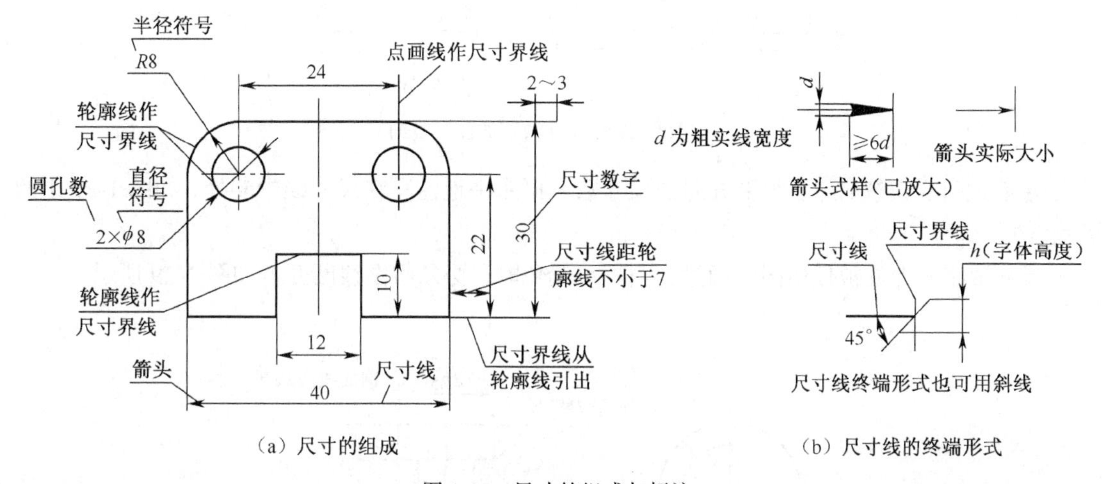

（a）尺寸的组成　　（b）尺寸线的终端形式

图 1-25　尺寸的组成与标注

（1）尺寸界线。尺寸界线用细实线绘制，并从图形中的轮廓线、轴线或中心线引出，超出尺寸线末端 2～3 mm。此外，也可用轮廓线、轴线或对称中心线作为尺寸界线。

尺寸界线一般应与尺寸线垂直，必要时才允许倾斜，但两尺寸界线仍应互相平行；表示圆角处尺寸界线时，用细实线将轮廓线延伸，从它们的交点引出尺寸界线，如图 1-26 所示。

（2）尺寸线。尺寸线用细实线单独绘制，不能用其他图线代替，也不得与其他图线重合或在其延长线上。尺寸线终端有箭头和斜线两种，如图 1-25（b）所示。

一般机械图样的尺寸线终端画箭头，土建工程图样的尺寸线的终端画斜线。

（3）尺寸数字。尺寸数字用于表示尺寸大小。线性尺寸数字一般应注写在尺寸线的上方，也允许注写在尺寸线中断处，如图 1-27 中的尺寸 20。同一张图样上的尺寸数字注写形式应一致。

线性尺寸数字的方向，一般应按图 1-28（a）所示方向注写，即水平尺寸字头朝上，垂直尺寸字头朝左，倾斜尺寸字头保持朝上趋势，并尽可能避免在图示 30° 范围内标注倾斜尺寸，当无法避免时，可按图 1-28（b）所示引出标注。

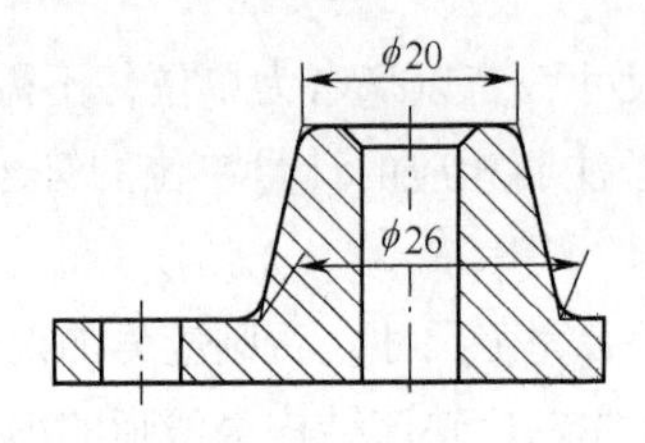

图 1-26　倾斜引出的尺寸界线

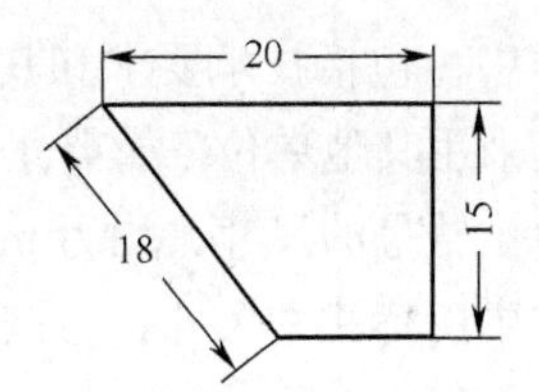

图 1-27　尺寸数字注写在尺寸线中断处

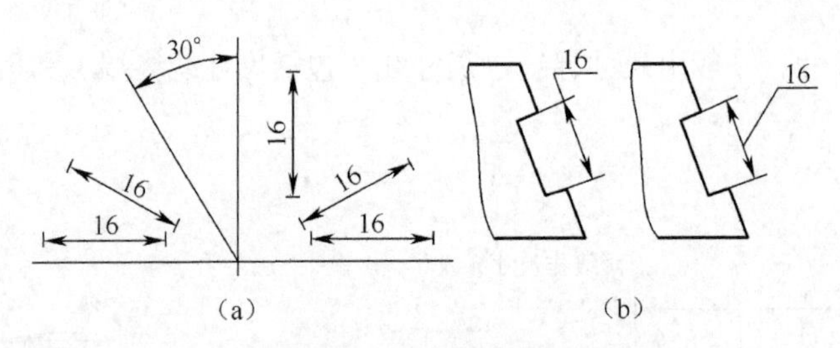

图 1-28　线性尺寸数字的注写方向

在不致引起误解时，非水平方向的尺寸数字可水平地注写在尺寸线中断处，如图 1-27 中的尺寸 15。

尺寸数字不允许被任何图线通过，当不可避免时，必须将图线断开，如图 1-29 所示。

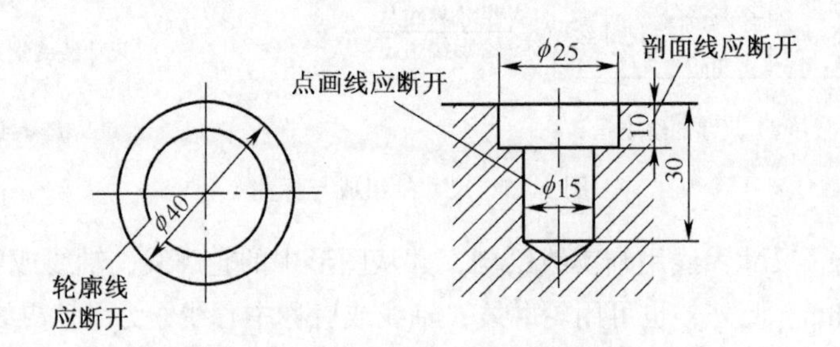

图 1-29　尺寸数字不允许任何图线通过

3. 标注尺寸的符号及缩写词

标注尺寸时，应尽可能使用符号及缩写词，如表 1-7 所示。

表 1-7　　常用符号和缩写词（GB/T 4458.4—2003）

名称	符号	名称	符号或缩写词	名称	符号或缩写词	名称	符号或缩写词
直径	ϕ	球半径	SR	深度	↧	沉孔或锪孔	⌴
半径	R	厚度	t	45°倒角	C	埋头角	⌵
球直径	$S\phi$	弧长	⌒	正方形	□	均布	EQS

4. 常用尺寸标注举例（参见表 1-8）

表 1-8　　常用尺寸标注举例

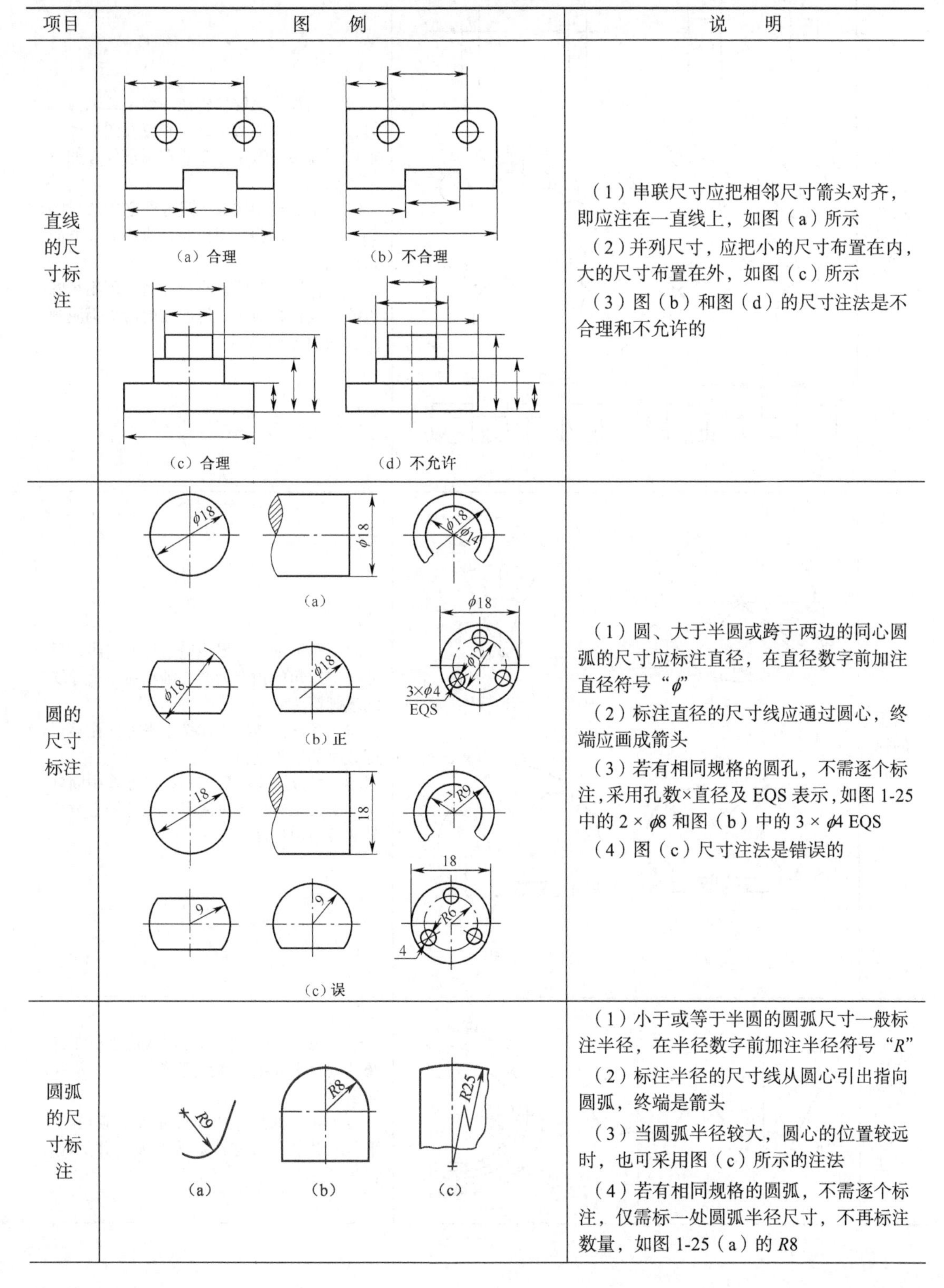

项目	图　例	说　明
直线的尺寸标注	（a）合理　（b）不合理　（c）合理　（d）不允许	（1）串联尺寸应把相邻尺寸箭头对齐，即应注在一直线上，如图（a）所示 （2）并列尺寸，应把小的尺寸布置在内，大的尺寸布置在外，如图（c）所示 （3）图（b）和图（d）的尺寸注法是不合理和不允许的
圆的尺寸标注	（a）　（b）正　（c）误	（1）圆、大于半圆或跨于两边的同心圆弧的尺寸应标注直径，在直径数字前加注直径符号“ϕ” （2）标注直径的尺寸线应通过圆心，终端应画成箭头 （3）若有相同规格的圆孔，不需逐个标注，采用孔数×直径及 EQS 表示，如图 1-25 中的 2 × ϕ8 和图（b）中的 3 × ϕ4 EQS （4）图（c）尺寸注法是错误的
圆弧的尺寸标注	（a）　（b）　（c）	（1）小于或等于半圆的圆弧尺寸一般标注半径，在半径数字前加注半径符号“*R*” （2）标注半径的尺寸线从圆心引出指向圆弧，终端是箭头 （3）当圆弧半径较大，圆心的位置较远时，也可采用图（c）所示的注法 （4）若有相同规格的圆弧，不需逐个标注，仅需标一处圆弧半径尺寸，不再标注数量，如图 1-25（a）的 *R*8

续表

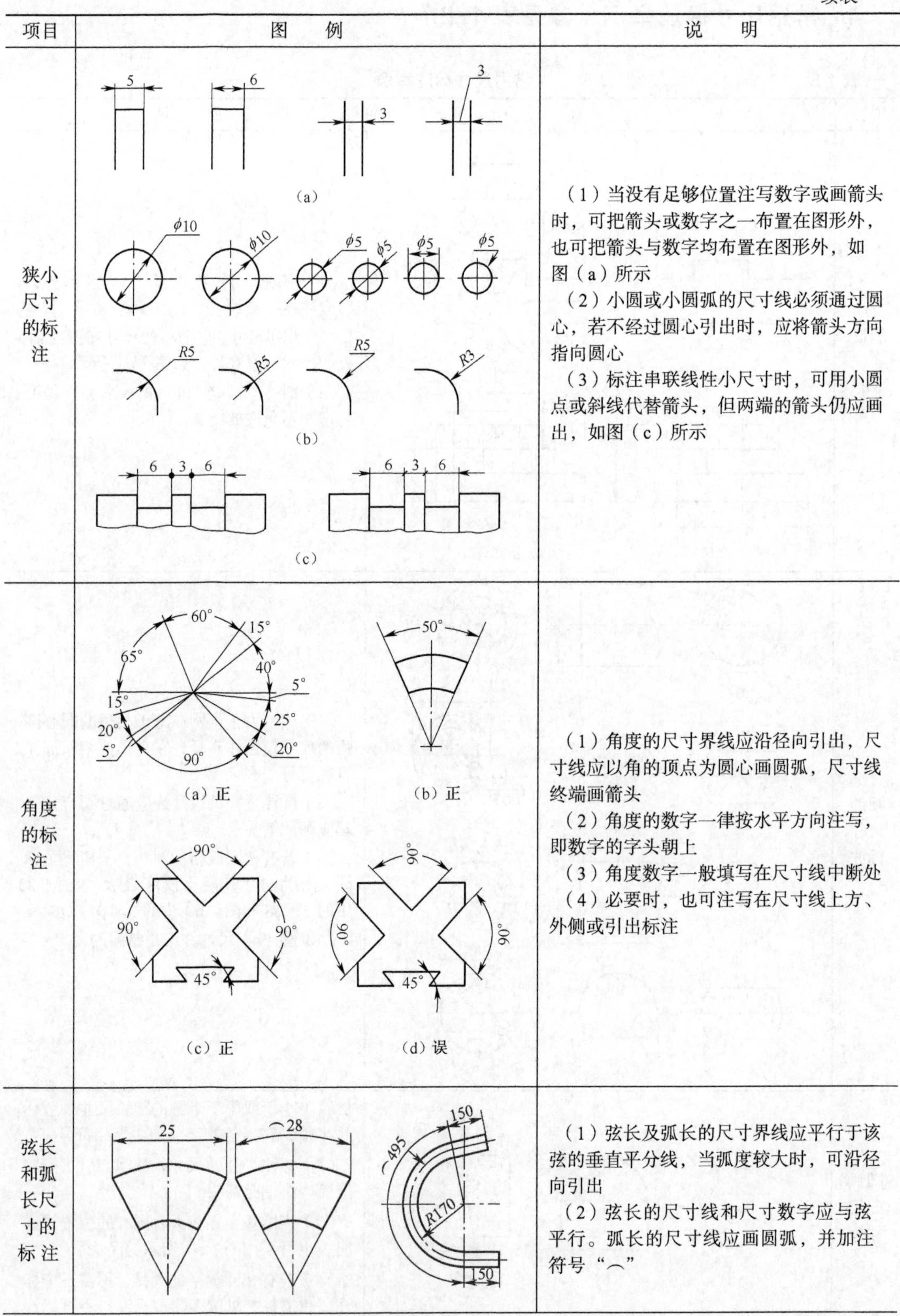

项目	图　　例	说　　明
狭小尺寸的标注	（a） （b） （c）	（1）当没有足够位置注写数字或画箭头时，可把箭头或数字之一布置在图形外，也可把箭头与数字均布置在图形外，如图（a）所示 （2）小圆或小圆弧的尺寸线必须通过圆心，若不经过圆心引出时，应将箭头方向指向圆心 （3）标注串联线性小尺寸时，可用小圆点或斜线代替箭头，但两端的箭头仍应画出，如图（c）所示
角度的标注	（a）正 （b）正 （c）正 （d）误	（1）角度的尺寸界线应沿径向引出，尺寸线应以角的顶点为圆心画圆弧，尺寸线终端画箭头 （2）角度的数字一律按水平方向注写，即数字的字头朝上 （3）角度数字一般填写在尺寸线中断处 （4）必要时，也可注写在尺寸线上方、外侧或引出标注
弦长和弧长尺寸的标注		（1）弦长及弧长的尺寸界线应平行于该弦的垂直平分线，当弧度较大时，可沿径向引出 （2）弦长的尺寸线和尺寸数字应与弦平行。弧长的尺寸线应画圆弧，并加注符号“⌒”

续表

项目	图　　例	说　　明
球体尺寸的标注	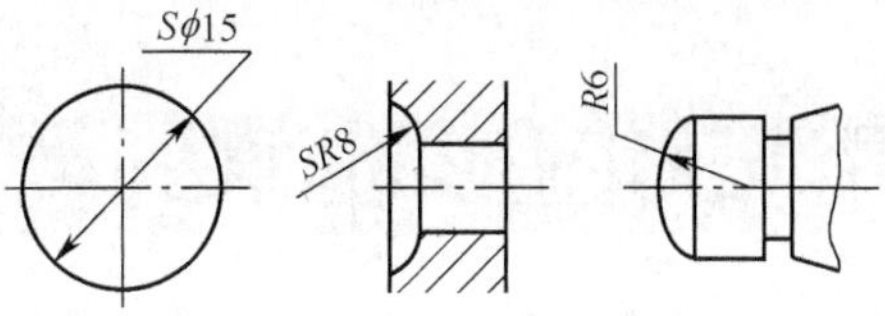 Sϕ15　SR8　R6	（1）标注球面的直径或半径时，应在符号“ϕ”或“R”前加注符号“S” （2）对于螺钉、铆钉的头部，手柄端部等部位的球体，在不致引起误解时，可省略符号“S”
对称图形尺寸的标注	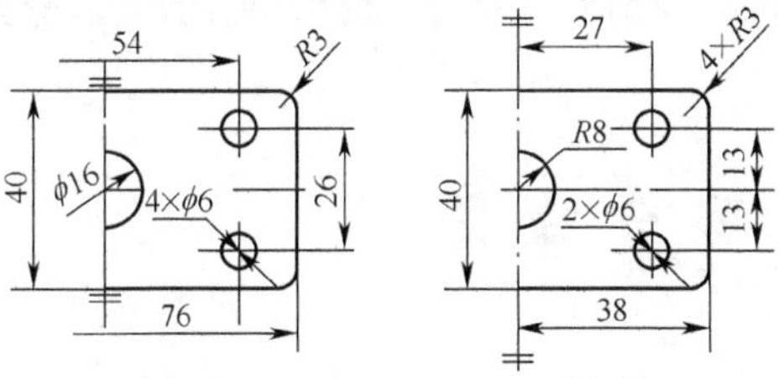 54　R3　40　ϕ16　4×ϕ6　26　76　（a）正 27　4×R3　R8　40　2×ϕ6　13　13　38　（b）误	（1）对称图形，应把尺寸注成对称分布 （2）当对称图形只画出一半或略大于一半时，尺寸线一端略超过对称中心线或断裂处的边界线，不画箭头

5. 尺寸简化注法

在不致引起误解和不会产生理解的多意性的前提下，尺寸可按表 1-9 中的图例所示采用简化注法。

表 1-9　　尺寸简化注法

说　　明		简化前图例	简化后图例
尺寸线的终端形式	标注尺寸时，尺寸终端用单边箭头	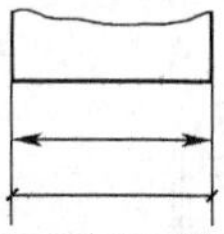	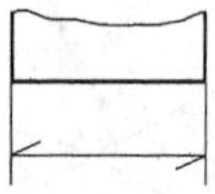
	标注尺寸时，采用不带箭头的指引线	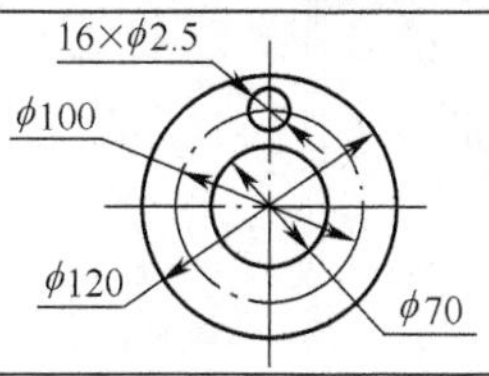 16×ϕ2.5　ϕ100　ϕ120　ϕ70	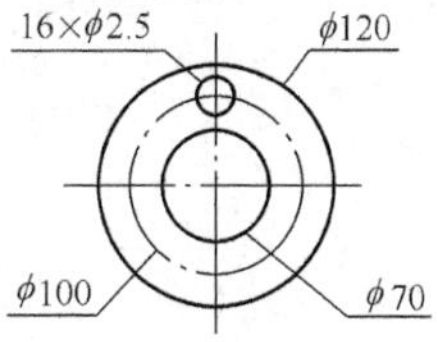 16×ϕ2.5　ϕ120　ϕ100　ϕ70
带箭头的指引线	标注尺寸时，可采用带箭头的指引线	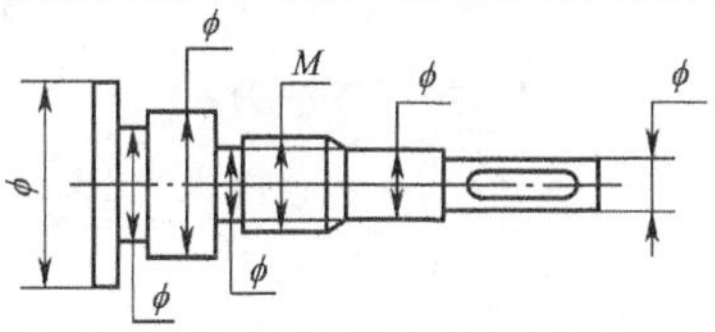 ϕ　M　ϕ　ϕ　ϕ　ϕ　ϕ	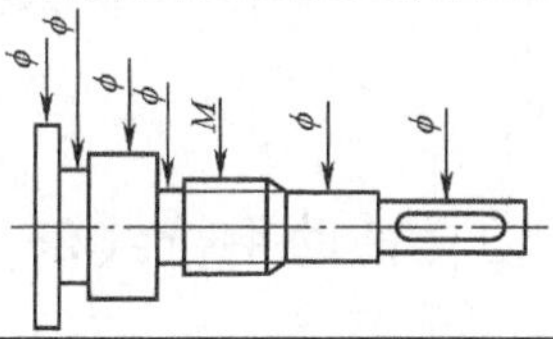 ϕ　ϕ　ϕ　ϕ　M　ϕ　ϕ
同心圆和阶梯孔	一组同心圆或尺寸较多的台阶孔的尺寸，也可共用的尺寸线和箭头依次表示	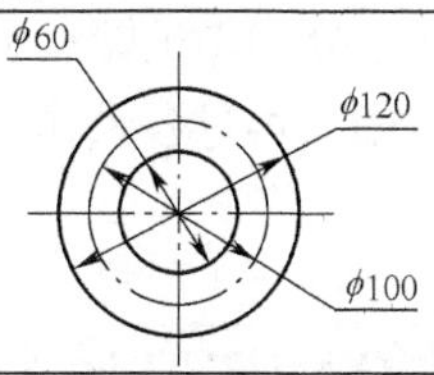 ϕ60　ϕ120　ϕ100	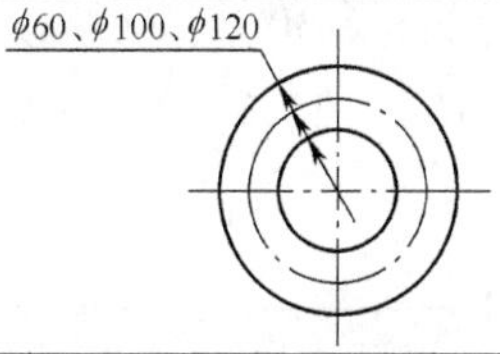 ϕ60、ϕ100、ϕ120
		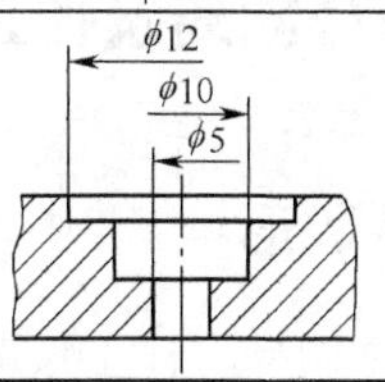 ϕ12　ϕ10　ϕ5	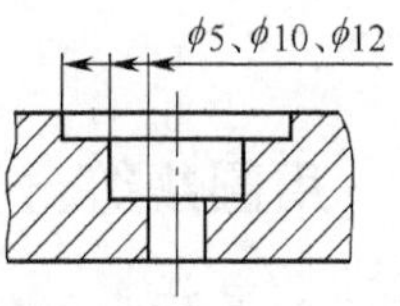 ϕ5、ϕ10、ϕ12

1.3 常用几何图形的画法

机件的轮廓形状可看成由几何图形所组成，因此，熟练地掌握几何图形画法是绘制机械图样必备的基本技能之一。

1.3.1 等分线段

1. 分规试分法

如图 1-30（a）所示，要将直线 AB 四等分，先用目测法将分规调整到 AB 长度的 1/4，然后在 AB 上试分，得点Ⅳ（点Ⅳ也可能在端点 B 之外），然后再调整分规，使其长度增加（或缩小）$\frac{1}{4}e$，然后重新试分，通过逐步逼近，即可将线段 AB 四等分。

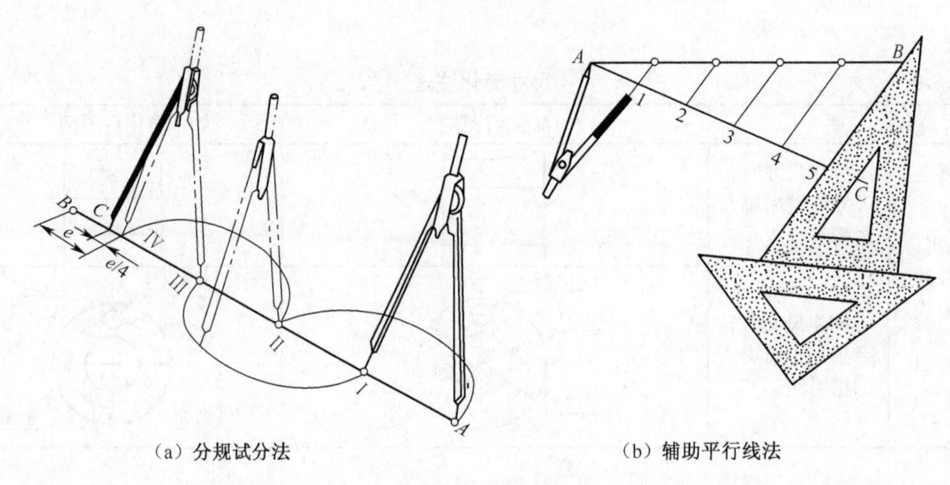

（a）分规试分法　（b）辅助平行线法

图 1-30　等分线段

2. 辅助平行线法

如图 1-30（b）所示，将线段 AB 五等分。先过端点 A 任作一射线 AC，在 AC 上以适当长度截取 1、2、3、4、5 各等分点，连接 $5B$，再过各点作 $5B$ 的平行线，即得线段 AB 的五个等分点。

1.3.2 等分圆周及作正多边形

1. 用圆规等分圆周及作正多边形

图 1-31 所示为用圆规对圆周进行三、六、十二等分并作正三边形、正六边形、正十二边

形的示意图。

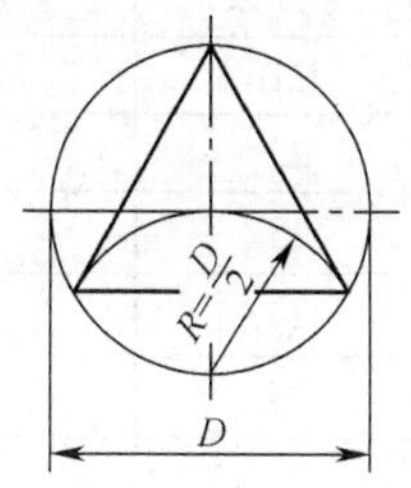

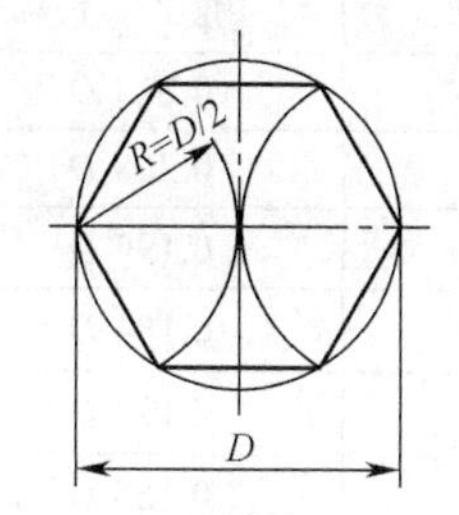

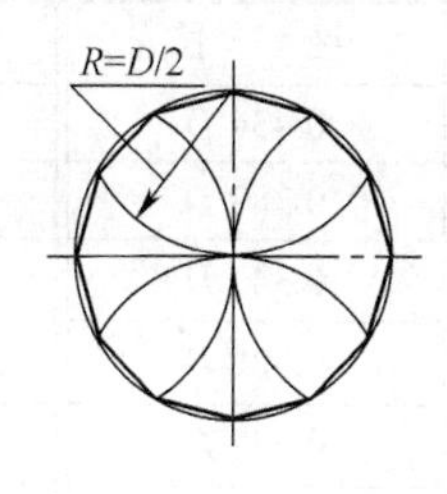

（a）三等分及作正三边形　（b）六等分及作正六边形　（c）十二等分及作正十二边形

图 1-31　用圆规等分圆周及作正三、六、十二边形

2. 用丁字尺和三角板配合作正六边形

图 1-32 所示为用丁字尺和三角板配合作正六边形的示意图。

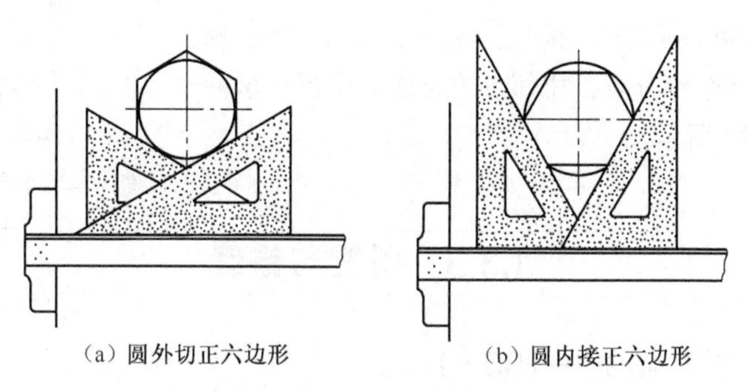

（a）圆外切正六边形　（b）圆内接正六边形

图 1-32　丁字尺和三角板配合作正六边形

3. 五等分圆周及作正五边形

图 1-33 所示为对圆周进行五等分并作正五边形的示意图。

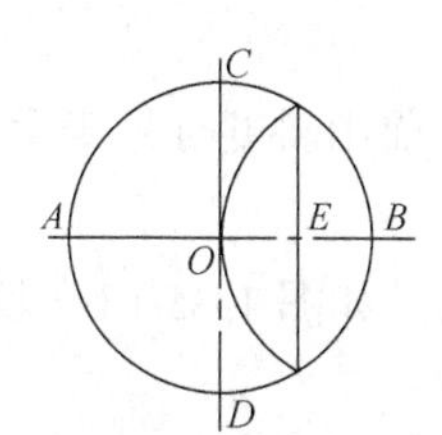

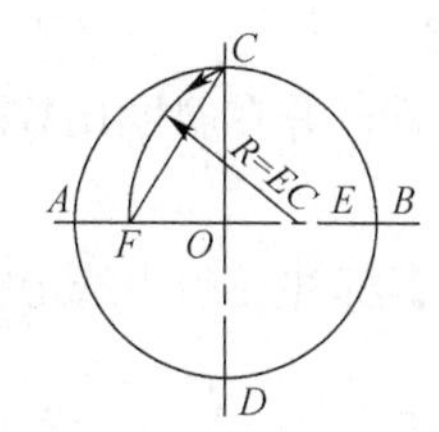

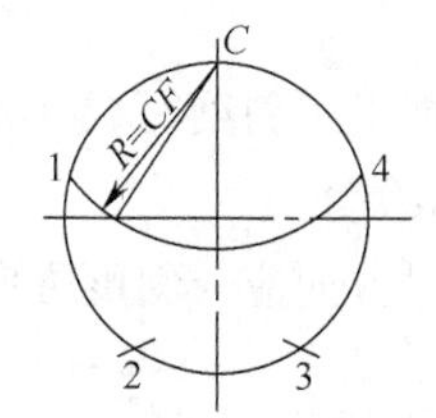

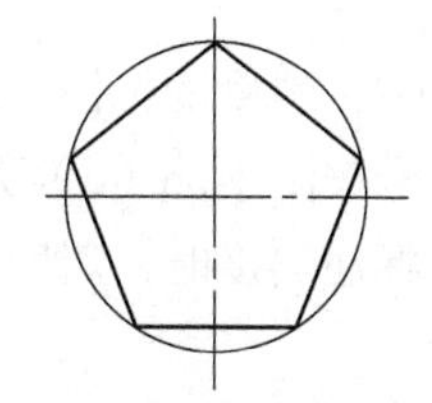

（a）作 OB 的中点 E　（b）以点 E 为圆心，EC 为半径作圆弧与 OA 交于点 F，线段 CF 即为圆周五等分的弦长　（c）用 CF 弦长依次截取圆周的五个等分点　（d）连接相邻各点，即得圆内接正五方形

图 1-33　五等分圆周及作正五边形

4. 任意等分圆周

圆周的任意等分可采用等分规试分法或利用弦长表（见表 1-10），算出每一等分所对应的弦长，然后在圆周上等分。

表 1-10　　弦长表（D 为直径）

等分数	弦　长	等分数	弦　长	等分数	弦　长
7	0.434 D	14	0.223 D	21	0.149 D
8	0.383 D	15	0.208 D	22	0.142 D
9	0.342 D	16	0.195 D	23	0.136 D
10	0.309 D	17	0.184 D	24	0.131 D
11	0.282 D	18	0.174 D	25	0.125 D
12	0.259 D	19	0.165 D	26	0.121 D
13	0.239 D	20	0.156 D	27	0.116 D

[例 1-1]　已知圆的直径为ϕ50 mm，用弦长表作正七边形。

作图步骤如下：

① 圆的等分数 $n = 7$，由表 1-10 查得弦长 $a_7 = 0.434D$。

② 计算弦长：$a_7 = 0.434 \times 50$ mm $= 21.7$ mm。

③ 用圆规画ϕ 50 mm 的圆，按弦长 $a_7 = 21.7$ mm 用分规在该圆上依次截取 7 个等分点，相邻点连直线，即得所求的正七边形，如图 1-34 所示。

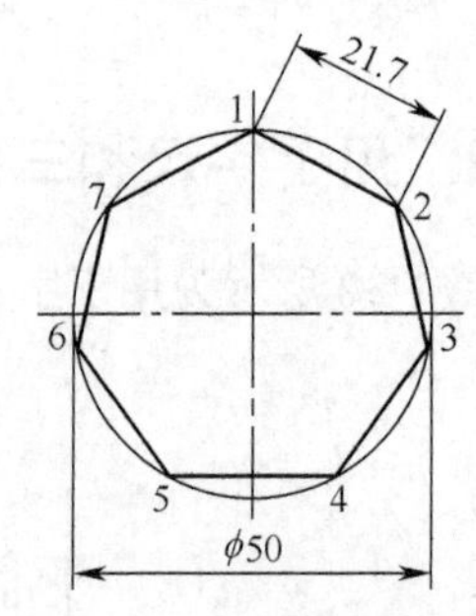

图 1-34　七等分圆周和作正七边形

1.3.3　斜度与锥度

1. 斜度（GB/T 4096—2001）

（1）斜度。斜度是棱体高之差与两棱面之间的距离之比，用代号“S”表示。如图 1-35（a）所示，斜度 S 是最大棱体高 H 与最小棱体高 h 对棱体长度 L 之比。计算式为

$$S = (H - h)/L$$

斜度 S 与角度β的关系为

$$S = \tan\beta$$

（2）斜度的标注。习惯上把斜度写成 1:n 的形式，并在斜度比数之前用斜度符号表示，斜度符号按图 1-35（a）所示绘制。

标注斜度时，斜度符号方向应与斜度方向一致，标注在引出线上方，如图 1-35（b）所示。

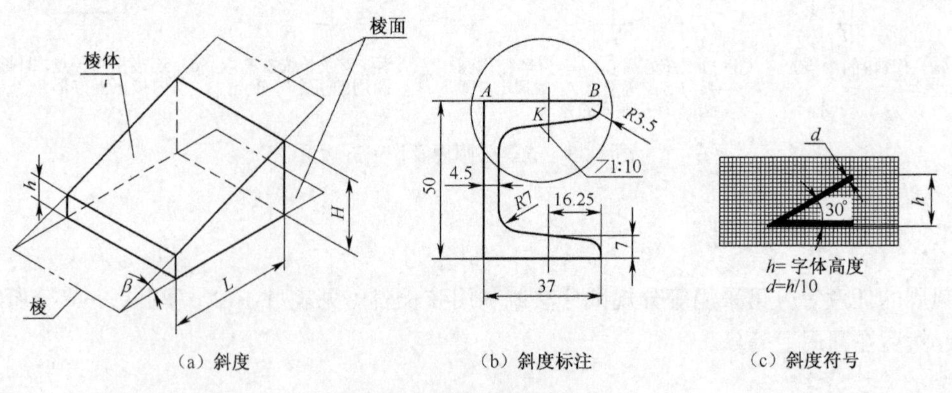

（a）斜度　（b）斜度标注　（c）斜度符号

图 1-35　斜度及斜度的标注

（3）斜度的画法。作图 1-35（b）所示槽钢内侧的斜度 1:10，其斜度的画法可按图 1-36 所示作图。

① 过点 A 作 $AM=1$ 个单位长；② 在 AB 线上作 10 个单位长，得 N 点；③ 连 MN 得 1:10 的斜度线；④ 再过 K 点作 $CD//MN$，即得所求。然后再完成其他圆弧连接。

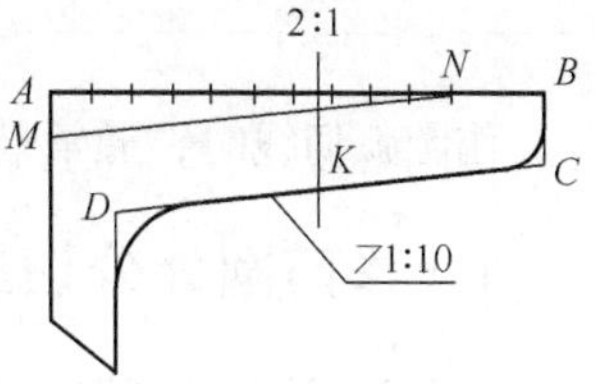

图 1-36 斜度的画法

2. 锥度（GB /T15754—1995）

（1）锥度。锥度指两个垂直于圆锥轴线的圆截面的直径差与该两截面间的轴向距离之比，用代号 C 表示。如图 1-37（a）所示，圆锥台的底圆和顶圆的直径之差与其高之比，即为锥度 C，计算关系式为

$$C = 2\tan(\alpha/2) = (D - d)/L$$

（2）锥度的标注。锥度也用 1:n 的形式标注，在锥度比例数前加注图 1-37（c）所示的锥度符号。

标注锥度时，锥度符号配置在基准线上，基准线与圆锥轴线平行，并通过引出线与圆锥轮廓线相连。锥度符号的方向应与圆锥方向一致，如图 1-37（b）所示。

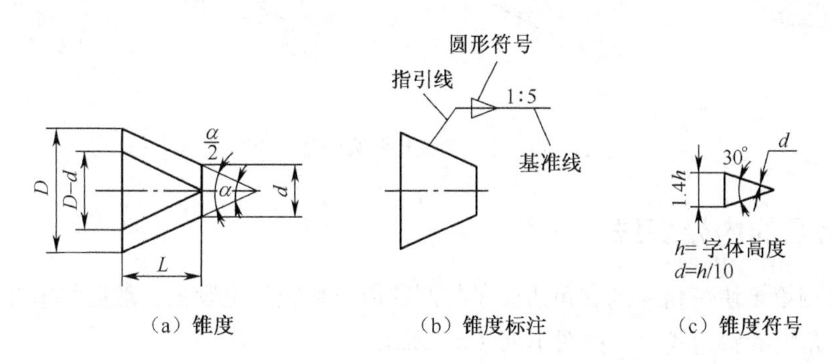

图 1-37 锥度及其标注

（3）锥度画法。作图 1-38（a）所示锥度 1:5 的塞规，其作图步骤如下：

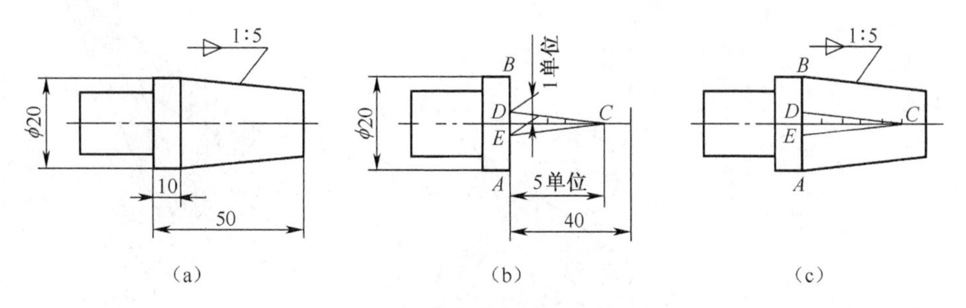

图 1-38 塞规锥度的作图步骤

① 按尺寸先画出已知线段，在轴线上量取 5 单位长得点 C，在 AB 中心点量取 1 单位长得点 D、E，连 DC、EC 得 1:5 锥度辅助线 CD、CE，如图 1-38（b）所示；② 过 A、B 分别作 CD、CE 平行线，即得所求，如图 1-38（c）所示。

1.3.4 作圆弧切线

作圆弧切线时，通常借助两块三角板作图，作图的要点是求切点。

1. 作两圆外公切线

（1）用目测第一块三角板的直角边位于与两圆外公切线平行的位置上，把第 2 块三角板的斜边紧靠在第 1 块三角板的斜边作导边，如图 1-39（a）所示。

（2）推移第 1 块三角板使其沿第 2 块三角板斜边滑动，而另一直角边过圆心 O_1、O_2，作直线 O_1A、O_2B，得切点 A、B，如图 1-39（b）所示。

（3）连接 A、B 两点，即得两圆的外公切线，如图 1-39（c）所示。

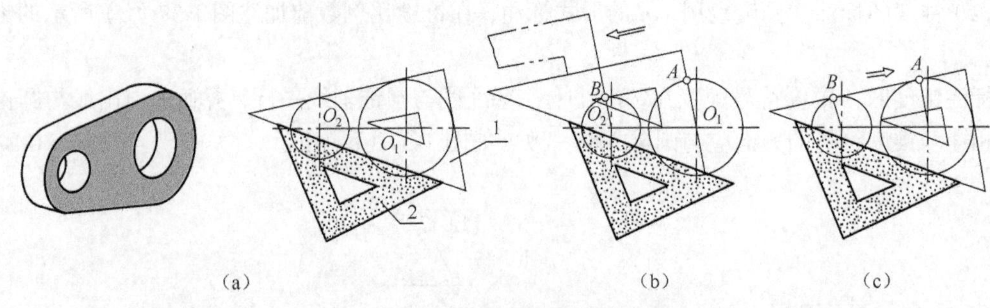

图 1-39　用三角板作两圆外公切线

2. 作两圆的内公切线

（1）用目测第 1 块三角板的直角边位于与两圆内公切线的位置上，然后将第 2 块三角板斜边与第 1 块三角板的斜边紧靠，如图 1-40（b）所示。

（2）沿第 2 块三角板斜边推动第 1 块三角板，当另一直角边通过圆心 O_1、O_2 时，分别作直线，与两圆相交得切点 K、M，连接 K、M，即得两圆内公切线，如图 1-40（c）所示。

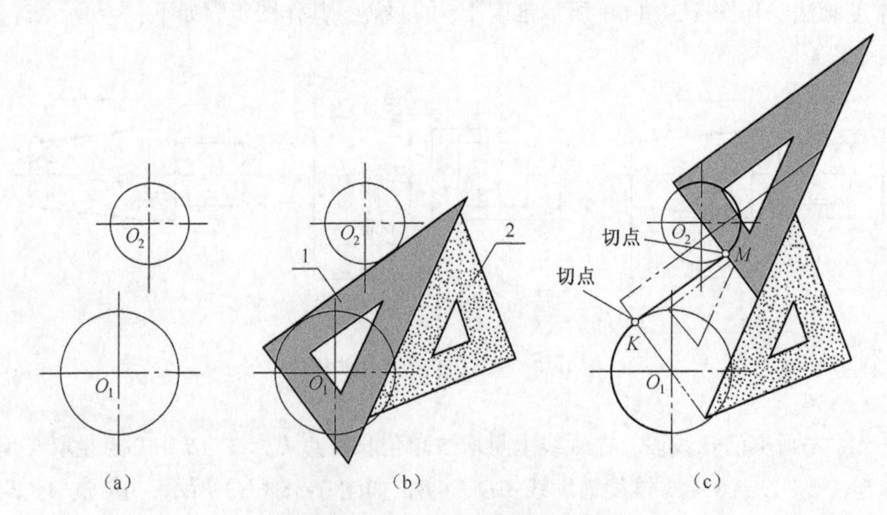

图 1-40　用三角板作两圆内公切线

1.3.5 圆 弧 连 接

作圆弧连接时，必须准确找出其圆心和切点（连接点），才能光滑过渡。图 1-41 所示为扳手轮廓的圆弧连接。

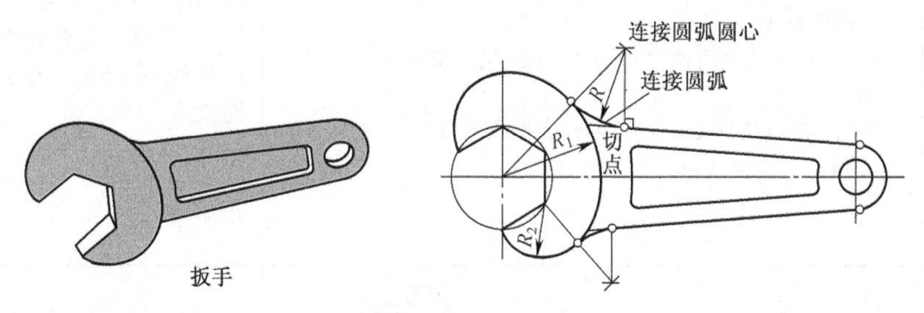

图 1-41　圆弧连接

1. 圆弧连接的作图原理

表 1-11 所示为圆弧连接作图原理说明。

表 1-11　　圆弧连接的作图原理说明

类　别	圆弧与直线连接（相切）	圆弧外连接圆弧（外切）	圆弧内连接圆弧（内切）
图例	连接圆弧 圆心轨迹 已知直线 连接点(切点)	连接圆弧 圆心轨迹 已知圆弧 连接点(切点)	已知圆弧 圆心轨迹 连接圆弧 连接点（切点）
连接弧的圆心轨迹及切点位置	连接弧的圆心轨迹是平行于定直线，且相距为 R 的直线 切点为由连接弧的圆心向已知直线作垂线的垂足 T	连接弧的圆心轨迹是已知圆弧的同心圆弧，其半径为 R_1+R 切点为两圆心连线与已知圆弧的交点 T	连接弧的圆心轨迹是已知圆弧的同心圆弧，其半径为 R_1-R 切点为两圆心连接的延长线与已知圆弧的交点 T

2. 两直线间的圆弧连接

两直线间的圆弧连接作图步骤如表 1-12 所示。

表 1-12　　两直线间的圆弧连接

类　别	用圆弧连接锐角或钝角（圆角）	用圆弧连接直角（圆角）
图例		

续表

类　别	用圆弧连接锐角或钝角（圆角）	用圆弧连接直角（圆角）
作图步骤	① 分别作与已知角两边相距为 R 的平行线，交点 O 即为连接弧圆心 ② 过点 O 分别向已知角两边作垂线，垂足 T_1、T_2 即为切点 ③ 以点 O 为圆心，R 为半径在两切点 T_1、T_2 之间画连接圆弧，即为所求	① 以直角顶点 A 为圆心，R 为半径作圆弧，交直角两边于 T_1 和 T_2，得切点 ② 分别以点 T_1 和点 T_2 为圆心，R 为半径作圆弧，相交于点 O，得连接弧圆心 ③ 以点 O 为圆心，R 为半径在两切点 T_1 和 T_2 之间作连接弧，即得所求
实例	R　R	R

3. 两圆弧及直线和圆弧之间的圆弧连接

两圆弧及直线和圆弧之间的圆弧连接作图步骤如表 1-13 所示。

表 1-13　　两圆弧及直线与圆弧之间的圆弧连接

名称	外　连　接	内　连　接	混　合　连　接	圆弧连接直线与圆弧
作图步骤	R_1　O_1　R_2　O_2　R	R_1　O_1　R_2　O_2　R	O_1　R_1　O_2　R_2　R	O_1　R_1　R
	已知连接圆弧半径 R，外连接两已知圆弧（R_1，R_2）	已知连接圆弧半径 R，内连接两已知圆弧（R_1，R_2）	已知连接圆弧半径 R，外连接已知圆弧（R_1）与已知内连接圆弧（R_2）	已知连接圆弧半径 R，外接已知圆弧（R）和直线
	O　R_1+R　O_1　R_2+R　O_2	O_1　$R-R_1$　O_2　$R-R_2$　O	R_1+R　O_1　O_2　O　R_2-R	O_1　R_1+R　O　R
	① 分别以点 O_1、O_2 为圆心，R_1+R 与 R_2+R 为半径画圆弧相交于点 O，得连接圆弧的圆心	① 分别以点 O_1、O_2 为圆心，$R-R_1$ 与 $R-R_2$ 为半径画圆弧相交于点 O，得连接圆弧的圆心	① 分别以点 O_1、O_2 为圆心，R_1+R 与 R_2-R 为半径画圆弧相交于点 O，得连接圆弧的圆心	① 以点 O_1 为圆心，$R+R_1$ 为半径画圆弧，作距离已知直线为 R 的平行线，与圆弧交于点 O，得连接圆弧的圆心

续表

名称	外 连 接	内 连 接	混 合 连 接	圆弧连接直线与圆弧
作图步骤				
	② 作连心线 OO_1、OO_2 与已知两圆弧相交于点 A、B，得切点	② 作连心线 OO_1 与 OO_2 并延长，与已知两圆弧相交于点 A、B，得切点	② 作连心线 OO_1 与 OO_2 并延长，分别与已知两圆弧相交于点 A、B，得切点	② 作连心线 OO_1 和过 O 点作已知线垂直线，得切点 A、B
	③ 以点 O 为圆心，R 为半径在两切点 A、B 间作连接弧，即得所求	③ 以点 O 为圆心，R 为半径在两切点 A、B 间作连接弧，即得所求	③ 以点 O 为圆心，R 为半径在两切点 A、B 间作连接圆弧，即得所求	③ 以点 O 为圆心，R 为半径在两切点 A、B 间作圆弧，即得所求
实例				

1.3.6 常用几何曲线的画法

1. 椭圆

椭圆是常见非圆曲线，它是机件中常见的轮廓形状之一。椭圆的画法较多，常根据椭圆长轴、短轴的四心近似画法，步骤如下：

（1）作长、短轴 AB 及 CD，连接其端点，如 AC；以点 O 为圆心，OA 为半径作弧，与 OC 的延长线交于点 E；再以点 C 为圆心，CE 为半径作圆弧，与 AC 交于 F 点，如图 1-42（a）所示。

（2）作 AF 的中垂线，交长轴、短轴于 O_1、O_2 点，再定出其对称点 O_3、O_4，连接 O_1O_2、

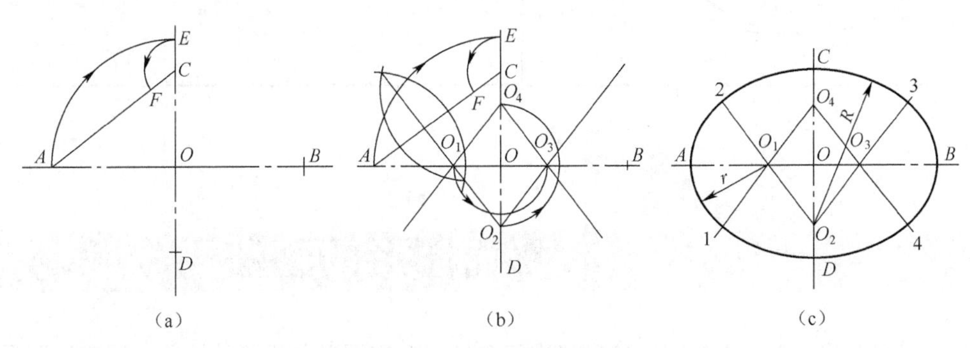

图 1-42 四心近似画椭圆

O_1O_4、O_2O_3、O_3O_4 并延长，如图 1-42（b）所示。

（3）分别以点 O_2、O_4 为圆心，$R = O_2C = O_4D$ 为半径画圆弧，再以点 O_1、O_3 为圆心，$r = O_1A = O_3B$ 为半径画圆弧，四段圆弧相切于点 1、2、3、4，即近似地作出椭圆，如图 1-42（c）所示。

*2. 圆的渐开线

一直线沿一圆周作无滑动的纯滚动，直线上任一点的运动轨迹，为圆的渐开线，此圆称为基圆。圆的渐开线的画法如表 1-14 所示。

表 1-14　　圆的渐开线画法

<table>
<tr>
<td>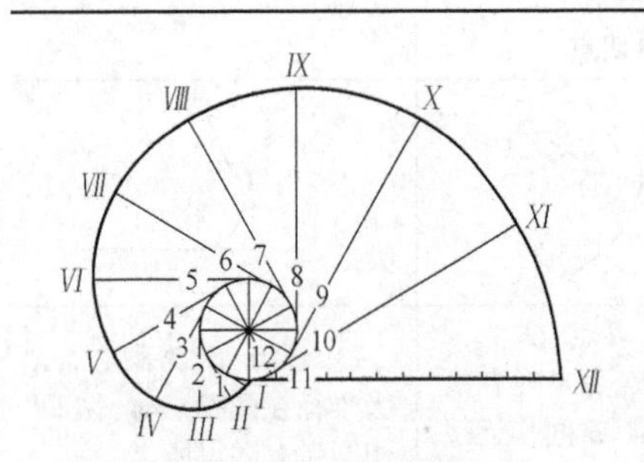

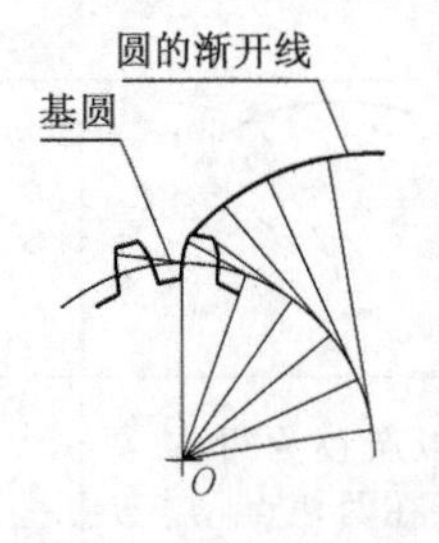
</td>
<td>① 将基圆点 O 任意等分，并将基圆展开，周长 πD 也进行等分（图中为 12 等分）。
② 过基圆上各分点作基圆的切线。
③ 在各切线上依次截取 1/12 πD、2/12 πD、3/12 πD…，得 I、II、III…各点，用曲线板依次连接各点，即为圆的渐开线</td>
</tr>
</table>

*3. 阿基米德涡线

当平面上一动点沿着一直线做等速运动，同时该直线又绕该线上一点做等角速度旋转时，该动点的运动轨迹就是阿基米德涡线。直线旋转一圈，动点沿着直线移动的距离称为导程，其作图步骤如表 1-15 所示。

表 1-15　　阿基米德涡线画法

<table>
<tr>
<td>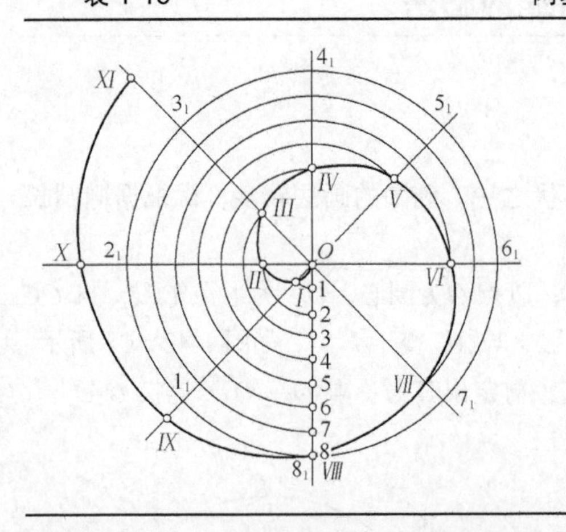
</td>
<td>① 以导程 $O8_1$ 为半径画圆，并将该圆周和相应的半径进行等分（图中为 8 等分），圆周上的等分点为 1_1，2_1，3_1，…，8_1，半径上的等分点为 1，2，3，…，8。
② 在圆周的各条辐射线 $O1_1$，$O2_1$，…上截取线段，使其分别等于圆半径的 1/8，2/8，…得各辐射线点 I、II、III，…，VII。
③ 依次光滑连接 I，II，III，…，VII 各点，即得阿基米德涡线</td>
</tr>
</table>

1.4 平面图形的画法

画平面图形前，必须先对图形的尺寸进行分析，确定图形各线段的性质，明确作图顺序，才能正确迅速地画出图形。

1.4.1 平面图形的尺寸

1. 尺寸基准

标注平面图形的尺寸，应先确定标注尺寸的起始位置，即尺寸起始点，称为尺寸基准。

一个平面图形应有水平方向（横向）和垂直方向（竖向）的尺寸基准。通常以图形中较长边、对称中心线、较大圆的中心线等作为尺寸基准，例如，图 1-43（a）以左边线、图 1-43（b）以对称中心线为水平方向的尺寸基准，以底边线为垂直方向的尺寸基准。图 1-44 以 ϕ14 圆孔的中心线为水平方向和垂直方向的尺寸基准。

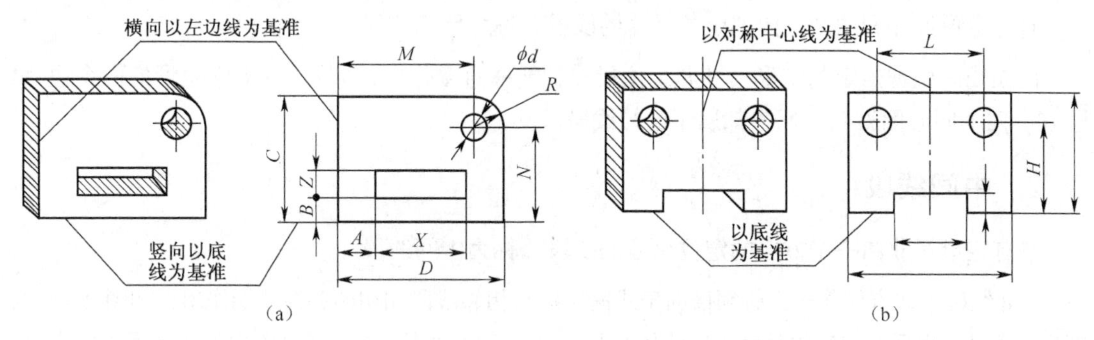

图 1-43 平面图形的尺寸

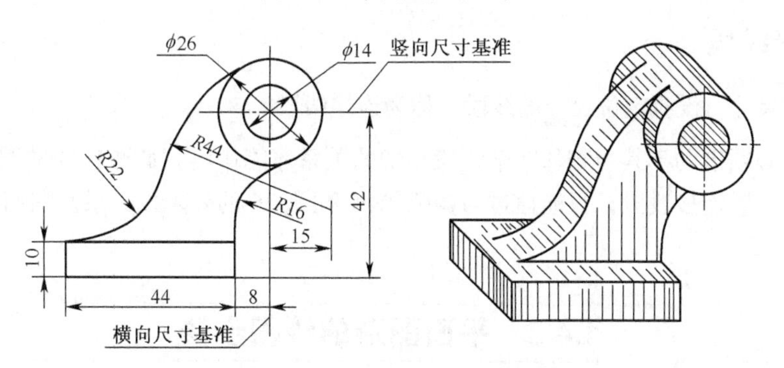

图 1-44 平面图形的尺寸和线段

2. 定形尺寸

确定平面图形各组成线段形状、大小的尺寸，称为定形尺寸。如线段长度、圆的直径、圆弧半径和角度大小等尺寸都属于定形尺寸。图 1-43（a）中除了 *A*、*M*、*B*、*N* 尺寸以外的所有尺寸，图 1-43（b）中除了 *L* 和 *H* 尺寸以外的所有尺寸，图 1-44 除了 8、15、42 尺寸以外的所有尺寸，都属于定形尺寸。

3. 定位尺寸

确定平面图形中各线段（或线框）对尺寸基准的相对位置尺寸，称为定位尺寸。图 1-43（a）中的 *A*、*M* 和 *B*、*N* 尺寸分别为水平（横向）和垂直（竖向）定位尺寸；图 1-43（b）中的 *L*、

H 尺寸和图 1-44 中的 8、15 和 42 尺寸都属于定位尺寸。

1.4.2　平面图形的线段性质

画平面图形时，有些线段根据图中所注尺寸便能直接画出，有些线段还要通过线段的连接关系才能正确画出。因此，画平面图形前，必须先对图形的尺寸进行分析，确定线段的性质，拟定作图顺序，才能正确画出图形。

平面图形的线段（直线、圆、圆弧）按其定形尺寸和定位尺寸是否齐全分为已知线段、中间线段和连接线段 3 类。

1. 已知线段

具有定形尺寸和两个方向的定位尺寸的线段，称为**已知线段**。

已知线段根据给定的定形尺寸和定位尺寸就能够直接作出，如图 1-44 中矩形的两个边 44 与 10，两个同心圆 ϕ14、ϕ26，都属于已知线段。

2. 中间线段

具有定形尺寸和一个方向的定位尺寸的线段，称为**中间线段**。

中间线段不能直接作出，必须借助于线段一端与相邻线段相切的关系才能作出，如图 1-44 的圆弧 *R*44 只有水平方向定位尺寸 15，属中间线段，完必须通过其一端与圆 ϕ26 内连接关系才能作出。

3. 连接线段

仅有定形尺寸，没有定位尺寸的线段，称为**连接线段**。

连接线段必须借助于其与相邻两个线段相切的关系才能作出，如图 1-44 的圆弧 *R*22、*R*16，没有定位尺寸，属连接线段，只能通过与圆弧 *R*44 和圆 ϕ26 的外连接关系及它们与直线的相切关系才能作出。

1.4.3　平面图形的绘图步骤

绘制平面图形时，应先画出水平、垂直两个方向的作图基准线及已知线段，再画中间线段，最后画连接线段，如表 1-16 所示。

表 1-16　　平面图形的作图步骤

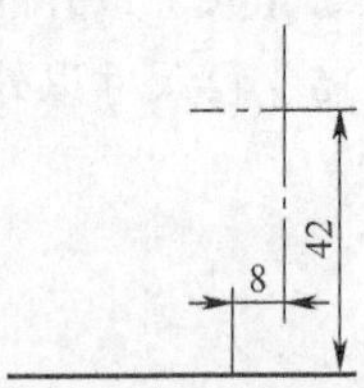 （a）画出水平、垂直的作图基准线（底边线和圆的中心线）	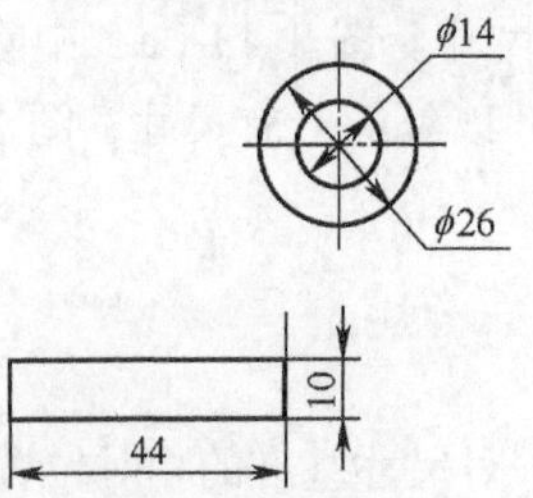 （b）画出已知线段	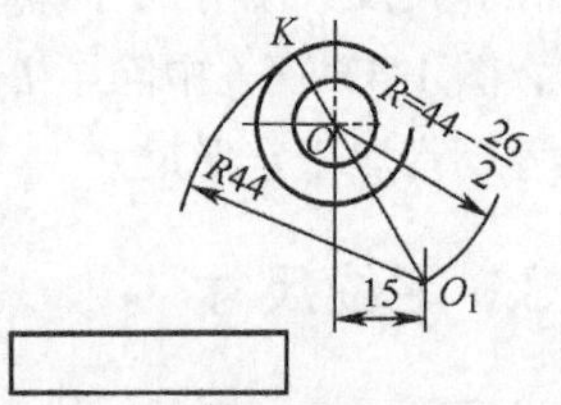 （c）画出中间线段（*R*44）

续表

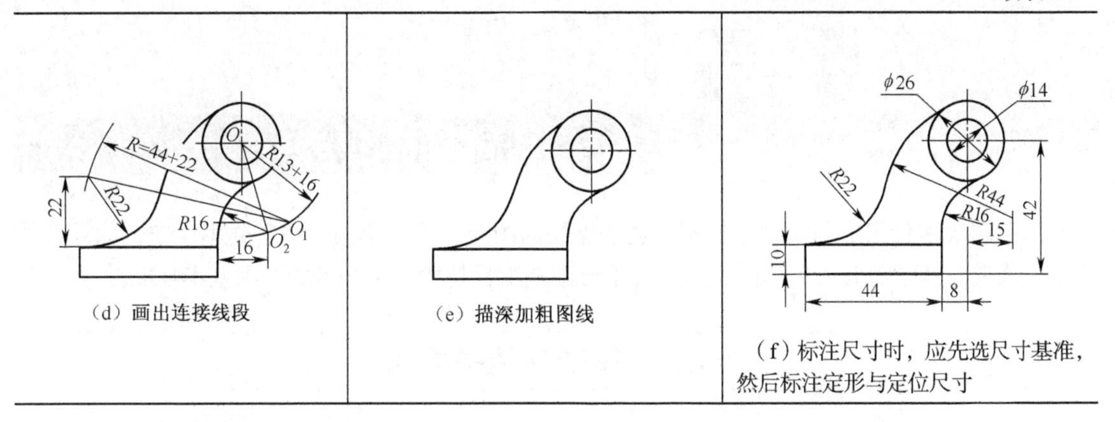

（d）画出连接线段

（e）描深加粗图线

（f）标注尺寸时，应先选尺寸基准，然后标注定形与定位尺寸

1. 绘图的准备工作

（1）识读图形，对图形的尺寸进行分析，确定各种线段性质，拟定作图步骤。

（2）确定绘图比例，选取图幅，固定图纸。

（3）画出图框和标题栏。

2. 绘制底稿图

（1）匀称布置图形。

（2）画底稿图。

① 先画出作图基准线，确定图形位置，如表 1-16（a）所示。

② 依次画出已知线段、中间线段和连接线段，如表 1-16（b）、（c）、（d）所示。

③ 画尺寸界线、尺寸线。

④ 仔细校对底稿图，修正错误，擦去多余的图线。

绘制底稿图时用 2H 或 H 铅笔，铅芯应经常修磨，保持尖锐；各种线型暂不分粗细，轻画细线，图形准确。

3. 铅笔描深加粗各种线型

① 先粗后细。一般先描粗全部粗实线，再加深全部虚线、点画线、细实线等，以提高作图速度和保持同类图线粗细一致。

② 先曲后直。画同一种线型时，应遵守先曲线后直线的原则，以保证连接圆滑。

③ 先上后下、先左后右。从上而下画水平线，从左到右画垂直线，最后从左到右画斜线，以提高作图速度和保持图面的整洁，如表 1-16（e）所示。

④ 画箭头，填写尺寸数字和标题栏，书写字体工整。

⑤ 修饰、校对，完成全图，如图 1-16（f）所示。

描深加粗图线时，按图线规格选用 H、HB、B 铅笔描粗加深各种图线，铅笔应不断修磨和调整位置，用力要均匀，使同类图线粗细一致。制图工具和双手要保持清洁，及时去掉图面上的铅芯末等杂物，以使图面整洁。

1.5 徒手画草图的方法

用目测法估计图形与实物的比例，徒手绘制的图样，称为草图。在实际生产中，如设计、仿造、修理等经常需要绘制草图，所以徒手绘图是工程技术人员必备的一项基本技能。

1.5.1 图线的徒手画法

1. 直线的画法

徒手画直线时，手腕和小手指微触纸面。画短线时以手腕运笔；画长线时要移动手臂，先定出直线端点 *A*、*B*，笔尖着在 *A* 点上，眼睛转向终点 *B* 轻轻平移画线；画垂直线自上而下画线，画水平线自左向右画线；画倾斜直线，通常旋转图纸或侧转身体，以变成顺手方向，再画线。如图 1-45 所示。

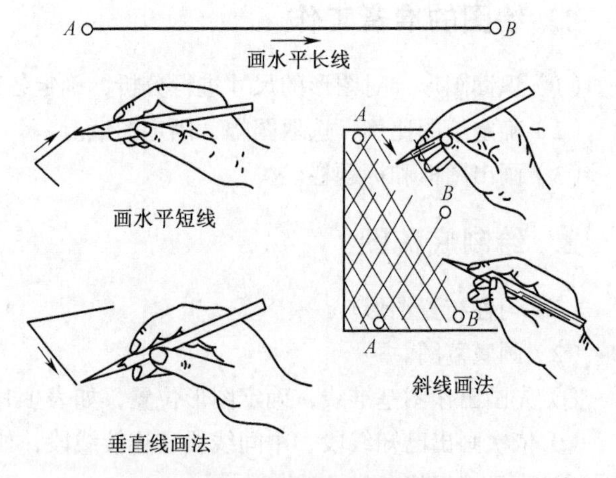

图 1-45 徒手画直线的技巧

2. 特殊角度的画法

画 30°、45°、60°、90°、120°等特殊角时，可利用直角三角形两直角边的比例关系，在直角边定点，并连线，即得特殊角，如图 1-46（a）、（b）、（c）所示；也可用等边直角三角形斜边的比例关系，在斜边上定点，然后连线，如图 1-46（d）、（e）、（f）、（g）所示。

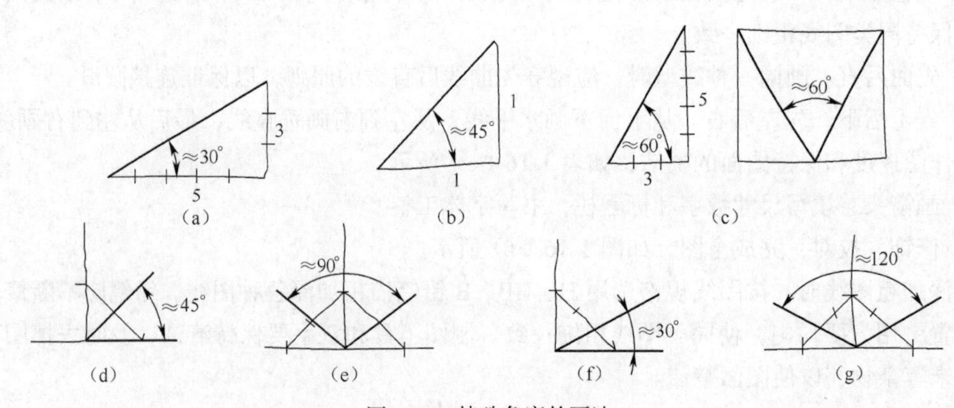

图 1-46 特殊角度的画法

3. 圆和圆弧的画法

画较小圆时，先在中心线上按圆的半径目测定出四点，然后徒手将各点连成圆，如图 1-47（a）所示；或按图 1-47（b）所示，先画辅助正方形，再画 4 段圆弧与其相切成圆。画较大的圆时，通过圆心加画 4 条辅助线，按圆的半径大小目测出八点，再侧身或转动图纸，分段画圆弧，最后连成整圆，如图 1-47（c）所示。

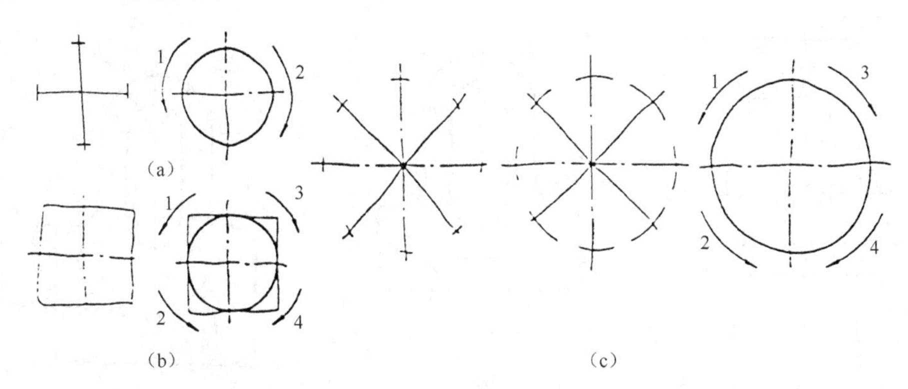

图 1-47 圆的徒手画法

4. 圆角和圆弧连接的画法

画圆角和圆弧连接时，先根据圆弧半径大小，在角的角平分线上目测圆心位置，从圆心向角两边引垂线，定出圆弧的两个连接点，再徒手画圆弧，如图 1-48（a）所示；对于半圆和 1/4 圆弧，可先画辅助正方形，再画圆弧与正方形的边相切，如图 1-48（b）、（c）所示。

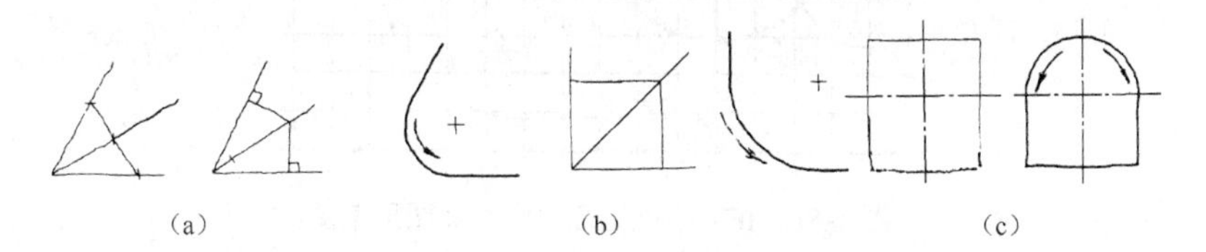

图 1-48 圆角和圆弧连接的徒手画法

5. 椭圆的画法

如图 1-49（a）所示，先画出椭圆的长、短轴构成矩形，引矩形对角线，用 1:3 的比例定出点，然后分段画出四段圆弧所组成的椭圆。如图 1-49（a）所示。也可根据椭圆与菱形外切的特点，先画出菱形，再作钝角、锐角边的内切圆弧，即得椭圆，如图 1-49（b）所示。

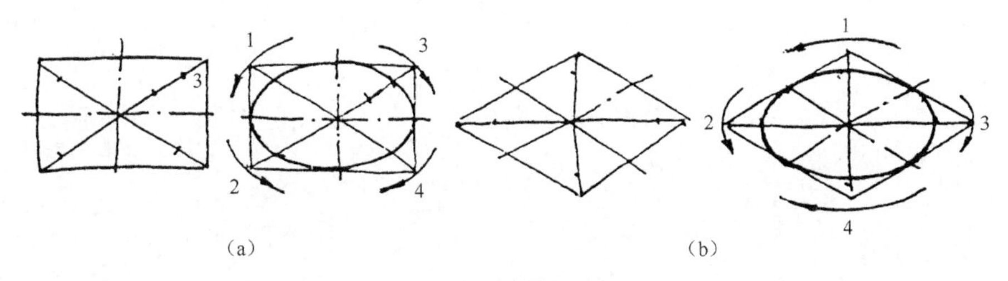

图 1-49 椭圆的徒手画法

1.5.2 平面图形草图的画法

绘平面图形草图与用仪器绘图步骤相同，如图 1-50 所示。草图图形的大小是根据目测估计画出的，目测尺寸应尽可能准。画草图的铅笔一般用 HB 或 B。为了便于转动图纸，提高徒手画图速度，画草图的图纸一般不固定。初学者可在方格纸上进行练习，如图 1-51 所示。

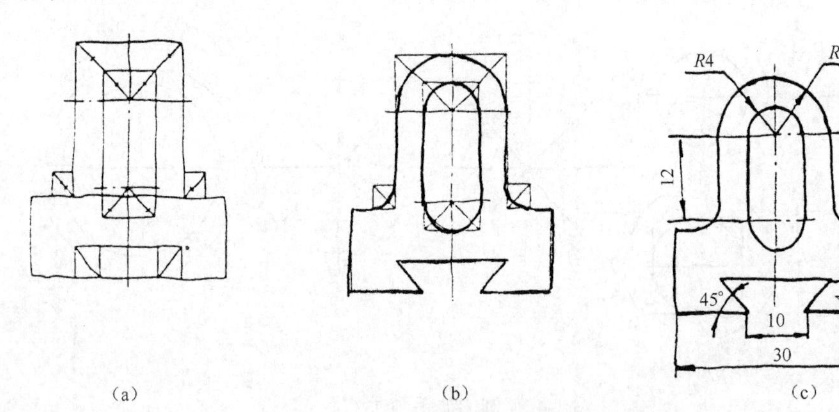

图 1-50 平面图形草图的绘图步骤

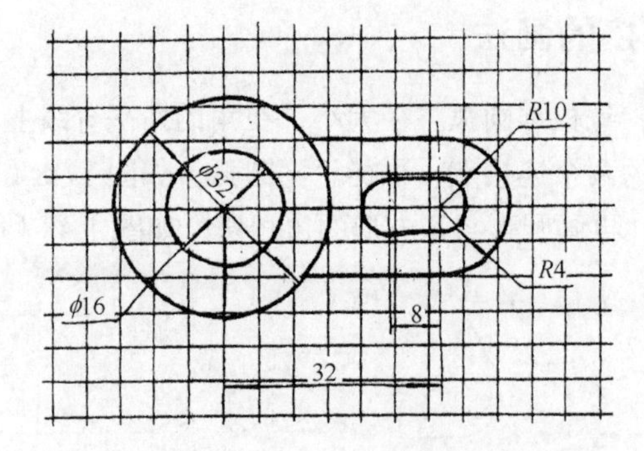

图 1-51 在方格纸上练习画平面图形草图

第2章 投影基础

2.1 投影法概述

2.1.1 投影法概念

在日常生活中，我们常见到物体被光线照射后，在地面或墙壁会出现影子，这是常见的投影现象。人们经过科学抽象，把光线模拟为投射线，把地面或墙壁模拟为投影面，如图 2-1 所示，过投射中心 *S*（视点）和矩形薄板各顶点（*A*、*B*、*C*、*D*）引投射线 *SA*、*SB*、*SC*、*SD* 并延长，与投影面相交于点 *a*、*b*、*c*、*d*，连成矩形 *abcd*，这就是矩形薄板 *ABCD* 在投影面上的投影。这种投射线通过物体，并向选定的面投射，在该平面上得到图形的方法，称为投影法。根据投影法所得到的图形，称为投影或投影图，如矩形 *abcd*。

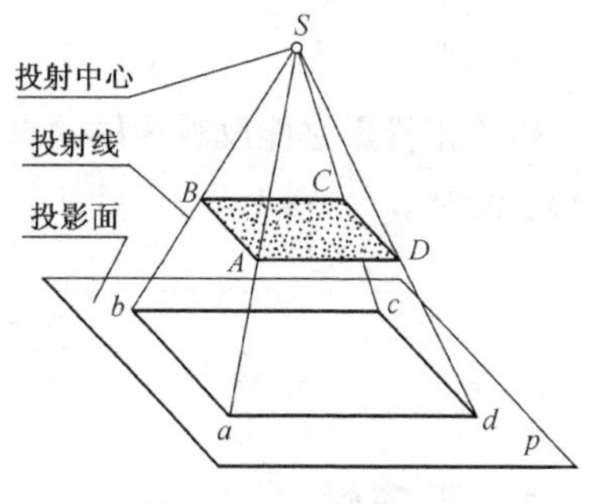

图 2-1　中心投影法

2.1.2 投影法的种类

投影法根据投射线的类型（平行或汇交）分为中心投影法和平行投影法两类。

1. 中心投影法

如图 2-1 所示，投射线汇交于一点 *S*（投射中心）的投影法，称为中心投影法。中心投影法所得图形大小随着投影面、物体和投射中心 3 者之间的距离变化而变化，度量性较差，作图复杂，但它具有较强立体感，建筑工程上常用这种方法绘制透视图（见图 2-2）。

2. 平行投影法

图 2-2　建筑物的透视图

如图 2-3 所示，设想投射中心（即视点）移到无穷远处，这时投射线可视为互相平行，这种投射线互相平行的投影法，称为平行投影法。平行投影法根据投射线与投影面相交的角度（倾斜或垂直）分为斜投影法和正投影法。

（1）斜投影法。投射线与投影面倾斜的平行投影法，称为斜投影法，如图 2-3（a）所示。由斜投影法所得图形称为斜投影或斜投影图，如斜轴测图。

（2）正投影法。投射线与投影面相垂直的平行投影法，称为正投影法，如图 2-3（b）所示。由正投影法所得图形称为正投影或正投影图。

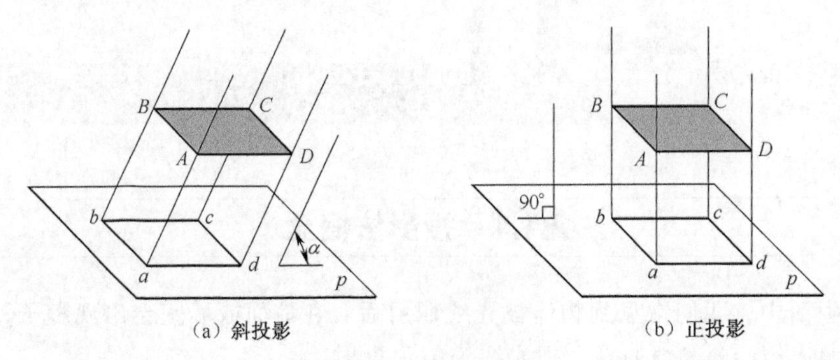

（a）斜投影　（b）正投影

图 2-3　平行投影法

由于正投影法能反映物体的真实形状和大小，度量性好，便于作图，所以机械图样多按正投影法绘制。

2.1.3　正投影的基本性质

1. 真实性

当直线或平面形平行于投影面时，其直线正投影反映实长，平面形正投影反映实形，这种投影性质称为全等性或真实性，如图 2-4（a）所示。

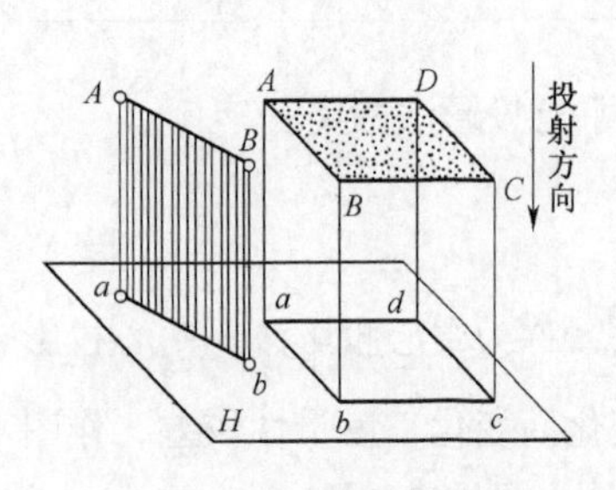

（a）线、面平行投影面投影具有真实性

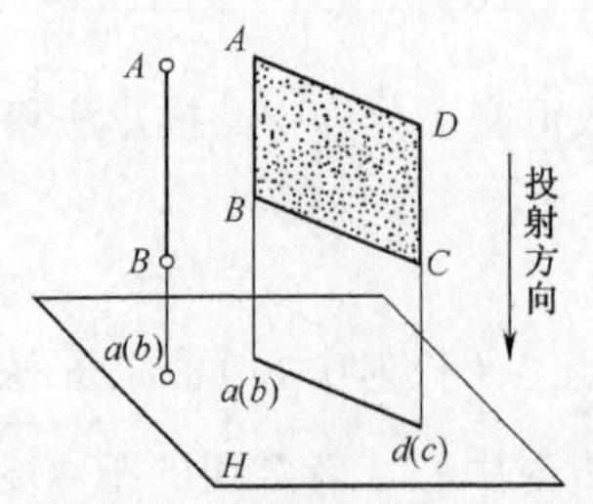

（b）线、面垂直投影面投影具有积聚性

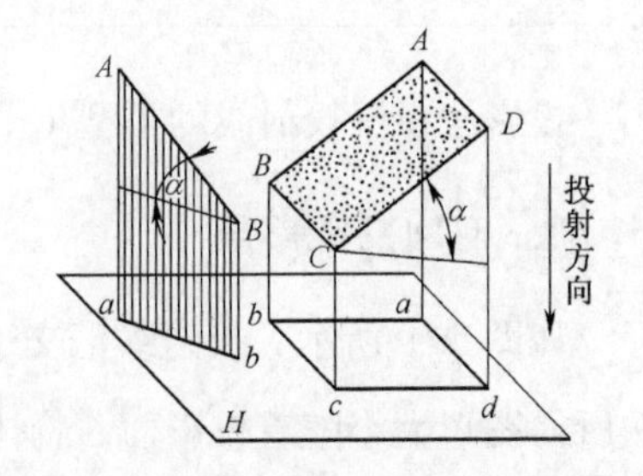

（c）线、面倾斜投影面，投影具有类似性

图 2-4　直线、平面形正投影的基本性质

2. 积聚性

当直线或平面形垂直于投影面时，其直线正投影积聚成一点，平面形正投影积聚为一条直线，这种投影性质称为积聚性，如图 2-4（b）所示。

3. 类似性

当直线或平面形倾斜于投影面时，其直线正投影缩短，平面形正投影变小，但形状与原形相似，这种投影性质称为类似性，如图 2-4（c）所示。

2.2 物体三视图及投影规律

用正投影法在投影面得到物体的图形，称为视图。

通常一面视图只能反映物体一个方向的形状，不能完整反映物体形状。如图 2-5 所示，一面视图可以表示不同物体形状。因此，从多个方向进行投射，得到多个视图，通常用 3 个视图来表示物体形状。

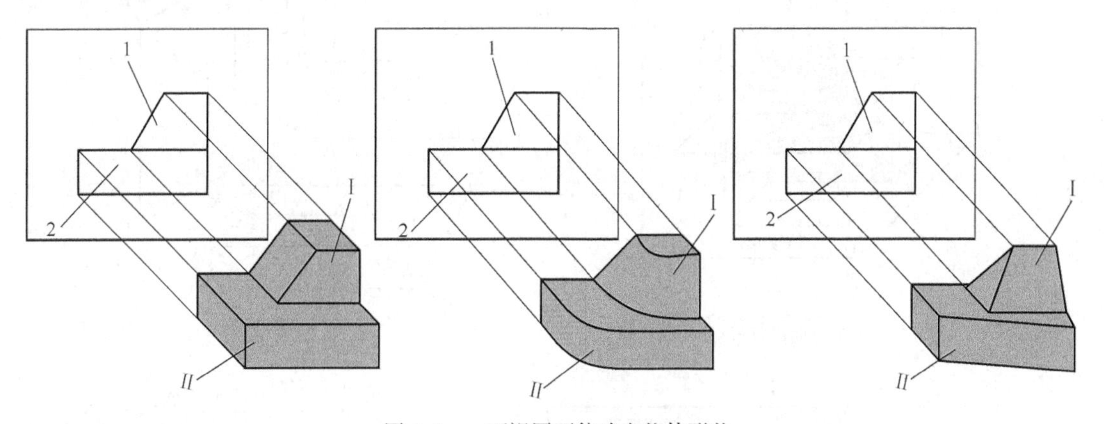

图 2-5 一面视图不能确定物体形状

1. 投影面体系的建立

在多面正投影中，由 3 个互相垂直的投影面组成，分别用 V、H、W 表示如图 2-6 所示。

正立投影面（V）——正对着观察者的投影面（简称正面）；

侧立投影面（W）——侧立位置的投影面（简称侧面）；

水平投影面（H）——水平位置的投影面（简称水平面）。

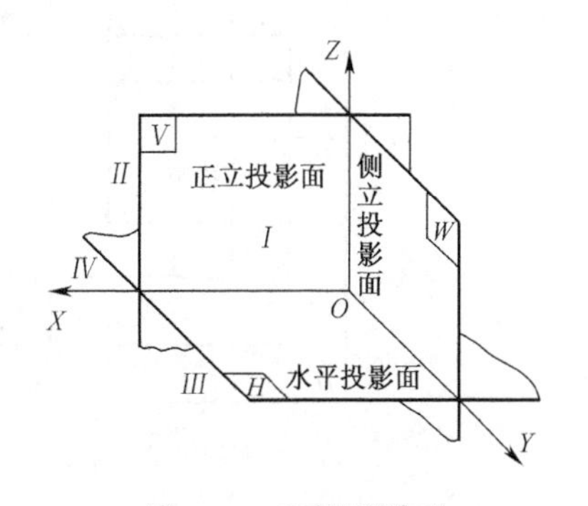

图 2-6 三面投影体系

这 3 个互相垂直的投影面构成三投影面体系。

投影面的交线 *OX*（*X*）、*OY*（*Y*）和 *OZ*（*Z*），称为投影轴。三投影轴交于一点 *O*，称为原点。

2. 三视图的形成和名称

将物体置于三投影面体系第一分角中，并使其处于观察者与投影面之间，分别向 *V*、*H*、*W* 面进行正投影，即得图 2-7（a）所示的 3 个视图，分别称为：

主视图——自前方投射，在 *V* 面所得的视图；

俯视图——自上方投射，在 *H* 面所得的视图；

左视图——自左方投射，在 *W* 面所得的视图。

这 3 个视图从 3 个不同方向表示物体的形状。

3. 视图及 3 个投影面的展开

为了把图 2-7（a）所示的 3 个视图画在同一张图纸上，按图 2-7（b）所示，规定 *V* 面（主视图）不动，将 *OY* 轴分为 OY_H 和 OY_W，*H* 面（俯视图）绕 *X* 轴向下旋转 90°，*W* 面（左视图）绕 *OZ* 轴向右后旋转 90°，使其与 *V* 面（主视图）摊平在同一平面上，即得图 2-7（c）所示三面视图。

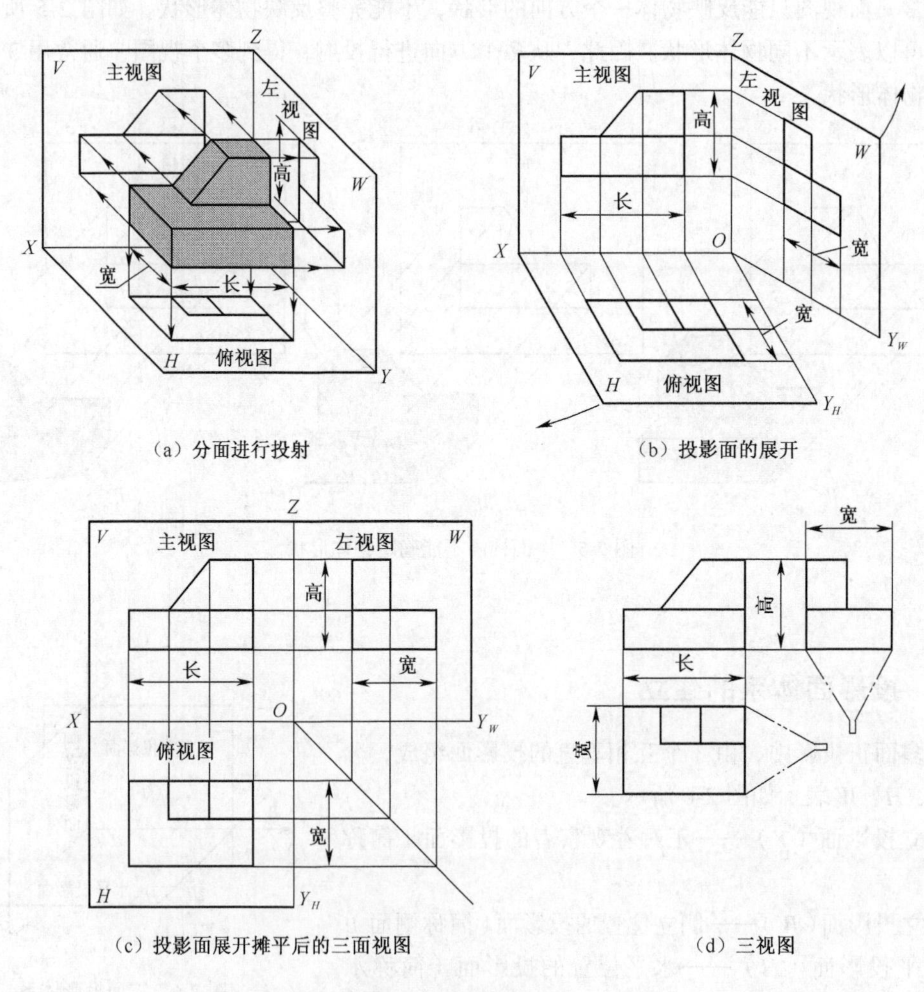

（a）分面进行投射

（b）投影面的展开

（c）投影面展开摊平后的三面视图

（d）三视图

图 2-7　物体三视图

由于视图所表示的物体形状与物体和投影面之间的距离无关，因此绘图时省略投影面边框及投影轴，如图 2-7（d）所示。

4. 三视图之间的对应关系

（1）位置关系。以主视图为准，俯视图在它的正下方，左视图在它的正右方。画三视图时，按此规定配置三视图位置时不需标注其名称，如图 2-7（d）所示。

（2）尺寸关系。物体都有长、宽、高 3 个方向的大小。通常规定：物体左右之间的距离长（*X*）、前后之间的距离为宽（*Y*），上下之间距离为高（*Z*），每一个视图反映物体两个方向的尺寸。

主视图反映长度和高度的尺寸。

俯视图反映长度和宽度的尺寸。

左视图反映高度和宽度的尺寸。

由于 3 个视图反映同一个物体的 3 个方向尺寸，所以相邻两个视图之间有一个方向的尺寸相等，如图 2-7 所示。

主、俯视图相应长度方向尺寸投影相等，且对正，即“主、俯长对正”。画图时，常用三角板配合丁字尺对正画线。

主、左视图相应高度方向尺寸投影相等，且平齐，即“主、左高平齐”。画图时，常用丁字尺对齐画线。

俯、左视图相应宽度方向尺寸投影相等，即“俯，左宽相等”。画图时，常借助等分规及作 45° 辅助线作图。

三视图之间存在的“长对正、高平齐、宽相等”的“三等”关系，反映了三视图的投影规律，它不仅适用于物体总尺寸，也适用于物体的局部尺寸，如图 2-7（c）、（d）所示。画图、读图时都应严格遵循和利用这个规律。

（3）方位关系。物体具有左、右、上、下、前、后 6 个方位，当物体的投影位置确定后，其所处方位也确定，如图 2-8（a）所示。

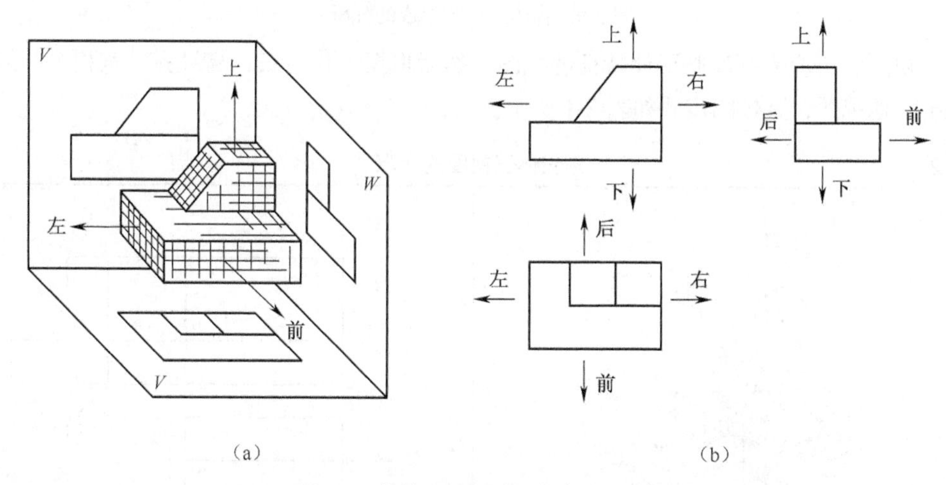

图 2-8　物体和三视图的方位对应关系

主视图反映物体左右、上下方位关系，前后重叠。

俯视图反映物体左右、前后方位关系，上下重叠。

左视图反映物体上下、前后方位关系，左右重叠。

其中俯、左视图所反映的前后方位关系最容易搞错，这是因为 H 面向下，W 面向右后转 90°的缘故。若以主视图为准来看，俯、左视图中靠近主视图一侧表示物体后方位，远离主视图一侧表示物体的前方位，如图 2-8（b）所示。搞清楚三视图 6 个方位的关系，对绘图、读图判断物体之间的相对位置是十分重要的。

5. 画物体三视图的方法和步骤

初学画物体三视图时，首先应分析物体的形状，确定特征形方向，将物体正置于三面投影体系中，使物体主要面与 3 个投影面平行或垂直，把视线模拟成正投影线，自前方，上方，左方向 3 个投影面投射，把观察到的物体轮廓形状，分别用主、俯、左 3 个视图表示，如图 2-9 所示。

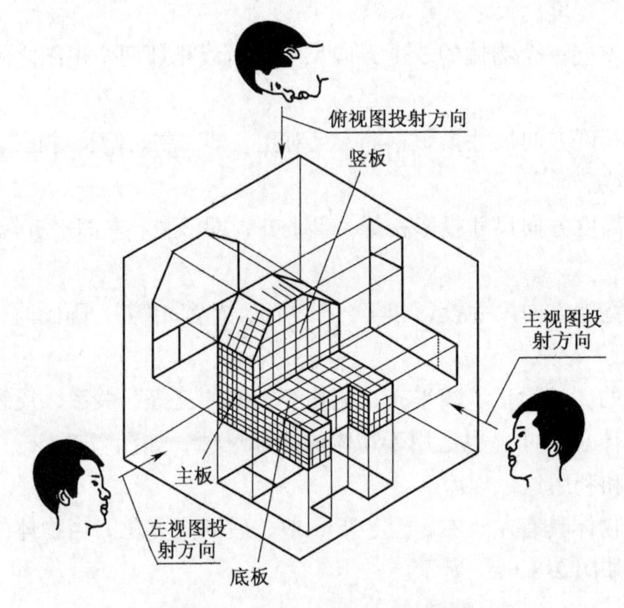

图 2-9　物体三视图形成的分析

画三视图时，应先画反映形体特征的视图，然后根据“长对正，高平齐，宽相等”的投影规律画出其他视图，其作图步骤如表 2-1 所示。

表 2-1　画物体三视图的步骤

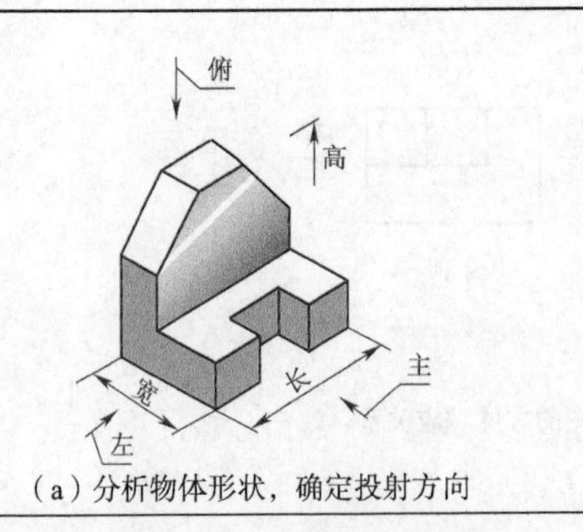 （a）分析物体形状，确定投射方向	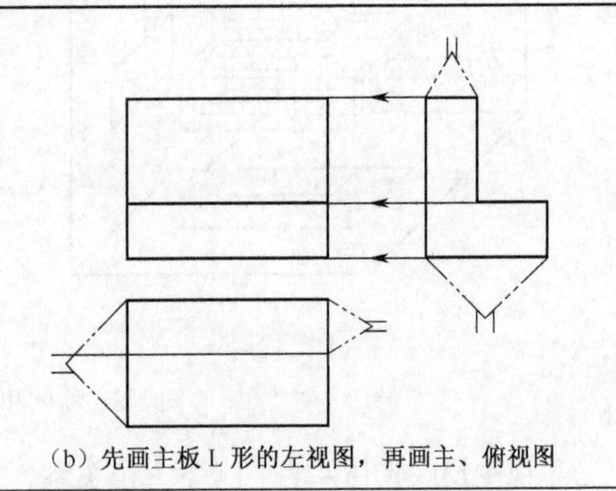 （b）先画主板 L 形的左视图，再画主、俯视图

续表

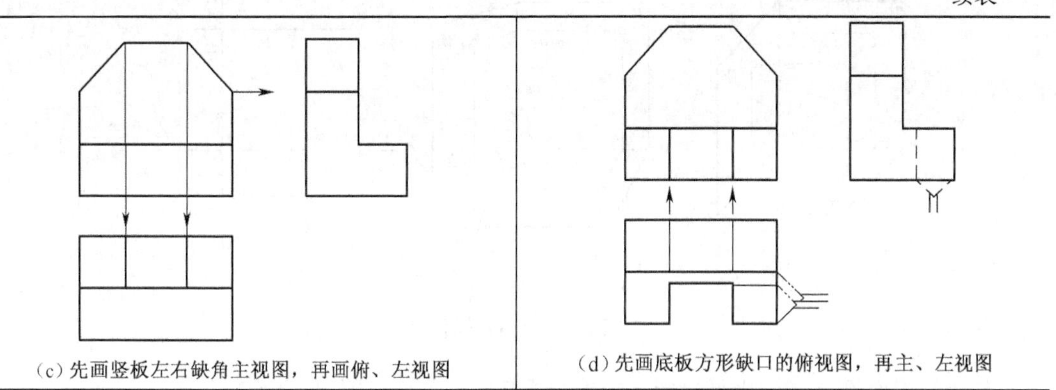

(c) 先画竖板左右缺角主视图，再画俯、左视图	(d) 先画底板方形缺口的俯视图，再主、左视图

2.3 点的投影

点是构成立体最基本的几何元素，为了正确而迅速地绘制出物体的三视图，必须先掌握点的投影规律。

图 2-10 所示的正三棱锥是由三角形 SAB、SBC、SAC、ABC 的 4 个棱面所围成；相邻棱面相交线为 SA、SB…6 条棱线；各棱线汇交点 S、A、B、C 为 4 个公共顶点。显然，画正三棱锥的三视图，其实质是画这些点的三面投影，然后把各点同一投影面的投影依次连线而得。

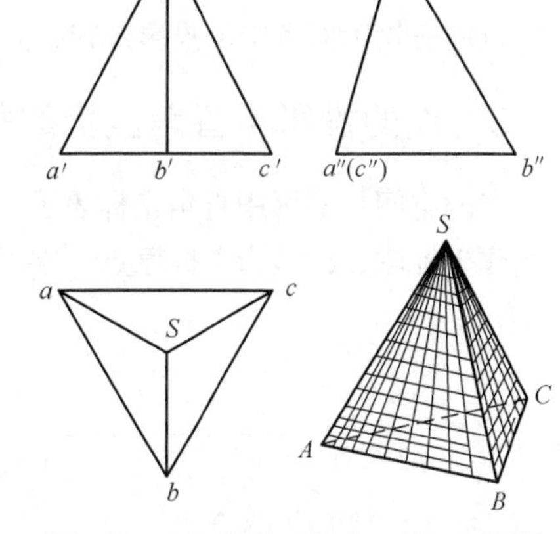

图 2-10 正三棱锥上的点、线、面投影

1. 点的三面投影

如图 2-11（a）所示，过空间点 A 分别向 3 个投影面引投射线，与投影面相交点（垂足）的 a、a'、a''，即为点 A 在 3 个投影面上的投影①。

按图 2-11（b）箭头所示方向展开 3 个投影面，摊平后去掉边框，得图 2-11（c）所示点的投影图。图中点的两面投影连线分别与投影轴 OX、OY、OZ 相交于点 a_x、a_{Y_H}、a_{Y_W}、a_Z。这里应注意 OY 轴分为 OY_H 和 OY_W 两个投影轴。

2. 点的投影规律

从图 2-11 点的三面投影的形成过程，可总结出点的投影规律。

（1）点的两面投影的连线，必定垂直于相应投影轴。

① 规定空间点及其投影的标记：空间点用大写字母表示，如 A，B，C，…在 H 面投影用相应小写字母表示，如 a，b，c，…；在 V 面投影用相应小写字母表示，并在右上角加一撇，如 a'，b'，c'，…；在 W 面投影用相应小写字母表示，并在右上角加两撇，如 a''，b''，c''，…。

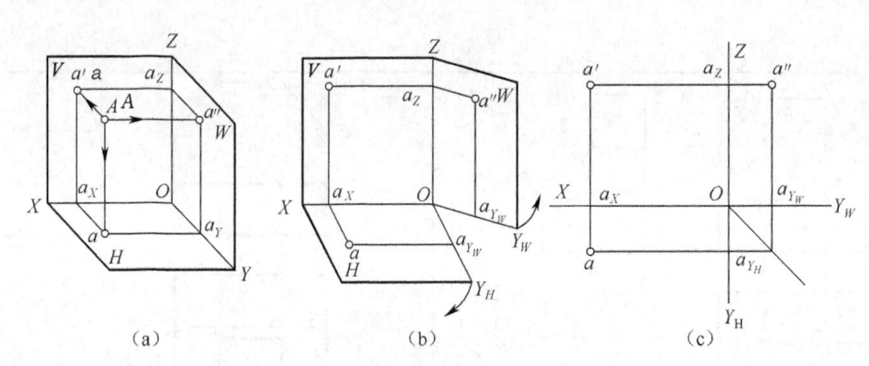

图 2-11　点的三面投影

点 A 的正面投影 a' 与水平投影 a 的连线垂直于 OX 轴，即 $a'a \perp OX$；

点 A 的正面投影 a' 与侧面投影 a'' 的连线垂直于 OZ 轴，即 $a'\ a'' \perp OZ$；

点 A 的水平投影 a 到 OX 轴距离等于点的侧面投影 a'' 到 OZ 轴距离，即 $aa_X = a''a_Z$,（a_{Y_H} 与 a_{Y_W} 是属于 OY 同一个点 a_Y）。

（2）点的投影到投影轴的距离，等于空间点到相应的投影面的距离，即影到轴距离等于点到面距离。

$a'a_Z = aa_{Y_H}$ = 点 A 到 W 面的距离 Aa''；

$a'a_X = a''\ a_{Y_W}$ = 点 A 到 H 面的距离 Aa；

$aa_X = a''a_Z$ = 点 A 到 V 面的距离 Aa'。

点的三投影面系中的投影规律，其实质是反映了物体三视图“三等”关系的投影规律。

3. 点的投影与直角坐标的关系

点的空间位置可用直角坐标表示，如图 2-12 所示。若将 3 个投影面当作坐标面，3 个投影轴当作坐标轴，O 即为坐标原点。空间点 A 到 3 个投影面的距离便可分别用它的坐标 X_A、Y_A、Z_A 表示。

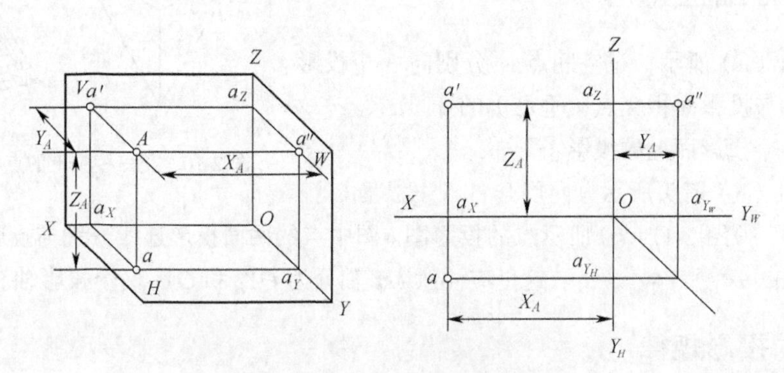

图 2-12　点的投影和直角坐标的关系

点的 X 坐标 X_A =（Oa_X）= Aa''，为点 A 到 W 面距离。

点的 Y 坐标 Y_A =（Oa_Y）= Aa'，为点 A 到 V 面距离。

点的 Z 坐标 Z_A =（Oa_Z）= Aa，为点 A 到 H 面距离。

点 A 的坐标书写形式为 A（X，Y，Z），如 A（30，10，20）。

给定点的 3 个坐标值，便可作出点的三面投影；根据点的三面投影，也可直接量出该点 3 个坐标值，想象空间点到 3 个投影面的距离。

［例 2-1］　已知点 A（30，10，20），求作其三面投影图。

作图步骤如表 2-2 所示。

表 2-2　　由点的坐标作三面投影图

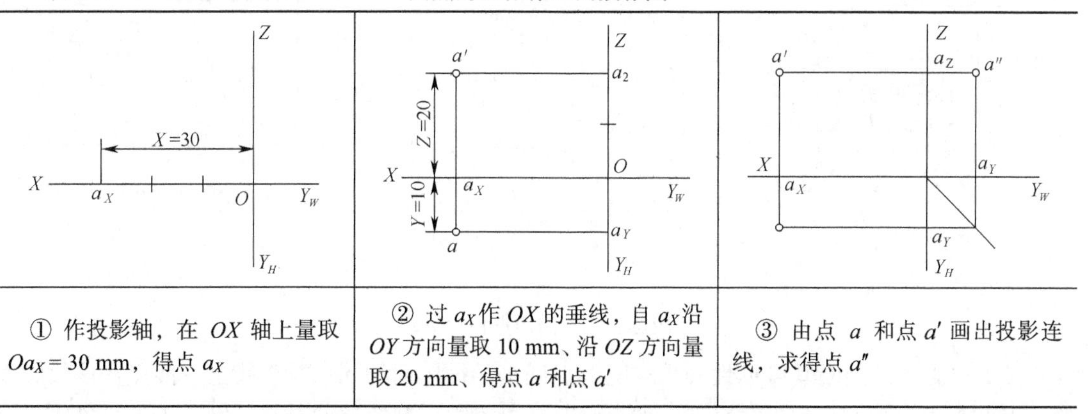

① 作投影轴，在 OX 轴上量取 Oa_X = 30 mm，得点 a_X	② 过 a_X作 OX 的垂线，自 a_X沿 OY 方向量取 10 mm、沿 OZ 方向量取 20 mm、得点 a 和点 a'	③ 由点 a 和点 a' 画出投影连线，求得点 a''

［例 2-2］　已知图 2-13（a）所示点 A 的正面和侧面投影 a' 和 a''，想象其空间位置，求作水平投影 a。

① 投影面旋转归位，想象点 A 的空间位置。想象时，假想点 a' 的正面投影（V）不动，把点 a'' 的侧面投影面（W）绕着 OZ 轴往前旋转到原位置（即旋转归位），然后过点 a' 和 a'' 分别引 V 面和 W 面的垂线，得交点 A 的空间位置，如图 2-13（b）所示。

② 应用点投影规律，求作点 a 的投影。如图 2-13（b）所示，过空间点 A 向 H 面引垂线得垂足 a。求点 a 时，由点 a' 、a'' 按点的投影规律求得，如图 2-13（c）箭头所示。

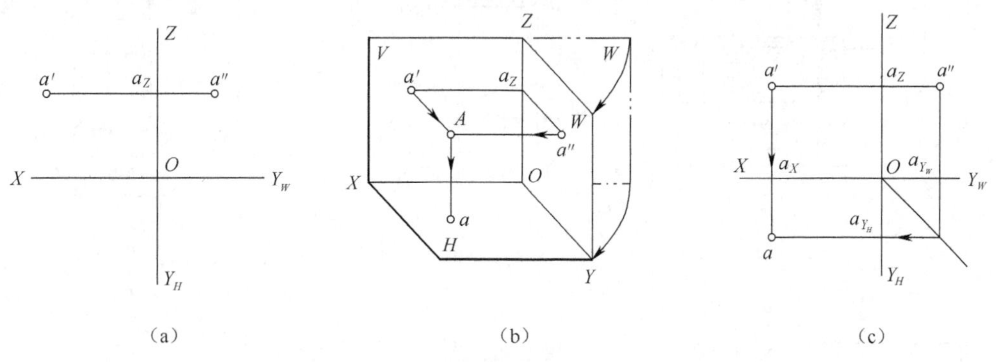

图 2-13　已知点两面投影，求作第三面投影

这种由两个已知点，求作第三点的投影，俗称“二求三”，它是后续绘图和读图的基本作图方法。

4. 两点相对位置

（1）判断两点相对位置。常选一个点为基准点，来判断另一个点的相对位置。判断方法：X 坐标值大在左，Y 坐标值大在前，Z 坐标值大在上。如判断图 2-14（a）所示长方体上对角顶点 A、B 两点的相对位置，选 A 为基准点，如图 2-15（b）所示，说明如下。

由于 X 值的 $b_x > a_x$，所以点 B 在点 A 的左方；

由于 Y 值的 b_{Y_H}（b_{Y_W}）> a_{Y_H}（a_{Y_W}），所以点 B 在点 A 的前方；

由于 Z 值的 $a_Z > b_Z$，所以点 B 在点 A 的下方。

综合起来，想象点 B 处在点 A 的左、前、下方，如图 2-14（c）所示。

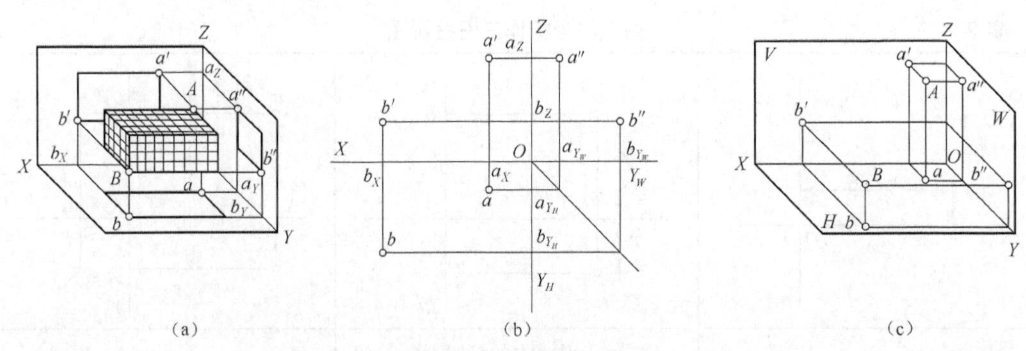

图 2-14 空间两点相对位置

（2）重影点及判断其可见性。当空间两点处于某投影面的同一投射线上，两点在该投影面的投影重叠成一个点，称为重影点。如果沿着其投射方向观察这两个点，则一个点可见，另一个点不可见。不可见点的投影用括号表示。

如图 2-15（a）、（c）所示，长方体棱线两端点 A、B 处在水平面的同一垂线上，水平投影重合为一个点 a（b），点 A 在上，所以点 a 可见，点（b）不可见，如图 2-15（b）所示。

又如图 2-15（d）、（f）所示，点 A、C 两点处在正面的同一垂线上，正面投影重合为一个点 a'（c'），点 A 在前，所以点 a' 可见，点（c'）不可见，如图 2-15（e）所示。

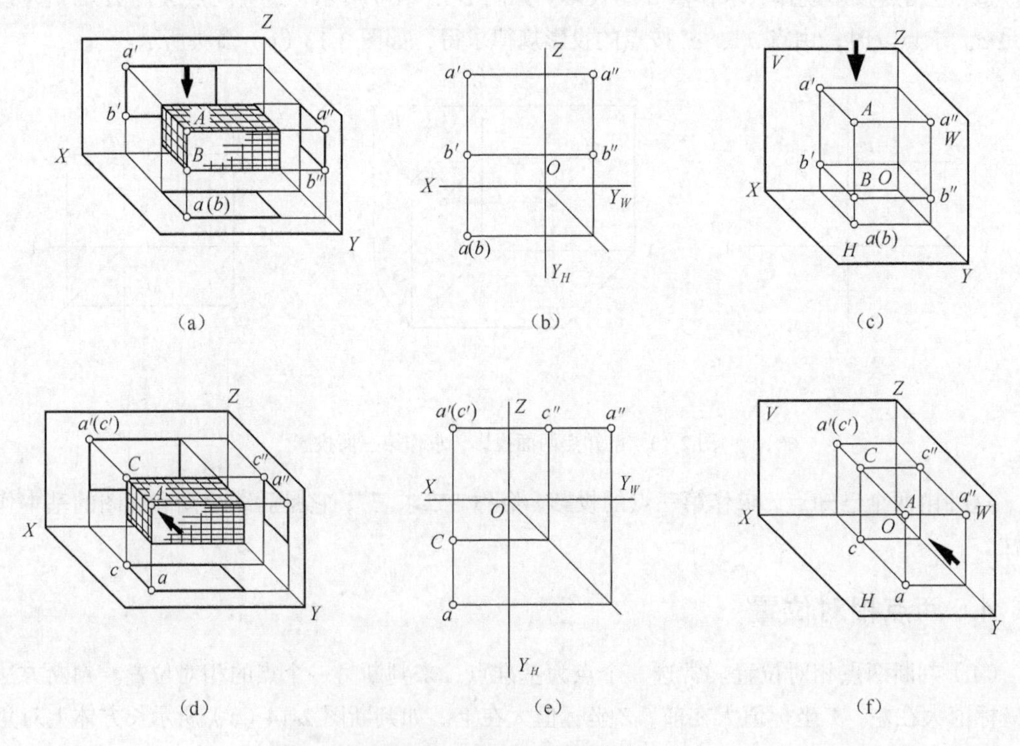

图 2-15 重影点可见性判断

［例 2-3］ 已知图 2-16（a）点 A 的三面投影，点 B 在其右方 14、上方 12，前方 8，求作点 B 三面投影。

作图步骤如下。

① 在 OX 轴上自 a_x 往右量 14 得点 b_x；在 OZ 轴上自 a_z 往上量 12，得点 b_z；在 OY_H 轴上自 a_{Y_H} 往前量 8，得点 b_{Y_H}，过这 3 个点，分别作 OX、OY_H、OZ 的垂线，得点 b、b'，如图 2-16（b）所示。

② 根据已知点 b、b' 求得 b''，如图 2-16（c）箭头所示。

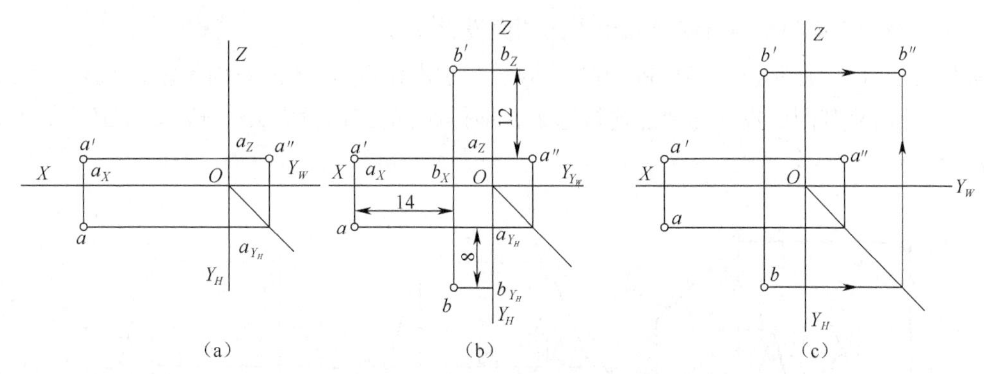

图 2-16　求作两点相对位置投影图

［例 2-4］ 已知图 2-17（a）、（b）所示直角四棱台的三视图及其体上点 A、B、C、D 的正面投影和侧面投影，求这四个点的水平投影，并判断点 A 与 B、点 B 与 C、点 A 与 D 的相对位置。

（1）求点的水平投影时，应用“二求三”的方法，如图 2-17（c）所示的箭头。

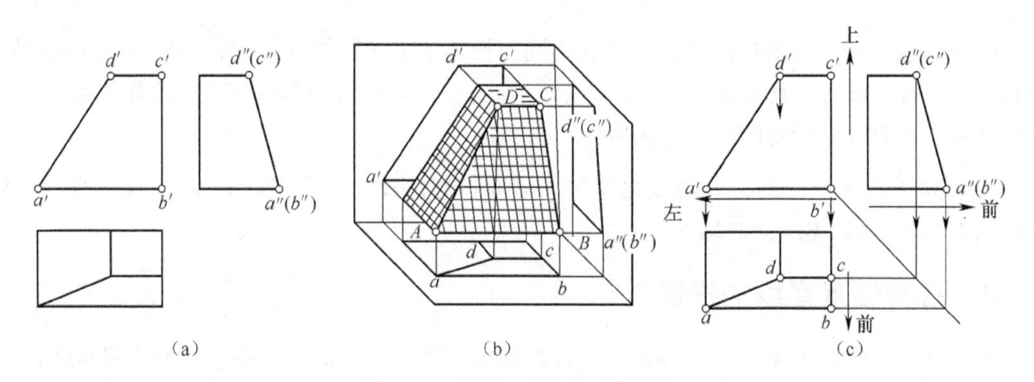

图 2-17　读体上两点相对位置

（2）判断两点相对位置。

① 判断点 A 与 B 的相对位置：$a''(b'')$的重影点对应点 a'、b'，点 A、B 没有上下和前后之分，若以点 A 为基准点，则点 B 在点 A 的正右方。

② 判断点 B 与 C 的相对位置：从 b'、c' 对应(b'')、(c'')，点 B、C 没有左右之分，但点 C 在点 B 的上、后方。

③ 判断点 A 与 D 的相对位置：从点 a'、d' 对应点 a''、d''，点 D 在点 A 的右、上、后方。

2.4 直线的投影

1. 直线的三面投影

（1）直线的各面投影由直线上两个点的同面投影①的连线。

如图 2-18（a）所示已知四棱锥的侧棱 SA，分别求作点 S、A 的三面投影 s、s'、s'' 和 a、a'、a''，然后将其同面投影的两点连接起来，即得 SA 的三面投影 sa、$s'a'$、$s''a''$，如图 2-18（b）所示。

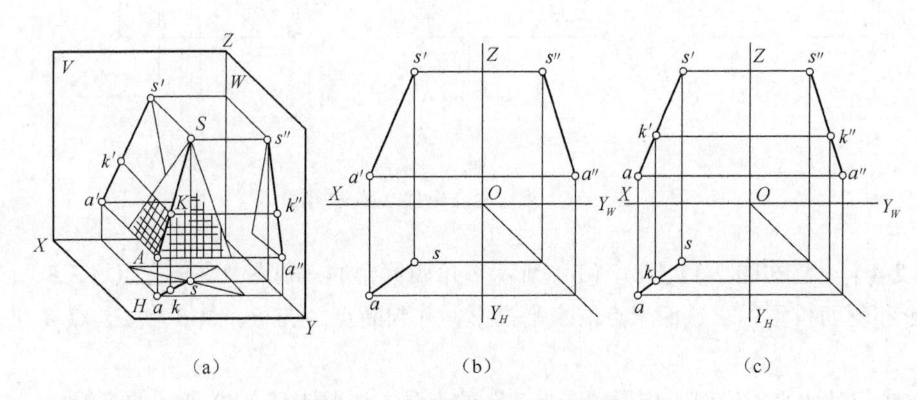

图 2-18　直线及直线上点的投影

（2）直线上任一点的投影必在该直线的同面投影上（从属性），如图 2-18（a）、（c）所示，侧棱 SA 上有一点 K，其投影点 k、k'、k''，$k \in sa$，$k' \in s'a'$，$k'' \in s''a''$②，且符合点的投影规律，这种点在直线上的投影特性称从属性。

（3）属于直线上的点，分线段之比等于同面投影之比。如图 2-18（a）、（c）所示，$SK:KA = s'k':k'a' = sk:ka = s''k'':k''a''$。

2. 各种位置直线的投影

直线在三面投影体系中有三种位置：投影面垂直线、投影面平行线、一般位置直线，前两种直线又称为特殊位置直线。

（1）投影面垂直线。垂直于一个投影面并与其他两投影面平行的直线，称为投影面垂直线。垂直于 H 面的称为铅垂线；垂直于 V 面的称为正垂线；垂直于 W 面的称为侧垂线。以表 2-3 所示长方体上三条棱线所处的三种位置为例，说明投影面垂直线的名称、空间位置及投影特性。

① 几何元素在同一个投影面上的投影即为同面投影

② “∈”从属符号。

表 2-3　　投影面垂直线的名称、空间位置及投影特性

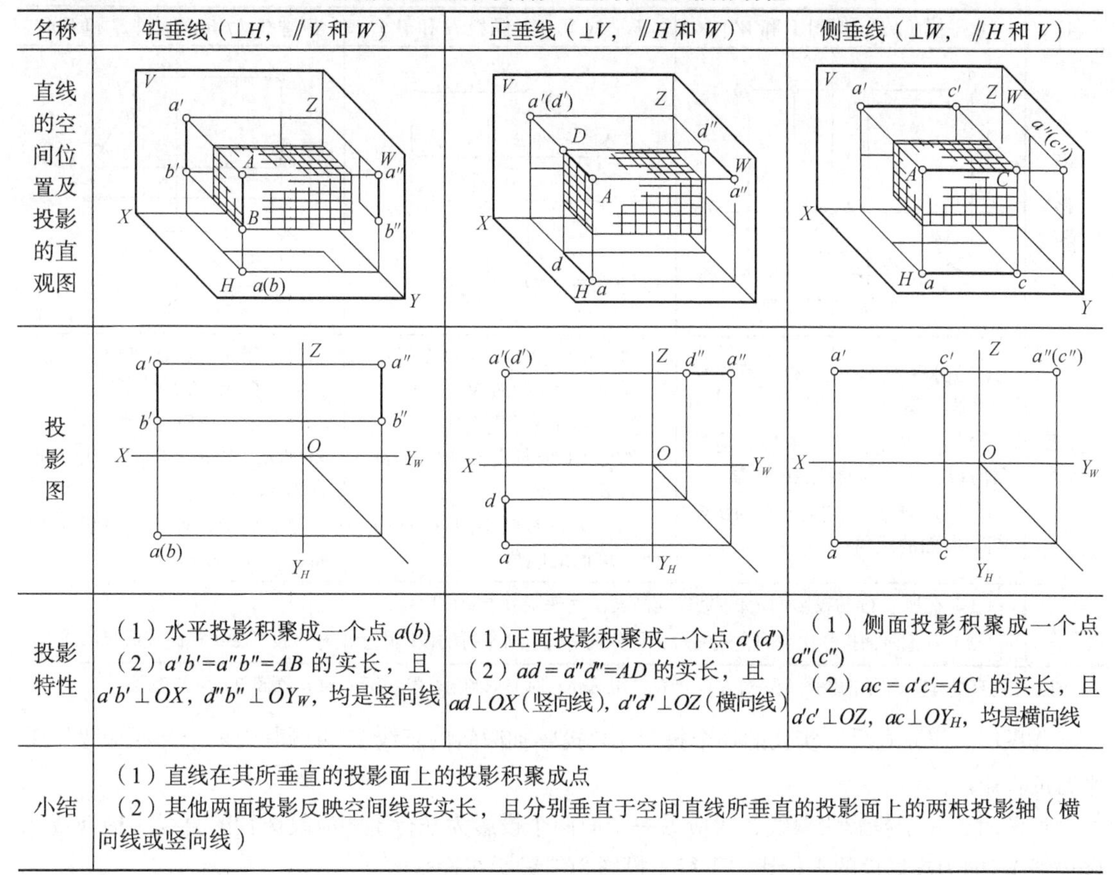

名称	铅垂线（⊥*H*，∥*V* 和 *W*）	正垂线（⊥*V*，∥*H* 和 *W*）	侧垂线（⊥*W*，∥*H* 和 *V*）
直线的空间位置及投影的直观图			
投影图			
投影特性	（1）水平投影积聚成一个点 $a(b)$ （2）$a'b'=a''b''=AB$ 的实长，且 $a'b' \perp OX$，$a''b'' \perp OY_W$，均是竖向线	（1）正面投影积聚成一个点 $a'(d')$ （2）$ad = a''d''=AD$ 的实长，且 $ad \perp OX$（竖向线），$d''a'' \perp OZ$（横向线）	（1）侧面投影积聚成一个点 $a''(c'')$ （2）$ac = a'c'=AC$ 的实长，且 $a'c' \perp OZ$，$ac \perp OY_H$，均是横向线
小结	（1）直线在其所垂直的投影面上的投影积聚成点 （2）其他两面投影反映空间线段实长，且分别垂直于空间直线所垂直的投影面上的两根投影轴（横向线或竖向线）		

作图时，应先定积聚点，再画其他两个反映实长的投影，并与相应投影轴垂直。

读图时，一个投影为点，对应另一个或两个投影为垂直于相应投影轴的直线（横向线或竖向线），即为投影面的铅垂线，垂直于投影积聚为点所在投影面。

（2）投影面平行线。平行一个投影面，并且与其他两个投影面倾斜的直线，称为投影面平行线。平行于 *H* 面的直线称为水平线；平行于 *V* 面的直线称为正平线；平行于 *W* 面的直线称侧平线。下面以表 2-4 所示的直角三棱柱的斜棱边所处的三种位置为例，说明投影面平行线的名称、空间位置及投影特性。

表 2-4　　投影面平行线的名称、空间位置及投影特性

名称	水平线（//*H*，倾斜 *V* 和 *W*）	正平线（//*V*，倾斜 *H* 和 *W*）	侧垂线（//*W*，倾斜 *H* 和 *V*）
直线的空间位置及投影的直观图			

续表

名称	水平线（//H，倾斜 V 和 W）	正平线（//V，倾斜 H 和 W）	侧垂线（//W，倾斜 H 和 V）
投影图			
投影特性	（1）水平投影 $ab=AB$，反映空间直线的实长 （2）$a'b'//OX$，$a''b''//OY_W$，均是横向线，比空间直线 AB 缩短 （3）β、γ角反映空间直线 AB 与 V 面 W 面的倾角	（1）正面投影 $a'b'=BC$，反映空间直线 AB 的实长 （2）$bc//OX$（横向线），$b''c''//OZ$（竖向线），均比空间直线 BC 缩短 （3）α、γ 反映空间直线与 H 面，W 面的倾角	（1）侧面投影 $a''c''=AC$，反映空间直线 AC 的实长 （2）水平投影 $ac//OY_H$ $a'c'//OZ$，均是竖向线，比空间直线 AC 缩短 （3）α、β 反映空间直线与 H 面、V 面的倾角
小结	（1）在所平行的投影面上的投影为斜线，反映空间直线的实长。 （2）其他两面投影比空间直线缩短，且分别平行于所平行的投影面上的相应投影轴（横向线或竖向线）。		

注：空间直线对投影面的倾角规定：对 H 面倾角，用α表示；对 V 面倾角，用β表示；对 W 面倾角，用γ 表示。

作图时，应先画反映实长的那个投影（与投影轴倾斜的直线），再画其他两个与相应投影轴平行的投影。

读图时，一个投影为斜线，对应另一个或两个投影为平行于相应投影轴的直线（横向线或竖向线），即为投影面的平行线，平行于投影为斜线所在投影面。

（3）一般位置直线。对三个投影面都倾斜的直线称为一般位置直线，下面以表 2-5 所示三棱锥侧棱 SA 所处位置为例，说明一般位置直线的空间位置和投影特性。

表 2-5　　一般位置直线的空间位置及投影特性

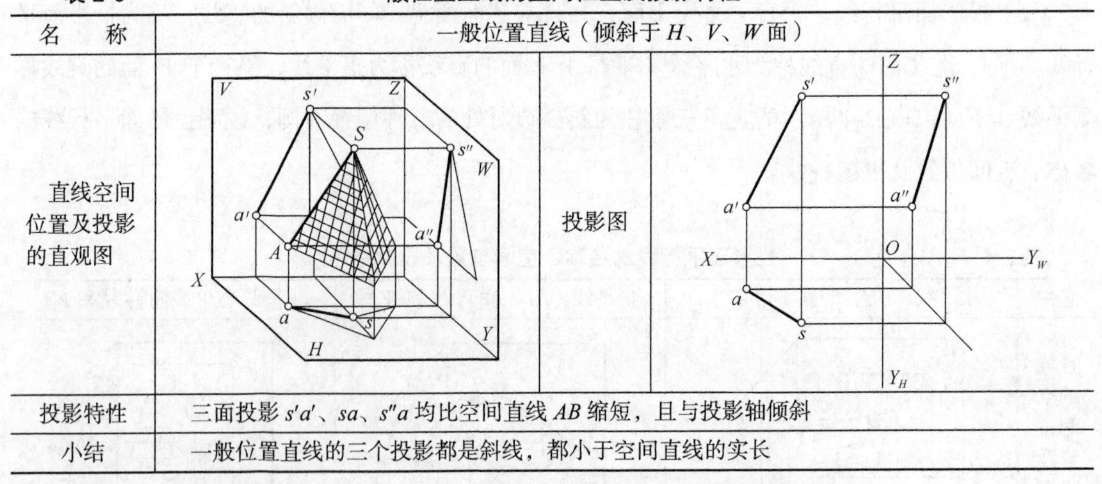

名　称	一般位置直线（倾斜于 H、V、W 面）		
直线空间位置及投影的直观图		投影图	
投影特性	三面投影 $s'a'$、sa、$s''a$ 均比空间直线 AB 缩短，且与投影轴倾斜		
小结	一般位置直线的三个投影都是斜线，都小于空间直线的实长		

作图时，应先画直线上两端点的三个投影，再把两点同面投影连成直线。

读图时，两个或三个投影都是斜线对应斜线，则为一般位置直线。

3. 读、画直线的投影

［例 2-5］ 已知正平线 AB 长 25 mm，与 H 面的倾角 $\alpha = 60^\circ$，点 A 的坐标为（5，10，25），点 B 在点 A 的左下方，求作直线 AB 的投影。

作图：

① 作投影轴及点 A 的投影 a、a'、a''，如图 2-19（a）所示。

② 过 a' 作与 OX 轴夹角为 60° 的斜线，如图 2-19（b）所示。

③ 截取 $a'b' = 25$ mm，过点 a、a'' 作 OX，OZ 的平行线，由点 b' 求得点 b、b''，即得所求，如图 2-19（c）所示。

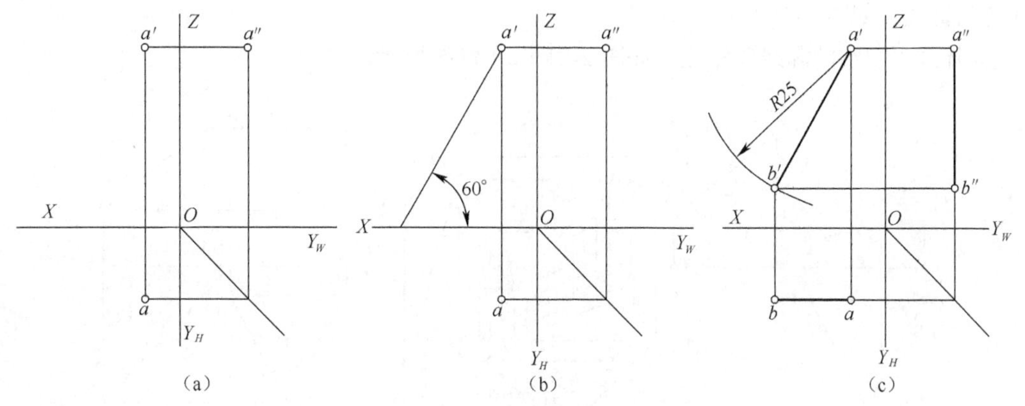

图 2-19 作正平线 AB 的投影

［例 2-6］ 如图 2-20（a）所示，已知直线 AB 的正面投影 $a'b'$ 和水平投影 ab，以及直线上点 S 的正面投影 S'，求作 S 的水平投影。

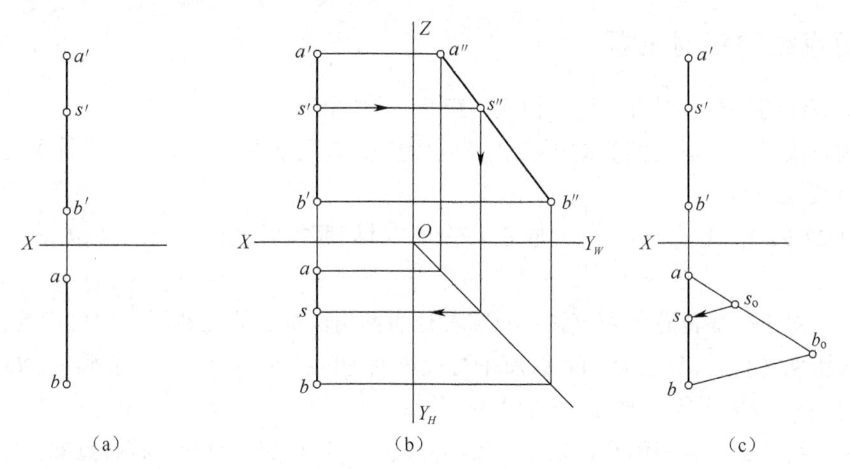

图 2-20 已知直线上点 S 的正面投影，求作水平投影 S'

由于竖向线 $a'b'$ 与 ab 对应，想象直线 AB 为侧平线。

作图方法有下面两种。

作图方法一（见图 2-20（b））：

① 求得 AB 的侧面投影 $a''b''$，同时求得点 s''。

② 据点的直线上投影的从属性，由 s'' 求得点 s。

作图方法二（见图 2-20（C））

① 过点 a（或点 b）作任意一辅助斜线，在该线上截取 $a_o s_o$ = a's'，$s_o b_o$ = s'b'。

② 连接 bb_o，过 s_o 作 bb_o 的平行线，交于 ab 上点 s，即得所求。

［例 2-7］　已知图 2-21（a）所示，缺角三棱柱的俯、左视图及棱线 AB、CD 及 AC 的水平投影和侧面投影，想象这三条棱线空间位置，补画主视图的漏线。

① 点 a(b) 对应竖向线 a″b″，棱线 AB 为铅垂线，正面投影缺竖向线 a′b′；点 c″(d″) 对应横向线 cd，棱线 CD 为侧垂线，正面投影缺横向线 c′d′；斜线 ad 与 a″d″ 对应，棱线 AD 为一般位置直线，正面投影缺斜线 a′d′。

② 综合想象这三条棱线的空间位置，把想象的 AB 铅垂线、CD 侧垂线、AD 一般位置直线组成空间折线，如图 2-21（b）所示。

③ 补画主视图的漏线并标注，如图 2-21（c）箭头所示。

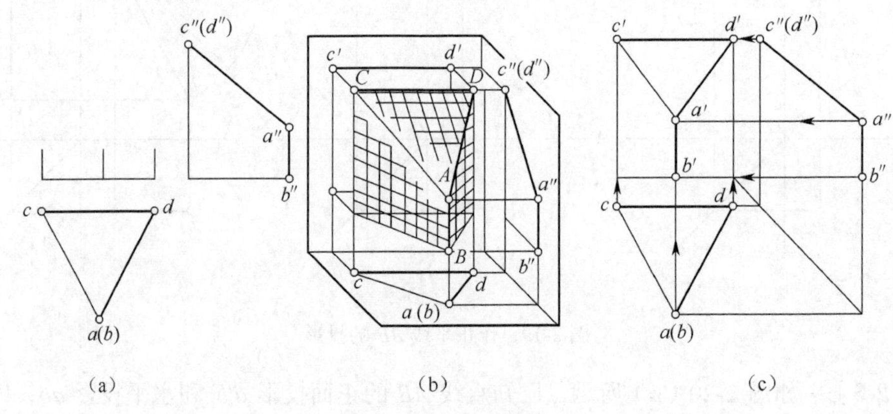

图 2-21　读体上的直线投影

4. 两直线的相对位置

空间两直线的相对位置有平行、相交、交叉三种情况。

（1）两直线平行。空间两直线平行，其同面投影均互相平行，反之，若同面投影均平行，则空间两直线也平行。

如图 2-22（a）、（b）所示，AB 与 CD 平行，其同面投影也相平行，即 ab//cd、a′b′//c′d′、a″b″//c″d″。

实际上，对于一般位置的两直线，只需看任意两组同面投影是否平行即可确定；但当两直线与某一投影面平行时，则要看两直线所平行投影面上的投影是否平行才能确定。如图 2-22（c）所示，a″b″ 与 c″d″ 不平行，则 AB 与 CD 不平行。

（2）两直线相交。空间两直线相交，其同面投影一定相交，且交点符合点的投影规律。

如图 2-23（a）、（b）所示，直线 AB 与 CD 相交于点 E，其投影 ab 与 cd 相交于 e，a′b′ 与 c′d′相交于 e′，a″b″ 与 c″d″ 相交于 e″。点 e、e′、e″ 符合点的投影规律。

反之，如果两直线的同面投影都相交，且交点投影符合点的投影规律，则空间两直线必定相交。

判断一般位置两直线是否相交，只需看任意两组同面投影是否相交就能确定，如图 2-23（b）所示。但当两直线之一为投影面平行线时，如图 2-23（c）中 CD 为侧平线，其侧面投影 c″d″ 与

$a''b''$ 虽相交，但交点不符合点的投影规律，因此 AB 与 CD 两直线不相交。

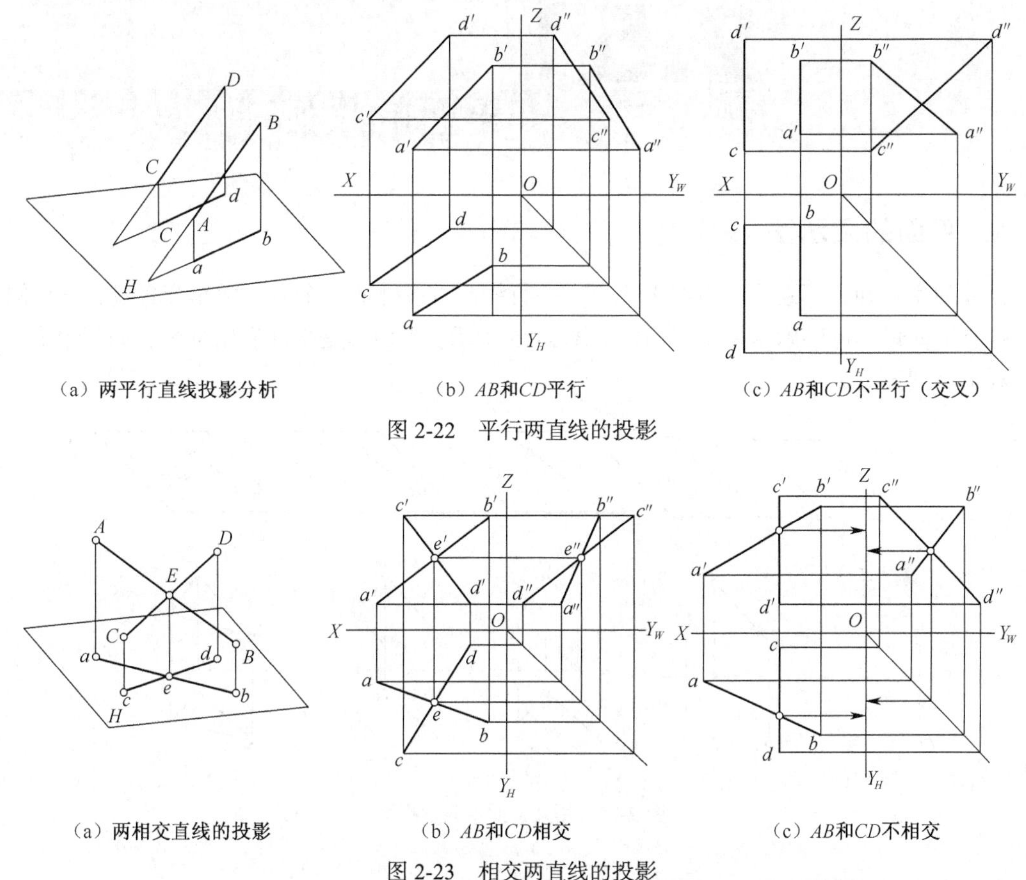

（a）两平行直线投影分析　　（b）AB和CD平行　　（c）AB和CD不平行（交叉）

图 2-22　平行两直线的投影

（a）两相交直线的投影　　（b）AB和CD相交　　（c）AB和CD不相交

图 2-23　相交两直线的投影

（3）两直线交叉。空间两直线既不平行又不相交，则两直线交叉（异面两直线）。

交叉两直线的同面投影可能相交，但交点不符合点投影规律，交点的投影是两直线处于同一投射线上两个点的重影点。如图 2-24（a）、（b）所示，AB 与 CD 的同面投影交点 1（2）、3′（4′），不符合点的投影规律，是两直线上点 Ⅰ、Ⅱ及点Ⅲ、Ⅳ的重影。

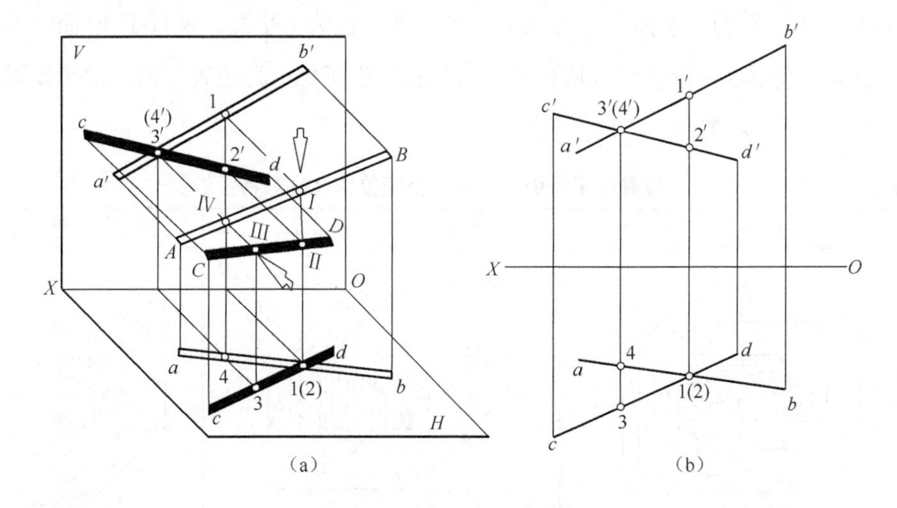

图 2-24　交叉两直线的投影

2.5 平面的投影

1. 平面的表示法

从几何学可知，不在同一直线上三点、一直线及直线外的一个点、两相交直线、平行两直线、任意平面形都可以确定一个平面，如图 2-25 所示。平面形是平面有限部分，如三角形、矩形、梯形、圆形等。

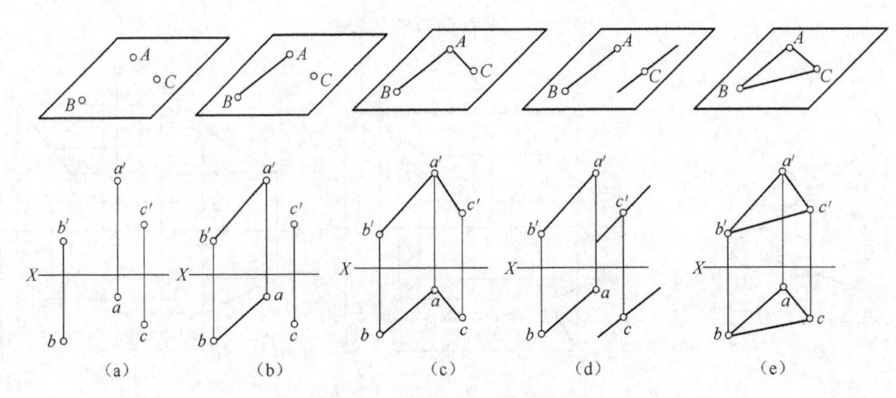

图 2-25　用几何元素表示平面

2. 各种位置平面的投影

平面在三面投影体系中有三种位置：投影面平行面、投影面垂直面、一般位置平面。前两种平面又称为特殊位置平面。

（1）投影面平行面。平行一个投影面与另两个投影面垂直的平面，称为投影面平行面。平行于 H 面的平面，称为水平面；平行于 V 面的平面，称为正平面；平行于 W 面的平面，称为侧平面。下面以表 2-6 所示直角五棱柱的五边形特征面所处三种位置为例，说明投影面平行面的名称、空间位置和投影特性。

表 2-6　　投影面平行面的名称、空间位置及投影特性

名称	水平面（$//H$，$\perp V$ 和 W）	正平面（$//V$，$\perp H$ 和 W）	侧平面（$//W$，$\perp H$ 和 V）
平面的空间位置及投影的直观图	Z V　e′(a′)　1′　d′c′(b′)　Ⅰ W　1″ A　B　a″(b″) e″ d″(c″) E　D　C X b a e　1　d　c H Y	Z V　2′　d′　c′ W e′ b′ a′　Ⅱ D　C　d″(c″) 2″ X　e″ a″ E A　B　(b″) e(a)　H　2　d　c(b) Y	Z V d″(c″)　W 3′　c″ e′　C　d″ D　3″ a′(b′)　b″　e″ Ⅲ　B X　E A　a″ c(b)e 3　e(a)　H Y

续表

名称	水平面（//H，⊥V 和 W）	正平面（//V，⊥H 和 W）	侧平面（//W，⊥H 和 V）
投影图			
投影特性	（1）水平投影反映直角五边形 *I* 的实形 （2）正面和侧面投影积聚为直线，且分别平行于 OX 轴和 OY_W 轴，均是横向线	（1）正面投影反映直角五边形 *II* 的实形 （2）水平和侧面投影积聚为直线，分别平行于 OX 轴（横向线）和 OZ 轴（竖向线）	（1）侧面投影反映反映直角五边形 *III* 的实形 （2）正面和水平面投影积聚为直线，分别平行于 OZ 轴和 OY_H 轴，均是竖向线
小结	（1）在所平行的投影面上的投影反映实形。 （2）其他两面投影积聚为直线，且分别平行于所平行投影面上的两根投影轴（横向线或竖向线）		

画图时，一般应先画反映实形的那个投影，再画与相应投影轴平行（横向线或竖向线）的积聚性直线。

读图时，若平面投影图的一个投影为封闭线框，对应另一个或二个的投影为平行相应投影轴的直线（横向线或竖向线），即可判断为投影面平行面，平行于封闭形线框所在投影面。

（2）投影面垂直面。垂直一个投影面与其他两个投影面倾斜的平面，称为**投影面垂直面**。垂直于 H 面的平面称为**铅垂面**，垂直于 V 面的平面称为**正垂面**，垂直于 W 面的平面称为**侧垂面**。下面以表 2-7 所示直角三棱柱矩形斜面所处三种位置为例，说明投影面垂直面的名称、空间位置及投影特性。

表 2-7　　投影面垂直面的名称、空间位置及投影特性

名称	铅垂线（⊥H，倾斜 V、W）	正垂线（⊥V，倾斜 H、W）	侧垂线（⊥W，倾斜 H 和 V）
平面的空间位置及投影的直观图			

续表

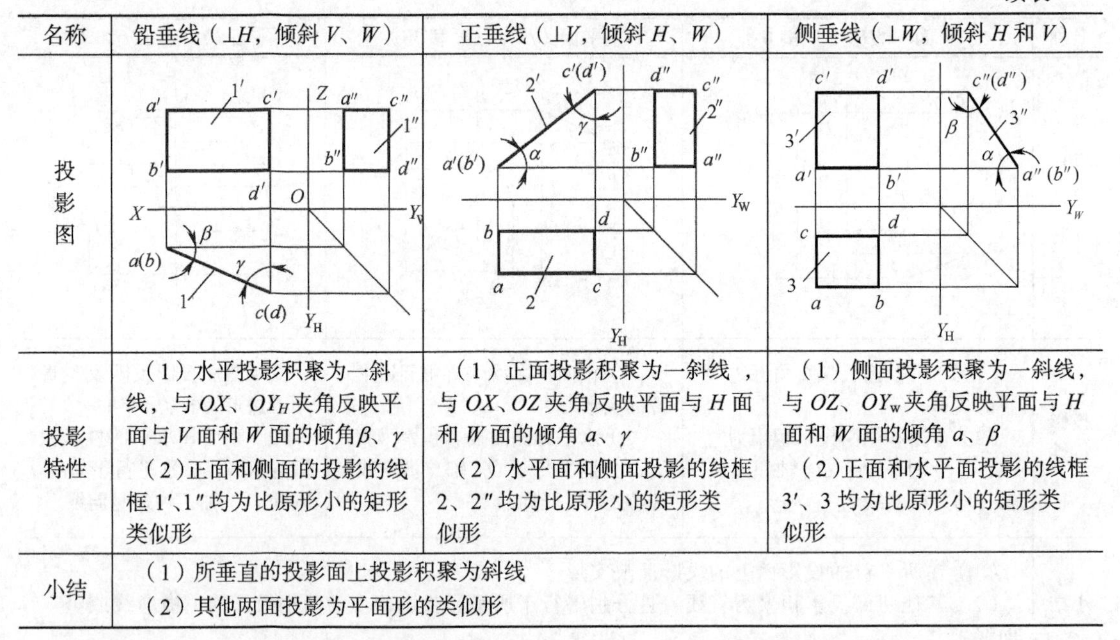

名称	铅垂线（⊥H，倾斜 V、W）	正垂线（⊥V，倾斜 H、W）	侧垂线（⊥W，倾斜 H 和 V）
投影图			
投影特性	（1）水平投影积聚为一斜线，与 OX、OY_H 夹角反映平面与 V 面和 W 面的倾角 β、γ （2）正面和侧面的投影的线框 1′、1″ 均为比原形小的矩形类似形	（1）正面投影积聚为一斜线，与 OX、OZ 夹角反映平面与 H 面和 W 面的倾角 α、γ （2）水平面和侧面投影的线框 2、2″ 均为比原形小的矩形类似形	（1）侧面投影积聚为一斜线，与 OZ、OY_W 夹角反映平面与 H 面和 W 面的倾角 α、β （2）正面和水平面投影的线框 3′、3 均为比原形小的矩形类似形
小结	（1）所垂直的投影面上投影积聚为斜线 （2）其他两面投影为平面形的类似形		

画图时，一般应先画有积聚性的那个投影（斜线），然后再画出其他两个投影为类似形的线框。

读图时，若平面投影图是一个投影为斜线（积聚性投影），对应另一个或两个的投影为平面形的类似形（封闭形线框），即可判断平面形为投影面垂直面，垂直于斜线所在的投影面。

（3）一般位置平面。与三个投影面都倾斜的平面，称为一般位置平面。下面以表 2-8 所示的三棱锥的侧面 SAB 为例，说明其空间位置和投影特性。

表 2-8　　一般位置平面的空间位置及投影特性

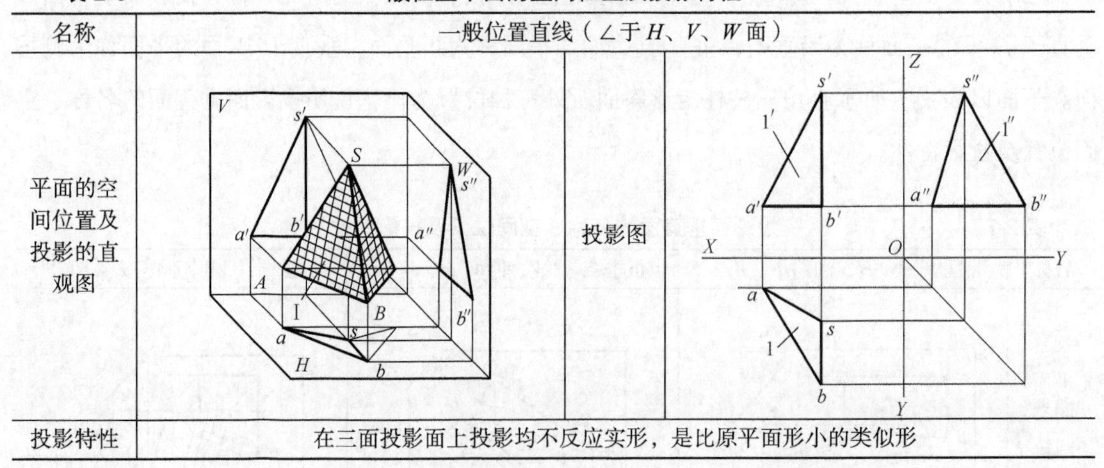

名称	一般位置直线（∠于 H、V、W 面）		
平面的空间位置及投影的直观图		投影图	
投影特性	在三面投影面上投影均不反应实形，是比原平面形小的类似形		

画图时，一般应先作出平面形各顶点的各个投影，然后分别把同面投影的点按顺序连线，得平面形的投影图。

读图时，若平面投影图中的三个投影都是类似形线框，则线框所示的平面为一般位置平面。

3. 读、画平面的投影

［例 2-8］ 已知图 2-26（a）、（b）所示斜燕尾形柱上的斜面 M 为侧垂面，与 H 面的倾角 α 为 45°，缺口朝后，M 面底边 DC 投影为 dc、$d'c'$、$d''(c'')$，求作 M 面的三面投影。

分析：平面 M 为侧垂面，侧面投影积聚为斜线，正面和水平投影为 M 面的类似形。

作图：

① 过点 $d''(c'')$作与 OY_w 夹角 α 45° 朝后的斜线，其长度等于侧平线 AD（BC）长度，定出点 $a''(e''、f''、b'')$，并在其上定出侧垂线 GH 积聚性投影点 $h''(g'')$；

② 画正面投影时，由点 $a''(e''、f''、b'')$ 及点 $h''(g'')$ 引投影线，作直线 $c'd'$ 对称中心线与 oz 平行，取 $a'e' = AE$、$f'b' = FB$、$h'g' = HG$ 对称直线，连接 $e'h'$和 $f'g'$，得面 M 的类似形 m'（应注意图形对称性）；

③ 由正面和侧面投影，求得水平投影的类似形 m。作图时，应用点的“二求三”方法，如图 2-26（c）箭头所示。

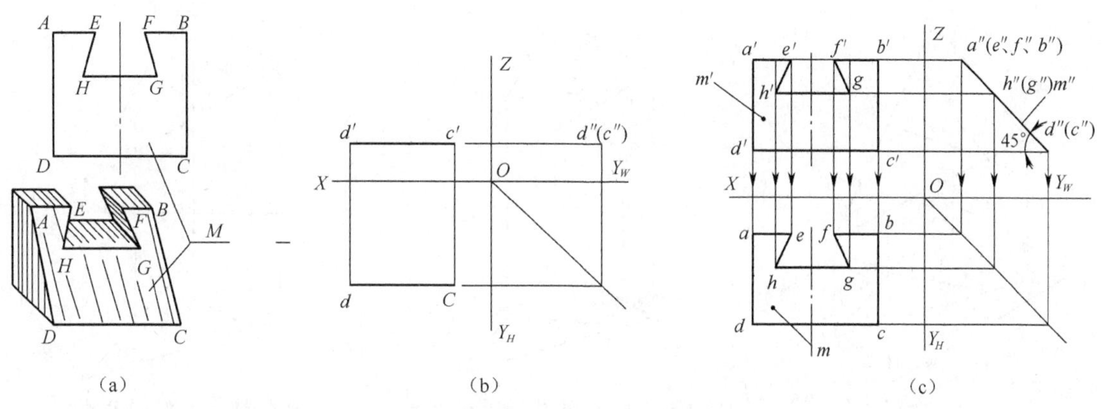

图 2-26 作侧垂面 M 的三面投影图

［例 2-9］ 已知图 2-27（a）所示三视图和主、俯视图指定的线框和线段，想象各面空间位置，说出名称，在左视图找出对应的投影，并在立体上标出对应面的字母。

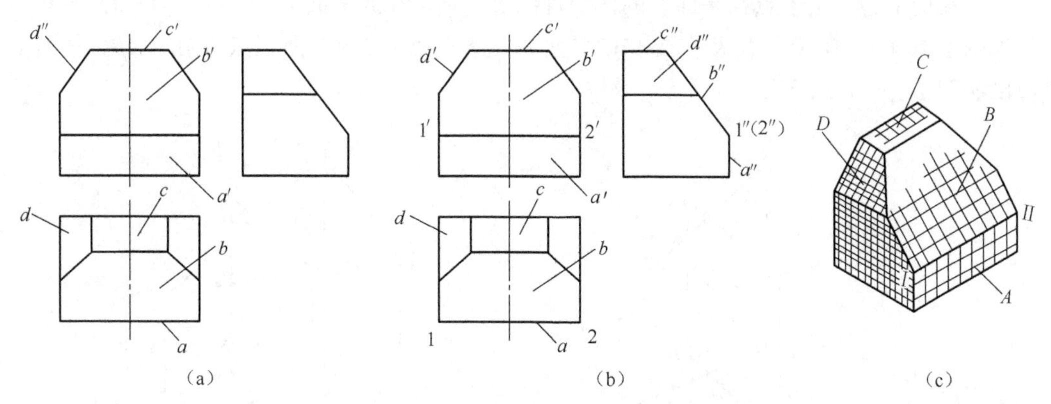

图 2-27 分析体上指定面的名称及投影关系

按主、俯长对正，找出线框、线段对应关系，由平面投影特性，想象面形和空间位置。

① 线框 a' 对应横向线 a，矩形面 A 为正平面，侧面投影为竖向线 a''；

② 线框 b' 与 b 对应，边线 $1'2'$ 与 12 都为横向线，线 $I\!I\!I$为侧垂线，六边形面 B 为侧垂面，

侧面投影为斜线 b''；

③ 横向线 c' 与线框 c 对应，矩形面 c 为水平面，侧面投影为横向线 c''；

④ 斜线 d' 对应线框 d，直角梯形面 D 为正垂面，侧面投影直角梯形 d''。

综合想象这四个面组的相对位置，在立体图上标出位置，如图 2-27（c）所示。

4. 平面上的直线和点

（1）平面上的直线。直线在平面上的几何条件有下面两种情况。

① 直线通过平面上的两点；

② 直线通过属于平面上的一点，且平行于从属平面上一直线。

图 2-28（a）中，点 M、N 属于△ABC 平面上的两点，所以直线 MN 在△ABC 平面上。点 M 是在△ABC 平面上的点，过点 M 作直线 MP 平行于 AC，所以直线 MP 在△ABC 平面上。作图方法如图 2-28（b）、（c）所示。

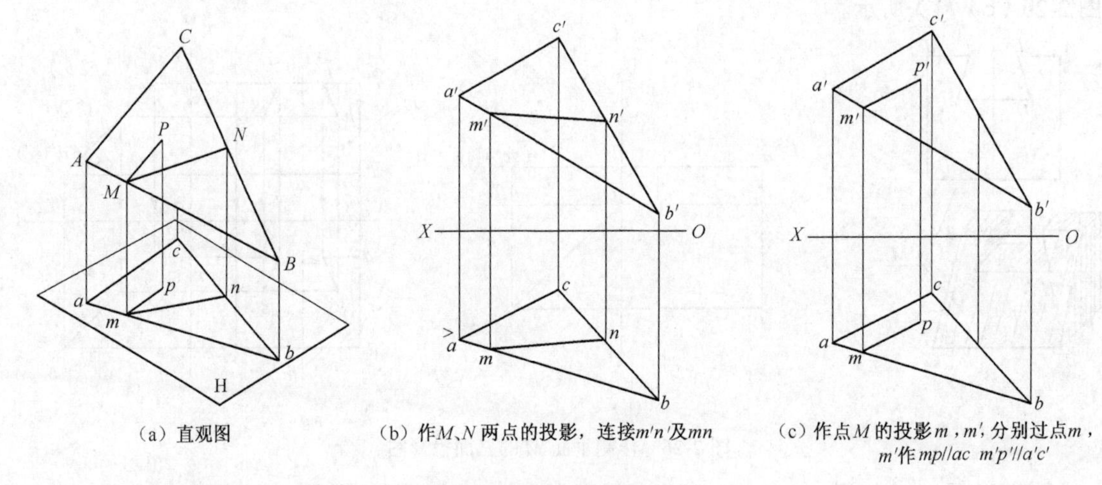

（a）直观图　（b）作 M、N 两点的投影，连接 $m'n'$ 及 mn　（c）作点 M 的投影 m，m'，分别过点 m，m' 作 $mp//ac$ $m'p'//a'c'$

图 2-28 平面上的直线

（2）平面上的点。若点在平面上的任一直线上，则点在此平面上。

如图 2-29（a）所示，点 K 在△ABC 平面的一条直线 DE 上，所以点 K 在△ABC 平面上。其投影如图 2-29（b）所示。

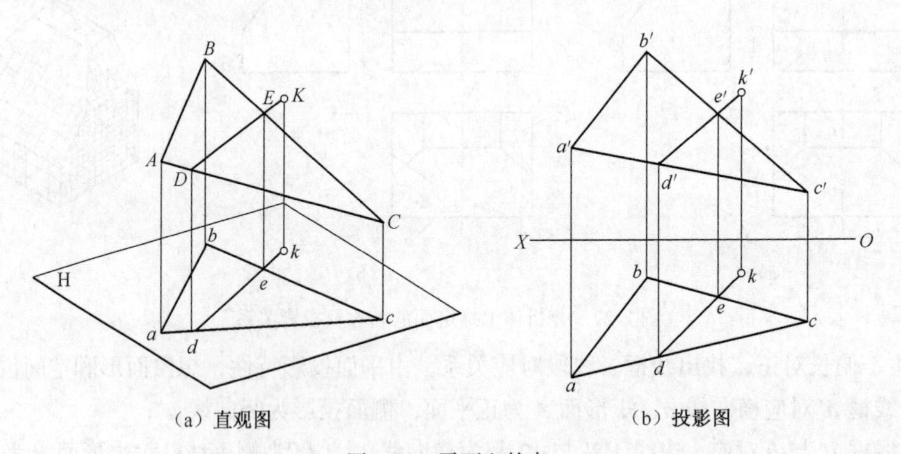

（a）直观图　（b）投影图

图 2-29 平面上的点

[例 2-10]　已知图 2-30（a）△*ABC* 平面上点 *K* 的正面投影 *k*′，求作水平投影 *k*。

分析：点 *K* 在△*ABC* 平面上，点 *K* 必在△*ABC* 平面上任一直线上，过点 *K* 在三角形平面引辅助线，点 *K* 同属辅助线上的同面投影上。

作图方法一：

如图 2-30（b）所示，过点 *k*′ 在△*a*′*b*′*c*′ 上作辅助线与 *a*′*b*′、*a*′*c*′ 交于点 *m*′、*n*′，再由点 *m*′、*n*′求得点 *m*、*n* 并连线，再由点 *k*′ 在 *mn* 线上求得 *k*。有时为了简化作图，引辅助线时，通过平面上已知点，其解题结果相同，如图 2-30（c）所示。

作图方法二：

过点 *K*′ 引辅助直线平行于 *a*′*b*′，求该线在水平面的投影，由 *K*′求得 *K*，如图 2-30（d）所示。

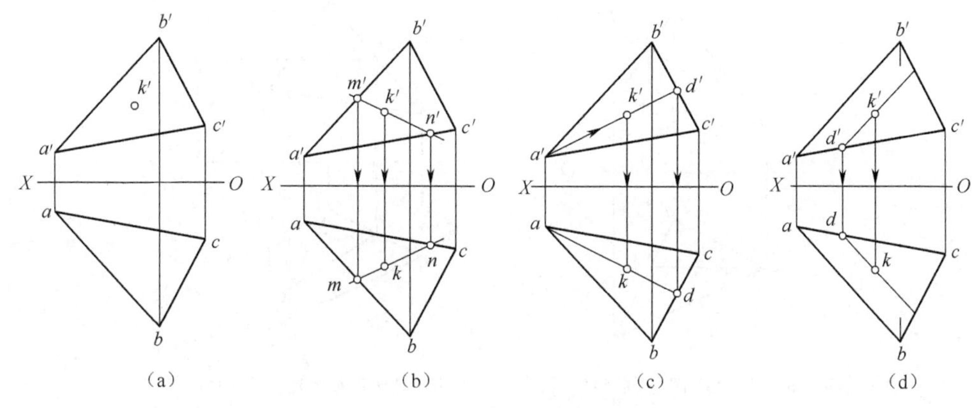

（a）　（b）　（c）　（d）

图 2-30　在平面上作辅助线取点

*[例 2-11]　已知图 2-31（a）所示五边形 *ABCDE* 的正面投影及 *AB*、*BC* 两边水平投影，且 *AB*//*CD*，完成该五边形的水平投影。

分析：此五边形两相邻边 *AB* 和 *BC* 两面投影为已知，因此该平面已确定，只要根据平面上直线和点的投影特性，就可由已知投影补画其他投影。

作图：如图 2-31（b）中箭头所示，延长 *a*′*e*′ 线，得辅助线 *e*′*f*′，由 *a*′*f*′ 求得 *af*，由 *e*′ 求得 *e*；过点 *c* 作 *ab* 的平行线，由点 *d*′ 求 *d*，连接 *de*，得所求。另一作图方法和步骤如图 2-31（c）所示。

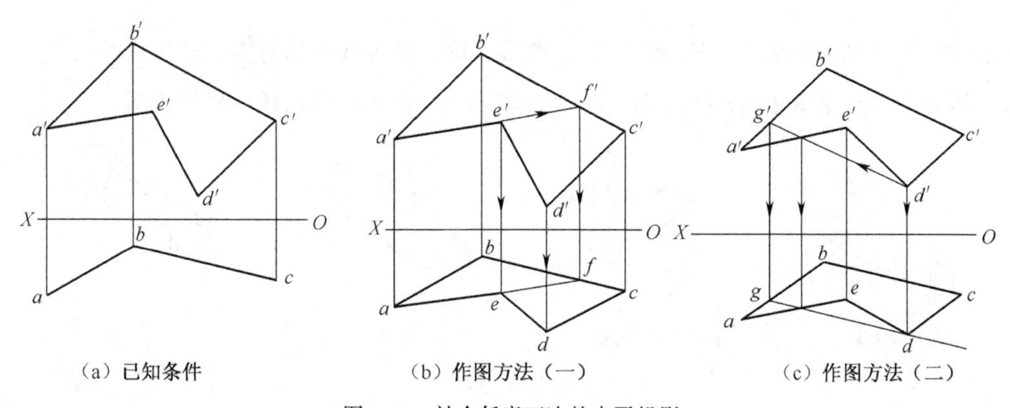

（a）已知条件　（b）作图方法（一）　（c）作图方法（二）

图 2-31　补全任意五边的水平投影

*（3）平面上的投影面平行线。既在平面上同时又平行于某一投影面的直线称为平面上的投影面平行线。

平面上投影面平行线的投影，既有投影面平行线所具有的投影特性，又有平面上直线的投影特性。

在一平面上对某个投影面可以作出无数条投影面平行线，如果规定要通过平面上某一点，或与某一个投影面距离为一定值，则在平面上只能作一条投影面平行线。

① 如图 2-32（a）所示，过△*ABC* 上点 *A* 作一条正平线 *AM* 的投影 *am*、*a'm'*；

② 如图 2-32（b）所示，在△*ABC* 平面上作距离 *H* 面为 *D* 的水平线 *MN* 的投影 *mn* 和 *m'n'*。

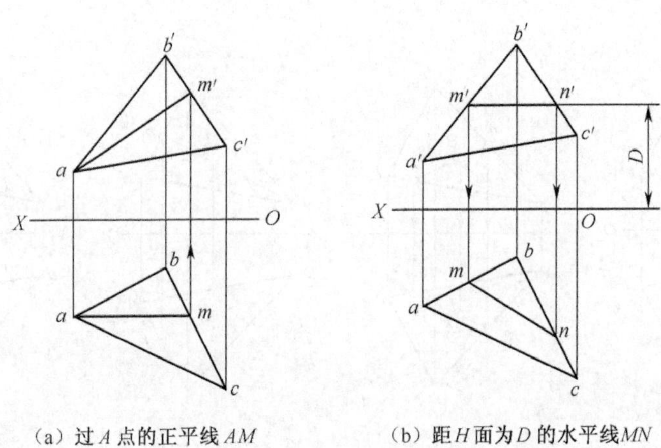

（a）过 *A* 点的正平线 *AM*　　（b）距 *H* 面为 *D* 的水平线 *MN*

图 2-32　平面上投影面的平行线

平面上投影面平行线的一个投影反映线段实长，另一个投影反映线段到投影面真实距离，可在图 2-32 的两个投影图中找出。

2.6 基本立体的投影

通常把组成机件的棱柱、棱锥、圆柱、圆锥、球、环等基本几何体，称为基本立体。常见基本立体分为平面立体和回转体两类。图 2-33 所示为由基本立体组成的机件实例。

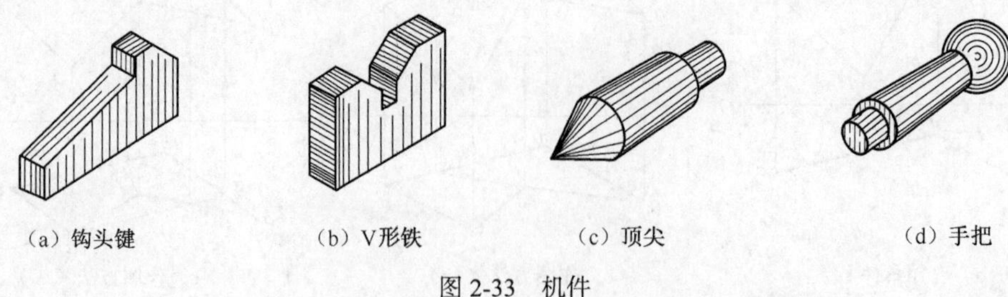

（a）钩头键　（b）V形铁　（c）顶尖　（d）手把

图 2-33　机件

本节着重研究基本立体的形体特征、三视图特点及其表面上点的投影，为读、画组合体、机件视图奠定形体分析的投影基础。

2.6.1 平面立体

1. 直棱柱

（1）直棱柱的形体特征。直棱柱的两底面为多边形，起着确定棱柱形状的主要作用，称为特征面；若干矩形侧面、侧棱垂直特征面。

如图2-34（a）所示，正六棱柱的两底面是正六边形的特征面，6个矩形侧面和6个侧棱垂直于正六边形平面。

（2）直棱柱投影分析。如图2-34（a）、（b）所示，正六棱柱的两底面 *I* 是水平面，水平投影是正六边形 1，为实形，正面和侧面投影积聚为横向直线 1′、1″；前、后侧面 *II* 是矩形正平面，正面投影矩形 2′ 为实形，水平和侧面投影积聚为横向和竖向直线 2 和 2″；其他 4 个矩形侧面均是铅垂面，如面 *III* 水平投影积聚为斜线 3，正面和侧面投影为矩形类似形 3′、3″。6 个侧棱均是铅垂线，水平投影积聚为点，如 *AD*、*BC* 的铅垂线，水平投影积聚为点 *a*（*d*）、*b*（*c*），正面和侧面投影为竖向线 *a′d′*、*b′c′*和 *a″d″*、*b″c″*。

正六棱柱的左右、前后是对称面，如图 2-34（c）所示。在三个视图中用点画线表示对称面的投影。

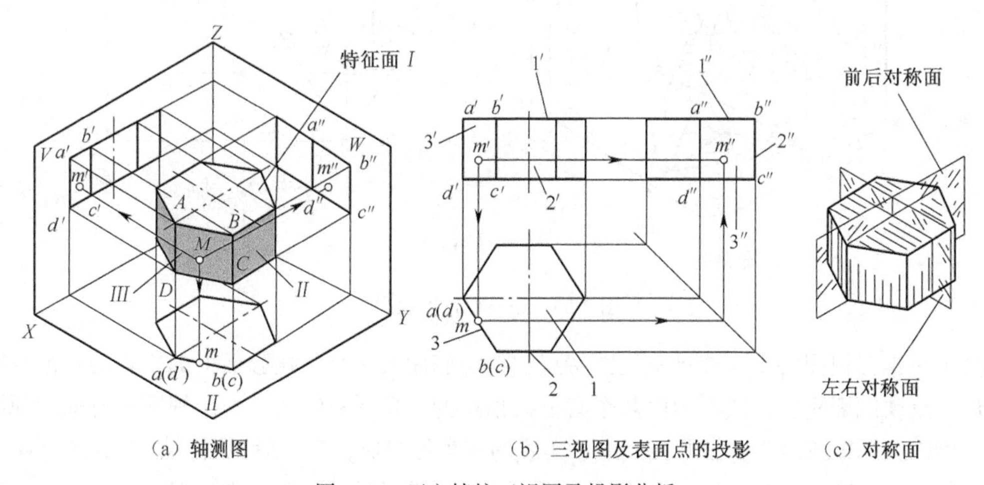

（a）轴测图　（b）三视图及表面点的投影　（c）对称面

图2-34　正六棱柱三视图及投影分析

（3）直棱柱三视图特点。直棱柱三视图特点：特征面所平行的投影面上的投影为多边形，反映特征形，这个视图称为特征视图，多边形线框称特征形线框，另两个投影均是单个或多个相邻虚、实线的矩形，为一般视图，如图2-34（b）所示。

（4）直棱柱表面上点的投影。当点从属于平面立体上的某个平面时，则该点的投影必在它所属平面的各同面投影内。若该平面投影是可见的，则该点也是可见，反之是不可见的。

如图2-34（b）所示，已知六棱柱表面上点 *M* 的正面投影点 *m′*，作另两个面的投影。

按点 *m′*的位置及可见性，判断点 *M* 属于六棱柱左侧面 *ABCD*，*ABCD* 铅垂面，因此，点 *M* 的水平投影 *m* 必在该面的水平积聚性投影 *abcd* 线上。

作图时，由点 m' 求得点 m，再由点 m、m' 求得点 m''（见箭头所示）。

由于点 M 从属六棱柱的左边侧面，该面的侧面投影——矩形 $a''b''c''d''$ 是可见的，所以点 m''为可见。

2. 棱锥

（1）棱锥的形体特征。棱锥的底面为多边形（特征面），各侧面为若干具有公共顶点的三角形，从棱锥顶点到底面距离为棱锥的高。

（2）棱锥的投影分析。图 2-35（a）所示正三棱锥的底面为水平面，其水平投影为等边三角形 abc，反映底面实形；正面和侧面投影积聚为横向直线段 $a'b'c'$和 a''（c''）b''；由于后侧三角形的底边 AC 为侧垂线，所以三角形 SAC 为侧垂面，侧面投影积聚为斜线 $s''a''(c'')$、正面和水平投影为三角形 SAC 的类似形$\triangle s'a'c'$（不可见）和$\triangle sac$（可见）；左右侧面都是一般位置平面，三个投影面的投影均是三角形的类似形。各条棱线的投影，读者可按上述方法进行空间位置和投影分析，找出在各个视图的投影位置。

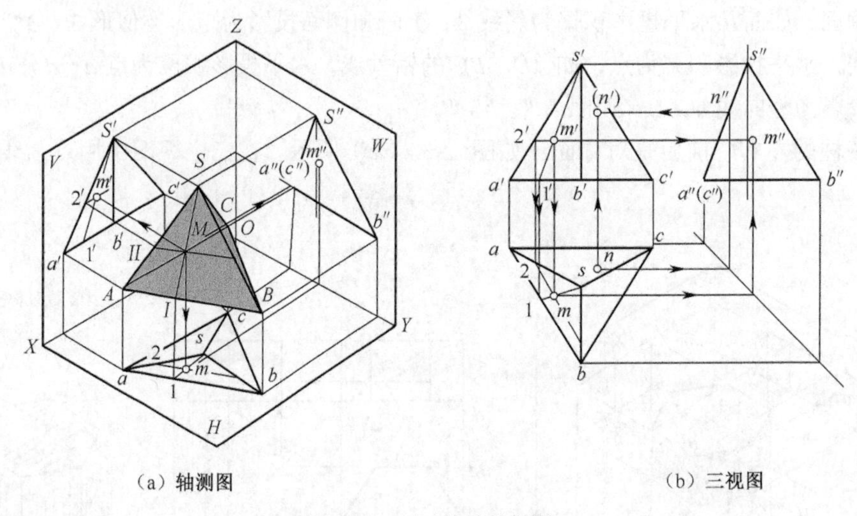

（a）轴测图　　（b）三视图

图 2-35　正三棱锥的投影

（3）棱锥三视图特点。棱锥三视图特点：在与底面所平行的投影面上的投影的外形线框为多边形，反映底面实形，线框内由数个有公共顶点的三角形所组成，这个视图称特征形视图；另两个投影为单个或多个有公共顶点虚、实线的三角形组成，为一般视图，如图 2-35 所示。

（4）棱锥表面上点的投影。求作棱锥面上的点的投影时，对于特殊位置平面上的点，利用该平面投影积聚性取点法求得；对于一般位置平面上的点，利用作该平面上辅助线方法求得。

如图 2-35（b）所示，已知点 M、N 的正面投影 m' 和水平投影 n，求作其他两面投影。

由于点 n 可见，点 N 在三棱锥后侧面的三角形 SAC 上，利用积聚性投影法直接求得点 n''，由点 n 和 n'' 求得点 n'。由于三角形 $s'a'c'$ 为不可见，所以点（n'）为不可见，作图步骤见箭头所示。

点 m' 为可见，从属于三棱锥侧面三角形 SAB，而三角形 SAB 为一般位置平面，投影没有积聚性，因此过点 M 与锥顶 S 引辅助线 SI，作出 SI 的有关投影，根据点在直线上的投影从属性求得点的相应投影。作图时，过点 m' 引 $s'1'$，求得水平投影 $s1$，过点 m' 引投影连线交于 $s1$ 线点 m，由点 m'，m 求得点 m''。

由于点 M 所属侧面三角形 SAB 在 V 面和 W 面上的投影都是可见的，所以点 m、m'' 也是可见的。

2.6.2 回转体的投影

由一母线（直线或曲线）绕定轴回转而成的曲面，称为回转面。表面是回转面或回转面和平面所围成的立体，称为回转体。常见回转体有圆柱、圆锥、圆球和圆环等。由于回转面是光滑曲面，所以其投影（视图）仅画出曲面对应于投影面的可见和不可见的分界线，这种分界线称为回转体轮廓线。

1. 圆柱

（1）圆柱面的形成。如图 2-36 所示，圆柱面可看成是由一条直线 AA_1（母线）绕与其平行的轴 OO_1 回转而成的。圆柱面上任意一条平行于轴线 OO_1 的直线称为圆柱面素线。

圆柱的表面由圆柱面和上、下底面（圆平面）所围成。

（2）圆柱的投影。如图 2-37（a）（b）所示，圆柱轴线垂直于 H 面，圆柱面上所有素线都是铅垂线，因此圆柱面的水平投影积聚为一个圆周。在圆柱面上任何点、线的投影都重合在此圆周上。圆形反映圆柱顶面、底面的实形。

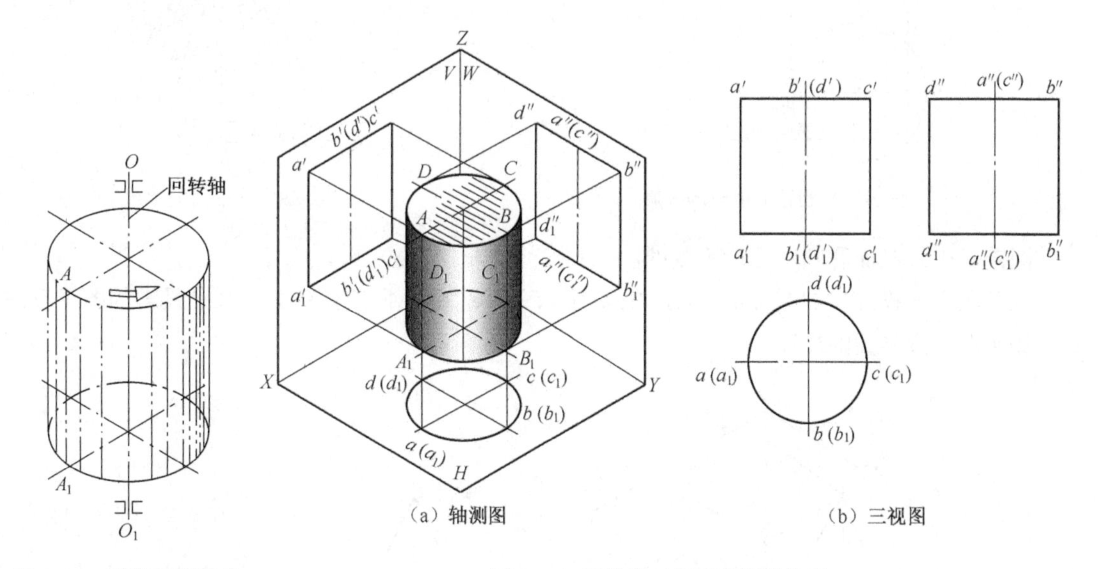

图 2-36　圆柱面的形成

图 2-37　圆柱的三视图及投影分析

正面投影矩形的上、下边表示圆柱顶面和底面的积聚性投影；左右两边 $a'a_1'$ 和 $c'c_1'$ 是圆柱面正面轮廓线 AA_1 和 CC_1 的投影，是圆柱面前半部可见和后半个不可见的分界线，它们的水平投影积聚为点 $a(a_1)$、$c(c_1)$，侧面投影与圆柱轴线投影的点画线重合，由于圆柱面是光滑的，所以不再画线。

侧面投影的矩形 $d''d_1''\ b''b_1''$ 和两边 $d''d_1''$、$b''b_1''$ 的空间含义，请读者自行分析。

（3）圆柱三视图特点。圆柱轴线所垂直投影面上的投影为圆，轴线所平行的投影面的投影为矩形。

画圆柱三视图时，应注意画圆的中心线和轴线，如图 2-37（b）所示。

（4）圆柱面上点的投影。圆柱面上点的投影，均可借助圆柱面投影积聚性取点法求得。

如图 2-38 所示，已知圆柱面上点 M 和 N 的正面投影 m' 和 n'，求作其他两面的投影。

从点 m' 的位置和可见性，确定点 M 位于圆柱面前半部的左边，由点 m' 求得点 m，再由点 m'、m 求得点 m''。由于圆柱面左半部的侧面投影可见，所以点 m'' 为可见。

点 n' 在圆柱正面右边轮廓线上，由点 n' 直接求得点 n 和 n''。由于圆柱面右半部的侧面投影不可见，所以点（n''）为不可见。

以上作图过程，如图 2-38 箭头所示。

2. 圆锥

（1）圆锥面的形成。如图 2-39 所示，圆锥面可看成是一直线 SA（母线）绕着与其相交一定角度的轴线 SO 回转而成。在圆锥面上通过锥顶的任一直线称为圆锥面素线。在母线上任意一点的运动轨迹为圆。

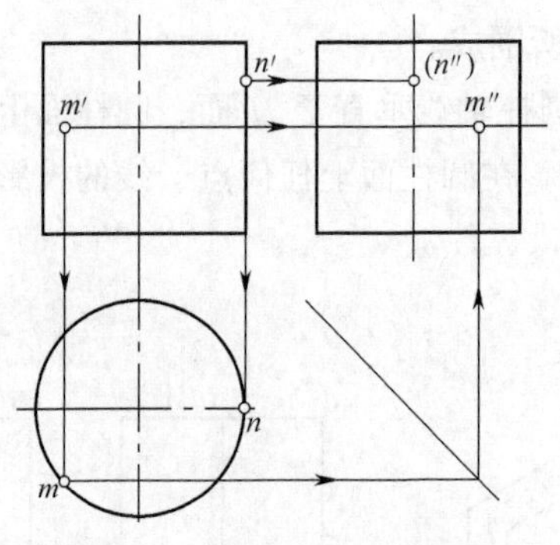

图 2-38 圆柱面上点的投影

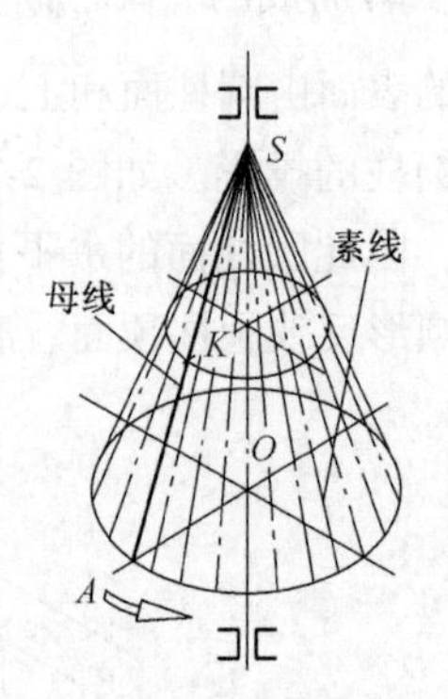

图 2-39 圆锥面的形成

圆锥是由圆锥面和圆底面所围成的。

（2）圆锥的投影。如图 2-40（a）、（b）所示，圆锥轴线垂直于 H 面，水平投影的图形反映底面的实形和圆锥面的投影。

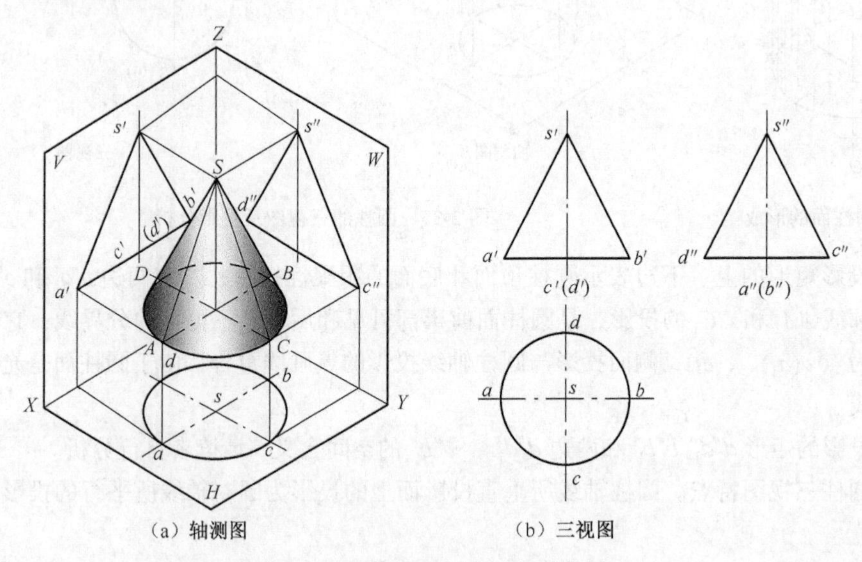

（a）轴测图 （b）三视图

图 2-40 圆锥的三视图及投影分析

正面投影的等腰三角形两腰 $s'a'$、$s'b'$ 是圆锥正面左、右轮廓线 SA、SB 的投影，是圆锥面前半部可见，后半部不可见的分界线。它的水平投影 sa、sb 与圆锥横向对称中心线重合，侧面投影 $s''a''$（b''）与圆锥轴线重合，由于圆锥面是光滑的，所以不画线。

侧面投影的等腰三角形 $s''c''d''$ 和两腰 $s''c''$、$s''d''$，请读者自行分析。

（3）圆锥三视图特点。圆锥轴线所垂直的投影面投影为圆，轴线所平行投影面的投影为等腰三角形。

（4）圆锥面上点的投影。

［例 2-12］ 已知图 2-41（b）所示圆锥面上点 M、N 的正面投影 m'、n'，求作其他两面投影。

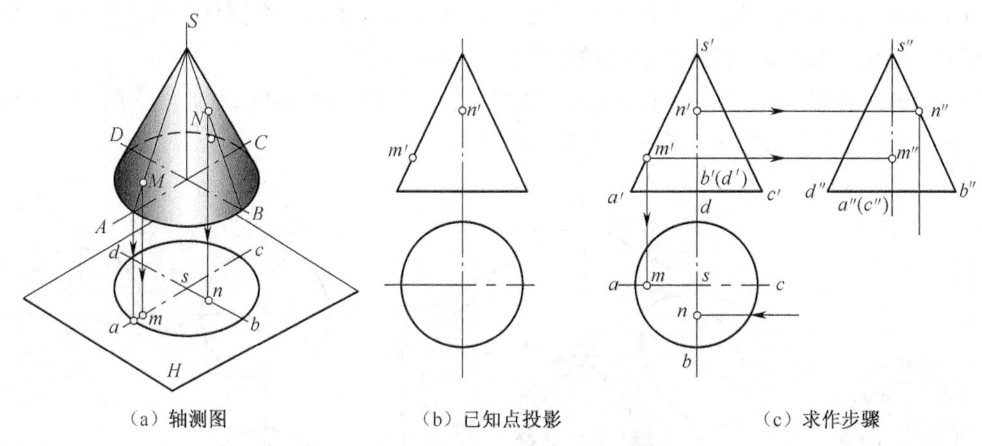

（a）轴测图　（b）已知点投影　（c）求作步骤

图 2-41　圆锥面上轮廓线上点的投影

由于点 m'、n' 所处的位置和可见性，判断点 M、N 处在如图 2-41（a）所示圆锥面的正面的最左和侧面最前的轮廓线 SA、SB 上，利用点在直线上投影的从属性，由点 m' 求得点 m、m''；由点 n' 求得点 n''，再由点 n'' 求得点 n，其作图步骤如图 2-41（c）箭头所示。

这两个点的三面投影均属可见。

［例 2-13］ 如图 2-42（b）所示，已知点 M 的正面投影 m'，求作其他两面投影。

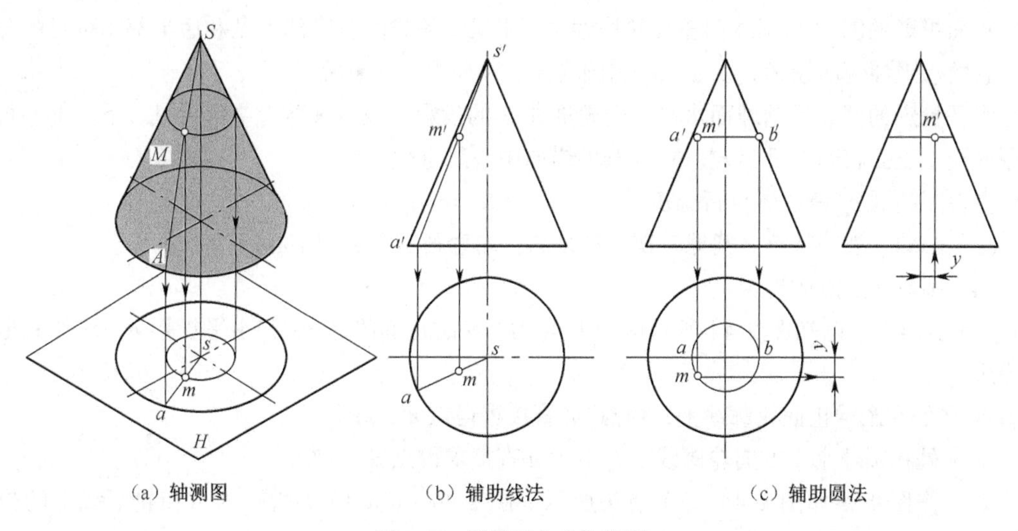

（a）轴测图　（b）辅助线法　（c）辅助圆法

图 2-42　圆锥面上点的投影

由于圆锥面投影没有积聚性，求作锥面点的投影，必须利用引辅助线取点法作图。

① 辅助素线法。过圆锥面上点 *M* 与锥顶引素线 *SA*。作图时，过点 *m′* 引 *s′a′*，求得水平投影 *sa*，再由点 *m′* 在 *sa* 上求得点 *m*，如图 2-42（a）、（b）箭头所示。

② 辅助圆法。过圆锥面上点 *M* 作一垂直于圆锥轴线且平行于 *H* 面的辅助圆，该圆的正面投影为横向直线，水平投影为圆，点 *M* 从属于圆上。作图时，以 *a′ b′* 为直径画辅助圆，由点 *m′* 求得点 *m*，再由点 *m′*、*m* 求点 *m″*，如图 2-42（a）、（c）箭头所示。

由于点 *M* 所处圆锥面的水平和侧面投影都是可见的，所以点 *m*、*m″* 也是可见点。

3. 圆球

（1）圆球面的形成。如图 2-43（a）所示，圆球面可看成以一个圆作母线（*K*），绕其直径 *OO* 旋转而成的。母线圆上任意点的运动轨迹为大小不等的圆。

（2）圆球的投影。圆球在任何方向的投影都是等径的圆。图 2-43（b）、（c）所示三个圆 *a′*、*b*、*c″* 分别表示三个不同方向上圆球面轮廓线的投影。

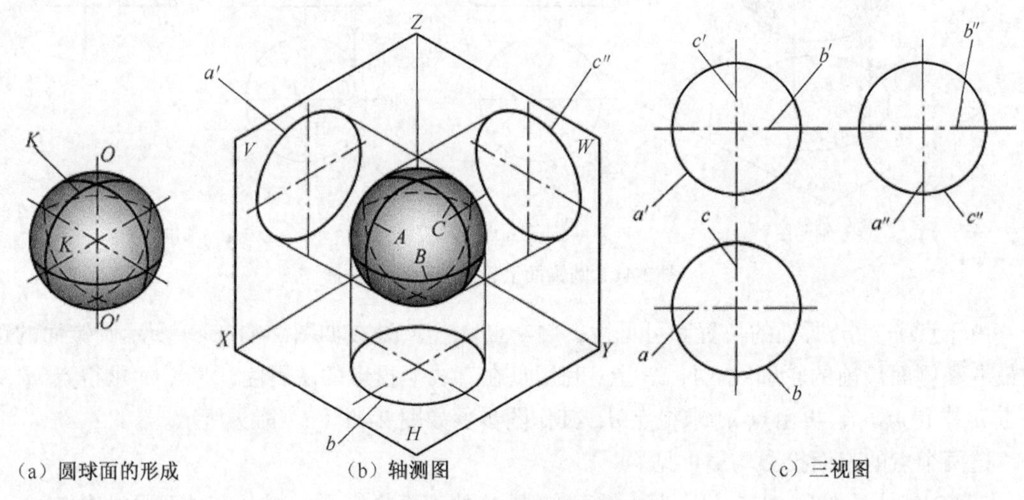

（a）圆球面的形成　（b）轴测图　（c）三视图

图 2-43　圆球的三视图及投影分析

正面投影的圆 *a′* 是圆球面正面轮廓线 *A* 的投影、是球面前半部可见和后半部不可见的分界线。它的水平和侧面投影直线 *a*、*a″* 与圆横向、竖向中心线重叠。

水平投影的圆 *b* 是圆球面水平方向轮廓线 *B* 的投影，表示圆球上半部可见、下半部不可见的分界线，正面和侧面投影 *b′*、*b″* 与圆的横向中心线重叠。

左视图的圆 *c″* 请读者自行分析。

（3）圆球三视图特点。圆球三视图都是圆。注意画三个圆的中心线。

（4）圆球面上点的投影。

［例 2-14］　已知图 2-44 所示球面上点 *M*、*N* 的正面投影 *m′* 和水平投影 *n*，求作其他两面投影。

点 *M* 处在圆球正面轮廓线上，由点 *m′* 直接求得点 *m*、*m″*。

点 *N* 处在圆球水平方向轮廓线上，由点 *n* 直接求得点 *n′*、*n″*。

以上作图步骤如图 2-44（b）箭头所示。图 2-44（a）、（c）所示为点在轮廓线上的投影分析。

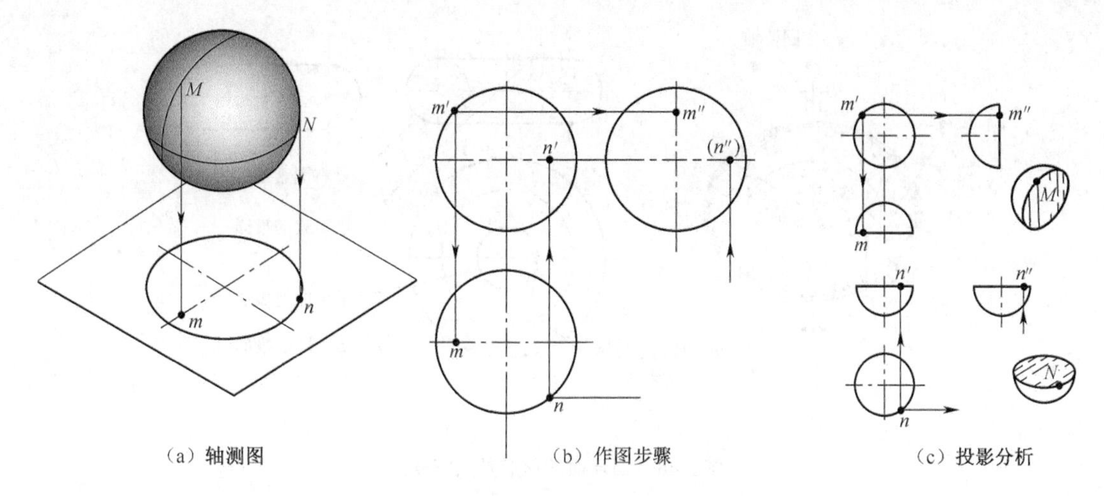

图 2-44　圆球轮廓线上点的投影

除了点（n''）为不可见，其他点均可见。

［例 2-15］　已知图 2-45 所示为圆球面上的点 M 的正面投影 m'，求作其他两面投影。

在圆球面上求点，用辅助圆取点法求得。

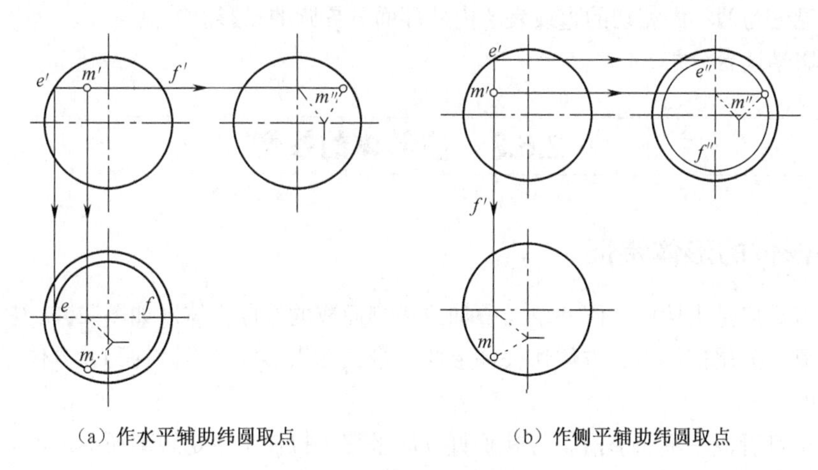

图 2-45　圆球面上点的投影

从点 m'位置和可见性，判断点 M 处在上左半球的前面，过球面上点 M 作平行于 H 面或 W 面的辅助圆，点的投影必在辅助圆的同面投影上。

作图时，如过点 m' 作水平辅助圆的正面积聚性投影 $e'f'$，然后作该圆的水平投影，由点 m' 求得点 m，再由点 m'、m 求得 m''，如图 2-45（a）箭头所示。

同样，也可按图 2-45（b）所示，在球面上作平行于 W 面的辅助圆，其投影结果均相同。

由于点 M 所在圆球面的水平投影和侧面投影可见，所以点 m、m'' 可见。

4. 圆环

（1）圆环面的形成。如图 2-46（a）所示，圆环面可看成一圆母线绕着与圆平面共面但不通过圆心的轴线 OO 回转而成的。圆环的外环面是由母线圆外侧半圆弧 ABC 旋转而成；圆环的内环面是由母线圆内侧半圆弧 CDA 旋转而成。

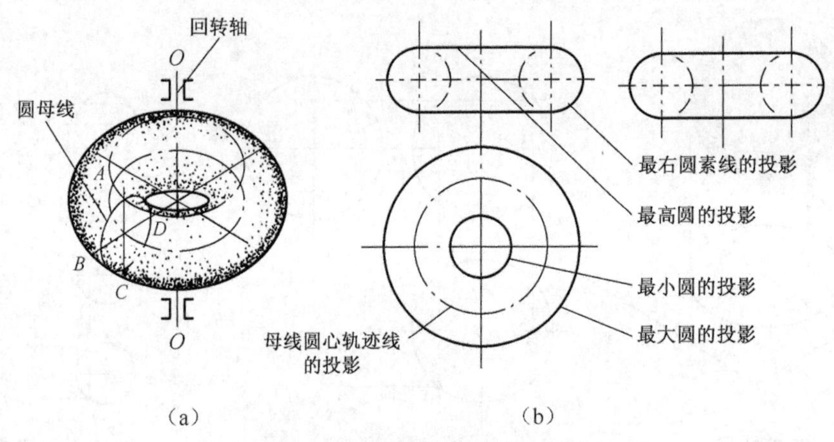

图 2-46　圆环面的形成及其三视图

（2）圆环的投影。如图 2-46（b）所示，圆环轴线垂直于 *H* 面，水平面投影是两个同心圆，分别表示圆环面水平方向最大和最小的轮廓线圆的投影；点画线的圆表示母线圆心运动轨迹的水平投影。

V 面的两个小圆是圆环面最左、最右轮廓线圆的正面投影，靠近轴线的两个虚线半圆表示内环面不可见。与两小圆相切的直线表示内外环面分界圆的投影。

侧面投影请读者分析。

2.6.3　柱形体的投影

1. 柱形体的形体特征

柱形体可看成是由棱柱、圆柱单向叠加或切割而成的等厚立体。如图 2-47 中“⎿”形体是长方体平靠，燕尾槽体是长方体切去梯形体，带圆孔拱形体是半圆柱和长方体相切后，控切圆孔而形成的。

柱形体也可看成一平面形沿着与其垂直方向平移（拉伸）一定距离而形成的等厚立体，如图 2-47（d）、（e）、（f）所示，正平面 *Ⅰ*、水平面 *Ⅱ*、侧平面 *Ⅲ*分别沿着其垂直方向平移一厚度而成相应柱形体。

柱形体两端面既平行又相等，它起着确定柱形体形状的主要作用，称为特征面，柱形体侧面由矩形平面、圆柱面及平—曲面相切组合而成，这些侧面与特征面垂直。

2. 柱形体三视图的特点

从图 2-47（g）、（h）、（i）所示三视图中可看出，柱形体特征面在所平行的投影面上的投影，反映柱形体的特征面实形，这个视图称为特征视图，特征视图的线框称为特征形线框。如图 2-47（g）的主视图、图 2-47（e）的俯视图和图 2-47（i）的左视图均是特征视图，线框 1′、2、3″是特征形线框。其他两个投影均为单个或多个相邻的虚、实线组成的矩形线框，为一般视图。

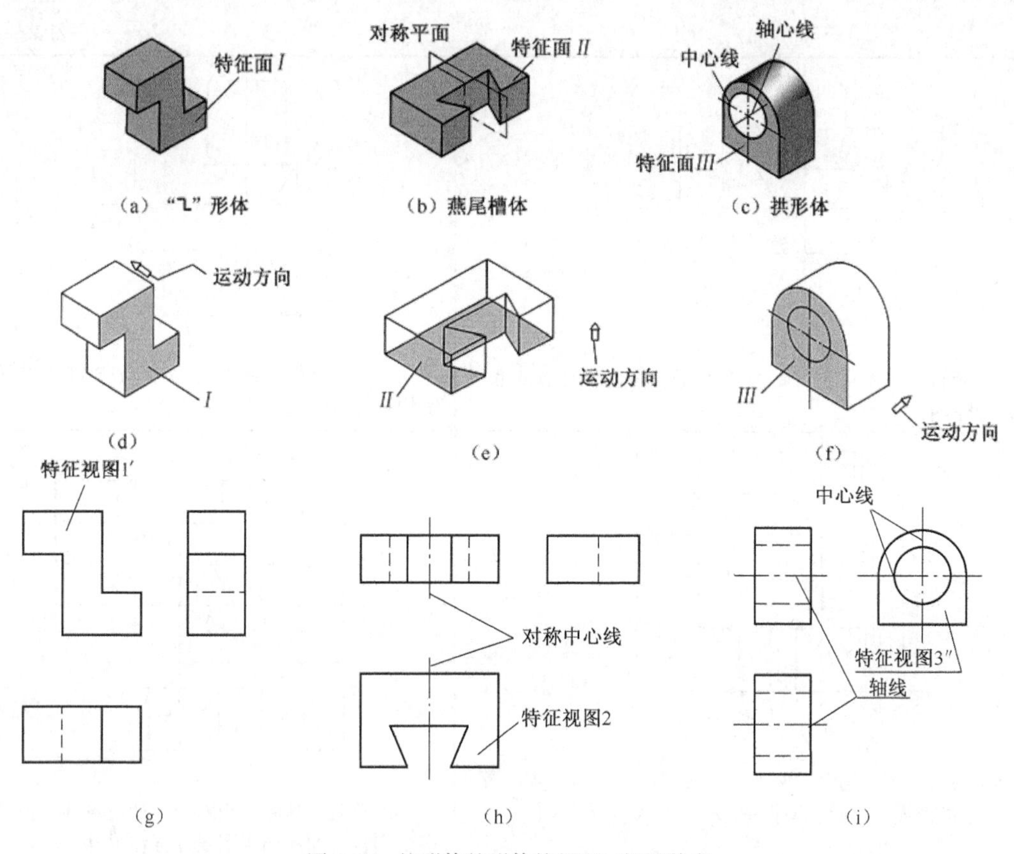

图 2-47 柱形体的形体特征和三视图特点

3. 柱形体三视图的画法

画图前，首先分析柱形体各表面形状和相对位置，明确特征面形状和空间位置（指特征面平行哪个投影面）确定特征视图。作图步骤如表 2-9 所示。

表 2-9 柱形体三视图的作图步骤

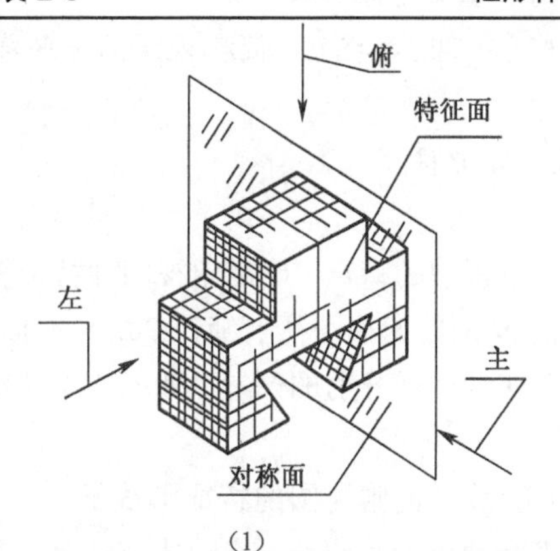 (1) （1）确定柱形体的特征形状和空间位置。图中所示的柱形体左右对称，前后端面是特征面，平行于正面，主视图是特征视图。左右对称平面垂直于 V 和 H 面，主、俯视图用点画线表示	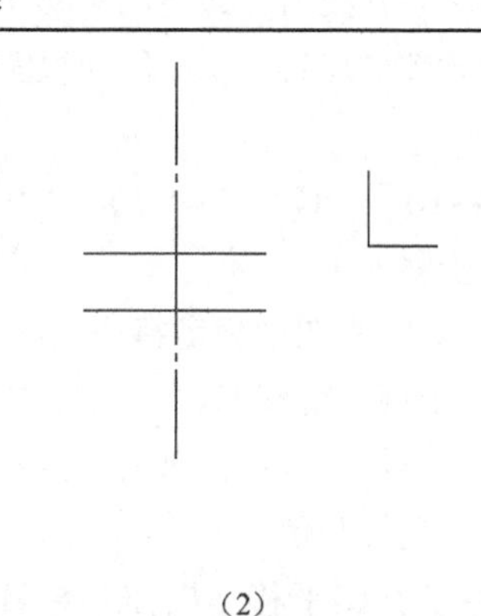 (2) （2）画出每个视图的两个方向的作图基准线，作为作图时度量距离的起点。一般采用对称平面、轴线、底面、大端面的投影作为作图基准线

续表

<table>
<tr>
<td>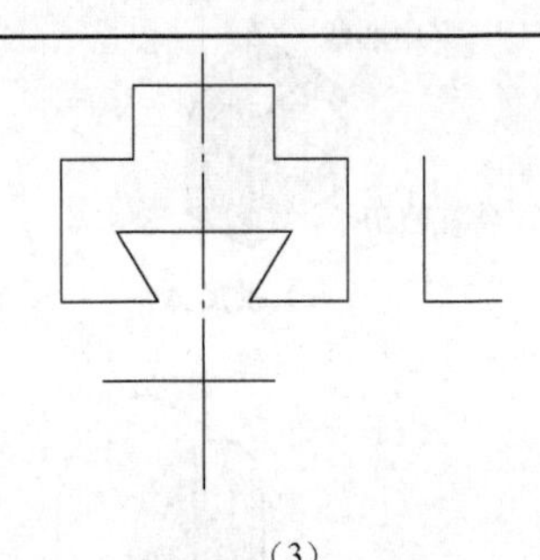
(3)
（3）画特征视图（主视图），从实物或轴测图中量得长、高尺寸作图</td>
<td>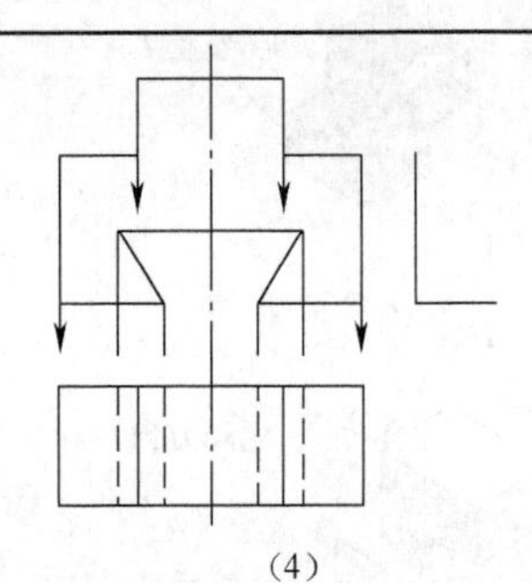
(4)
（4）画俯视图。通过主、俯“长对正”及从实物或轴测图量得宽尺寸作图</td>
</tr>
<tr>
<td>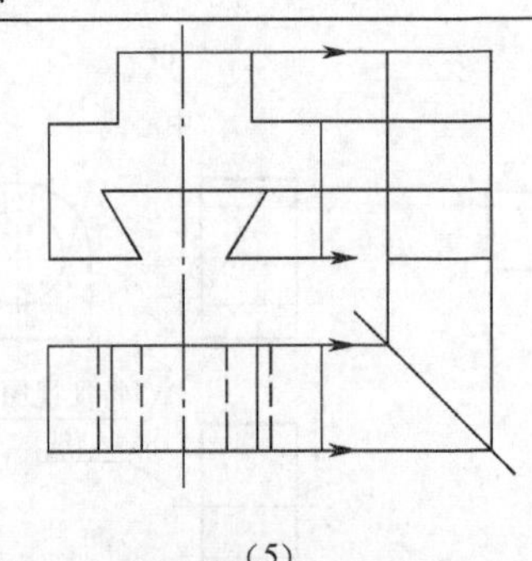
(5)
（5）画左视图。用已知两视图，按“主、左高平齐”及“俯、左宽相等”投影规律作图</td>
<td>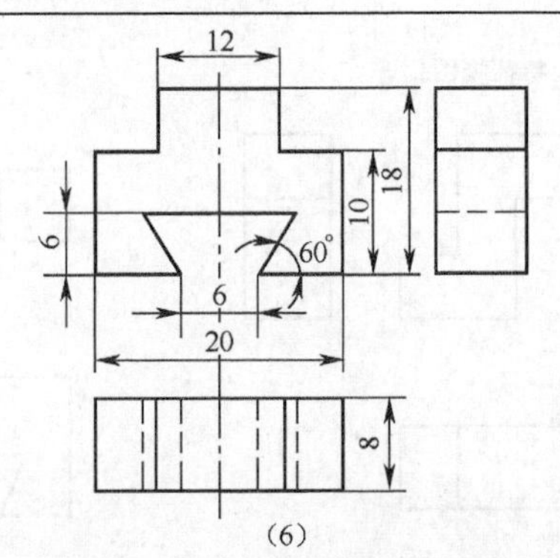

(6)
（6）核对三视图，判断图线的可见性，擦掉多余图线，加深描粗图线并标注尺寸</td>
</tr>
</table>

4. 读柱形体三视图的思维方法

读图是根据若干视图想象出它的立体形状，是画图的逆过程。

（1）特征视图平移（拉伸）法。根据柱形体的三视图形成过程，用逆向思维的方法来想象立体形状。读图时，把三视图恢复到三面投影面展开前的位置，然后由特征视图的特征线框所示平面形沿着其投射方向逆向平移（拉伸）到已知距离来想象立体形状。

这种读图的思维方法，称为视图归位特征视图平移（拉伸）读图法。简称视图归位平移（拉伸）法。

［例 2-16］ 读图 2-48（a）所示的三视图，想象立体形状。

读图步骤如下。

① 在三个视图中确定特征视图。根据图 2-48（a）三视图的特点，确定俯视图为特征视图。

② 三个视图旋转归位。设想 V 面主视图不动，把 H 面的俯视图往上旋转 90°，W 面的左视图向左前方旋转 90°，把三个视图（三投影面体系）恢复到展开前的位置，如图 2-48（b）所示的俯视图旋转归位。

③ 特征视图平移（拉伸）想象。如图 2-48（b）所示，把俯视图的特征形线框 1 所表示的水平面 I，往上平移（拉伸）到 H 距离。此时，线框顶点（如点 a）运动成直线 A；线 2、3 运动成矩形面 II、III；线 4 运动成平—曲组合面 IV；特征形面 1 运动成体，这样就想象出如图 2-48（c）所示立体形状。

（2）特征面形加厚度构形法。当给定的三视图中，若有一个视图是特征视图（特征形线框），对应一个或两个视图是矩形线框，就可想象为柱形体。想象时，以特征线框所示平面形状和位置为基础，想象加一厚度，物体形状就可想象出来，这种读图的思维方法称为特征面形加厚度构形法。

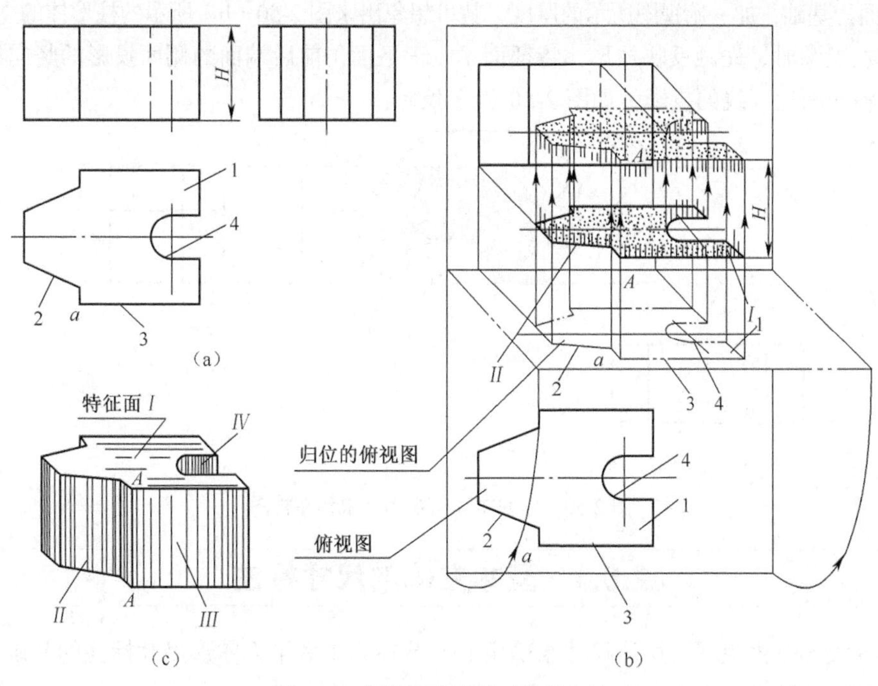

图 2-48　视图归位平移（拉伸）法

如图 2-49（a）、（b）、（c）所示三组三视图，通过各组三视图对投影关系，确定图 2-49（a）的主视图、图 2-49（b）的左视图、图 2-49（c）的俯视图为特征视图。按图 2-49（a）、（b）、（c）右下角立体图所示的思维方法，分别以特征形线框 1′、2″、3 所表示平面形 I、II、III为基础，加一其他视图所给定的厚度，就想象出来图 2-49（d）、（e）、（f）所示立体形状。

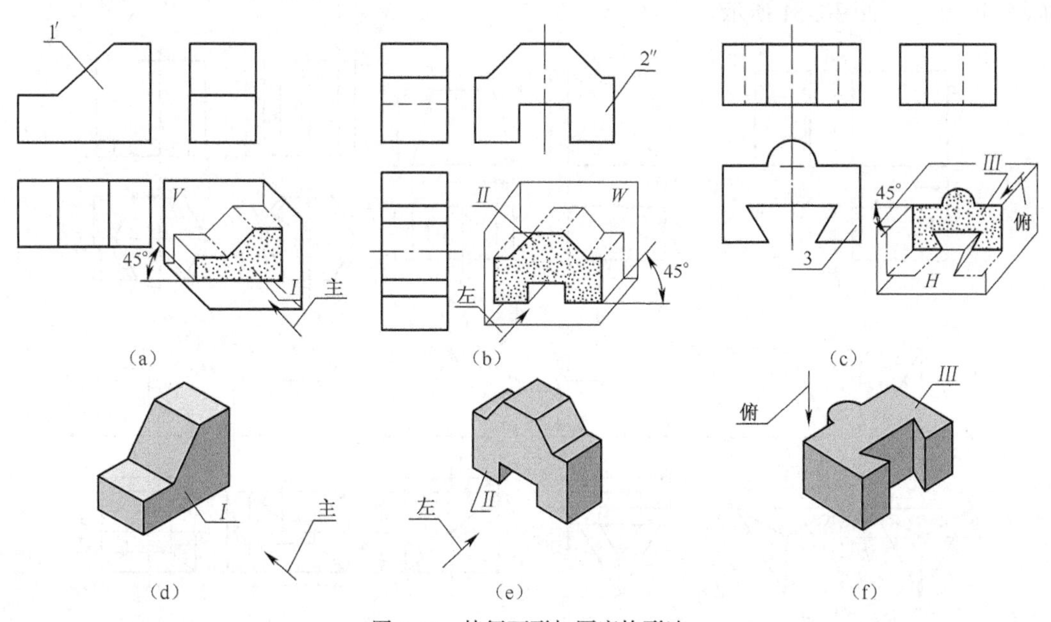

图 2-49　特征面形加厚度构形法

[例2-17] 已知图2-50（a）中的主、俯视图，求作左视图。

通过两个视图识别，确认主视图为特征视图。想象立体形状时，以主视图的线框 1′所示特征面Ⅰ的正平面为基础，加一俯视图所示的厚度，就可想象出来图2-50（b）所示的柱形体的立体形状。

求作左视图时，先画反映柱形体特征面 *I*（正平面）前后端面的侧面投影的竖向线1″，再画柱形体各侧面轮廓线的投影，如图2-50（c）所示。

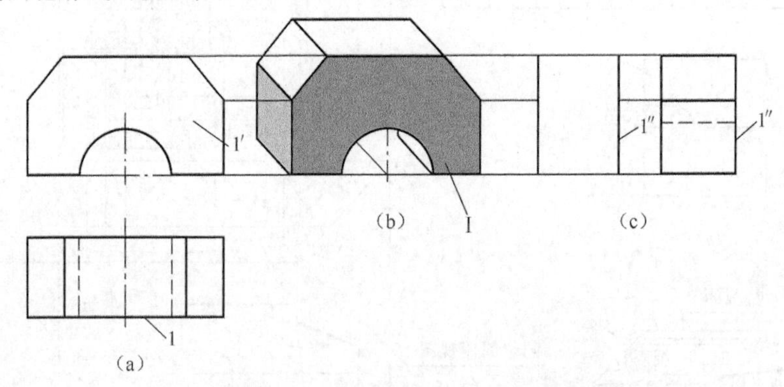

图2-50　已知主、俯视图，求作左视图

2.6.4　基本立体的尺寸标注

物体的大小是由视图上所注尺寸来确定。本节在第1章平面图形尺寸标注的基础上，学习基本立体的尺寸注法，为组合体、机件尺寸标注奠定基础。

1. 平面立体的尺寸标注

平面立体的棱柱和棱锥应标注确定底面大小和高度的尺寸。棱台应标注确定上下底面大小和高度的尺寸。为了便于读图，确定底面形状的两个方向尺寸一般应集中标注在反映底面实形的特征视图上，如图2-51所示。

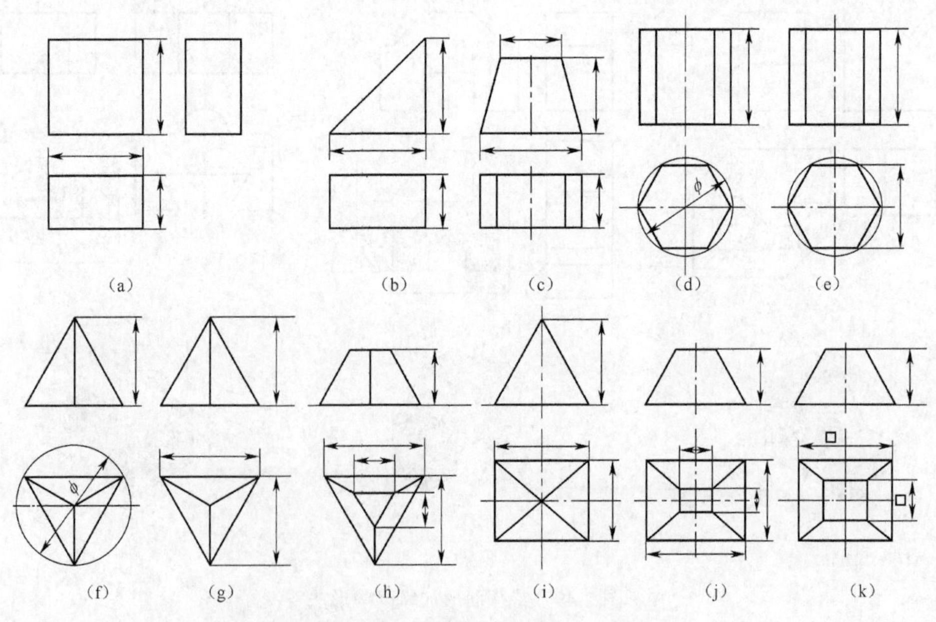

图2-51　棱柱、棱锥、棱台的尺寸标注

2. 回转体的尺寸标注

圆柱、圆锥、圆台应标注底圆的直径和高度尺寸。直径尺寸一般标注在非圆视图上，如图 2-52（a）、（b）、（c）所示。圆球、圆环的尺寸标注如图 2-52（e）、（f）所示。

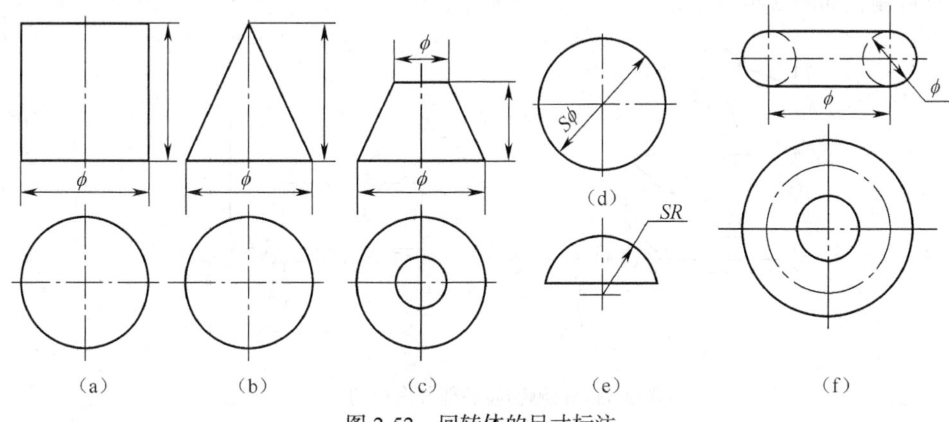

图 2-52　回转体的尺寸标注

3. 柱形体的尺寸标注

柱形体应标注确定特征面形状的大小和厚度的尺寸。特征视图标注两个方向的尺寸，一般视图标注一个方向的尺寸。

标注尺寸时，还应注意下列两个问题。

（1）对称图形的尺寸，应以对称中心线为基准，把尺寸注成对称分布，如图 2-53（b）、（c）、（d）所示。

（2）应直接标注物体总长、总宽、总高的尺寸，如图 2-53（a）、（b）、（c）、（d）所示。但对一端为圆弧的视图，不注总尺寸，只注圆弧中心的位置尺寸，如图 2-53（e）、（f）所示。

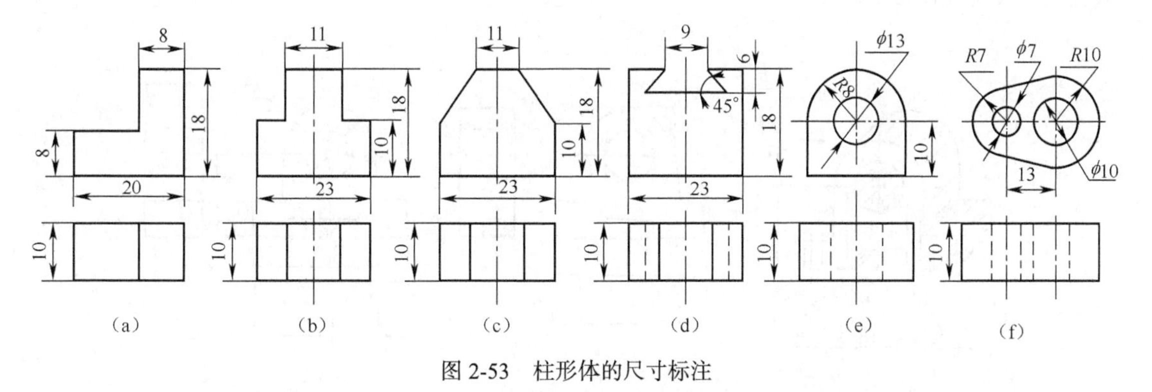

图 2-53　柱形体的尺寸标注

2.6.5　基本立体三视图的草图画法

基本立体三视图的草图，是指目测基本立体的大小，徒手画出的三视图。

1. 目测方法

虽然三视图的草图没有准确比例和真实大小，但草图所表示物体总体和局部以及各部分长、宽、高应大体接近于实物，因此学画视图草图必须先学会目测实物的方法。初学时，常借助于铅笔进行目测，如图 2-54 所示。

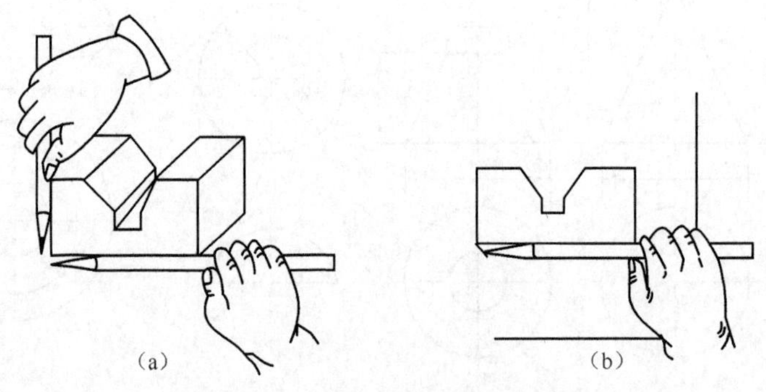

图 2-54　目测物体各部分大小的方法

2. 草图画法

初学画草图常在方格纸上作图，如图 2-55 所示。

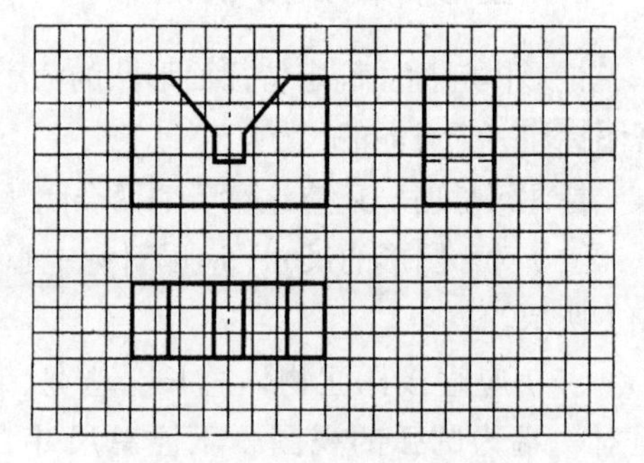

图 2-55　在方格纸上画草图

草图表示的立体形状应完整、正确，符合投影关系，图线合格，所注的尺寸要符合规定。

图 2-56 所示为根据柱形体画三视草图的过程。首先进行形体分析，选择特征面方向作为主视图的投射方向（见图 2-56（a））；按目测，徒手画出三视图的草图底稿（见图 2-56（b））；标注尺寸、描深加粗图线（见图 2-56（c））。

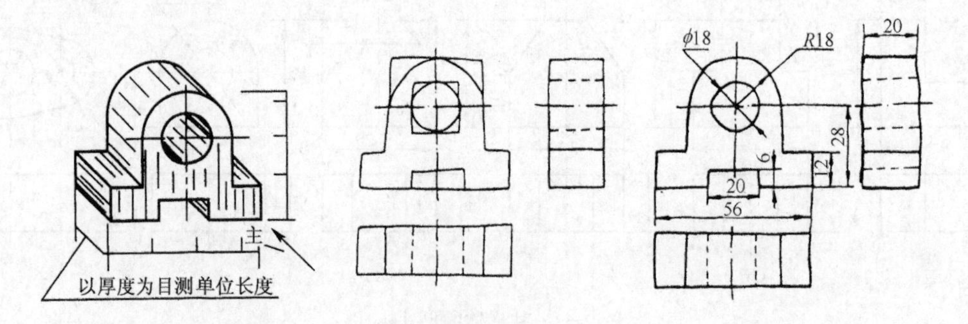

（a）进行形体分析，确定投射方向，目测立体各部分大体比例　（b）画草图底稿线　（c）描图深，标注尺寸

图 2-56　由基本立体画三视图草图

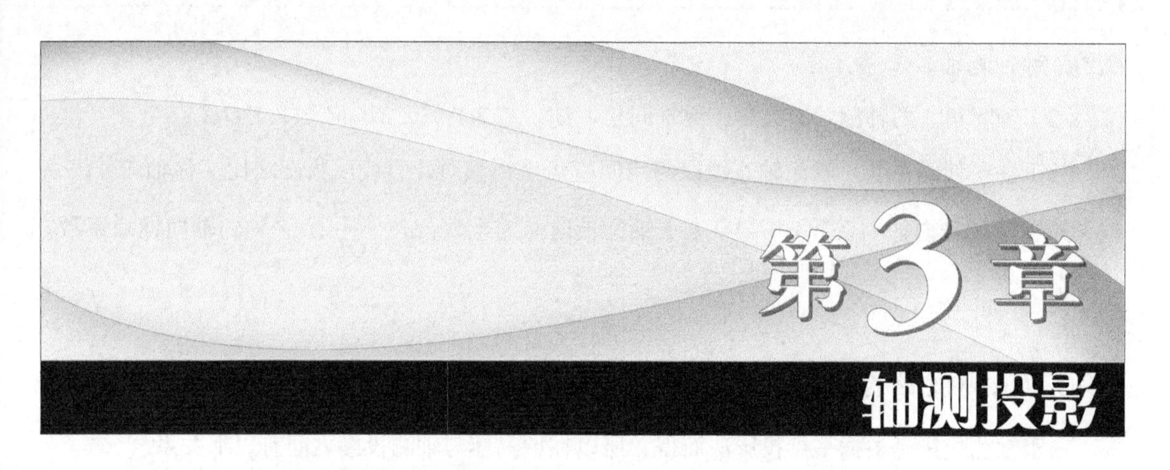

第3章 轴测投影

3.1 轴测投影的基本知识

1. 轴测投影的形成

将物体连同其直角坐标系，沿着不平行于任一坐标平面的 S 方向，用平行投影法将其投射在单一投影面（P）上，所得具有立体感的图形，称为轴测投影（轴测图），如图 3-1（a）所示。单一投影面（P）称为轴测投影面。

由于轴测图同时反映了物体三个方向的形状（表示物体三维形象），比正投影图富有立体感，如图 3-1（b）所示，所以它是工程上的辅助图样。

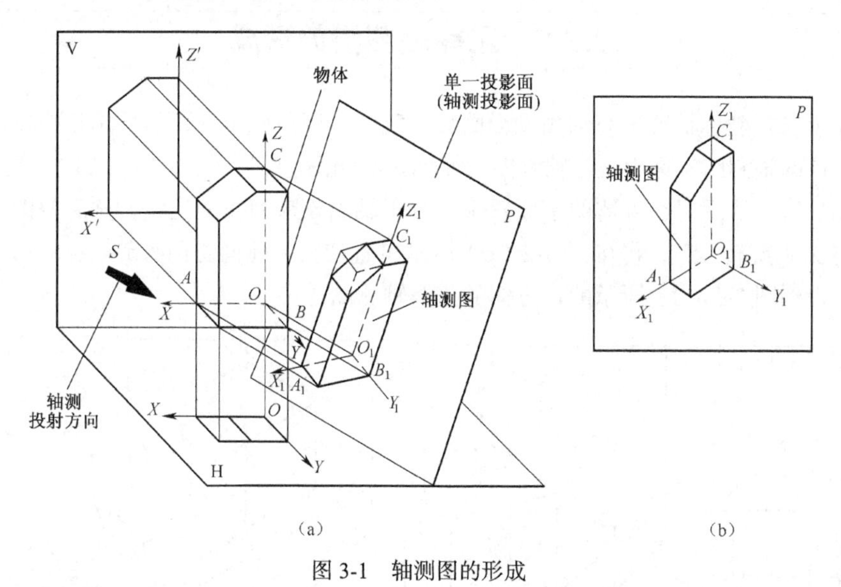

（a）　　（b）

图 3-1　轴测图的形成

2. 轴测投影的基本术语

（1）轴测轴。物体上的直角坐标轴 OX、OY、OZ 在轴测投影面上的投影 O_1X_1、O_1Y_1、

O_1Z_1，称轴测轴。

（2）轴间角。两轴测轴的夹角，称轴间角，如$\angle X_1O_1Y_1$、$\angle X_1O_1Z_1$、$\angle Y_1O_1Z_1$。

（3）轴向伸缩系数。轴测轴直线段与空间直角坐标轴对应直线段长度之比，称轴向伸缩系数。如 X 轴的轴向伸缩系数 $p=\frac{O_1A_1}{OA}$；Y 轴的轴向伸缩系数：$q=\frac{O_1B_1}{OB}$；Z 轴的轴向伸缩系数：$r=\frac{O_1C_1}{OC}$，如图 3-1 所示。

3. 轴测投影的基本特性

由于轴测投影是根据平行投影法而得，所以在原物体与轴测投影之间有以下关系。

（1）平行性。物体上的平行线段，其轴测投影也相互平行。与坐标轴平行的线段，其轴测投影必平行于轴测轴。凡是与轴测轴平行的线段，称为轴向线段。

（2）等比性。轴向线段与轴测轴有相同的伸缩系数。轴测图的轴向线段长度按物体上对应尺寸乘上轴向伸缩系数得出。

对于物体上那些与坐标轴不平行的线段（非轴向线段），有不同的伸缩系数。作图时，不能应用等比性作图，而是应用坐标法定出直线两端点连线。

3.2 正等轴测图

3.2.1 正等轴测图的形成

将物体上三根坐标轴置于与轴测投影面具有相同的倾角的位置，然后用正投影法向轴测投影面投射所得的轴测图，称为正等轴测图，简称正等测图。

如图 3-2（a）所示，正方体的正面置于平行于轴测投影面投影位置，然后按图 3-2（b）所示的位置绕 Z 轴旋转 45°，再按图 3-2（c）所示位置把正方体向正前方旋转 45°后向轴投影面的正投影，得到图 3-2（d）所示的正方体的正等轴测图。

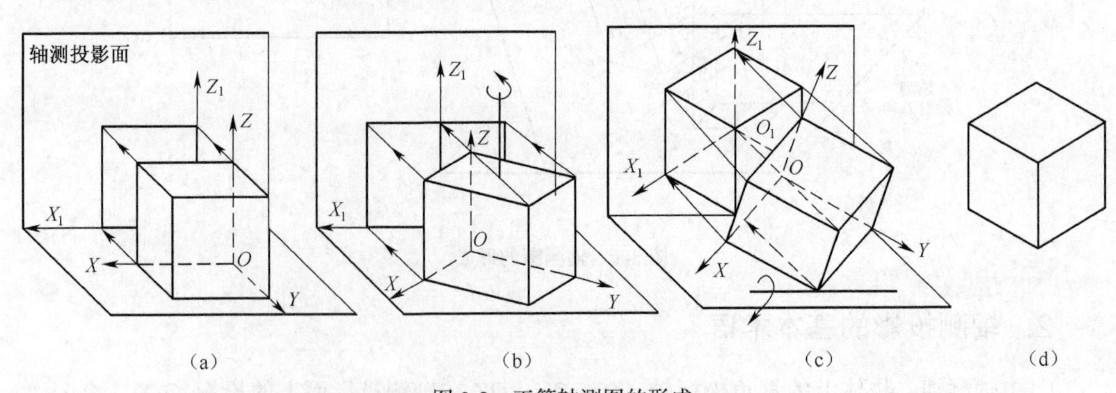

图 3-2　正等轴测图的形成

3.2.2 正等测图的轴间角和轴向伸缩系数

正等测图的轴间角均为 120°，如图 3-3（a）所示。作图时，按图 3-3（b）所示将 O_1Z_1 轴画成垂直位置，将 O_1X_1 和 O_1Y_1 轴画成与水平线夹角为 30°。

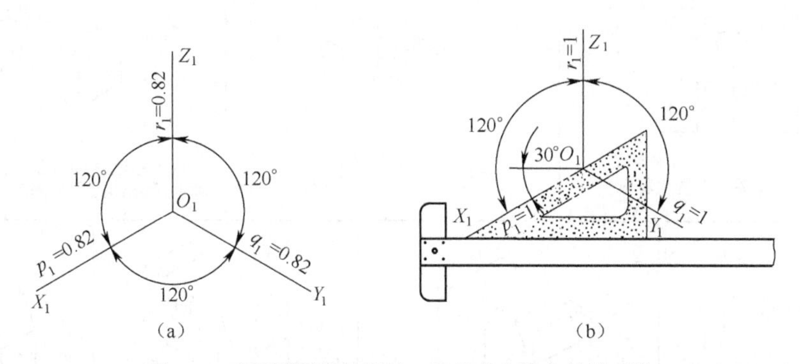

图 3-3 正等测图的轴测轴、轴间角和轴向伸缩系数

由于三个坐标轴与轴测投影面的倾角相等，所以三根轴的轴向伸缩系数相等，即 $p_1 = q_1 = r_1 \approx 0.82$。为了作图方便，把轴向伸缩系数简化为 $p_1 = q_1 = r_1 = 1$，即凡是轴向线段均按实长量取。这样绘图简便，但图形的轴向线段放大了 1.22 倍（1:0.82≈1.22），所绘的正等测图也放大，如图 3-4（b）、（c）所示。

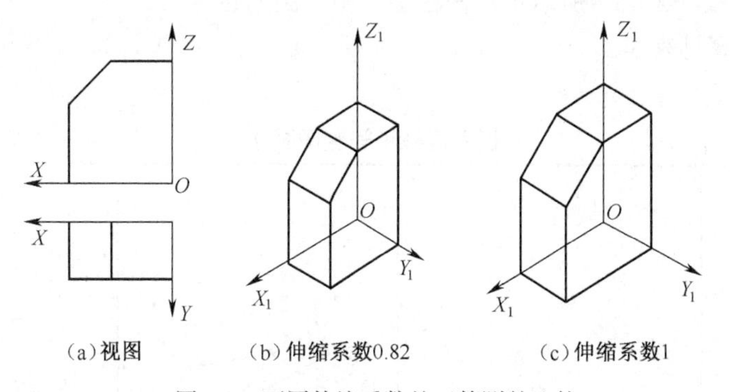

图 3-4 不同伸缩系数的正等测的比较

3.2.3 正等测图的画法

1. 平面立体正等测图画法

（1）切割法。将平面立体画成长方体轴测图，然后在其上进行切割作图，从而作出平面立体的轴测图。

［例 3-1］ 画表 3-1（a）所示平面柱形体主、俯视图的正等测图。

其作图方法和步骤见表 3-1。

表 3-1　　　　方箱切割法画正等测图示例

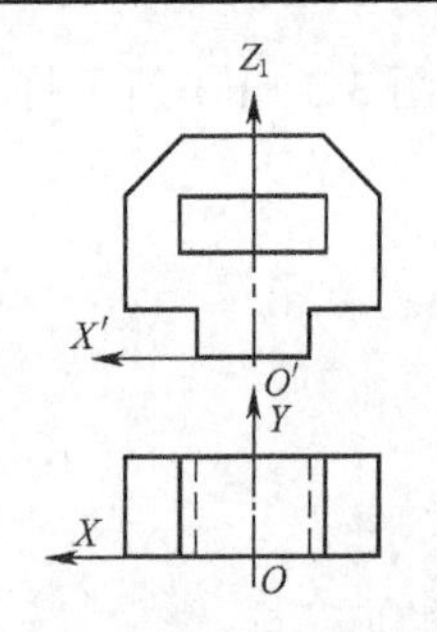 （a）在主、俯视图上设置坐标轴	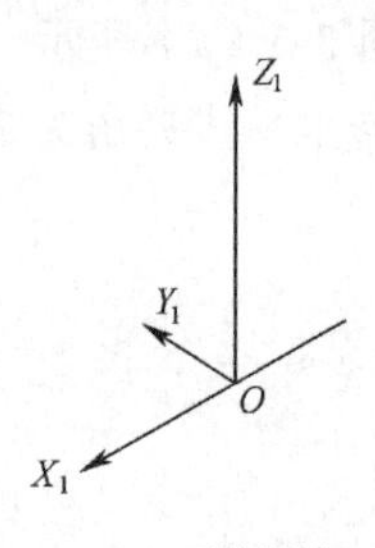 （b）画轴测轴	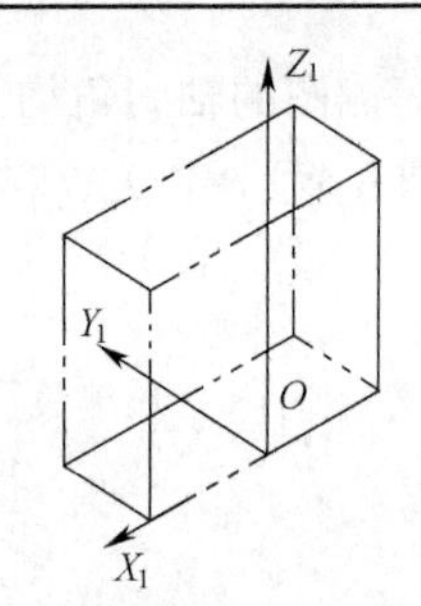 （c）按物体的总长、总宽、总高画出辅助长方体正等轴测图	
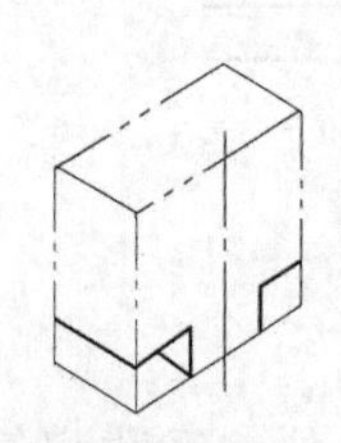 （d）画底部左右对称形缺口	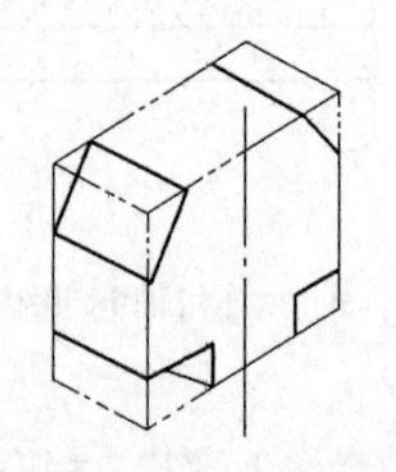 （e）画顶部左右对称形缺角	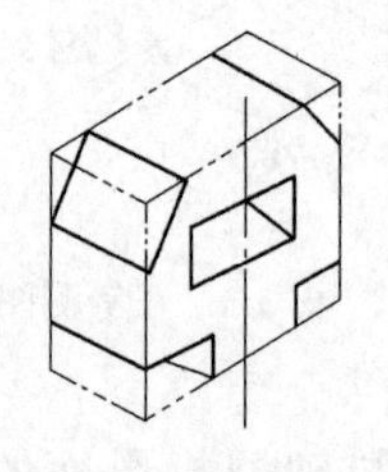 （f）画中间方槽	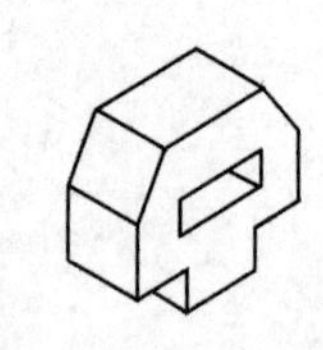 （g）描深加粗图线，擦去多余图线

（2）坐标法。在平面立体或视图设置坐标轴，确定体上各顶点的坐标值，并量移到轴测轴对应点，按顺序连线，从而作出平面立体的轴测图。坐标法是画轴测图的基本方法。

[例 3-2]　画表 3-2（a）所示正六棱柱主、俯视图的正等测图。

作图方法和步骤见表 3-2。

表 3-2　　　　正六棱柱正等测图画法

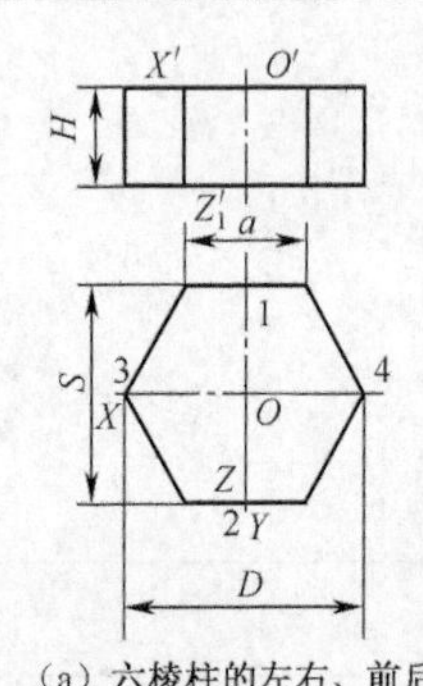 （a）六棱柱的左右、前后均对称，选顶面中心为坐标原点，定出坐标轴	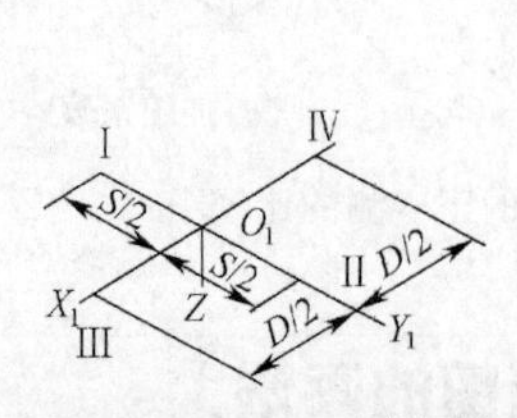 （b）画O_1X_1、O_1Y_1轴测轴。根据尺寸S、D沿O_1X_1和O_1Y_1定出点Ⅰ、Ⅱ和点Ⅲ、Ⅳ	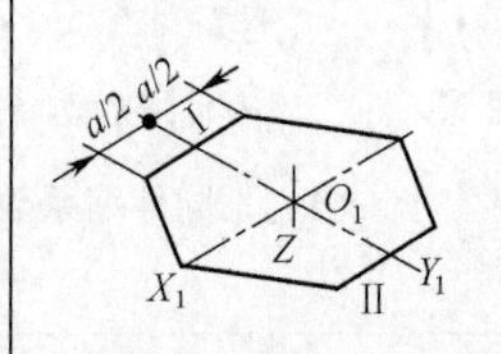 （c）过点Ⅰ、Ⅱ作直线平行O_1X_1，并在所作两直线上分别量取$a/2$，得各顶点，并按顺序连线	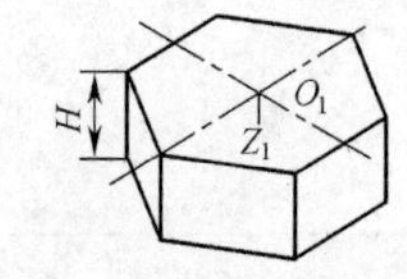 （d）过各顶点沿O_1Z_1方向，往下画侧棱，取尺寸H；画底面各边；描深即完成全图(虚线省略不画)

[例 3-3]　画表 3-3（a）所示斜四棱台主、俯视图的正等测图。作图方法和步骤见表 3-3。

表 3-3　　斜四棱台正等测图画法

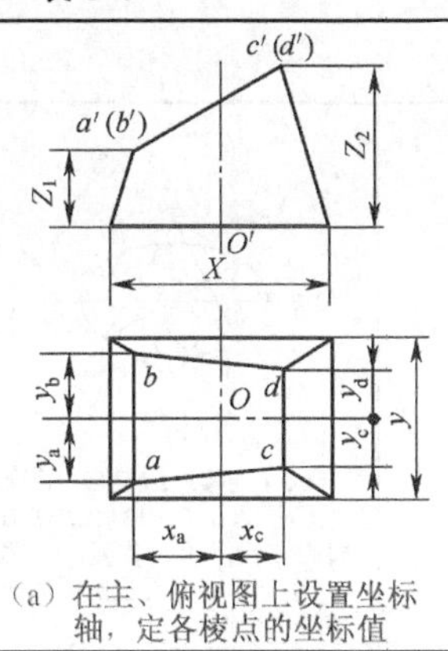 （a）在主、俯视图上设置坐标轴，定各棱点的坐标值	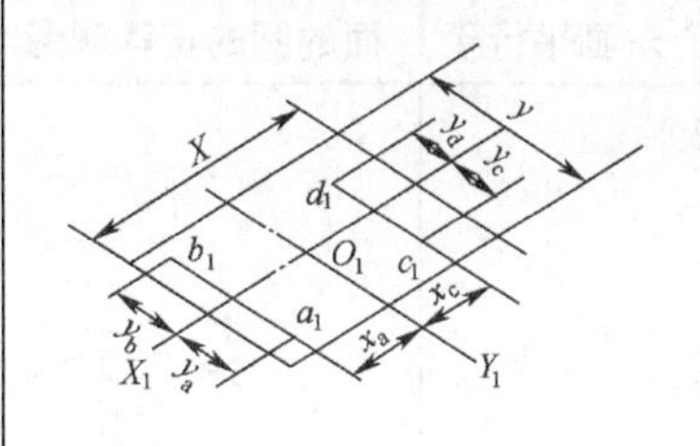 （b）画轴测轴 O_1X_1、O_1Y_1，由 X、Y 画底面；由 x_a、x_c 与 y_a、y_b、y_c、y_d 定点 a_1、b_1、c_1、d_1	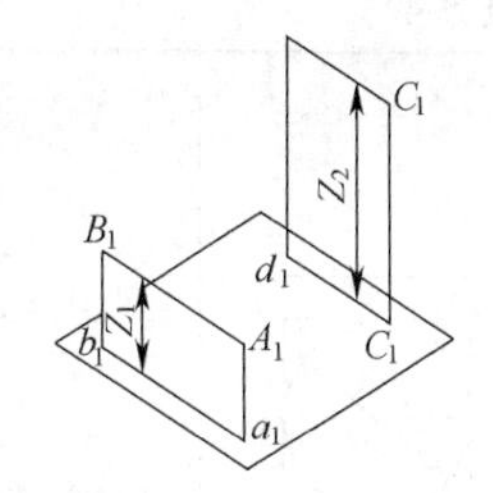 （c）分别过点 a_1、b_1、c_1、d_1 作 O_1Z_1 平行线(垂直线)，并在其上截取各坐标值 z_1、z_2，得点 A_1、B_1、C_1、D_1
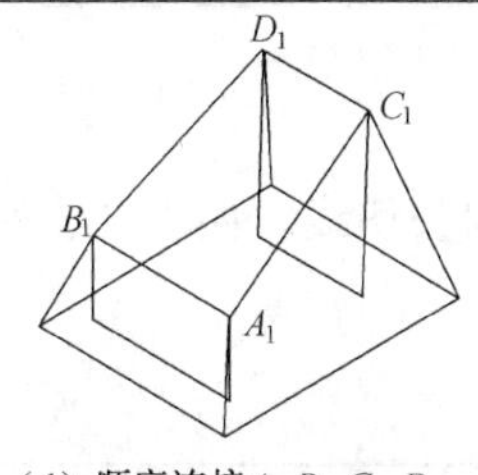 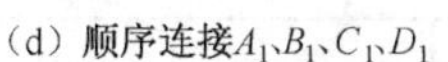 （d）顺序连接 A_1、B_1、C_1、D_1	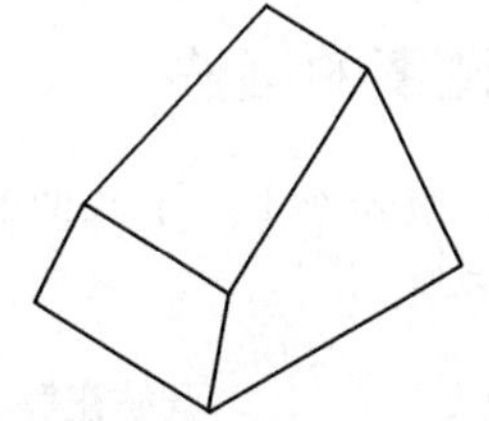 （e）去掉作图线与看不见的轮廓线，得斜四棱台的正等测图	

2. 圆的正等测图画法

（1）圆的正等测图。平行坐标面的圆，正等测图都是椭圆。如图 3-5（a）所示，正方体上三个不同坐标面上圆的正等测图都是椭圆。

虽然椭圆大小相同，但椭圆长、短轴方向各不相同。如图 3-5（b）所示，水平椭圆长轴垂直于 O_1Z_1 轴、短轴与 O_1Z_1 轴重合；正面椭圆长轴垂直于 O_1Y_1 轴、短轴与 O_1Y_1 轴重合；侧面椭圆长轴垂直于 O_1X_1 轴、短轴与 O_1X_1 轴重合。从图中可知，若以椭圆为端面画三个不同方向圆柱的正等轴测图，圆柱厚度方向与短轴同向。

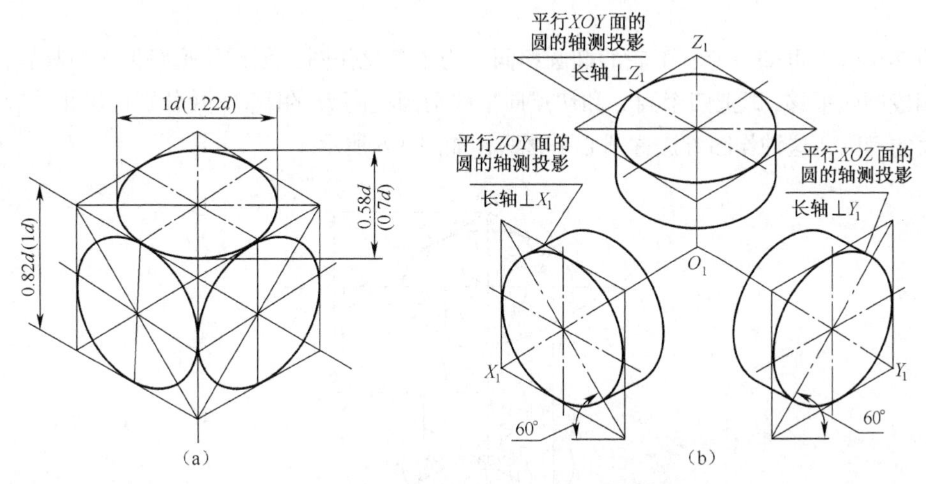

图 3-5　坐标面及其平行面上圆的正等轴测图

（2）椭圆的画法。通常采用四心近似画法。如画表 3-4（a）所示平行于 H 面的水平圆的正等轴测图，其作图步骤如表3-4（b）、（c）、（d）所示。

表3-4　　四心法画平行于H面的圆的正等测图

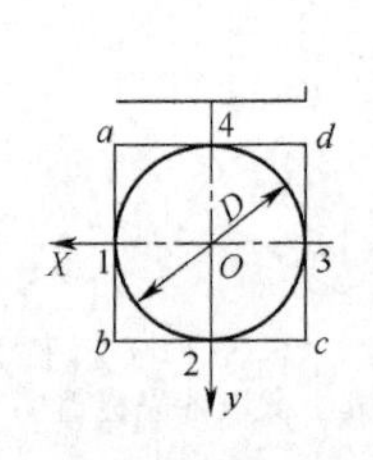 （a）确定坐标轴并作圆外切正方形 $abcd$	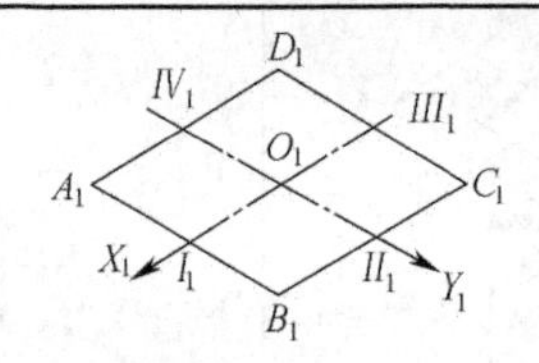 （b）作轴测X_1、Y_1，并在X_1、Y_1截取$O_1I_1=O_1III_1=O_1II_1=O_1IV_1=D/2$，得切点$I_1$、$II_1$、$III_1$、$IV_1$，过这些点分别作$X_1$、$Y_1$平行线，得辅助菱形$A_1B_1C_1D_1$	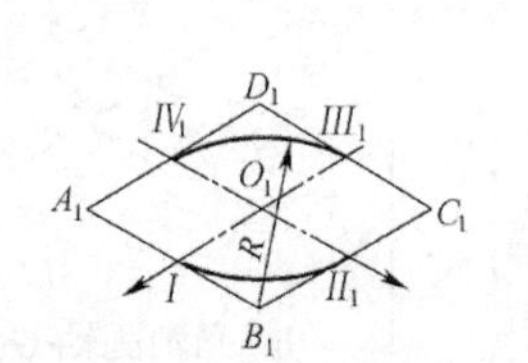 （c）分别以B_1、D_1为圆心，B_1III_1，为半径作弧$\widehat{IV_1III_1}$和$\widehat{I_1II_1}$	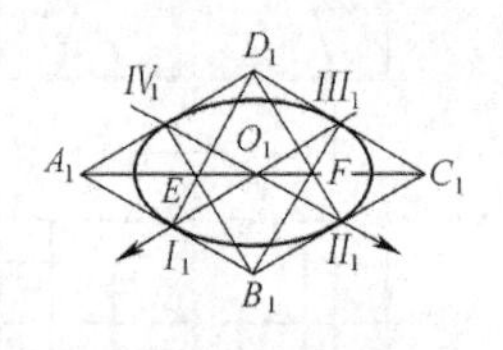 （d）连接B_1III_1和B_1IV_1交A_1C_1于点E、F，分别以E、F为圆心，EIV_1为半径作弧$\widehat{I_1IV_1}$和$\widehat{II_1III_1}$。即得由四段圆弧组成的近似椭圆

3. 圆柱的正等测图的画法

画圆柱的正等测图，应先作上、下底面的椭圆，然后再作两椭圆的公切线。如表3-5所示为圆柱正等测图的作图步骤。

表3-5　　圆柱正等测图的作图步骤

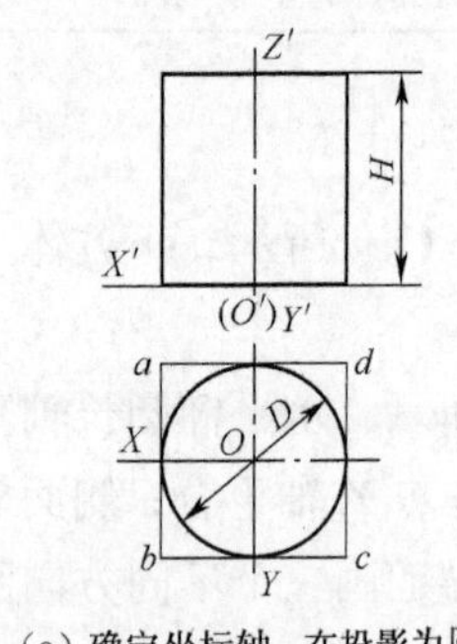 （a）确定坐标轴，在投影为圆的视图上作圆的外切正方形	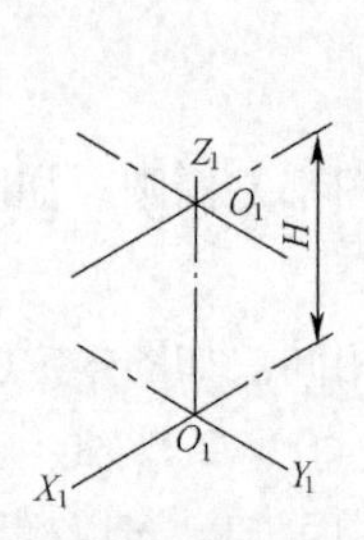 （b）作轴测轴X_1、Y_1、Z_1，在Z_1轴上截取圆柱高度H，并作X_1、Y_1的平行线	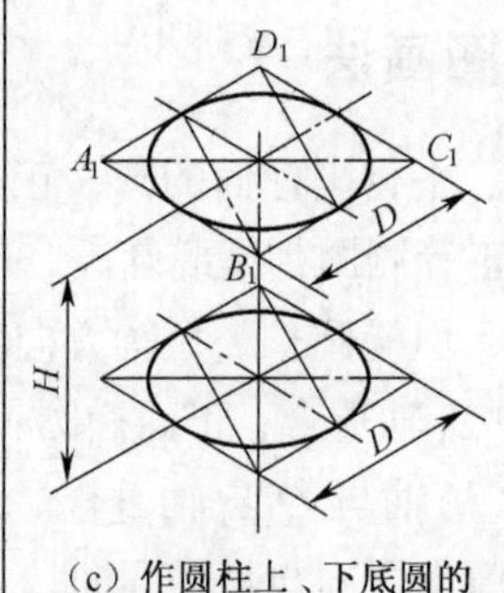 （c）作圆柱上、下底圆的轴测投影的椭圆	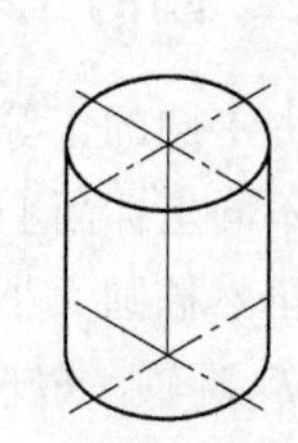 （d）作两椭圆的公切线，对可见轮廓线进行加深(虚线省略不画)

从表3-5（c）可知，上、下底的椭圆相同。为了简化作图，可在先画好顶面椭圆后，将该椭圆的四段圆弧平移，即把四个圆心和切点向下移动圆柱高H的距离，并分别作出相对应圆弧，即得底面的椭圆，这种作图方法称圆心平移法，如图3-6所示。

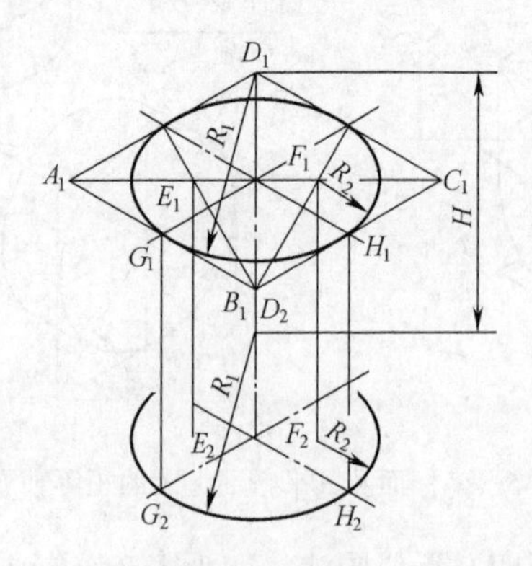

图3-6　用圆心平移法画圆柱正等测图

4. 圆角（1/4 圆柱面）的正等测图画法

圆角的正等测图画法如表 3-6 所示。

表 3-6　圆角的正等测图的画法

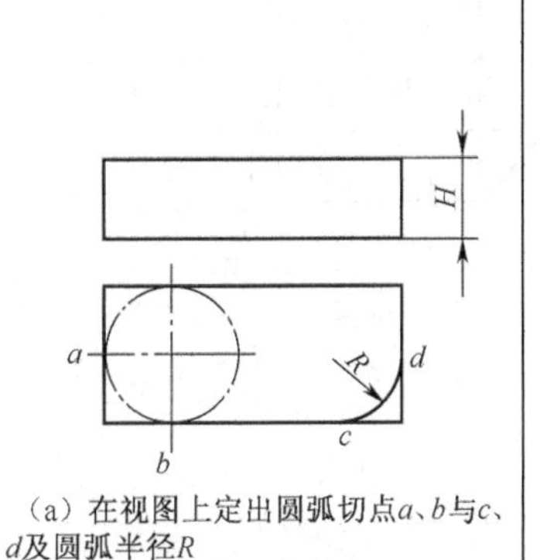 （a）在视图上定出圆弧切点a、b与c、d及圆弧半径R	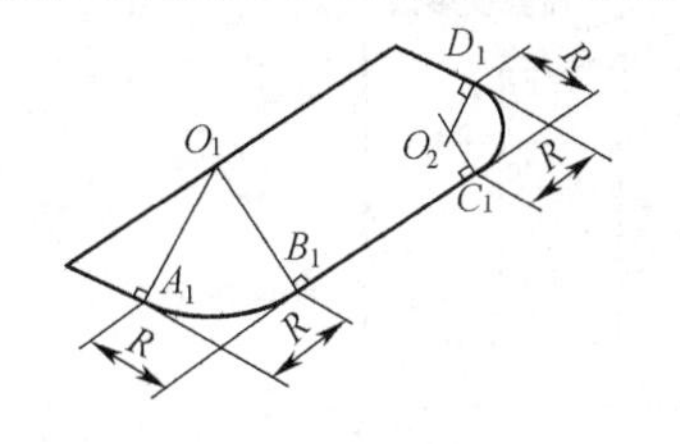 （b）先画长方形的正等测图。在对应角的两边上分别截取R，得A_1、B_1及C_1、D_1，过这四点分别作该边垂线交于O_1、O_2，分别以O_1、O_2为圆心，O_1A_1、O_2D_1为半径画弧 $\overset{\frown}{A_1B_1}$、$\overset{\frown}{C_1D_1}$	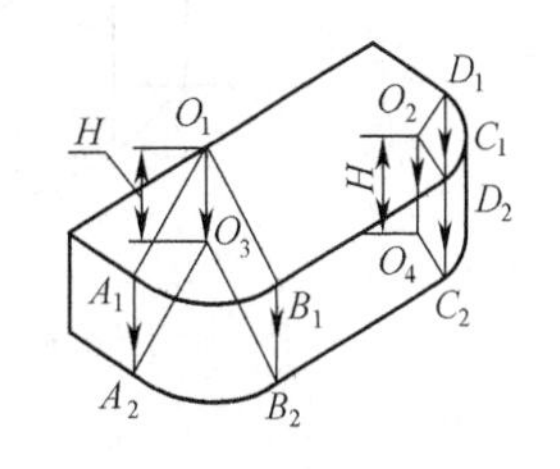 （c）按板的高度H移动圆心和切点，画圆弧($\overset{\frown}{A_2B_2}$)、($\overset{\frown}{C_2D_2}$)，作($\overset{\frown}{C_1D_1}$)和($\overset{\frown}{C_2D_2}$)公切线及其他轮廓线

5. 圆锥台正等测图的画法

画圆锥台的正等测图时，先作出两底面的椭圆，然后作两椭圆的公切线。

如画图 3-7 所示圆锥台的正等测图，其轴线垂直于 W 面，圆锥台两底圆平行于 YOZ 的坐标面。在 O_1X_1 定出 $O_1O_1 = H$，按直径 D_1、D_2 在 $Y_1O_1Z_1$ 轴测坐标面上作椭圆，如图 3-8（b）所示，作两椭圆公切线，省略虚线，即得所求，如图 3-7（c）所示。

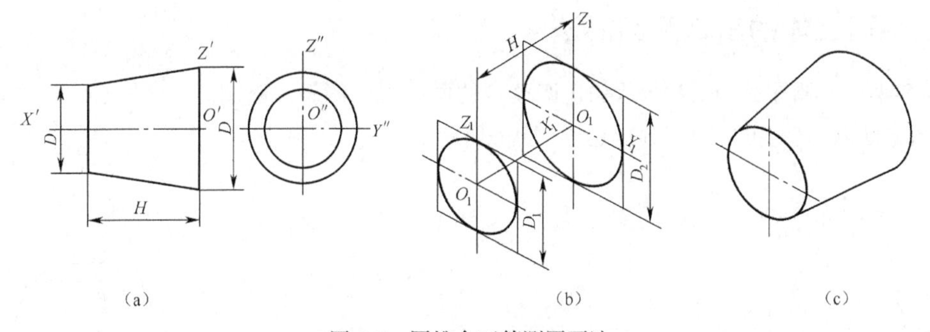

图 3-7　圆锥台正等测图画法

3.3 斜二测图

3.3.1 斜二测图的形成和投影特点

1. 斜二轴测图的形成

如图 3-8（a）所示，物体上的两个坐标轴 OX 与 OZ 置于与轴测投影面平行，用斜投影法将物体连同其坐标轴一起向轴测投影面投射，所得到的投影，称为斜二轴测图，简称斜二测图，如图 3-8（b）所示。

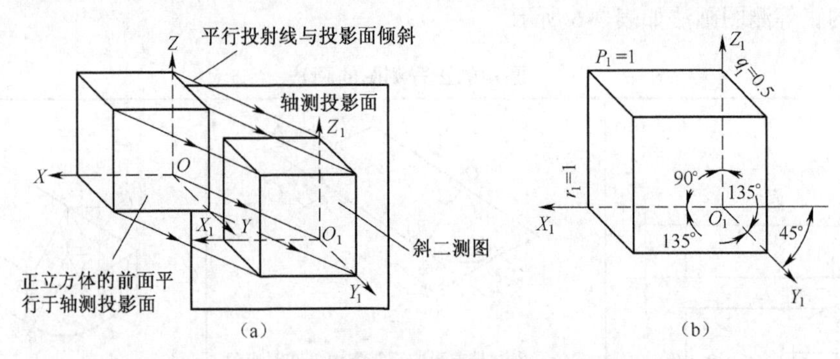

图 3-8　斜二测图的形成和轴间角及轴向伸缩系数

2. 轴间角和轴向伸缩系数

（1）斜二测图的轴间角：$\angle X_1O_1Z_1 = 90°$，$\angle X_1O_1Y_1 = \angle Y_1O_1Z_1 = 135°$（$O_1Y_1$ 轴与水平线夹角为 45°）。

（2）轴向伸缩系数：O_1X_1 和 O_1Z_1 的 $p_1 = r_1 = 1$；O_1Y_1 的 $q_1 = 0.5$。

3.3.2 斜二测图的画法

1. 平面立体的斜二测图画法

［例 3-4］　画图 3-9（a）所示的正四棱台的两面视图的斜二测图。

作图方法和步骤如图 3-9（b）、（c）、（d）所示。

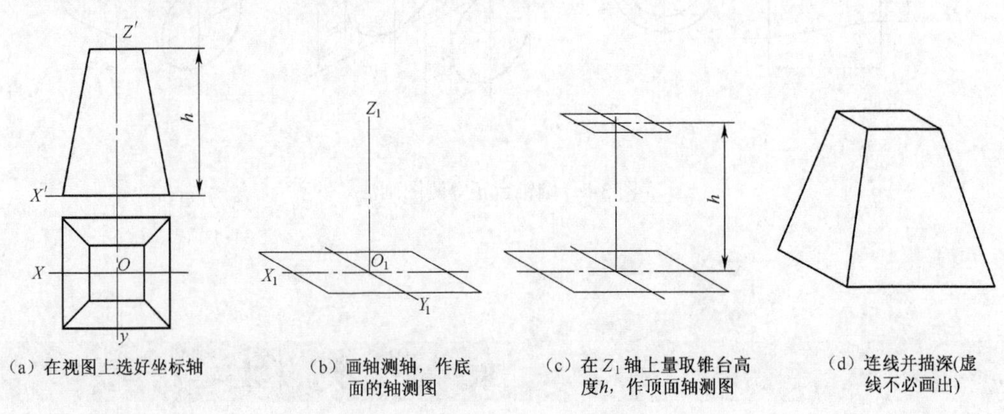

图 3-9　正四棱台斜二测图画法

2. 回转体的斜二测图画法

（1）圆的斜二测图画法。如图 3-10 所示，平行于 $X_1O_1Z_1$ 轴测面（正平面）的圆的斜二测图仍是圆；平行于 $X_1O_1Y_1$（水平面）和 $Y_1O_1Z_1$（侧平面）轴测面的圆的斜二测图为椭圆，但长、短轴方向不同。它们的长轴与圆所在坐标面上的一根轴线的夹角为 7° 10′。

当物体的正面形状有较多圆或圆弧时，其他方向形状较简单，采用斜二测作图十分简便，如图 3-11 所示的端盖。

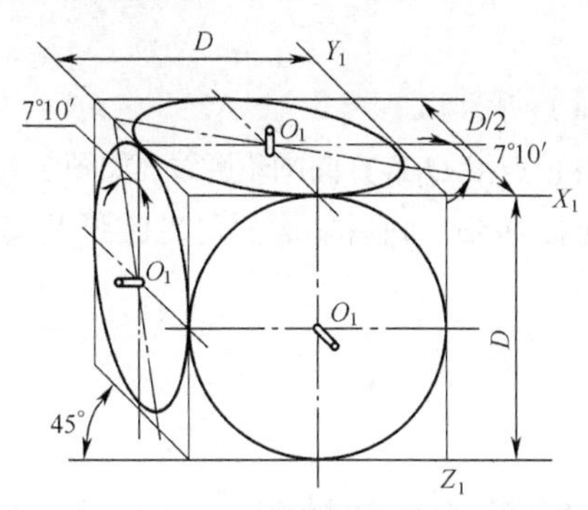

图 3-10　三个坐标面上圆的斜二测图

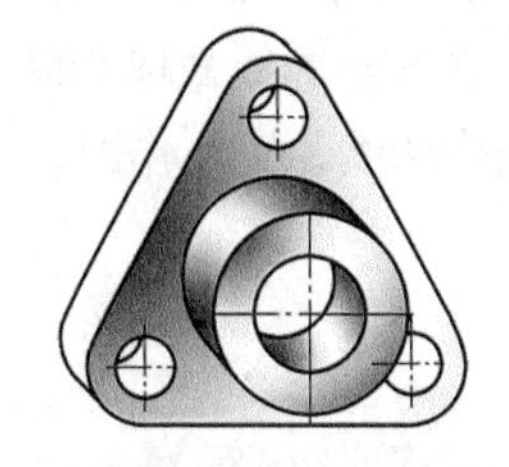

图 3-11　作端盖的斜二测图

（2）圆锥台体的斜二测图画法。

［例 3-5］　画图 3-12（a）所示穿孔圆台的斜二测图，其两底圆平行于水平面，为了避免烦琐作图，把图中所示立体往正前方转动 90°，使两底圆平行于 *XOZ*（正面），所绘制斜二测图形状相同，仅是方向不同。其作图步骤如图 3-12（b）、（c）、（d）所示。

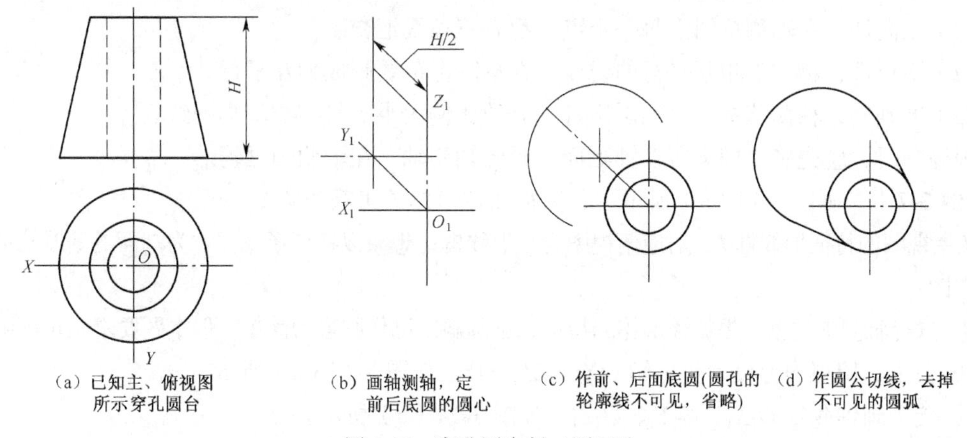

图 3-12　穿孔圆台斜二测画法

（3）柱形体斜二测图的画法。

［例 3-6］　画图 3-13（a）所示柱形体主、俯视图的斜二测图。

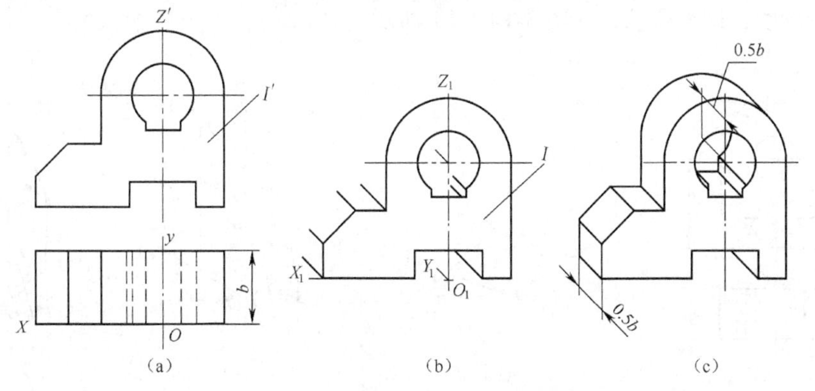

图 3-13　柱形体的斜二测图画法

画图前通过读图想象立体形状。从主视图的特征形线框 I'对应俯视图的矩形，想象特征面形 I 为前端面的柱形体。

作图：

（1）在已知视图上设置坐标轴，如图 3-13（a）所示。

（2）画轴测轴及前端面 I的特征形，由轮廓线各顶点沿 O_1Y_1 方向画轮廓线，如图 3-13（b）所示。

（3）在各轮廓线截取 0.5b，圆心向 O_1Y_1 方向移 0.5b，画后端面的可见圆弧及其他轮廓线，擦去多余作图线，完成作图，如图 3-13（c）所示。

3.4 轴测草图画法

工程上常用轴测草图表示或记录立体形状，读图时，常借助画轴测草图验证所想象立体形状的正确性，以增强形体想象力。若由视图画轴测草图，应先读懂视图，想象出物体形状，然后选择所画轴测图的类型，徒手画出轴测草图。

画轴测草图应注意以下几点。

（1）三向性，在轴测草图上每一个点，都有三条线汇交。

（2）平行性，物体上相互平行的线段，在草图上都要画成相互平行。

（3）准确性，轴测草图上目测画出各部分的比例大小应与实物基本一致。

画椭圆时，应先确定椭圆所在轴测面，画的轴测轴，在轴测轴画菱形。

[例 3-7]　画图 3-14（a）所示主、俯视图柱形体的正等测草图。

从主视图的特征形线框 I'，对应俯视图为矩形线框，想象以特征形线框 I' 为端面的等厚柱形体。

作图：

① 选择轴测图类型，根据该形体的特征，选画斜二测作图最为简单，但本题要求画正等测图。

② 在主、俯视图上设置坐标轴 OX、OZ、OY，如图 3-14（a）所示。

③ 徒手画轴测轴 O_1X_1、O_1Y_1、O_1Z_1，如图 3-14（b）所示。

④ 在 O_1X_1、O_1Z_1 轴坐标面上画特征面 I 轴测草图，确定圆孔中心位置，按圆孔直径徒手画辅助菱形，并在菱形上画四个相切圆弧，得椭圆，如图 3-14（c）所示。

⑤ 沿 O_1Y_1 方向画侧面可见轮廓线；由物体厚度 B 画出后端面可见轮廓线；去掉多余作图线，描深加粗轮廓线，即得所求，如图 3-14（d）所示。

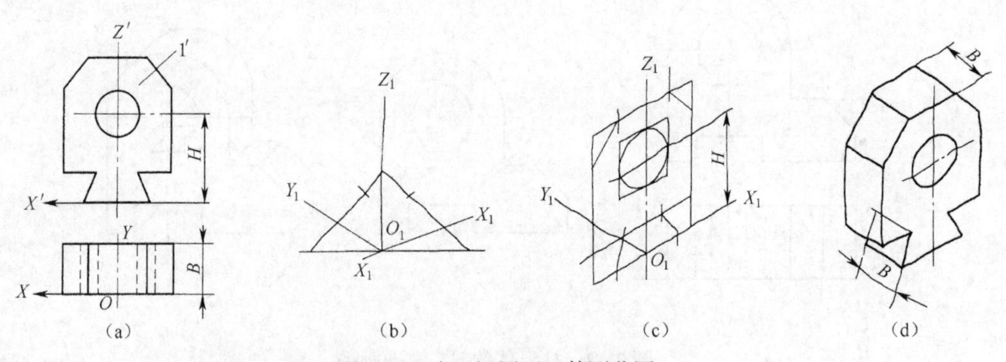

图 3-14　由三视图画正等测草图

第4章 常见立体表面交线和读图思维基础

在机件中常见平面与立体表面、立体与立体表面的相交线，前者称为截交线，后者称为相贯线，如图 4-1 所示。

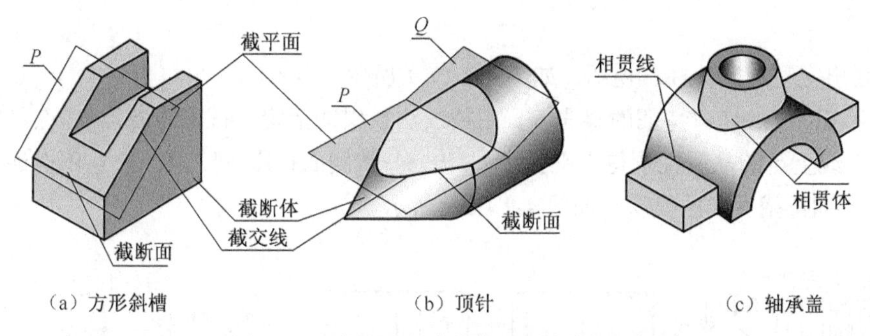

（a）方形斜槽　（b）顶针　（c）轴承盖

图 4-1　机件表面的截交线和相贯线的实例

为了完整、清晰地表达机件形状，在视图上应正确画出表面相交线。本章将介绍立体表面交线的性质及画法，同时本章还将介绍读图必备的投影分析的思维基础。

4.1 截交线

立体被平面截切后的形体称截断体，截切立体的平面称截平面，截平面与立体表面的交线称截交线，由截交线所围成的平面形称截断面，如图 4-1（a）、（b）所示。

截交线的形状和大小取决于被截的立体形状和截平面与立体的相对位置，但任何截交线都具有下面两个基本性质。

（1）截交线是截平面与立体表面的共有线，是共有点的集合。

（2）截交线是封闭的平面形（平面折线，平面曲线或两者的组合）。

根据截交线的性质，求作截交线投影实际上求解表面点的连线。

4.1.1 平面立体的截交线

1. 平面体截交线的特性和作图方法

平面体的截交线是平面多边形。多边形各边是截平面与平面立体棱面的交线，多边形各顶点是截平面与棱线（或底边）的交点，如图 4-2（a）所示。

求作平面体截交线的方法有两种：一种是求各棱线与截平面的交点连线——棱线法；另一种是直接求各棱面与截平面的交线——棱面法。

2. 棱柱的截交线

［例 4-1］ 求作图 4-2（a）所示平面斜截四棱柱的投影。

分析：四棱柱被正垂面 *P* 切去一角，截交线围成五边形 *ABCDE* 为正垂面。截交线的正面投影积聚为斜线，反映切角特征；截交线的水平投影和侧面投影是五边形的类似形，如图 4-2（a）、（b）所示。

作图：

① 先画出完整的四棱柱三视图，如图 4-2（c）所示。

② 画主视图反映切口特征的斜线 p'。用棱线法在斜线上定出截交线各顶点 a'、b'（e'）、c'（d'）；根据直线上点的从属性求得水平投影 a、b……和侧面投影 a''、b''……；依次连接各顶点的同面投影，即得截交线的投影，如图 4-2（d）所示。

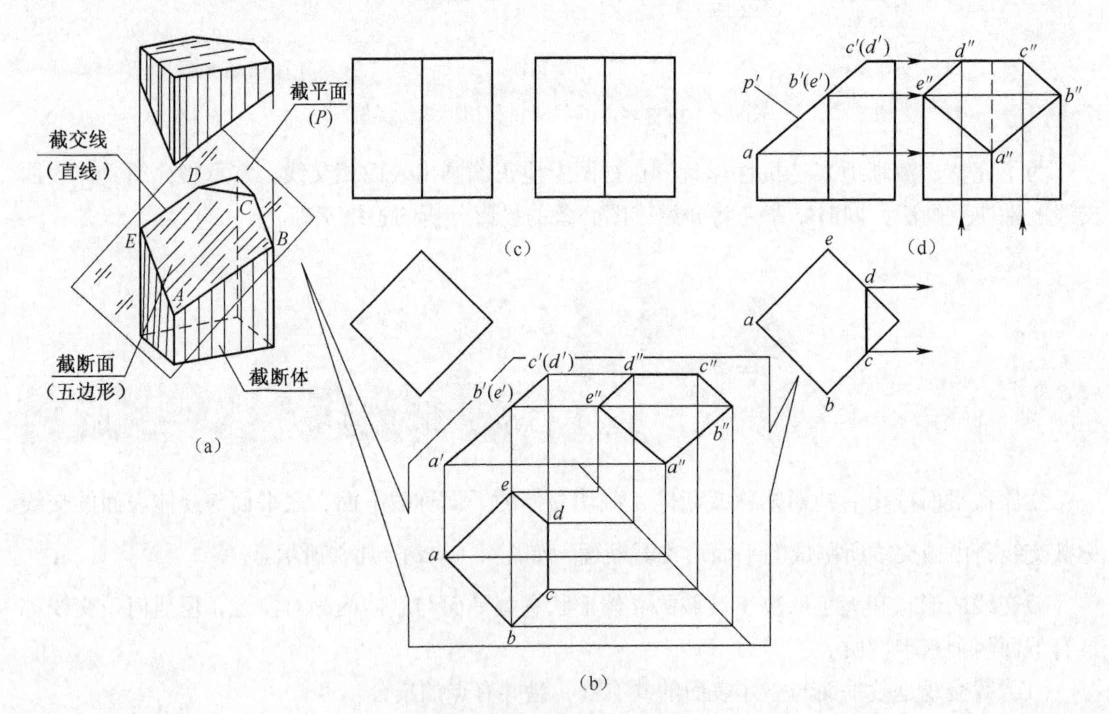

图 4-2 斜截四棱柱的投影

③ 删除被切去棱线及判断可见性。截平面 *P* 把点 *A*、*B*、*E* 以上棱线切去，投影图应删

除。按图 4-2（a）所示的截切位置，右侧棱的侧面投影不可见。图 4-2（d）所示为斜截四棱柱三视图。

3. 棱锥的截交线

［例 4-2］ 求作图 4-3（a）所示切槽四棱台的投影。

分析：四棱台通槽是由两个侧平面和一个水平面的组合面截切而成的。两侧截交线梯形 M 是侧平面，正面和水平投影积聚为直线，侧面投影线框 m'' 为实形；槽底截交线六边形 N 是水平面，正面和侧面投影积聚为直线，水平投影 n 为实形，如图 4-3（a）、（b）所示的投影分析图。求作截交线投影采用棱面法。

作图：

① 画通槽正面投影。画四棱台三视图和主视图反映通槽特征形线的 m'、n'，如图 4-3（c）所示。

② 画通槽的水平投影。由线 m' 求得线 m；求作线框 n，其作图要点求 ab 及对应边，作图方法由点 a' 求 a''，再求 a，并作 ab（ab 平行对应底边）；或过点 a' 引辅助水平线 $a'k'$，作 ak，得 ab，如图 4-3（d）所示。

③ 画通槽的侧面投影。由线 n' 求得 n''；求作线框 m''，其作图要点是求作 $b''c''$ 及对应边，由点 b、c 和 b'、c' 求得 b''、c'' 并连线，如图 4-3（e）所示。

④ 删除被切去棱线和判断轮廓线可见性。删除点 A 以上前后侧棱。线 n'' 上的点 b'' 是可见和不可见的分界点；描深加粗图线，如图 4-3（f）所示。

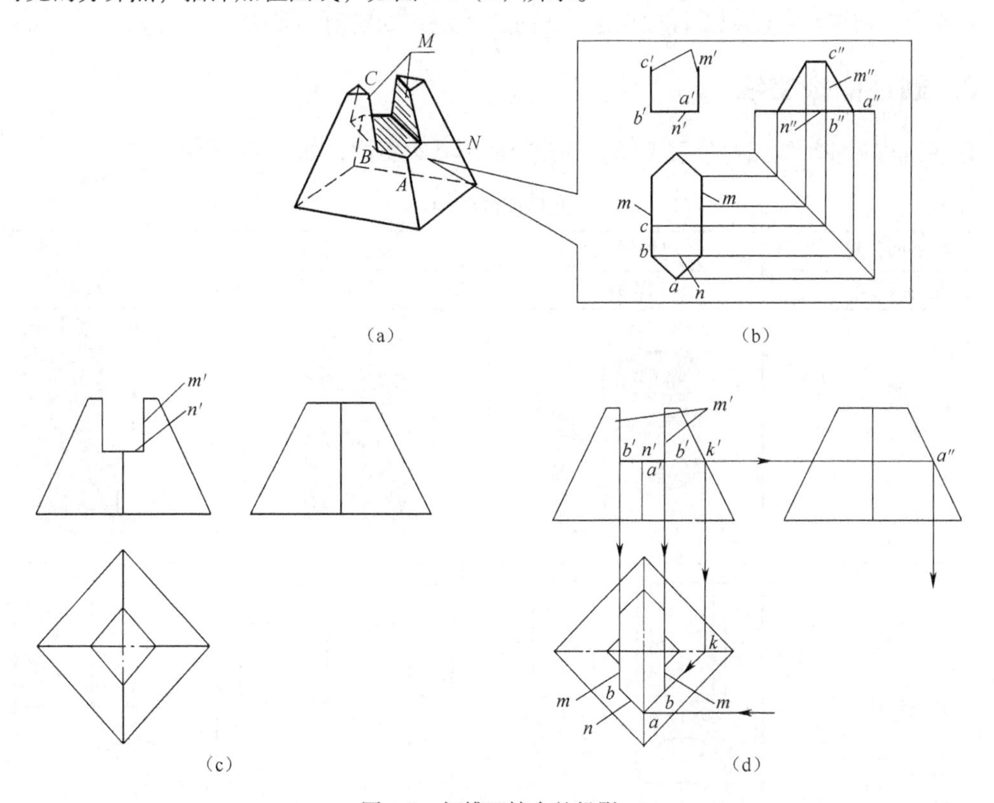

图 4-3 切槽四棱台的投影

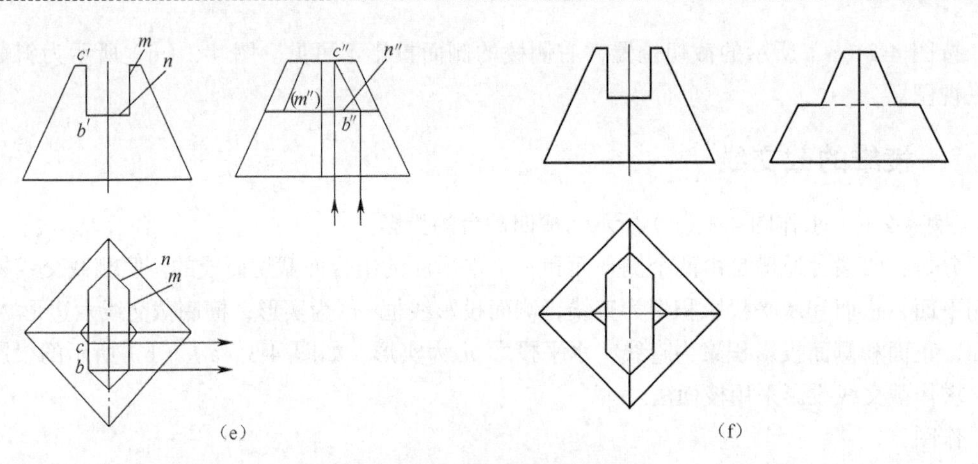

图 4-3　切槽四棱台的投影（续）

4.1.2　回转体的截交线

1. 回转体截交线的特性和作图方法

回转体截交线一般是封闭的平面曲线，特殊情况下是直线和圆，如图 4-1（b）所示。

截交线上任意一点都是平面与回转面的共有点，也可看做是回转面素线（直线或曲线）与截平面的交点，如图 4-1（b）所示。

作图方法有三种：①积聚性取点法；②辅助线法；③辅助平面法。

2. 圆柱的截交线

截平面与圆柱轴线相对位置不同，其截交线形状也不同，如表 4-1 所示。

表 4-1　　　　　　　　圆柱面的截交线

截平面位置	与轴线平行	与轴线垂直	与轴线倾斜
截交线形状	直线	圆	椭圆
轴测图	P	P	P
投影图			

[例 4-3] 求作图 4-4（a）所示上切口、下通槽圆柱的投影。

分析：圆柱的上端两个切口是由两个平行轴线左右对称的侧平面 M 与两个垂直于轴线的水平面 P 截切而成，正面反映切口特征；下端通槽是由两个平行轴线前后对称的正平面 N 和一个垂直轴线水平面 G 截切而成的，侧面反映通槽特征。

截平面与圆柱面上的八条截交线是铅垂线，其水平投影积聚为点；四条圆弧交线平行于水平面，水平投影重合在圆上。

作图：

① 先画完整圆柱三视图。

② 画上端切口投影。先画反映切口特征的正面投影积聚性线 m'、p'；求水平投影线 m；侧面投影除了画线 p'' 外，由点 a（b）和 d（c）求得 $a''b''$、$d''c''$，如图 4-4 箭头所示。

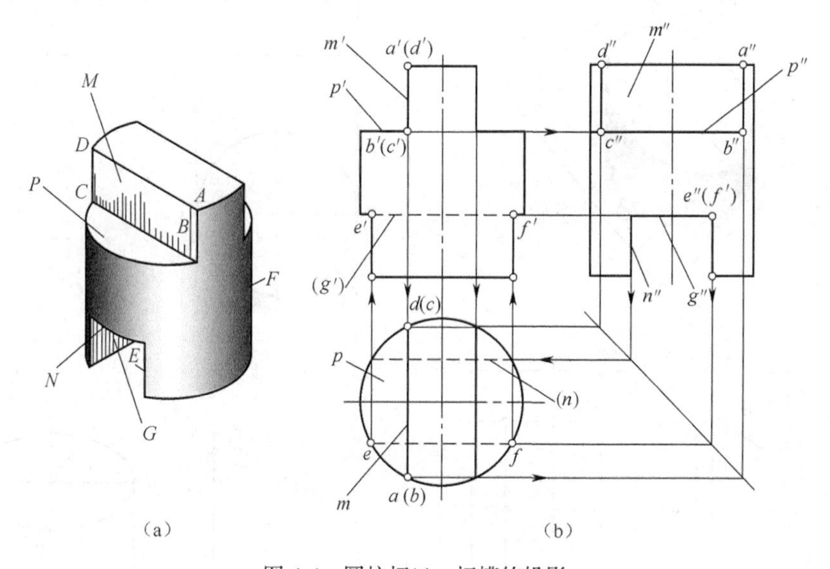

图 4-4　圆柱切口、切槽的投影

③ 画下端通槽。先画反映切槽特征侧面投影积聚直线 n''、g''；求水平面投影线(n)；正面投影除了画线(g)$'$外，由点 e、f 求得直线 e'、f'，如图 4-4 箭头所示。

④ 删除被切去轮廓线，判断可见性。正面投影删除下端切槽处的左右轮廓线，点 e'、f' 为槽底可见和不可见分界点。

[例 4-4] 求作图 4-5（a）所示平面 P 斜切圆柱的截交线投影。

分析：截平面 P（正垂面）与圆柱轴线斜交，截交线为椭圆。椭圆的正面投影积聚为斜线 p'，水平投影与圆柱面投影的圆重合，侧面投影仍是椭圆的类似形。由于截交线的两个投影具有积聚性（已知投影），由“二求三”求得侧面投影。

作图：

① 求特殊点：特殊点是指截交线上处于最左与最右，最前与最后，最高与最低的点。这种点一般在视图轮廓线上，它限定截交线的范围。

图 4-5（a）所示椭圆长、短轴的端点 A、C 与 B、D 是特殊点。求作时，先在主视图上定出左、右轮廓线上最左（最低）和最右（最高）的点 a'、c'，求得点 a''、c''；定出前、后轮廓

线上最前、最后的重影点 b'（d'），求得点 b''、d''。如图 4-5（b）箭头所示。

② 求一般点：用圆柱面积聚性取点法求得。作图时，先在俯视图的圆周上定出对称点 e、g、h、f（常用等分圆周），并求得点 e'（f'）、g'（h'），再求得点 e''、f''、g''、h''，如图 4-5（c）箭头所示。

③ 连成光滑曲线：按顺序把点 a''、e''、b''……连成光滑曲线，即得所求，如图 4-5（d）所示。

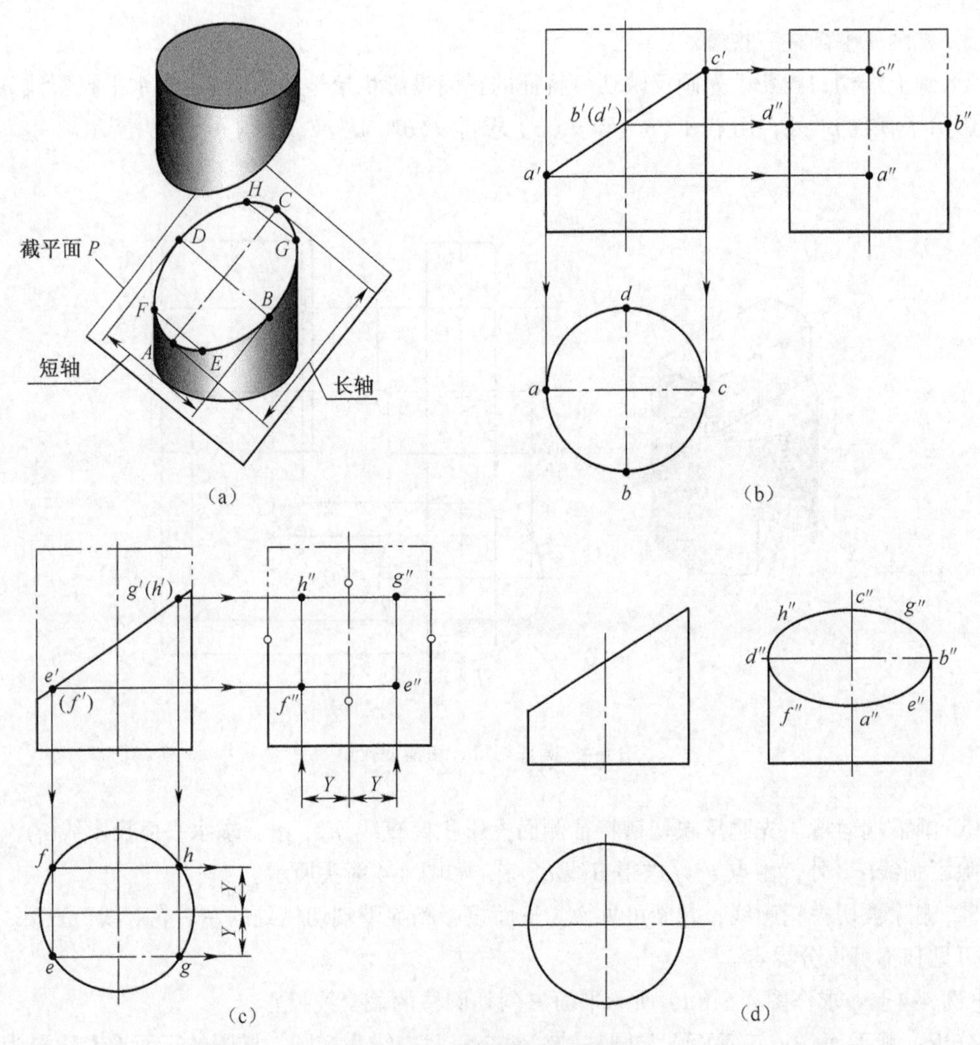

图 4-5　圆柱斜截交线的投影

④ 删除被切去的轮廓线及判断可见性：从图 4-5（a）所示的圆柱截切位置看出，左、右轮廓线在点 A、C 以上和前后轮廓线的点 B、D 以上被 P 平面切去，所以点 a'、c' 及点 b''、d'' 以上外形轮廓线应删除。椭圆的侧面投影均可见。

3. 圆锥的截交线

截平面与圆锥面的截交线有五种形状，如表 4-2 所示。

表 4-2　　圆锥面的截交线

截平面位置	垂直于轴线	过锥顶	倾斜于轴线不与轮廓线平行	平行任一条素线	平行于轴线
截交线形状	圆	直线	椭圆	抛物线	双曲线
轴测图	①	②	③	④	⑤
投影图	P_V	P_V	P_V	P_V	P_V

［例 4-5］　求作图 4-6（a）所示平面 *P* 截切圆锥的截交线投影。

分析：圆锥面被平行于轴线的平面 *P* 截切，截交线为双曲线，其水平面和侧面投影分别积聚为直线，正面投影的双曲线是实形。

作图：

由于圆锥面没有积聚性投影，所以采用下列两种作图方法。

① 辅助素线法：在圆锥面截交线上任取一点 *M*，过点 *M* 作辅助素线 *SF*，点 *M* 的投影属于辅助素线 *SF* 的同面投影，如图 4-6（b）所示。

② 辅助平面法（三面共点法）：在截交线的范围内，作垂直于圆锥轴线的辅助平面 *R*，与圆锥面交线为圆，圆与截平面 *R* 相交于点 *C*、*D*，是圆锥面、截平面 *P* 和辅助平面 *R* 三个面的公共点，点 *C*、*D* 的投影同属圆周同面投影，如图 4-6（c）所示。

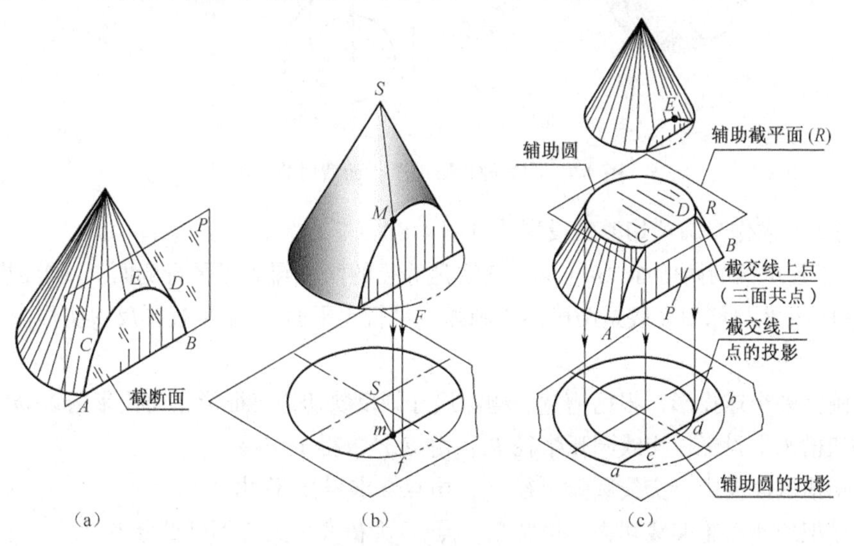

图 4-6　求作圆锥截交线投影的方法

圆锥面截交线的作图步骤见表 4-3。

表 4-3　　　　　　　　　　圆锥面截交线的作图步骤

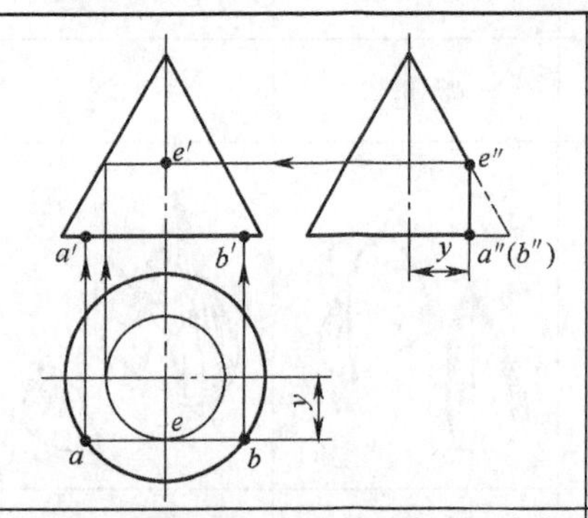	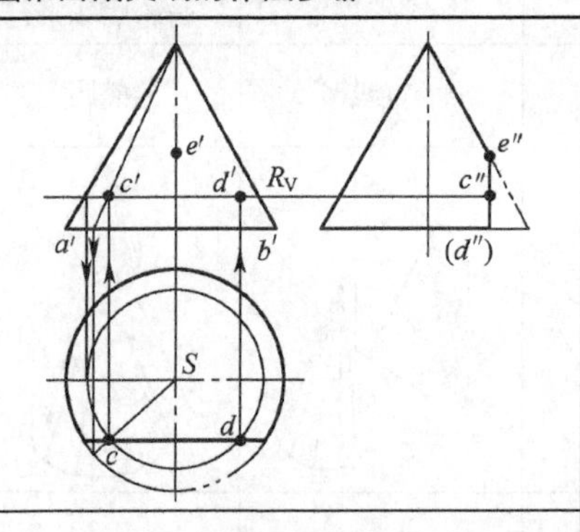	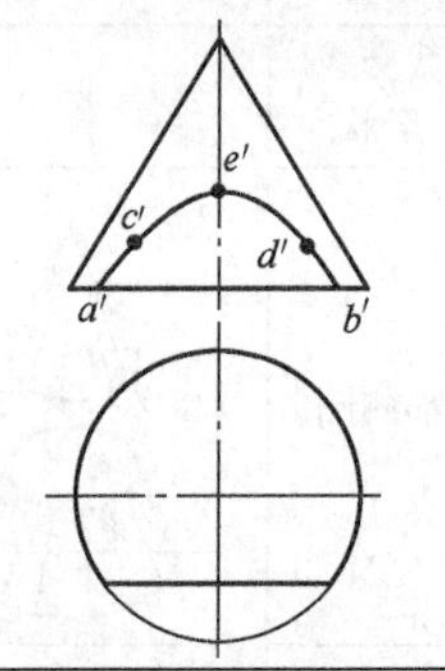
（a）求特殊点：点 E 是最高点，由点 e'' 求 e'（或作辅助圆求得）；点 A、B 为最左、最右点，是底面和截平面 P 的交点，由点 a、b 求得点 a'、b'	（b）求一般位置点：引辅助素线或作辅助平面法，在截交线已知的水平投影上求得交点 c、d，由点 c、d 求点 c'、d'	（c）将各点顺序连成光滑曲线：点 a'、c'、e'、d'、b' 用曲线光滑连接起来，即得所求

4. 圆球的截交线

圆球被任意方向的平面截断，截交线都是圆。圆的大小取决于截平面与球心的距离。

当截平面平行某一投影面时，交线圆在该投影面的投影为实形，其他两个投影积聚为直线，其长度等于截线圆的直径，如图 4-7 所示。当截平面是投影的垂直面时，截交线在该投影面的投影积聚为直线，其他两个投影均为椭圆，如图 4-9 所示。

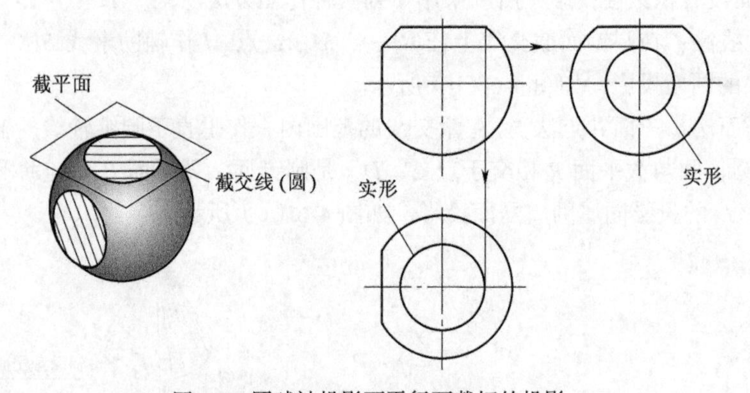

图 4-7　圆球被投影面平行面截切的投影

［例 4-6］　求作半圆球切槽的投影（见图 4-8）。

分析：半圆球槽的两侧面 M 与球面交线是等径的两段圆弧（平行侧面），侧面投影的圆弧为实形；槽底面 N 与球面交线是两段同心圆弧（平行水平面），水平投影反映实形。

作图：

① 先画完整半球投影，根据槽宽、槽深尺寸画反映切槽特征形正面投影的线 m'、n'。

② 作切槽水平投影，交线圆弧半径 R_1，由点 1′ 求得 1 作出。

③ 作切槽侧面投影，交线圆弧半径 R_2，由点 2 求得 2″ 作出。

④ 通槽把球侧面轮廓线切去一段圆弧。点 a'' 为槽底可见与不可见分界点。

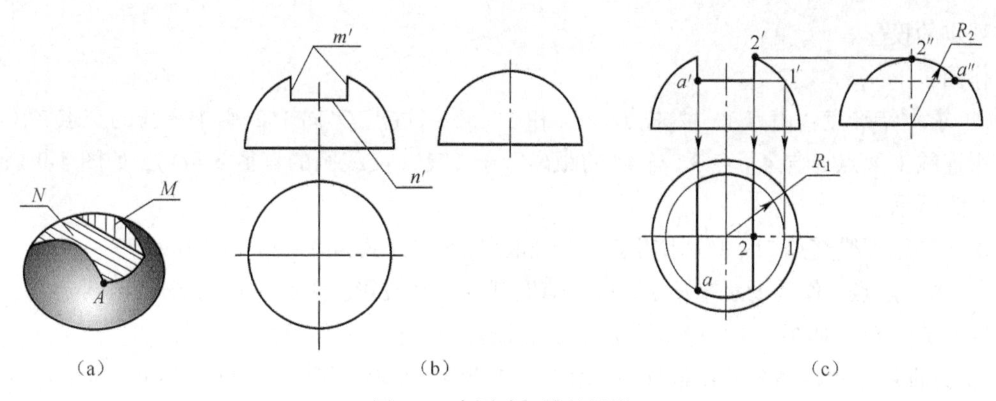

图 4-8 半圆球切槽的投影

*［例 4-7］ 求作图 4-9（a）所示圆球斜截交线的投影。

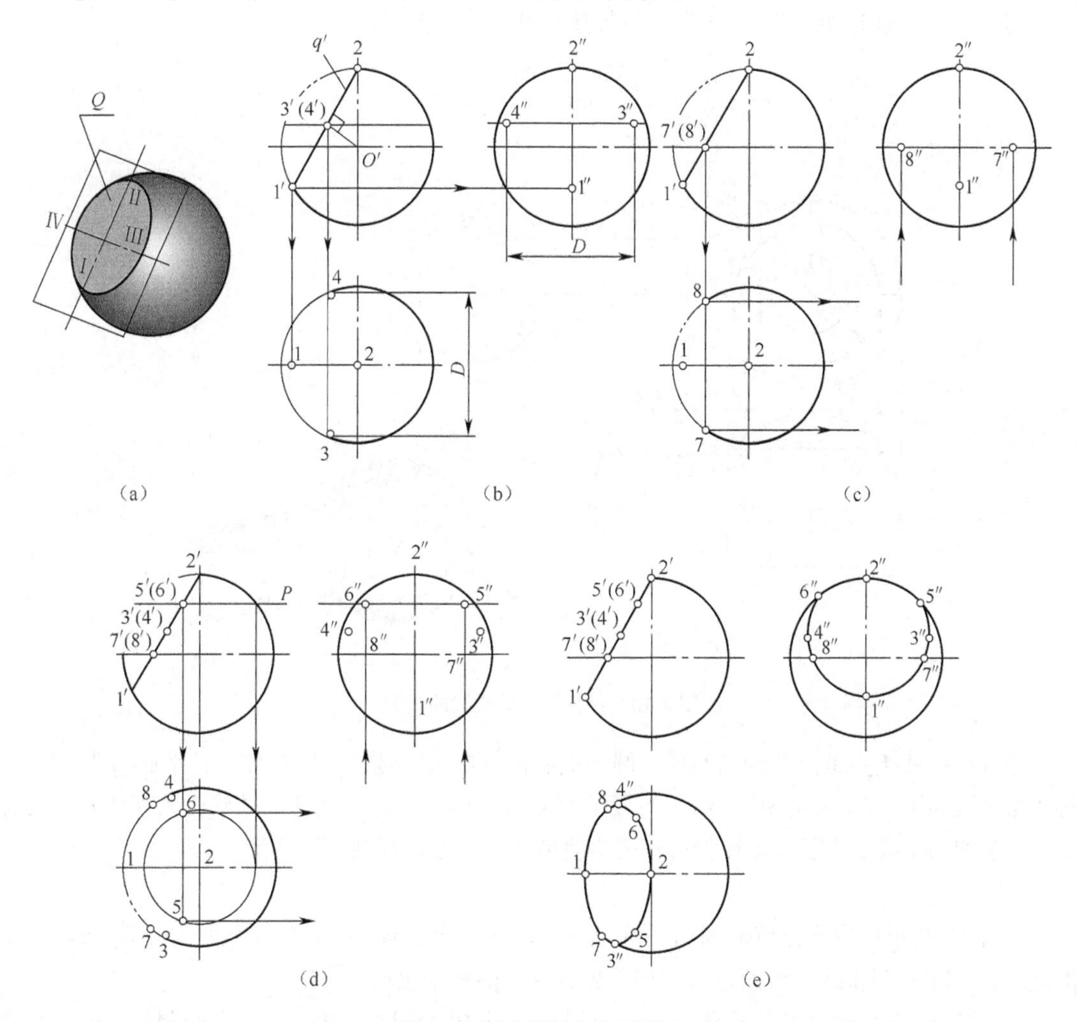

图 4-9 圆球斜截交线的投影

分析：截平面 Q 为正垂面，与球面的交线为圆，其正面投影积聚为斜线 q'，长度是该圆的直径 D，水平投影和侧面投影都是椭圆，椭圆长、短轴端点 Ⅰ、Ⅱ、Ⅲ、Ⅳ为特殊点。

作椭圆时，在已知截交线投影的范围内，用投影面的平行面作辅助截平面，求得截交线上一系列点的投影。

作图：

① 求作特殊点：由点 1′、2′求点 1、2 和 1″、2″。过点 O' 向 1′2′引中垂线的交点 3′（4′），在投影连线上取点 3 与 4、点 3″与 4″的距离等于 1′2′（交线圆的直径 $q'=D$），如图 4-9（a）、（b）箭头所示。

由水平轮廓线交点 7′（8′）求得点 7、8 和 7″、8″，如图 4-9（c）箭头所示。

② 求一般点：作辅助水平面 P，求作辅助圆的水平投影，由点 5′（6′）求得该圆上点 5、6，再求得点 5″、6″，如图 4-9（d）箭头所示。若需要还可作一系列交线上的点。

③ 连曲线：将求得各点的同面投影依次连成椭圆，即得所求，如图 4-9（e）所示。

5. 共轴回转体的截交线

［例 4-8］　求作图 4-10（b）所示拉杆接头截交线的投影。

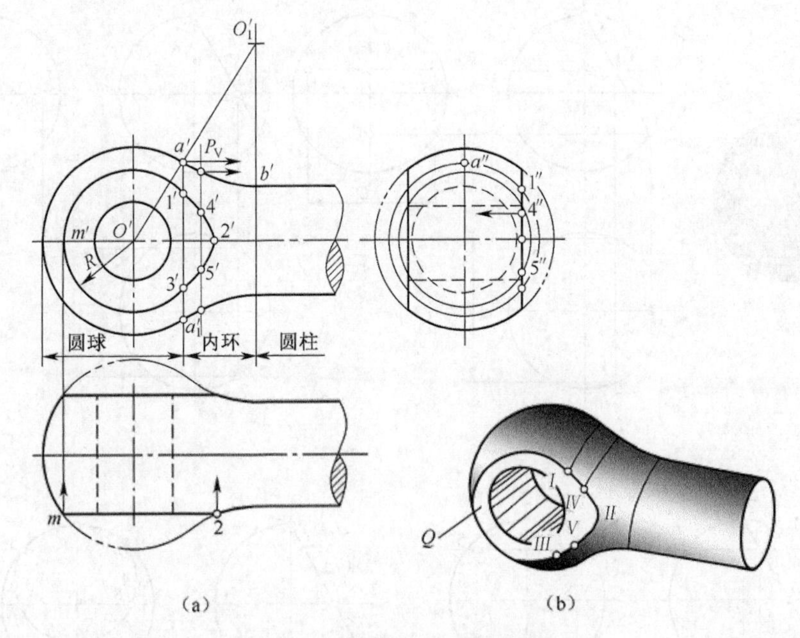

图 4-10　拉杆接头截交线的投影

分析：拉杆接头是由共轴的圆球、圆环面和圆柱组成，被前、后对称的正平面 Q 截切，与圆球面交线为圆，与内圆环面交线为一段平面曲线，两者相切，圆柱未被截切，圆柱面上无交线。两条相切交线的水平和侧面投影积聚为直线，正面投影反映交线实形。

作图：

① 首先在正面投影分清球面与内圆环面的范围　连接球心 O' 和圆环面中心 O_1' 与轮廓线相交点 a'，过 a' 引垂线，得圆球与圆环分界处为圆的积聚投影 $a'a_1'$。

② 作圆球截交线的正面投影　由 m 求得 m'，以 O' 为圆心，$O'm'$ 为半径画圆弧，与 $a'a_1'$ 直线相交于点 1′、3′，得两交线的分界点。

③ 作圆环面交线的正面投影　由点 2 求得点 2′，用辅助侧平面 P 求得辅助圆侧面投影的交点 4″、5″，由点 4″、5″求得点 4′、5′，把点 1′、4′、2′、5′、3′连成光滑曲线。

4.2 相贯线

两立体相交后的形体称相贯体，两立体表面的交线称相贯线，如图 4-1（c）所示轴承盖。

回转体相交是机件内、外形中最为常见的一种，本节主要介绍回转体相贯线的求作方法。

4.2.1 相贯线的基本性质和作图方法

相贯线具有如下基本性质：

（1）相贯线一般是封闭的空间曲线，特殊情况下是平面曲线或直线。

（2）相贯线是两回转体表面上的共有线，相贯线上的点是两表面上的共有点。

求作相贯线的实质，就是求作两回转体表面上一系列共有点，然后把各点按顺序连成光滑曲线，即得相贯线。作图方法常用积聚性取点法或辅助截平面取点法。

4.2.2 利用积聚性求作相贯线

当相交的两圆柱轴线正交或垂直交叉，轴线分别垂直于两个投影面时，相贯线在所垂直投影面的投影和圆柱面积聚投影的圆重合，相贯线两个投影为已知，因此，利用积聚性取点法，由“二求三”法求作相贯线。

1. 两圆柱正交

［**例 4-9**］ 求作图 4-11（a）所示两圆柱正交的相贯线。

分析：

两圆柱面的相贯线为左右、前后对称的空间曲线。竖向小圆柱轴线垂直水平面，相贯线水平投影积聚在竖向小圆柱面投影的小圆周上；横向圆柱轴线垂直于侧面，相贯线侧面投影积聚在大圆柱面投影的大圆周上的一段圆弧，所以相贯线的水平和侧面投影均是已知投影，相贯线的正面投影应用积聚性取点法求得。

作图：

① 求特殊点：大、小圆柱正面轮廓线相交点 a'、b' 是相贯线最左最右点，最低点 c'（d'）由小圆柱前后轮廓线与大圆柱面侧面投影的交点 c''、d'' 求得，如图 4-11（b）箭头所示。

② 求一般位置点：在相贯线水平投影上任取 e、g、h、f 的对称点（一般用圆周等分而得），在侧面投影求得对应点 e''（g''）、f''（h''），再求得正面投影点 e'（f'）、g'（h'），如图 4-11（c）箭头所示。

③ 连曲线：把各点按顺序连成光滑曲线，如图 4-11（d）所示。

（1）相贯线位置和形状。两正交圆柱位置不变，而相对大小发生变化，相贯线的位置和形状也随之变化，如图 4-11 所示。

圆柱 *Ⅰ* < 圆柱 *Ⅳ*，相贯线两条上下对称空间曲线，曲线正面投影凸向大圆柱 *Ⅳ* 的轴线；

圆柱 *Ⅱ*=圆柱 *Ⅳ*，相贯线两条椭圆曲线，曲线正面投影两条直交线；

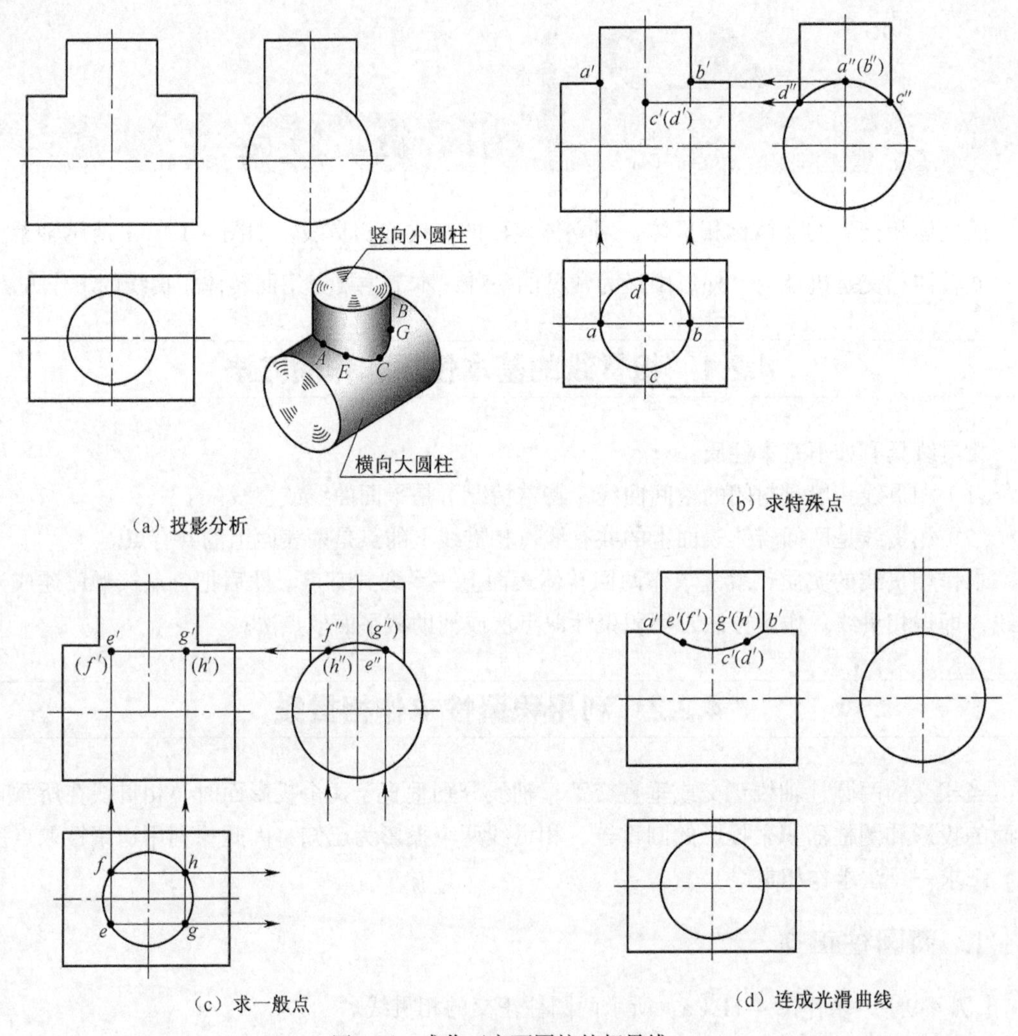

（a）投影分析

（b）求特殊点

（c）求一般点

（d）连成光滑曲线

图 4-11　求作正交两圆柱的相贯线

圆柱 Ⅲ > 圆柱 Ⅴ，相贯线两条左右对称空间曲线，曲线正面投影凸向大圆柱 Ⅲ 的轴线。从图中可看出，相贯线投影为曲线，曲线总是向大圆柱轴线凸。

（2）相贯线有三种形式。两圆柱外表面相交，其相贯线为外相贯线，如图 4-12 所示；外圆

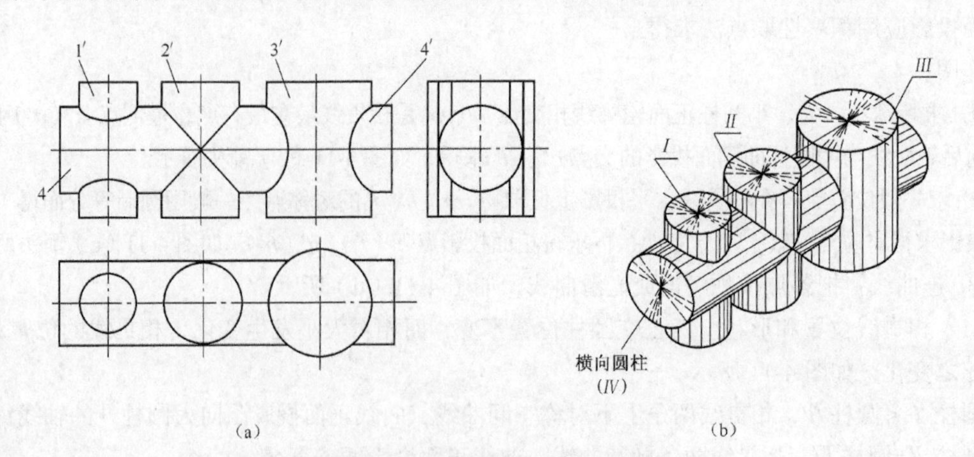

（a）

（b）

图 4-12　相贯线的形状及弯曲趋向

柱面与内圆柱面相交，其相贯线为外相贯线，如图 4-13 所示；两内圆柱面相交，相贯线为内相贯线，并与两实心圆柱相贯线对应，如图 4-14 所示。

（3）相贯线的近似画法。当两正交圆柱的直径相差较大，且不要求精确地画出相贯线时，允许用圆弧来代替曲线，其圆弧半径为大圆柱半径，圆心在小圆柱轴线上，如图 4-15 所示。

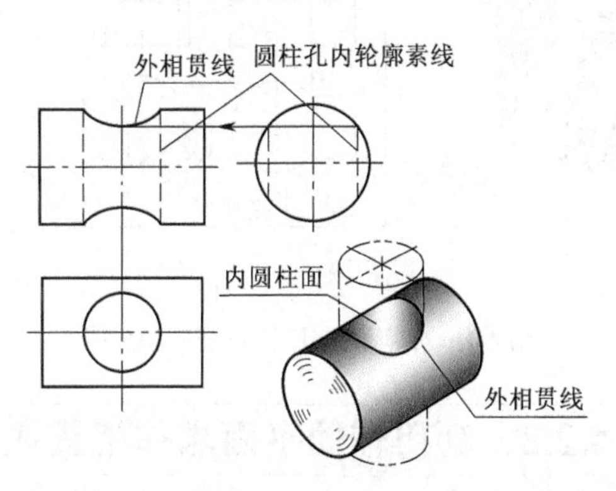

图 4-13　外圆柱面与内圆柱面相交的外相贯线

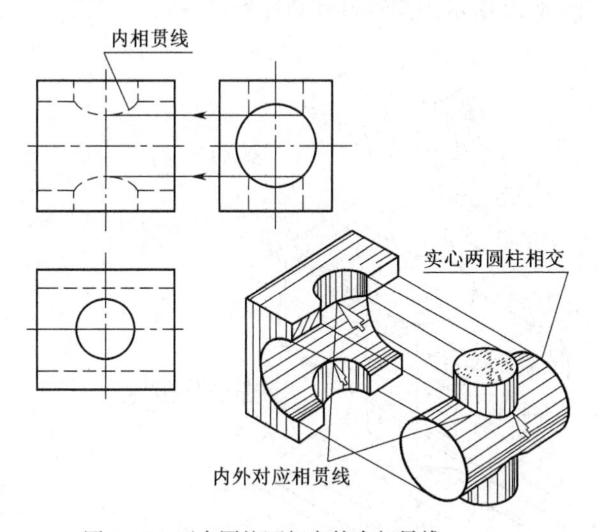

图 4-14　两内圆柱面相交的内相贯线

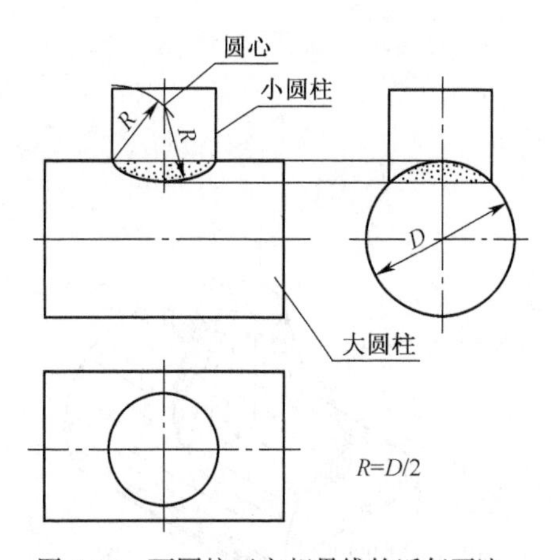

图 4-15　两圆柱正交相贯线的近似画法

2. 拱形柱与圆柱正交

［例 4-10］　求作图 4-16（a）所示拱形柱与圆柱正交的相贯线。

图 4-16（a）、（b）所示的相贯体可分解为半圆柱与圆柱正交，长方体与圆柱正交，相贯线由空间曲线和直线所组成。图 4-16（c）所示为相贯线的投影分析。

如图 4-16（d）所示，在圆柱上从左往右切拱形通槽，相贯线投影与图 4-16（a）中情况相同，但正面和水平投影用虚线表示拱形槽不可见轮廓线。

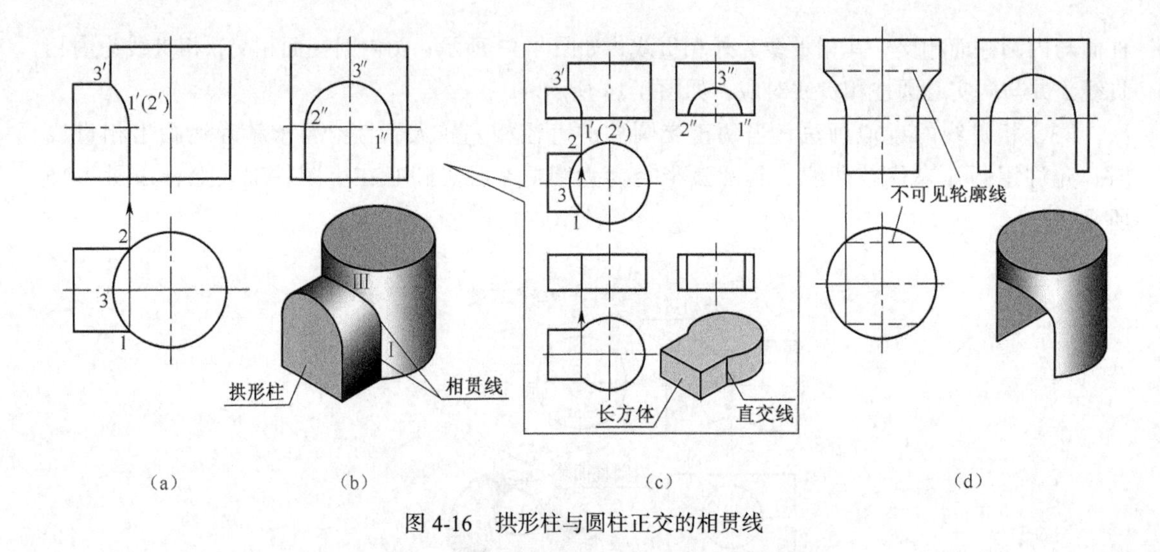

图4-16　拱形柱与圆柱正交的相贯线

4.2.3　利用辅助平面求作相贯线

当已知相贯线只有一个投影有积聚性，或投影都没有积聚性，不能利用积聚性取点法求作相贯线上的点时，可采用辅助平面法求得。图4-17所示为圆锥台和圆柱相贯。

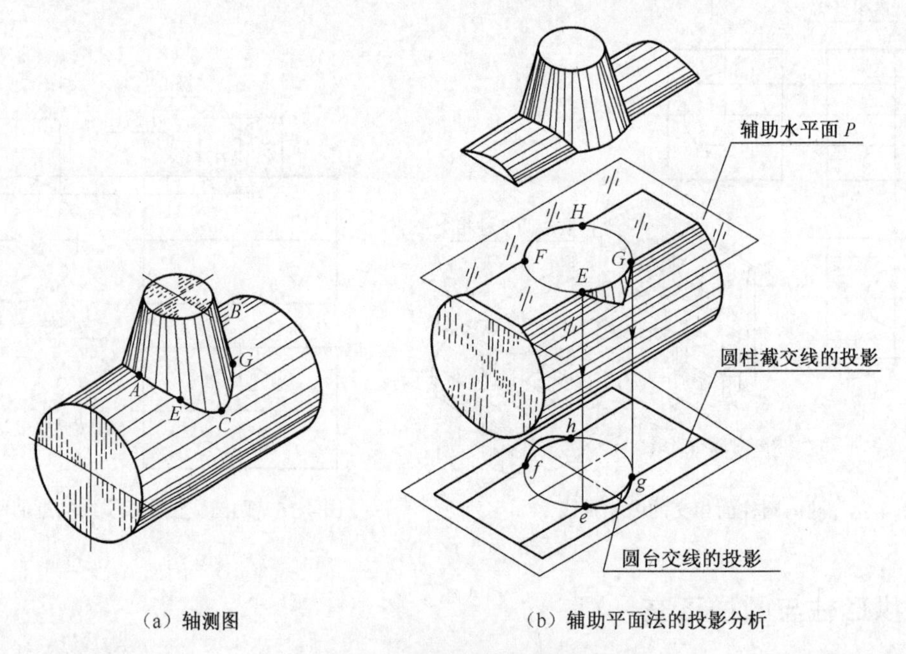

图4-17　用辅助平面法求作相贯线

用假想辅助平面在两回转体交线范围内同时截切两回转体，得两组交线的交点，即为相贯线上的点。如图4-17（b）所示，用辅助水平面 P 同时截切圆锥和圆柱，圆锥面上的圆交线和圆柱面上的直交线相交于点 E、G、H、F，为相贯线上的点，这些点既在辅助平面上，又在两回转体表面上，是三面的共有点。因此，利用三面共点原理可以作出相贯线一系列点的投影。

为了简化作图，辅助平面选用投影面平行面，使辅助平面与两回转体辅助截交线的投影简单易画，如直线或圆。

［例 4-11］　求作图 4-18（a）所示圆锥台和圆柱正交的相贯线。

分析：圆锥台和圆柱正交的相贯线为左右、前后对称的封闭形空间曲线，圆柱轴线为侧垂线，相贯线的侧面投影为已知投影，相贯线的正面和水平面投影应求作。

作图：

① 求特殊点：最左、最右点（也是最高点）A、B 是圆锥台与圆柱正面轮廓线的相交点 a'、b'，由点 a'、b' 求得点 a、b；最前、最后点（也是最低点）C、D，是圆锥台侧面轮廓线与圆柱面相交点 c''、d''，由 c''、d'' 求得点 c'（d'）和点 c、d，如图 4-18（b）箭头所示。

② 求一般点：按图 4-17（b）所示作辅助水平面 P，求得水平投影的辅助交线圆与两直线的交点 e、f、g、h，再求得点 e'（f'）、g'（h'），如图 4-18（c）箭头所示。

③ 连曲线、判断可见性：把各点同面投影按顺序连成曲线；水平投影相贯线可见，正面投影相贯线可见和不可见相重合，如图 4-18（d）所示。

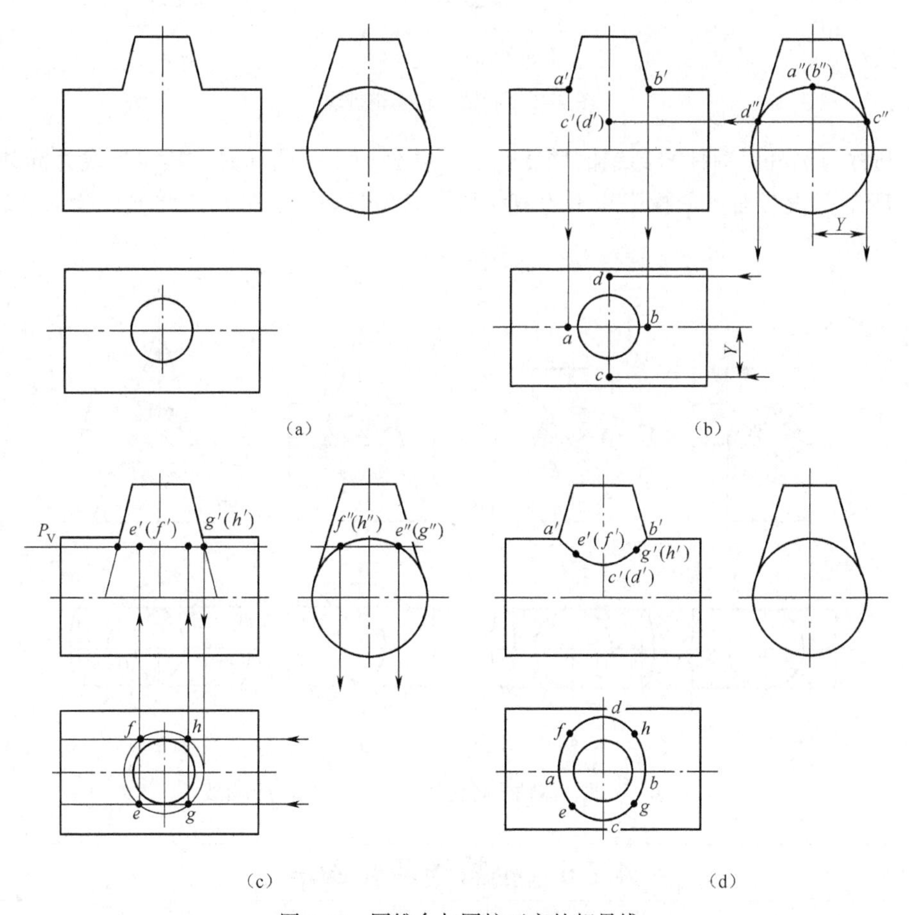

图 4-18　圆锥台与圆柱正交的相贯线

4.2.4　相贯线特殊情况及画法

（1）当两回转体具有公共轴线时，其相贯线为垂直于轴线的圆，该圆在轴线所平行投影面上的投影积聚为直线段，与轴线垂直投影面上的投影为圆，如图 4-19 所示。

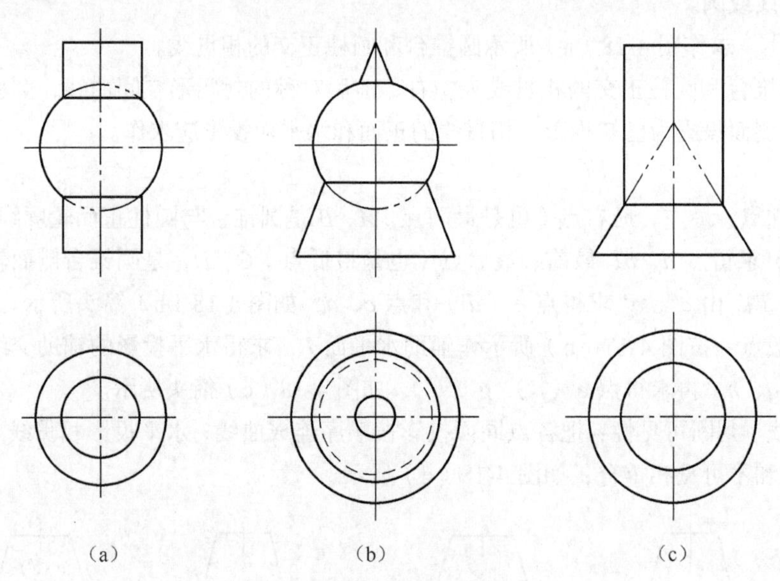

（a）（b）（c）

图 4-19　同轴回转体相贯线

（2）圆柱与圆柱、圆柱与圆锥的轴线斜交，并公切于一圆球时，其相贯线为椭圆，在两相交轴线所平行投影面上的投影积聚为直线段，其他投影为类似形（圆或椭圆），如图 4-20 所示。

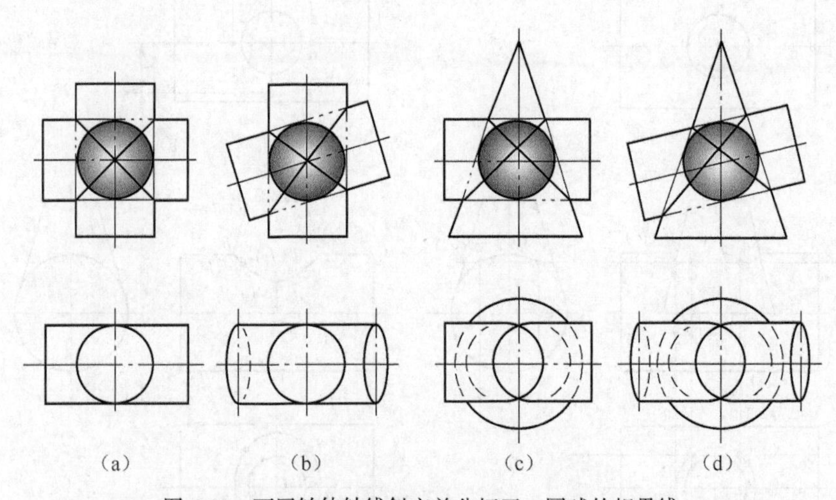

（a）（b）（c）（d）

图 4-20　两回转体轴线斜交并公切于一圆球的相贯线

4.2.5　相贯线简化画法

在不致引起误解时，相贯线可采用简化作图。如图 4-21（a）所示两圆柱偏交的相贯线用直线代替曲线，图 4-21（b）所示圆柱与圆锥台正交，相贯线采用模糊画法。

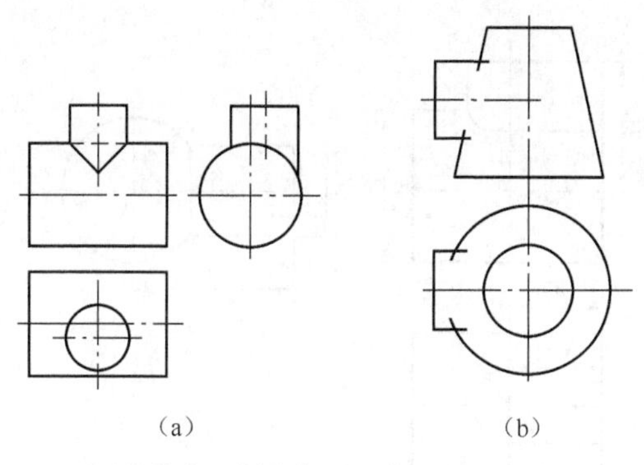

图 4-21　两圆柱偏交和圆柱与圆锥台正交相贯线的简化画法

4.3 截断体和相贯体的尺寸标注

4.3.1　截断体的尺寸标注

标注截断体的尺寸，除了标注基本体的定形尺寸外，还应标注确定截断面位置的定位尺寸，并应把定位尺寸集中标注在反映切角、切口和凹槽的特征视图上。当截断面位置确定后，截交线随之确定，所以截交线上不能再标注尺寸，如图 4-22 所示。

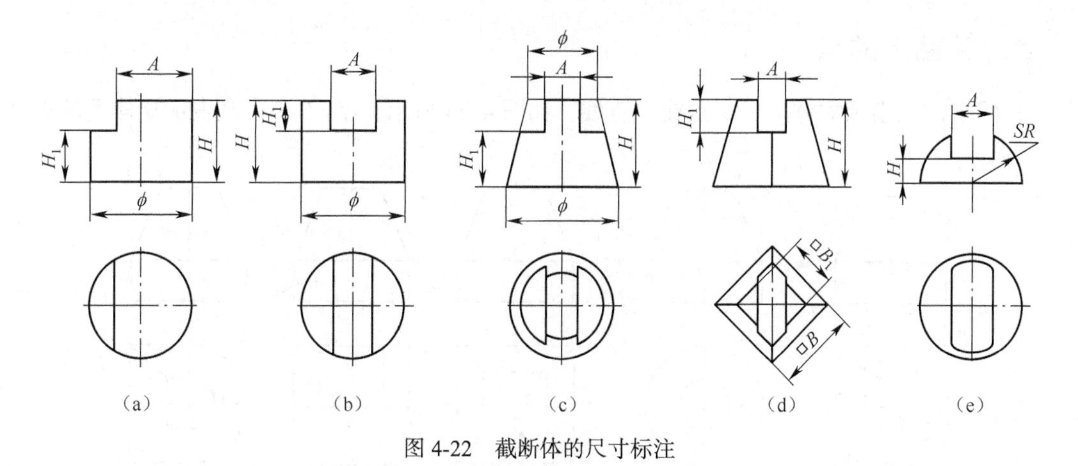

图 4-22　截断体的尺寸标注

4.3.2　相贯体的尺寸标注

标注相贯体的尺寸时，除了标注两相交基本体的定形尺寸外，还应标注两个基本体的相对位置尺寸（定位尺寸），并把定位尺寸集中标注在反映两形体相对位置明显的特征视图上。当两相交基本体的形状、大小和相对位置确定之后，相贯线的形状、大小自然确定，因此相贯线不标注尺寸，如图 4-23 所示。

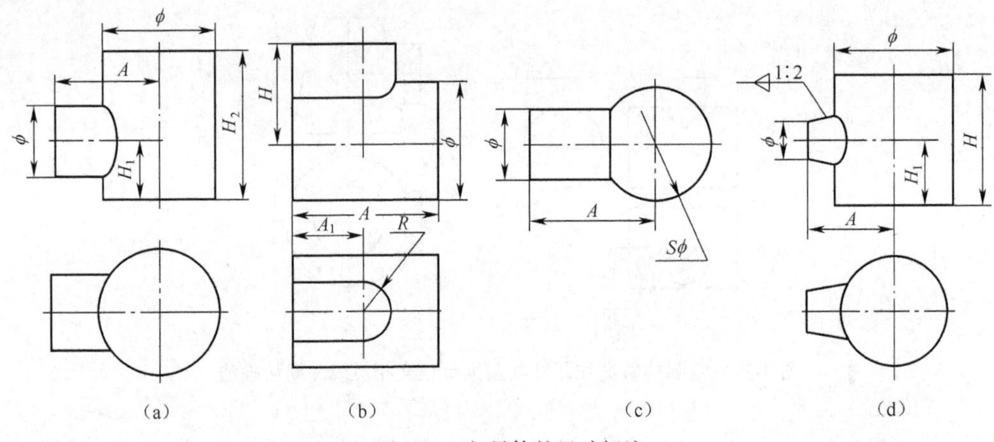

图 4-23　相贯体的尺寸标注

4.4 读图的思维基础

应用点、线、面的投影特性，搞清楚立体视图上的点、线、线框的空间含义，是读机件图样的投影分析和空间想象的思维基础。

4.4.1　视图上点、线、线框的空间含义

1. 视图上的点

视图上的点表示立体上一个点或一直线。如图 4-24 所示，点 a'、b'、e' 表示立体上的点 A、

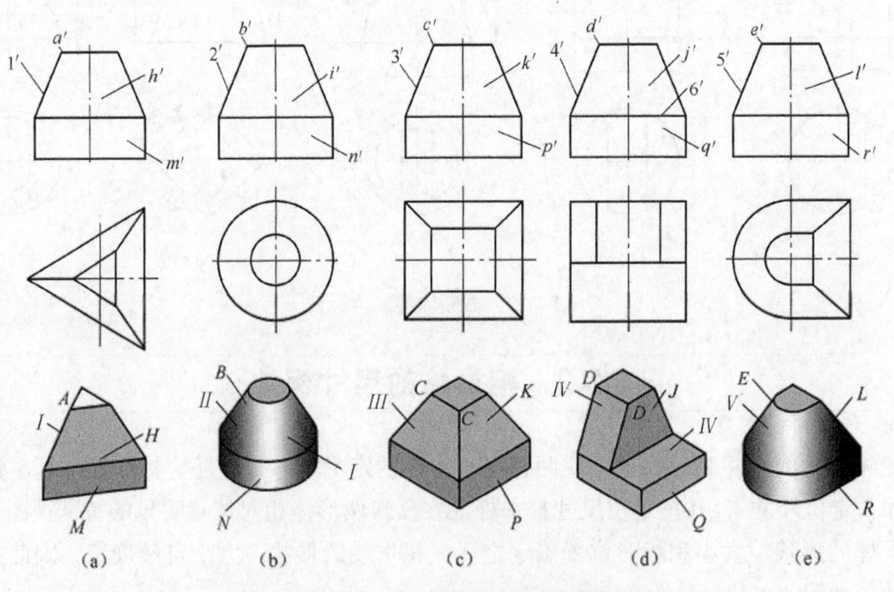

图 4-24　视图上点、线、线框的空间含义

B、E，点 c′、d′ 表示立体上的直线 C、D。因此，读视图时，不应仅把视图上的点想象为表示立体上的一个点，还可想象为表示立体上的直线；即“点表示直线”的空间概念。

2. 视图上的线

视图上的线表示立体上面与面的交线、回转体轮廓线或立体上面的积聚性投影。如图 4-24 所示，线 1′ 表示三棱锥台侧面相交线 Ⅰ；线 2′、5′ 表示圆锥台的正面轮廓线 Ⅱ、Ⅴ；线 3′、4′ 表示四棱台、四棱柱的侧面 Ⅲ、Ⅳ。因此，读图时，不仅把视图上的线想象为表示立体上的线，还可想象为表示立体上的面，即“线表示面”的空间概念。

3. 视图上的线框

视图上的线框表示立体上的平面、曲面、平曲组合面或体。如图 4-24 所示，线框 m′表示体上的平面 M；线框 n′ 表示圆柱面 N；线框 r′ 表示平曲组合面 R。上述的线框也可看成表示体，如线框 m′ 表示三棱柱 M，线框 r′ 表示拱形体 R。对此，读图时，不仅可把视图上的线框想象为表示立体上的面，还可想象为表示体，即“线框表示体”的空间概念。

4. 视图上的相邻线框

视图上的相邻线框在一般情况下表示立体上两个相交面或两个错位的面。如图 4-24 所示，相邻线框 j′ 、q′ 表示两个错位面 J、Q，其他的相邻线框均是表示两个相交面。两个相邻线框的共线，除线 6′ 表示隔开面 Ⅵ外，其他均表示面与面的交线。

处在线框包围中的线框，一般表示形体凸凹关系或通孔，如图 4-25 所示，线框 r、h 表示在拱形柱上凸起六棱柱 H 和圆柱 R，线框 k、p 表示拱形柱上凹入六棱柱槽 k 及穿通的圆柱孔 P。

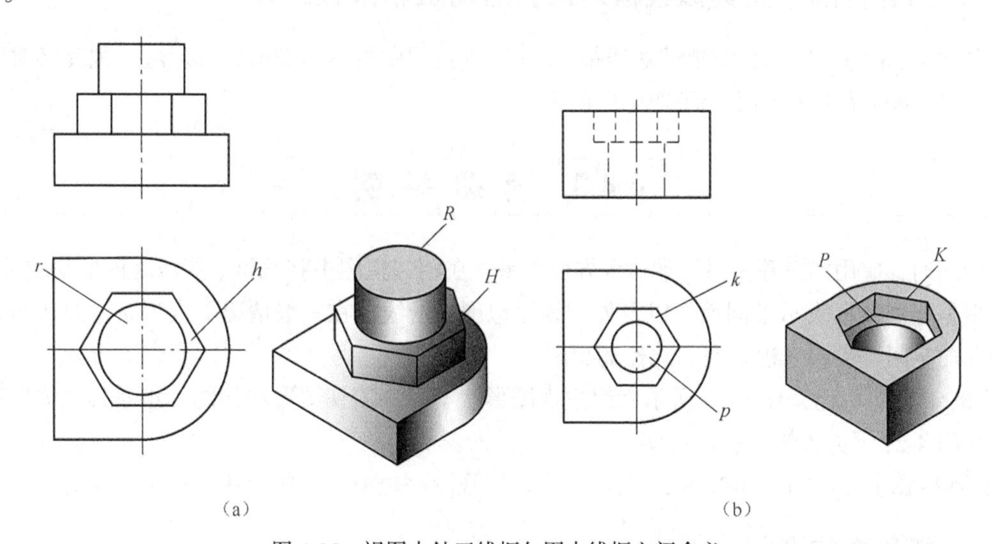

图 4-25　视图中处于线框包围中线框空间含义

4.4.2　从视图上找线框、线段对应关系的方法

从视图之间找出线框、线段对应关系是读图时必须掌握的基本方法。常借助于三角板、分

规等工具，按“三等”关系和“六方位”关系进行投影分析。

1. 相邻视图中成对应关系的线框为类似形

如图 4-26（a）所示，主、俯视图的线框 1′ 和 1 成对应关系。因线框 1′ 和 1 符合 *n* 边对应 *n* 边（六个边对应）；平行边对应平行边，如 *a′ b′*//*e′ f′*//*c′ d′*、*ab*//*ef*//*cd*；线框各顶点符合点的投影规律，如图 4-26（b）、（c）所示。

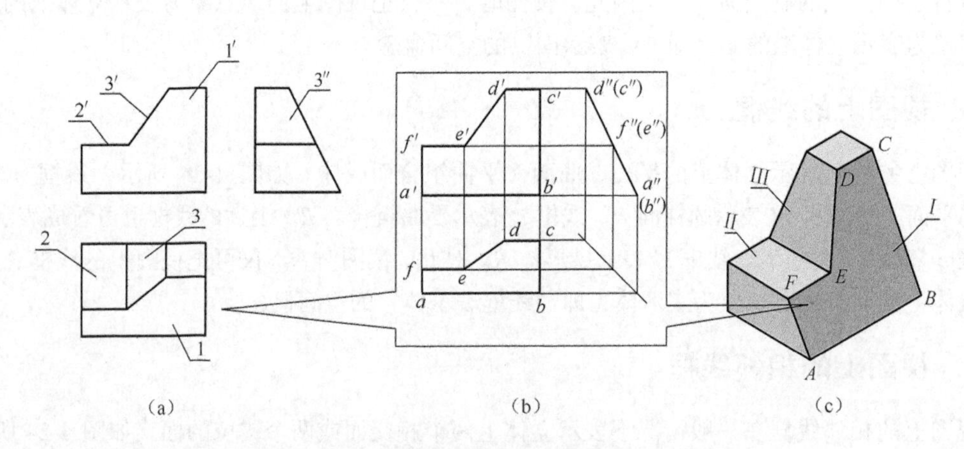

图 4-26　由相邻视图找线框与线段的对应关系

成对应关系的类似形线框表示立体上同一表面，如线框 1′、1 表示体上六边形侧垂面 *I*。同理线框 3 和 3″ 成对应关系，表示立体上正垂面 *Ⅲ*，如图 4-26（a）、（c）所示。

2. 相邻视图中无类似线框对应，必对应积聚性线段

如图 4-26（a）所示，俯视图的线框 2、3 在主视图中找不到类似线框对应，因此必对应线段 2′、3′，即面 *Ⅱ*为水平面，面 *Ⅲ*为正垂面。

4.4.3 读图举例

读图时，应用“三等关系”和“六方位关系”在相邻视图中找线框、线段之间的对应关系，然后根据相邻线框表示不同面，以及处于线框包围中的线框在一般情况下表示立体的凸凹关系或通孔的空间含义，来进行空间立体的想象。

［例 4-12］　已知图 4-27 所示六组主视图形状不同、俯视图形状相同，想象其立体形状。看图 4-27 下方投影分析的说明。

［例 4-13］　已知图 4-28（a）所示的主、俯视图，想象其立体形状，求作左视图。

1. 想象立体形状

用假想线补齐主视图缺角，从俯视图外形（八边形的特征形线框）对应主视图为矩形线框，初步想象为八边棱柱体；从主视图的斜线 1′ 出发对应俯视图的线框 1，想象为正垂面 *I* 切去八边棱柱左上角，最后想象为图 4-28（f）所示的立体形状。

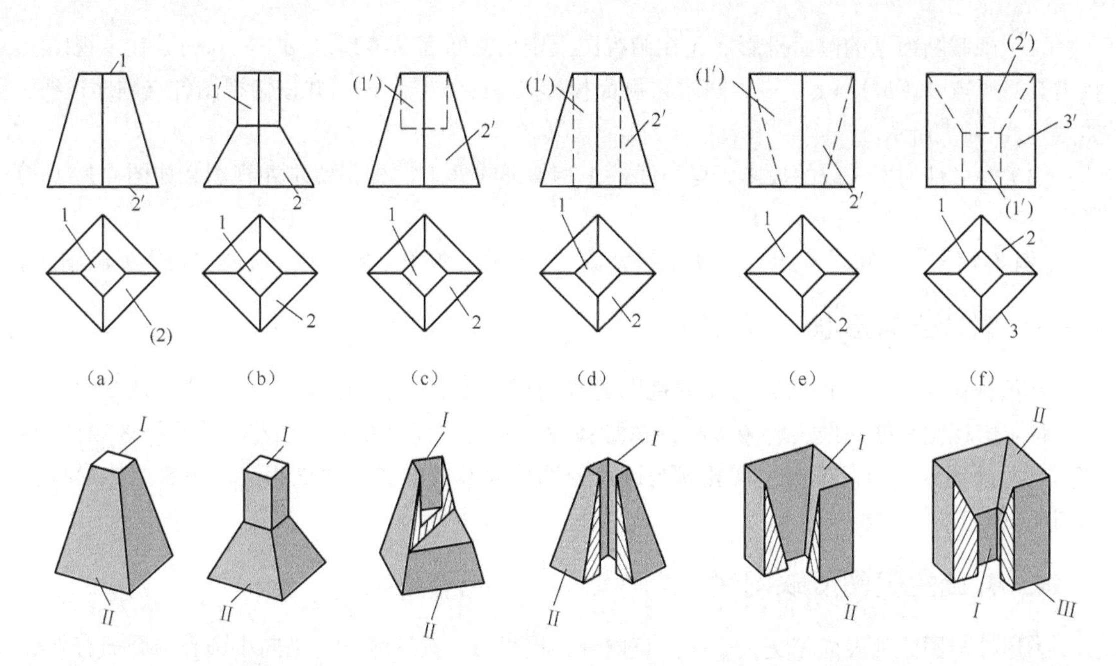

（a）线框 1、（2）表示四棱台顶面 1 和底面 *II*；（b）线框 1、2 表示四棱柱 *I* 叠在四棱锥台 *II* 上；（c）线框 1、2 表示在四棱台 *II* 上凹入四棱柱不通孔 *I*；（d）线框 1、2 表示在四棱台 *II* 上切通四棱柱孔 *I*；（e）线框 1、2 表示在四棱柱 II 上切通四棱台孔 *I*；（f）线框 1、2、3 表示四棱柱 *III* 上凹入四棱台孔 *II* 和四棱柱通孔 *I*

图 4-27　由主、俯视图想象立体形状

2. 求作左视图

求作左视图的关键是求作截断面 *I* 的投影，图 4-28（e）所示为截面 *I* 的投影分析。左视图的作图步骤如下。

（1）画完整的八边棱柱的左视图，如图 4-28（b）所示。

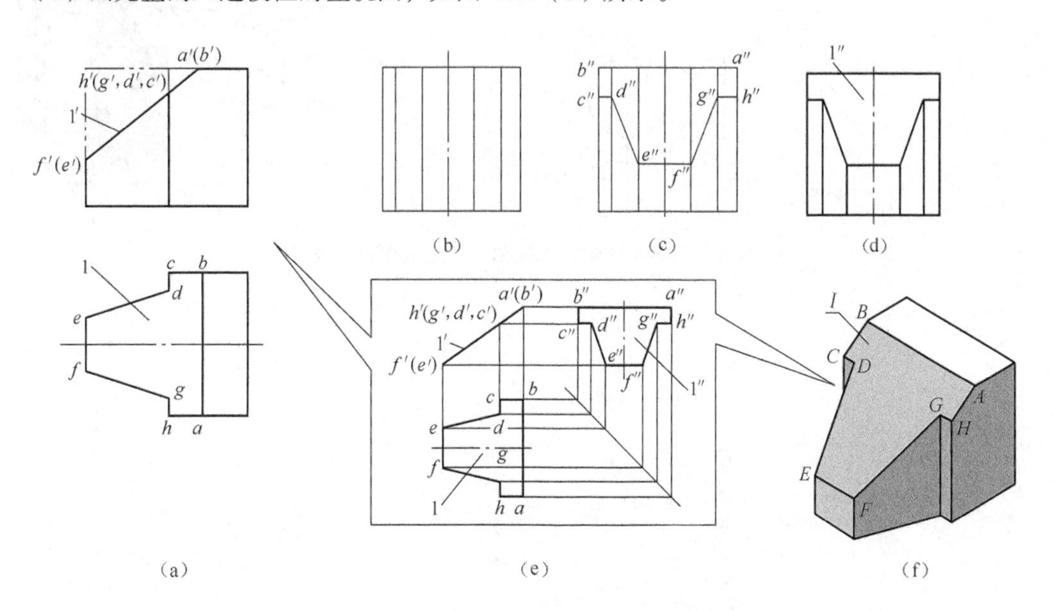

图 4-28　已知主、俯视图，求作左视图

（2）画截断面 *I* 的侧面投影。先在俯视图上定出截断面 *I* 各顶点 *a*、*b*、*c*…，在主视图上找出其对应点 *a*′（*b*′）、（*c*′）…，再求得侧面投影点 *a*″、*b*″、*c*″…，并按俯视图各点顺序连线，如图 4-28（c）所示。

（3）擦去被切去棱线的投影，得与线框 1 相似形线框 1″，即得所求左视图，如图 4-28（d）所示。

［例 4-14］ 已知图 4-29（a）所示完整俯、左视图，想象立体形状，补画主视图所缺图线。

3. 想象立体形状

从俯视图两个同心圆 1，对应左视图为竖向线，想象为竖向圆筒体 *I*；从左视图的拱形 2″，对应俯视图是横向线，想象为横向拱形体 *II* 与竖向圆筒 *I* 相交；从左视图小圆 3″ 对应俯视图有两处虚线，想象横向小圆孔 *III* 与圆筒外圆柱面及内圆柱面两处相交，想象立体形状，如图 4-29（b）所示。

4. 补画主视图所缺图线

拱形柱与圆筒外表面相交，交线为直曲外相贯线 *A*，应补线 *a*′；横向小圆孔与圆筒有外交线，应补画曲线 *b*′；小圆孔与圆筒内孔有两处内相交线，应补两处虚线 *c*′（凸向圆筒轴线），如图 4-29（c）所示的主视图。

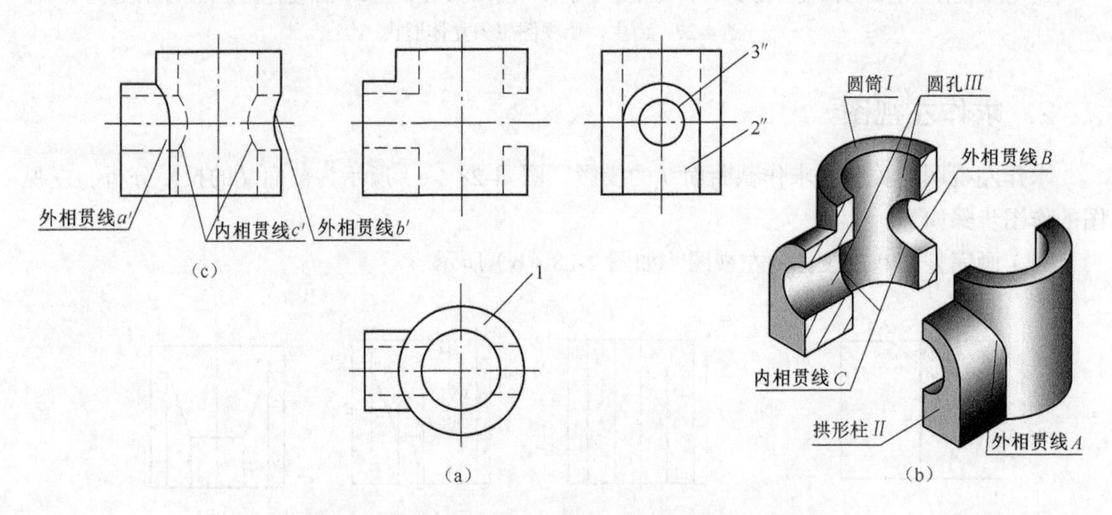

图 4-29 已知完整俯、左视图，补画主视图所缺图线

第5章 组合体

5.1 组合体的形体分析

5.1.1 组合体及其组合形式

1. 组合体

任何机件，若从几何体角度来分析，都可看成是由一些基本立体按一定方式组合而成的。通常将由两个或两个以上的基本立体所组成的形体称为组合体。本章将介绍组合体视图画法、尺寸标注和读图方法。

2. 组合形式

组合体的组合形式分为叠加和切割两种，而常见是两种形式的综合体。如图5-1（a）所示，六角螺柱坯是由六棱柱、圆柱和圆台叠加而成的；图5-1（b）所示的导块可看成是长方体 *I*，切割去直角梯形柱 *II*、*III*和挖去圆柱 *IV*后而形成的。

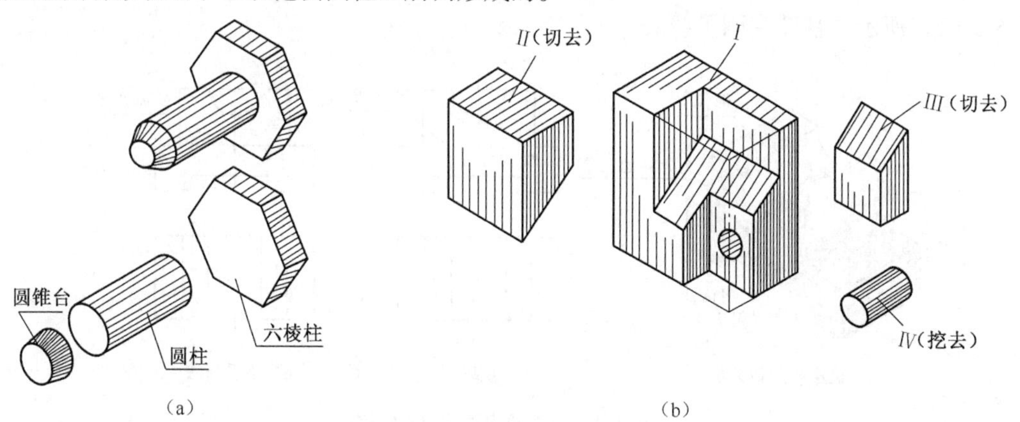

图5-1　组合体及组合形式

5.1.2 组合关系及画法

当基本立体组合在一起时，必须正确地表示基本立体之间表面连接关系。连接关系一般分为四种形式。

1. 两表面不平齐

当两个基本立体叠加，形体之间的相邻两个平面不平齐时，两立体之间存在分界面。画视图时，分界处应画有分界线。

如图 5-2（a）所示，机座的形体 *I*、*II*叠加，但宽度不等，两形体的前、后端的相邻面不平齐，所以图 5-2（b）中主视图的线框 1′ 与 2′ 之间画了表示两个形体的分界线。而图 5-2（c）中的主视图上漏画了分界线。

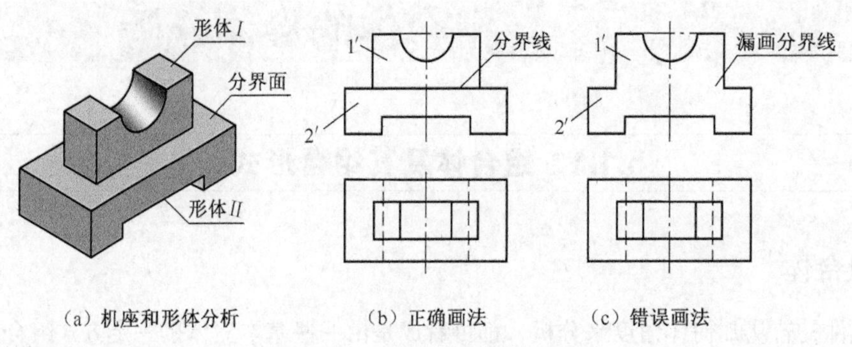

（a）机座和形体分析　（b）正确画法　（c）错误画法

图 5-2　相邻表面不平齐的画法

2. 两表面平齐

当两个基本立体叠加，形体之间的相邻两个平面平齐时，平齐处无界线。画视图时，该处不应画分界线。

如图 5-3（a）所示，机座的形体 *I*、*II*叠加，宽度相等，两形体的前、后端的相邻面平齐，形成共面，也不存在接缝面，所以图 5-3（b）所示的主视图不画两形体之间的分界线。图 5-3（c）所示主视图多画了线。

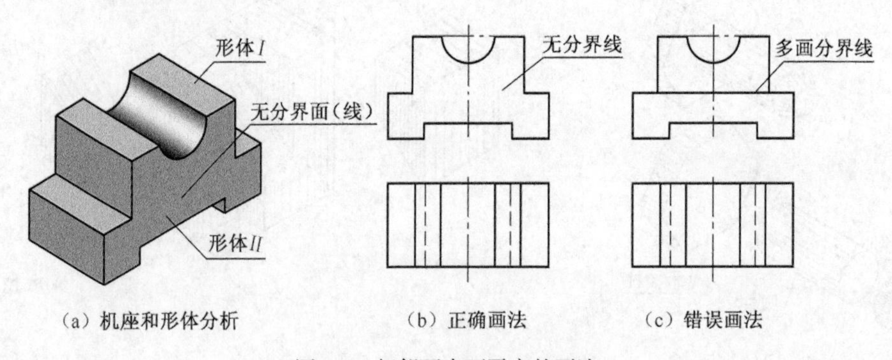

（a）机座和形体分析　（b）正确画法　（c）错误画法

图 5-3　相邻两表面平齐的画法

3. 两表面相切

当两基本立体的相邻表面相切时，相切处无界线。画视图时，该处不应画切线（接缝线）。常见的基本立体的两表面相切的形式有：平面与曲面相切，曲面与曲面相切。

图 5-4（a）所示的摇臂是由图 5-4（b）所示的耳板和圆筒相切而成的。耳板前、后侧平面和圆柱面相切，在相切处光滑过渡，画视图时，图 5-4（c）中主、左视图相切处不画线，但耳板顶面 I 的投影应画到切点 a'（b'）和 a''、b''，如图 5-4（f）所示的投影分析。图 5-4（d）、（e）所示是常见错误画法。

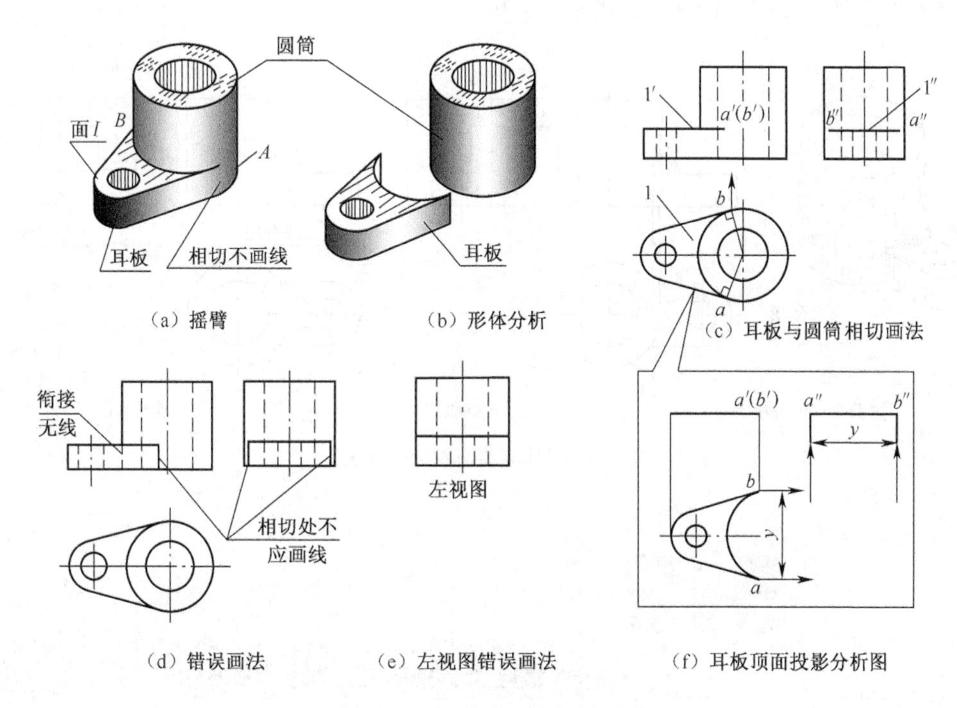

（a）摇臂　（b）形体分析　（c）耳板与圆筒相切画法

（d）错误画法　（e）左视图错误画法　（f）耳板顶面投影分析图

图 5-4　平面与曲面相切的画法

图 5-5（a）1/4 圆环面切于小圆柱面和大圆柱顶面，在相切处不存在分界线。图 5-5（b）中主、俯视图中的相切处不画线。图 5-5（c）所示是错误画法。

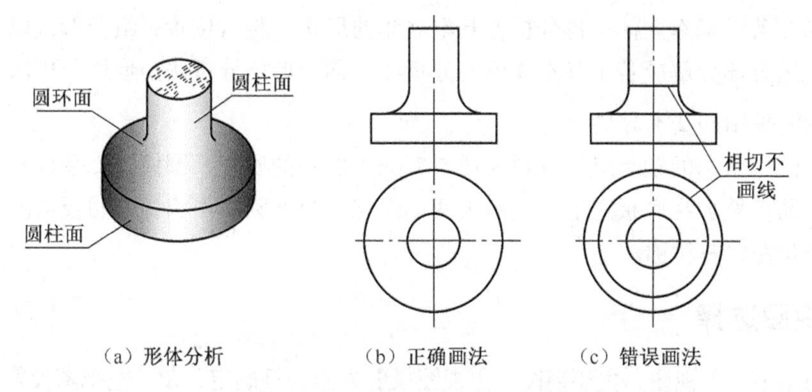

（a）形体分析　（b）正确画法　（c）错误画法

图 5-5　曲面与曲面相切及曲面与平面相切的画法

4. 两表面相交

当两基本立体相交或立体被切割时，两表面相交处有交线。画视图时，相交处应画出交线的投影。

如图 5-6（a）所示，机座耳板、肋板的前、后侧平面与圆柱面相交，直交线 *AB*、*CF*，主视图中在相交处应画出交线的投影 *a'b'*、*c'f'* 。

肋板的斜面与圆柱面斜交，交线为椭圆线，左视图上应画椭圆线的投影 *c″d″e″* 曲线。如图 5-6（b）所示。

图 5-6（c）所示是错误画法，读者自行分析。

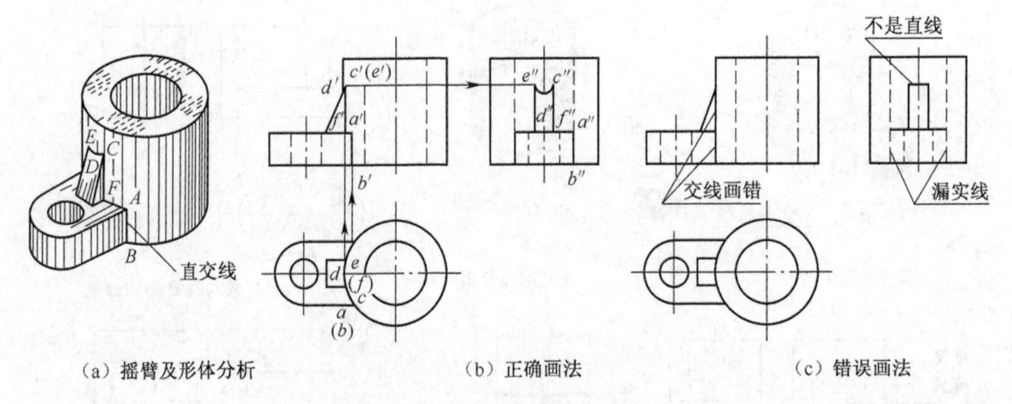

（a）摇臂及形体分析　（b）正确画法　（c）错误画法

图 5-6　平面与曲面相交的画法

5.2 组合体三视图画法

1. 形体分析法

为了正确而迅速地绘制和阅读组合体的视图，通常在绘图、标注尺寸和读图过程中，假想把组合体分解为若干基本立体，再分析各基本立体的形状、相对位置、组合形式以及表面连接关系，这种把组合体分解成若干基本立体的分析法，称为形体分析法。形体分析法是绘图、标注尺寸和读图时采用的基本方法。

如图 5-7（a）所示的轴承座可分解为图 5-7（b）所示的底板、圆筒、支承板和肋板四个部分，支承板、肋板叠加在底板之上；支承板两侧面与圆筒外圆柱面相切；肋板与圆筒外圆柱面相交，整体形状左、右对称。

2. 主视图选择

在三个视图中，主视图是主要视图，主视图投射方向一旦确定，俯、左视图投射方向随之确定。选择主视图应符合下面三条要求。

（1）反映组合体的结构特征。一般应把反映组合体各部分形状和相对位置信息较多的方向作为主视图的投射方向。

（2）符合组合体的自然安放位置，主要面应平行于基本投影面。

（3）尽量减少其他视图的虚线。

从图 5-7（a）箭头所示几个投射方向可以看出，显然 *A* 向作为主视图投射方向更符合上述要求。

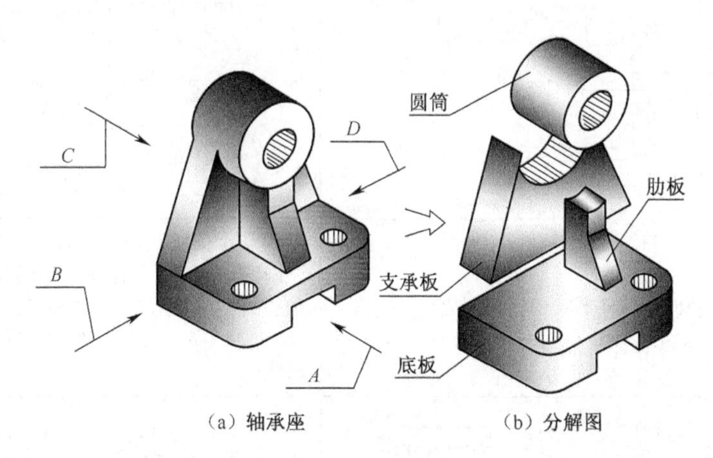

（a）轴承座　　（b）分解图

图 5-7　轴承座及形体分析

3. 确定比例，选定图幅

视图确定后，要根据实物大小和复杂程度，选择符合标准规定的比例和图幅。在一般情况下，尽可能选用 1:1 的比例。

图幅大小应根据所绘制视图的面积大小以及留足标注尺寸、标题栏等的位置来确定。

布置视图时，把各视图匀称地布置在图幅上，使各视图之间有足够空当，视图与图框之间的位置适当。

4. 三视图的作图步骤

图 5-7（a）所示的轴承座三视图的作图步骤如表 5-1 所示。

表 5-1　　画轴承座三视图的步骤

图例	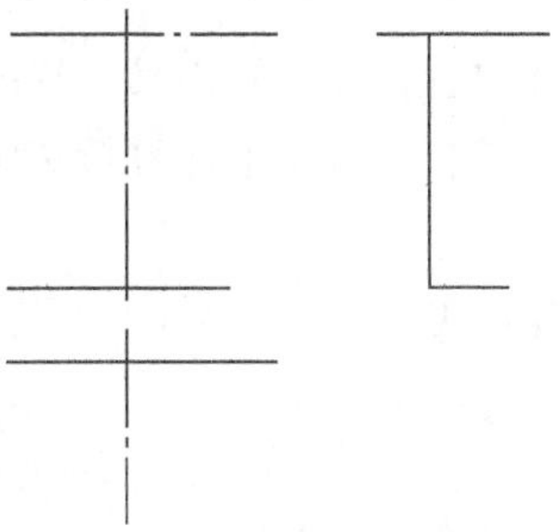	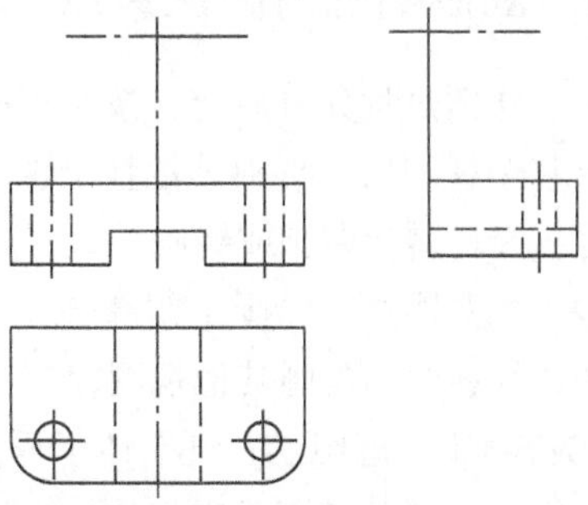
说明	（1）画出各视图的作图基准线：如对称中心线，大圆孔中心线及其对应的轴线，底面和背面对应的位置线	（2）按形体分析法逐个画三视图：画底板从俯视图先画；画凹槽从主视图先画

续表

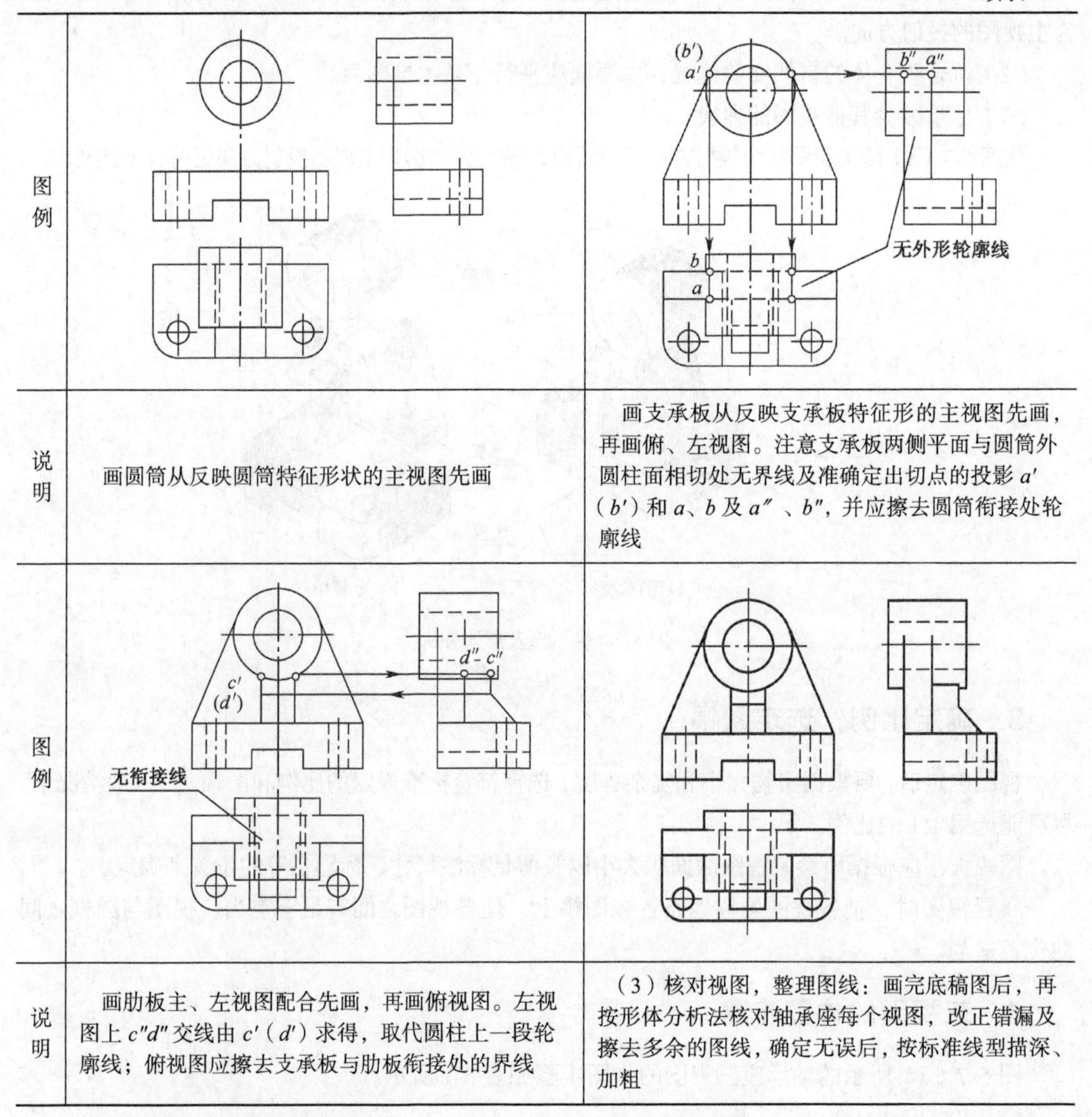

图例		
说明	画圆筒从反映圆筒特征形状的主视图先画	画支承板从反映支承板特征形的主视图先画，再画俯、左视图。注意支承板两侧平面与圆筒外圆柱面相切处无界线及准确定出切点的投影 a'（b'）和 a、b 及 a'' 、b''，并应擦去圆筒衔接处轮廓线
图例		
说明	画肋板主、左视图配合先画，再画俯视图。左视图上 $c''d''$ 交线由 c'（d'）求得，取代圆柱上一段轮廓线；俯视图应擦去支承板与肋板衔接处的界线	（3）核对视图，整理图线：画完底稿图后，再按形体分析法核对轴承座每个视图，改正错漏及擦去多余的图线，确定无误后，按标准线型描深、加粗

5. 画底稿图时的注意点

（1）作图过程先分后合：按每个基本立体的形状和位置，逐个画出其三视图，切忌对着物体画出整个视图后，再画其他整个视图的“照像式”画图法。应用形体分析法画图，可提高作图速度，又可避免漏画或错画图线。

（2）画图顺序：先画主要部分，后画次要部分；先画可见部分，后画不可见部分；先画每部分的特征视图，再画其他视图，三个视图配合作图。

［例 5-1］　画图 5-1（b）所示导向块的三视图。

此导向块属于切割式组合体，作图时，应在画完整体视图的基础上，按顺序逐个画出被切割后留下的空、缺体的投影，并从反映切割形特征的视图先画，准确作截交线的投影，其作图步骤如表 5-2 所示。

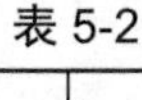

表 5-2　　画导向块三视图的步骤

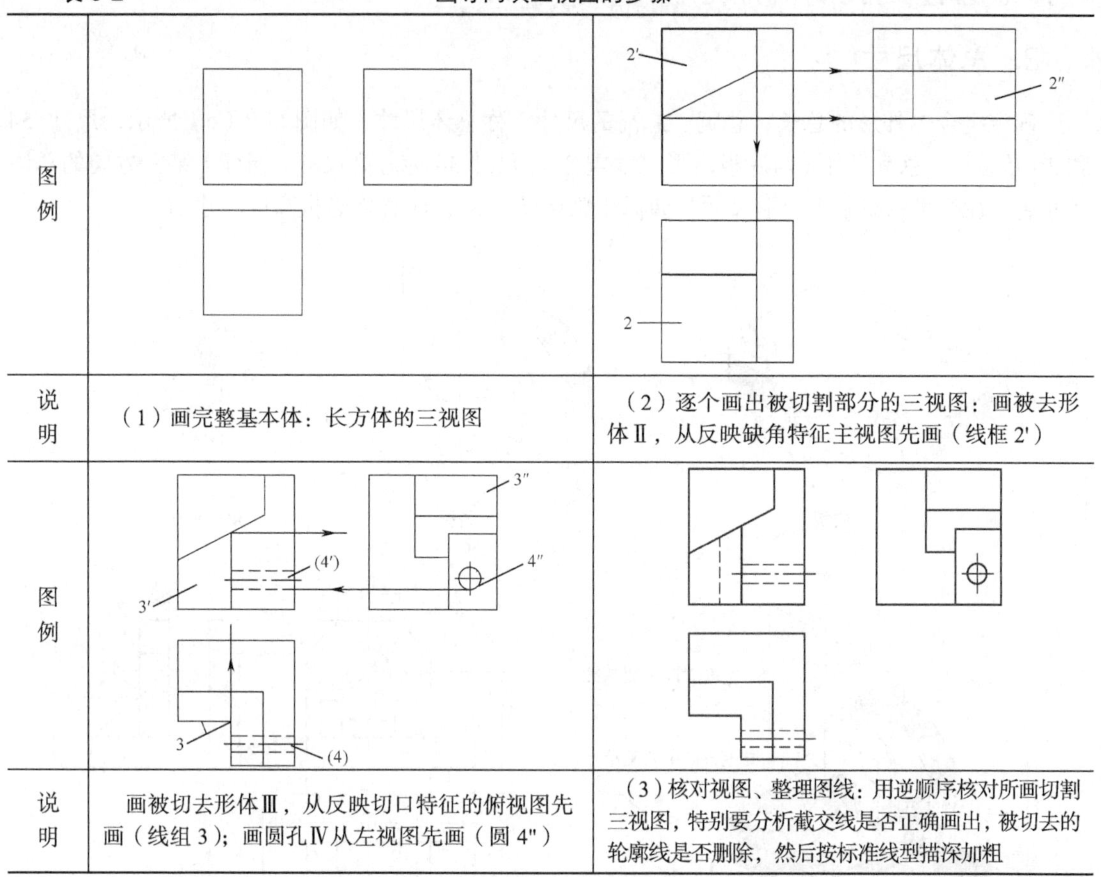

图例		
说明	（1）画完整基本体：长方体的三视图	（2）逐个画出被切割部分的三视图：画被去形体Ⅱ，从反映缺角特征主视图先画（线框 2'）
图例		
说明	画被切去形体Ⅲ，从反映切口特征的俯视图先画（线组 3）；画圆孔Ⅳ从左视图先画（圆 4"）	（3）核对视图、整理图线：用逆顺序核对所画切割三视图，特别要分析截交线是否正确画出，被切去的轮廓线是否删除，然后按标准线型描深加粗

5.3 组合体尺寸标注

5.3.1 尺 寸 种 类

1. 定形尺寸

定形尺寸是确定组合体各组成部分（基本立体）形状和大小的尺寸，如图 5-8（a）所示。

2. 定位尺寸

定位尺寸是确定组合体各组成部分（基本立体）之间的相对位置尺寸，如图 5-8（b）所示，尺寸 9、26 是确定竖板及竖板上圆孔高度方向的定位尺寸；尺寸 40、14 是确定底板上两个圆孔和两个直角三角柱的长方向的定位尺寸；尺寸 23 是确定底板上两个圆孔宽方向的定位尺寸。

有的定位尺寸和定形尺寸是重合的，如底板高尺寸 9 也是竖板高方向的定位尺寸；竖板宽尺寸 8 也是两直三角柱宽方向的定位尺寸。

3. 总体尺寸

确定组合体外形的总长、总宽、总高的尺寸，称总体尺寸。如图 5-8（c）所示，尺寸 54 和 30 是总长、总宽尺寸（与底板定形尺寸重合），尺寸 38 为总高尺寸。当标上某一方向的总体尺寸后，往往可省略某个定形尺寸，如标注总高尺寸 38，应省略竖板高度尺寸 30。

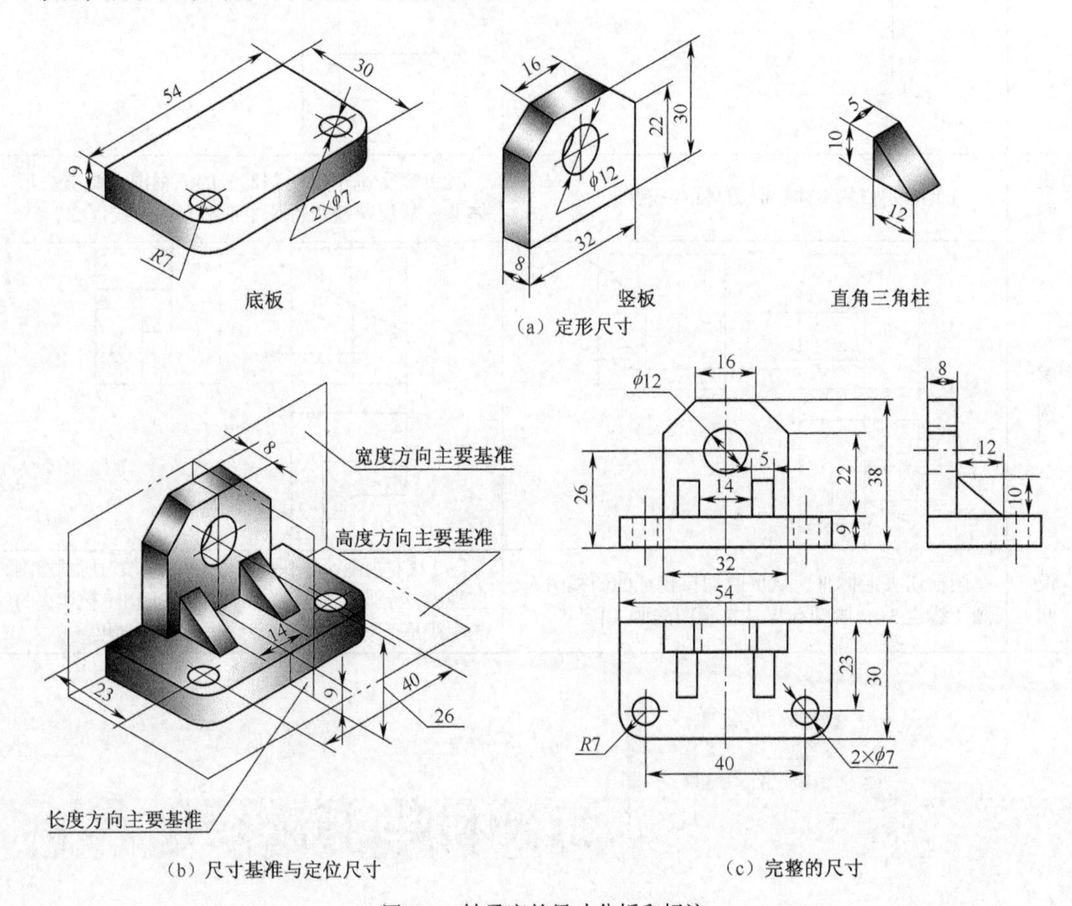

图 5-8 轴承座的尺寸分析和标注

对于带有圆孔、圆弧面的结构，为了明确圆弧和圆孔的中心位置，通常不标注总尺寸，只标注确定圆弧和圆孔中心线的定位尺寸，省略总体尺寸，如图 5-9（a）、（c）所示。

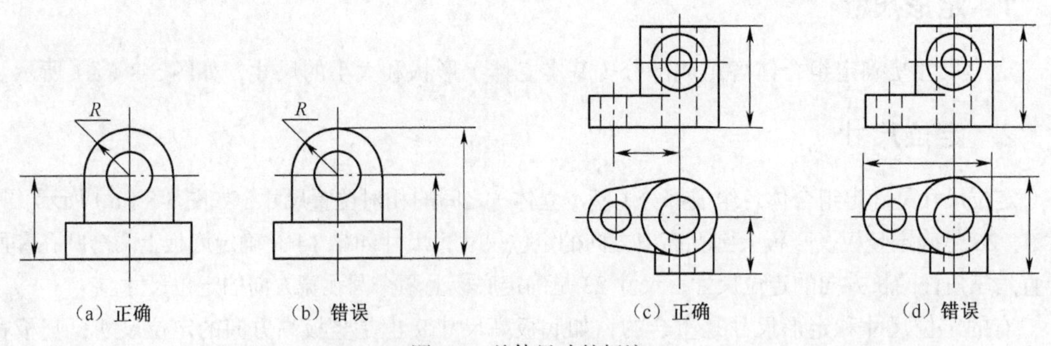

图 5-9 总体尺寸的标注

5.3.2 尺 寸 基 准

尺寸基准是标注或测量尺寸的起点。标注组合体的尺寸时，应先选择尺寸基准。由于组合体具有长、宽、高三个方向的尺寸，因此在每个方向都有尺寸基准。

选择尺寸基准必须体现组合体的结构特点，并使尺寸度量方便。一般选择组合体的对称面、底面、重要端面及轴线为尺寸基准。如图 5-8（b）中选轴承座的左右对称面、后端面和底面作长、宽、高三个方向的尺寸基准。

当基准选定后，各方向的主要尺寸应从相应尺寸基准进行标注，如图 5-8（c）所示，主、俯视图长度方向尺寸 14、32、40、54 以左右对称面为基准对称标注；俯、左视图宽度方向尺寸 23、30、8 以后端面为基准进行标注；主视图高度方向尺寸 9、26、38 以底面为基准进行标注。

5.3.3 尺寸标注的基本要求

1. 正确性

尺寸数值应正确无误，所标注的尺寸必须符合国家标准中有关的尺寸注法规定。

2. 完整性

标注的尺寸要完整，不允许遗漏，一般也不得重复。

3. 清晰性

尺寸配置整齐清晰，便于读图。为此，标注尺寸时，应注意如下几点。

（1）为使图形清晰，应尽量把尺寸配置在视图之外，相邻视图的相关尺寸最好标注在两个视图之间，如图 5-10（a）所示。图 5-10（b）所示的尺寸配置不符合清晰性要求。

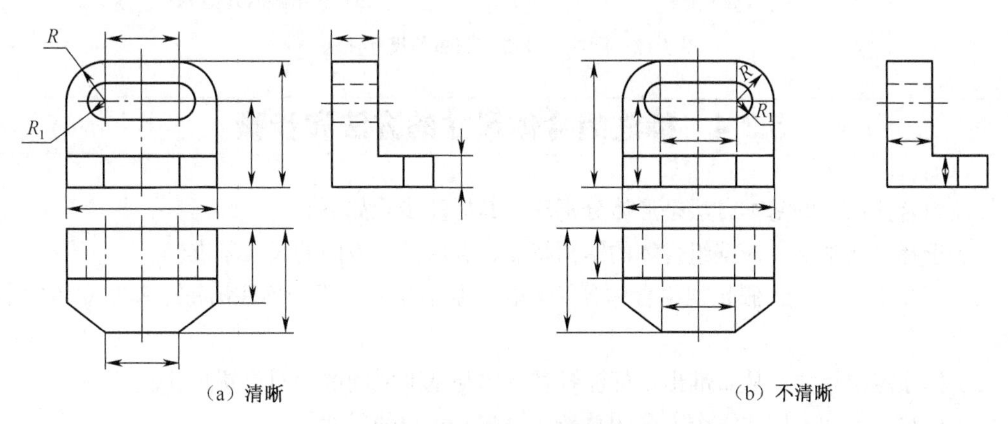

（a）清晰　　（b）不清晰

图 5-10　尺寸布置的清晰性（一）

（2）基本立体的定形尺寸和定位尺寸应标注在反映形体特征和形体之间相对位置较为明显的视图上，同时两类尺寸尽可能集中。如图 5-11（a）的 L 形板的尺寸 7 与尺寸 8 应标注在主视图，板的切角尺寸 10 与 5 应标注在左视图。底板上两个圆孔的定形尺寸 2 × ϕ6 和定位尺寸 16、10 集中在俯视图，圆孔ϕ5 的定位尺寸 17 标注在左视图。而图 5-11（b）标注的尺寸，既不明显又分散。

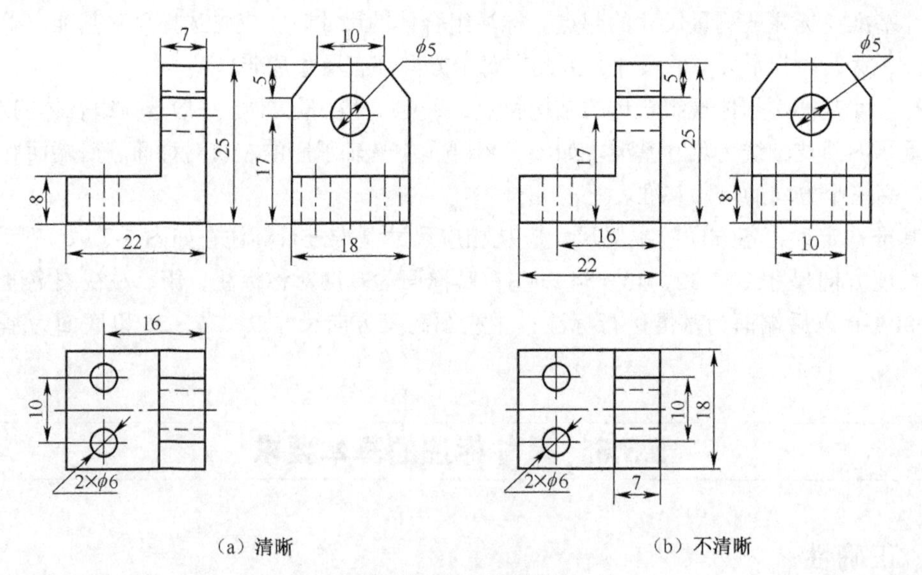

图 5-11　尺寸布置的清晰性（二）

（3）圆柱及圆锥的直径尺寸，一般标注在非圆视图上，圆弧半径尺寸则应标注在圆弧视图上，如图 5-12（a）所示。图 5-12（b）所示的ϕ6、ϕ10 注法不好，*R*7 是错误的。

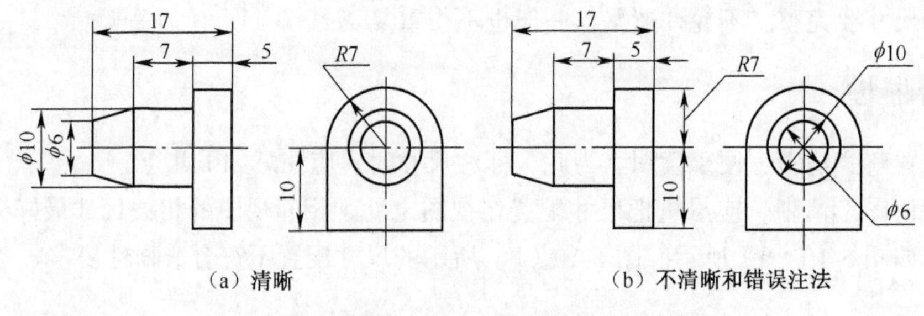

图 5-12　圆柱、圆锥、圆弧的尺寸注法

5.3.4　标注组合体尺寸的方法和步骤

标注组合体尺寸的基本方法是形体分析法，其标注步骤如下。

（1）选择尺寸基准：根据组合体的结构特点，选取三个方向的尺寸基准。

（2）标注定形尺寸：假想把组合体分解为若干基本立体，逐个标注出每个基本立体的定形尺寸。

（3）标注定位尺寸：从基准出发标注各基本体与基准之间的相对位置尺寸。

（4）标注总尺寸：标注三个方向的总长、总高、总宽的尺寸。

（5）核对尺寸，调整尺寸的布局，达到所标注尺寸清晰。

表 5-3 所示为轴承座尺寸标注示例。

表 5-3　　轴承座尺寸标注示例

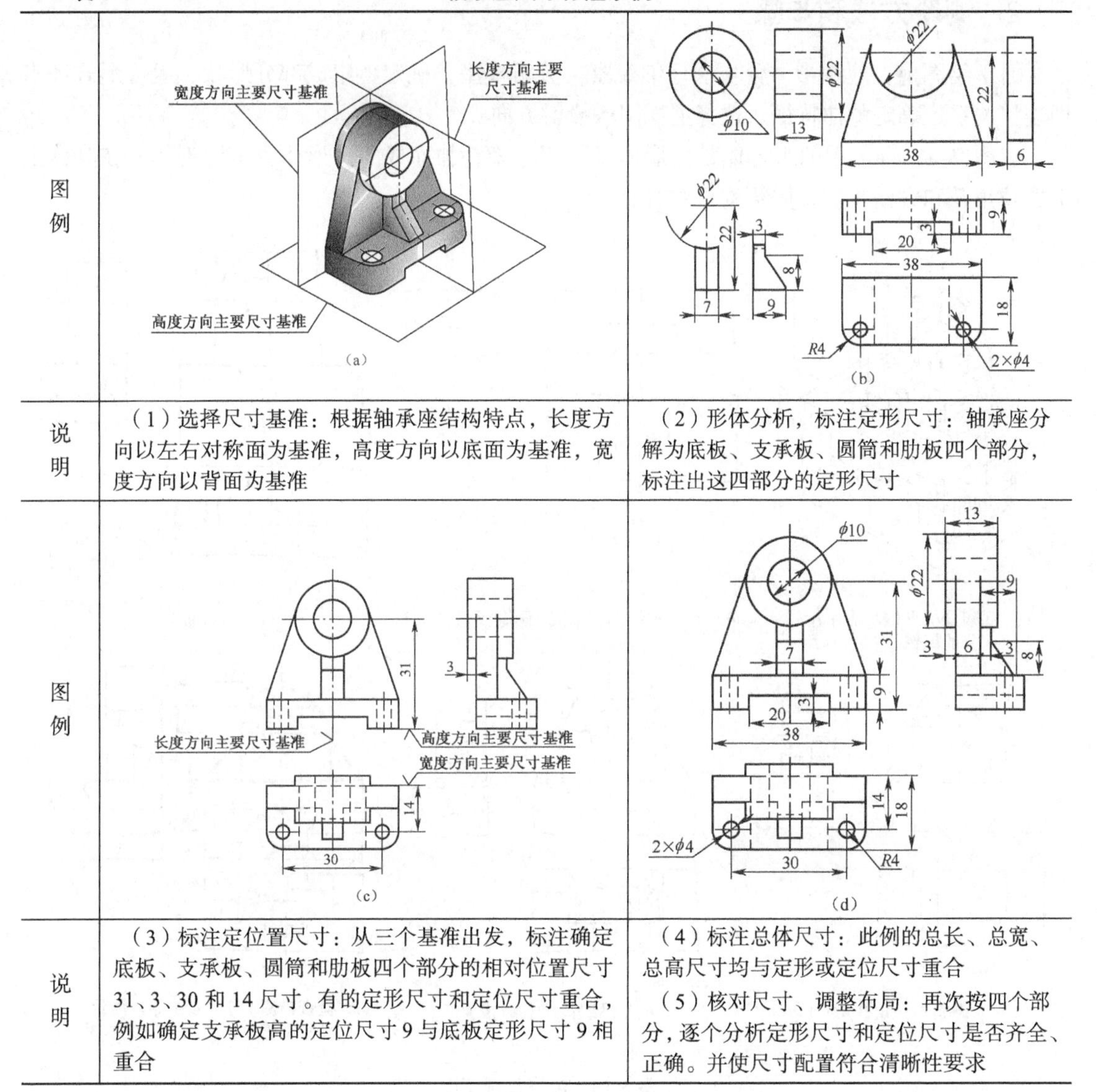

图例	(a)	(b)
说明	（1）选择尺寸基准：根据轴承座结构特点，长度方向以左右对称面为基准，高度方向以底面为基准，宽度方向以背面为基准	（2）形体分析，标注定形尺寸：轴承座分解为底板、支承板、圆筒和肋板四个部分，标注出这四部分的定形尺寸
图例	(c)	(d)
说明	（3）标注定位置尺寸：从三个基准出发，标注确定底板、支承板、圆筒和肋板四个部分的相对位置尺寸31、3、30和14尺寸。有的定形尺寸和定位尺寸重合，例如确定支承板高的定位尺寸9与底板定形尺寸9相重合	（4）标注总体尺寸：此例的总长、总宽、总高尺寸均与定形或定位尺寸重合 （5）核对尺寸、调整布局：再次按四个部分，逐个分析定形尺寸和定位尺寸是否齐全、正确。并使尺寸配置符合清晰性要求

5.4 组合体模型测绘（草图）

1. 模型测绘的目的

组合体模型测绘是在掌握基本体测绘技能的基础上进行，以进一步训练目测方法和徒手画草图的技巧。测绘是深入学习本课程基本知识和进行基本训练的有效方法，也是从事工程技术工作不可缺少的制图基本功之一。

2. 测绘方法和步骤

（1）绘图前，应用形体分析法仔细观察、分析模型，确定各组成部分形状、组合形式和表面连接关系，确定整体特征。选择主视图的投射方向。

如图 5-13（a）中的组合体是由形体 *I*、*II*、*III*叠加而成的。形体 *II*是切割体，在其体上形成缺角 *IV*和方槽 *V*。整体结构是左右对称。

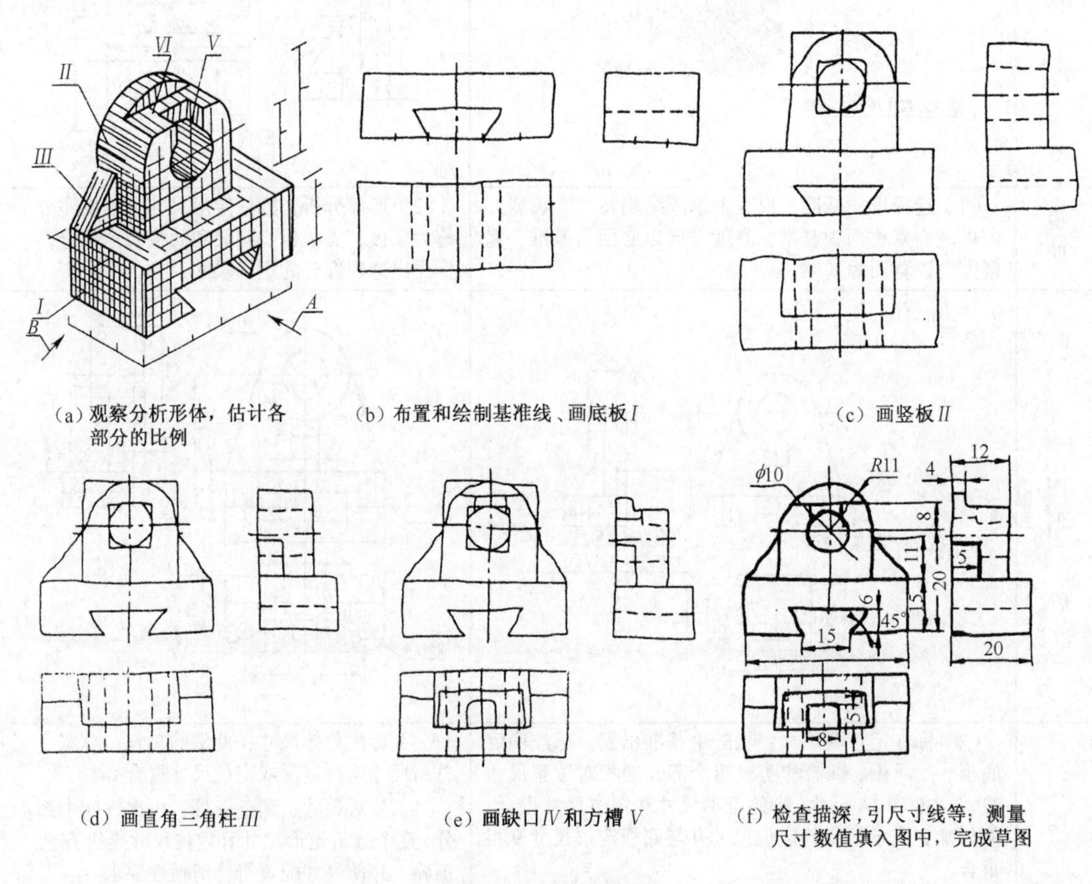

（a）观察分析形体，估计各部分的比例　（b）布置和绘制基准线、画底板 *I*　（c）画竖板 *II*

（d）画直角三角柱 *III*　（e）画缺口 *IV* 和方槽 *V*　（f）检查描深，引尺寸线等；测量尺寸数值填入图中，完成草图

图 5-13　由模型画草图

（2）选择主视图主要从 *A*、*B* 两个投影方向考虑，显然选择 *A* 向更能体现轴承座整体结构特征。

（3）目测组合体模型的大小，常先确定评估的基本单位长度，然后以此长度确定各组合部分的大小（也可继续借助铅笔长度来目测），如图 5-13（a）所示，使绘出的模型三视图的总体和局部的大小比较接近模型实际。

（4）画图时，仍按形体分析法，逐个画出每个形体的三视图，并应先画叠加体后画切割体，如图 5-13（b）、（c）、（d）、（e）所示。

（5）标注尺寸时，按形体分析法徒手画出每部分的尺寸界线、尺寸线及箭头后，再集中对模型测量，并将每次测得的数值直接填写在尺寸线上。

（6）再按形体分析法检查所画的每个视图和所标注的每个尺寸是否正确。经过修改、确定无误后，用徒手描粗加深图线，如图 5-13（f）所示。

5.5 组合体轴测图画法

5.5.1 组合体轴测图的基本画法

画组合体轴测图的基本方法仍是形体分析法。若根据视图画轴测图时，应先读懂视图，想象立体形状，确定它属于哪种组合形式，再按其结构特点，采用叠加或切割方法进行作图。

1. 叠加法

当组合体是叠加体时，先把组合体分解成若干基本立体，然后按其相对位置，逐个叠加画出各基本立体的轴测图，从而完成整体轴测图。这种画轴测图的方法，称为叠加法。图 5-14 所示为应用叠加法画组合体正等测图的作图步骤。

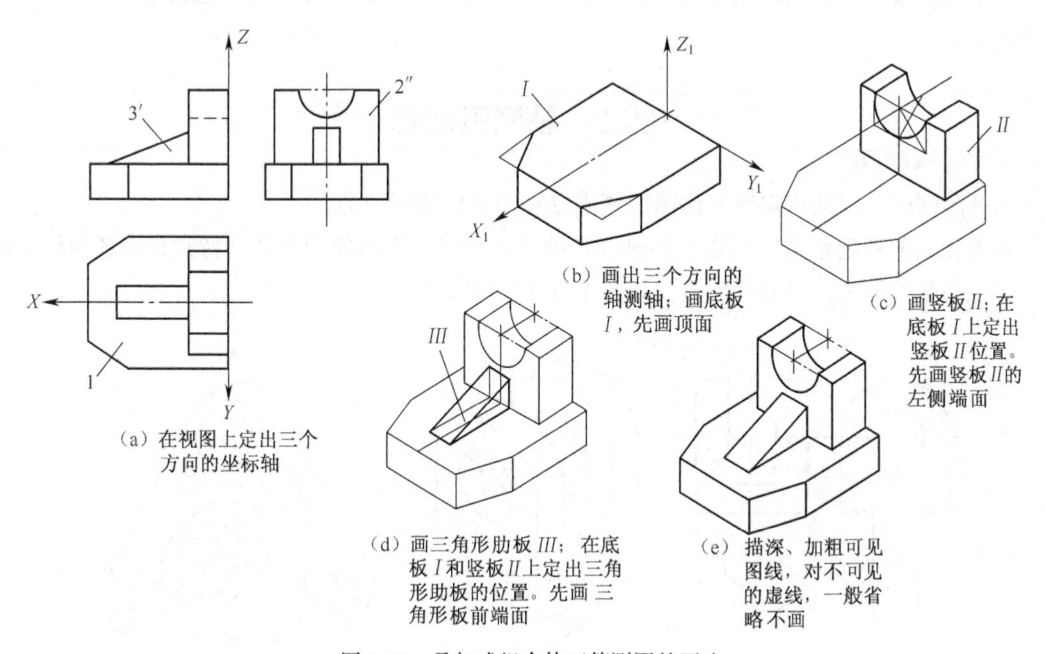

图 5-14　叠加式组合体正等测图的画法

2. 切割法

若组合体是切割体，应先画完整基本立体的轴测图，然后按切割顺序及切割位置，逐个画出被切去部分的轴测图，从而画出整体轴测图。这种画图方法称为切割法（也称方箱法）。画被切去那一部分时，应先定出切割位置，画截交线。图 5-15 所示为应用切割法画组合体正等测图的作图步骤。

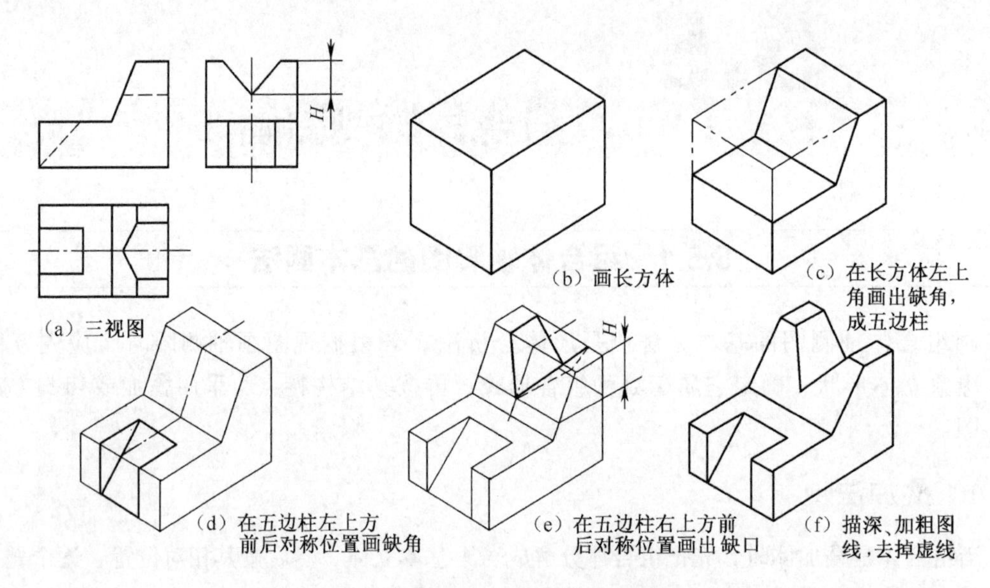

图 5-15　切割式组合体正等测图的画法

对于既有叠加又有切割组合形式的组合体，一般先画叠加后画切割，它是两种作图方法的综合应用。

5.5.2　轴测图选择

画轴测图时，应从直观性和作图简便出发来选择轴测图种类。

正等测图的轴间角均为120°，各轴向伸缩系数相同，作图较为方便，特别是当各坐标方向都有圆孔和圆弧面时，更显其优点，如图5-16（b）所示。

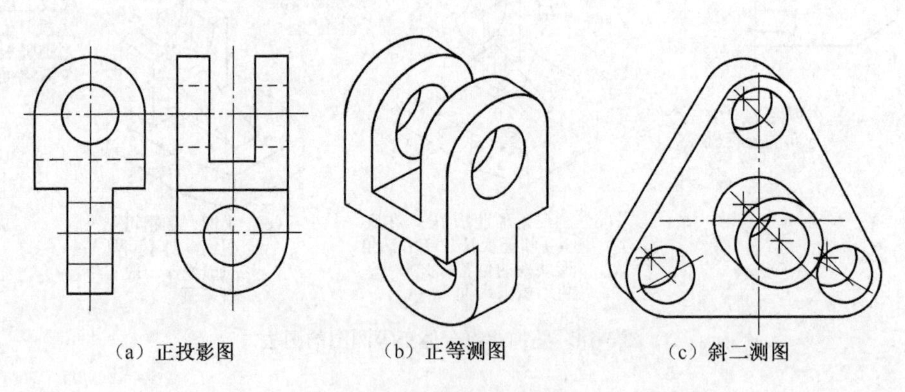

图 5-16　轴测图选择

斜二测图的 $X_1O_1Z_1$ 轴间角为 90°，该方向的轴测投影反映实形，对于单方向具有圆、圆弧、圆角、曲线及复杂形状的形体，采用斜二测图作图比较简便，如图5-16（c）所示。图5-17（b）、（c）、（d）、（e）所示为斜二测图的作图步骤。

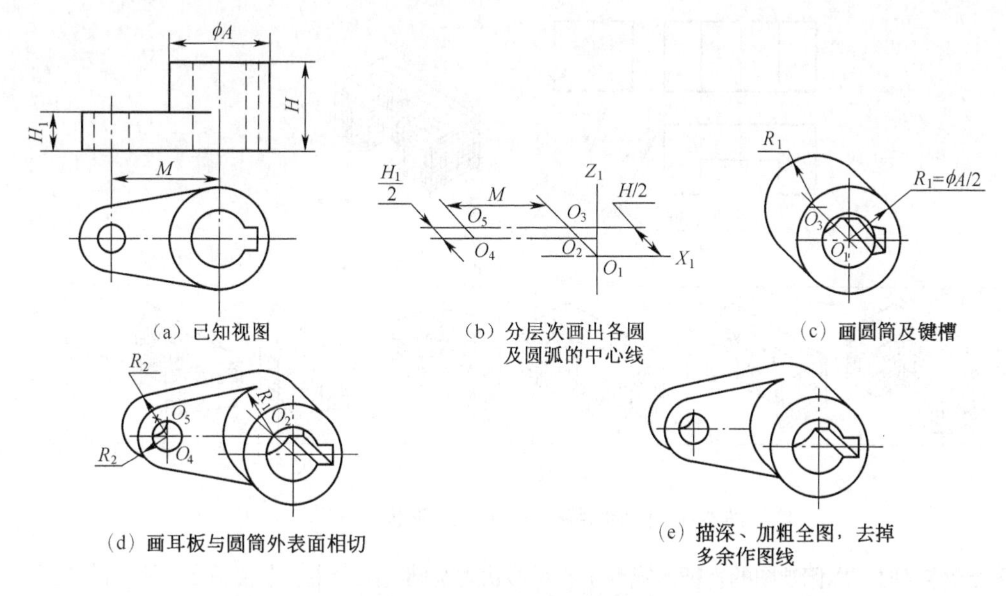

（a）已知视图　（b）分层次画出各圆及圆弧的中心线　（c）画圆筒及键槽

（d）画耳板与圆筒外表面相切　（e）描深、加粗全图，去掉多余作图线

图 5-17　斜二测图的作图步骤

5.6 读组合体视图

前面已初步介绍了读图思维基础和基本思维方法，本节将较深入、系统地讲述应用形体分析法和线面分析法读组合体视图。

5.6.1 读图要点

1. 以形状特征视图为基础，想象各部分形状

在基本立体的三视图中，有一个视图反映其形状特征，读图时，应以特征视图的特征形线框所示平面形为基础，配合其他视图所示的厚度，想象立体形状。

如图 5-18（a）所示三视图，如果只从主、左视图识读，物体形状不易想象出来或至少可想象出图 5-18（b）所示六种物体形状。只有从俯视图的特征视图识读，并以特征形线框 1 所示面形和位置为基础，配全主、左视图之一所示高度，图 5-18（c）所示立体形状才能想象出来。

由于组成组合体的各基本体的特征形不一定都集中在同一方向，反映各基本立体特征形不一定集中在同一个视图上，所以读图时，必须几个视图配合起来读，从各个视图中分离出表示各基本立体的特征形线框，并以各个特征形线框为基础，想象每个基本立体的形状和方位。

如读图 5-19（a）的三视图，通过主视图的线框 1′、2′、3′ 与俯、左视图对投影关系，确定主视图的线框 3″、俯视图的线框 1 和左视图的线框 2″为特征形线框。

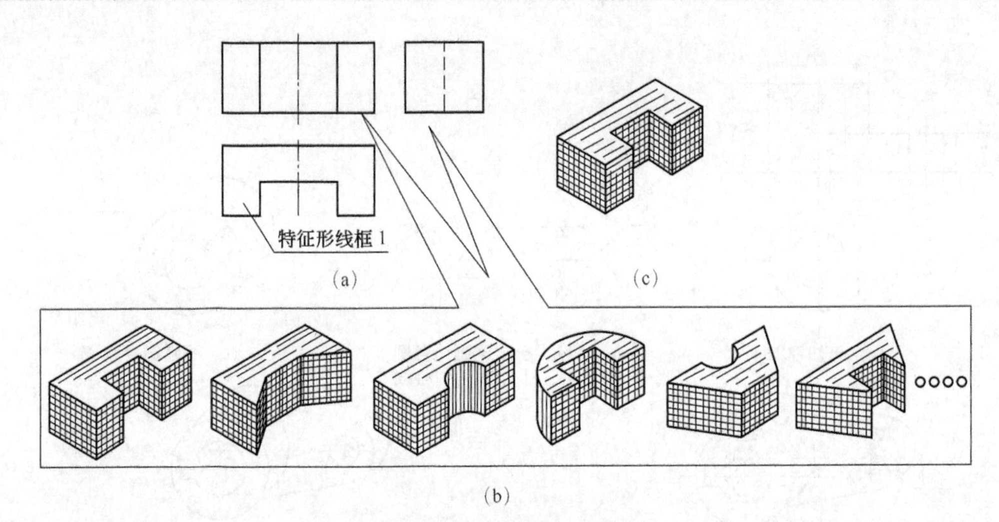

图 5-18　由形状特征图想象立体形状（一）

想象形体 *I* 时，以俯视图的特征形线框 1 所示形状为基础，配合主、左视图之一所示的高度；想象形体 *II* 时，以左视图的特征形线框 2″ 所示形状为基础，配合主、俯视图之一所示的长度；想象形体 *III* 时，以主视图的特征形线框 3' 所示形状为基础，配合俯、左视图之一所示的宽度。通过图 5-19（b）、（d）、（c）所示的思维和想象过程，物体三个部分的形状和方向就想象出来。

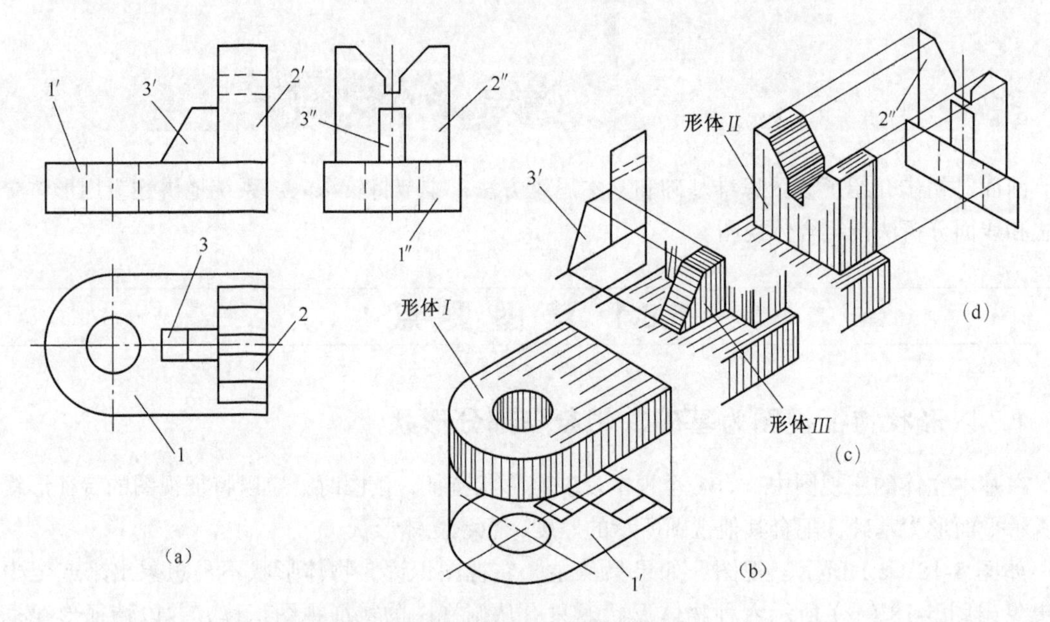

图 5-19　从形状特征视图想象立体形状（二）

2. 以位置特征视图为基础，想象各部分的相对位置

组合体的三个视图中，必有反映各基本立体之间的上下、左右、前后相对位置最为明显的视图，即位置特征视图。读图时，应以位置特征视图为基础，想象各基本立体的相对位置。

如图 5-20（a）所示，主视图的线框 1′ 和 2′，清晰地表示了形体 *I*、*II* 的上、下位置和左、右对称的位置特征。但前后关系，即哪个凸出，哪个凹入，只能通过俯、左视图加以判别，假若只联系俯视图，则因长方向投影关系相重，不能依靠主、俯“长对正”分清这两个形体的凸凹关系，至少能想象出如图 5-20（b）所示的四种形体。只有把主、左视图配合起来读，根据主、左“高平齐”的投影关系，以及左视图表示前、后方位，才能想象出形体 *I* 凹，形体 *II* 凸，如图 5-20（c）所示。所以要判断形体 *I* 与 *II* 的相对位置，只能从反映位置特征的主、左视图上线框 1′与 2′、1″与 2″相对方位来确定。

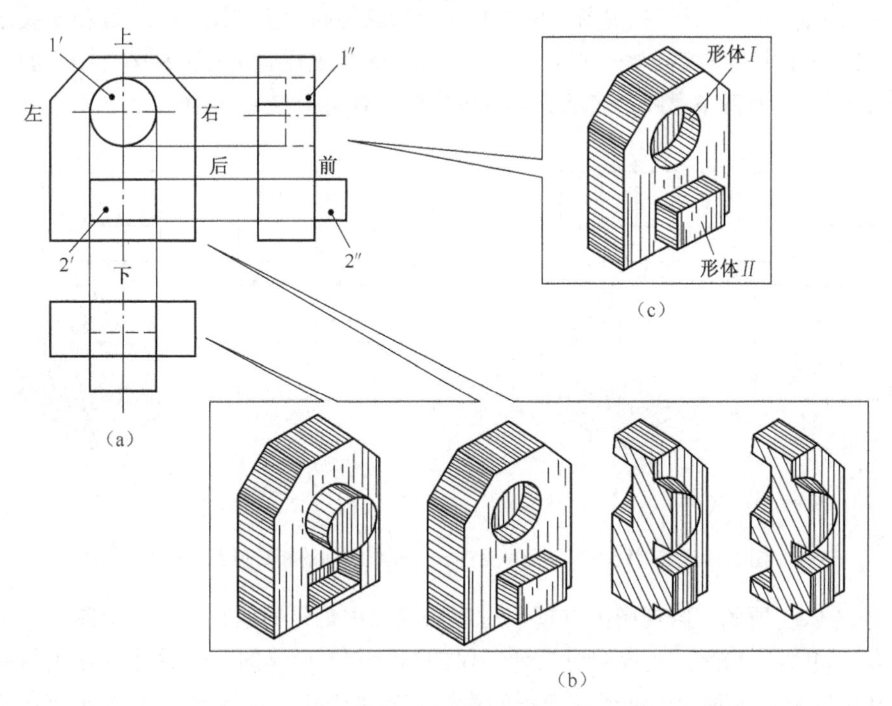

图 5-20　从位置特征视图，想象各基本立体的相对位置

3. 读图时，应把几个视图配合起来读

上面介绍了从某个形状特征视图判断基本体的形状，但必须指出，有的形体具有两个或两个以上的形状特征，所以读图时，切忌只凭一视图就臆造出物体形状，必须把几个视图配合起来读，才能正确想象出物体形状。

如图 5-21（a）所示的三视图，单从主视图读，可能会误认是拱形柱体，如图 5-21（b）所示；配合俯视图读，还会误认为是圆柱与圆球相切，如图 5-20（c）所示；只有再配合左视图，分析其线框和相贯线的形状，才能正确想象出图 5-21（d）所示的立体形状。

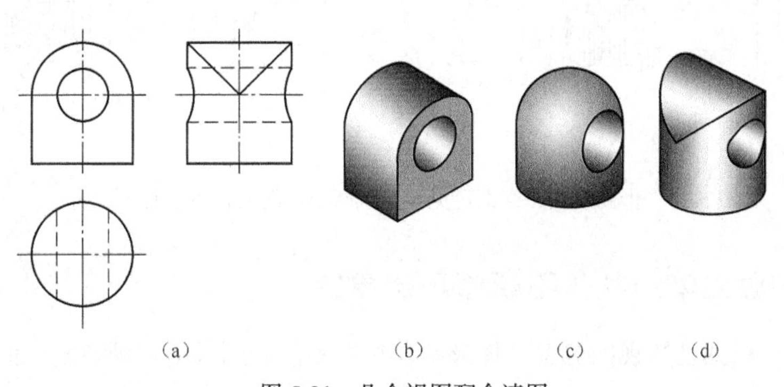

图 5-21　几个视图配合读图

4. 借助视图中线段、线框可见性，判断形体投影相重合的相对位置

当一个视图中有两个或两个以上的线框不能借助于“三等”关系和“六方位”关系在其他视图中找到确切对应关系时，应从视图投射方向及视图中线框或线段的可见性加以判别。

如图 5-22（a）、（b）所示三视图，俯、左视图形状相同，主视图（有实线和虚线之别）不同。从图 5-22（a）主视图实线框 l′和 *a*′，想象直角三角柱 *A* 叠加在 L 形柱体之中。图 5-23（b）主视图的线框（*b*′）有两条虚线，表示直角三角柱槽 *B* 在五边柱 *C* 正中。

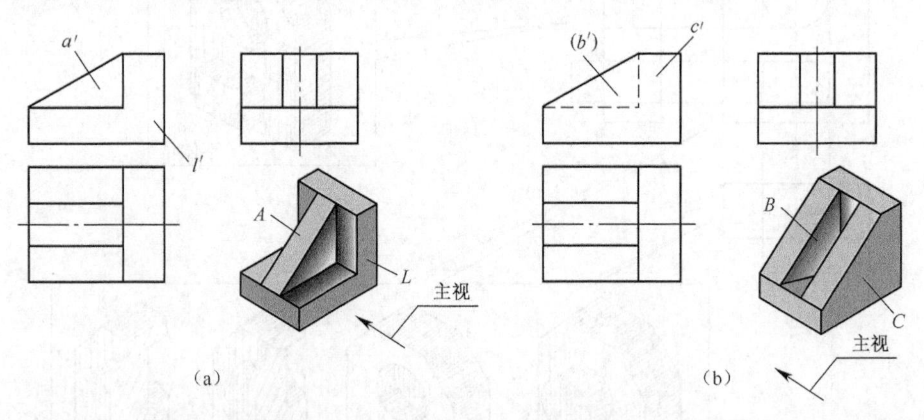

图 5-22　借助线段、线框可见性，判断形体间的相对位置（一）

如图 5-23（a）所示，俯视图的方框形对应主视图中是竖向线，想象方框体。主视图的方框 1′和圆形 2′相切，与俯、左视图对投影，仅能判断方框形体的前、后壁有方孔和圆孔，未能分清其确切位置。这时，借助于主视图的投影方向来想象，实线方框 1′表示方孔 *I* 应在前壁，图形 2′表示圆孔 *II* 应在后壁，如图 5-23（b）所示，才能符合主视图的圆和方框都是实线。图 5-22（c）所示方框（1′）为虚线，圆形 2′为实线，则方孔 *I* 应在后壁，如图 5-23（d）所示。

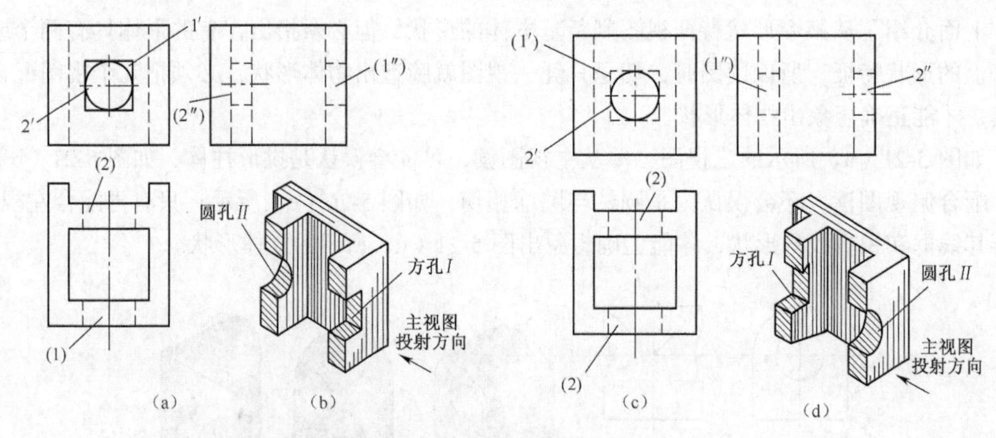

图 5-23　借助线段、线框可见性，判断形体间的相对位置（二）

5. 善于构思立体形状，不断修正想象结论

读图过程中，根据已知视图想象立体形状，往往不能立刻得出正确答案，而是将想象出的不同空间形体表象与已知视图反复对照，通过投影分析，不断修正想象过程中不符合视图形状

要求的立体表象，从而获得正确答案，即“去伪存真”的想象。

例如，读图 5-24（a）所示主、俯视图，想象立体形状。

根据主视图特征形线框 1′、2′、3′、4′，与俯视图对应投影，初步确定由头部和支承板两部分组成立体。

想象头部时，较容易想象为如图 5-24（b）所示立体表象 *B*，但不符合头部俯视图要求；再从考虑俯视图三个矩形线框，而想象为图 5-24（c）立体表象 *C*，其对应主视图多画一条虚线 *a*′，所以不符合主视图要求；只有想象为图 5-24（d）所示立体表象 *D*，才符合头部主、俯视图要求，想象形体才是正确的。

想象支承板时，较容易想象为如图 5-24（e）所示立体表象 *E*，但俯视图少两段虚线；只有想象为如图 5-24（f）所示立体表象 *F* 时，才符合支承板主、俯视图要求，想象支承板立体形状才是正确的。

图 5-24（g）所示为头部和支承两部分组成立体形状。

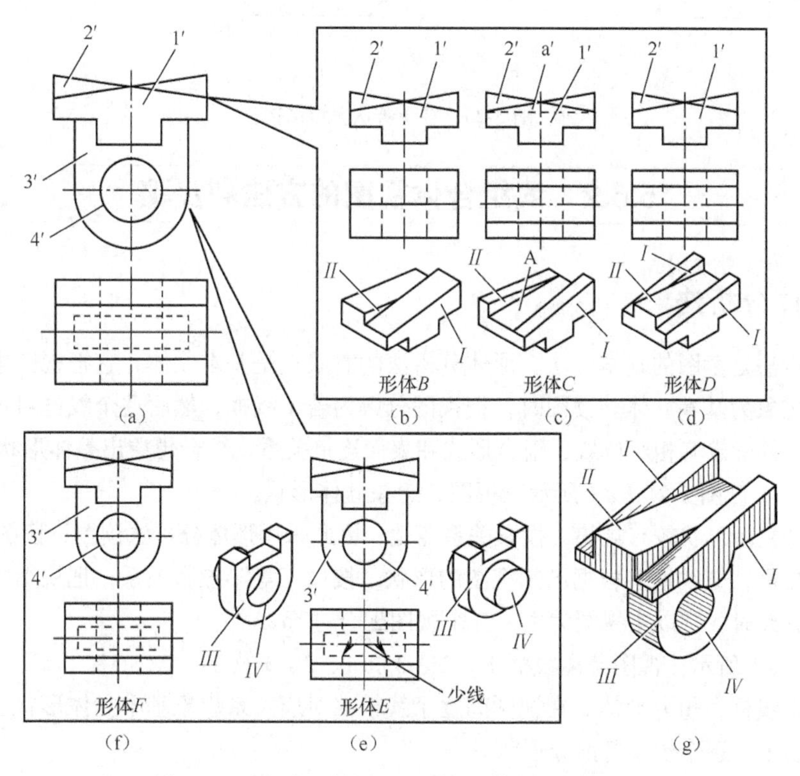

图 5-24　已知主、俯视图，想象立体形状思维过程

6. 善于辨认重影结构，确定同一线框多种空间含义

视图上同一个线框或线段常常具有多种空间含义，读图时，必须认真分析与辨认。

例如，读图 5-25（a）、（c）所示两组主视图形状相同，俯视图形状有些不同。主视图的线框 1′，2′ 和拱形线 *a*′ 的空间含义也不相同，表示物体形状更有差异。

图 5-25（a）线框 1′ 与 1 对应，表示拱形柱 *I*，是主体；线框 2′ 与两个矩形线框 2、（2）对应，所以线框 2′ 同时表示前端凸出拱形柱 II_1，后端凹入拱形槽 II_0；拱形线 a′ 同时表示内、

外拱形柱的两个侧面，见图 5-25（b）所示立体。

图 5-25（c） 线框 2′ 对应两个梯形线框 2、(2)，线框 2′ 既表示柱形体 I 前端凸出拱形台 II_1，又表示后端凹入拱形台槽 II_0；线框 3′ 表示拱形台可见与不可见端面；拱形线 a' 表示拱形台体内、外交线，见图 5-25（d）所示立体。

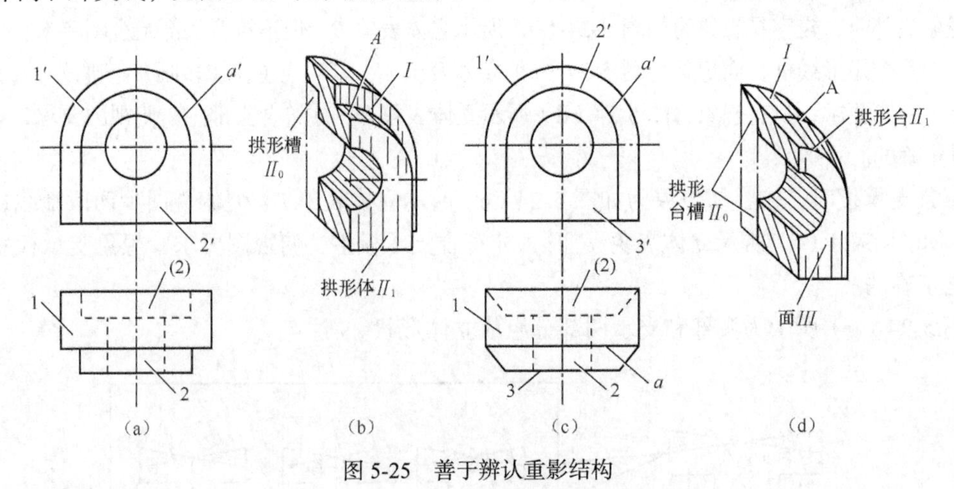

图 5-25 善于辨认重影结构

5.6.2 读组合体视图的方法和步骤

1. 形体分析法

形体分析法是读图的基本方法。形体分析法的着眼点是基本立体，它把视图中线框与线框的对应关系想象为基本立体。读图时，把视图分解为若干线框，然后逐个线框对投影，想象基本立体形状，并确定其相对位置、组合形式和表面连接关系，综合想象出整体形状。

[例 5-2] 读图 5-26（a）所示三视图，想象立体形状。

由于已知视图形状较有规律，投影关系清楚，因此采用形体分析法读图，读图步骤如下。

（1）对投影，分线框。根据已知视图的形状，按“三等”投影关系，把视图中的各个线框分离出来。分离时，常以主视图为主，三个视图配合进行。

图 5-26（a）所示三视图分离线框 1′、2′、3′和 1、2、3 及 1″、2″、3″。

（2）逐个线框，想象形体。在视图间逐个线框找对应关系想象基本立体形状。想象时，以特征形线框为主，逐个想象各部分形状。

图 5-26（b）所示，线框 1、1′、1″对应，以特征形线框 1、1′相配合，想象底板 I 的形状。

图 5-26（c）所示，线框 2、2′、2″对应，以特征形线框 2 为主，配合线框 2′、2″的高度，想象圆筒 II。

图 5-26（d）所示，线框 3、3′、3″对应，以特征形线框 3′为主，配合线框 3′或 3″所示的厚度，想象形体 III。

（3）综合想象整体形状。想象出各部分形状后，由位置特征视图的各线框相对位置和连接关系及视图所示的“六方位”综合起来，想象整体形状。

如图 5-26（c）所示，分步想象三部分基本立体形状后，由反映位置特征的主、俯视图综合想象组合体前后对称，形体 II 与 I 上下叠加、形体 III 与 II 相交，得图 5-26（f）所示立体形状。

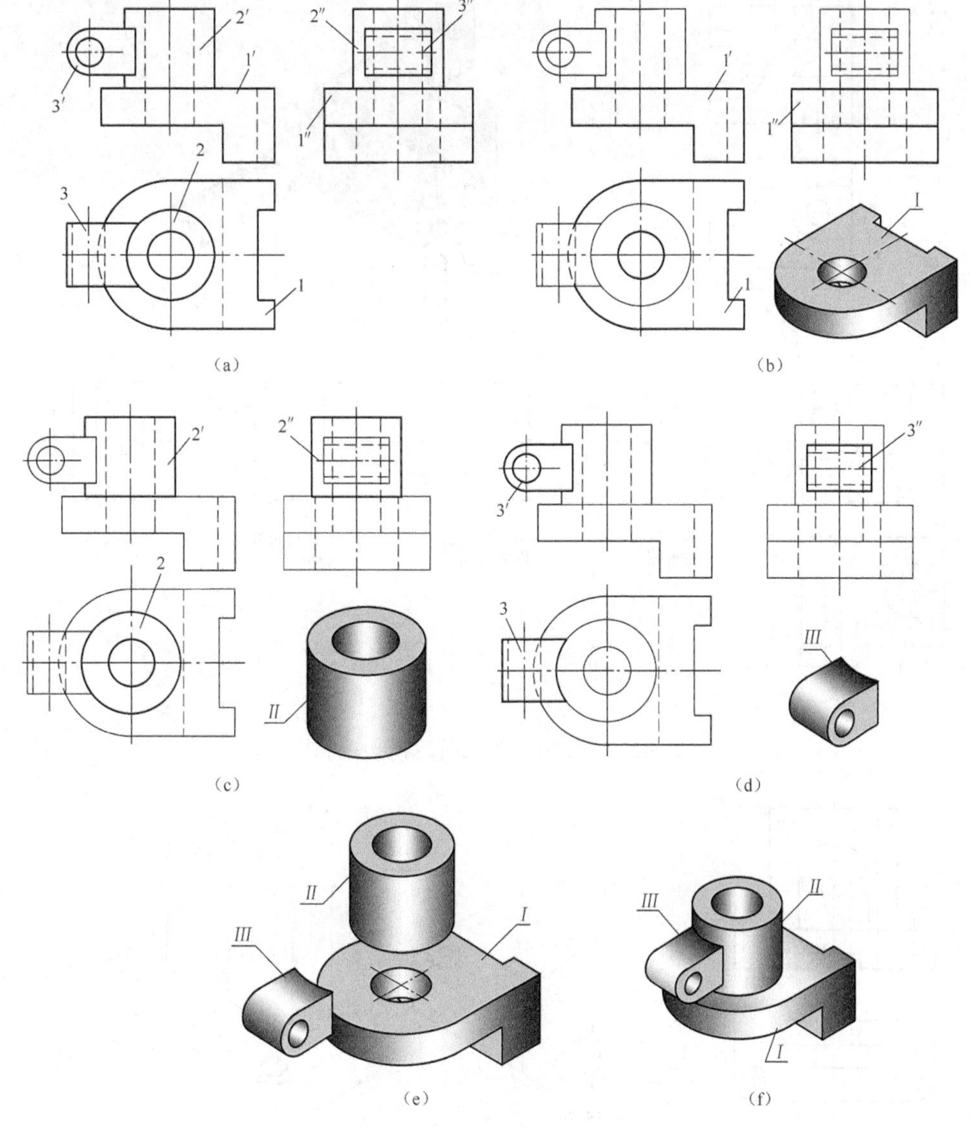

图 5-26　已知三视图，想象立体形状

［例 5-3］　已知图 5-27（a）所示主、俯视图，求作左视图。

已知两面视图，求作第三视图，是读图和画图的综合练习，是培养想象和表示能力的有效途径之一，一般分为两步。

① 由已知视图想象立体形状：通过图 5-27（c）主、俯视图对投影，分离线框 1′与 1，2′与 2，3′与 3，4′与 4 的对应关系，从特征形的线框 1′、2′、3、4 及两视图中各线框相对位置想象出图 5-27（b）所示叠加切割式的立体形状。

② 求作指定视图，按想象立体形状，先叠加后切割逐个画左视图，如图 5-27（d）所示。

［例 5-4］　已知图 5-28（a）所示主、俯视图，想象立体形状，画轴测草图和左视图。

① 想象立体形状。通过主、俯视图对投影，分离图 5-27（e）所示线框 1′与 1、线框 2′与 2、线框 3′与 3，想象立体形状由 *I*、*II*、*III*形体叠加而成的，如图 5-27（d）所示。

② 画正等测草图。由于它是叠加式，按图 5-28（b）、（c）、（d）所示逐个叠加画其正等测草图。

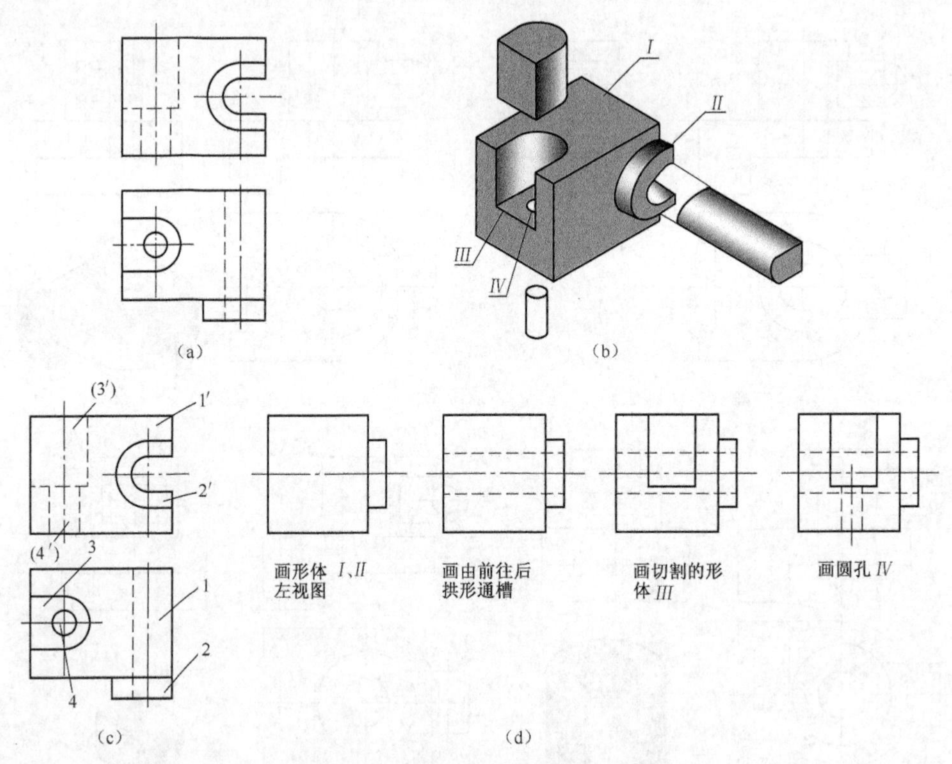

图 5-27　已知主、俯视图，求作左视图

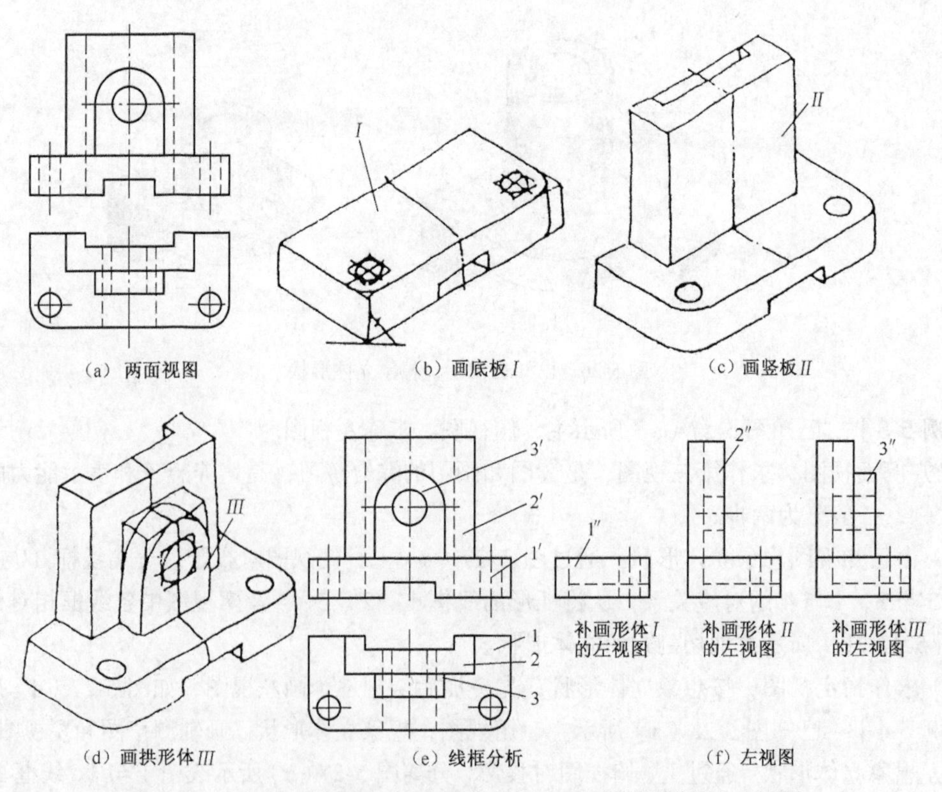

图 5-28　已知主、俯视图，想象立体形状，画正等轴测草图和左视图

③ 补画左视图。按图 5-28（f）所示，逐个画出每个形体的左视图。

2. 线、面分析法

当给定视图所表达的物体形状较不规则或轮廓线投影重合，应用形体分析法读图难予奏效时，则应用线、面分析法。线、面分析法着眼点是体上的面，把相邻视图中的线框与线框、线框与线段对应关系想象为面。通过逐个线框、线段对投影，想象立体各表面形状、相对位置，并借助立体概念，想象立体形状。线、面分析法根据给定视图特点，采用下列三种思维方法。

（1）形体切割法。若已知视图的外形是缺口和缺角，可初步判断是切割体。读图时，把视图缺口、缺角进行“整形”，使其表示一个完整基本立体。然后从反映缺口、缺角特征的积聚性线段出发，与相关视图对投影找出对应线框，确定切割位置，想象被切去的形体及留下缺口、缺角的形状，这种读图方法称为切割法。

［例 5-5］ 已知表 5-4（a）的主、左视图，想象立体形状，求俯视图。

由于主、左视图外形具有缺口、缺角的特点，所以用形体切割法读图。读图思维过程如表 5-4（b）、（c）、（d）、（e）所示。

（2）形体凸凹构想法。读图时，若一个视图有几个特征形线框在相邻视图中同时对应几条横向线或竖向线，不易分清各自对应关系，这时可把这些线框想象为几个凸、凹面，并从物体应有厚度及借助于投影可见性，想象其立体形状。

表 5-4　　已知主、左视图，应用切割法，想象立体形状，求作俯视图

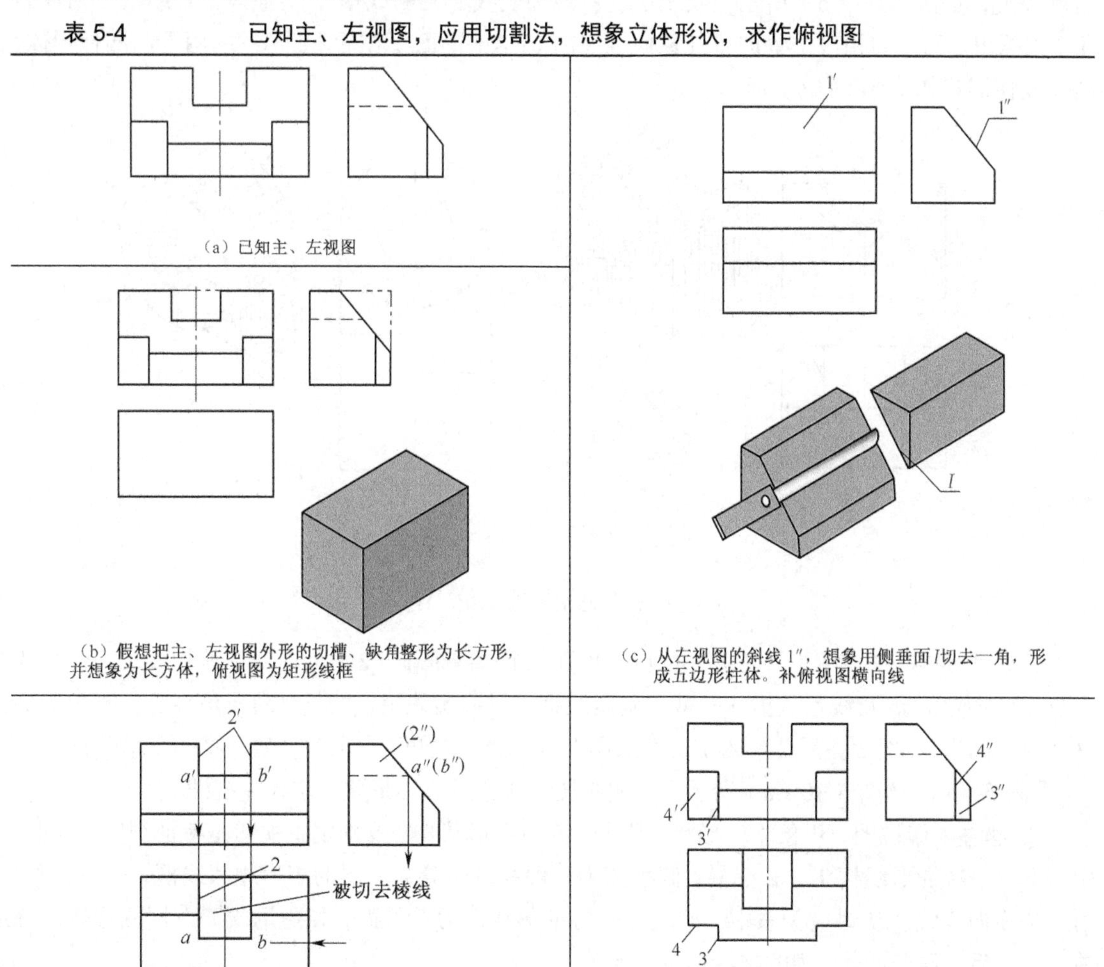

（a）已知主、左视图

（b）假想把主、左视图外形的切槽、缺角整形为长方形，并想象为长方体，俯视图为矩形线框

（c）从左视图的斜线 1″，想象用侧垂面 I 切去一角，形成五边形柱体。补俯视图横向线

续表

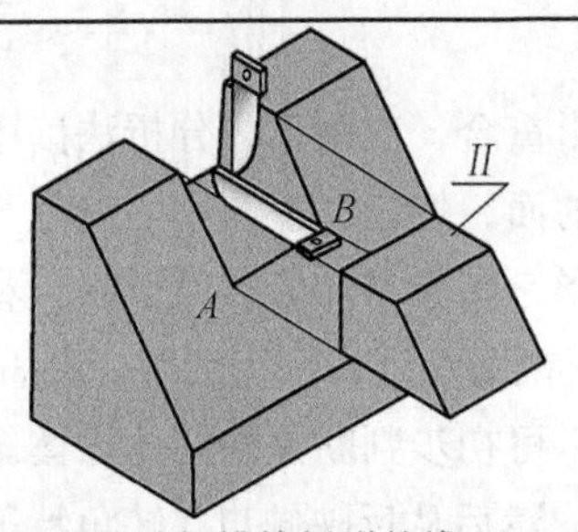 （d）从主视图反映切槽特征形的线 2′、a′b′，对应左视图的线框（2″）、点 a″（b″），想象在五边柱上边的左右对称位置切去梯形体 Ⅱ 而形成的槽，槽的两侧壁为侧平面，俯视图为两条竖向线；槽底为矩形水平面，交线 ab 由点 a″（b″）求得	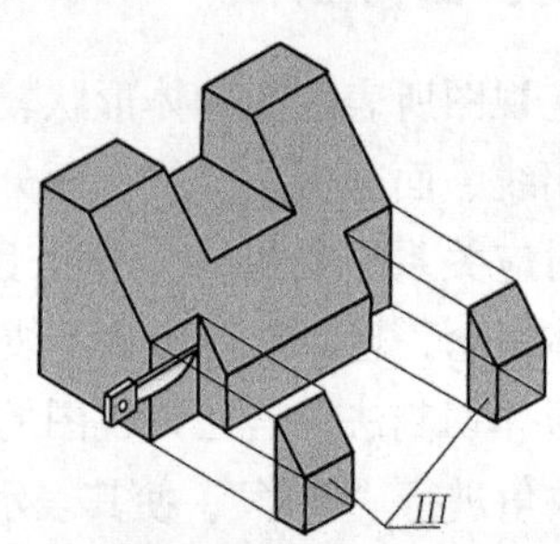 （e）从主、左视图的线框 4′与线段 4″、线框 3″与线段 3′相对应，想象用正平面 Ⅳ 和侧平面 Ⅲ 组合面在形体的左前端和右前端左右对称切割去两块直角梯形柱 Ⅲ 而形成的缺口。俯视图应画反映缺口特征的线 3、4，即得所求

如图 5-29（a）所示，主视图的上、下两个相邻特征形线框 1′、2′，对应俯视图甲、乙两条横向实线，分不清确切对应关系。这时，根据俯视图投射方向的图线可见性，以及线框 1'上点 a'、b'对应线 a、b，线框 2'上点 c'对应着线 c，从线 a、b、c 的起始位置及长度分别表示各自位置和厚度，如图 5-29（b）所示，及线甲、乙线为实线，判断线框 1′对应线乙，线框 2′对应线甲。根据甲、乙线的相对位置即可想象面 Ⅱ 在前（凸出），面 Ⅰ 在后（凹入）的两层凸凹柱形体，构思立体形状如图 5-29（c）所示。

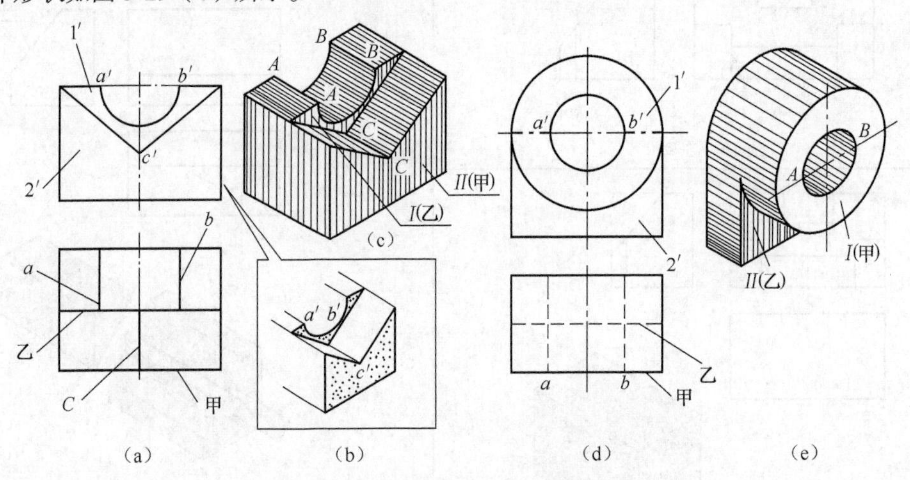

图 5-29　形体凸凹构想读图法（一）

又如图 5-28（d）所示，主视图的上、下两个相邻线框 1′、2'虽同时对应线甲、乙，但从线框点 a'b'对应线 ab 及线乙是虚线，就可确定线框 1'对应实线甲，线框 2'对应虚线乙，想象为面 Ⅰ 在前（凸出），面 Ⅱ 在后（凹入）的两层凸凹柱形体，构思立体形状如图 5-28（e）所示。

［例 5-6］　读图 5-30（a）所示主、俯视图，想象其立体形状，求作左视图。

① 读主、俯视图，想象立体形状：从主、俯视图形状特点，确定主视图是特征视图，分上、中、下三个特征形线框 1′、2′、3′；俯视图为一般视图，分为三层的矩形相邻线框，及甲、乙、丙三条横向实线。从对应关系中，确定三个特征形线框为正平面，以它为端面三层柱形体，分前、中、后三层凸凹体，如图 5-30（b）所示。

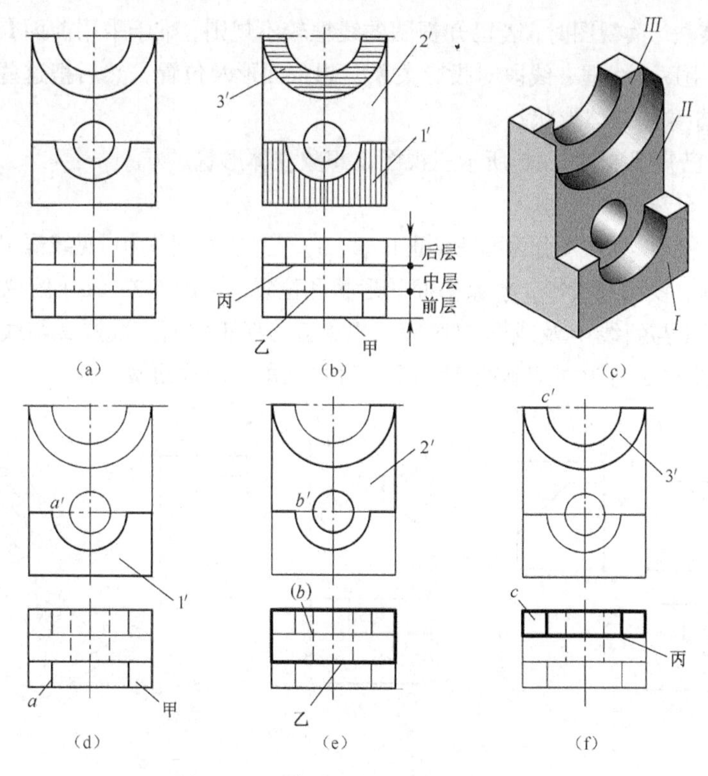

图 5-30　形体凸凹构想读图法（二）

从主视图三个线框所处高、低位置及俯视图三条横向实线及俯视投射方向确定：线框 1′ 对应线甲及点 *a* 对应线 *a*，面 *I* 最前，柱形体 *I* 占前、中、后三层，如图 5-30（d）所示。

线框 2′对应线乙及点 *b*′对应线（b），面 *II* 居中，柱形体 *II* 占中、后两层，如图 5-30（e）所示。

线框 3′对应线丙及点 *c*′对应线 *c*，面 *III* 在后（凹入），柱形体 *III* 占后层，如图 5-30（f）所示。

通过上述的投影分析和分层想象，综合起来想象图 5-30（c）所示的立体形状。

② 作左视图。由于该物体为凸凹柱形体，左视图都是矩形线框。作图时，先画出端面 *I*、*II*、*III* 及 *IV*（后端面）的侧面投影为竖向线 1″、2″、3″及 4″，然后根据各面所占有层次（厚度），逐个作出侧向轮廓线，并判断可见性，详见图 5-31（a）、（b）、（c）、（d）、（e）所示。

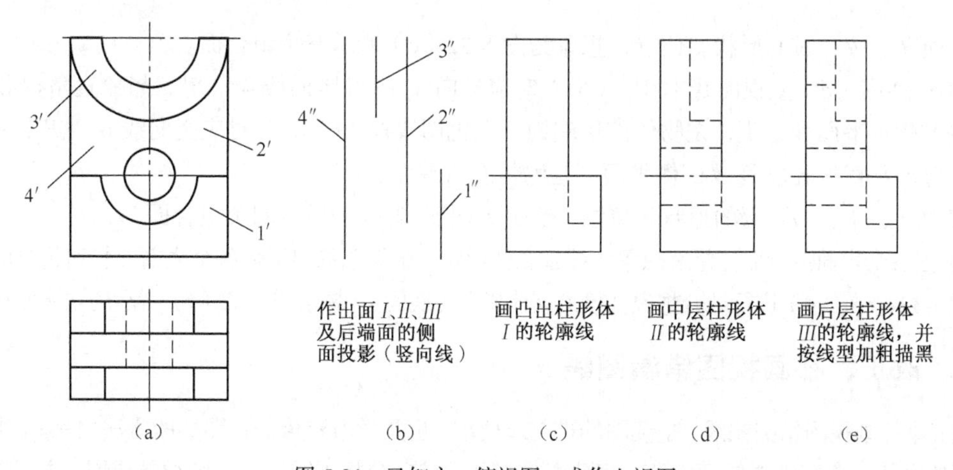

图 5-31　已知主、俯视图，求作左视图

③ 表面组装法。读视图时，若已知视图的线框较不规则，难于采用前面介绍的几种读图构形方法，这时采用逐个线框、线段对投影关系，想象面形及位置，然后把这些面按其相对位置进行组装，综合想象出立体形状。

［例 5-7］ 已知图 5-32（a）所示三视图，想象立体形状。

① 对投影、分离视图线框。

通过三视图对投影，俯视图分为可见线框 1、2、3，主、左视图分为可见线框 3′ 、4′ 和 6″、7″。

② 逐个线框、线段对投影，想象平面的形状和位置。从图 5-32（b）俯视图特征形线框 1、2、3 先读。线框 1 与斜线 1′及线框 1″对应，想象五边形正垂面；线框 2 与线 2′、2″对应，想象方形水平面；线框 3 与 3′对应斜线 3″，想象直角三角形侧垂面 *Ⅲ*。

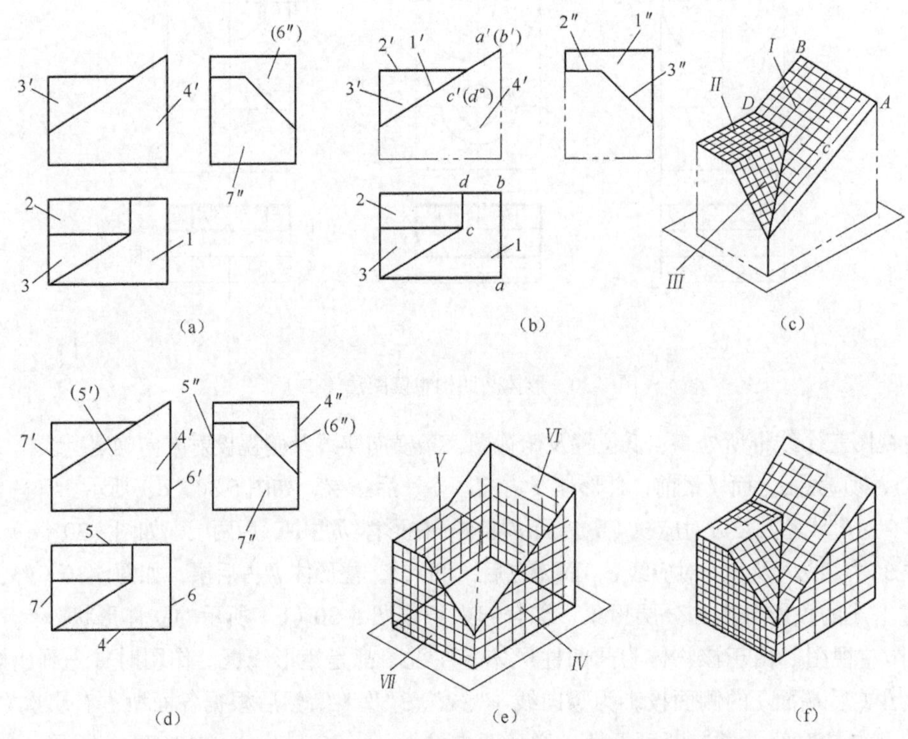

图 5-32 已知三视图，应用线面分析法想象立体形状

按面 *I*、*Ⅱ*、*Ⅲ*的形状和位置，想象为图 5-32（c）所示三个组合面。

图 5-32 图（d）主视图线框 4′、（5′）对应横向 4、5 及竖向线 4″、5″，想象直角梯形和直角五边形的正平面 *Ⅳ*、*V*，是物体前后端面；左视图线框（6″）、7″对应竖向线 6′、7′及 6、7，想象矩形 *Ⅵ*及直角五边形 *Ⅶ* 的侧平面，是物体左右端面。

按面 *Ⅳ*、*V*、*Ⅵ*、*Ⅶ*的形状和位置，想象为图 5-32（e）所示四个组合面。

③ 把各个表面进行形体组装想象，综合立体形状。根据想象出形体各个表面形状和相对位置，即把图 5-32（c）、（d）进行综合想象及借助立体概念（底面），想象图 5-32（f）所示的立体形状。

3. 改正、补画视图错漏图线

改正、补画视图错漏图线，是读图的进一步要求，也是学习审核工程图样的方法之一。读图时，通过投影分析，判断视图错画之处，想象立体形状，然后分析视图错、漏图线的成因，并予改正。

[例 5-8] 补画图 5-33（a）所示主、左视图的漏线。

从图 5-33（b）中线框 1、2 与 1′、2′及 1″、2″对应，想象柱形体 *I* 与 *II* 上下叠加，两形体的前端面及左、右侧端面不平齐，线框 *a* 表示分界面 *A*，主、左视图漏画线 *a*′、*a*″。

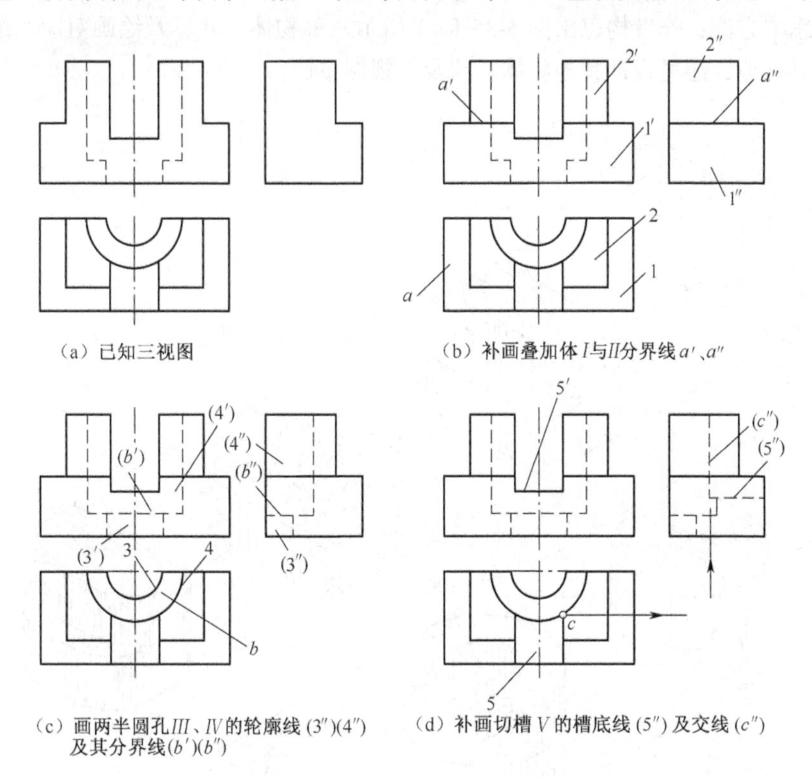

（a）已知三视图　（b）补画叠加体 *I* 与 *II* 分界线 *a*′、*a*″

（c）画两半圆孔 *III*、*IV* 的轮廓线 (3″)(4″) 及其分界线 (*b*′)(*b*″)　（d）补画切槽 *V* 的槽底线 (5″) 及交线 (*c*″)

图 5-33　补画主、左视图的漏线

图 5-33（c）中俯视图两同心半圆弧 3、4 对应主视图的竖向直线，想象为上、下两个半圆孔，主视图漏画表示两半圆孔分界面的线（*b*′），左视图应补画表示两半圆孔的轮廓线及分界线（*b*″）。

图 5-33（d）中线框 5 对应线组 5′，表示切方槽 *V*，左视图漏画槽底线（5″）及与圆柱面 *IV* 的交线（*c*″），删除一段轮廓线。

通过上述分析和补画图线，即得图 5-33（d）所示正确三视图。

5.6.3 由一面视图构思不同物体形状，并画出其他两面视图

由一面视图构思不同物体形状，并画出其他两面视图，是进一步发展空间想象力和创意表示能力的有效途径之一。

由一面视图构思各种物体形状过程，应根据视图的点、线、线框和相邻线框的空间含义，对形体进行广泛构思和彼此联想，使构思的形体符合已知视图的要求。

[例 5-9] 根据图 5-34 所示的主视图，构思出不同物体形状，并画出俯、左视图。

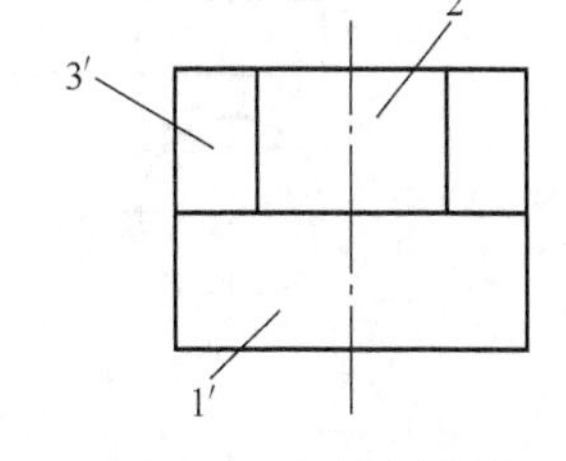

图 5-34　已知主视图

图 5-34 主视图的矩形线框 1′、2′、3′，可构思出矩形平面、圆柱

面以及矩形平面与圆柱面相切组合面三种面的投影，同时按两相邻矩形线框表示不同位置面，把这些面设计为凸凹面或斜交面，再根据立体应有厚度的空间概念，进行形体的广泛构思。

由于主视图有一条对称中心线，构思的物体形状必须是左右对称形。

按上述思维方法，作者构思出图 5-35（a）所示六种物体形状，及绘画对应六组视图。

读者若有兴趣，还可设计其他物体形状及三视图草图。

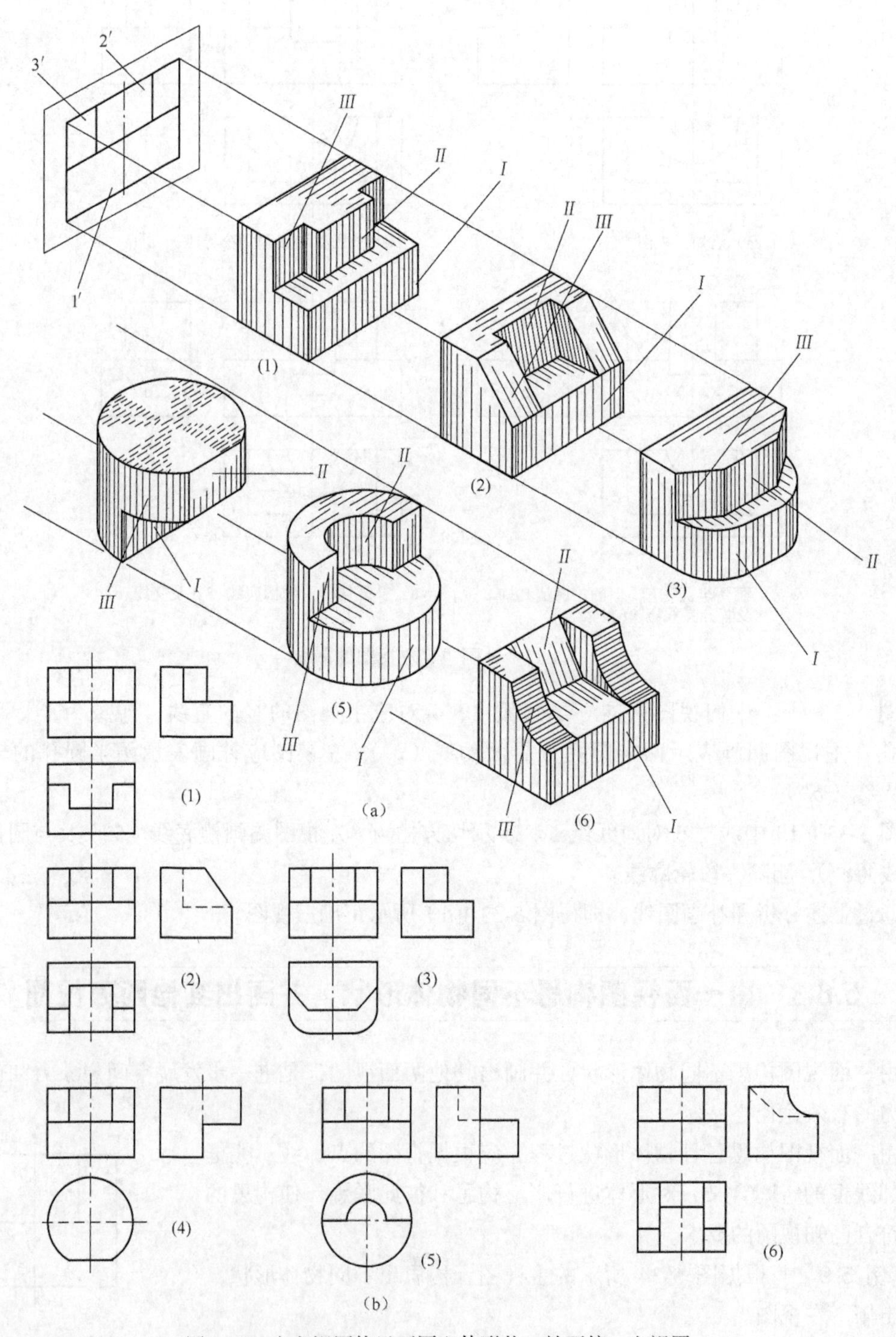

图 5-35　由主视图构思不同立体形状，补画俯、左视图

*5.6.4 拓宽读图想象思路

读图时，根据给定的视图想象立体形状时，在一般情况下都以曾经在读图过程中积累起来某形体视图形状特点，或在学习和生活曾经接触过并在脑中留下深刻印象的某种特定立体表象来想象物体形状，即在脑中建立读图的“条件反射”，从而形成读图“经验想象”，这种空间思维方法虽然对读图是比较有效而迅速，但对某些读图题都从这点出发，往往会限制想象的思路或把答案搞错。只有根据视图形状的特点，仔细地分析视图点、线、线框的空间含义，对形体广泛构思、彼此联想，并通过评判错误的想象，得出正确的答案，从而拓宽读图想象思路的多样性和敏感性，达到培养创新想象能力。下面介绍两种读图题例的思维方法。

1. 借助视图中图线的差异，想象立体形状

为了避免读图因纯“经验想象”而造成的误解，读图时，必须仔细地分析视图形状的差异，把构想出的立体形状与已知视图进行投影分析和反复对比，从而批判谬误，得出正确的结论。

下面列举几个典型读图图例进行剖析。

［**例 5-10**］ 读图 5-36（a）所示主、俯视图，构思立体形状，并画左视图。

① 构思形体 *I*。从主视图的等腰三角形线框 1′ 对应俯视图圆 1，按读图经验不加思索地想象为圆锥体，点 s' 为圆锥顶点 S，图 5-36（b）为圆锥对应的左视图。

由于俯视图有一竖向实线乙，因此构思为圆锥体是违背题意，不能成立。这时，应从另一空间角度进行形体构思。

② 构思形体 *II*。俯视图竖向实线乙对应主视图点 s' ，而是“点表示直线”；线框 1′ 对应圆线 1，表示圆柱面；等腰三角形的两腰线 2′ 对应两个半圆形 2，表示正垂面截切圆柱体而形成椭圆面的积聚性投影，所示点 s' 是两椭圆面相交线的积聚性投影，其构思形体如图 5-36（d）所示。它符合主、俯视图要求。构思立体形状是正确的。

③ 求作左视图。先画出完整圆柱体的侧面投影，再作椭圆交线的投影，如图 5-36（c）所示。作图方法应用积聚性取点法，如图 5-36（c）中箭头所示。

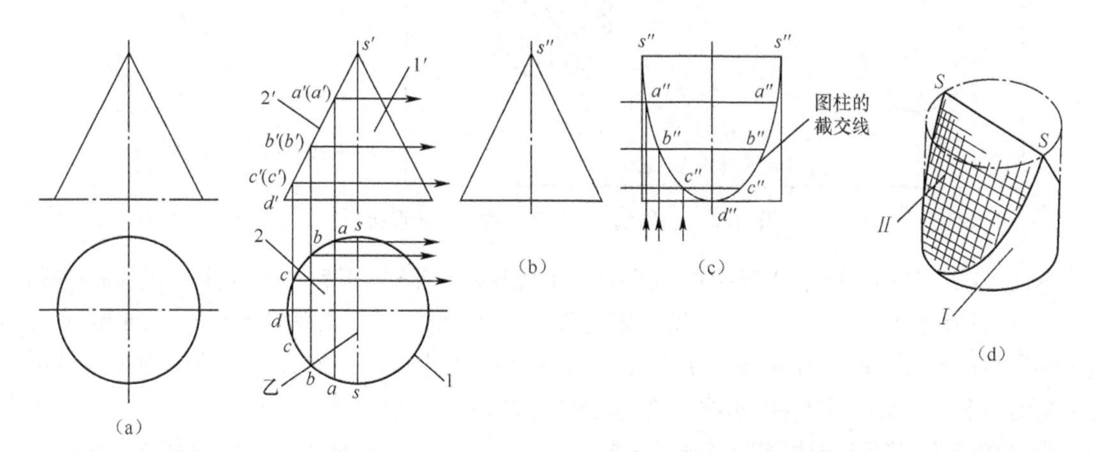

图 5-36 已知读主、俯视图，构思立体形状，画左视图

［**例 5-11**］ 读图 5-37（a）所示主、俯视图，构思立体形状及画左视图

图 5-37（a）与图 5-36（a）所示俯视图相同，主视图不同，其表示是什么立体形状呢？

① 构思形体 *I*。图 5-36（a）所示想象为截交圆柱体启示，仍把图 5-37（a）所示想象为图 5-37（b）所示截交圆柱体，这个形体的主视图线甲′ 是点画线，违背原题意，构思立体形状不能成立。

② 构思形体 *II*。为了使主视图有一条竖向直线甲′，假如我们从圆锥体进行想象，把两个直角三角形 *a*′ 、*b*′ 分别想象为正立、倒立半个圆锥组合，结合处有分界面甲，构思为图 5-37（c）所示立体形状，符合主、俯视图要求，构思立体形状是正确的。图 5-37（c）所示为对应左视图。

这两个视图是否还可表示其他物体的形状呢？如果我们想象为半个圆锥体和半个截交圆柱体的组合，则可构思为图 5-37（d）、（e）所示的两种立体形状，这两个形体也符合主、俯视图要求，想象也是正确的。图 5-37（f）、（g）所示为其对应的左视图。

结论：图 5-37（a）所示主、俯视图可以表示多种立体形状，系属多解题。

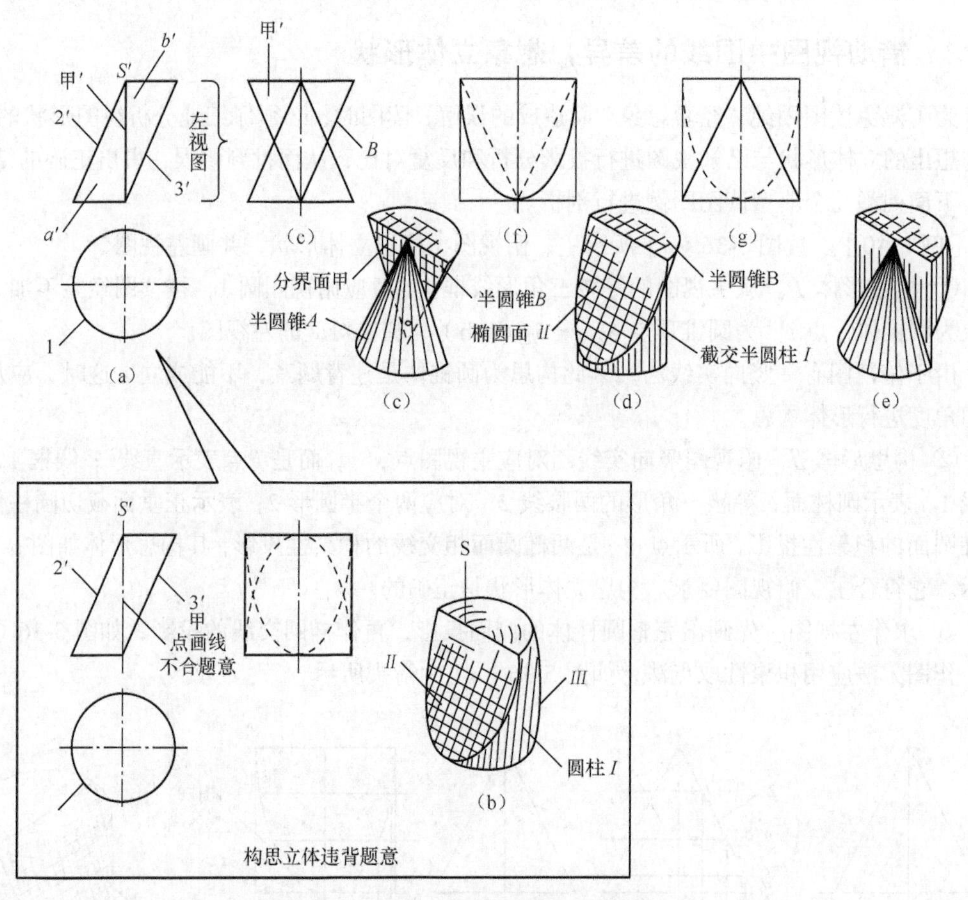

图 5-37 已知主、俯视图，构思立体形状

［例 5-12］ 读图 5-38（a）所示主、俯视图，主视图两半圆 *a*′ 相切，构思立体形状，画左视图

① 构思形体 *I*。从图 5-38（a）所示俯视图两个两半圆，对应主视图矩形 *b*′ 、半圆 *a*′ ，按读图经验很容易想象为图 5-38（b）所示后半圆柱与前两个 1/4 圆球所组成立体，想象形体符合主视图要求，但俯视图线 *s* 为虚线，违背题意，构思形体不能成立。

② 构思形体 *II*。由于相切两半圆形线框 1′ 、2′ 与半圆形线框 1、（2）（虚线框）对应，是类似形，想象面 *I* 、*II* 为圆柱椭圆截交面（截平面与圆柱轴线夹角 45°），得图 5-38（c）所示圆柱切口体及对应左视图，构思形体符合主、俯视图，构思形体能成立。

③ 构思形体 *III*。是否还可构思为其他形体呢？把半圆形 *a*′ 、*a* 构思为图 5-38（d）所示等径

正向内圆柱面与竖向外圆柱面相交形成圆柱槽 A，符合题意，图 5-38（f）所示为对应左视图。

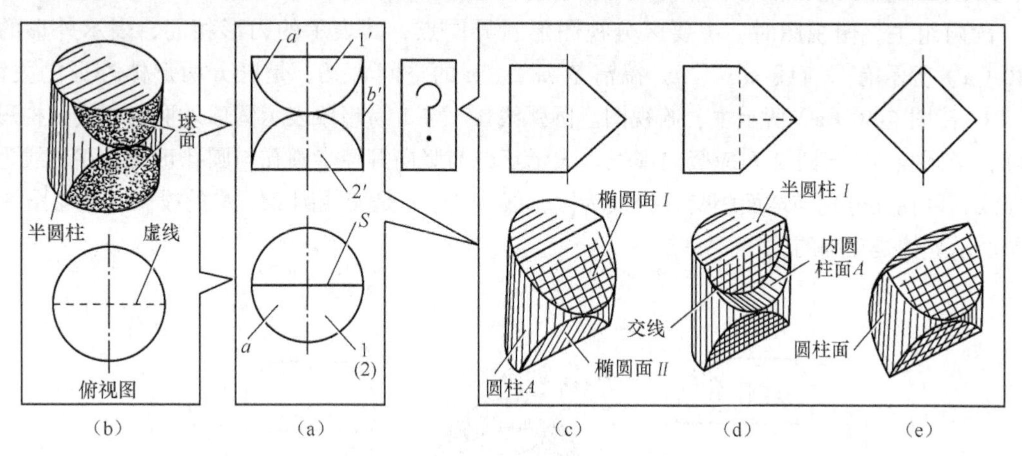

图 5-38 读主、俯视图，构思立体形状

④ 构思形体Ⅳ。在形体Ⅱ的后半部再用两个截平面与圆柱轴线夹角 45° 截切，得图 5-38（e）所示立体及对应左视图，构思形体也能成立。

读者想一想图 5-38（a）所示主、俯视图还可以表示其他形体吗？若能，应是怎样组合关系。

［例 5-13］ 读图 5-39（a）所示主、俯视图，想象立体形状，画左视图。

① 构思形体 Ⅰ。从主视图外形线框 1′ 的特点及对应俯视图的形状，按读图的经验及常见立体，容易疏忽想象为半球头螺钉坯，如图 5-39（b）所示。

按想象的半球头螺钉坯投影，图 5-39（c）所示主视图漏画线 m'；俯视图两条虚直线 a 改为虚圆 a。因此违背原题意，不能成立。

② 构思形体 Ⅱ。设想线框 1′ 想象为切方槽半球体与圆柱体相切体；再从线 a' 与虚线 a，想象用两个侧平面左右对称截切圆柱体，得图 5-39（d）所示立体形状，符合主、俯视图的要求，想象是正确的。

③ 画左视图。先画完整半圆球与圆柱相切的侧面投影，再画半圆球切槽和圆柱切口的侧面投影，如图 5-39（e）所示。

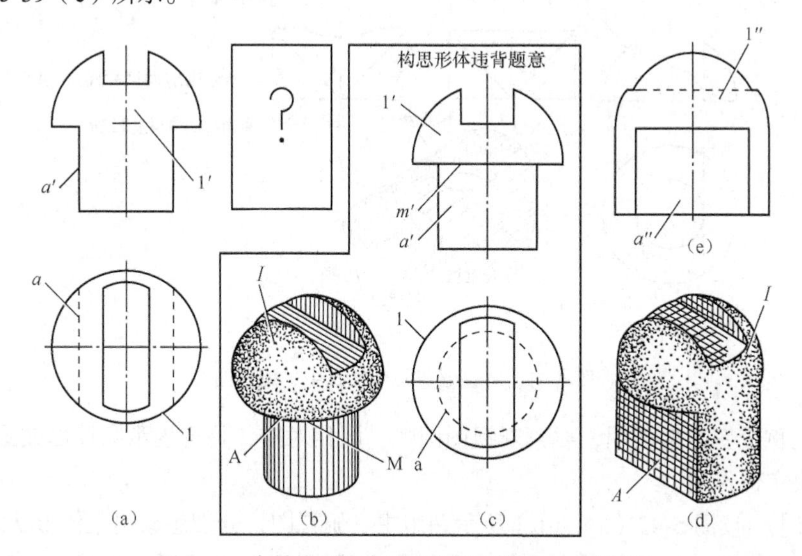

图 5-39 容易错想为半圆球头螺钉坯的主、俯视图

［例5-14］　读图5-40（a）、图5-41（a）两组主、俯视图，想象立体形状，画左视图

读两组主、俯视图时，主要区分视图形状异同点，其表示的内形相同，表示外形的图5-40（a）所示有一直线 m' 、n，搞清楚 m' 、n 的空间含义，是区分两形体外形的关键。

① 读图5-40（a）所示主、俯视图。圆弧线1′与1易想象表示圆球外形轮廓线，构思为半球；半圆线3′与圆2对应竖向虚线，表示正向与竖向等径半圆孔与圆孔正交、相贯线为椭圆曲线；两孔又分别与球面相交，交线为圆。线 m' 、n 是交线圆 M、N 的投影，想象图5-40（b）所示立体是正确的。

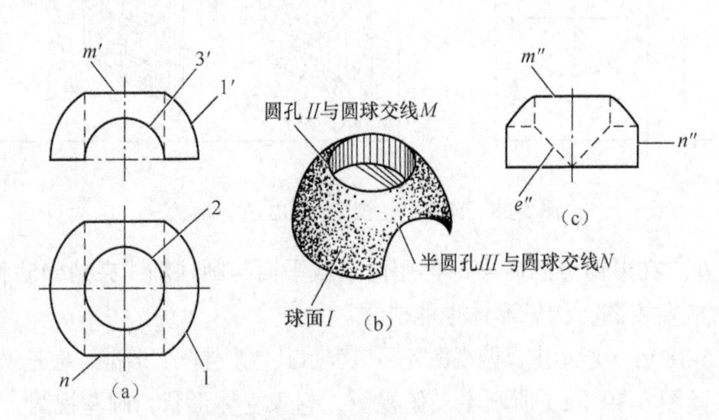

图5-40　读主、俯视图，想象立体形状

画左视图，应先画半圆球及两圆孔侧面轮廓线，再画相贯线，如图5-40（c）所示。

② 读图5-41（a）所示主、俯视图。由于主、俯视图是完整半圆 a' 和圆1不存在相贯线 m' 、n，所以不能再表示半球体，只能表示正面圆柱面 A 和竖向圆柱面 I 积聚投影，想象圆柱面 A 与 I 相交。外相贯线椭圆N；半圆孔Ⅲ与圆孔Ⅱ与圆柱面 A 相贯线为空间曲线 F、M，构思如图5-41（b）所示立体。

画左视图关键画相贯线 m'' 、n'' 、f'' ，如图5-41（d）所示。

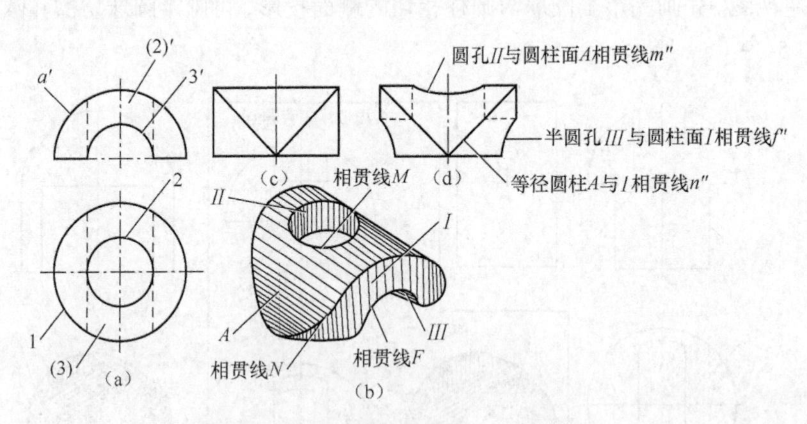

图5-41　容易错想圆球钻孔主、俯视图

从上述两例读图图例说明，要判断视图圆弧、圆相对应，是否表示圆柱面或圆球面，相贯线形状起着决定性作用。

［例5-15］　读图5-42（a）、（b）所示两组主、俯视图，分别想象出立体形状，画左视图

根据两组主、俯视图形状特点，很容易想象为图5-42（c）所示正四棱锥，其对应主、俯

视图违背题意，所以不是正四棱。

① 读图 5-42（a）所示主、俯视图。相邻三角形线框 a 与主视图无类似形对应，必对应线 a，左右三角形 A 为正垂面 A；三角形线框 b′ 与虚线框（b）对应，且线 1′ 2′ 与 12 表示 $I\ II$ 侧垂线，所以前后三角形面 B 为侧垂面，按前后与左右对称，把四个面进行组装或在方体上造型，想象图 5-42（d）所示四面体及对应左视图是正确的。

② 读 5-42（b）所示主、俯视图。主、俯视图线框 1′ 和乙不成对应关系，不是表示同一平面，因此线框 1′ 对应线 1，线框乙对应线乙′，三角形面 I 为铅垂面，三角形面乙为正垂面，所以点 s' 为正垂线，线 n' 是铅垂线，且左右和前后对称，按想象面位置进行组装或在立方体上造型，想象图 5-42(e)所示七面体及对应左视图也是正确。

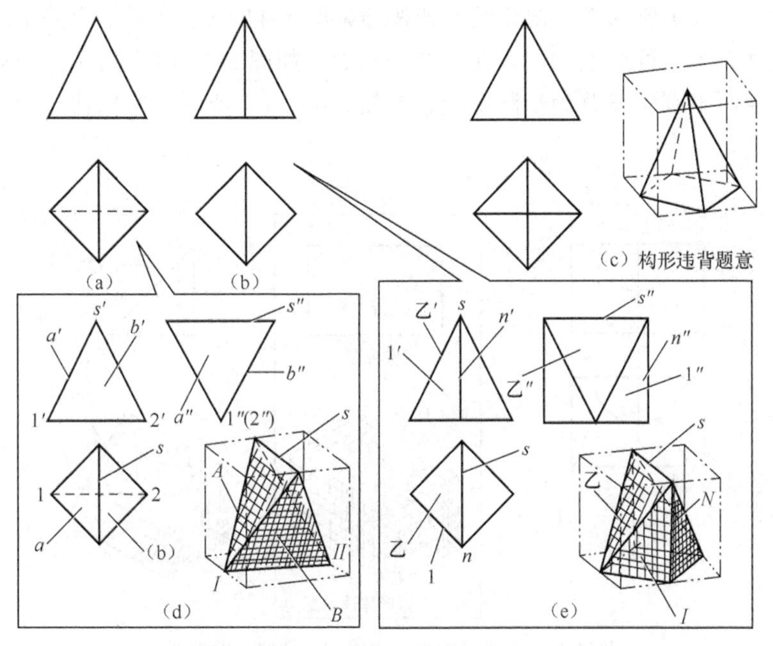

图 5-42　读两组主、俯视图，想象立体形状

2. 借助视图形状的方向差异，想象立体形状

当给定两组两个视图形状相同，仅是图形方向相反，读图想象立体形状时，往往只从同一个空间角度进行投影分析和想象，误认为表示同一类立体形状，限制构形思路的灵活性。

下面例举一些典型读图题例进行分析。

[例 5-16]　读图 5-43（a）和图 5-44（a）所示两组主、俯视图形状相同，仅俯视图方向相反，想象立体形状，画左视图。

① 读图 5-43（a）所示主、俯视图。从图 5-43（a）所示主、俯视图形状特点：按读图经验很容易想象为图 5-43（c）所示，在立方体上凹入 1/4 圆球槽。构思形体符合题意。图 5-43（b）所示为对应左视图。

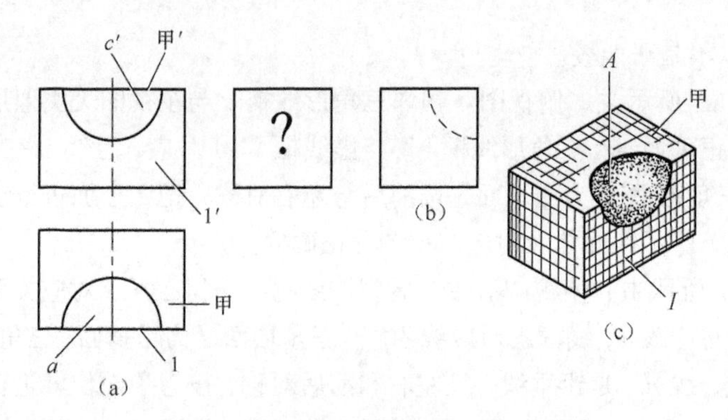

图 5-43　想象为立体上凹入圆球面

② 读图 5-44（a）所示主、俯视图。若按照读图 5-44（a）所示的思路来想象其立体形状，误认为在立方体上的后上方凹入四分之一球面，如图 5-44（b）所示。假如这种想象能成立，应把主视图半圆实线改为半圆虚线，如图 5-44（c）所示，所以构想的形体违背题意不能成立。

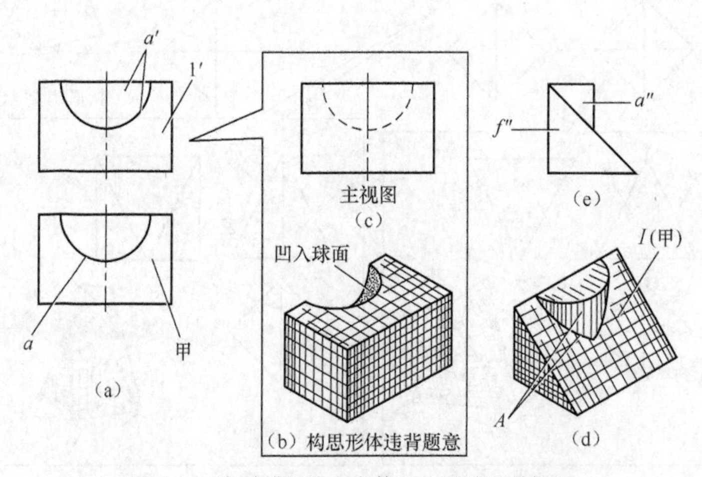

图 5-44　容易错想为立方体凹入圆球面的视图

从投影分析进行思维，主、俯视图的线框 1′ 与 甲是类似形，想象面 I（甲）为侧垂面，是直角三角柱的斜面。

半圆形 a'与 a 不能再构思为 1/4 球面体或槽，构思为半圆柱截交体 A（截交面与圆柱轴线倾斜 45°），半圆线 a'是椭圆交线 A，构思为图 5-44（d）所示立体形状，符合题意。图 5-44（e）所示为对应左视图。

［例 5-17］　已知图 5-45（a）、（b）所示两组主、俯视图形状相同，俯视图反向，构思立体形状，画左视图。

① 读图 5-45（a）所示主、俯视图。从图 5-46（a）所示主、俯视图特点，外线框矩形，内线框三角形对应，按读图经验很容易想象为图 5-46（b）所示，在长方体上前方左右对称地切去两个直角三棱锥而形成长方体缺角及对应左视图，还可构思为图 5-46（c）、（d）所示长方体切四棱锥及 1/4 圆锥凹槽及对应左视图，构思三种立体都符合题意。

② 读图 5-45（b）所示主、俯视图。按读图 5-46 所示经验想象为图 5-47（b）所示在长方体后部切去两个三棱锥而形成形体。若构思形体是正确，主视图斜实线改为斜虚线，所以违背

题意，构思形体不能成立。

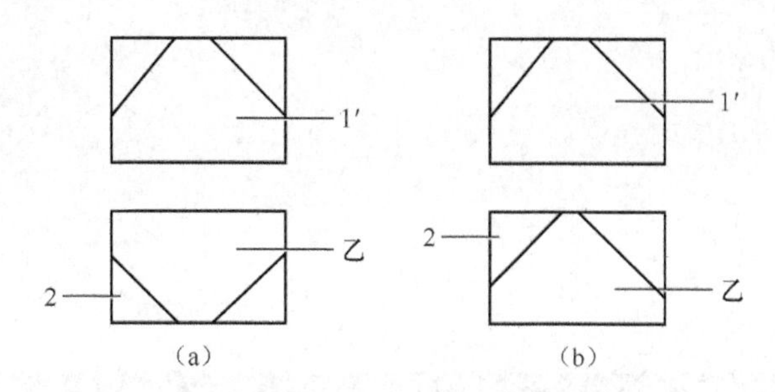

图 5-45　已知主、俯视图，构思立体形状

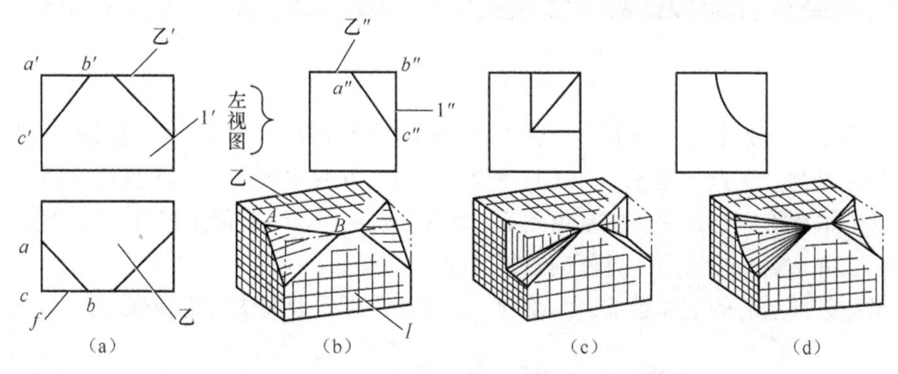

图 5-46　图 5-45（a）所示的投影分析和构形思路

由于六边行边框 1′与乙是类似形，面 *I*（乙）表示侧垂面；三角形线框 2 与甲′也是类似形，面 *II*(甲)′也是侧垂面，形成图 5-47（c）所示共面，是直角三棱柱斜面，违背题意，也不能成立。

假设线框 1′与乙仍表示斜面 *I*（乙），三角形线框甲′、2 分别对应斜线甲、横线 2′。三角形甲、*II* 分别表示铅垂面和水平面，构思为图 5-47（d）所示直角三角柱斜面叠加两块左右对称直角三棱锥及对应左视图，符合题意。

若在构思形体 *III* 基础，假设如图 5-47（e）所示在叠加直角三棱锥后背截切去两块直角三棱锥及对应左视图，构思形体也能成立。

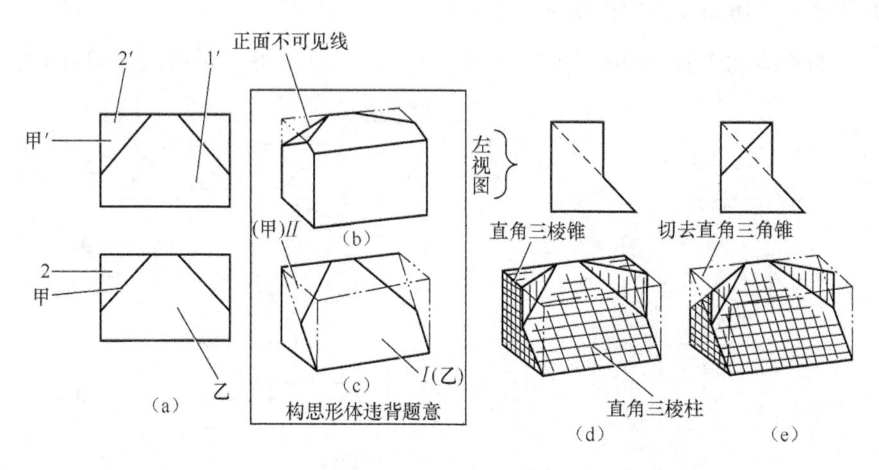

图 5-47　图 5-45（b）所示的投影分析和构形思路

由于机件的结构形状多种多样，有的机件的内、外形结构较为复杂，若仅用三视图不能把机件形状表示清楚，为此，国家标准《技术制图》和《机械制图》规定了剖视、剖视图和断面图等表示法，本章将介绍其中一些常用画法。掌握了这些画法，就能把机件的结构形状，完整、清晰地表示，并达到简化绘图，方便读图的目的。

本章节是承前启后的重要章节，为绘制、识读零件图、装配图奠定基础。

6.1 视 图

在视图中，应用粗实线表示机件可见轮廓，必要时，还可用细虚线表示机件不可见轮廓线。国家标准规定了下列四种视图。

1. 基本视图

将机件向基本投影面投射所得视图，称为**基本视图**。

表示一个机件有六个基本投射方向，如图 6-1（a）所示，相应地有六个的基本投影平面，

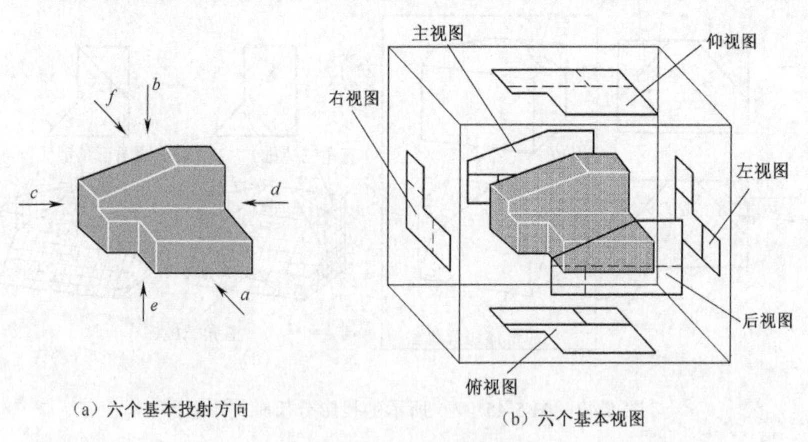

（a）六个基本投射方向　（b）六个基本视图

图 6-1　六个基本视图的形成

分别垂直于六个基本投射方向，构想围成一个正六面体。机件向六个基本投影平面投射，得六个基本视图，如图 6-1（b）所示。

六个基本投射方向及视图名称，如表 6-1 所示。

表 6-1　　六个基本投射方向及视图名称

方向代号	*a*	*b*	*c*	*d*	*e*	*f*
投射方向	自前方投射	自上方投射	自左方投射	自右方投射	自下方投射	自后方投射
视图名称	主视图	俯视图	左视图	右视图	仰视图	后视图

六个投影面的展开方法，如图 6-2 所示。展开后六个基本视图的配置位置如图 6-3 所示。

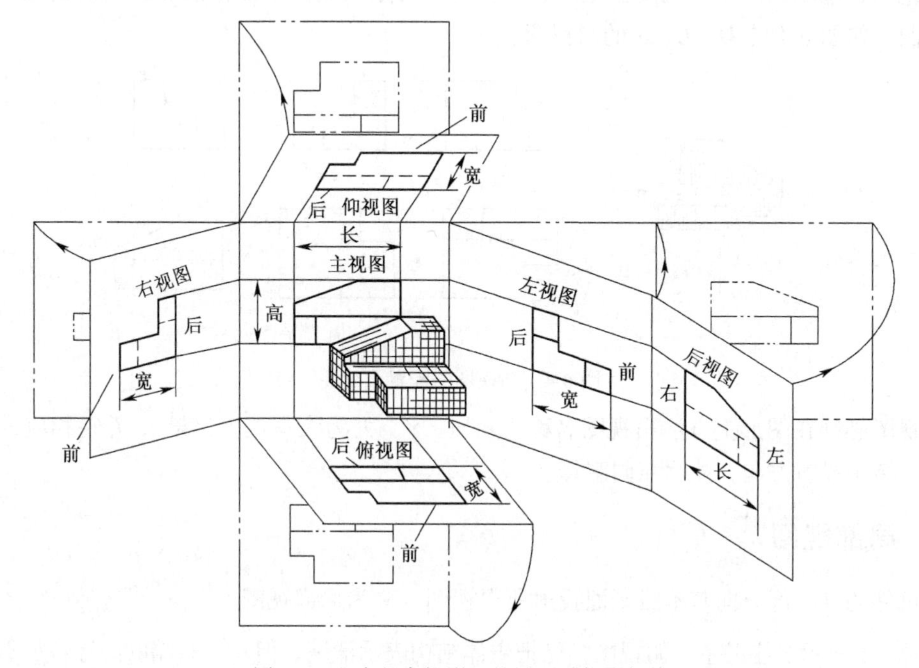

图 6-2　六个基本投影面的展开及投影规律

在同一张图纸内按图 6-3 所示配置的基本视图，一律不标注视图名称。

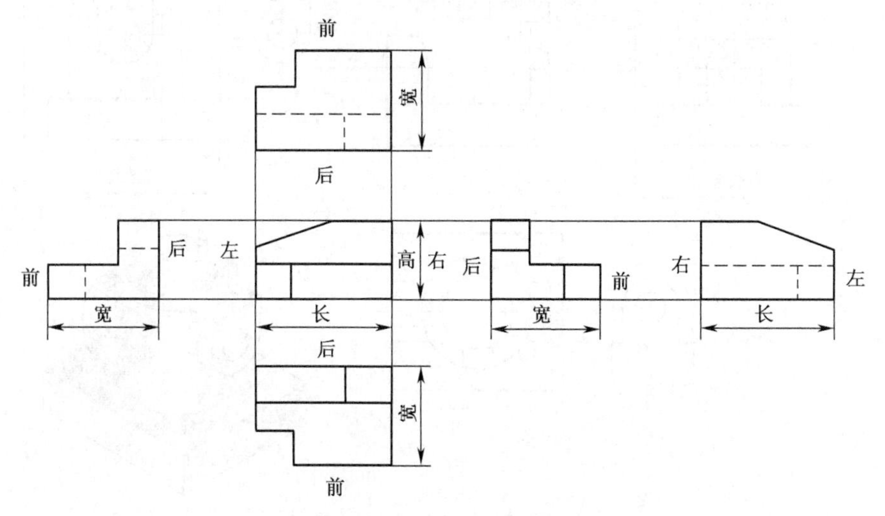

图 6-3　六个基本视图位置配置和前后方位对应关系

六个基本视图的投影度量关系，仍然保持“长对正、高平齐、宽相等”的三等投影关系；六个基本视图的“六方位”对应关系，上下、左右方位易识别，前后方位不易识别，若以主视图为准，除后视图外，其他视图远离主视图的一侧表示机件的前面，靠近主视图的一侧，表示机件的后面，如图 6-2、图 6-3 所示。

实际画图时，一般不需将六面基本视图全部画出，应根据机件的复杂度和结构特点，按表达需要选择基本视图的数量，通常优先选用主、俯、左视图。

2. 向视图

向视图是基本视图不按规定位置配置的视图。当某个视图不能按投影关系配置时，可按向视图绘制，如图 6-4 的 *D*、*E*、*F* 的向视图。

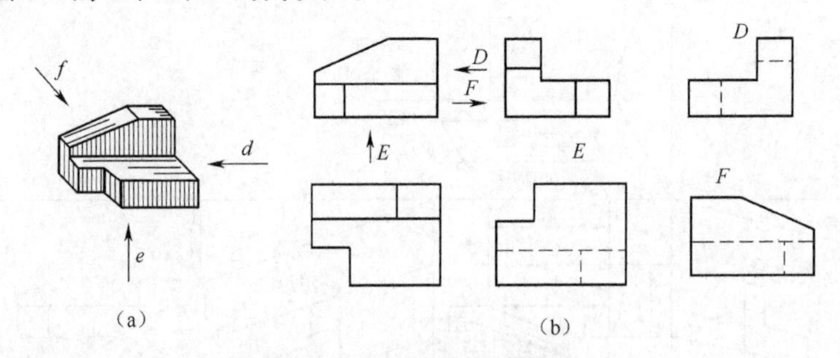

图 6-4 向视图的配置及标注

向视图必须在图形上方注出视图名称“×”（“×”处为大写拉丁字母），并在相应的视图附近用箭头指明投射方向，注写相同字母。

3. 局部视图

将机件的某一部分向基本投影面投射所得视图，称为局部视图。

如图 6-5 所示机座的主、俯视图，已把主体结构表示清楚，但左、右端的凸缘特征形状尚未表示，假若再画左、右视图，则主体形状重复表示。这时，可仅画表示两个凸缘端面形状的局

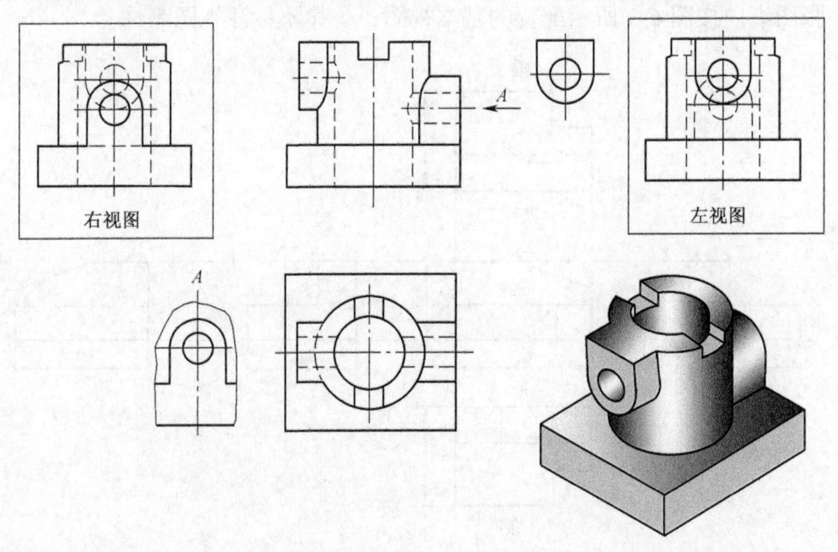

图 6-5 局部视图（一）

部视图。这样画法突出表示重点，便于读图，简化作图。

（1）局部视图配置位置及标注。局部视图通常按基本视图的配置形式配置，若中间没有其他视图隔开时，可省略标注，如图 6-5 所示表示左端拱形凸缘的局部视图。局部视图也可按向视图形式配置和标注，如图 6-5 中表示右端凸缘的 *A* 向局部视图。

（2）局部视图规定画法。局部视图仅画出需要表示的局部形状，用波浪线（或双折线）表示机件断裂边界，如图 6-5 所示 *A* 向局部视图。若所表示局部结构是完整的，外形轮廓线自成封闭的，断裂边界线可省略不画，如左端凸缘的局部视图。

（3）第三角画法（详见本书第 11 章）的局部视图，当配置在视图所示局部结构附近，并按投影关系配置，用细点画线连接两图形，此时不需要另行标注，如图 6-6 所示。

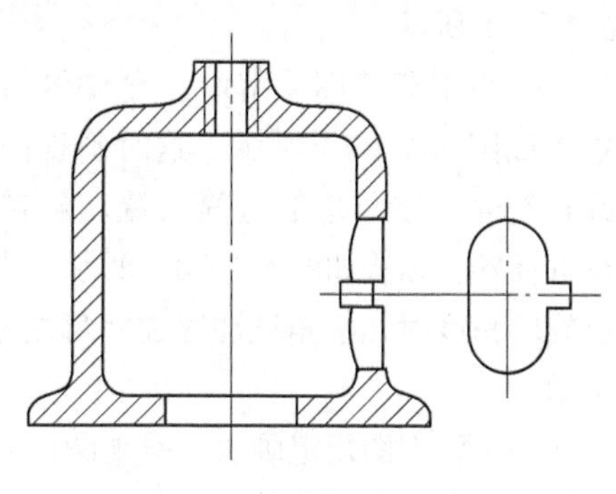

图 6-6　局部视图（二）

4. 斜视图

机件向不平行于基本投影面的平面投射所得的视图，称为斜视图。

如图 6-7（a）所示，夹板的倾斜结构不平行于任何基本投影面，在俯、左视图上不能反映其实形，给绘图和标注尺寸带来困难，为此设置一个与倾斜结构的主要面平行且垂直于某一基本

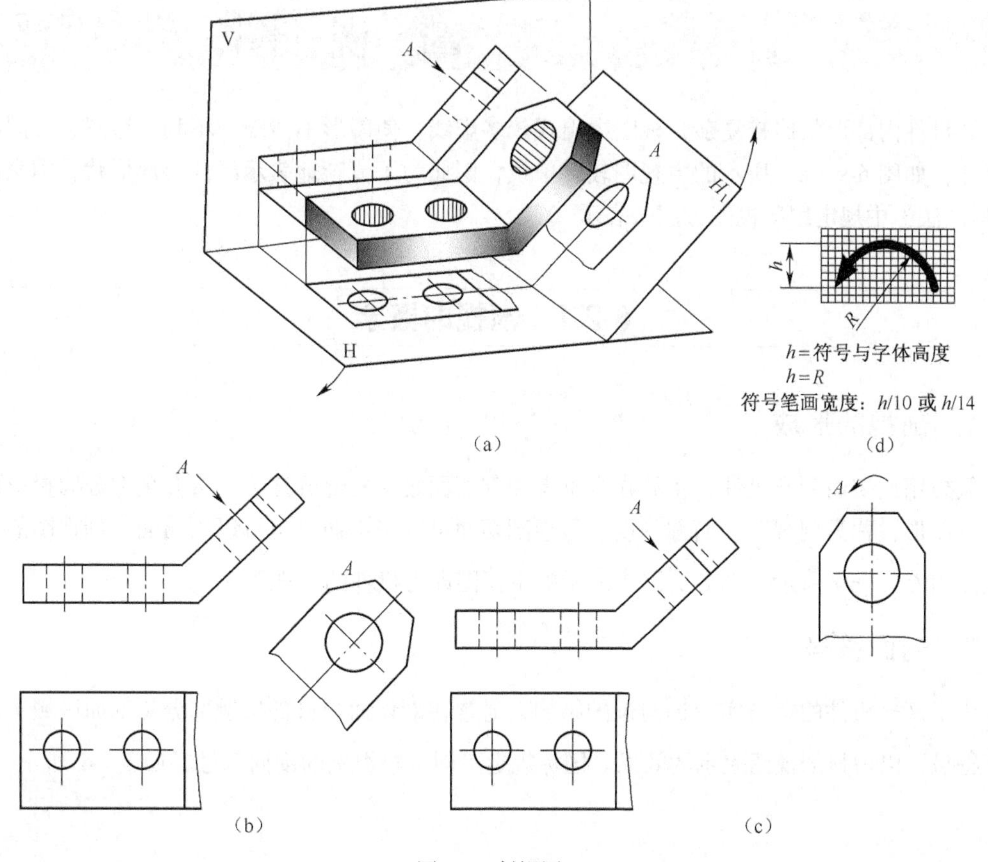

图 6-7　斜视图

投影面（如垂直V面）的辅助投影面（H_1）。然后，将倾斜结构向H_1面投射，即得反映机件倾斜结构实形的图6-7（b）A向斜视图。

（1）斜视图配置位置及标注。斜视图通常按向视图形式配置并标注。在斜视图上方用字母标出视图名称，在相应视图附近用相同字母和箭头指明表示部位及投射方向，如图6-7（b）所示。

在不引起读图误解时，允许将斜视图旋转配置，如图6-7（c）所示。这时斜视图上方应加画旋转符号，字母应靠近箭头端。旋转符号可正转也可反转，画法如图6-7（d）所示。当需要注出图形旋转角度时，把角度注写在字母之后，如图6-8所示。

（2）斜视图规定画法。斜视图仅表示机件倾斜结构的真实形状，与其他相连结构采用断开画法，如图6-7和图6-8所示。

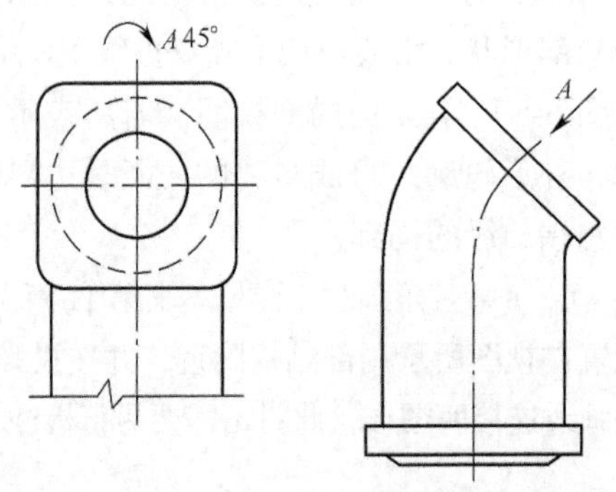

图6-8　图形旋转角度的注法

6.2 剖　视　图

若机件内部形状比较复杂，视图中出现较多虚线，使图形不清晰，不利于绘图、读图和标注尺寸，如图6-9（a）所示的主视图较多虚线，因此为了清晰地表示机件内部形状，国家标准《图样画法》中规定用剖视图方法来表示。

6.2.1　剖视的概念

1. 剖视的形成

假想用剖切面剖开机件，将处在观察者和剖切面之间的部分移去，将其余部分向投影面投射所得图形，称为剖视图，简称剖视。假想剖切面可以用平面，也可以用曲面。剖视图的形成过程如图6-9（b）所示。图6-9（c）所示的主视图即为机件的剖视图。

2. 剖面符号

为了区分机件的空与实、远与近的结构，通常在剖切面与机件接触部分（剖面区域）画上剖面符号，以增强剖视图表示的效果。国标规定不同材料类别的剖面符号，如表6-2所示。

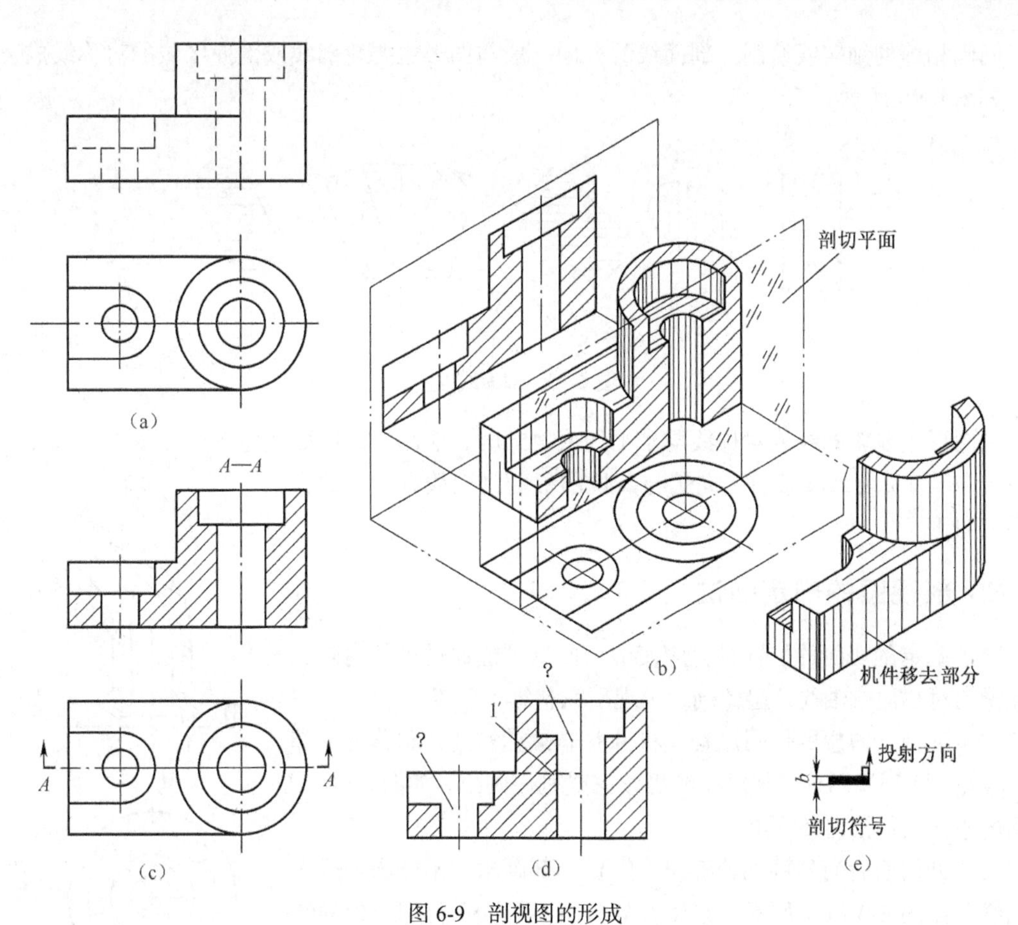

图 6-9 剖视图的形成

表 6-2 剖面符号（摘自 GB/T 4457.5—1984）

材料		剖面符号	材料	剖面符号
金属材料（已有规定剖面符号者除外）			液体	
非金属材料（已有规定剖面符号者除外）			木质胶合板（不分层数）	
木材	纵剖面		混凝土	
	横剖面			
玻璃及供观察用的其他透明材料			钢筋混凝土	
线圈绕组元件			砖	
转子、电枢、变压器和电抗器等的迭钢片			基础周围的泥土	
型砂、填砂、粉末冶金、砂轮、陶瓷刀片、硬质合金刀片等			格网（筛网、过滤网等）	

机件使用金属材料最多及不需要表示材料的类别时，用通用剖面线表示。通用剖面线以角

度、间隔相等的细实线绘制。剖面线的方向一般与图形主要轮廓线或剖面区域的对称线成 45°角，如图 6-10 所示。

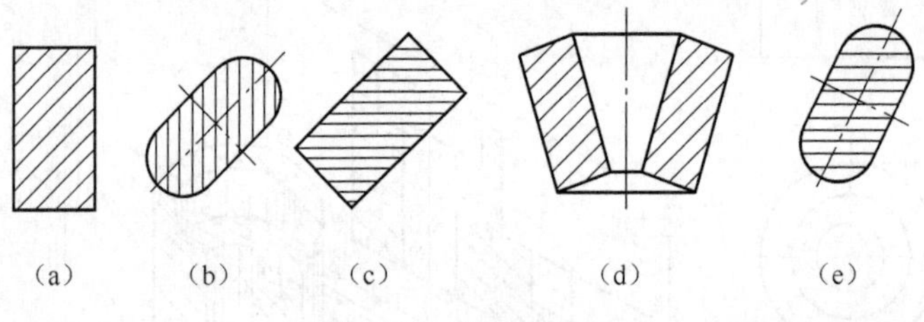

图 6-10　剖面线方向

当图形主要轮廓线或对称线与水平线成 45°时，该图形的剖面线应画成与水平线成 30°或 60°的平行细实线，其倾斜方向仍与其他图形的剖面线方向一致，如图 6-11 所示。

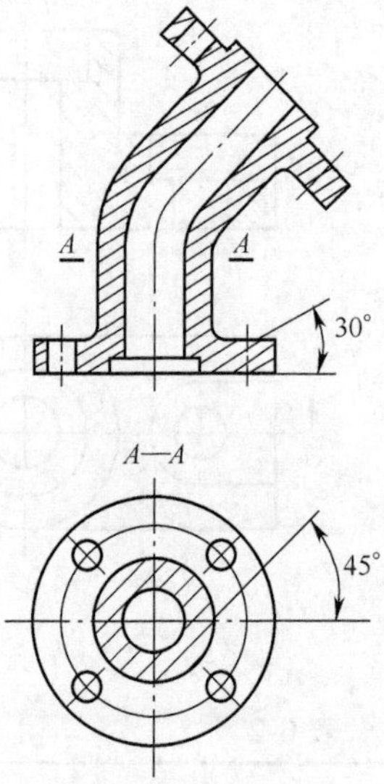

图 6-11　剖面线方向

3. 剖视图的规定画法

（1）确定剖切面的位置时，应使剖切面尽可能通过机件内腔、孔和槽的对称面或轴线，避免剖切出现不完整结构要素。

（2）剖视是假想的作图过程，机件并非被真实剖开和移走一部分。因此，除剖视图外，其他视图仍按完整机件画出，如图 6-9（c）所示的俯视图仍按完整画出。

（3）剖切面后面的可见轮廓线一定要全部画出，不能漏画或多画图线，如图 6-9（c）所示。请读者分析图 6-9（d）打问号处的错误画法。

（4）剖切面后的不可见轮廓线（虚线）一般省略，如图 6-9（d）和图 6-12（a）所示主视图的虚线 1′应省略不画。但对尚未表达清楚的不可见结构，或在保证图面清晰下，用少量的虚线可减少视图的数量时，可画虚线，如图 6-12（b）所示主视图虚线 1′应画出。

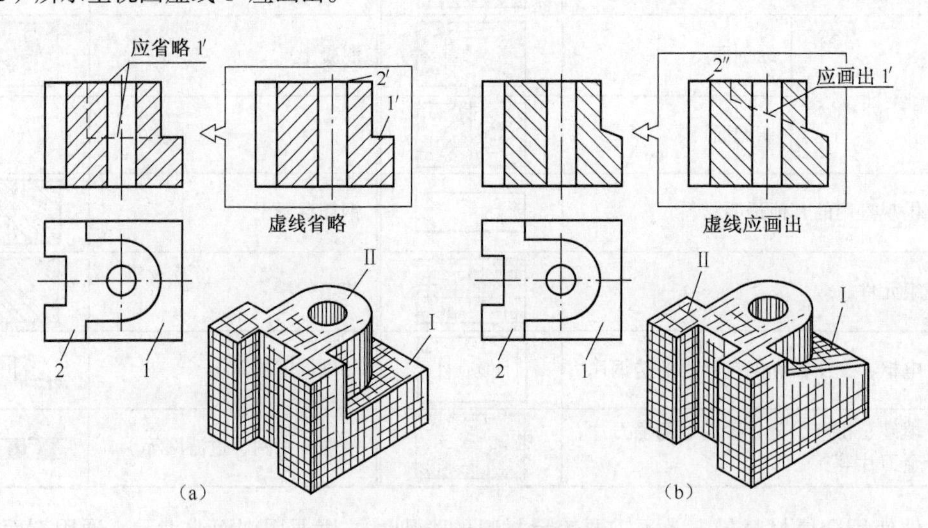

图 6-12　剖视图中的虚线处理

4. 剖视图的配置

剖视图一般按基本视图形式配置，必要时，按向视图形式配置在适当的位置。

5. 剖视图的标注

为了便于读图，剖视图应标注，以明确视图名称和剖切位置，指明视图之间的投影关系。剖视图的剖切标记包含三个要素：

（1）字母。表明剖视图名称，用大写拉丁字母注写在剖视图上方“×—×”（×为字母）。

（2）剖切线。指示剖切面通过的位置线，用细点画线表示，剖视图中通常省略此线，断面图常使用。

（3）剖切符号。指示剖切面起讫和转折位置（用短画的粗实线表示）及投射方向（箭头），并注与剖视图名称及相同的字母。

剖视图的剖切标记三要素全标示例如图 6-9（c）、（e）所示。

（4）在下列情况下，剖视图的剖切标记可简化或省略标注。

① 单一剖切平面通过机件对称（或基本对称）平面；剖视图按投影关系配置；剖视图和相应视图之间没有其他图形隔开，可省略标注。如图 6-11、图 6-12 所示剖视的主视图、图 6-9（c）所示 *A—A* 全剖主视图也应省略不标。

② 单一剖视图按投影关系配置，中间又没有其他图形隔开，省略箭头，如图 6-11 *A—A* 剖视的俯视图。

课堂讨论题 I（见图 6-13）：

① 图 6-13 中三组正确俯视图对应两个剖视的主视图，请识别哪个主视图画法是正确的，哪个画法是错误的。正确的在括号内打“√”，错误的在括号内打“×”。

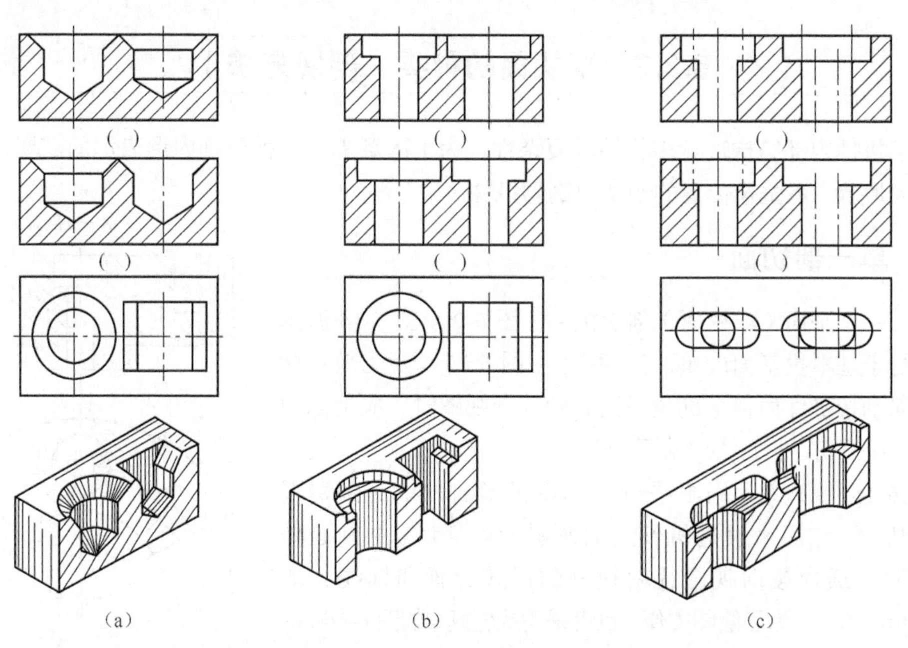

图 6-13　剖视图正误画法对比

② 对照轴测图说明正确和错误画法的原因。

课堂讨论题Ⅱ（见图6-14）:

由图6-14（c）所示4个视图对照图6-14（a）、（b）所示轴测图讨论题如下：

① 看懂机件立体形状，确定机件内、外形由几部组成。

② 剖视的主视图、左视图及右视图的剖切面，通过机件什么位置剖切，移走哪个部分，余下哪个部分进行投射，表示什么结构形状。

③ 4个视图，哪几个按基本视图配置，哪个按向视图配置。

④ 剖视主视图为什么没有剖视图剖切标记：*A*—*A* 剖视左视图为什么省略箭头；*B*—*B* 剖视图为什么注全剖视图标记三要素。

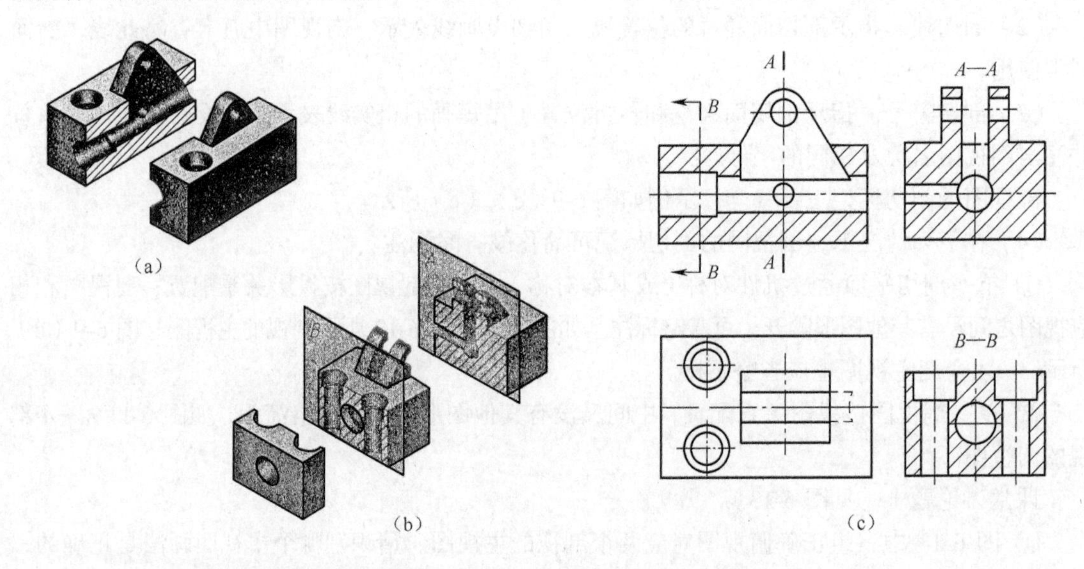

图6-14 剖视图的形成、配置和标注讨论题

6.2.2 剖切面的种类（剖切方法）

由于机件内部结构形状多样性和复杂性，为了满足机件各种位置内形表示的需要，国标规定用不同形状、数量及位置的剖切面剖切机件。

1. 单一剖切面

即用一个平面（或柱面）剖切机件。图6-9至图6-14所示均为平行于基本投影面的单一剖切平面；图6-15所示为单一柱面剖切面剖切机件而得全剖主视图，画其剖视图时，应把剖视图展开（拉直），并注“*A*—*A* 展开”。

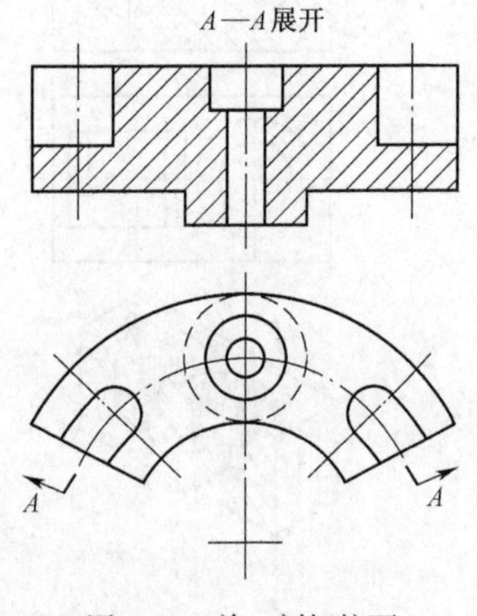

图6-15 单一剖切柱面

图 6-16（a）所示用不平行于基本投影面的单一剖切平面剖切机件。它用来表达机件上的倾斜的内部形状。画这种剖视图时，通常按向视图或斜视图的形式配置和标注，如图6-16（b）所示。为了绘图方便，也可采用旋转画，如图6-16（d）所示。

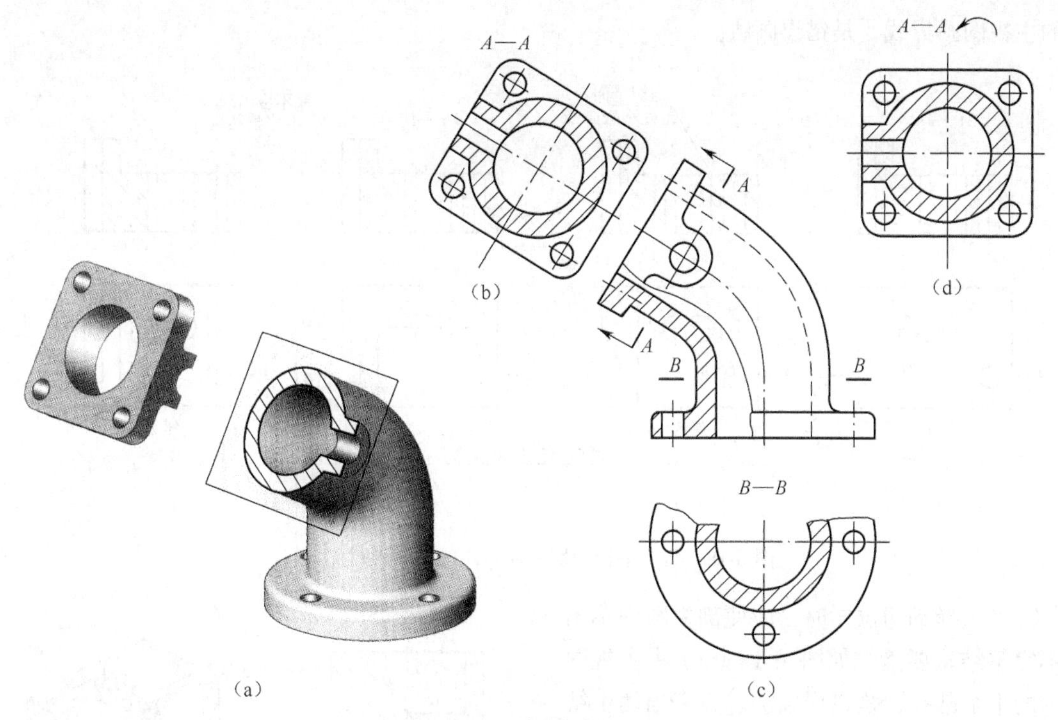

图 6-16　单一斜剖切平面

2. 几个平行的剖切平面

用几个平行的剖切平面剖切机件获得剖视图。

如图 6-17 所示，机座前后对称，用单一剖切面不能表示长圆槽和小圆孔，所以用三个互相平行的平面通过机件孔、槽中心线剖切而获得剖视主视图。几个平行剖切平面常用来表达机件的孔、槽及空腔中心线分布在几个互相平行的平面上。

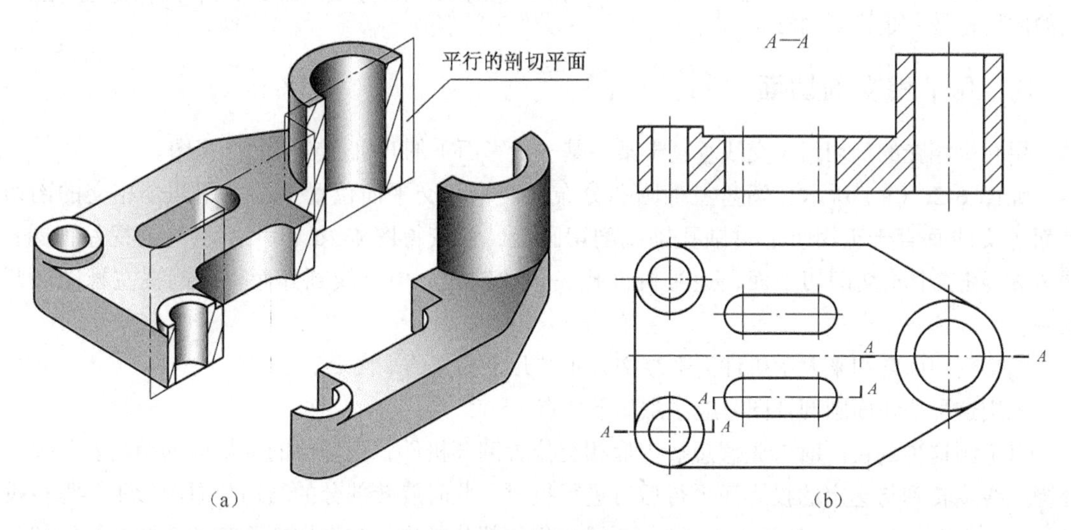

图 6-17　几个平行剖切平面

用这类剖切面画剖视图时应注意如下几点。

（1）因为剖切面位置是假想的，所以在剖视图不应画剖切平面转折的界线，如图 6-18（b）

中的主视图画界线，是错误画法。

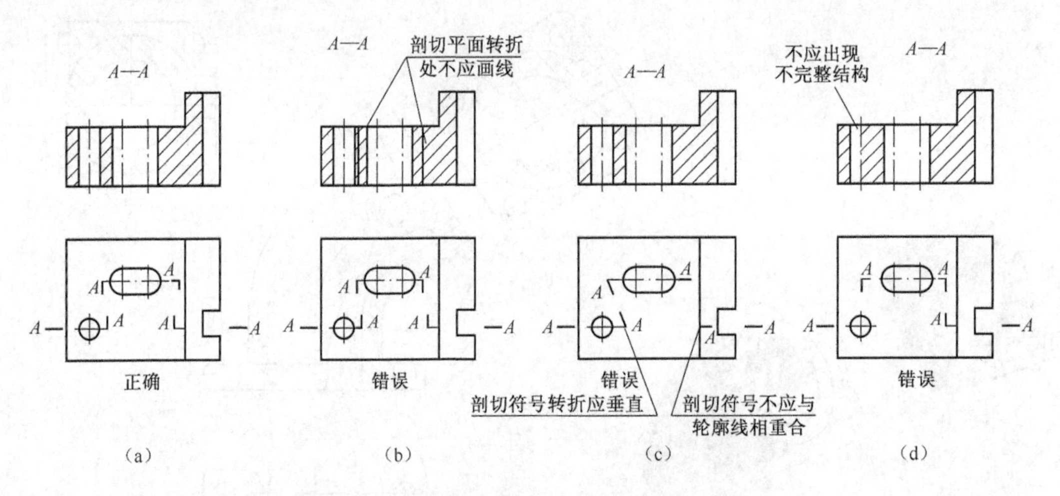

图 6-18　几个平行剖切平面画法的正、误对比

（2）选择剖切位置时，应使剖视图中不出现不完整结构要素，如图 6-18（d）中主视图表示的半个圆孔，是错误画法。只有当两个结构要素在图形上具有公共的对称中心线或轴线时，可以以对称中心线或轴线为界各画一半，如图 6-19 所示。

（3）用几个平行剖切面获得的剖视图，必须标注剖视名称和剖切符号。如图 6-18（a）所示，*A*—*A* 省略箭头。剖切符号转折应垂直，不与轮廓线重合，图 6-18（c）所示的俯视图画的剖切符号，是错误画法。

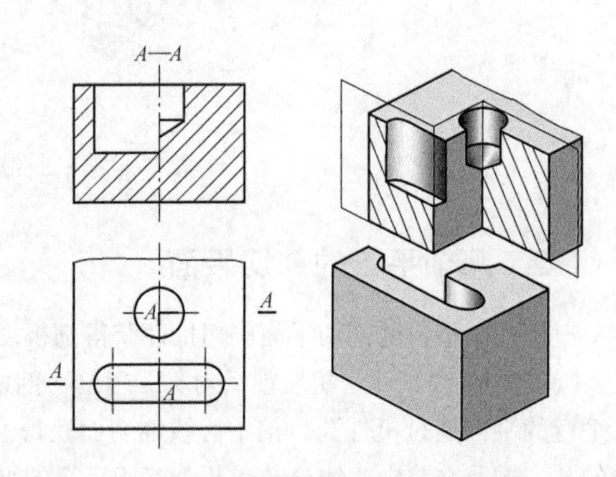

图 6-19　具有公共对称线的两个平行剖切面的画法

3. 几个相交剖切面

用几个相交的剖切面（交线垂直于某一基本投影面）剖开机件获得的剖视图。

如图 6-20（a）所示，圆盘三种圆孔分布在两个相交平面位置上，采用两个相交的剖切平面（交线垂直于正面）通过圆孔轴线剖切圆盘，而获得图 6-20（b）所示的剖视左视图；图 6-21 用三个相交剖切平面，通过机件孔、槽的轴线、中心线剖开而得，剖视左视图展开画法。

相交剖切面常用来表示机件内部结构分布在几个相交的平面上。

采用这种剖切面画剖视图时应注意如下几点。

（1）画这种剖视图时，先假想按内形相交位置剖开机件，把倾斜的剖切面的结构及相关部分绕交线旋转到与选定的投影面平行后再进行投射，此时旋转部分的结构与原图形不再保持投影关系，如图 6-20（b）和图 6-21（b）所示。相关部分是指与被剖切断面有直接联系且密切相关的部分，如图 6-22 所示的肋板。

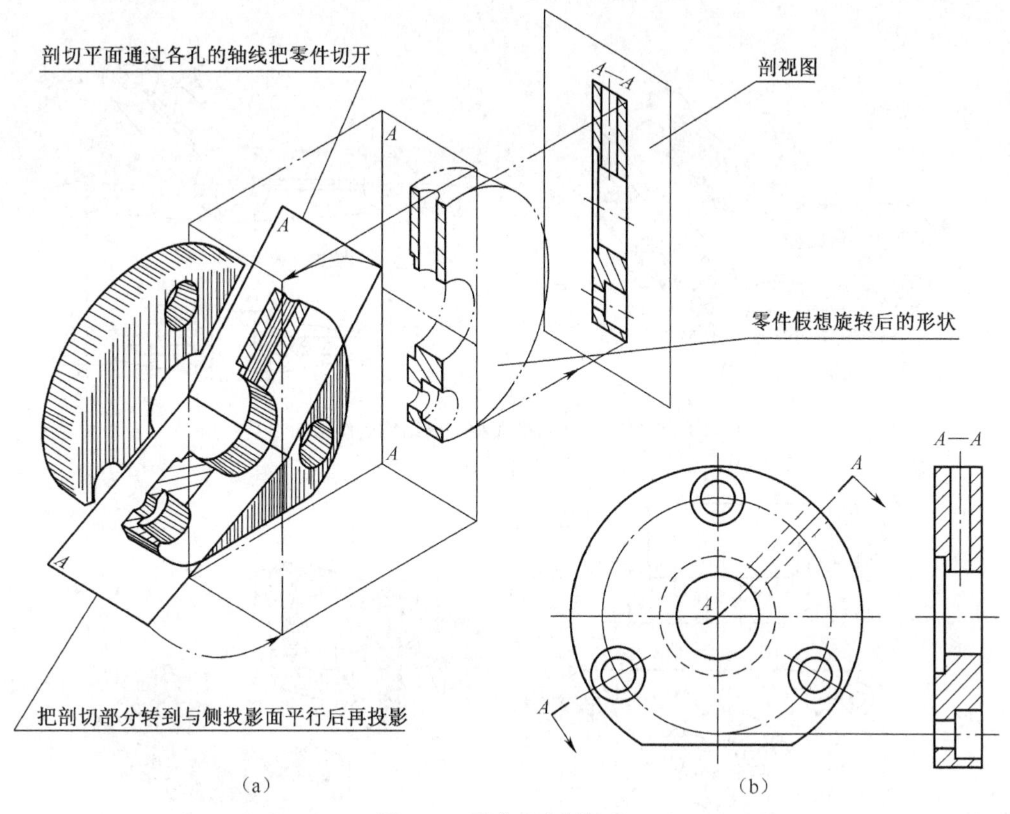

（a） （b）

图 6-20　两个相交剖切面

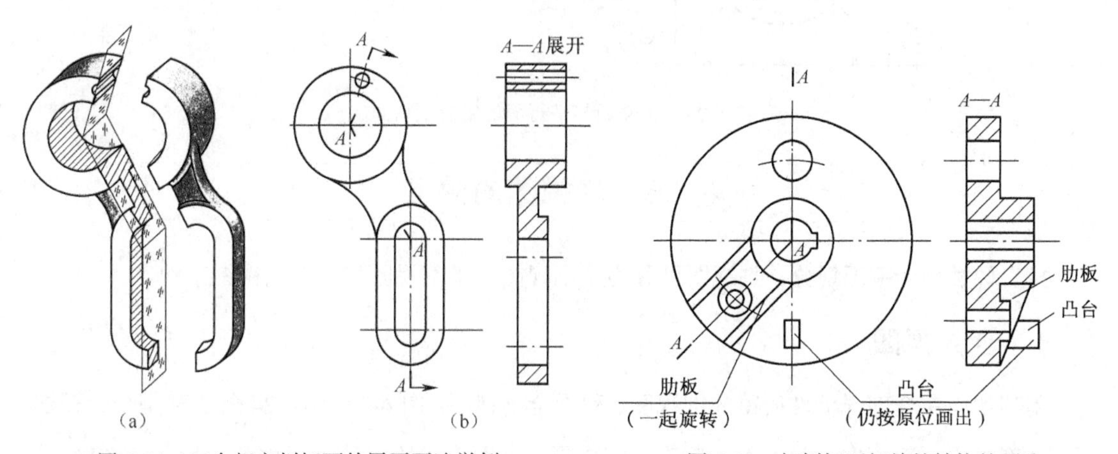

（a） （b）

图 6-21　三个相交剖切面的展开画法举例

图 6-22　与剖切面相关的结构的画法

（2）剖切面后的其他结构一般仍按原来的位置投射。如图 6-22 所示的矩形凸台和图 6-23 所示的油孔。

（3）几个相交剖切面的标注与几个平行剖切平面类同。剖切符号端部箭头的指向，为剖切面旋转后的投射方向（不能误认为是剖切平面的旋转方向），见图 6-20 和图 6-21 中的箭头。对投射方向明确也可省略箭头如图 6-22 所示。

当机件内部结构位置较多，既分布在平行平面上，又在相交平面上，此时，采用平行与相交的剖切面剖切机件，如图 6-24 所示的 *A*—*A* 剖视图。

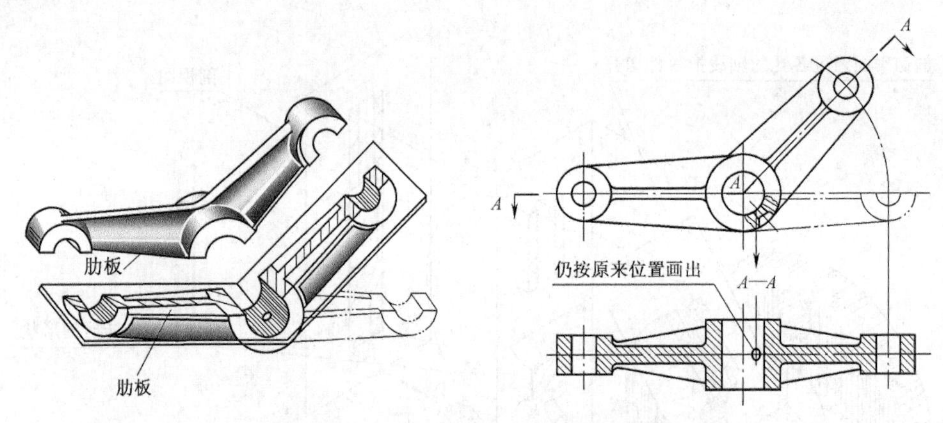

图 6-23　与剖切平面相关的结构的画法

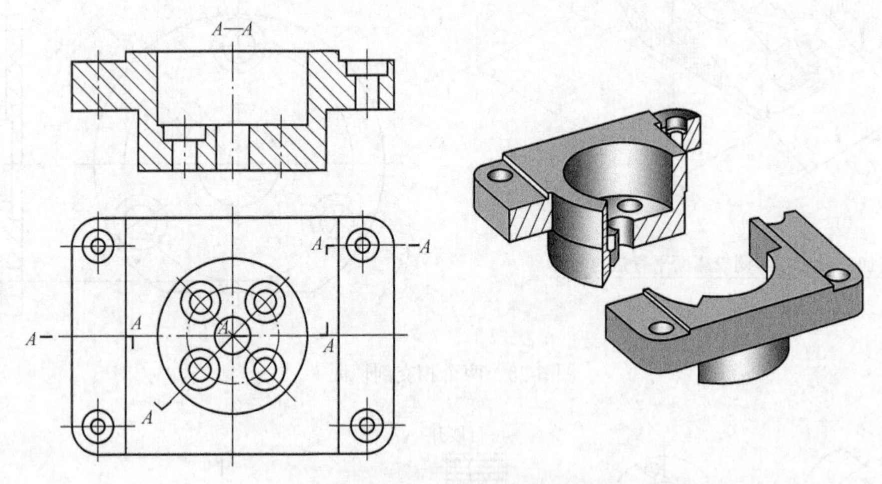

图 6-24　相交面与平行面的组合剖切面

6.2.3　剖视图的种类

按机件被剖切范围划分，剖视图可分为全剖视图、半剖视图和局部剖视图三种。

1. 全剖视图

用剖切面完全剖开机件所得的剖视图，称为全剖视图。图 6-9～图 6-24 所示都是全剖视图。

全剖视图一般用来表示外形比较简单、内形比较复杂的不对称形机件的内形，外形简单内形相对复杂的对称形机件（如图 6-25 所示）。

2. 半剖视图

当机件具有对称（或基本对称）平面时，向对称平面所垂直的投影面上投射所得的图形，以对称中心线为界，一半画剖视图，另一半画成视图，这种组合图形称为半剖视图。

如图 6-26 所示，半剖的主视图以左、右对称中心线为界，把视图和剖视图各取一半组合而成。同理，俯、左视图是以前、后对称中心线为界的半剖视图。

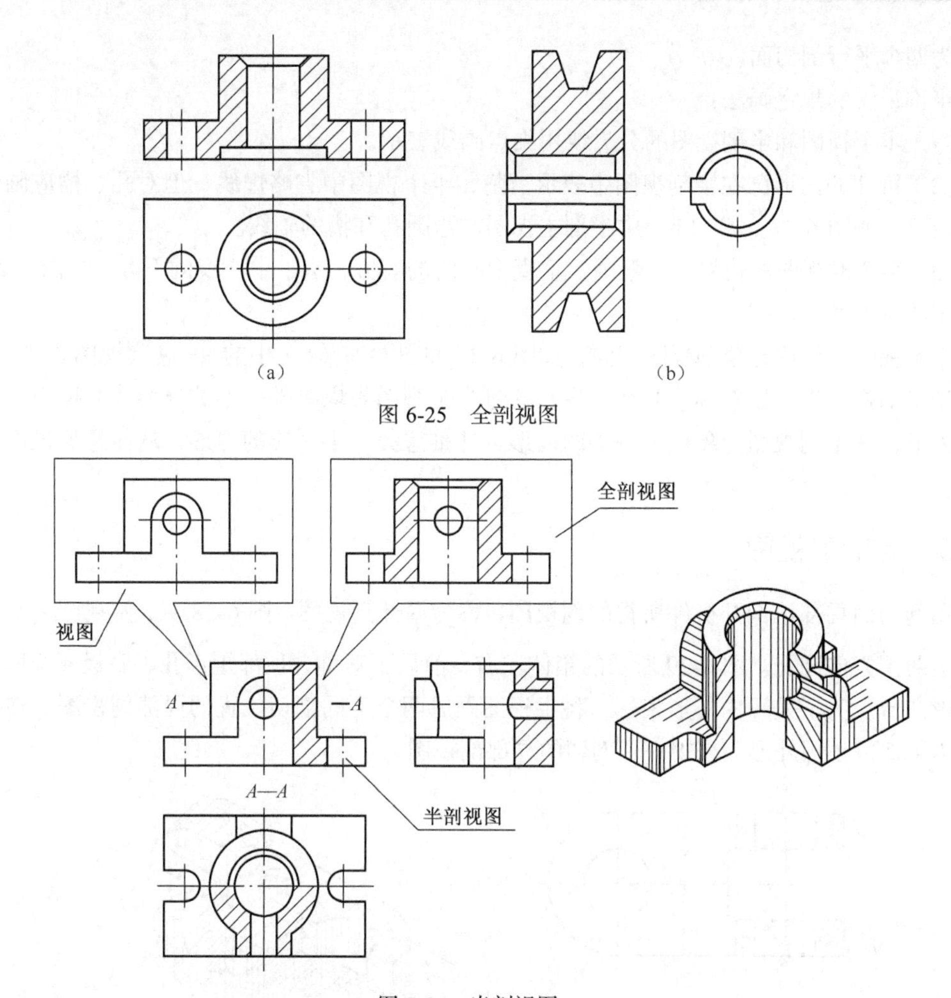

图 6-25　全剖视图

图 6-26　半剖视图

半剖视图主要用于内、外形状都需要表示的对称形机件。当机件形状接近对称，且不对称部分已另有视图表示清楚时，也可画成半剖视图，如图 6-27（a）、（b）所示。

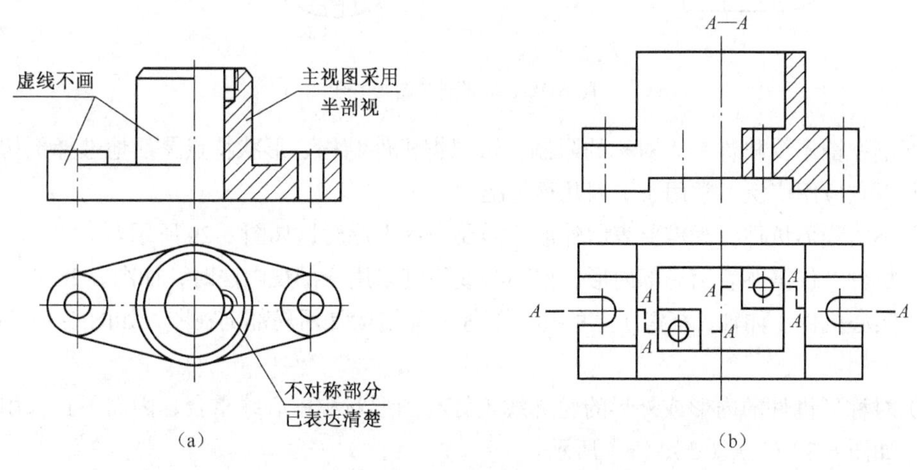

图 6-27　接近对称机件的半剖视图

半剖视图除了采用单一剖切面外，也可采用几个平行剖切平面或相交剖切面，如图 6-25（b）

所示为四个平行剖切面。

半剖视图的规定画法：

（1）半个视图和半剖视图的分界线用细点画线表示。

（2）机件的内形已在半剖视图中表示清楚，半个视图中省略虚线，但对孔、槽应画出中心线的位置，如图 6-27（a）、（b）中半剖主视图左边圆孔和槽的轴线。

（3）半个剖视图的位置，一般画在垂直中心线的右方，水平中心线的下方，如图 6-26 中半剖视图的位置所示。

半剖视图的标注与全剖视图相同，如图 6-26 和图 6-27（b）中的 *A—A* 剖视图。

读半剖视图时，以对称中心线为界，通过半个视图想象机件一半的外形，并推想另一半对应的外形；从半剖视图想象机件一半的内形，并推想另一半对应的内形，从而想象机件整体内外形。

3. 局部剖视图

用剖切面局部地剖开机件所得的剖视图，称为局部剖视图。图 6-28 主、俯视图局部剖表示机件上两个方向圆孔。图 6-29 所示的箱体左右、前后不对称，顶部矩形孔、底板 4 个圆孔，前端拱形凸台。为了兼顾内外形表达，将主视图画成两个不同剖切位置的局部剖视图。在俯视图上，为了保留顶部外形，采用一个剖切的局部剖视图。

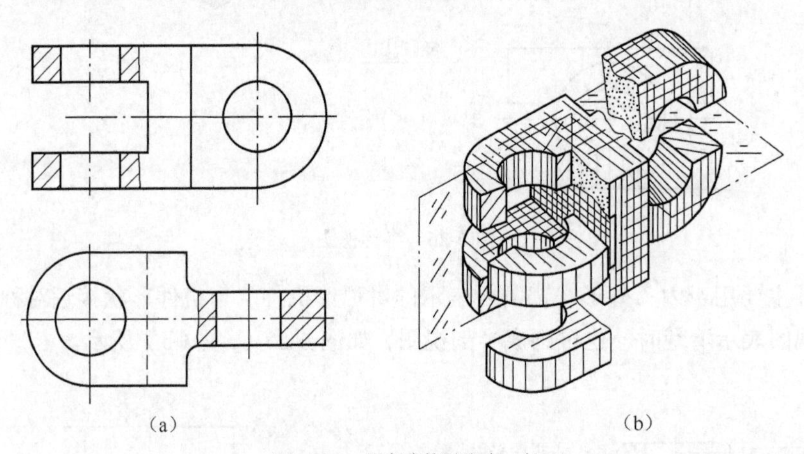

图 6-28　局部剖视图（一）

局部剖视图不受机件是否对称的限制，可根据机件结构、形状特点灵活地选择剖切位置和范围，所以它应用广泛，常用于下列几种情况。

（1）不对称形机件，既需要表示外形又需要表示内形时，如图 6-29 所示。

（2）机件上仅需要表示局部内形，但不必或不宜采用全剖视画法时，如图 6-28 所示。

（3）实心机件（如轴、杆等）上的孔、槽等局部结构常用局部剖视图，如图 6-30（a）、（b）所示。

（4）对称形机件的内形或外形的轮廓线正好与图形对称中心线重合，因而不宜采用半剖视画法时，如图 6-30（c）、（d）、（e）所示。

局部剖视图的规定画法：

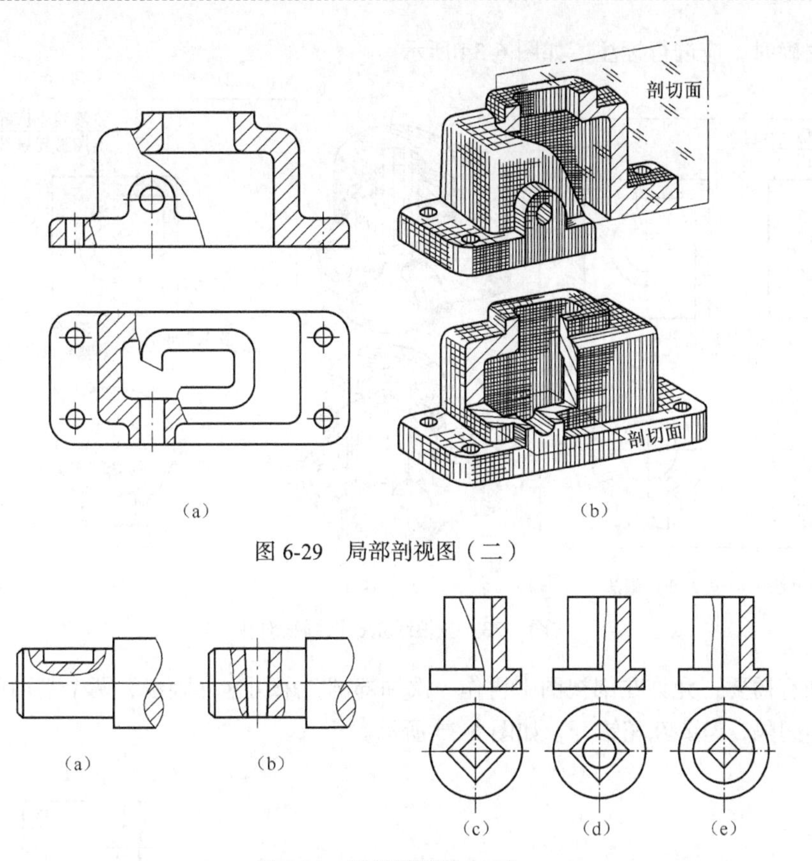

图 6-29 局部剖视图（二）

图 6-30 局部剖视图（三）

（1）局部剖视图的剖视和视图用波浪线分界。波浪线不能与视图上其他图线重合或在轮廓线延长线上，如图 6-31 所示是错误画法，正确画法如图 6-28（a）所示。

（2）当被剖切的局部结构为回转体时，允许将该结构的中心线作为局部剖视与视图的分界线，如图 6-32 所示。

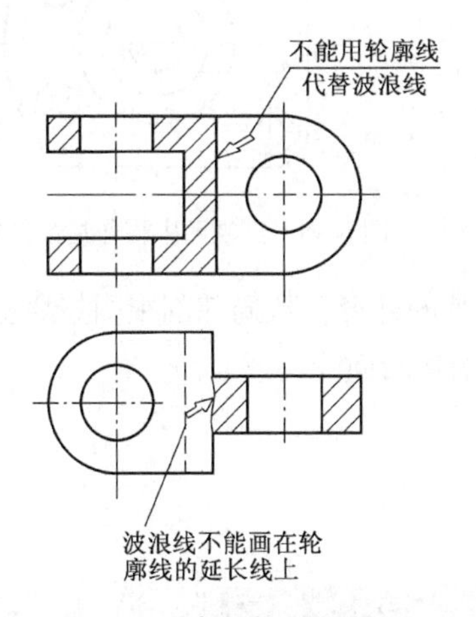

图 6-31 波浪线的错误画法

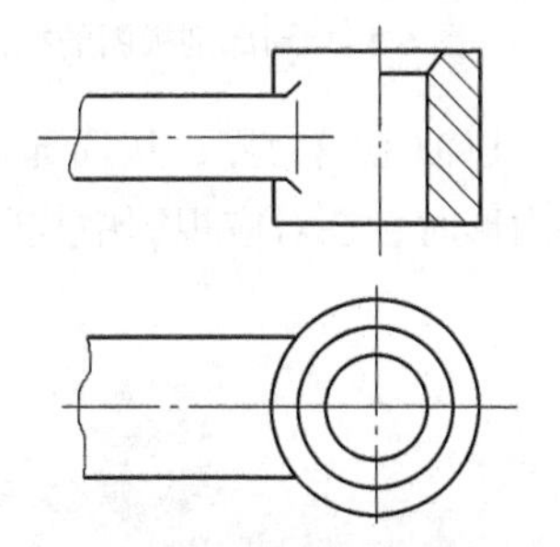

图 6-32 轴线代替波浪线

（3）波浪线（表示断裂边界线）只能画在机件实体部分，不能画在实体范围之外，如图 6-33（a）、（d）所示是错误画法，图 6-33（b）、（c）所示为正确画法。

（4）剖切位置明显的局部剖视图，一般省略剖视图的标注，如图 6-28 至图 6-33 所示。剖切位置不明确时，应进行标注，如图 6-34 所示。

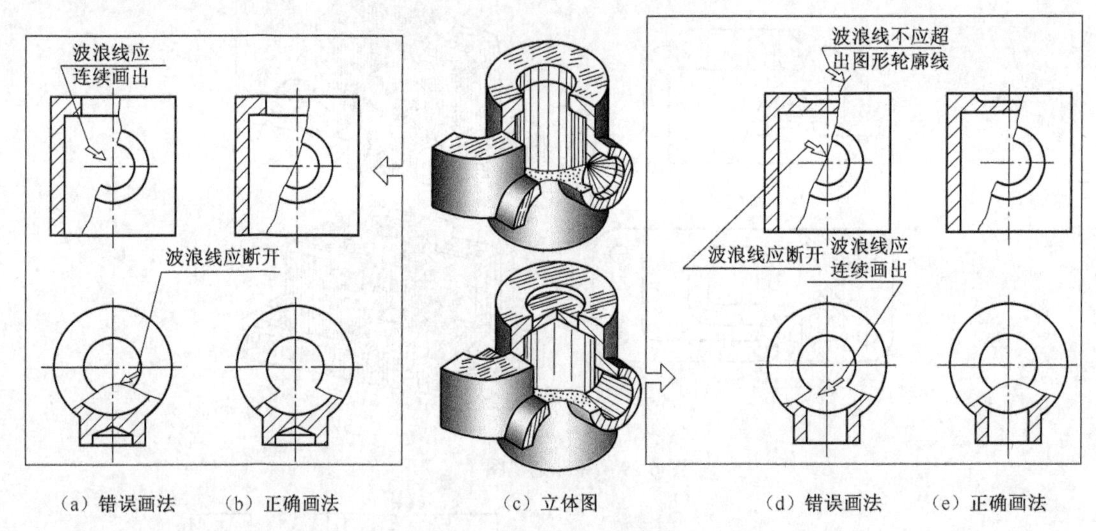

（a）错误画法　（b）正确画法　（c）立体图　（d）错误画法　（e）正确画法

图 6-33　波浪线正、误画法对比

（5）如有需要，允许在剖视图中再作一次局部剖，采用这种画法，两个剖面区域的剖面线同方向、同间隔，但要互相错开，如图 6-35 所示。

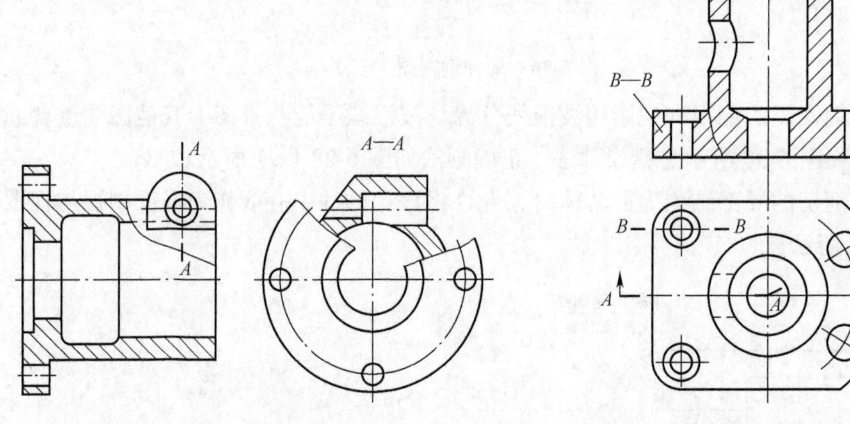

图 6-34　局部剖视图的标注　　图 6-35　剖视图中再作局部剖视

读图时，以波浪线为界，从局部视图推想机件完整的外形，从局部剖视图想象机件整体的内形。想象内形时，在对应视图中找剖切位置，想象剖切断面及内形。

6.3 断　面　图

假想用剖切平面将机件的某处切断，仅画出剖切面与机件接触部分的图形，称为断面图，简称断面。如图 6-36（a）、（b）所示。

断面图与剖视图的区别是：断面图仅画机件被剖切处的断面形状，而剖视图除了画出断面形状外，还必须画剖切面后的可见轮廓线，如图 6-36（c）所示。

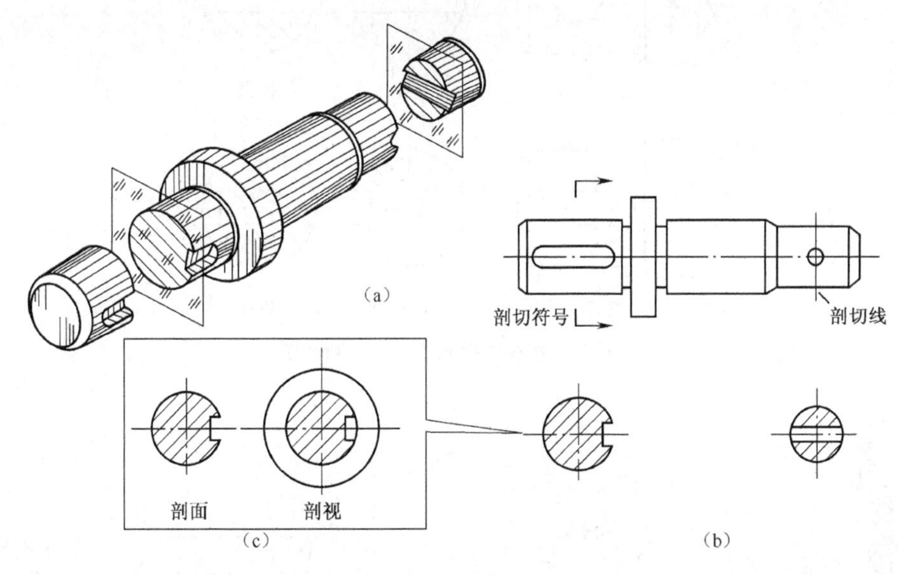

图 6-36　断面图

断面图常用于表示机件上某处的断面结构形状，如肋板、轮辐、键槽、孔及连接板和各种型材的断面形状。

断面图分为移出断面图和重合断面图。

6.3.1　移出断面图

画在视图之外的断面图，称移出断面图，其轮廓线用粗实线绘制，如图 6-36（b）所示。

（1）单一剖切面、几个平行剖切平面和几个相交剖切面的概念完全适用断面图。

（2）移出断面图的配置形式。移出断面图一般配置在剖切符号或剖切线的延长线上，如图 6-36（b）所示。必要时，可配置在适当位置，如图 6-39 中的 *A—A*、*B—B* 所示的断面图；断面图形是对称的，可配置在视图中断处，如图 6-37 所示。

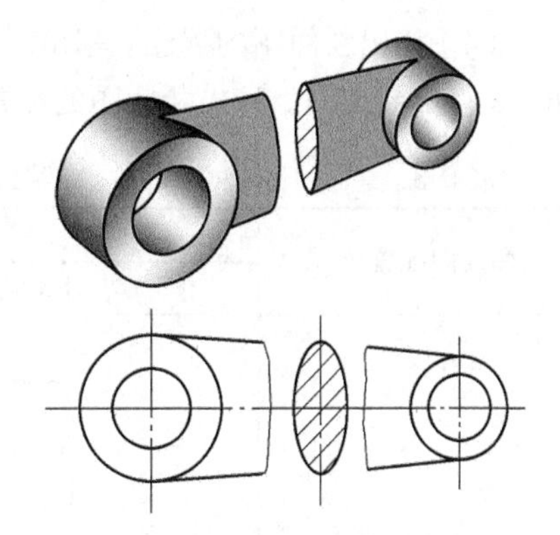

图 6-37　对称形断面图的配置

（3）移出断面图规定画法

① 当剖切面通过回转面形成的孔或凹坑的轴线时，这种断面图按剖视图绘制，如图 6-38 中的 *A—A* 断面图。

② 当剖切平面通过非圆孔，会导致出现完全分离的断面时，这种结构应按剖视图要求画，如图 6-39（b）中的 *A—A* 断面图。

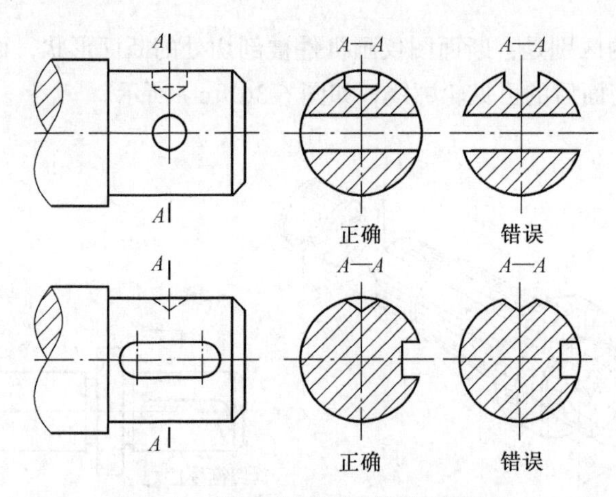

图 6-38 按视图要求绘制移出断面图

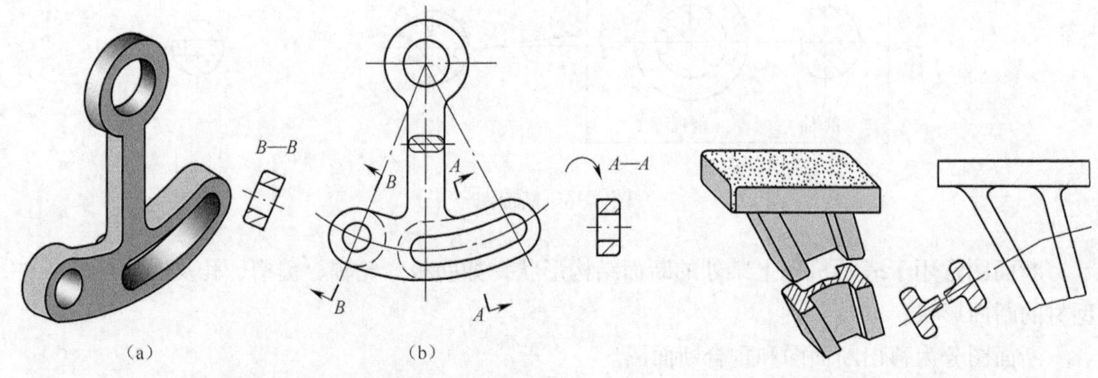

图 6-39 剖切平面通过非圆孔断面及旋转画法

图 6-40 相交剖切面的断面图画法

③ 在不致引起误解时，允许将断面图形旋转，如图 6-39 所示的 *A*—*A* 断面图。

④ 剖切平面应垂直于机件主要轮廓线；由两个或多个相交剖切平面剖切所得到的移出断面图，中间一般应断开，如图 6-40 所示。

（4）移出断面图的标注。移出断面图和剖视图的剖切标记的三要素相同。如图 6-39 所示的 *B*—*B* 移出断面图。移出断面图的配置及标注方法，如表 6-3 所示。

表 6-3 移出断面的配置位置和标注举例

断面图配置位置	断面形状及标注	
	不对称的移出断面图	对称的移出断面图
不画在剖切符号或剖切线的延长线上	A A A—A	A A A—A
	标注剖切符号（含箭头）和字母	省略箭头

续表

断面图配置位置	断面形状及标注	
	不对称的移出断面图	对称的移出断面图
投影关系配置	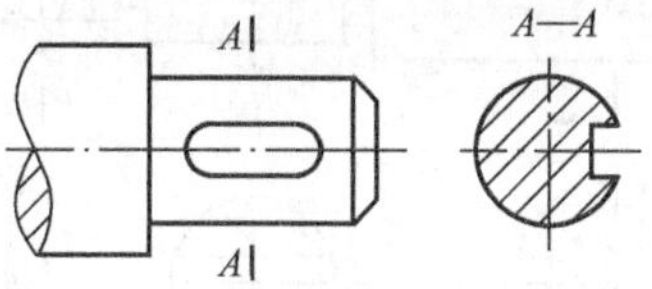 A A A—A	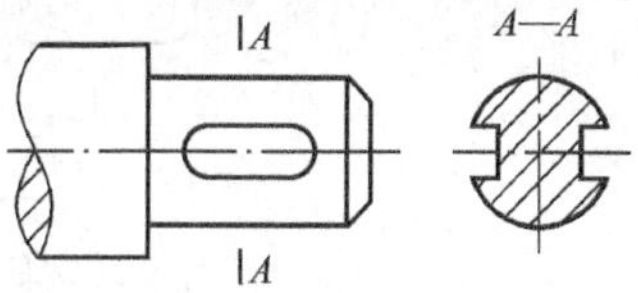 A A A—A
	省略箭头	省略箭头
画在剖切符号或剖面线的延长线上	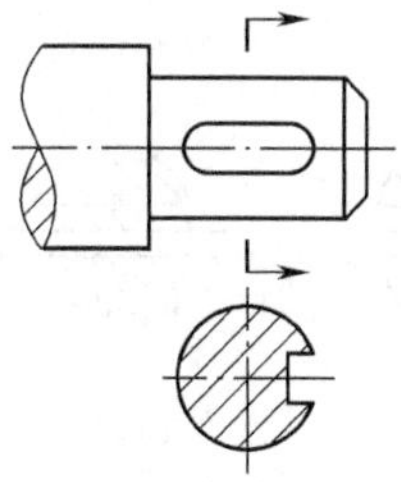	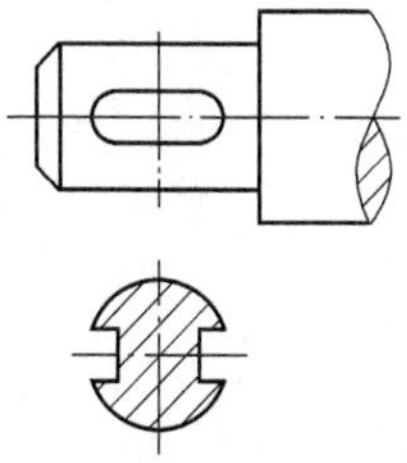
	省略字母	用剖切线（细点画线）表示剖切位置，省略剖切符号和字母

6.3.2 重合断面图

画在视图之内的断面图形，称为重合断面图（简称重合断面）。重合断面的轮廓线用细实线绘制，如图 6-41 所示。

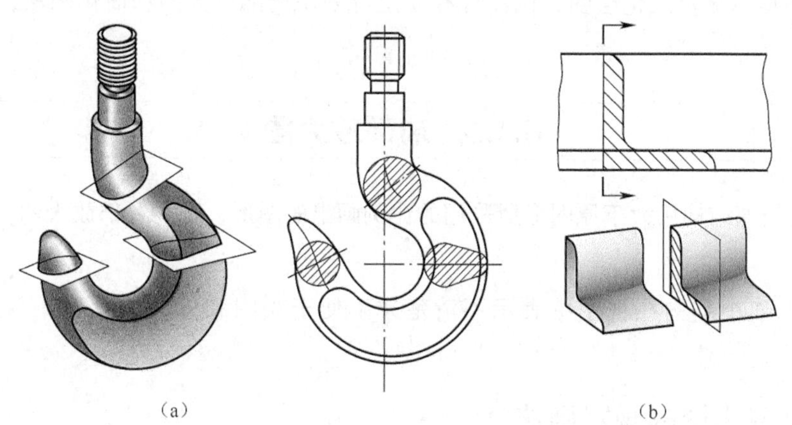

图 6-41 重合断面图

当视图轮廓线和重合断面图轮廓线重合时，视图的轮廓线仍按连续画出，不可中断，如图 6-41（b）所示。

不对称重合断面应标注剖切符号（含箭头），如图 6-41（b）所示；对称重合断面省略标注，如图 6-41（a）所示。

讨论题：

（1）指出图 6-42 中八个移出断面图哪个是正确的，哪个是错误的。

（2）说明错误断面图画错的原因。

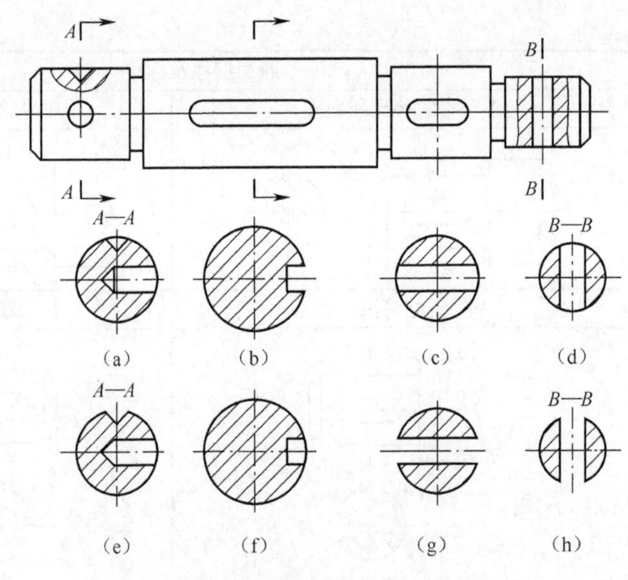

图 6-42　识别断面图的正、误画法

6.4 局部放大图和简化画法

为了使图形清晰及简化绘图，国家标准规定可采用局部放大图和简化画法，以供绘图时选用。

6.4.1　局部放大图

将机件的局部结构用大于原图形所采用的比例画出的图形，称为局部放大图，如图 6-43、图 6-44 所示。

当机件上细小结构在视图中表示不清楚或不便于绘图和标注尺寸时，常采用局部放大图。

1. 局部放大图的规定画法

（1）局部放大图可画成视图、剖视图或断面图，它与被放大部位的表示方法无关。

（2）绘制图形比例仍为图形与实物相应要素的线性尺寸之比，与原图形采用的比例无关。

（3）局部放大图一般配置在被放大部位附近，用细实线（圆或长圆）圈出被放大的部位，如图 6-43 所示 *I*、*II*处所示。

（4）同一机件上不同部位的局部放大图，当图形相同或对称时，只需画出一个，如图 6-44 所示。

（5）必要时，可用几个图形同时表示同一被放大的结构，如图 6-44（b）、（c）所示。

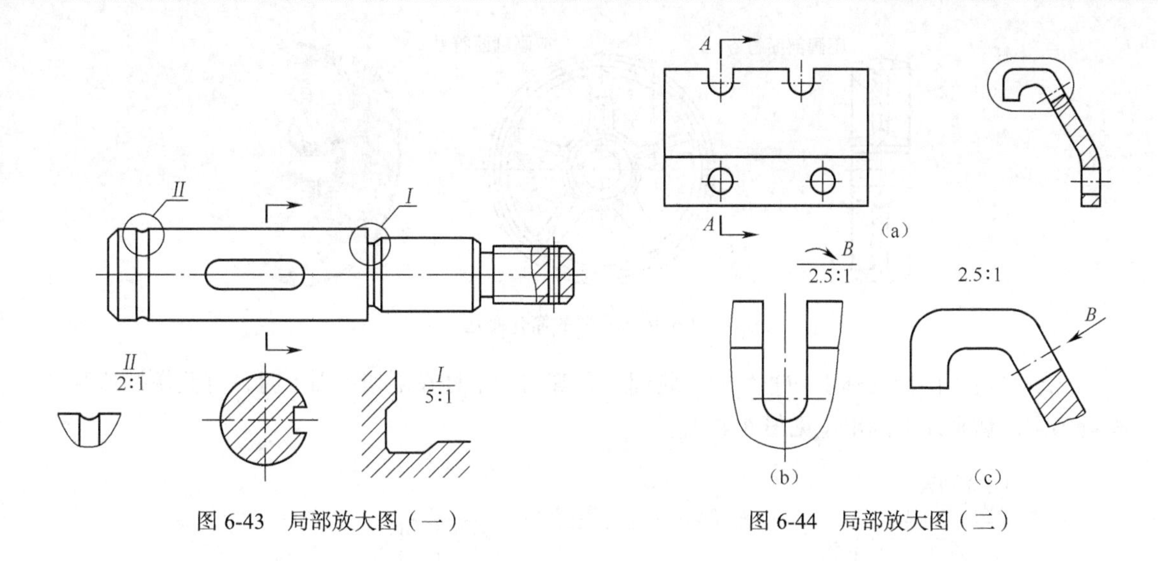

图 6-43 局部放大图（一） 图 6-44 局部放大图（二）

2. 局部放大图的标注

若机件仅有一个部位被放大时，只需在放大图上方注明比例，如图 6-44 所示的 2.5:1。当机件同时有几处被放大时，用罗马数字标明被放大部位，并在相应局部放大图上方注上相同罗马数字和采用比例，如图 6-43 中 *I*、*II*处所示。

6.4.2 简化画法（GB/T 16675.1—1996）

在保证不致引起误解或理解多意性的前提下，为了力求绘图简便，国家标准《技术制图》还制定了一些简化画法。

（1）对于机件的肋、轮辐及薄壁等，如果纵向剖切（剖切面通过这些结构轴线或对称面），这些结构规定不画剖面线，并用粗实线将它与其邻接部分分开，如图 6-45 所示的全剖左视图的肋板，图 6-46 所示的全剖主视图的轮辐；若横向剖切，则应画出剖面线，如图 6-45 所示的全剖俯视图的肋板和图 6-46 所示的左视图的椭圆形轮辐的断面。

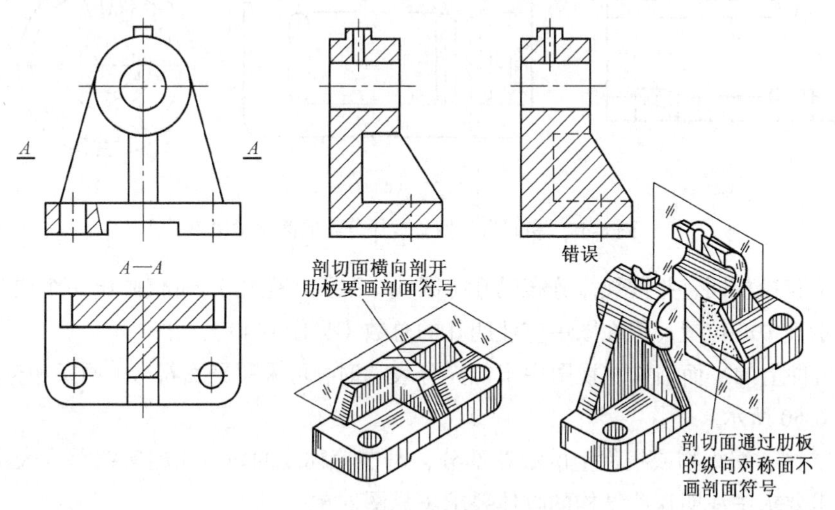

图 6-45 机件上的肋板的简化画法

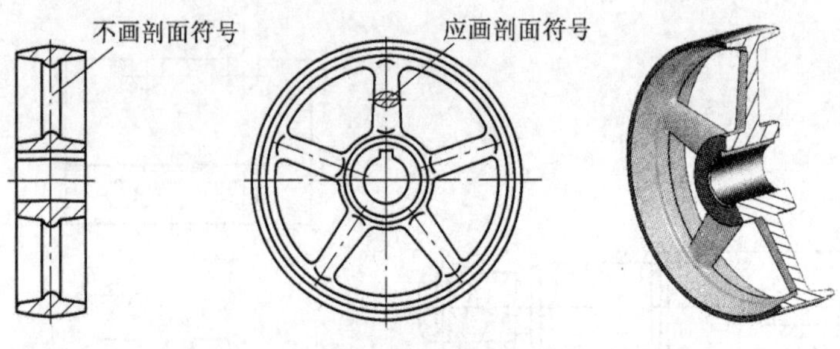

图 6-46 轮辐的简化画法

（2）当机件的回转体上均布的肋、轮辐、孔等结构不处在剖切平面上时，可假想把这些结构旋转到剖切平面上画出（见图 6-47）。

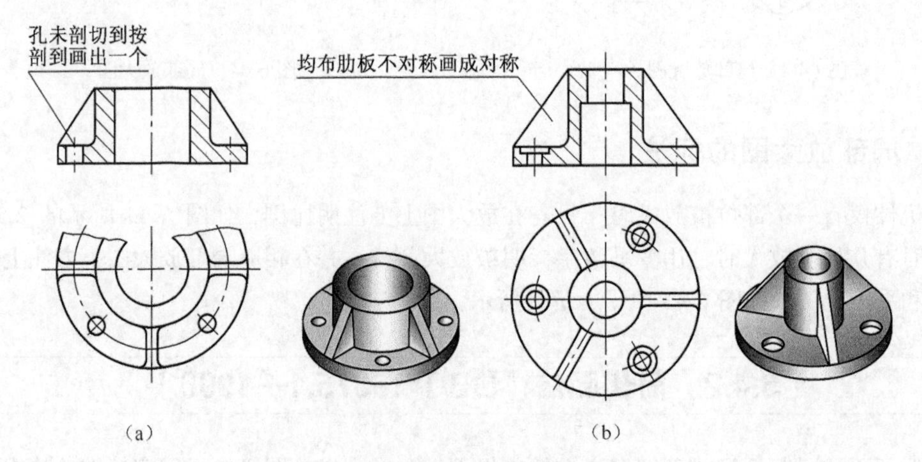

图 6-47 均布在圆盘上孔和肋的规定画法

（3）当机件具有若干相同结构要素（齿、槽等），并按一定规律分布时，只需画出几个完整的结构，其余用细实线连接，在图中注明该结构的总数（见图 6-48）。

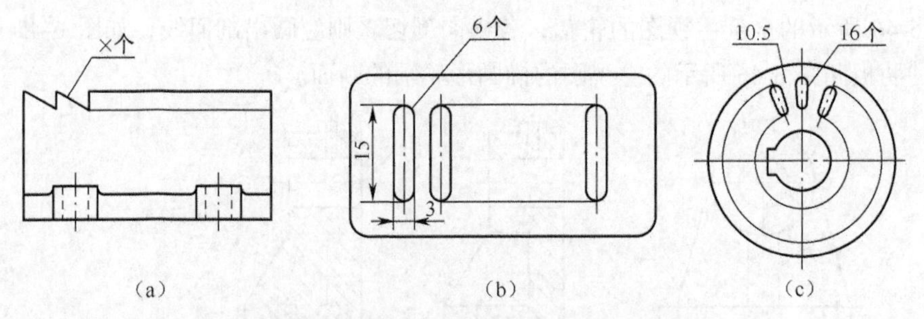

图 6-48 相同齿、槽有规律分布的简化画法

（4）若干直径相同，并按规律分布的孔（圆孔、沉孔、螺孔），可仅画出一个或几个，其余用点画线表示其中心位置；但在图中应注明孔的总数（见图 6-49）。

（5）当机件上的平面结构在视图中未能充分表达时，可采用平面符号（两条相交的细实线）表示，如图 6-50 所示。

（6）网状物、编织物或机件上的滚花部分，可在轮廓线的附近用粗实线示意表示，并在零件图上或技术要求中注明这些结构的具体要求（见图 6-51）。

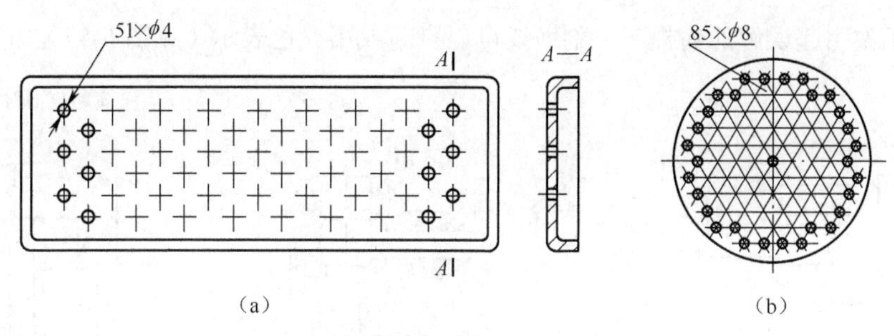

图 6-49　等径圆孔呈规律分布的简化画法

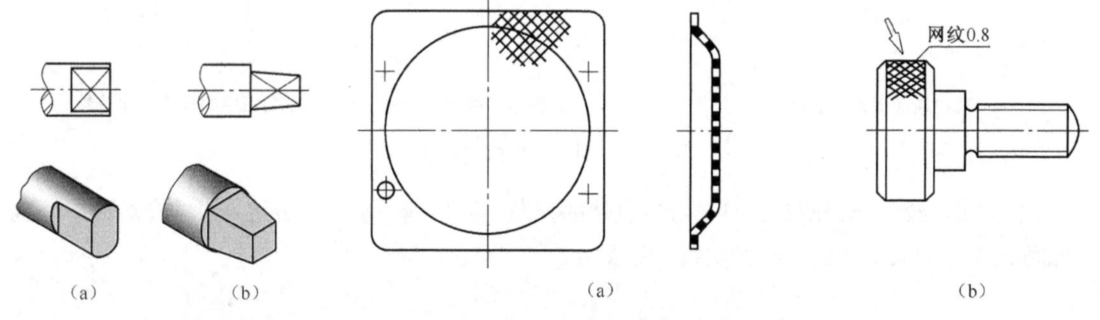

图 6-50　用平面符号表示平面

图 6-51　网状物及滚轮的示意画法

（7）对于较长机件（如轴、杆、型材、连杆等），沿长度方向的形状一致或按一定规律变化时，可将其断开，缩短绘出，但尺寸仍按实际长标注（见图 6-52）。

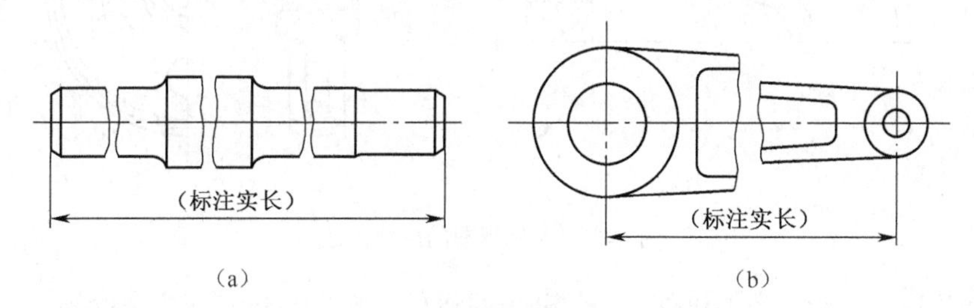

图 6-52　折断画法

（8）对机件上较小结构，如在一个视图已表示清楚时，其他视图可以简化或省略（见图 6-53）。

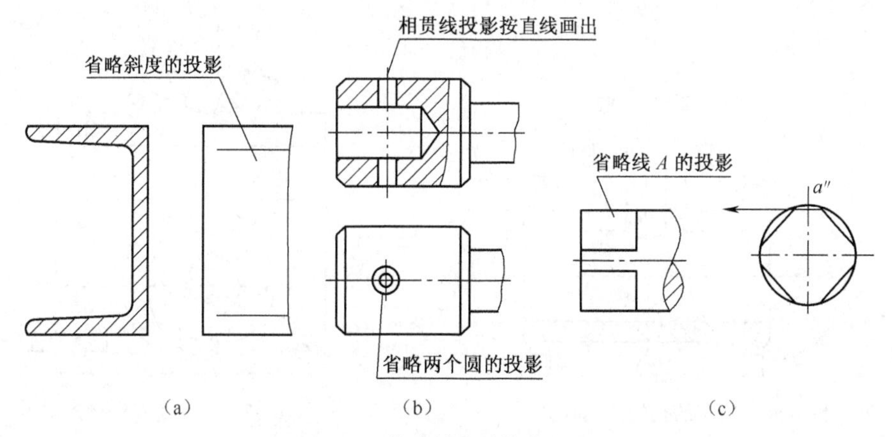

图 6-53　较小结构的简化画法

（9）在不致引起误解的前提下，剖面线可以省略或用涂色表示（见图 6-54）。

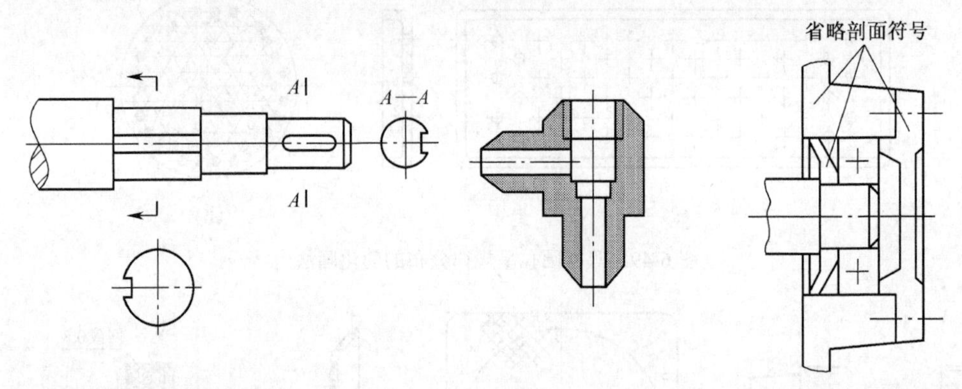

图 6-54　剖面符号简化画法

（10）在不致引起误解时，对于对称机件的视图，可只画一半或四分之一，并在对称中心线两端画出两条与其垂直的平行细实线（见图 6-55）。

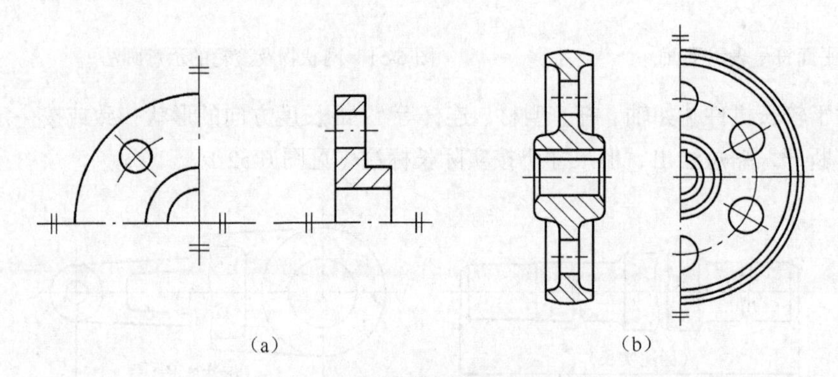

图 6-55　对称视图的简化画法

（11）圆柱形法兰盘和类似机件上均匀分布的圆孔，按图 6-56 所示方法绘制。

（12）与投影面倾斜角度小于或等于 30° 的圆或圆弧，其投影可用圆或圆弧代替，如图 6-57 所示。

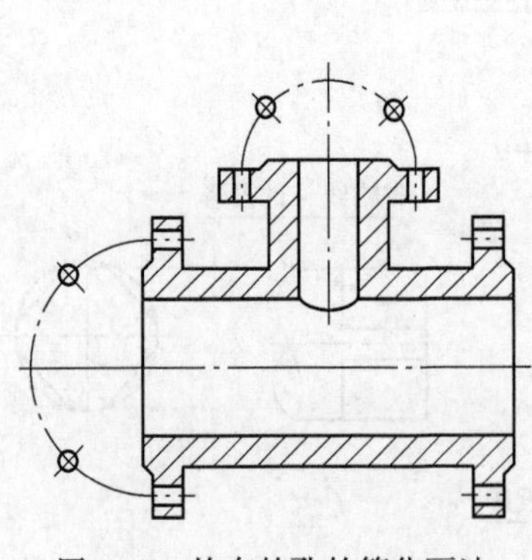

图 6-56　均布的孔的简化画法

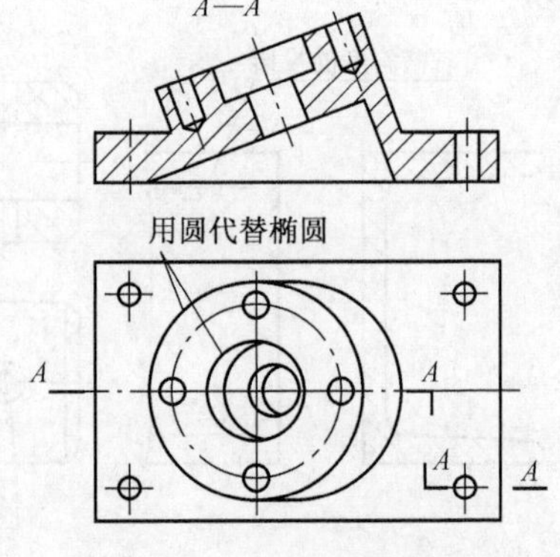

图 6-57　用圆代替椭圆

6.5 轴测剖视图的画法

1. 轴测图剖切面的选择

在轴测图中，当需要表达内部形状时，可采用剖切法。一般选用平行于坐标面的平面为剖切面，如图 6-58 所示。

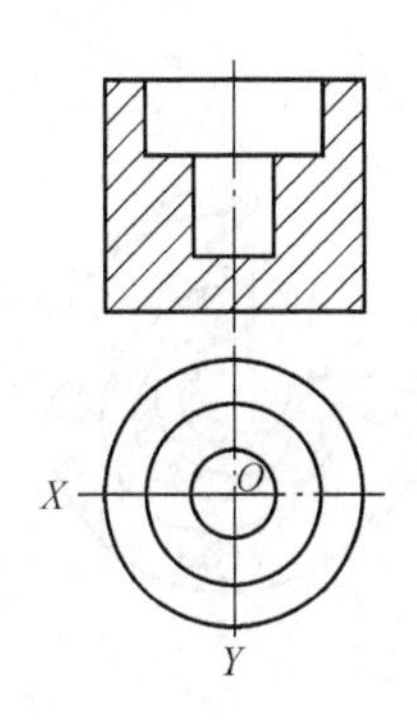

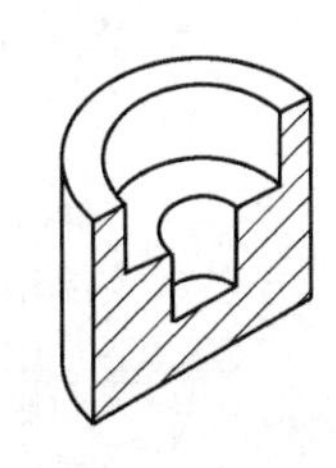

(a) 用一平行正面剖切平面

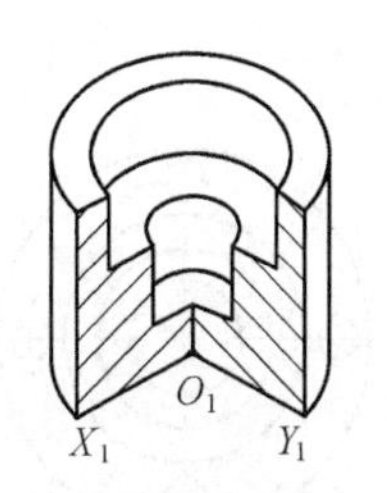

(b) 用两个互相垂直的剖切平面

图 6-58 轴测图剖切平面的选择

2. 剖面线画法

轴测剖视图的剖面线画法，按图 6-59 所示绘制。

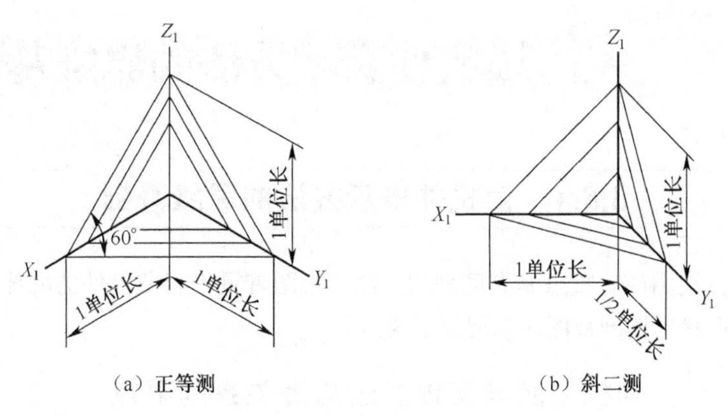

(a) 正等测　(b) 斜二测

图 6-59 轴测图剖面线的画法

3. 剖切画法

第 1 种画法：先画出完整机件的轴测图，然后剖切，去掉被切去的轮廓线，如图 6-60 所示的正等测画法。

第 2 种画法：先画出断面轴测图，后画外形和内形的可见轮廓线，如图 6-61 所示的斜二测画法。

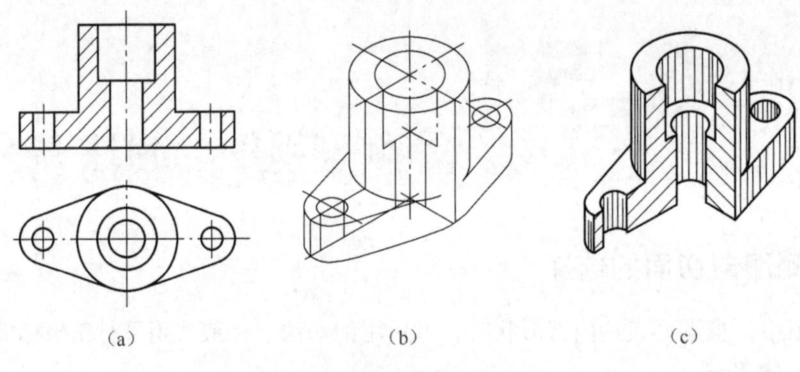

（a）　　（b）　　（c）

图 6-60　轴测剖视图画法（一）

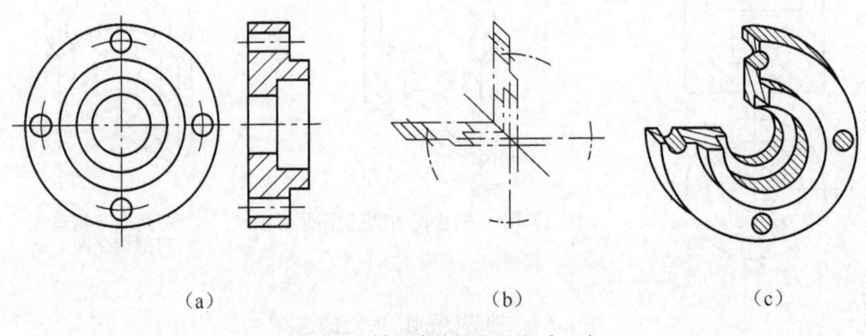

（a）　　（b）　　（c）

图 6-61　轴测剖视图画法（二）

6.6 读机件表示方法的思维基础

6.6.1　读机件表示方法的思维基础

读剖视图和读视图的着重点是有区别的，读剖视图着重于想象机件的内部形状，读视图着重想象机件外部形状。读剖视图应掌握如下要点：

1. 区分机件上结构空腔与实体、远与近关系的要点

机件的剖视图和断面图的剖面区域除了规定或简化画法省略剖面符号外，其他都应画上剖面符号，因此凡是画有剖面符号的封闭形线框一般表示机件实体范围，空白封闭形线框①一般表示空腔范围及远离剖切面后面的结构形状。

如图 6-62（a）所示全剖主视图带有剖面线的线框 6′、7′，表示剖切面与机件相交剖面区域，是机件实体结构的范围，空白线框 1′、2′、3′、4′表示机件空腔、孔槽的内形范围；

① 这里所指不带剖面线空白线框，只限于表示单个机件（零件）而言。

空白线框 5′ 表示剖切平面后的结构板，如图 6-62 所示。

2. 确定机件内部形状的要点

（1）空白封闭形线框不是特征形。空白封闭线框不是特征形线框，不能直接确定内部形状，只能通过对应视图剖切位置线上的特征形线框或特征形组合线的形状来确定。

如图 6-62（a）确定主视图空白线框 4′ 、2′ ，从俯视图剖切位置线上的特征形线框 4、特征形组合线 2 想象槽形 *V*、*II*；空白线框 1′ 、3′ 从左视图剖切位置线上的特征形组合线 1″ 、3″ ，确定槽形 *I*、*III*，如图 6-26（b）所示。

（2）空白封闭形线框是特征形。空白封闭形线框是特征形，线框反映该结构特征形状，读图时以线框形状为主直接想象其形状，如图中的线框 5′ 是直角三角形，直接判断直角三角形板 *V*。

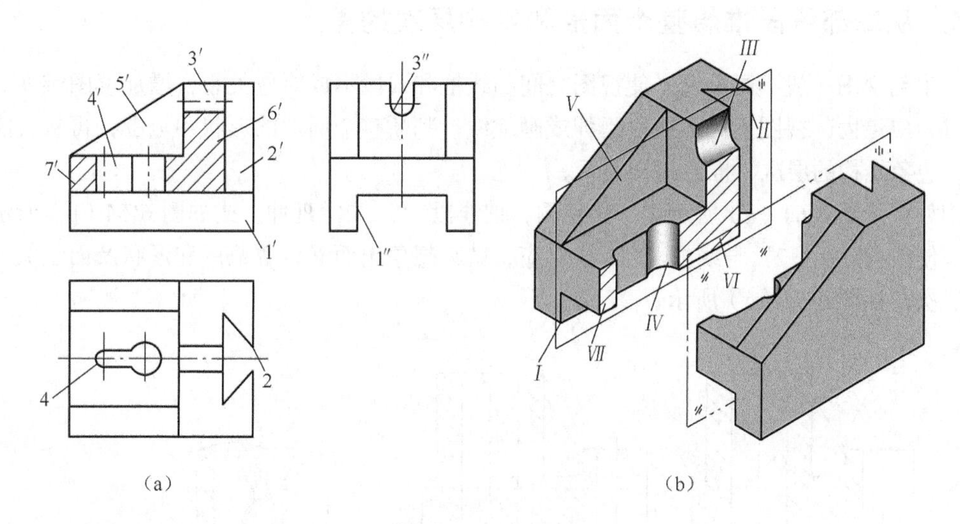

图 6-62 读剖视图的思维方法（一）

3. 确定机件实体结构形状的要点。

（1）带剖面线封闭形线框是特征形。当剖视图或断面图带剖面线的线框是特征形，直接判断该实体形状，如图 6-63 所示的 *A-A* 线框 *b*″ 直接确定工字形连接板 *II*。

（2）带剖面线封闭形线框不是特征形。当剖视图或断面图带剖面线封闭形线框不是特征形，不能确定其形状，此时，必须从对应视图剖切位置相关特征形线框形状来确定，如主视图上线框 1′ ，通过俯视图 4 个同心圆 1，确定圆筒 *I* 的结构形状。

当机件由几部分形体所组成，剖面区域连成整体，各部分形体的剖面没有界线，形成带剖面线的联合线框，这种线框仅表示各形体总范围，常常不反映实体特征形，必须通过找对应视图剖切位置的特征形线框来确定各部分实体形状和组成。

如图 6-63 所示全剖主视图的剖面区域 *a*′ ，是带剖面线 1′ 、2′ 、3′ 线框（不带分界线）的联合线框，通过俯视图前后对称剖切位置的特征形线框 1、2、3 及其相对位置，想象机件 *A* 由连板 *II* 把大、小圆筒 *I* 、*III* 连接起来的整体。

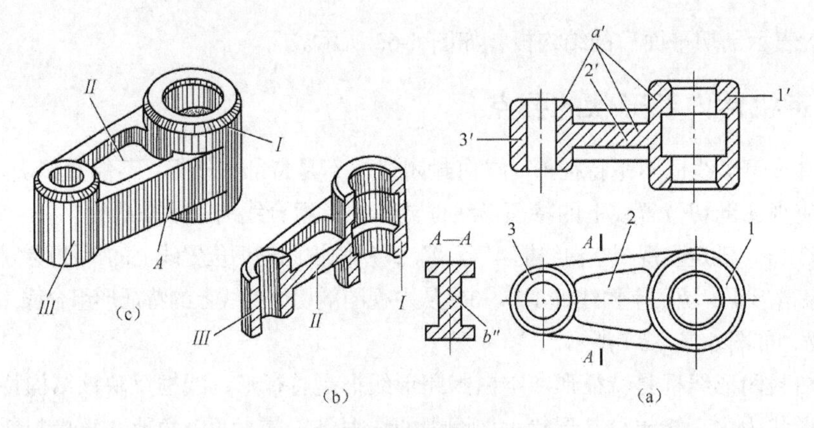

图 6-63　读剖视图思维方法（二）

4. 从局部线段推想整个面形和结构层次的重点

由于剖视图一般不画虚线，使视图之间的线框和线段不成对应关系，增加读图难度。因此读图时，应借助剖视图上局部线段延伸或画虚线、判断整个面形的形状和范围；再从线段相对位置，想象结构的层次，推想组合关系。

例如，读图 6-64（a）所示主、俯视图，把线段 1′、2′ 延伸，或如图 6-64（b）所示补画虚线，使线段 1′、2′ 与线框 1、2 成对应，就易想象出面 *I*，*II*范围和形状及面 *I*低、面 *II*高的层次，如图 6-64（c）所示。

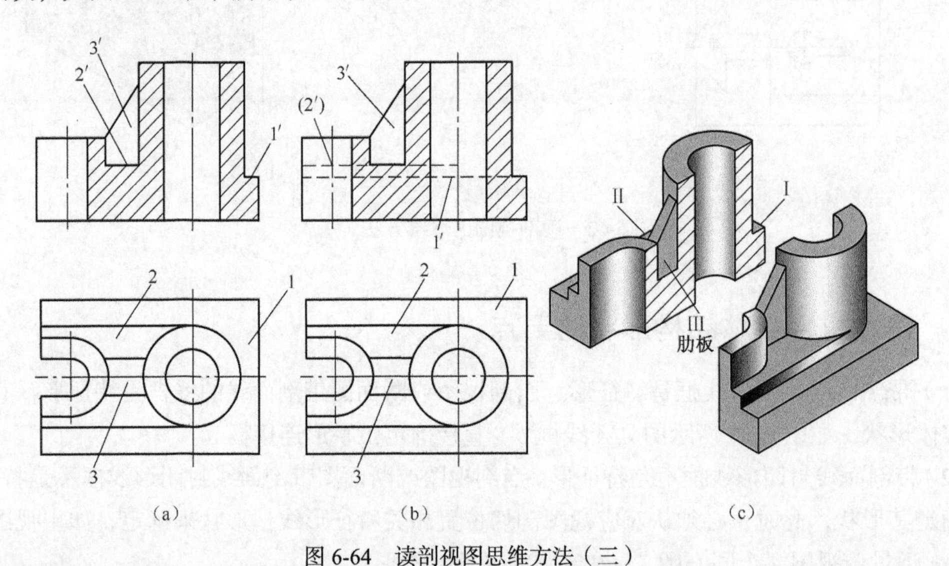

图 6-64　读剖视图思维方法（三）

6.6.2 读机件表示方法的步骤

通过浏览全图，分析机件选用的视图、剖视图、断面图等，分析它们对应关系和表达意图。应用读组合体视图思维方法和判断剖视图、断面图所示的空与实、远与近的思维方法，从而想象出机件的内、外结构形状。

［例 6-1］　读图 6-65 所示三通管视图，想象立体形状。

① 分析视图，确定视图名称及对应关系。由于剖视图与剖切面位置及投射方向密切相关。因此，读剖视图时，首先确定剖视图名称、剖切位置和投射方向，才能有效地进行投影分析。

浏览图 6-65 所示四通管 5 个视图，主、俯视图是主要视图。

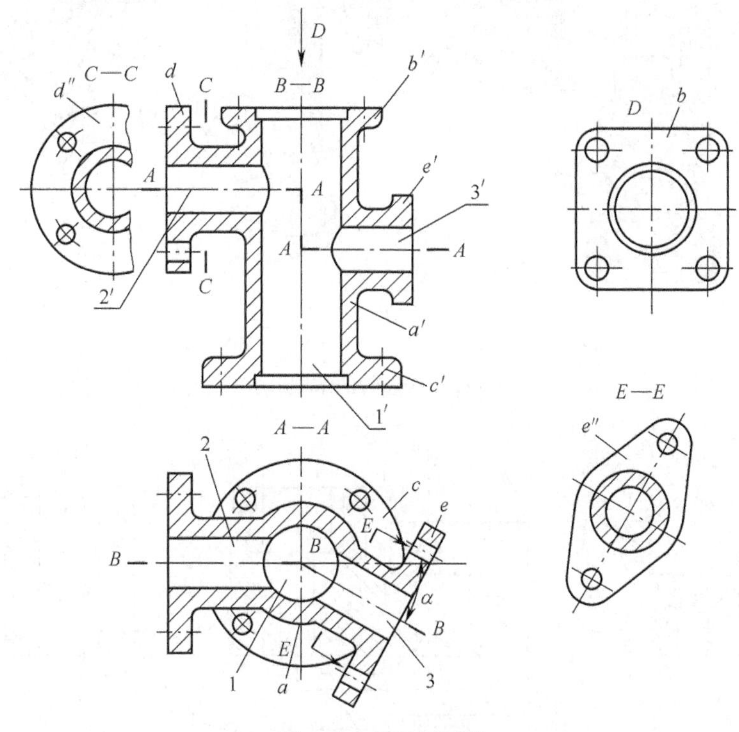

图 6-65　四通管视图

B—B 全剖主视图，从俯视图 *B—B* 剖切符号，确定用两相交剖切平面，通过两个孔的斜交轴线剖开；*A—A* 全剖俯视图，从主视图 *A—A* 剖切符号，确定两个平行剖切平面，通过两个孔轴线平行位置剖开；*C—C* 全剖左视图，从主视图 *C—C* 剖切符号、确定为单一剖切面在 *C—C* 处剖开；*E—E* 斜剖视图，从俯视图 *E—E* 剖切符号，确定为单一斜剖切面在 *E—E* 剖开；*D* 向局部视图，由主视图字母和箭头确定。

② 投影分析、想象内外形。根据各视图的分析，宜采用分部分内、外形同时想象，并以主、俯视图为主展：从带剖面线框 a' 与 a，空白线框 1′ 与 1、2′ 与 2、3′ 与 3，想象主体的竖向圆管 *Ⅰ* 与左边横向管 *Ⅱ* 正交及右边斜交管 *Ⅲ* 斜交（交角 α ）构成四个方向相通；线框 c' 与 c 说明竖管下端圆盘 *C* 及带 4 个小圆孔分布位置；*D* 向局部视图的线框 b' 与 b 表示主管上端方形凸缘 *B* 及 4 个小圆孔及分布位置；*C—C* 全剖左视图的线框 d' 与 d'' 表明圆形支管 *Ⅱ* 端部为圆盘形凸缘 *D* 及 4 个小圆孔分布位置；*E—E* 斜剖视图的线框 e' 、e 与 e'' 表示圆形支管 *Ⅲ* 端部为卵圆形凸缘 *E* 及两小圆孔位置。

③ 综合想象整体形状。从主、俯视图反映位置特征形的各个线框对应关系，想象圆筒形主管 *Ⅰ* 与支管 *Ⅱ* 正交及支管 *Ⅲ* 斜交。主管 *Ⅰ* 上下及支管 *Ⅱ*、*Ⅲ* 的端部有不同形凸缘和分布不同数量位置小圆孔，如图 6-66 所示。

［例 6-2］　读图 6-67（a）所示机座视图，想象立体形状。

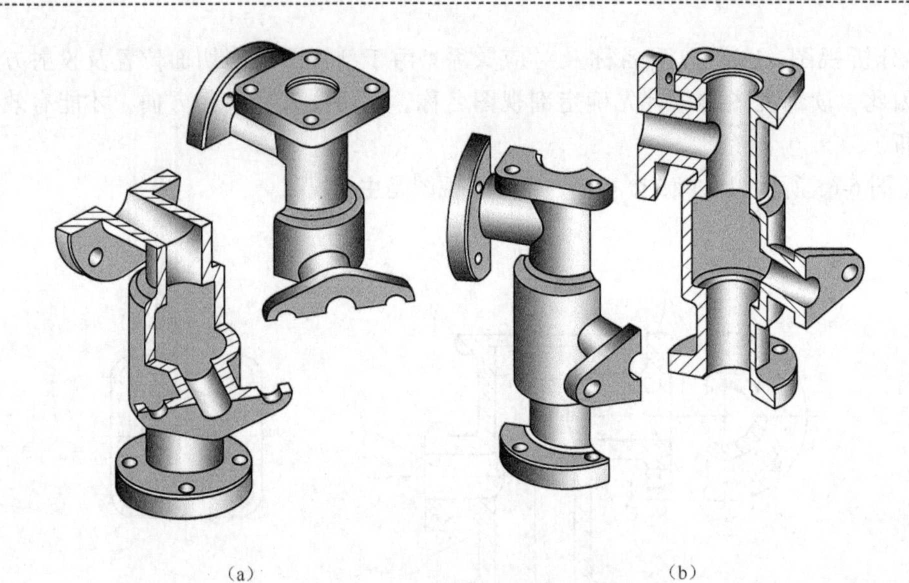

图 6-66　四通管的结构形状

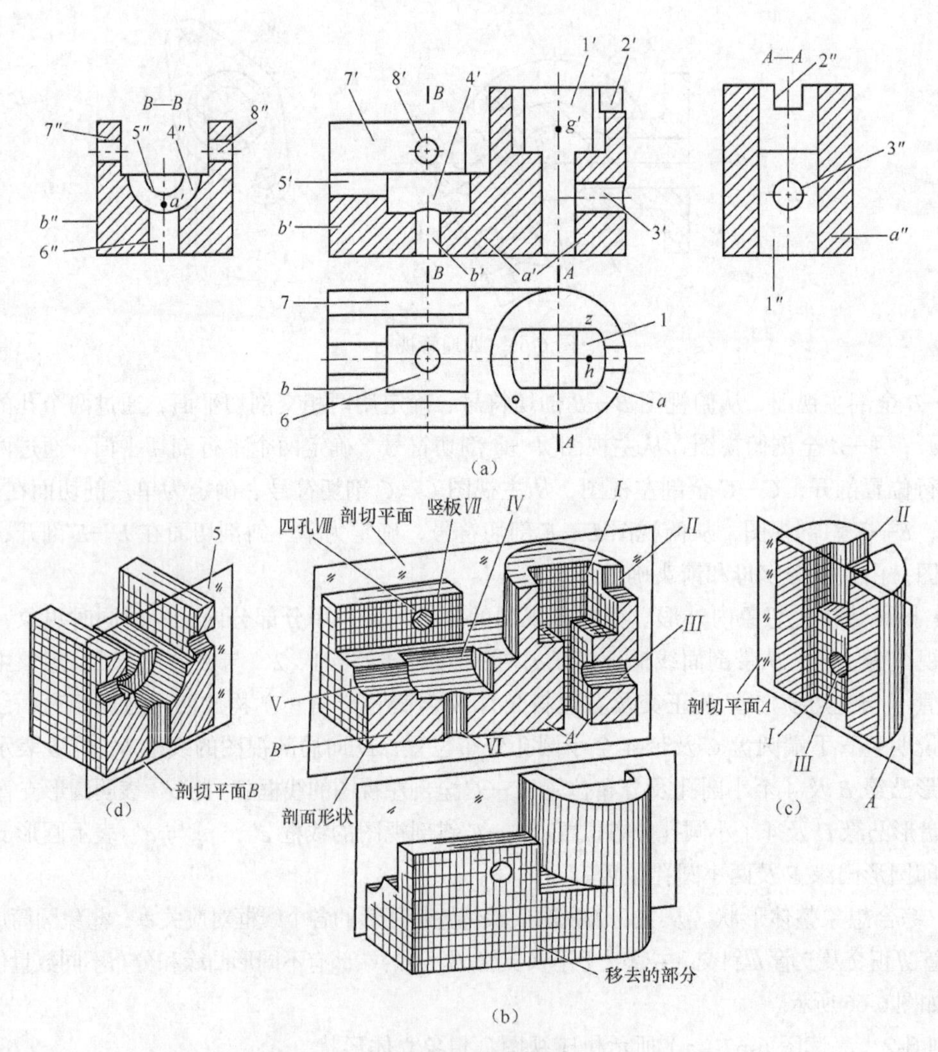

图 6-67　机座视图

① 分析视图，确定剖视名称及对应关系。机座视图有全剖主、左、右视图及俯视图四个基本视图。全剖主视图按规定不标注，通过俯、左视图前后对称中心线位置剖切，表示机座前后对称面上内形及剖切面后形状，如图 6-67（b）所示。

A—*A* 全剖左视图，通过俯视图 *A*—*A* 位置剖切，表示 *A* 处剖面形状及剖切面 *A* 右边结构，如图 6-67（c）所示。

B—*B* 全剖右视图，通过主视图 *B*—*B* 位置剖切，表示 *B* 处剖面形状及 *B* 剖切面左边结构，如图 6-67（d）所示。

全剖主视图是一个表示机座内形的主要视图，读图时以它为主展开。

② 想象各部分机件内外形。线框 a' 与 a、a'' 及线框 1′ 与 1 和 1″ 、线框 2′ 与线组 2″ 、线框 3′ 与 3″ ，想象机座右边的结构为圆筒式 *A*（两层通孔 *I*、方槽 *IV*、圆孔 *III*）。

线框 b' 与 b、b'' 及线框 4′ 与 4″ 、线框 5′ 与 半圆线 5″ 、线框 6′ 与圆 6、想象机座左边结构为方体 *B* 上有半圆槽 *IV*、*V* 及圆孔 *VI*，方体 *B* 与圆筒 *A* 相切。

方形线框 7′ 与 7、7″ 及圆 8′ 与线框 8″ ，想象竖板 *VII* 及板上圆孔 *VIII*，竖板 *VII* 叠在方体 *B* 之上，前后对称。

③ 综合想象机座整体形。归纳想象该外形由三部分实体，内形由各孔、槽组成，如图 6-67b 所示。

④ 思考：按图中指定要求回答。

- 说明点 e、f 空间含义，指出有关视图的投影及轴测图位置。
- 说明点 g' 、h、i'' 所在线框所示面形和空间位置，指出有关视图的投影及在轴测图位置。

6.7 机件表示方法的综合应用

选择机件的表示方法时，应根据机件的结构特点，合理地选用视图、剖视图及断面图等画法，在完整、清晰地表示机件内外形状的前提下，力求做到便于读图、简化绘图。

1. 应用形体分析法确定表示机件各组成部分所需的视图

选择机件表示方案时，必须先对机件的各组成部分进行形体分析，明确各组成部分的内、外形及相对位置，并确定要把各部分的内、外形表达清楚所需的视图。

如图 6-68 所示的机座，它是由阶梯圆筒体、十字形支承连接板和底板三个主体结构，以及圆筒上长圆形凸台结构所组成的。图 6-69 所示为表示这些结构所需的视图。

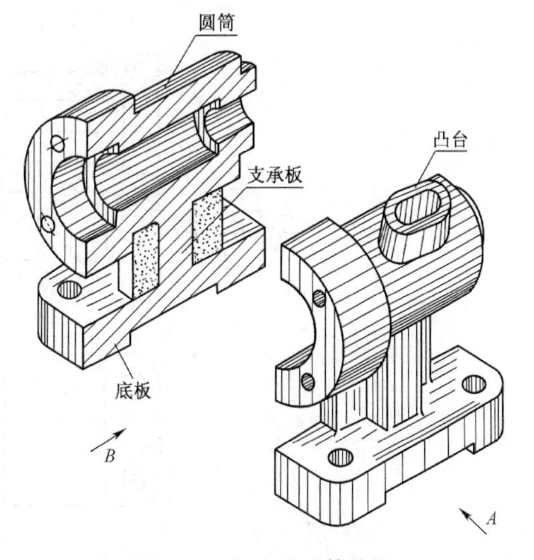

图 6-68　机座及形体分析

2. 主视图的选择

主视图应能明显地反映机件内、外形主要结构特征，并应兼顾其他视图的清晰性及图幅的利用率等。如图6-68所示，从A、B两个方向投射，都能反映支架的结构特征，各有优缺点，但若从其他视图选择等方面综合考虑，选择A向更合理。

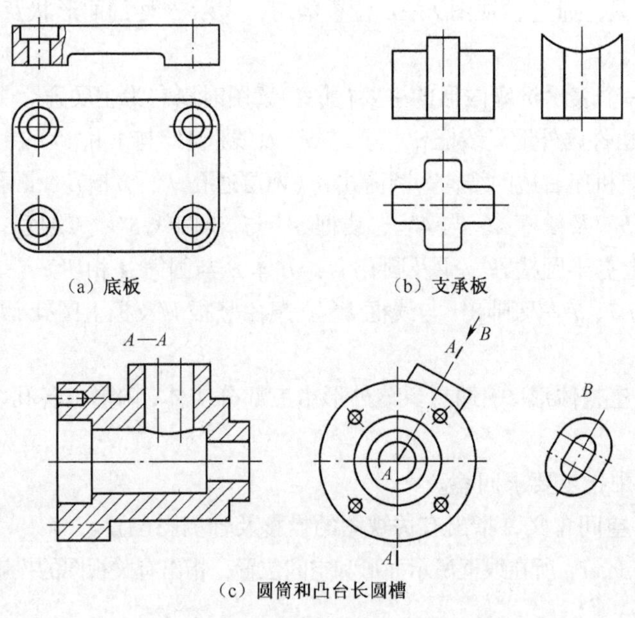

图6-69　机座各组成部分所需视图

3. 确定其他视图

当主视图确定后，优先考虑选择基本视图（包括取剖视图），然后再考虑其他表示方法。确定每个视图时，应有表示的目的。

如图6-70和图6-71所示的两个表达方案，显然图6-71所示表达方案较佳。图6-71所示俯

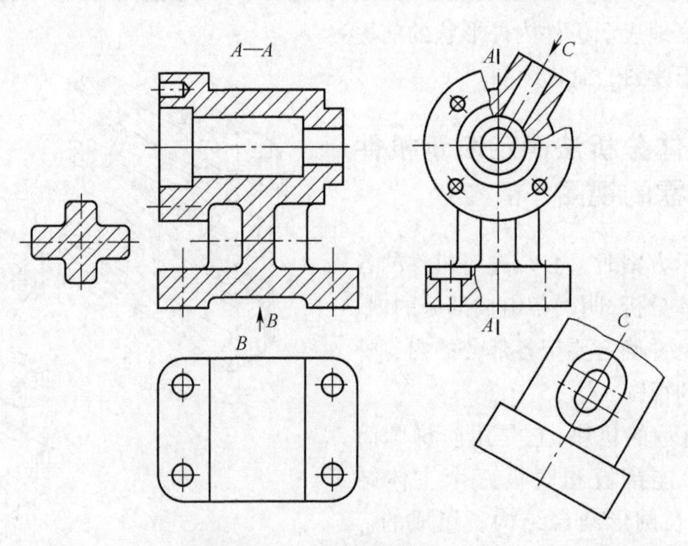

图6-70　机座表达方案（一）

视图取 *B*—*B* 剖视，清晰地表达了连接板和底板的形状及对称位置；主视图取 *A*—*A* 两平面相交的局部剖视，表达了圆筒内形和凸台的相对位置，同时表示了底板、连接板和圆筒外形的相对位置及连接关系；左视图主要表达圆筒端面孔的分布和凸台与圆筒相交位置；*C* 向视图表达凸缘的特征形。因此这个视图方案更简要、更集中地表达了机件的内外形。

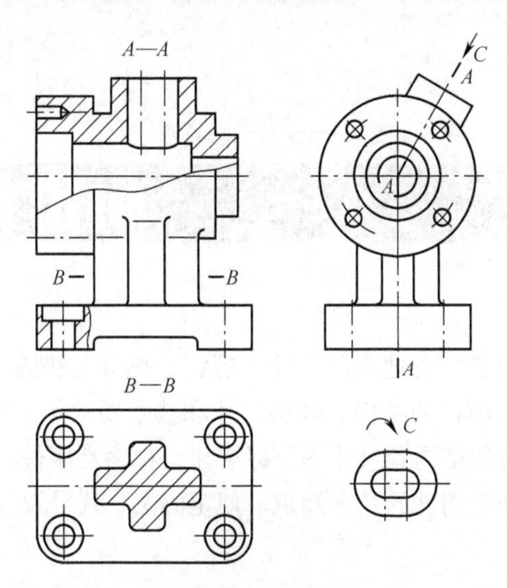

图 6-71　机座表达方案（二）

请读者想一想，左视图是否需要画全图，可否更简单些。

第7章 标准件和常用件

各种机器设备和仪器仪表广泛地应用螺栓、螺钉、螺母、垫圈、键、销、滚动轴承等零、组件，国家标准对这些零、组件的结构、规格尺寸和技术要求作了统一规定，实行了标准化，统称为标准件。齿轮、弹簧的结构和尺寸部分标准化，称为常用件。

本章主要介绍标准件和常用件的基本知识、规定画法、代号及标注方法。

7.1 螺纹

螺纹是机器上常见的结构，它用于连接，也用于传动。

螺纹分为外螺纹和内螺纹两种，在圆柱或圆锥外表面上形成的螺纹称为外螺纹，在圆柱或圆锥内表面上形成的螺纹称为内螺纹。内、外螺纹成对使用。

7.1.1 螺纹的形成

1. 圆柱螺旋线的形成

如图 7-1（a）所示，动点 *A* 沿着圆柱面的母线方向做等速运动，同时又绕着轴线做等角速度运动，动点 *A* 在圆柱面上的运动轨迹线，称为圆柱螺旋线。

2. 螺纹的形成

各种螺纹都是根据螺旋线的原理加工而成的。螺纹的加工方法很多，图 7-1（b）所示为车床上车削外螺纹的情况。当车刀切入圆柱形工件内，并沿着螺纹线运动，便在工件上加工出螺纹。车刀的刀刃形状不同，加工出螺纹牙形不同。

图 7-1（c）所示为用丝锥加工小直径的内螺纹的过程，它先用钻头钻内孔，后用丝锥在内孔内攻螺纹。

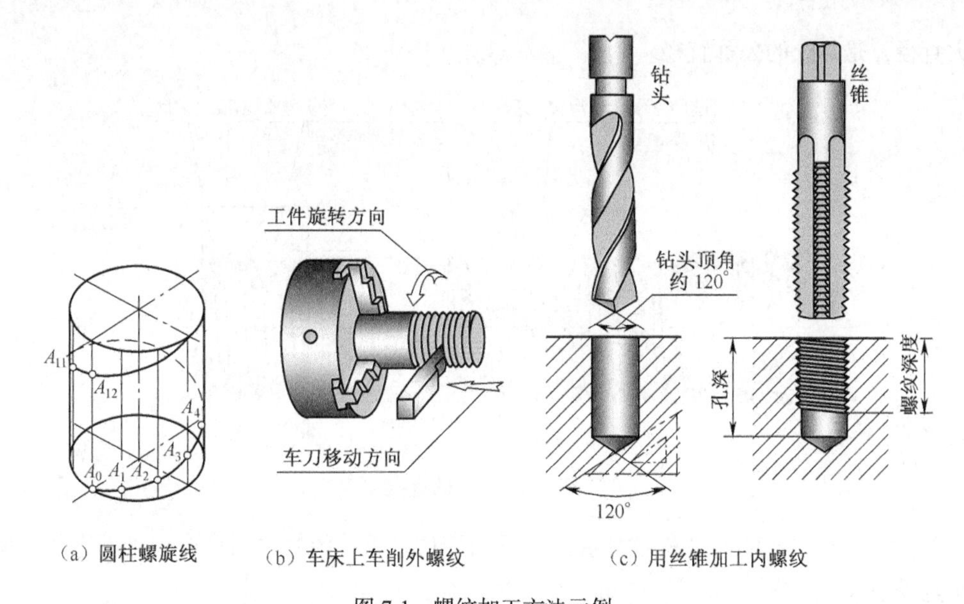

（a）圆柱螺旋线　（b）车床上车削外螺纹　（c）用丝锥加工内螺纹

图 7-1　螺纹加工方法示例

7.1.2　螺纹的结构要素

螺纹的结构有牙型、公称直径、螺距、线数和旋向五要素。当内、外螺纹旋合时，五要素必须完全一致。

1. 螺纹牙型

通过螺纹轴线剖切的断面上的螺纹轮廓形状称螺纹牙型。常见螺纹牙型有三角形（60°、55°）、梯形、锯齿形等，如图 7-2 所示。

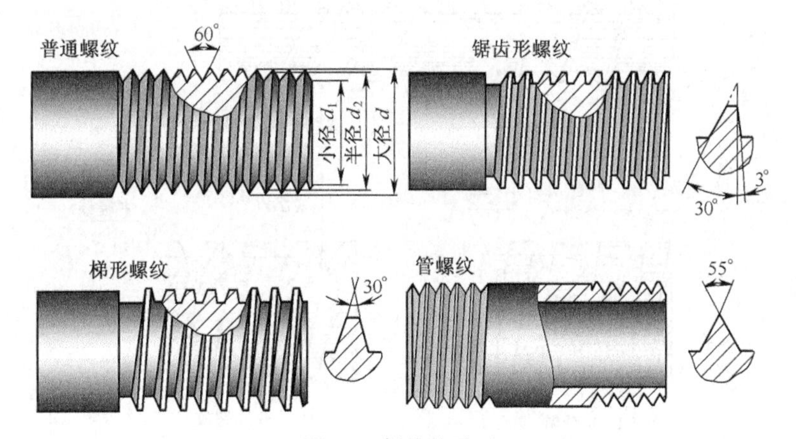

图 7-2　螺纹的牙型

2. 螺纹直径

螺纹的直径有大径（d、D）、小径（d_1、D_1）、中径（d_2，D_2），如图 7-3 所示。

（1）大径（d、D）：与外螺纹牙顶或内螺纹牙底相重合的假想圆柱或圆锥的直径，是螺纹的最大直径，是螺纹的公称直径。

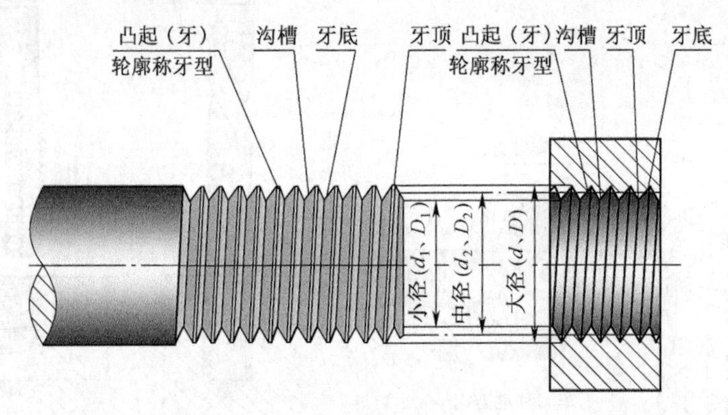

图 7-3　螺纹的直径

（2）小径（d_1、D_1）：与外螺纹牙底或内螺纹牙顶相重合的假想圆柱或圆锥的直径，是螺纹的最小直径。

（3）中径（d_2、D_2）：一条母线（称为中径线）通过牙型上沟槽和凸起宽度相等处的假想圆柱或圆锥的直径。

螺纹公称直径是代表螺纹尺寸的直径，普通螺纹的公称直径是指螺纹的大径。对于管螺纹则称为尺寸代号。

3. 线数

螺纹有单线和多线之分。沿一条螺旋线形成的螺纹称单线螺纹；沿两条或两条以上在轴向等距分布的螺旋线形成的螺纹称多线螺纹，线数用 n 表示，如图 7-4 所示。

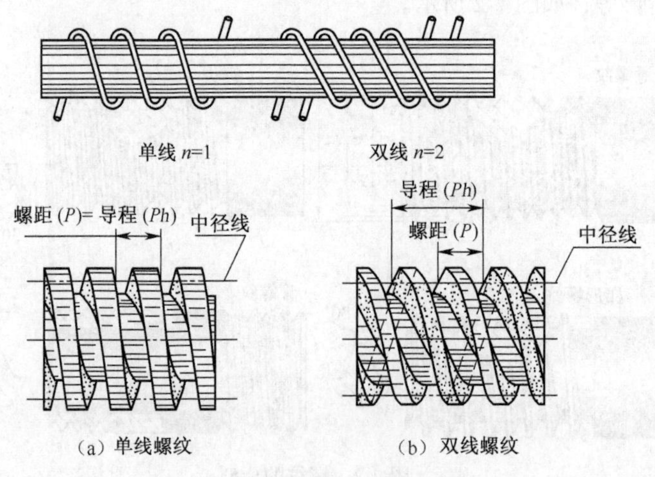

图 7-4　螺纹的线数、螺距和导程

4. 螺距和导程

（1）螺距是指相邻两牙在中径线上对应两点间的轴向距离，用 P 表示。

（2）导程是指同一条螺旋线上相邻两牙在中线上对应两点间的轴向距离，用 Ph 表示。螺距和导程的关系如下：

单线螺纹螺距与导程相等：$P = Ph$。

多线螺纹导程 = 螺距 × 线数，即 $Ph = P \cdot n$。

5. 旋向

螺纹有右旋和左旋两种，工程上常用的是右旋螺纹。

判断螺纹左、右旋方法，如图 7-5 所示，或按内、外螺纹旋合时，顺时针旋转旋入的螺纹称为右旋螺纹；逆时针旋转旋入的螺纹称为左旋螺纹。

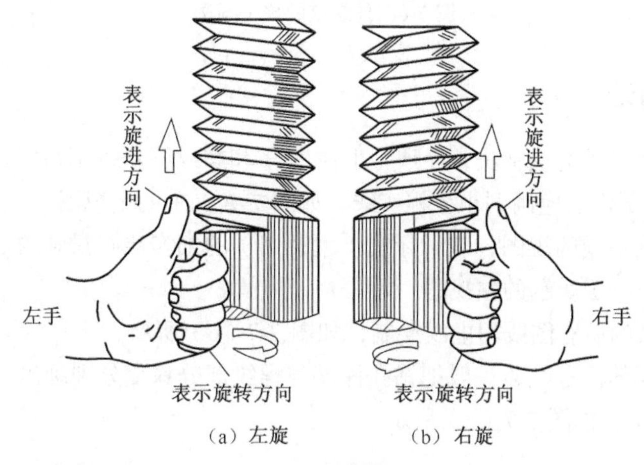

（a）左旋　（b）右旋

图 7-5　螺纹旋向

螺纹的牙型、大径和螺距是决定螺纹的最基本要素，当这三项都符合国家标准时，称为标准螺纹。牙型不符合国家标准的螺纹（如方牙螺纹）称为非标准螺纹。工程中使用的螺纹绝大多数是标准螺纹。

7.1.3　螺纹的规定画法

螺纹不按其真实形状投射作图，而是采用规定画法绘制，以简化作图。

1. 外螺纹画法

（1）外螺纹的牙顶（大径 d）和螺纹终止线用粗实线表示；牙底（小径 d_1）用细实线表示（小径 d_1 通常按大径的 $0.85d$ 绘画）。与轴线平行的投影面上视图中表示牙底的细实线应画入倒角内或倒圆内，如图 7-6（a）、（b）所示的主视图。

（2）垂直于螺纹轴线的视图，表示牙底（小径 d_1）的细实线圆只画约 3/4 圈，螺杆的倒角圆省略不画，如图 7-6（a）、（b）所表示的左视图。

（3）螺纹收尾一般省略不画，若需要表示，尾部的牙底线用与轴线成 30° 角的细实线绘制。

（4）当螺纹被剖切时，其剖视图和断面图的画法如图 7-6（c）所示。其剖面线应画到大径的实线，螺纹终止线仍画实线。

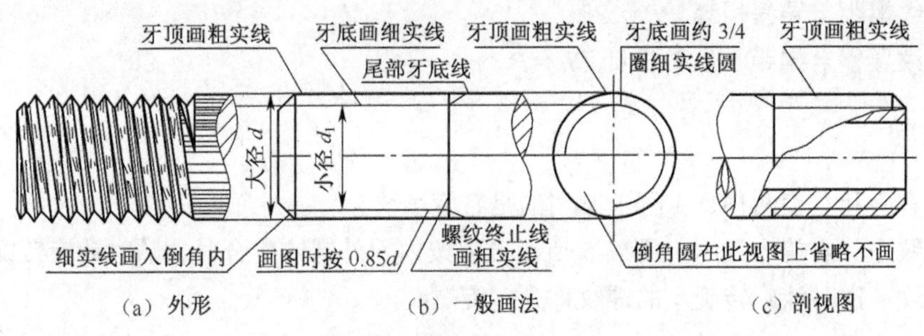

（a）外形　（b）一般画法　（c）剖视图

图 7-6　外螺纹的规定画法

2. 内螺纹画法

（1）内螺纹通常采用剖视画法，牙顶（小径 D_1）和螺纹终止线用粗实线表示，牙底（大径 D）用细实线表示，剖面线应画到小径粗实线，如图 7-7（a）的主视图。

（2）垂直于螺纹轴线的视图，表示牙底（大径 D）的细实线圆只画约 3/4 圈，孔口倒角圆省略不画，如图 7-7（a）所示的左视图。

（3）不可见螺纹的所有图线用虚线绘制，如图 7-7（c）所示。

（4）绘画不通孔的内螺纹，一般把钻孔深度与螺纹部分深度分别画出，底部由钻头形成的锥顶角，按 120°画出，如图 7-7（b）所示。

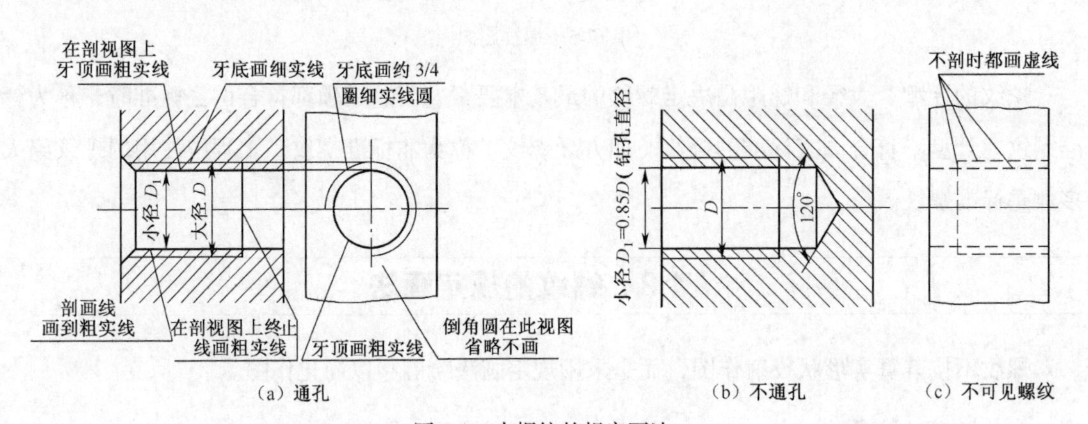

（a）通孔　（b）不通孔　（c）不可见螺纹

图 7-7　内螺纹的规定画法

3. 螺纹连接画法

螺纹连接：画法如图 7-8 所示。

画内外螺纹连接时，一般采用剖视图。旋合部分按外螺纹绘制，未旋合部分按各自规定绘制，同时应注意表示内、外螺纹牙顶和牙底的粗、细实线应对齐。

4. 螺纹牙型的表示法

标准螺纹一般不画牙型，当需要表示时，按图 7-9（a）、（b）所示画法。非标准螺纹需要画出牙型，可用局部剖视图或局部放大图，如图 7-9（c）所示。

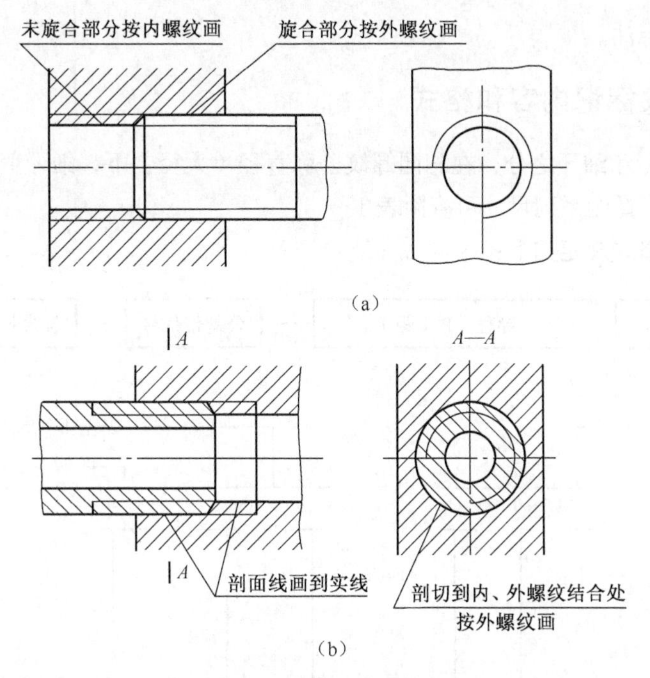

图 7-8　螺纹连接的画法

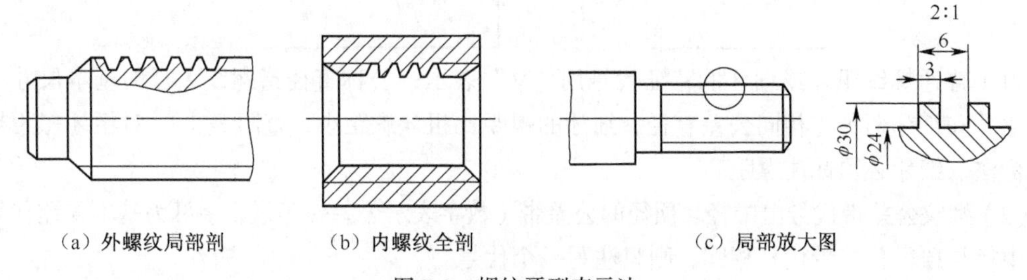

图 7-9　螺纹牙型表示法

5. 圆锥螺纹的画法

圆锥螺纹与轴线垂直投影面的视图中，只画可见端（大端或小端）的牙底圆用约 3/4 圈细实线画出，如图 7-10（a）、（b）所示。

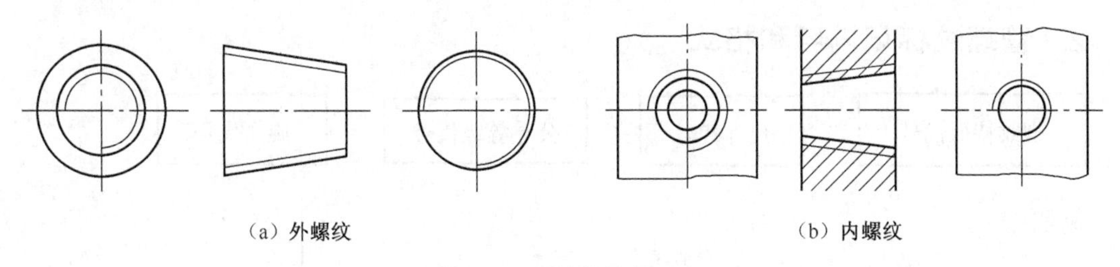

图 7-10　圆锥螺纹的画法

7.1.4　常用螺纹的规定标记和标注

由于螺纹规定画法不能表示螺纹的种类和要素，因此在已绘制螺纹图样上必须按国家标准所规定的格式进行标注。

1. 普通螺纹标记内容和格式

普通螺纹有粗牙和细牙之分，在相同螺纹公称直径（大径）下，细牙普通螺纹的螺距比粗牙普通螺纹螺距小，螺距系列尺寸可查附表 1。

普通螺纹标记格式规定如下：

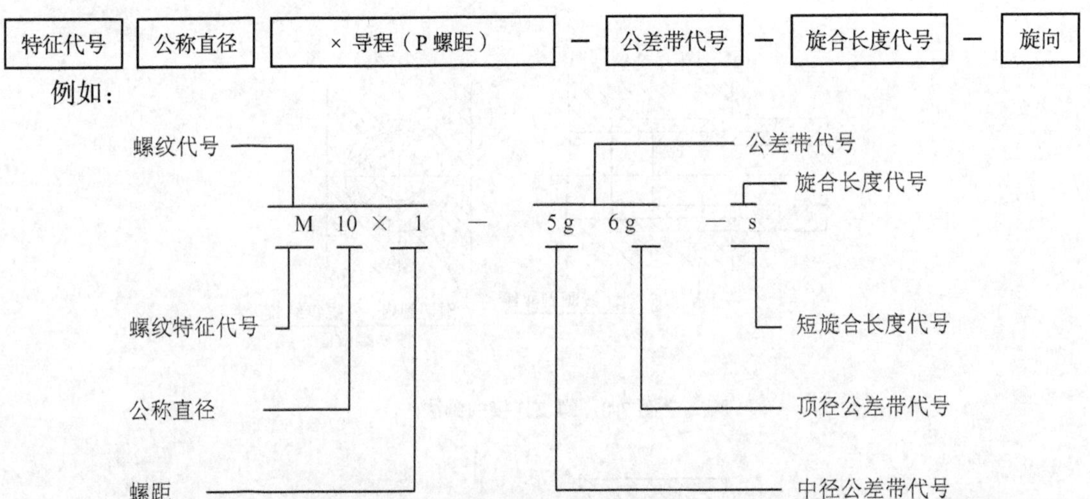

（1）普通螺纹粗牙或细牙的特征代号用“M”表示；公称直径指螺纹大径的基本尺寸；螺距有粗牙和细牙两种（相同公差直径，细牙的螺距比粗牙螺距小，查附表 1），对粗牙螺距规定不必标注，细牙必须标注螺距。

（2）螺纹公差带代号由中径、顶径的公差带（数字表示公差带等级，字母为基本偏差代号），如果中径与顶径公差带代号相同，则只注写一个代号。

对于中等公差精度的普通螺纹，公称直径≤1.4 的 5H、6h 和公差直径≥1.6 的 6H、6g 省略标注。

（3）普通螺纹的旋合长度规定为短（S）、中（N）、长（L）三组，中等旋合长度（N）不必标注。

（4）右旋螺纹不标注，左旋螺纹应注写“LH”。

2. 管螺纹标记内容和格式

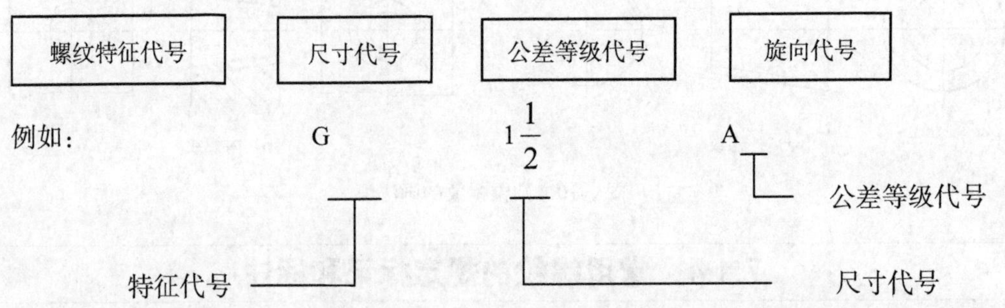

（1）55°非密封管螺纹的特征代号为“G”。55°密封管螺纹的圆锥内螺纹用“R_c”表示；圆柱内螺纹用“R_p”表示；圆锥外螺纹用“R”表示（圆锥内螺纹 R_c 与圆锥外螺纹 R_2 连接；圆柱

内螺纹 R_P 和圆锥外螺纹为 R_1 连接）。

（2）尺寸代号不是指螺纹的大径尺寸，其数值与管子的孔径相近，见附表 3，尺寸单位是英寸。

（3）公差等级代号：55°非螺纹密封管螺纹的分螺纹分 A、B 级，需要标注，其余管螺纹公差等级只有一种，省略标注。

（4）60°圆锥管螺纹的特征代号为“NPT”。

3. 梯形和锯齿形螺纹

梯形和锯齿形标注格式与普通螺纹标注格式相同，但应注意如下几点：

（1）梯形螺纹特征代号用“Tr”表示，锯齿形螺纹特征代号用“B”表示。单线螺纹只标注螺距，多线螺纹需标注导程和螺距。

（2）两种螺纹只注中径公差带。

（3）旋合长度只分中（N）和长（L）两种，中等旋合长度“N”省略标注。

7.1.5 常用标准螺纹的标注和识读

常用标准螺纹的标注和识读的举例见表 7-1。

表 7-1 常用标准螺纹的标注和识读的举例

螺纹类别		特征代号	牙型	标注示例	说明
普通螺纹	粗牙	M	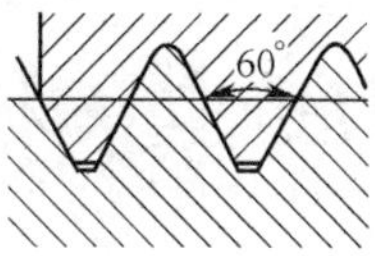 60°	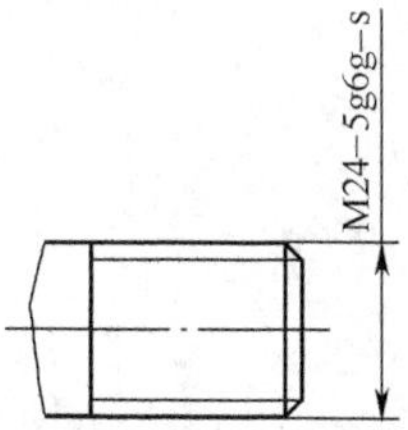 M24−5g6g−S	表示公称直径为 24 mm 的右旋粗牙普通外螺纹，中径公差带代号为 5 g，顶径公差带代号为 6 g 可省略标注，短旋合长度
	细牙			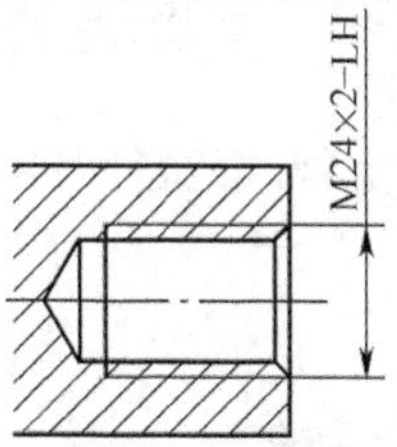 M24×2−LH	表示公称直径为 24 mm，螺距为 2 mm 的细牙普通内螺纹，中径、顶径公差带代号省略标注，中等旋合长度，左旋
梯形螺纹		Tr	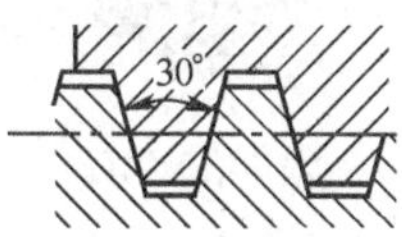 30°	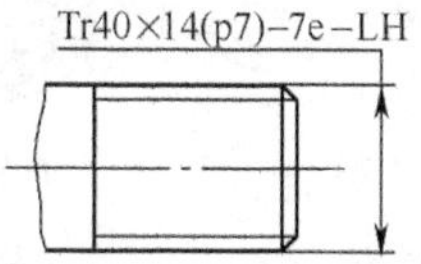 Tr40×14(p7)−7e−LH	表示梯形螺纹，公称直径为 40 mm，导程为 14 mm，螺距为 7 mm 的双线，中径公差带代号为 7 e，旋合长度属中等一组，左旋
锯齿形螺纹		B	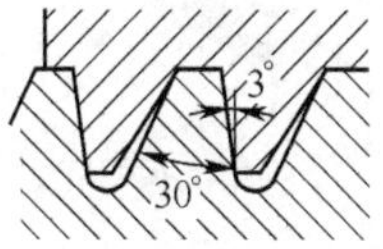 3° 30°	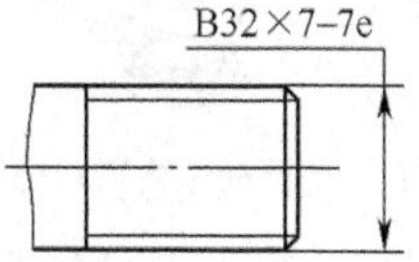 B32×7−7e	表示锯齿形螺纹，公称直径为 32 mm，螺距为 7 mm，单线螺纹，中径公差带代号为 7 e，旋合长度属中等一组，右旋

续表

螺纹类别	特征代号	牙型	标注示例	说明
55°密封管螺纹	R_1 或 R_2	55°	R1/2–LH	表示尺寸代号为1/2，55°密封管螺纹，左旋的与圆柱内螺纹 R_P 配合的圆锥外螺纹 R_1
	R_p		$R_p3/4$	表示尺寸代号为3/4，55°密封管螺纹为圆柱内螺纹
	R_c		$R_c3/4$	表示尺寸代号为3/4，55°密封管螺纹为圆锥内螺纹
55°非密封管螺纹	G	55°	G3/4 G3/4B	表示尺寸代号为3/4，55°非密封管螺纹的圆柱内螺纹及B级圆柱外螺纹
60°圆锥管螺纹	NPT	60°	NPT3/4 NPT3/4	表示尺寸代号为3/4，牙型为60°的圆锥管螺纹

标准螺纹的尺寸应注出相应标准所规定标记。普通螺纹、梯形螺纹、锯齿形螺纹尺寸单位用mm，其标记直接标注在大径尺寸线或引出线上；管螺纹尺寸单位用in（英寸），其标记直接标注在大径线引出线的水平折线上。

7.2 常用螺纹紧固件

螺纹紧固件的种类很多，常见螺纹的紧固件有螺栓、螺柱（双头螺柱）、螺母、垫圈和螺钉等，如图7-11所示。

图7-11 常用螺纹紧固件

螺纹紧固件是标准件，其结构和尺寸已标准化，只要根据螺纹紧固件的规定标记，便能在相应标准查得其结构尺寸，如附表 4～附表 11 所示。因此，一般不必画出它们的零件图。

7.2.1 常用螺纹紧固件及其标记

常用螺纹紧固件的标记示例如表 7-2 所示。

表 7-2 常用的螺纹紧固件标记的标注示例

名　称	图　例	标记及说明
六角头螺栓	L, d	螺栓 GB/T 5782 M12 × 50 螺纹规格 d = M12 mm，公称长度 L=50 mm，性能等级为 8.8 级，表面氧化，A 级的六角头螺栓
双头螺柱	b_m, L, d	螺柱 GB/T 898 M12 × 50 两端均是粗牙普通螺纹，d = M12，L = 50 mm，b_m = 1.25 d，性能等级为 4.8，不经表面处理，B 型双头螺柱
螺母	D	螺母 GB/T 6170 M16 螺纹规格 D = M16 mm，A 级的 1 型的六角螺母性能等级为 10 级，不经表面处理
平垫圈	d	垫圈 GB/T 97.1 12 公称规格 d = 12 mm（与 M12 的螺栓配用），不倒角，硬度等级为 140HV ，不经表面处理的平垫圈
弹簧垫圈	d	垫圈 GB/T 93 12 规格 12 mm，材料 65mm 表面气化的标准型弹簧垫圈
开槽沉头螺钉	L, d	螺钉 GB/T 68 M10 × 45 规格 d = M10 mm，公称长度 L = 45 mm，性能等级为 4.8 级，不经表面处理的开槽沉头螺钉

7.2.2 常用螺纹紧固件的画法

若确需要绘制螺纹紧固件视图时，从标准中查出各部分尺寸，或根据螺纹公称直径（d、D）按比例关系近似画出，图 7-12 所示为螺栓、螺母和垫圈的比例近似画法。

螺栓头部及螺母因倒角 30°，在各侧面产生截交线，这些交线的投影用圆弧近似画出，如

图 7-12（a）、（b）所示。

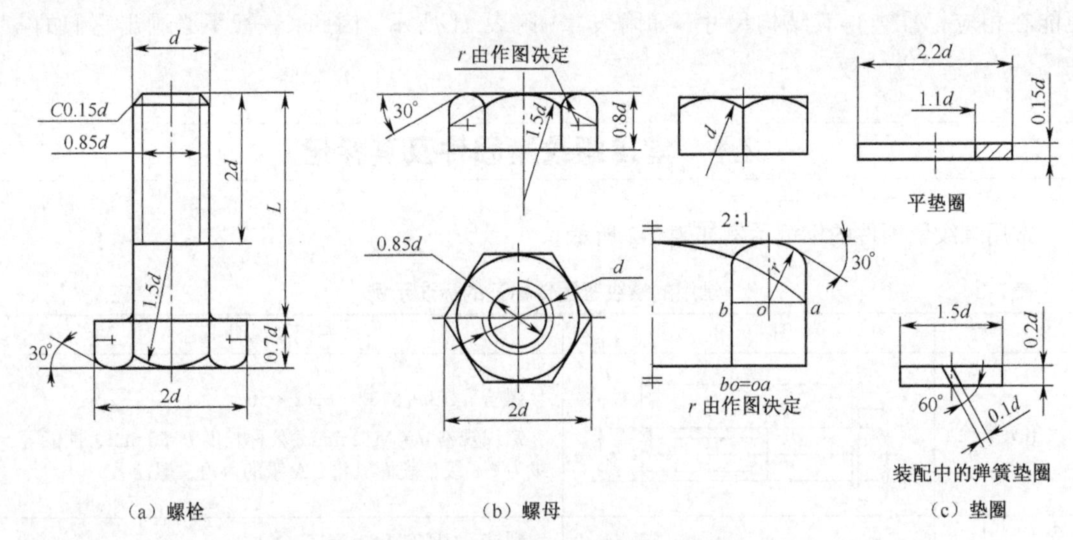

（a）螺栓　　（b）螺母　　（c）垫圈

图 7-12　螺栓、螺母、垫圈的比例画法

图 7-13 所示为螺钉头部的比例画法。

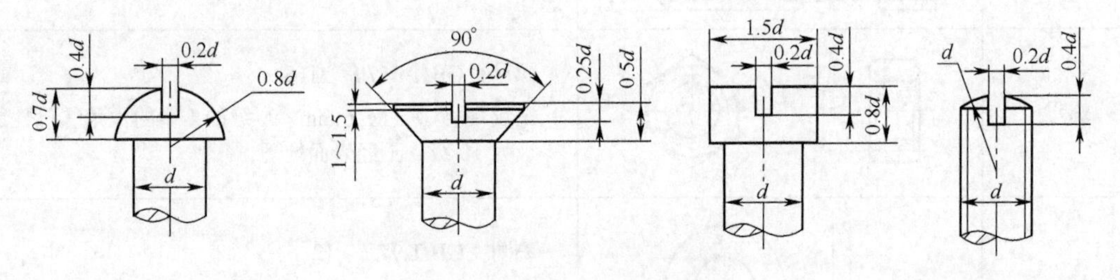

图 7-13　常用螺钉头部的比例画法

7.2.3　常用螺纹紧固件连接的画法

在装配图中，常用的螺纹紧固件用简化画法，如表 7-3 所示。

表 7-3　在装配图中螺纹紧固件的简化画法

名　称	简 化 画 法	名　称	简 化 画 法
六角头螺栓		半沉头十字槽螺钉	
圆柱头内六角螺钉		六角螺母	
半沉头开槽螺钉		无头内六角螺钉	
盘头开槽螺钉		方头螺栓	

续表

名　称	简化画法	名　称	简化画法
沉头开槽螺钉		盘头十字槽螺钉	
圆柱头开槽螺钉		方头螺母	
沉头十字槽螺钉		无头开槽螺钉	

1. 螺栓连接画法

螺栓连接用于连接两个不太厚的零件。被连接两零件必须先加工出通孔。连接时，把螺栓穿入两个被连接零件的内孔中，套上垫圈，拧上螺母，如图 7-14（a）、（b）所示。图 7-14（c）所示为螺栓连接图按比例的简化画法。

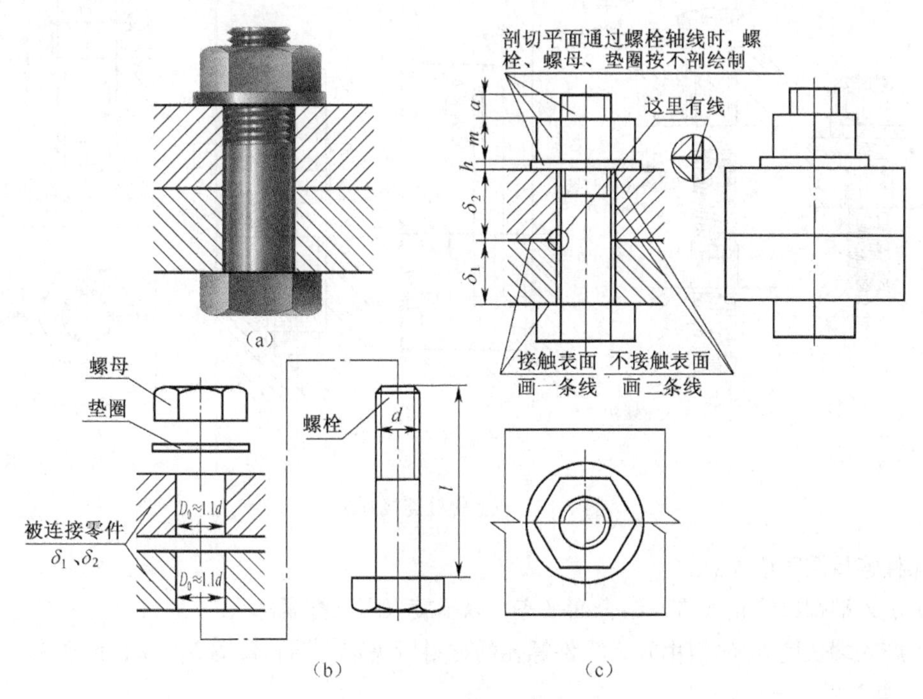

图 7-14　螺栓连接画法

画螺栓连接图时，应遵循下列基本规定。

（1）被连接两个零件上的孔径比螺栓直径大（一般为 1.1 d），两表面不接触，图中应画出两条轮廓线，以示存在间隙；两个被连接零件的接触面只画一条轮廓线，也不要特意加粗。

（2）剖切平面通过螺栓、螺母、垫圈等标准件的轴线时，按不剖画出，只画其外形。螺母、螺栓头部及螺纹的倒角交线，省略不画，按简化绘制。

（3）在同一剖视图中，被连接相邻两零件的剖面线方向应相反。但同一零件在不同剖视图中的剖面线方向和间距应相同。

（4）螺栓长度 L 的计算：

$L=(\delta_1+\delta_2)$ + 垫圈厚度（$h=0.15d$）+ 螺母高度（$m=0.8d$）+ 螺纹伸出长度（$a=0.3d$～$0.4d$）。根据公式计算出螺栓长度 L，再从附表 4 的 l 系列标准值中选取接近值。螺纹伸出不足或过长都是不合理的。

（5）螺栓的螺纹终止线应低于垫圈的底面，以示拧紧螺母还有足够螺纹长度。

2. 螺柱连接画法

当被连接件之一较厚，不便加工出通孔时，或为使拆卸时不必拧出螺柱，保护被连接件上的螺孔，常采用螺柱连接。连接时，先将螺柱的旋入端旋入螺孔 δ_1 中，再装上被连接件 δ_2，套上弹簧垫圈，拧紧螺母，如图 7-15（a）、（b）所示。图 7-15（c）、（d）、（e）所示为螺柱连接图按比例的简化画法。

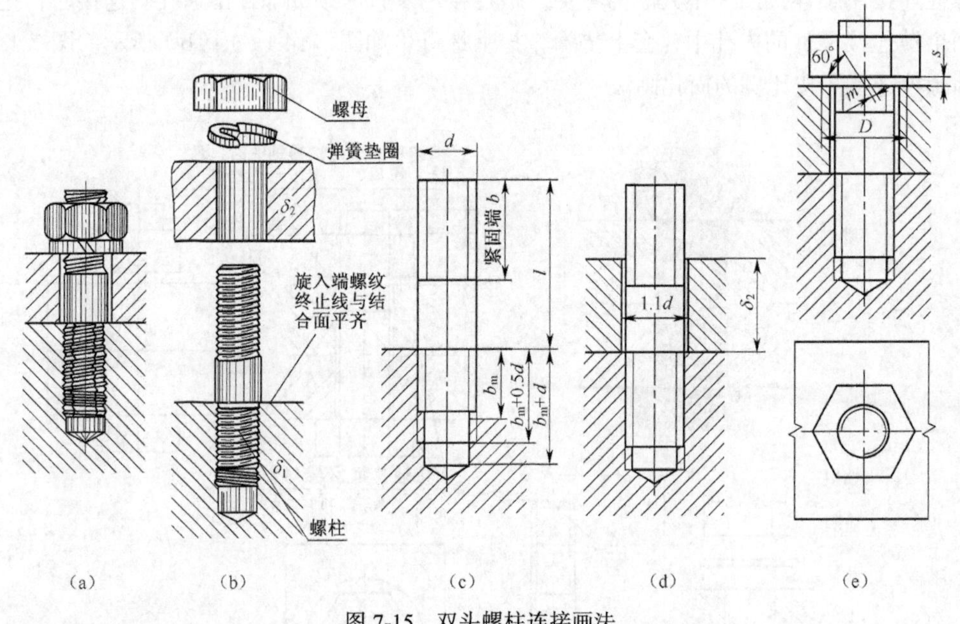

图 7-15　双头螺柱连接画法

画螺柱连接图时应注意：

（1）旋入端螺纹终止线应与结合面平齐，以示旋入端已拧紧。

（2）旋入端长度 b_m 的值由旋入零件螺孔的材料所决定：钢和青铜 $b_m=d$；铸铁 $b_m=1.25d$ 或 $1.5d$；铝合金 $b_m=2d$。

（3）为了确保旋入端全部旋入，零件上的螺孔深度应大于旋入端长度（$b_m+0.5d$）。钻孔的孔径为螺纹的小径（$0.85d$），孔深度为 b_m+d，圆锥角 120°，如图 7-15（c）所示。螺纹旋入端与孔深，允许按图 7-15（d）所示简化。

（4）有效长度 $l=\delta_2+0.15d$（垫圈厚度）$+0.8d$（螺母高度）$+0.3d$～$0.4d$（螺纹伸出长度）。根据公式计算出螺柱有效长度 l，l 取整数，再从附表 5 的 l 系列标准值查得接近值。

（5）图 7-15（e）中采用弹簧垫圈，弹簧垫圈的弹性所产生的摩擦力可防止螺母松动。弹簧垫圈 $D=1.5d$，$s=0.2d$，$m=0.1d$，弹簧垫圈开槽方向与水平成左斜 60°。

3. 螺钉连接画法

常用螺钉种类很多，按其用途可分为连接螺钉和紧定螺钉两类。

螺钉连接不需要螺母，通常用于受力不大、不经常拆卸的场合。螺钉连接图画法除头部（头部画法见图 7-13）不同外，其他部分与螺柱连接画法相似。图 7-16（a）所示为开槽沉头螺钉连接图的比例近似画法。

画螺钉连接图时应注意：

（1）螺纹终止线必须超出两个被连接件的结合面。

（2）具有槽沟的螺钉头部，在与轴线平行的视图上槽沟放正，而在与轴线垂直的视图上画成与水平倾斜 45°角，槽宽约 0.2 d，可以涂黑表示。

（3）螺钉有效长度 $L = b_m + \delta$，再根据附表 7 查取标准值。

为了简化作图，常按图 7-16（b）所示绘画。图 7-16（c）所示的 1、2、3 处是错误画法。

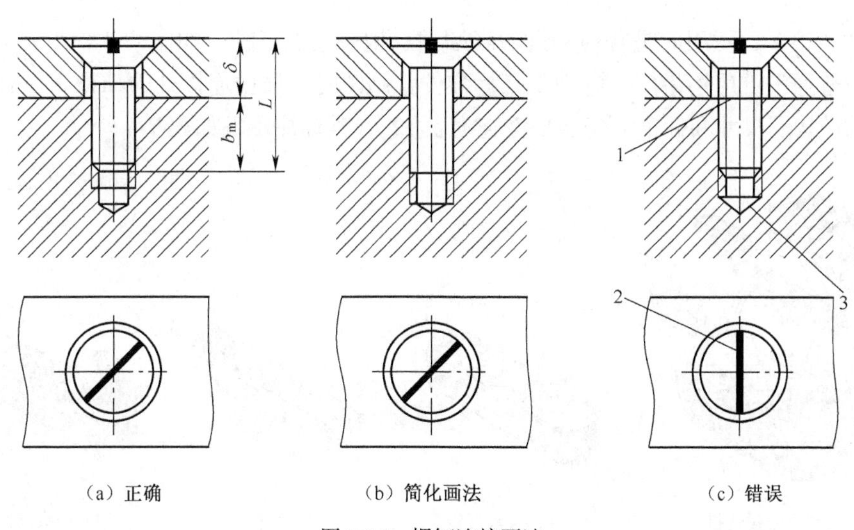

（a）正确　　（b）简化画法　　（c）错误

图 7-16　螺钉连接画法

紧定螺钉常用来限制两零件的相对运动。紧定螺钉分为柱端、锥端和平端三种，见附表 8。图 7-17 所示为锥端紧定螺钉连接图的画法。

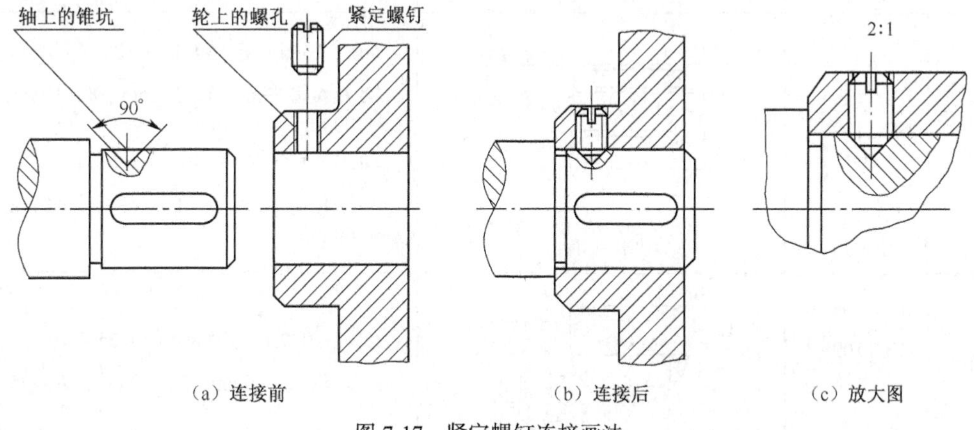

（a）连接前　　（b）连接后　　（c）放大图

图 7-17　紧定螺钉连接画法

7.3 键、销连接

7.3.1 键 连 接

键通常用来连接轴和装在轴上的零件（如齿轮、带轮等），以传递扭矩，如图 7-18（a）所示。

1. 常用键的种类及标记

键的种类很多，常用的是普通平键、半圆键、钩头楔键三种，如图 7-18（b）、（c）、（d）所示，其中普通平键应用最广。它们都是标准件，画图时，根据连接处的轴径 d 在有关标准中查得相应的结构、尺寸和标记（普通平键查附表 12），其标注示例如表 7-4 所示。

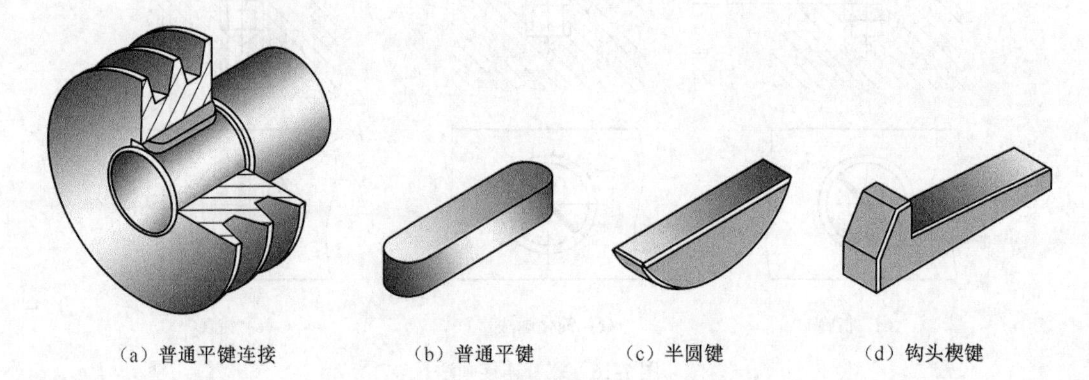

（a）普通平键连接　（b）普通平键　（c）半圆键　（d）钩头楔键

图 7-18　键的种类

表 7-4　常用键的形式、画法和标记

名称	标准号	图　例	标　记
普通平键	GB/T1096—2003	A—A　$C\times45°$或r　$R=\frac{b}{2}$　h　b　L 注：普通平键有 A、B、C 型之分，对 A 型省略标注	GB/T 1096　键 16 × 10 × 100 圆头 A 型平键、b = 16 mm、h = 10 mm、L = 100 mm GB/T 1096　键 B18 × 11 × 100 平头 B 型平键、b = 18 mm、h = 11 mm、L = 100 mm
半圆键	GB/T1099—2003	L　b　12.5　d_1　3.2　3.2　h　$C\times45°$或r　12.5	GB/T 1099.1　键 6 × 10 × 25 半圆键、b = 6mm、h = 10mm、d_1 = 25mm

续表

名称	标准号	图　　例	标　　记
钩头楔键	GB/T1565—2003		GB/T 1565　键 10 × 100 钩头楔键、b = 18 mm、h = 11 mm、L = 100 mm

2. 键槽的加工、画法及标注

键槽的加工方法很多，图 7-19 所示为常见加工方法，了解它有利于键槽尺寸的标注。图 7-20 所示为轴上平键槽和轮上键槽的画法和尺寸标注。

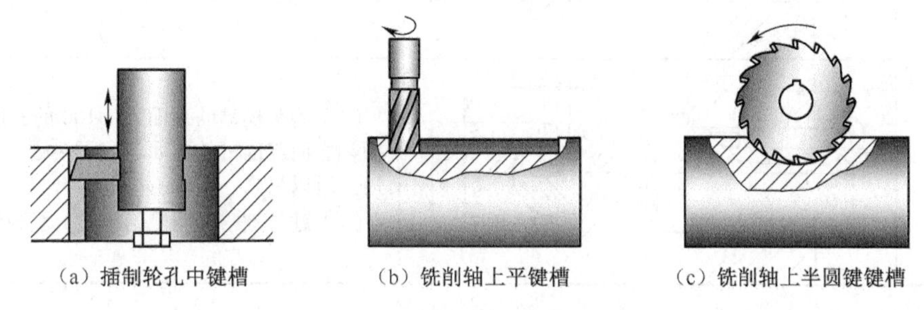

（a）插制轮孔中键槽　（b）铣削轴上平键槽　（c）铣削轴上半圆键键槽

图 7-19　轮、轴上键槽的加工

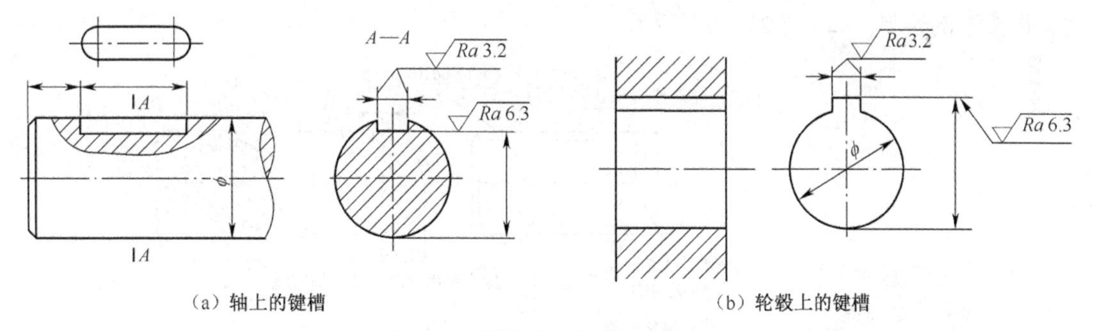

（a）轴上的键槽　（b）轮毂上的键槽

图 7-20　键槽的画法和尺寸标注

3. 常用键连接图画法

画键连接图时，根据轴径在相应标准查得各部分代号数字作图（如普通平键连接查附表 12）。其规定画法如表 7-5 所示。

*4. 花键的规定画法

花键连接在机器中被广泛地应用，它传动力矩大，导向性好，连接可靠。按齿形可分为矩形花键、梯形花键及渐开线花键等，其中矩形花键应用最普通，它的结构和尺寸都已标准化。

（1）矩形外花键的画法。主视图（轴线水平放置）大径画粗实线，小径画细实线；工作长度的终止线和尾部长度末端画细实线。在垂直于轴的断面图画出一部分或全部齿形，如图 7-21（a）所示。

表 7-5　　键连接画法

名　称	连接画法及尺寸代号	说　明
普通平键		（1）平键两侧面与键槽两侧面紧密接触，传递扭矩，只画一条线 （2）键顶面和槽顶不接触，应画成间隙 （3）若剖切平面通过键的纵向对称面，键按不剖绘画；若为横向剖切键的断面，应画剖面线
半圆键		半圆键和平键连接图画法类同。键和键槽侧面接触只画一条线，键顶面和槽顶应画间隙
钩头楔键		（1）钩头楔键的顶面为 1:100 的斜度，其顶面和底面与键槽的顶面和底面接触，传递力矩。所以只画一条线 （2）键与键槽的两侧不接触，画成间隙

（2）矩形内花键的画法。在与内花键轴线平行的投影面的剖视图上，大径和小径均画粗实线，齿按不剖绘制，如图 7-21（b）所示。

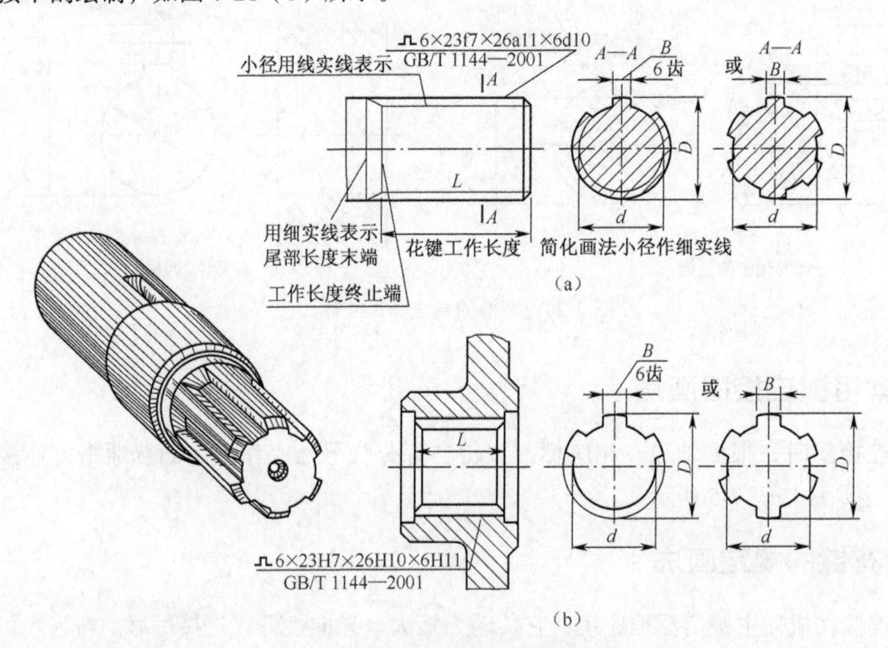

图 7-21　花键轴与花键孔的画法及标注

（3）矩形花键连接画法。在连接图中，用剖视图表示，其连接部分按花键轴绘画，如图 7-22 所示。

（4）花键的标注。花键的标注有两种方法，一种是在图中直接注出大径、小径、齿宽尺寸和齿数，如图 7-21 所示。另一种在指引线的基准线上标注上花键的标记，如图 7-22 所示。

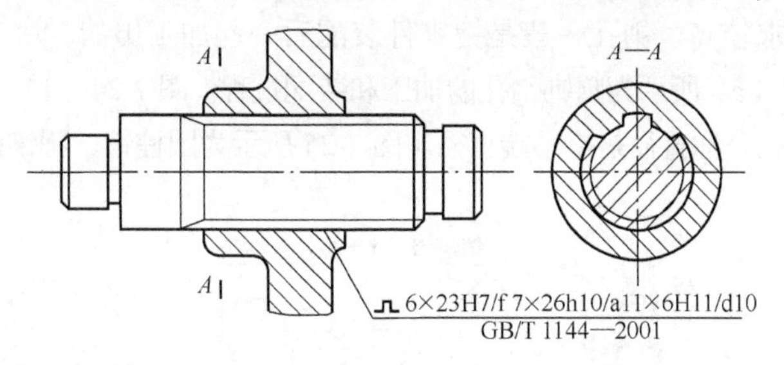

图 7-22　花键连接的画法

7.3.2 销　连　接

销常用于机器零件之间的定位，也可用于连接及锁紧。常用的销有圆柱销、圆锥销和开口销，如图 7-23 所示。

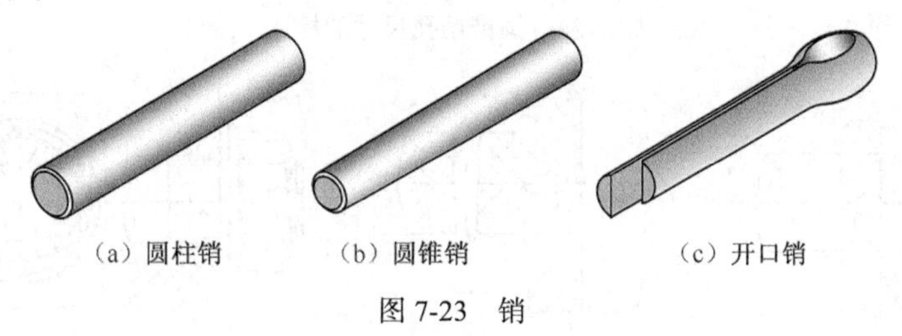

（a）圆柱销　（b）圆锥销　（c）开口销

图 7-23　销

1. 常用销的标记

销是标准件，其类型和尺寸可从标准中查得。表 7-6 中列举了三种销的标记示例。

表 7-6　销的形式、标记

名　称	标　准　号	图　例	标 记 示 例
圆柱销	GB/T 119.1—2000	15°　d　C　C　l	销 GB/T 119.1—2000　8m7 × 30 公称直径 d = 8 mm，公称长度 l = 30 mm，公差为 m7，材料为钢，不经淬火，不经表面处理的圆柱销
圆锥销	GB/T 117—2000	A 型（磨削）1:50　d　r_1　r_2　a　a　l B 型（车削或冷镦） $r_1 \approx d$、$r_2 \approx \frac{a}{2}+d+\frac{(0.02l)^2}{8a}$	GB117—2000　10 × 70（圆锥销的公称直径是指小端直径） 公称直径 d = 10 mm，公称长度 l = 70 mm，材料为 35 钢，热处理硬度 28～38 HRC，表面氧化处理的 A 型圆锥销
开口销	GB/T T91—2000	b　l　a　c　d	销 GB/T 91—2000　5 × 50 公称直径 d = 5 mm，长度 l = 50 mm，材料为 Q215HU 或 Q235，不经表面处理的开口销

2. 销尺寸标注和销连接画法

销与销孔装配要求较高，销孔一般是把零件装配后一起加工出的。

图7-24（a）、（b）、（c）所示为圆锥销孔的加工和装配过程。图7-24（d）所示为圆锥销孔的尺寸标注（用旁注法），销孔公称直径是指小端直径。图7-25所示为圆柱销、圆锥销和开口销连接画法。

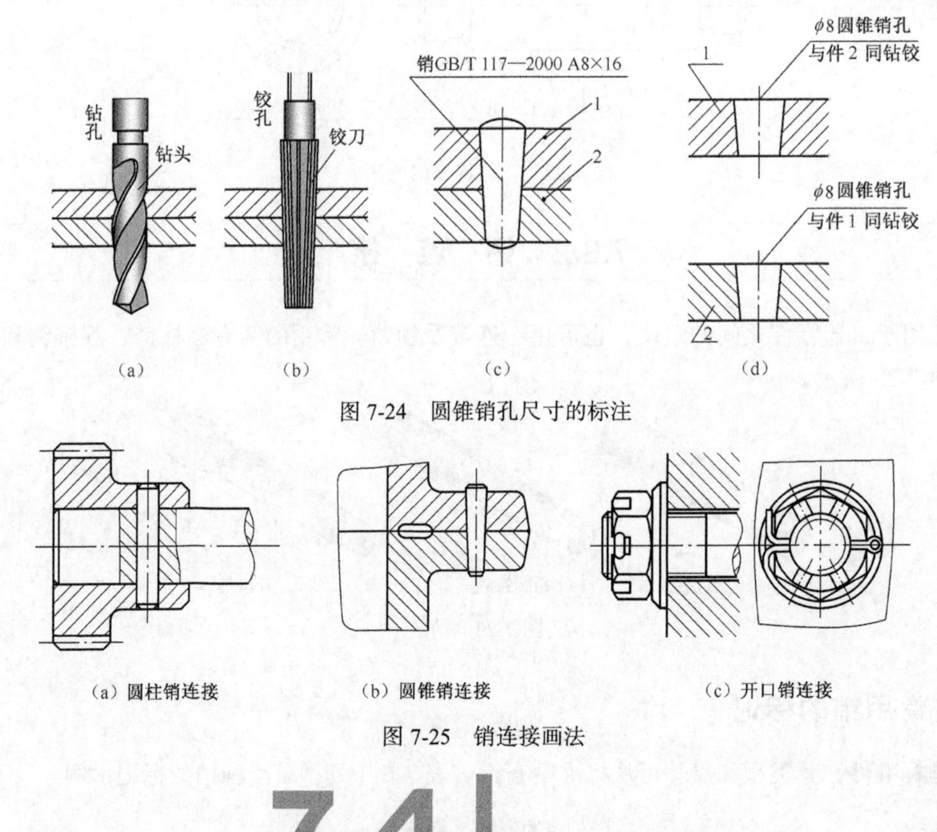

图7-24 圆锥销孔尺寸的标注

（a）圆柱销连接 （b）圆锥销连接 （c）开口销连接

图7-25 销连接画法

7.4 齿 轮

齿轮是机器中广泛应用的一种传动件，常用于传递动力、改变转速和旋转方向。

齿轮种类很多，按传动形式分为圆柱齿轮（用于两平行轴间的传动［见图7-26（a）］）、锥齿轮（用于两相交轴间的传动［见图7-26（b）］）、蜗杆蜗轮（用于两交叉轴间的传动［见图7-26（c）］）。

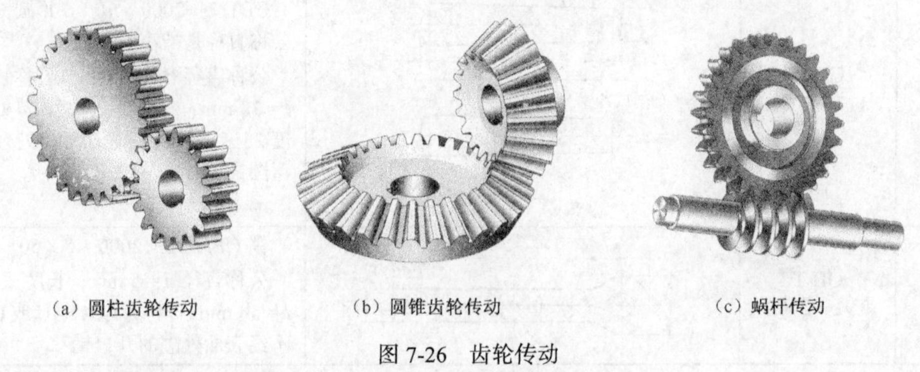

（a）圆柱齿轮传动 （b）圆锥齿轮传动 （c）蜗杆传动

图7-26 齿轮传动

7.4.1 圆柱齿轮

圆柱齿轮有直齿、斜齿、人字齿等，如图 7-27 所示。其中常用的是直齿圆柱齿轮（简称直齿轮），其结构一般由轮体（轮毂、轮辐、轮缘）及轮齿组成。常见轮齿的齿廓曲线为渐开线。

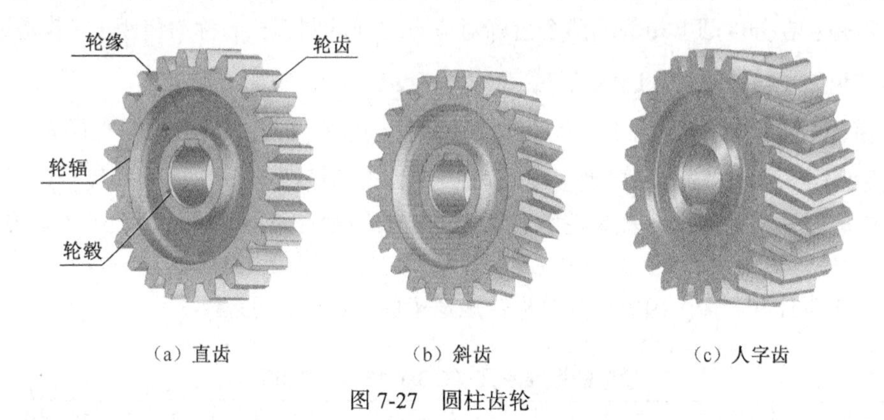

（a）直齿　　（b）斜齿　　（c）人字齿

图 7-27　圆柱齿轮

1. 直齿圆柱齿轮主要参数、代号及尺寸关系

（1）齿数：是一个齿轮上的齿的个数，用“z”表示。

（2）单个齿轮上有三个圆，如图 7-28 所示。

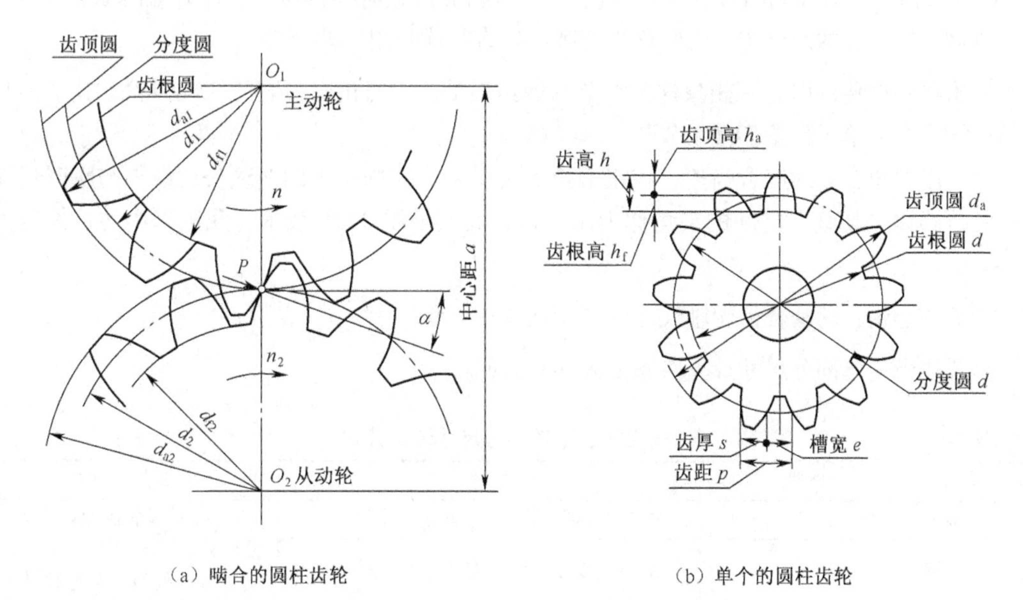

（a）啮合的圆柱齿轮　　（b）单个的圆柱齿轮

图 7-28　齿轮各部分名称与代号

齿顶圆——通过齿轮齿顶的圆称为齿顶圆，其直径代号为“d_a”；

齿根圆——通过齿轮齿槽根部的圆称为齿根圆，其直径代号为“d_f”；

分度圆——是假想介于齿顶和齿根的圆，并用它作为齿轮轮齿分度的圆，称为分度圆，其直径代号用“d”表示。分度圆是设计、制造齿轮时进行尺寸计算的基准圆和测量的依据，也是加工齿轮时作为齿数分度的圆。

（3）齿高：

齿顶高——齿顶圆到分度圆的径向距离，其代号用“h_a”表示；

齿根高——分度圆到齿根圆的径向距离，其代号用“h_f”表示；

全齿高——齿顶圆到齿根圆的径向距离，其代号用“h”表示，$h = h_a + h_f$。

（4）齿距：在分度圆上相邻的两个齿廓对应点之间的圆弧长，称为齿距 p，若是标准齿轮，分度圆上的齿厚 s 与齿槽宽 e 近似相等，即 $s \approx e = p/2$。

（5）模数：当齿轮齿数为 z 时，分度圆圆周周长为$\pi d = pz$。因此分度圆直径为 $d = \dfrac{p}{\pi} z$。

把齿距 p 与圆周率π之比的商，$m = p/\pi$，称为齿轮模数，“m”为模数代号，尺寸单位为 mm。模数 m 是决定齿轮大小和齿轮承载能力的主要因素，是齿轮设计、加工（选刀具）的基本参数。

为了便于设计和制造，国家标准对模数规定了标准数值，见表 7-7。

表 7-7　模数的标准系列（GB/T 1357—2008）

第一系列	1，1.25，1.5，2，2.5，3，4，5，6，8，10，12，16，20，25，32，40，50
第二系列	1.125，1.375，1.75，2.25，2.75，3.5，4.5，5.5，（6.5），7，9，11，14，18，22，28，35，45

注：应尽量避免用第Ⅱ系列中的法向模数 6.5，表中用括号表示。

（6）节圆：一对互相啮合的渐开线齿轮，两齿轮的齿廓在两中心线 O_1O_2 上的啮合接触点 P 称为节点，过节点的两个相切的圆称为节圆，其直径代号用“d”表示。

齿轮在啮合传动时，可想象这两个节圆做纯滚动。一对正确安装的标准齿轮，其节圆与分度圆正好重合。单个齿轮不存在节圆。

（7）压力角：一对啮合齿轮，在接触点 P 处的受力方向（齿廓曲线公法线）与瞬时运动方向（两节圆内公切线）之间的夹角称为压力角，其代号用“α”表示。我国采用的标准压力角为 20°。

（8）中心距：两啮合齿轮轴线之间的距离称中心距，用“a”表示。

直圆柱齿轮各部分尺寸计算关系如表 7-8 所示。

表 7-8　直圆柱齿轮各部分尺寸计算公式

名　称	代　号	计 算 公 式	说　明
齿数	z	根据设计要求或测绘而定	z、m 是齿轮的基本参数，设计计算时，先确定 m、z，然后得出其他各部分尺寸
模数	m	$m = p/\pi$或 d/z。根据强度计算或测绘而得	
分度圆直径	d	$d = mz$	
齿顶圆直径	d_a	$d_a = d + 2h_a = m(z + 2)$	齿顶高 $h_a = m$
齿根圆直径	d_f	$d_f = d - 2h_f = m(z - 2.5)$	齿根高 $h_f = 1.25\,m$
齿宽	b	$b = 2p$～$3p$	齿距 $p = \pi m$
中心距	a	$a = \dfrac{d_1 + d_2}{2} = \dfrac{m}{2}(z_1 + z_2)$	

2. 直齿圆柱齿轮的规定画法

（1）单个齿轮的规定画法。国家标准规定齿顶圆和齿顶线画粗实线；分度圆和分度线画点画线；齿根圆和齿根线画细实线，也可省略，如图 7-29（a）所示。

当剖切面通过齿轮轴线时，剖视图上的轮齿部分不画剖面线，齿根线画粗实线，如图 7-29（b）所示。

斜齿、人字齿轮在非圆外形视图上用三根与齿线方向相一致的细实线表示，如图 7-29（c）、（d）所示。

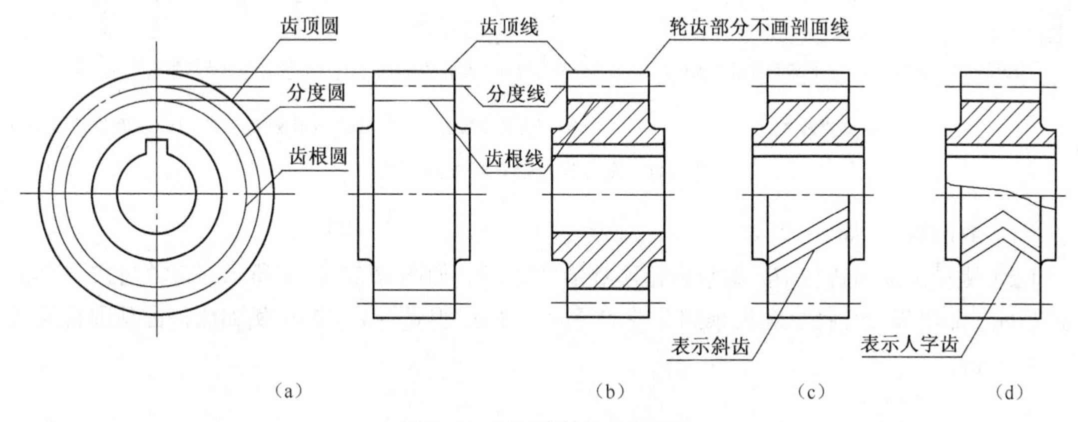

图 7-29　圆柱齿轮的规定画法

单个齿轮一般用主、左两个视图，主视图中齿轮轴线水平放置，左视图也可采用局部视图，表示圆孔上的键槽，如图 7-34 所示。

（2）单个齿形的近似画法。有的齿轮图因尺寸标注的需要，需单独画出一个齿形。此时可用圆弧代替渐开线的齿廓形状，如图 7-30 所示。图中 s 为齿厚，r 为齿根部圆角（$r \approx 0.2\,m$）。

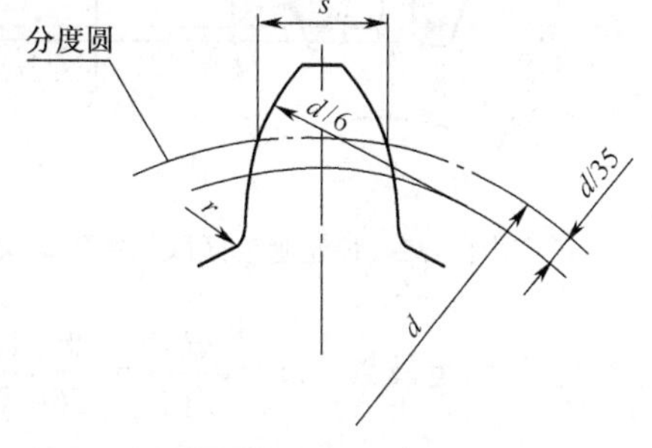

图 7-30　齿形的近似画法

（3）两齿轮的啮合规定画法。反映为圆的视图上，啮合区内两齿轮顶圆均画粗实线，也可省略；两节圆相切，用点画线画出，两齿根圆省略，如图 7-31（a）、（b）所示。

平行于齿轮轴的投影面上视图内，其啮合区的齿顶线省略，节线用粗实线绘制，其他处的节线仍画点画线，如图 7-31（c）、（d）所示。

当剖切平面通过齿轮轴线时，啮合区内一个齿轮的齿顶线画粗实线，另一个齿轮的齿顶线画虚线（表示该轮齿被遮挡），也可省略不画。如图 7-31（a）和图 7-32 所示。

3. 标准直齿轮的测绘

根据齿轮实物，通过测量，计算并确定其主要参数和各部分尺寸，画出齿轮工作图。其步骤如下。

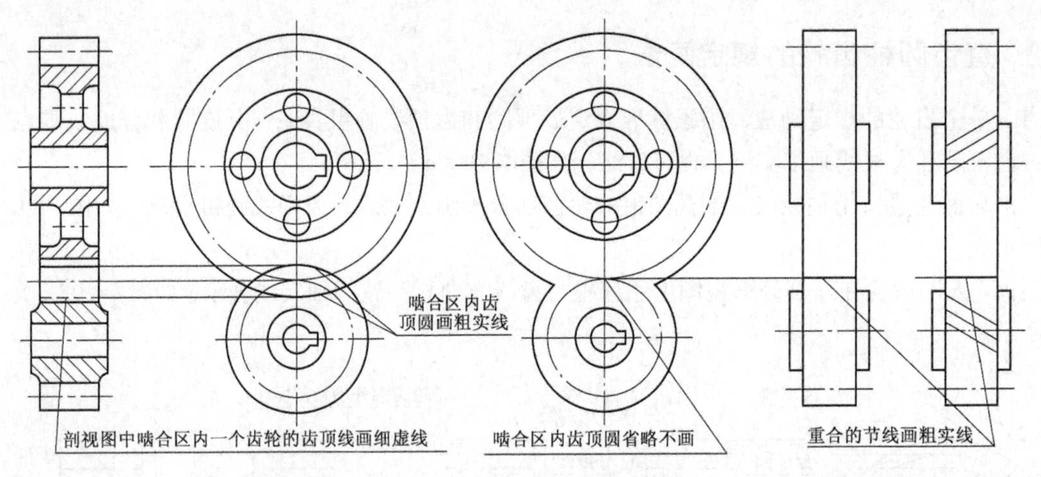

图 7-31　圆柱齿轮啮合的规定画法

（1）数齿数 z，如 $z = 26$。

（2）测量齿顶圆直径 d。偶数齿轮可直接量得 d_a'，如图 7-33（a）所示；奇数齿按图 7-33（b）所示，测出齿轮孔径 d 和齿顶到孔壁的径向尺寸 e，得 $d_a' = d + 2e$。例如测得齿顶圆直径 d_a' 为 84.1 mm。

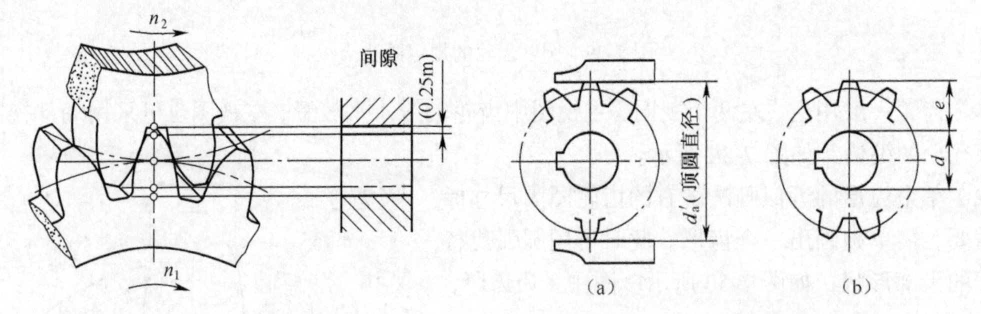

图 7-32　齿轮啮合区取剖视的画法　　图 7-33　齿轮齿顶圆直径的测量

（3）确定模数。$m = \dfrac{d_a}{z+2} = \dfrac{84.1}{26+2} = 3.004$ mm

与表 7-7 核对，3.004 与第一系列标准模数 3 最接近，所以选取 $m = 3$ mm。

（4）计算轮齿各部分的尺寸

$d = mz = 3\text{ mm} \times 26 = 78\text{ mm}$；

$d_a = m(z + 2) = 3\text{ mm} \times (26 + 2) = 84\text{ mm}$；

$d_f = m(z - 2.5) = 3\text{ mm} \times (26 - 2.5) = 70.5\text{ mm}$；

$h_a = m = 3\text{ mm}$；

$h_f = 1.25\text{ m} = 1.25 \times 3\text{ mm} = 3.75\text{ mm}$；

$h = h_a + h_f = 3 + 3.75 = 6.75\text{ mm}$。

（5）测量轮齿以外其他各部分尺寸。

如齿轮宽度 $b = 16$ mm，轮孔直径 $D = 20$ mm，键槽宽 6 mm，槽顶至孔底 22.8 mm 等。

（6）绘制齿轮零件图。图 7-34 所示为齿轮零件图。

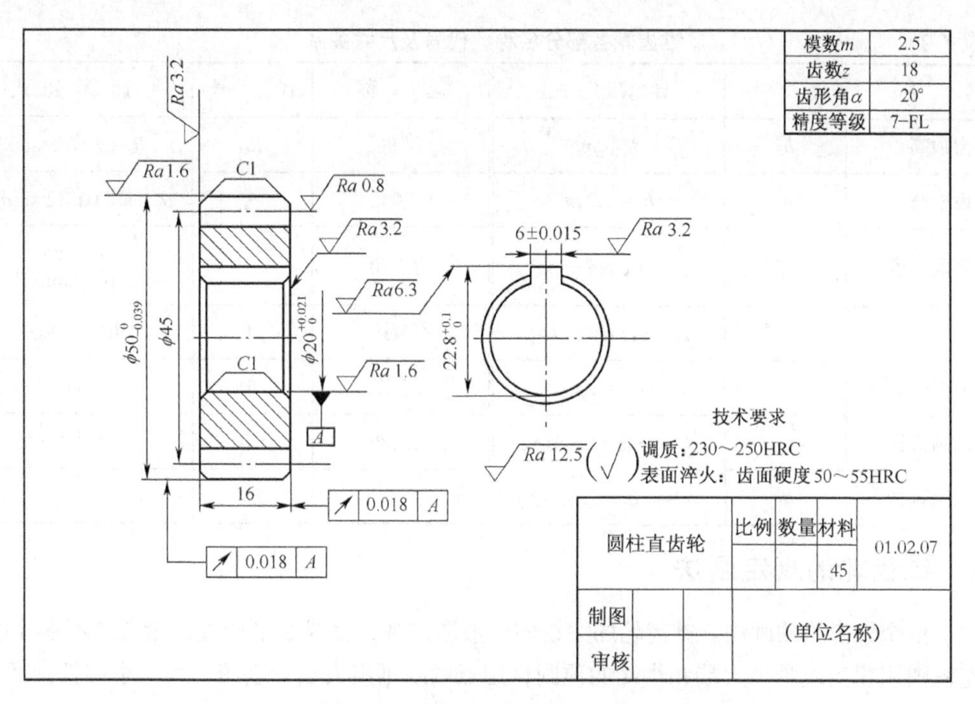

图 7-34 直齿圆柱齿轮零件工作图

7.4.2 锥 齿 轮

1. 直齿锥齿轮各部分名称、代号及尺寸关系

锥齿轮的轮齿是在圆锥面上加工出的，因此轮齿齿形沿着圆锥素线方向大小不同，所以其模数、齿高、齿厚也随之变化。为了设计、制造方便，规定以大端参数为准。

直齿锥齿轮的各部分名称、代号及尺寸关系如图 7-35 和表 7-9 所示。

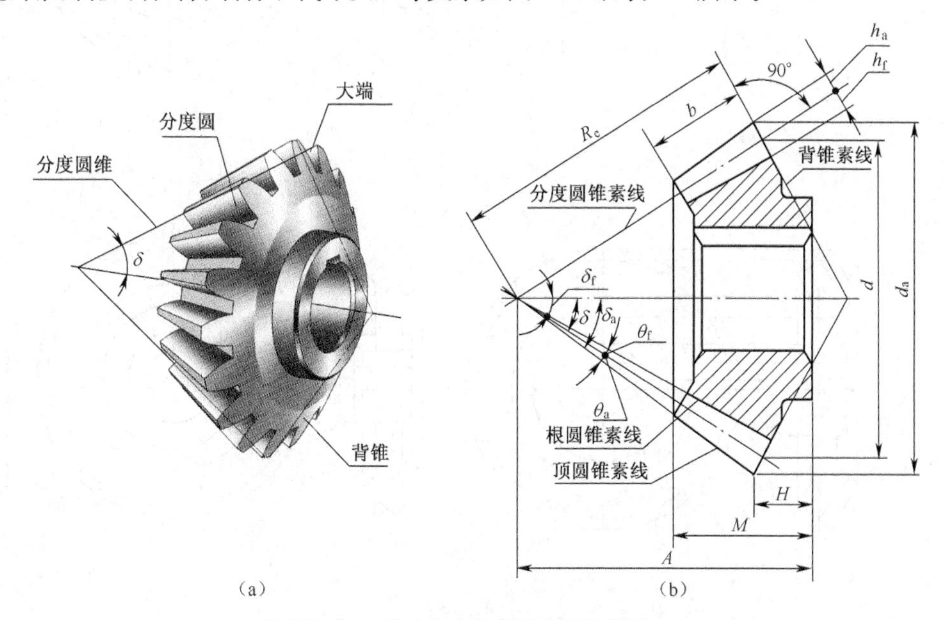

图 7-35 单个锥齿各部分名称及代号

表 7-9　　锥齿轮各部分名称、代号及尺寸关系

名　称	代　号	计算公式	名　称	代　号	计算公式
齿顶高	h_a	$h_a = m$	锥距	R_e	$R_e = mz/(2\sin\delta)$
齿根高	h_f	$h_f = 1.2\,m$	齿顶角	θ_a	$\theta_a = \arctan[(2\sin\delta)/z]$
分度圆角度	δ	$\delta_1 = \arctan(z_1/z_2)$	齿根角	θ_f	$\theta_f = \arctan[(2.4\sin\delta)/z)$
		$\delta_2 = \arctan(z_2/z_1)$	安装距	A	由结构确定
大端分度圆直径	d	$d = mz$	齿宽	b	$b \leqslant R_e/3$
齿顶圆直径	d_a	$d_a = m(z + 2\cos\delta)$	轮冠距	H	设计而定
齿根圆直径	d_f	$d_f = m(z - 2.4\cos\delta)$			

2. 锥齿轮的规定画法

（1）单个锥齿轮的画法。锥齿轮的主视图一般取剖视，轴线水平放置，轮齿按不剖处理。

左视图用粗实线画出大端和小端的顶圆；用点画线画出大端分度图；大、小端根圆及小端分度圆均不画出。轮齿其余部分的结构按投影绘制，如图 7-36（d）所示。

单个锥齿轮作图步骤如图 7-36（a）、（b）、（c）、（d）所示。

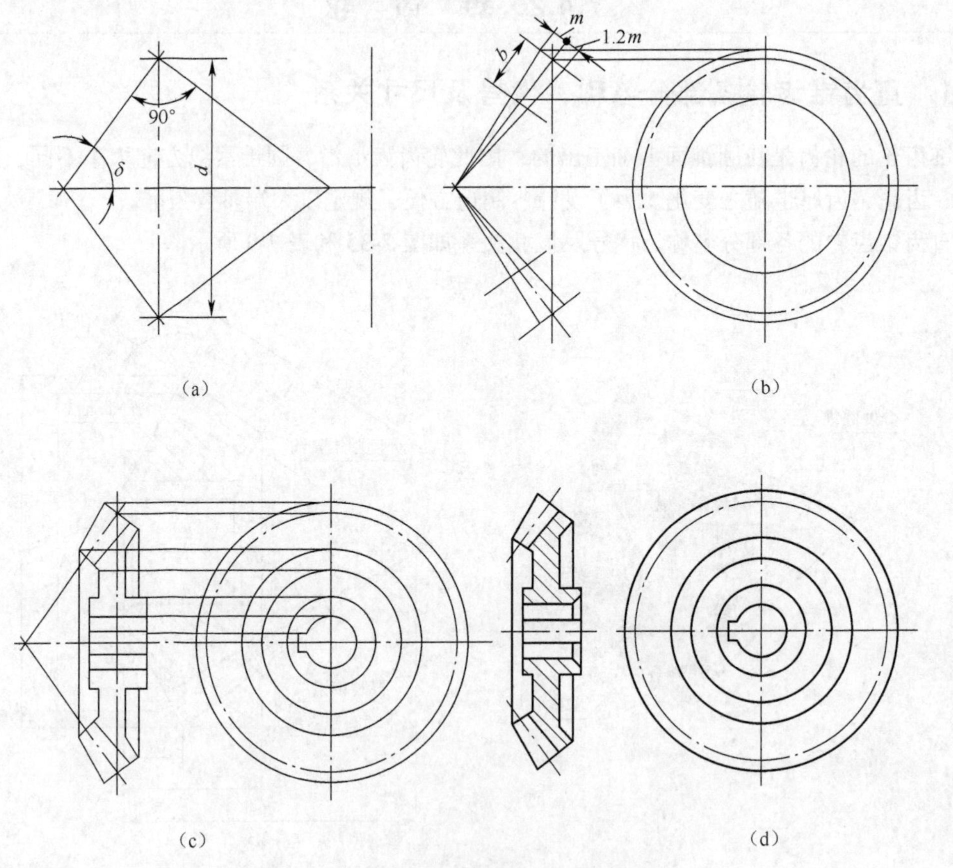

图 7-36　单个锥齿轮的规定画法和作图步骤

（2）两锥齿轮啮合的画法。一对啮合的锥齿轮，其模数相等，节锥相切。在一般情况下节锥顶点相交于一点，轴线垂直相交，如图 7-37（d）所示。

锥齿轮啮合的画法和作图步骤如图 7-37（b）、（c）、（d）所示。

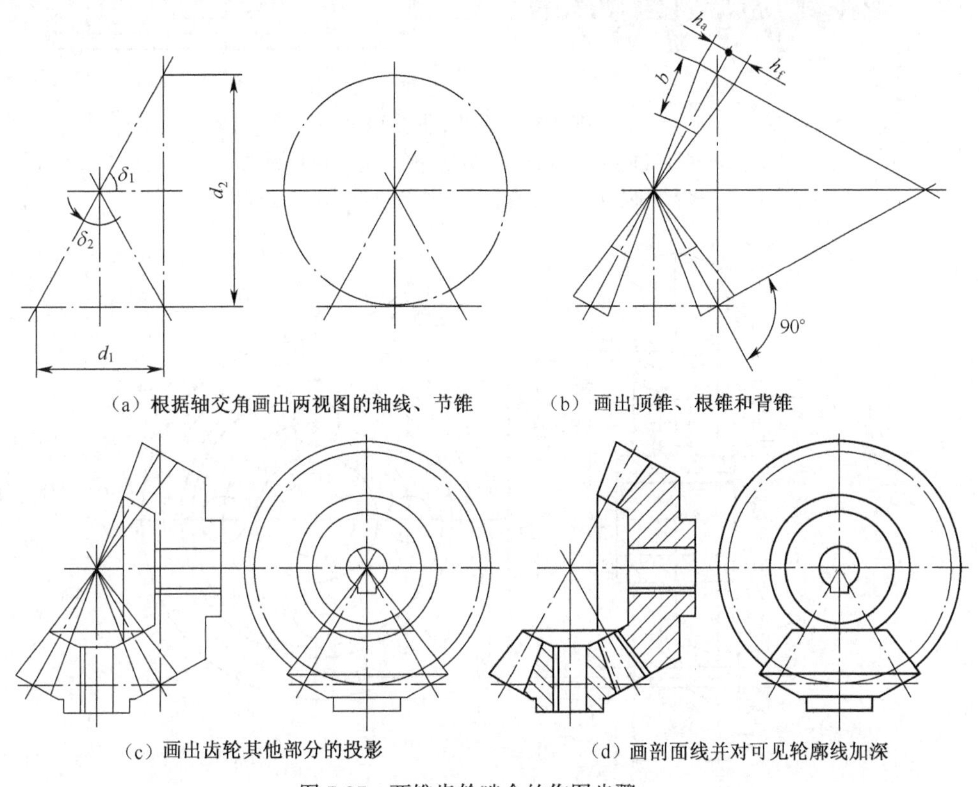

（a）根据轴交角画出两视图的轴线、节锥　（b）画出顶锥、根锥和背锥

（c）画出齿轮其他部分的投影　（d）画剖面线并对可见轮廓线加深

图 7-37　两锥齿轮啮合的作图步骤

7.4.3　蜗杆、蜗轮简介

蜗杆和蜗轮一般用于垂直交错两轴之间的传动，如图 7-26（c）所示。一般情况下蜗杆是主动件，蜗轮是从动件。其传动比大，结构紧凑，传动平稳，但效率低。

蜗杆轴向断面的齿形类似梯形螺纹轴向断面的齿形。蜗杆有单头、多头及左、右旋之分；蜗轮的齿和斜圆柱齿轮的齿类同，蜗轮齿常加工成凹形环面，以增加蜗杆和蜗轮齿部的接触面，蜗杆和蜗轮的齿向呈螺旋形。

1. 蜗杆蜗轮的主要参数及其尺寸关系

为设计和加工方便，规定以蜗杆的轴向模数 m_x 和蜗轮的端面模数 m_t 为标准模数。一对啮合的蜗杆、蜗轮，其模数相等，即标准模数 $m_x = m_t$。

蜗杆的螺旋线导程角γ和蜗轮螺旋角β大小相等，方向相同。

蜗杆、蜗轮的齿顶高、齿根高及齿高的计算方法同圆锥齿轮。

蜗杆、蜗轮各部分尺寸如图 7-38 和图 7-39 所示。

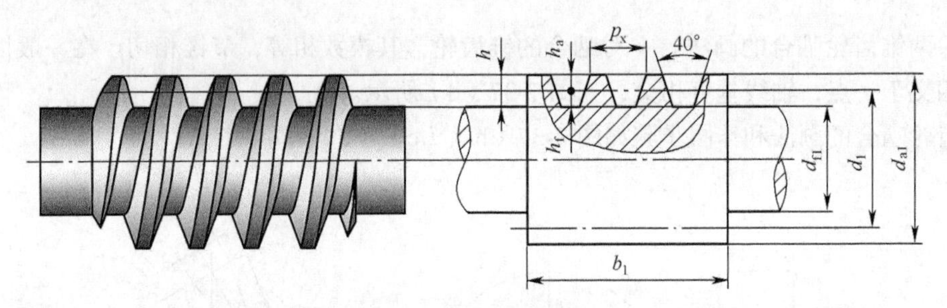

图 7-38　蜗杆的规定画法

d_1—分度圆直径；d_{a1}—齿顶圆直径；d_{f1}—齿根圆直径；

h_a—齿顶高；h—全齿高；p_x—轴向齿距；b_1—蜗杆齿宽

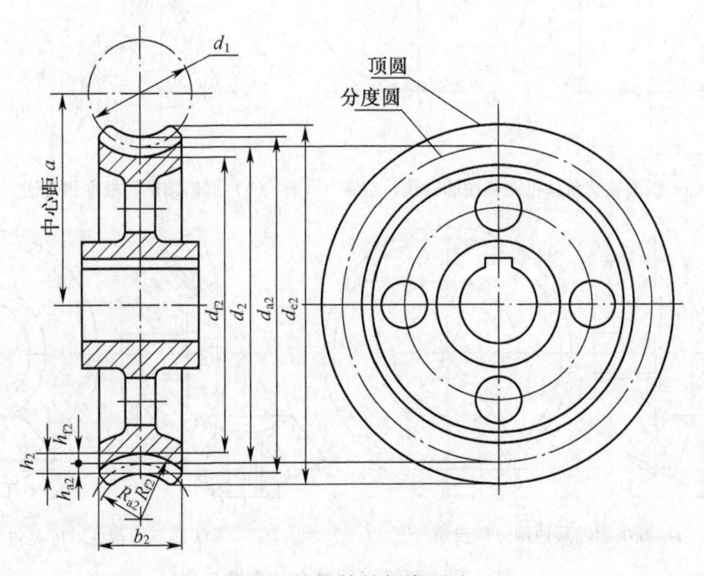

图 7-39　蜗轮的规定画法

d_2—分度圆直径；d_{a2}—喉圆齿顶圆直径；d_{f2}—齿根圆直径；d_{e2}—外圆直径；b_{a2}—齿顶高；

h_{f2}—齿根高；h_2—齿宽；R_{a2}—齿顶圆弧半径；R_{f2}—齿根圆弧半径；a—中心距

2. 蜗杆规定画法

如图 7-38 所示，蜗杆的齿顶圆和齿顶线画粗实线，分度圆和分度线画点画线；齿根圆和齿根线画细实线，也可省略不画。蜗杆一般只画一个视图，齿形常用局部剖视表示。

3. 蜗轮规定画法

蜗轮的画法与圆柱齿轮画法基本相等，如图 7-39 所示蜗轮端视图投影为圆，只画齿顶圆和分度圆，其他结构按投影绘画。

与轴线平行的投影面上的视图（主视图），环形圆弧中心应是啮合的蜗杆轴线位置，一般采用剖视，轮齿规定不剖。

4. 蜗杆、蜗轮啮合的画法

如图 7-40（a）所示，蜗杆投影为圆的视图上，在啮合区内蜗轮省略不画，以表示被蜗杆遮住；在蜗轮投影为圆的视图上，蜗轮分度圆和蜗杆的分度线相切。如图 7-40（b）所示，左视图的啮合区中蜗杆齿顶线、蜗轮外顶圆均画粗实线。

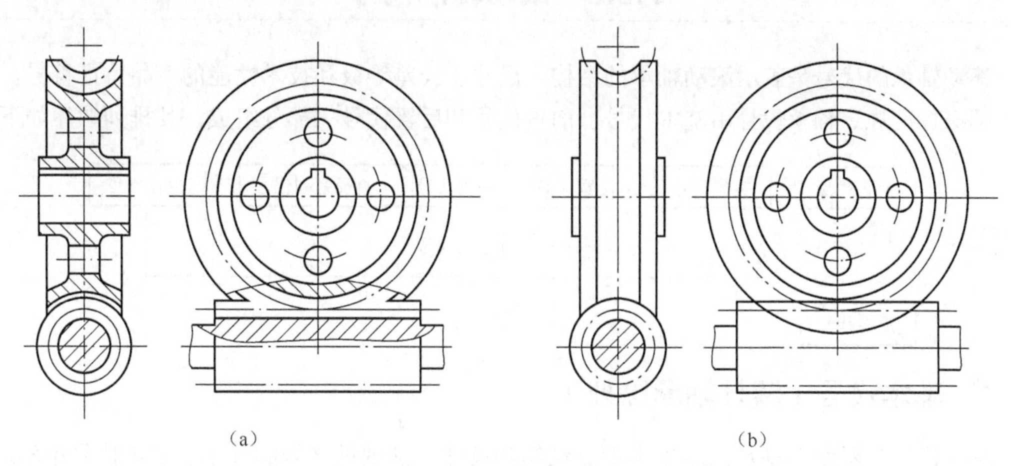

图 7-40　蜗杆、蜗轮啮合的画法

7.5 滚动轴承

滚动轴承是支承传动轴旋转的组合件，由于结构紧凑，摩擦力小等优点，被广泛地应用。

7.5.1　滚动轴承的种类和结构

滚动轴承按承受载荷情况，一般分为向心轴承、推力轴承、向心推力轴承三类。虽然种类不同，但它们的结构大体相似，一般都是由外圈、内圈、滚动体及保持架四部分组成，如表 7-10 所示。

表 7-10　　常用轴承的结构及应用

轴 承 类 型	深沟球轴承 6	推力球轴承 5	圆锥滚子轴承 3
结构形式	外圈 滚珠 内圈 保持架	上圈 滚珠 保持架 下圈	外圈 滚柱 内圈 保持架
国标代号	GB/T 276—1994	GB/T 301—1995	GB/T 297—1994
应用	主要承受径向载荷	只承受单向轴向载荷	能承受径向载荷与一个方向的轴向载荷

7.5.2 滚动轴承代号

滚动轴承的代号是表示滚动轴承的结构、尺寸、公差等级和技术性能的产品特征符号。国家标准规定轴承代号由基本代号、前置代号和后置代号三部分组成，其排列顺序如下。

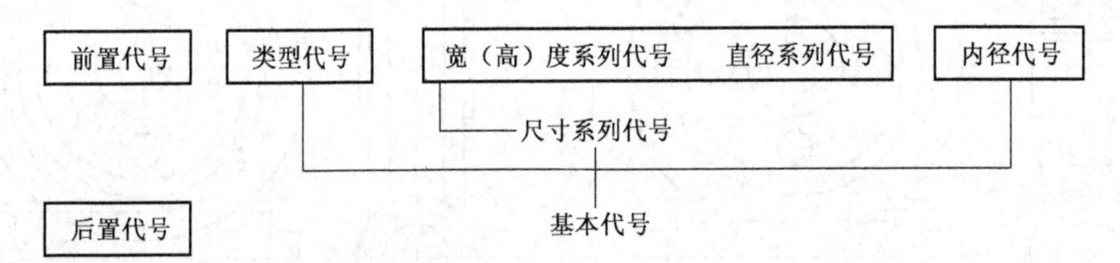

1. 基本代号（滚针轴承除外）

基本代号表示滚动轴承的基本类型、结构和尺寸，是轴承代号的基础。基本代号由轴承类型代号、尺寸系列代号和内径代号构成。

（1）类型代号，用阿拉伯数字及大写拉丁字母表示，如表 7-11 所示。

表 7-11　　滚动轴承的类型代号（摘自 GB/T 272—1993）

代号	0	1	2	3	4	5	6	7	8	N	U	QJ
轴承类型	双列角接触球轴承	调心球轴承	调心滚子轴承和推力调心滚子轴承	圆锥滚子轴承	双列深沟球轴承	推力球轴承	深沟球轴承	角接触球轴承	推力圆柱滚子轴承	圆柱滚子轴承	外球面球轴承	四点接触球轴承

（2）尺寸系列代号，由轴承宽（高）度系列代号和直径系列代号组合而成，均用两个数字表示。它用于区分内径相同，而宽（高）和外径不同的轴承。具体代号需查阅相关标准。

（3）内径代号，表示滚动轴承的公称内径，用两位数字表示。在通常情况下，代号数字＜04，即 00、01、02、03，分别表示轴承公称内径 10 mm，12 mm，15 mm，17 mm；当代号数字≥04，代号数字乘以 5，即得轴承内径，如 08，即 $8 \times 5 = 40$ mm。更为详细规定如表 7-12 所示。

表 7-12　　滚动轴承的内径代号（摘自 GB/T 272—1993）

轴承公称内径/mm		内径代号	示例
0.6～10（非整数）		用公称内径毫米数直接表示，在其与尺寸系列代号之间用“/”分开	深沟球轴承 618/2.5 $d = 2.5$ mm
1～9（整数）		用公称内径毫米数直接表示，对深沟及角接触球轴承 7、8、9 直径系列，内径与尺寸系列代号之间用“/”分开	深沟球轴承 625 深沟球轴承 618/5 $d = 5$ mm
10～17	10 12 15 17	00 01 02 03	深沟球轴承 6200　$d = 10$ mm 深沟球轴承 6201　$d = 12$ mm 深沟球轴承 6202　$d = 15$ mm 深沟球轴承 6203　$d = 17$ mm

续表

轴承公称内径/mm	内 径 代 号	示 例
20～480 （22、28、32 除外）	公称内径除以 5 的商数，商数为个位数，需在商数左边加“0”，如 08	调心滚子轴承 23208　d = 40 mm 深沟球轴承 6215　d = 75 mm
≥500 以及 22、28、32	用公称内径毫米数直接表示，但在与尺寸系列之间用“/”分开	调心滚子轴承 230/500 d = 500 mm 深沟球轴承 62/22 d = 22 mm

2. 前置、后置代号

当轴承的结构形式、尺寸、公差、技术要求等有改变时，可在其基本代号左右添加补充代号，其中前置代号用字母表示，后置代号用字母或数字表示。前置、后置代号有许多种，其含义可查阅 GB/T 272—1993。

3. 滚动轴承代号标注举例

［例 7-1］　滚动轴承 61804

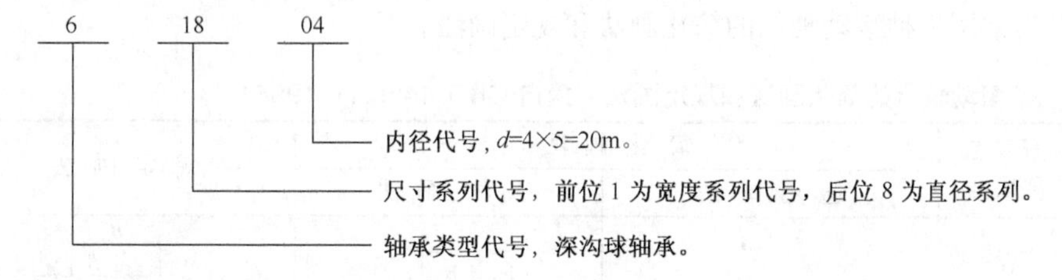

［例 7-2］　滚动轴承 N208

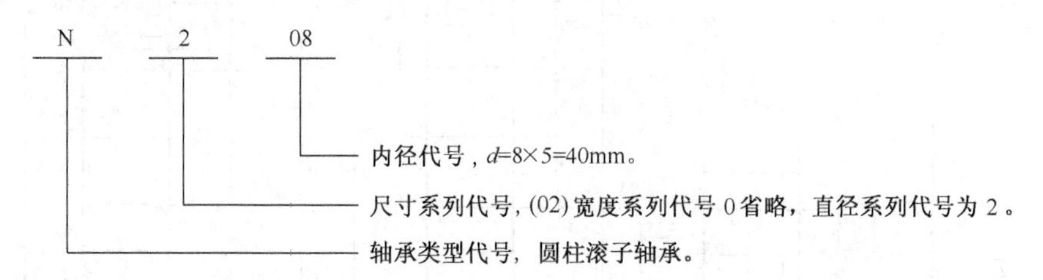

［例 7-3］　滚动轴承 K81107

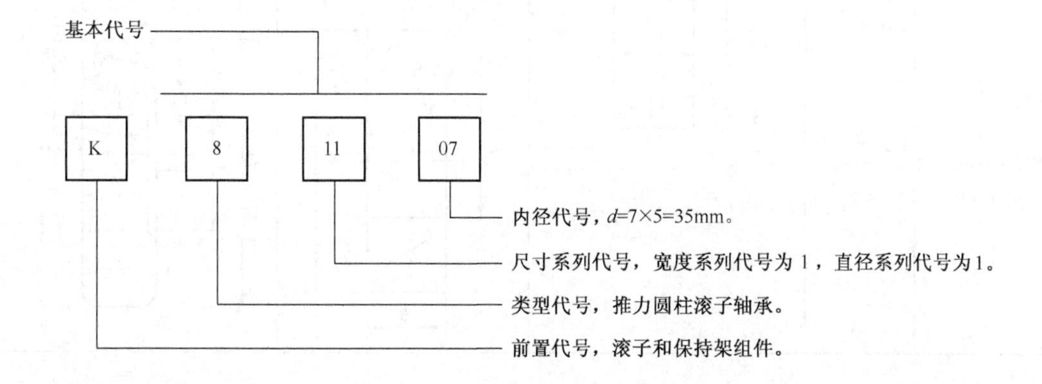

［例 7-4］　滚动轴承 7210N

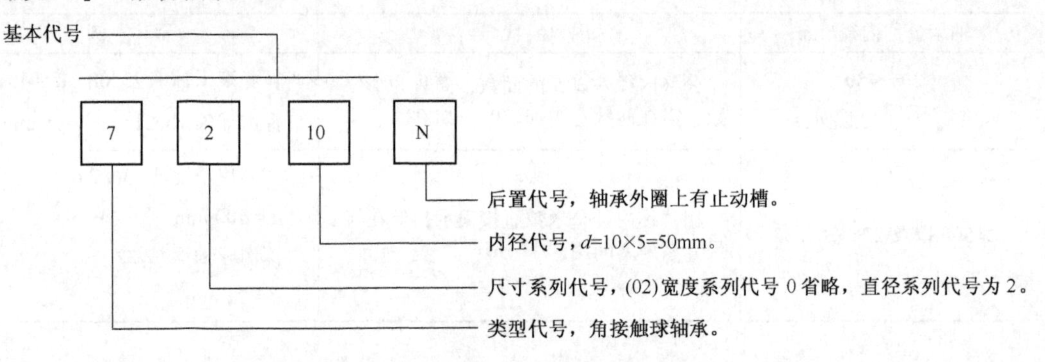

7.5.3　滚动轴承的画法

滚动轴承是标准组件，不必画其组件各部分零件图，而是在装配图上只需根据代号，在相应标准中查得主要数据绘图。

国家标准规定了滚动轴承的简化画法（通用画法和特征画法）和规定画法。

在剖视图，当不需要确切地表示滚动轴承的外形轮廓、载荷特征和结构特征时，采用通用画法。如需要较形象地表示滚动轴承的特征时，可采用特征画法。必要时，用规定画法绘制。

表 7-13 所示为常用三种滚动轴承的简化画法和规定画法。

表 7-13　　　滚动轴承的简化画法和规定画法（摘自 GB/T 4458.1—1998）

类型名称和标准号	查表主要数据	简 化 画 法		规 定 画 法
		通 用 画 法	特 征 画 法	
深沟球轴承 GB/T 277—1994 60000 型	D d B	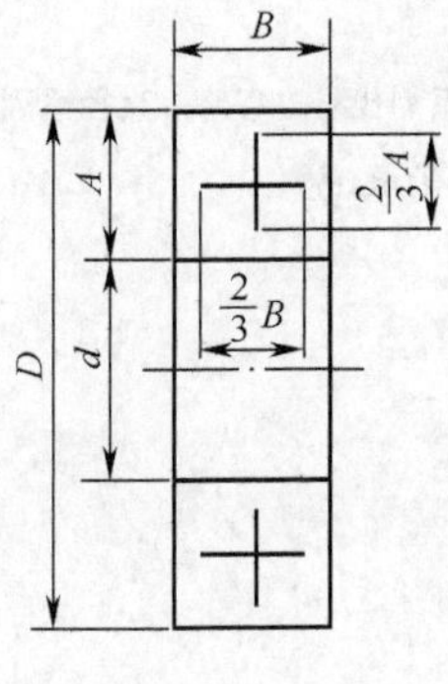	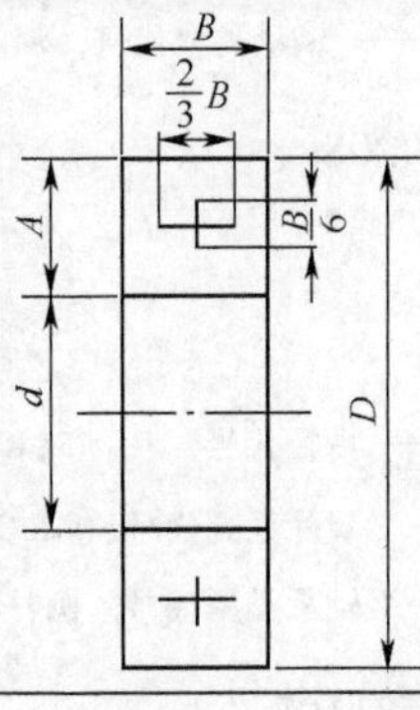	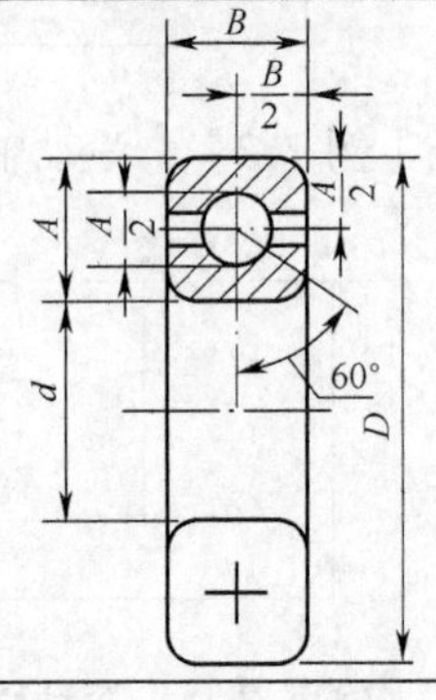
圆锥滚子轴承 GB/T 297—1994 30000 型	D d B T C		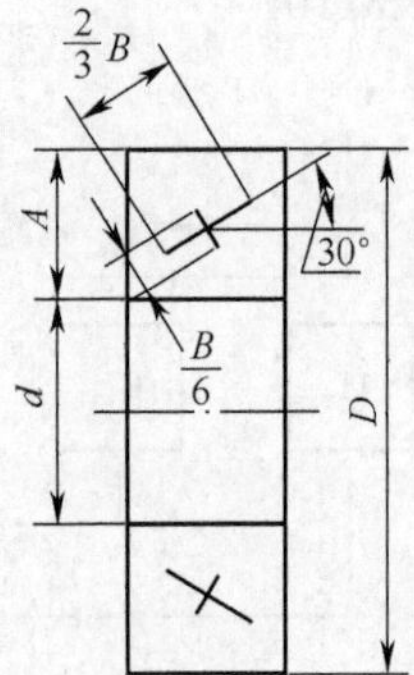	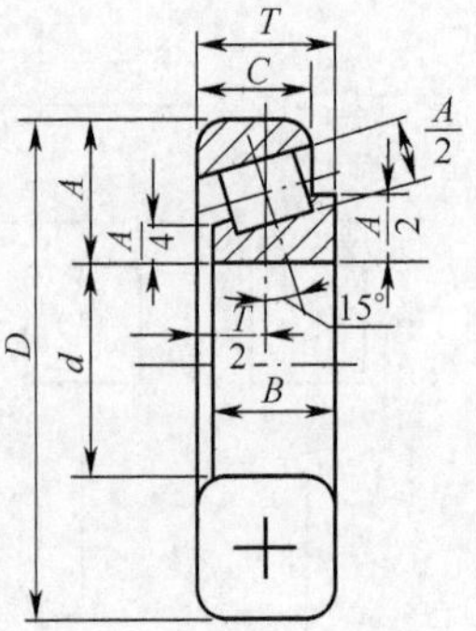

续表

类型名称和标准号	查表主要数据	简化画法		规定画法
		通用画法	特征画法	
推力球轴承 GB/T 301—1995 51000 型	D d T	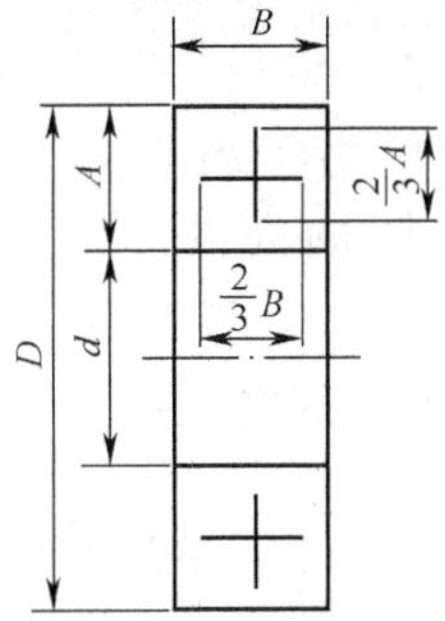	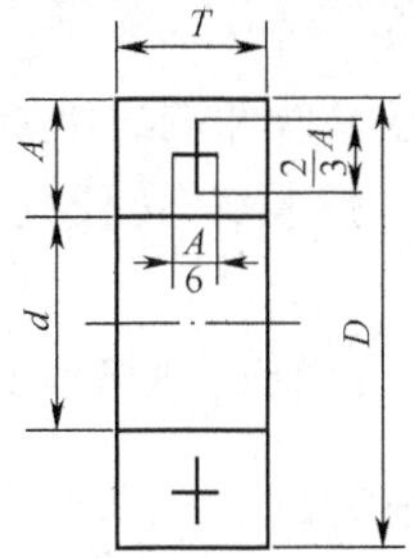	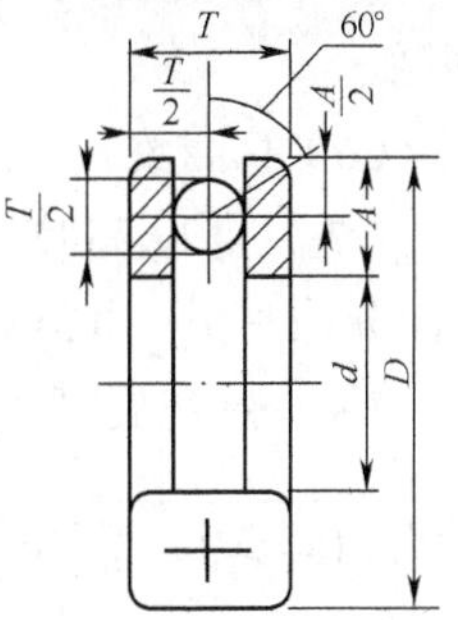

7.6 弹 簧

弹簧被广泛用来储存能量、减震、夹紧、测力等。弹簧的种类很多，有螺旋弹簧、涡卷弹簧、板弹簧及片弹簧等。常见的螺旋弹簧有压缩弹簧、拉伸弹簧和扭力弹簧，如图 7-41 所示。本章介绍圆柱螺旋压缩弹簧的尺寸计算和画法。

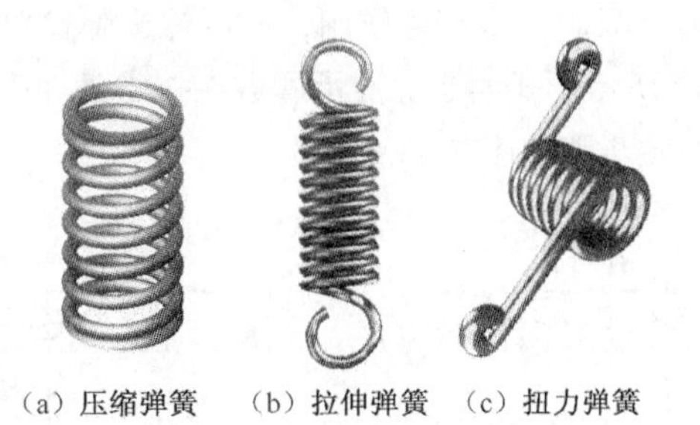

（a）压缩弹簧　（b）拉伸弹簧　（c）扭力弹簧

图 7-41　常见的螺旋弹簧

7.6.1　圆柱螺旋压缩弹簧各部分名称及尺寸关系（见图 7-42）

（1）簧丝线径 d：制造弹簧的钢丝直径，按标准选取。

（2）弹簧直径：

中径 D_2：弹簧平均直径，按标准选取；

外径 D：弹簧最大直径，$D = D_2 + d$；

内径 D_1：弹簧最小直径，$D_1 = D_2 - d = D - 2d$。

（3）节距 t：除磨平压紧的支承圈外，两相邻有效圈截面中心线的轴向距离。

（4）支承圈数 n_2：为了使弹簧压缩时受力均匀，工作平稳，保证弹簧轴线垂直于支承面。制造时把弹簧两端并紧磨平，这些并紧磨平的几圈不参与弹簧受力变形，只起支承作用，称为支承圈。如图 7-42 所示，两端各并紧 $1\frac{1}{4}$ 圈为支撑圈，n_2=2.5 圈。

（5）有效圈数 n：除去支承圈以外，保持节距相等的圈数。

（6）总圈数 n_1：沿螺纹轴线两端的弹簧圈数 $n_1 = n + n_2$。

（7）自由高度 H_0：弹簧未受任何载荷时的高度，$H_0 = n \cdot t + (n_2 - 0.5)\, d$。

（8）弹簧展开长度 L：制造弹簧前，簧丝的落料长度 $L=n_1\sqrt{(\pi \cdot D_2)^2 + t^2}$ 或 $L \approx \pi D_2 n_1$。

（9）旋向：弹簧也有右旋和左旋两种，但大多数是右旋。

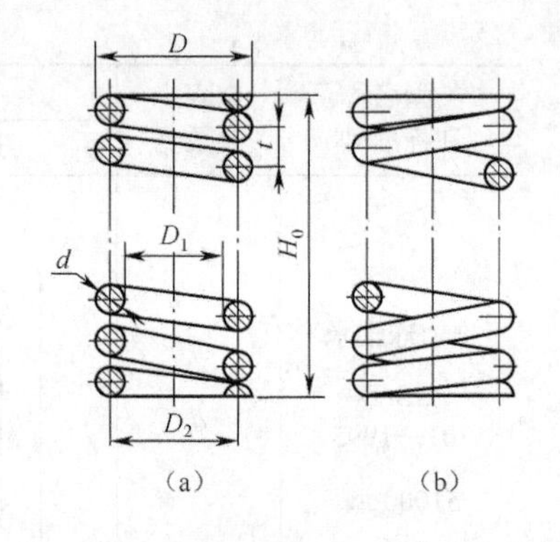

图 7-42　圆柱螺旋压缩弹簧的名称、尺寸关系

7.6.2　圆柱螺旋压缩弹簧的规定画法及画图步骤（GB/T 4459.4—2003）

（1）圆柱压缩弹簧可画成视图、剖视图或示意图，如图 7-42 和图 7-43（c）所示。

（2）与弹簧轴线平行投影面上的视图，弹簧的螺旋线画成直线。

（3）螺旋弹簧不分左旋或右旋，一律画成右旋，但若是左旋弹簧，应注上代号“LH”。

（4）有效圈数在四圈以上的弹簧，可以只画 1～2 圈（不含支承圈），中间省略不画，长度也可适当缩短，但应画出簧丝中心线。

（5）由于弹簧画法实际上只起一个符号作用，所以螺旋弹簧要求两端并紧并磨平时，不论支承圈多少，均可按图 7-42 所示形式绘制。支承圈数在技术条件中说明。

圆柱螺旋压缩弹簧的作图步骤如图 7-43 所示。

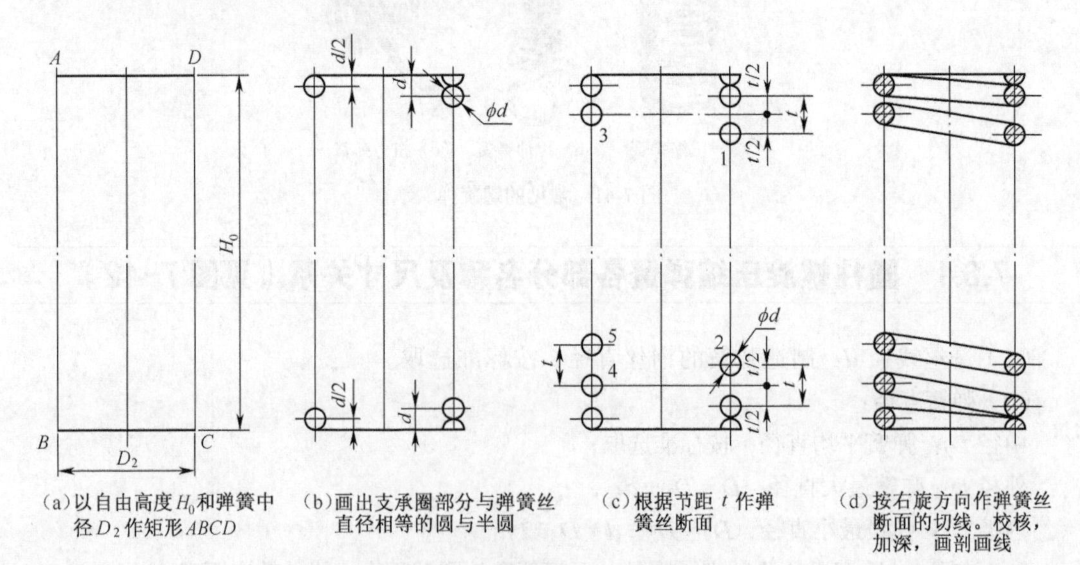

图 7-43　圆柱螺旋压缩弹簧的画图步骤

图 7-44 所示为弹簧零件图。图形上方的性能曲线表示弹簧负荷与长度之间的变化关系。如负荷 F_1 = 725.2 N 时，弹簧相应的长度为 50mm。

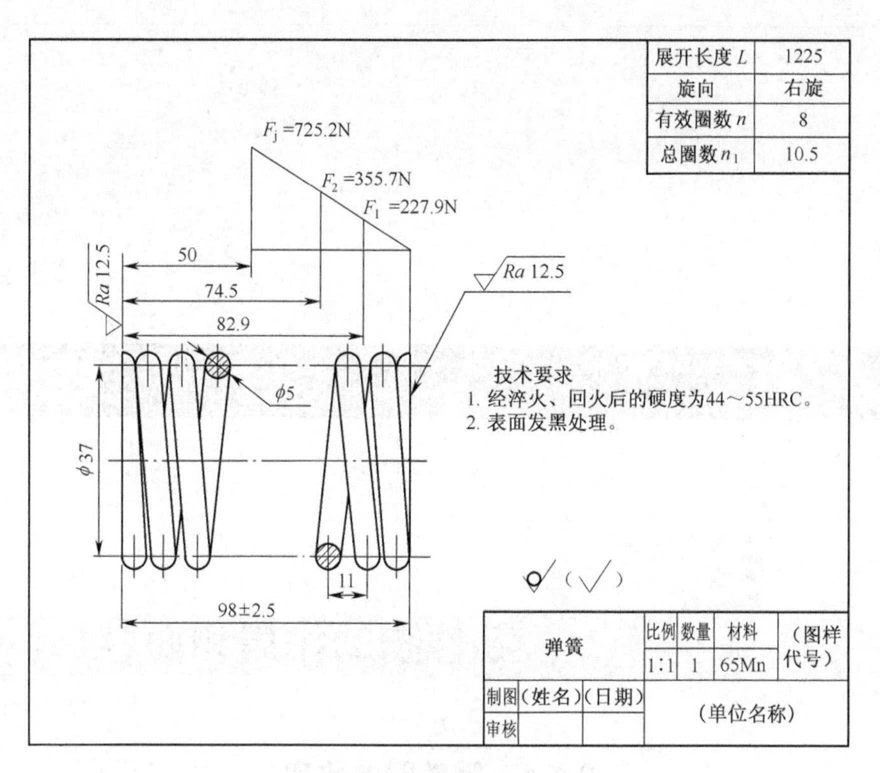

图 7-44　弹簧零件图

7.6.3　装配图中螺旋压缩弹簧的简化画法

装配图中，弹簧被看作实心物体，因此，被弹簧挡住的结构一般不画出［见图 7-45（a）］。当弹簧被剖切，弹簧丝直径在图形上小于或等于 2mm 时，可用涂黑表示［见图 7-45（b）]，也可采用示意画法［见图 7-45（c）]。

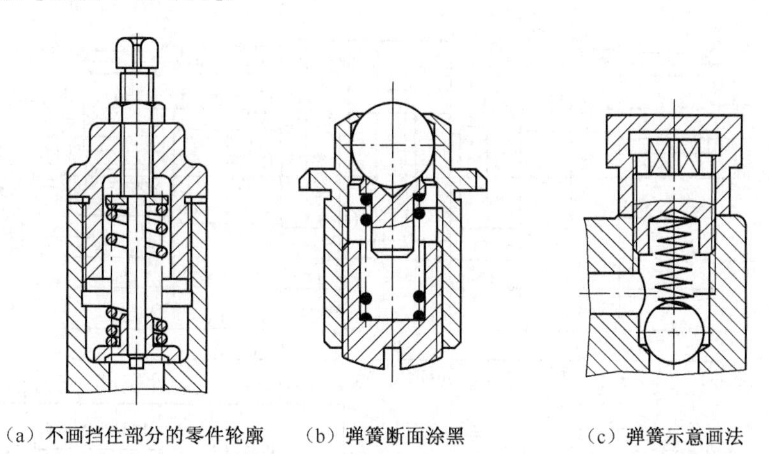

（a）不画挡住部分的零件轮廓　（b）弹簧断面涂黑　（c）弹簧示意画法

图 7-45　装配图中的弹簧画法

8.1 零件图的作用和内容

8.1.1 零件图的作用

用于表示零件的结构形状、大小及技术要求的图样，称为零件图。图 8-1 所示为传动轴零件图。在生产过程中，从备料、加工、检验到成品都必须以零件图为依据，因此，它是指导零件生产过程的重要技术文件。

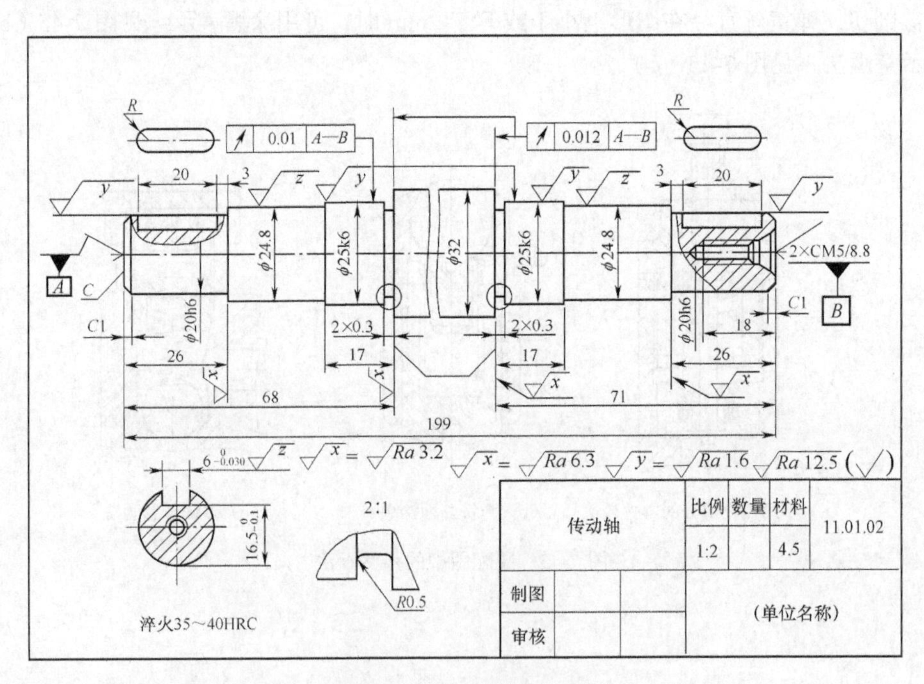

图 8-1　传动轴零件图

8.1.2 零件图的内容

一张完整的零件图一般应具备以下基本内容。

1. 一组视图

用一组视图、剖视图、断面图等的图形，将零件的内、外结构形状正确、完整、清晰地表示出来。

2. 完整的尺寸

正确、完整、清晰、合理地标注出制造、检验零件时所需要的全部尺寸。

3. 技术要求

用规定的符号、代号、标记或文字，说明零件在制造、检验时应达到的各项技术指标和要求。如尺寸公差、几何公差、表面结构如表面粗糙度、理化性能如热处理要求等。

4. 标题栏

填写零件的名称、件数、材料、比例、图号及制图和审核人员的责任签名等。

8.2 零件图的视图选择

零件图的视图选择，应根据零件结构形状的特点，以及它在机器中所处的工作位置和机械加工位置等因素综合考虑，使选择的视图能够将零件的结构形状正确、完整、清晰地表述出来，达到便于读图和简化绘图目的。

8.2.1 主视图的选择

主视图是表示零件形状的一组视图中的核心视图。主视图选择得合理与否，将直接影响到其他视图的选择和数量，关系到读图和画图是否方便，所以选择主视图应遵循如下原则。

1. 形状特征原则

应把反映零件内、外形状信息总量最多，即最能反映零件各组成部分的内、外形及其相对位置的方向，作为主视图的投射方向。

如图 8-2 所示的传动器箱体，分别从 *A*、*B*、*C* 三个方向投射，显然 *A* 向作为主视图（见图 8-2（b））的投射方向最佳。它最能反映箱体主体的圆筒、底板及连接结构的内、外形状和相对位置。

2. 加工位置原则

指主视图的放置位置应与零件机械加工时的主要位置保持一致，使工人加工该零件时便于将图和实物对照读图。

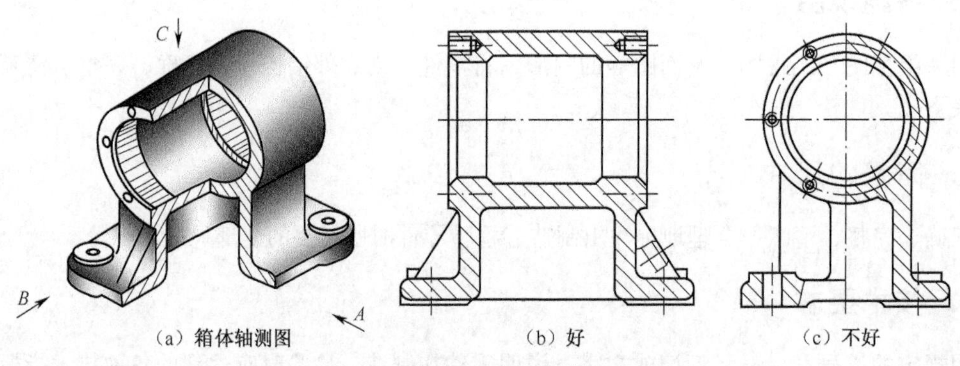

图 8-2　箱体主视图的投射方向

如图 8-2（b）所示，箱体主视图的位置符合镗孔时的加工位置；又如图 8-1 所示的传动轴和图 8-4（b）所示端盖的主视图，轴线水平位置放置，符合图 8-3 和图 8-4（a）所示的车床切削加工位置。

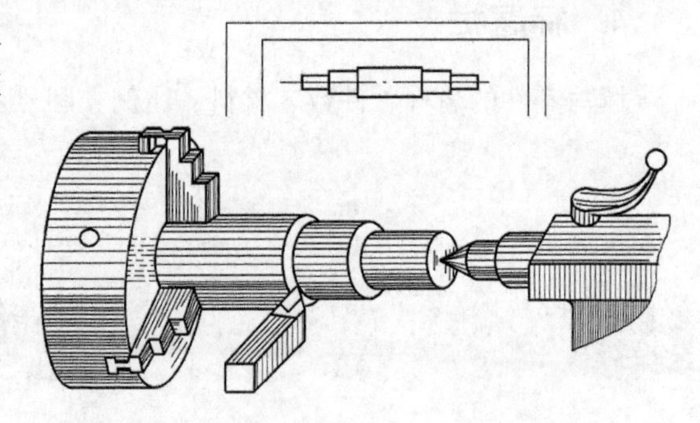

图 8-3　传动轴在车床上的加工位置

3. 工作位置原则

指主视图放置位置应与零件在机器（或部件）的工作位置和安装位置一致，这样便于把零件和机器（部件）联系起来，想象零件工作状态及其作用，有利于读、画装配图。

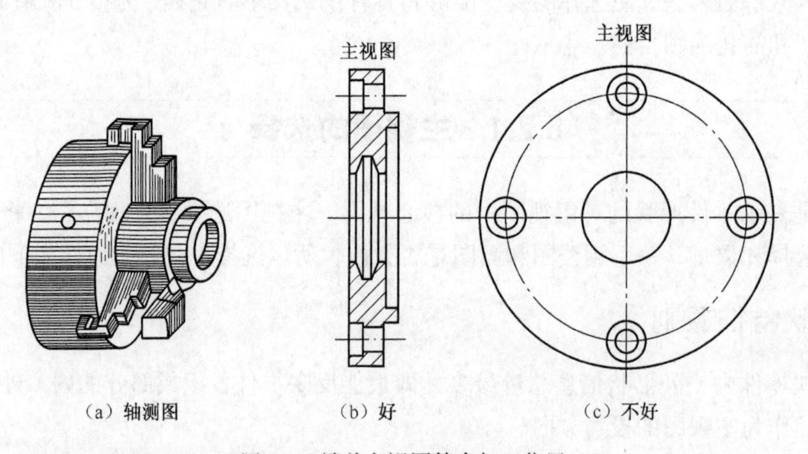

图 8-4　端盖主视图符合加工位置

如图 8-5 所示吊钩的主视图，图 8-2 所示箱体主视图和图 8-1 所示传动轴的主视图均符合工作位置。

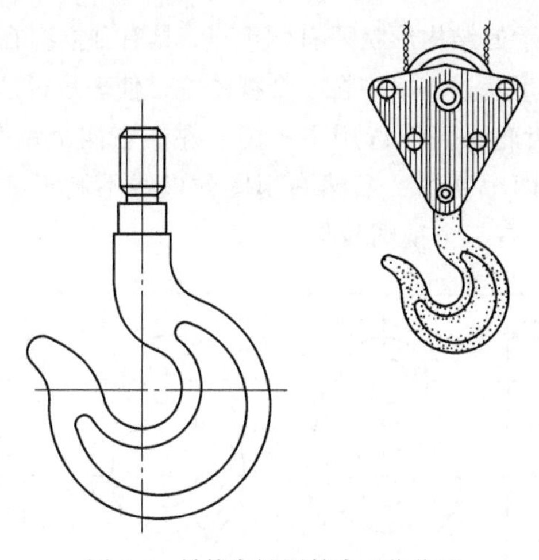

图 8-5　吊钩主视图符合工作位置

确定零件图的主视图时，往往不能同时满足上述原则，此时要首先考虑形状特征原则，其次考虑工作位置原则和加工位置原则。

8.2.2　其他视图的选择

（1）当主视图选定后，对零件主要结构形状尚未表示清楚的，首先选用基本视图（包括取剖视图）进行补充。

如图 8-6 中的盖板除了主视图外，只有通过俯、仰视图及全剖左视图进行补充，才能把盖板的形状完整、清晰地表示出来，以利于读图。

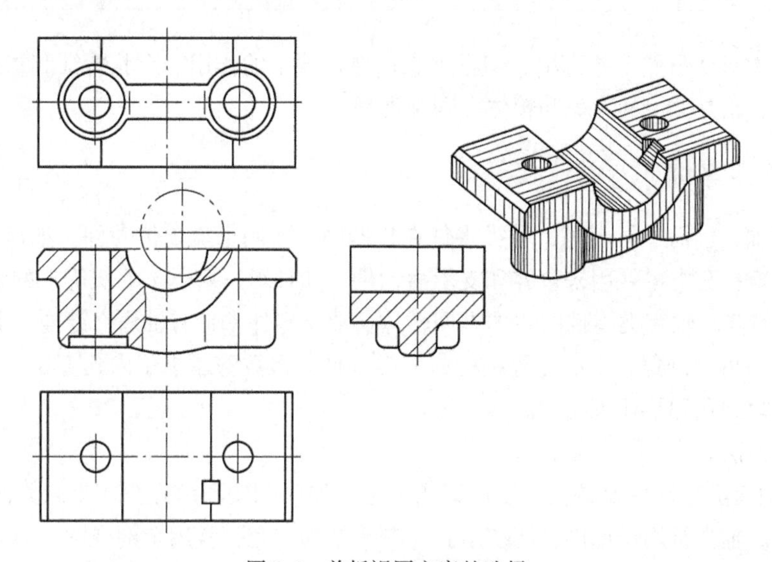

图 8-6　盖板视图方案的选择

对次要结构或细节部分尚未表示清楚之处，应辅以向视图、局部视图、斜视图、断面图、局部放大图等进行补充。如图 8-1 所示的传动轴零件图除了主视图外，还通过断面图和向视图来表达键槽形状，采用局部放大图表达退刀槽形状。

（2）选择每个视图所表示的结构形状要有侧重点，具有独立存在意义。既要避免视图过多、表示重复，又要避免把结构形状过多集中在一个视图中，使表示过杂而不清晰。

如图8-7（a）所示，齿轮泵壳体选用主、俯、左、右四个视图，显然俯视图是多余的；图8-7（b）中只用主、右两个视图，显然右视图的虚线不利于读图和尺寸标注，所以采用图8-7（a）所示的主、左、右三个视图较佳。

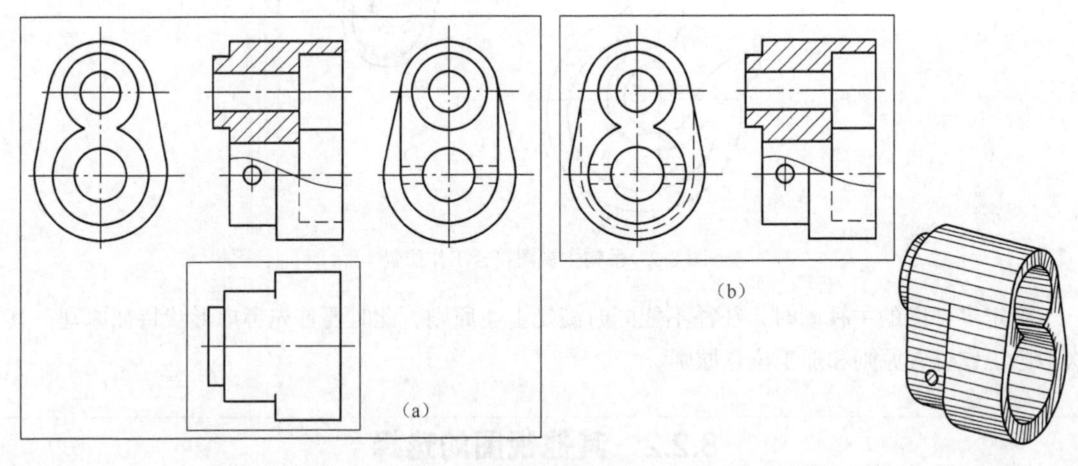

图8-7　齿轮泵壳体视图方案

总之，确定零件主视图及整体表示方案时要综合进行比较，在完整地表示零件结构形状的前提下，力求简明、清晰，便于读图，简化画图。

8.2.3　典型零件的表示方法

零件的结构形状虽然千差万别，但根据它们在机器中的作用、形状特征和加工方法，大致可分为轴套类、轮盘类、叉架类和箱体类四种类型。

1. 轴套类零件

包括各种轴、套筒、衬套等。轴类零件在机器中主要用来支承传动件（如齿轮、带轮等）旋转并传递转矩；套类零件用来包容和支承活动件（如轴承、塞子、活块等）的活动。

（1）结构特点。轴套类零件的主体是回转体。轴类零件常带有轴肩、键槽、螺纹、退刀槽、砂轮越程槽、圆角、倒角、中心孔等结构；套类零件大多数壁厚小于内孔直径，常带有油槽、油孔、倒角、螺纹孔和销孔等结构。

（2）表示方法。

① 由于轴套类零件主要是在车床或磨床上进行加工，因此主视图轴线要水平放直，一般只用一个主视图。轴类常用局部剖视图表示孔、槽等结构，套类常用全剖视图。

② 表示孔、槽结构，常用断面图。

③ 对退刀槽、砂轮越程槽、圆角等较小结构常用放大图，如图8-1和图8-8所示。

2. 轮盘类零件

轮盘类零件包括法兰盘、端盖、各种轮子（手轮、齿轮、带轮）等。其中轮类零件多用于传递扭矩，盘类零件常用于支承、连接、轴向定位和密封等。

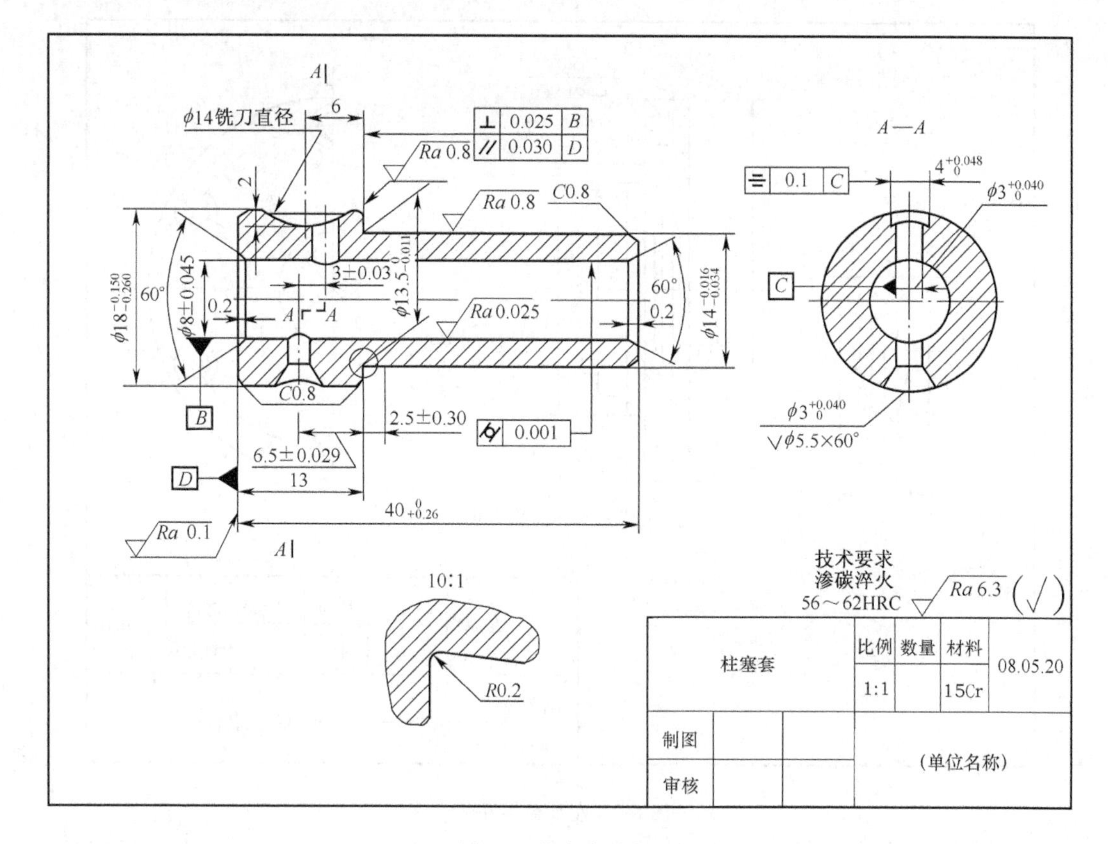

图 8-8　柱塞套零件图

（1）结构特点。轮盘类零件主体结构是回转体或扁平板组成的盘状体，其厚度方向尺寸比其他方向尺寸小得多，这类零件通常是先铸造或锻造成毛坯，再经过必要切削加工而成的。其常见结构有轮辐、键槽、均布安装孔及其附属凸台、凹坑、销孔等。

（2）表示方法。

① 轮盘类零件主要在机床上加工，所以按其加工位置和形状特征来选择主视图，轴线水平放置。主视图常取单一剖切面、相交剖切面或平行剖切面作出全剖或半剖视图。

② 轮盘类零件一般采用主、左（或右）两个基本视图表示。左（或右）视图表示外形轮廓、孔、槽结构形状及分布位置。

③ 个别细节结构常采用局部剖视图、断面图、局部放大图等加以表示。

如图 8-9 所示，左端盖主视图的轴线水平放置，用单一剖切面全剖主视图，表示轴向内形。左视图采用对称形简化画法，表示径向外形及盘上圆孔分布位置。局部放大图表示密封槽形状。

3. 叉架类零件

叉架类零件包括支架拨叉、连杆、摇臂、杠杆等。叉架类零件在机器或部件中常用于支承、连接、操纵和传动等，这类零件由铸造、锻造制成毛坯，经过机械加工制造而成。

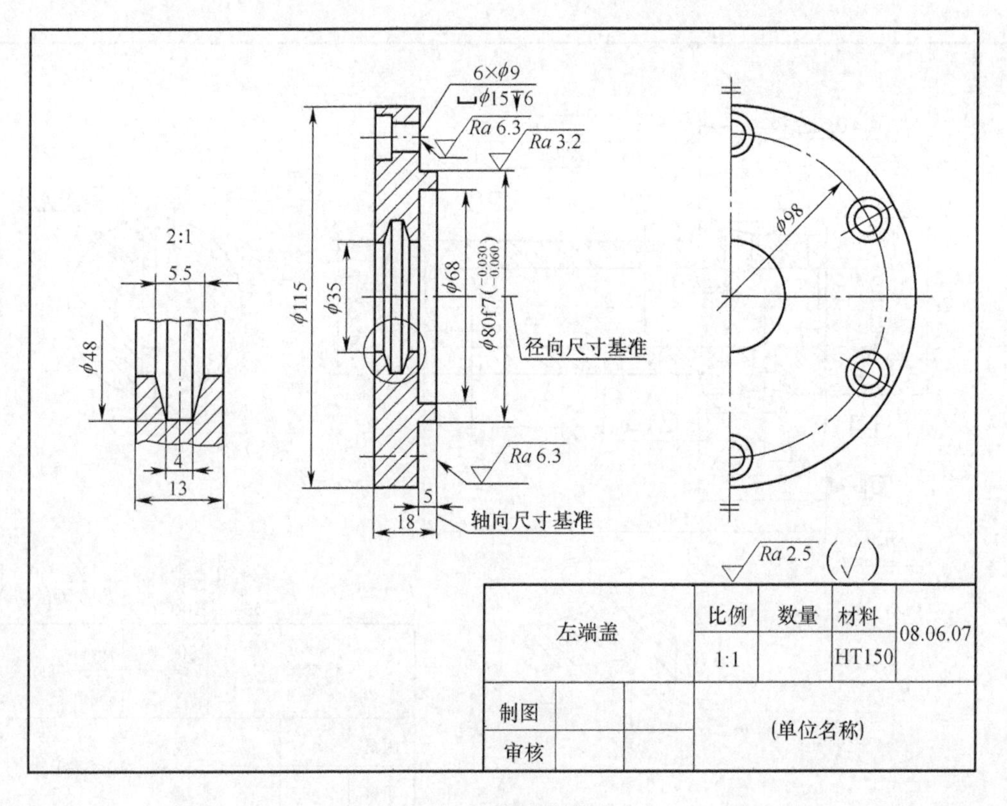

图 8-9　左端盖零件图

（1）结构特点。叉架类零件的结构形状多样化，差别较大，但主体的结构都是由支承部分、安装部分和连接部分（不同断面形状的连接板、肋板和实心杆）组成。

（2）表示方法。

① 叉架类零件需多种机械进行加工，加工位置难于分清主要和次要之处，工作位置也多变，所以，应以反映零件结构特征的方向为主视图投射方向，并把零件放正。

② 常采用两个或两个以上基本视图表示，根据结构特点辅以断面图、斜视图、局部视图。

如图 8-10 所示摇臂零件图，采用主、左视图表示。主视图表示圆筒和连接板的形状和连接关系及拱形斜台螺孔位置，反映摇臂主体特征，对称中心线垂直放置；*A* 向视图表示斜台的特征形，断面图表示连接板的断面形状。

4. 箱体类零件

箱体类零件有减速箱、泵体、阀体和机座等。该类零件是机器或部件的主体件，起着支承、包容运动零件的作用。这类零件的毛坯常为铸件，也有焊接件。

（1）结构特点。箱体类零件形状较复杂，如图 8-11 所示的机座箱体由圆筒、底板和连接板三部分组成；箱体是由薄壁围成空腔的壳体，在箱壁上有支承孔及凸缘和底板。这类零件有加强肋、安装孔和螺纹孔、销孔等。

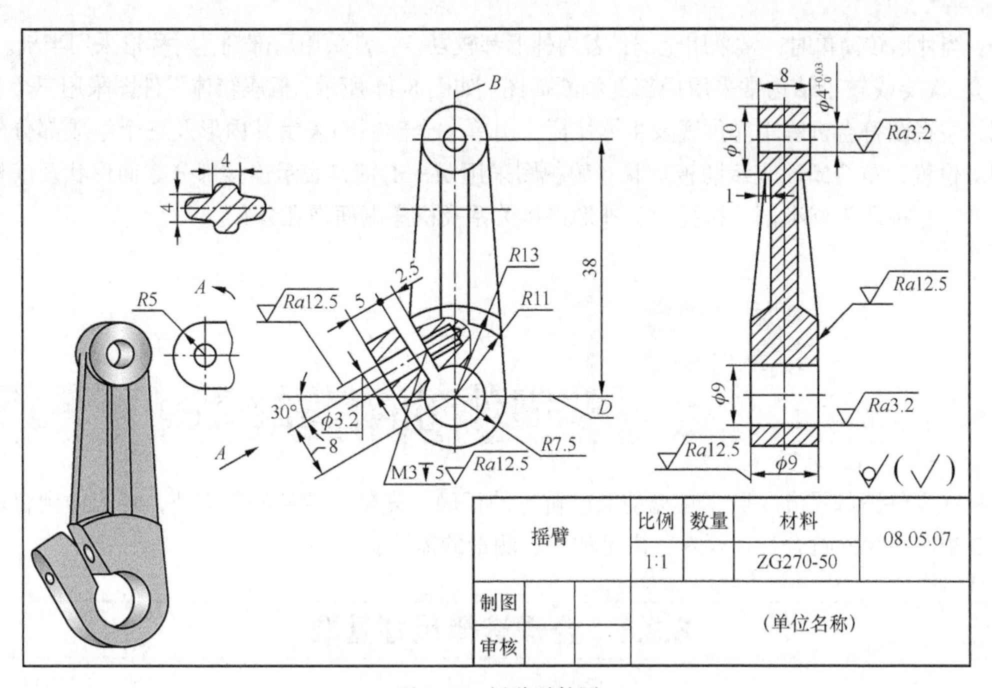

摇臂	比例	数量	材料	08.05.07
	1:1		ZG270-50	
制图			（单位名称）	
审核				

图 8-10　摇臂零件图

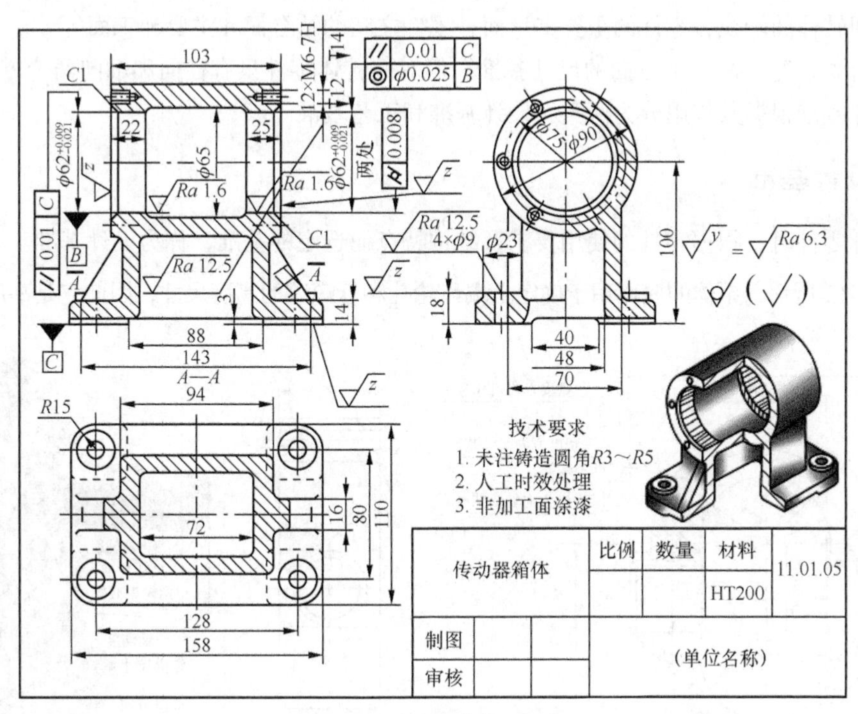

传动器箱体	比例	数量	材料	11.01.05
			HT200	
制图			（单位名称）	
审核				

图 8-11　传动器箱体零件图

（2）表示方法。

① 由于箱体类零件结构形状复杂、加工位置多变，所以主视图的选择一般以工作位置及最能反映零件特征形的方向作为主视图的投射方向。

② 箱体类零件通常采用三个或三个以上基本视图表示，并根据箱体结构特点，选择合适剖

视图。当外形较简单时，常采用全剖；若内外形都较复杂，常采用局部剖；对称形采用半剖。

③ 次要或较小结构常采用局部剖和断面图。如图 8-11 所示，机座箱体零件图采用三个基本视图，主视图符合机座工作位置及主体特征，用单一全剖视图表示其内形及三个组成部分外形和相对位置，重合断面表示肋板形状；俯视图采用 *A—A* 剖，表示连接部分截面形状及底板的特征形；左视图采用半剖，衬托内、外形连接关系及机座端面螺孔分布。

8.3 零件图的尺寸标注

标注零件图的尺寸，除了遵循前面已讲过的正确、完整、清晰的要求外，还应做到合理，合理是指所注尺寸符合设计要求，满足加工、测量的需要。

8.3.1 合理选择尺寸基准

标注零件图的尺寸要做到合理，首先要正确地选择尺寸基准。常见的基准有：零件的对称面；零件回转体的轴线；零件的重要支承面；零件之间的结合面和主要加工面等。

零件有长、宽、高三个方向的尺寸基准，但对回转体零件只有径向和轴向两个方向的尺寸基准。尺寸基准根据其作用分为两类：设计基准和工艺基准。

1. 设计基准

在设计零件时，根据零件的使用要求及结构特点而选定的基准，称为设计基准。

如图 8-12 所示，泵体的底面用于确定上端齿轮孔和管螺纹的高度尺寸，因此它是高度方向的

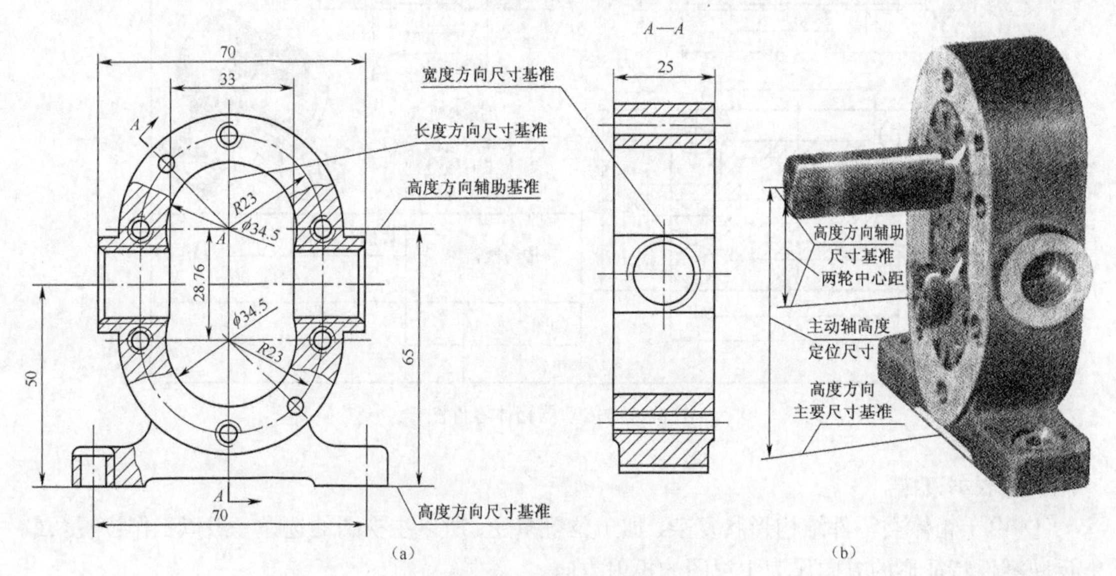

图 8-12　泵体的尺寸基准

设计基准，也是主要基准。而上端齿轮孔的轴线用于确定下端齿轮孔的位置尺寸，它是高度方向的辅助基准；泵体的左右对称面用于确定上、下两齿轮同一对称面上及左、右两管螺纹孔凸缘对称关系，并确定两个安装孔的孔距，所以左右对称面是长度方向的设计基准；泵体前后对称面是宽度方向的设计基准。

2. 工艺基准

零件在加工和测量时所选定的基准，称为**工艺基准**。

如图 8-13（a）所示，法兰盘在车床加工时以左端面 *A* 为轴向基准，以轴线为径向尺寸的加工定位基准。法兰盘键槽深度的测量以圆柱孔的素线 *B* 为测量基准，如图 8-13（c）所示。

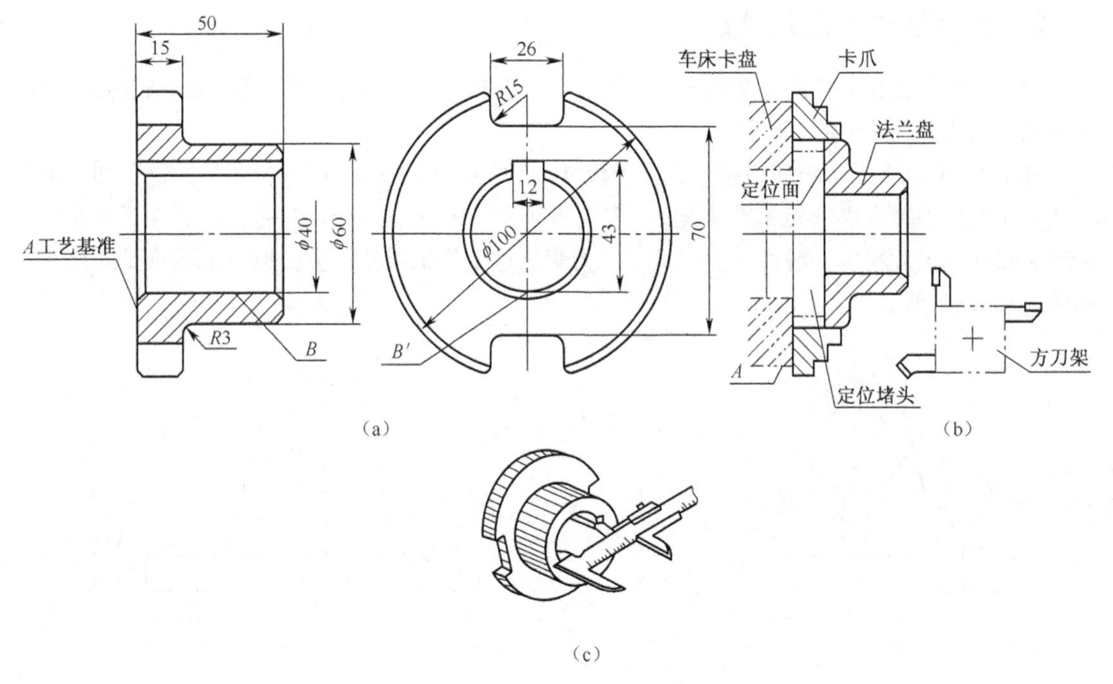

图 8-13　法兰盘的尺寸基准

有的零件的工艺基准与设计基准是重合的，如图 8-13（a）所示，径向尺寸以轴线为设计基准和加工、测量基准。又如图 8-12（a）所示，泵体底面是设计基准，同时也是加工和测量 ϕ34.5 孔及管螺纹孔的工艺基准。

标注尺寸时，最好应把设计基准和工艺基准统一起来，这样既能满足设计要求，又能满足工艺要求。若两者不能统一时，应以设计基准为主。

8.3.2　标注尺寸注意点

1. 零件的重要尺寸应直接注出

为保证使用要求，零件的重要尺寸应直接注出，避免换算尺寸。如图 8-12 中的尺寸 65、28.76（两齿轮的中心距）和螺纹孔位置 *R*23 及图 8-14（c）中的尺寸 *a* 都应直接注出。

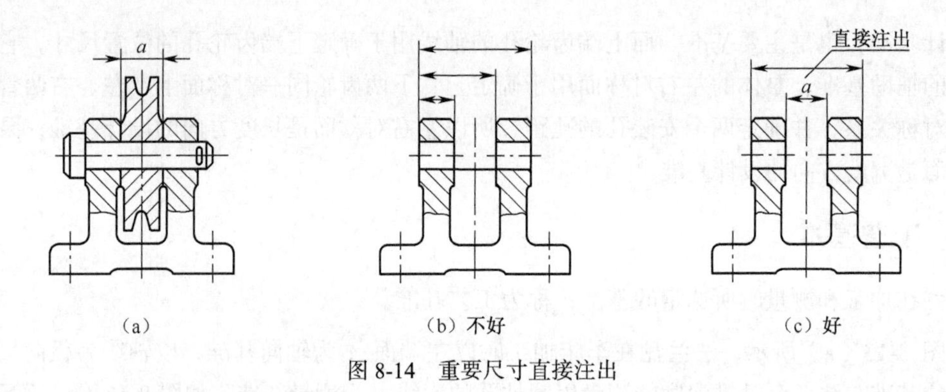

图 8-14　重要尺寸直接注出

2. 避免注成封闭尺寸链

封闭尺寸链是指零件同一个方向上的尺寸，一环扣一环并相连，像链条一样，成为封闭状。每个尺寸又称为尺寸链的一环。

如图 8-15（b）所示长和高两个方向的尺寸 e、l、d 和 a、b、c 组成封闭尺寸链。加工每段尺寸产生的误差都会影响相邻尺寸误差，若要保证尺寸 l、a 在一定误差范围内，就要提高尺寸 e 和 b 或 c 的尺寸精度，增加了加工难度。为解决这个累积误差，应去掉一个不重要的尺寸，如图 8-15（a）所示。

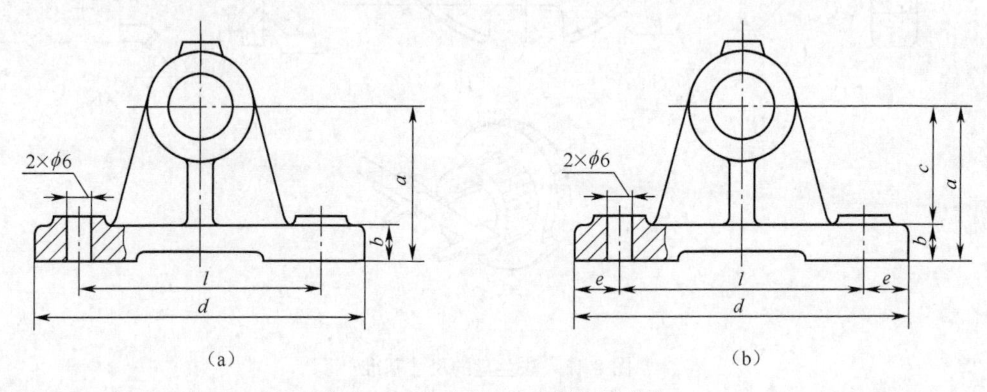

图 8-15　尺寸不应注成封闭尺寸链

3. 按加工顺序标注尺寸

为了便于工人加工时识读图中所标注的尺寸，标注尺寸时应按加工顺序标注。如图 8-16（a）所示的阶梯小轴的轴向尺寸是符合图 8-16（b）、（c）、（d）、（e）所示的加工工序的要求的。

4. 按不同的加工方法和要求标注尺寸

（1）按不同加工方法标注尺寸，如图 8-17（a）所示，把车和铣、钻尺寸分两边标注。

（2）外部和内部尺寸分类标注，如图 8-18（a）所示，把外部尺寸和内部尺寸分开标注。

（3）按加工要求标注尺寸，如图 8-19 所示的轴瓦，加工时，上、下部分合起来镗（车）孔。

工作时，支承轴转动，所以径向尺寸应标注ϕ，不能标注 R。

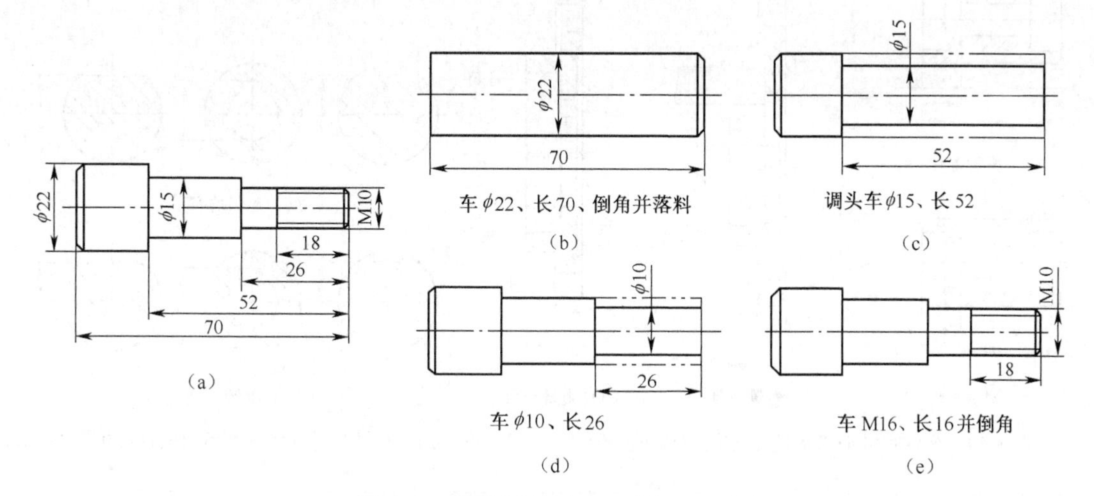

图 8-16　阶梯小轴按加工工序标注尺寸

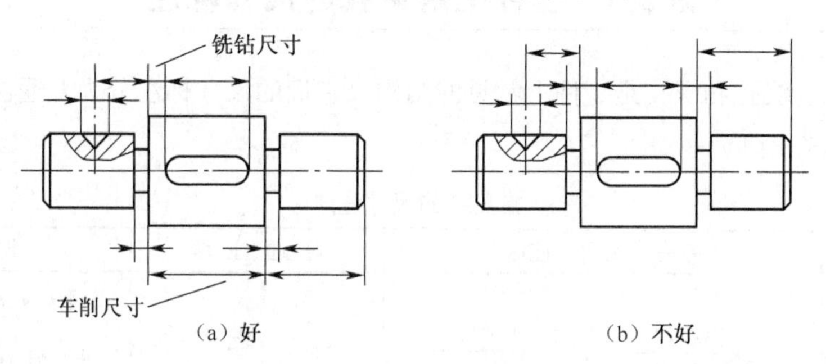

图 8-17　按不同加工方法标注尺寸

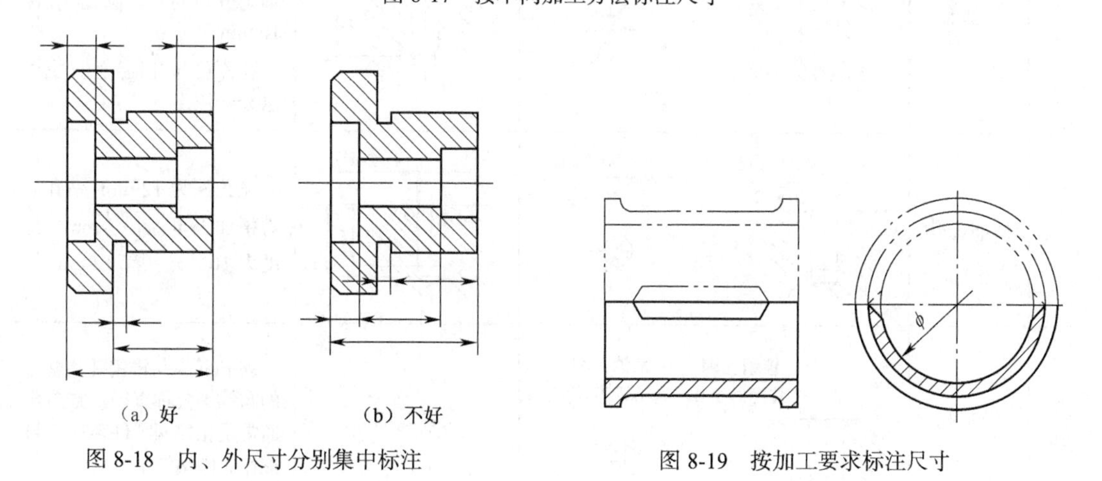

图 8-18　内、外尺寸分别集中标注

图 8-19　按加工要求标注尺寸

5. 按测量方便性和可测性标注尺寸

如图 8-20（b）、（d）所示，尺寸 B 不便测量，尺寸 A、9、10 不能测量，图 8-21（b）中的尺寸不能测量，是不合理的。图 8-20（a）、（c）和图 8-21（a）中所注的尺寸才是合理的。

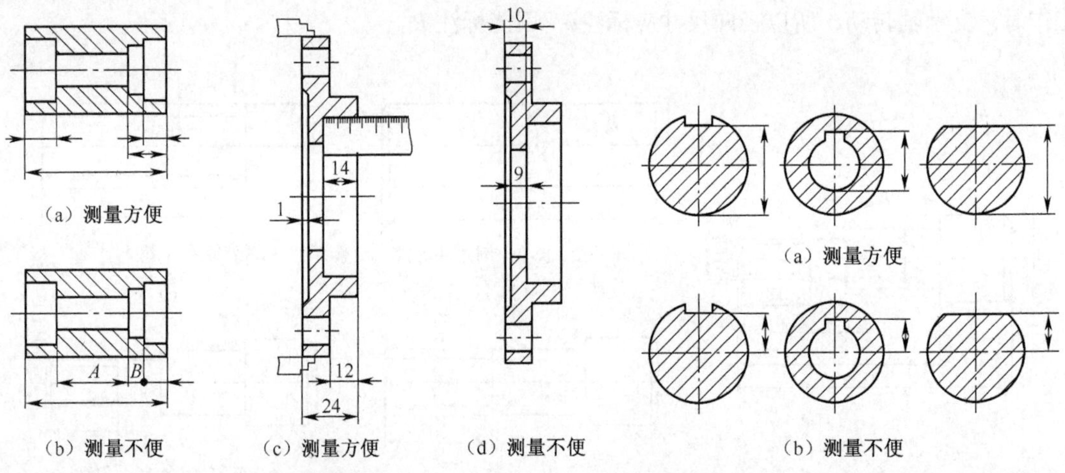

图 8-20　标注尺寸应考虑测量方便性和可测性(一)　　图 8-21　标注尺寸应考虑测量方便性和可测性(二)

8.3.3　零件上常见孔的尺寸标注

光孔、锪孔、沉孔和螺孔是零件上常见的结构，它们的尺寸标注分为普通注法、旁注法及简化注法，如表 8-1 所示。

表 8-1　常见孔的尺寸注法

类型		旁注法及简化注法	普通注法	说明
光孔	一般孔	4×ϕ4↧10　4×ϕ4↧10	4×ϕ4　10	“↧”为孔深符号 4 × ϕ4 表示直径为 4 mm 均匀分布的 4 个圆孔，孔深 10 mm 孔深可与孔径连注，也可以分开注出
	精加工孔	4×ϕ4H7↧10 孔↧12　4×ϕ4H7↧10 孔↧12	4×ϕ4H7　10　12	光孔深为 12 mm；钻孔后需精加工至 $\phi 4_{0}^{+0.012}$ mm，深度为 10，光孔深 12 mm
光孔	锥销孔	锥销孔ϕ4 装配时配作　锥销孔ϕ4 装配时配作	无普通注法	ϕ4 mm 为与锥销孔相配合的圆锥销公称直径。锥销孔通常是相邻两零件装在一起配作（同钻铰）
沉孔	锥形沉孔	6×ϕ6.6 ⌵ϕ12.8×90°　6×ϕ6.6 ⌵ϕ12.8×90°	90°　ϕ12.8　6×ϕ6.6	“⌵”为埋头孔符号 6 × ϕ6.6 表示直径为 6.6 mm 均匀分布的六个孔，沉孔尺寸为锥形部分尺寸 锥形部分尺寸可以旁注，也可以直接注出

续表

类　型		旁注法及简化注法	普通注法	说　明
沉孔	柱形沉孔	4×φ6.6 ⌴φ11↧4.7　4×φ6.6 ⌴φ11↧4.7	φ11　4.7　4×φ6.6	“⌴”为锪平、沉孔符号柱形沉孔的小直径为φ6.6 mm，大直径为φ11 mm，深度为4.7 mm，均需标注
	平锪沉孔	4×φ6.6 ⌴φ13　4×φ6.6 ⌵⌴φ13	φ13⌴　4×φ6.6	锪平φ13 mm的深度不需标注，一般锪平到不出现毛面为止
螺孔	通孔	3×M6　3×M6	3×M6—6H	3 × M6表示公称直径为6 mm均匀分布的三个螺孔（中径、顶径公称代号6H省略不注） 普通旁注法，也可以直接注出6H
螺孔	不通孔	3×M6↧10　3×M6↧10	3×M6—6H　10	螺孔深度可与螺孔直径连注，也可分开注出
		3×M6↧10 孔↧12　3×M6↧10 孔↧12	3×M6—6H　10　12	需要注出孔深时，应明确标注孔深尺寸

8.4 零件图的技术要求

技术要求用来说明零件制造完工后应达到的有关的技术质量指标。技术要求主要是指零件几何精度方向的要求，如尺寸公差、几何公差、表面结构等。从广义上还应包括理化性能方面的要求，如材料、热处理和表面处理等。技术要求通常用符号、代号或标记，标注在图形上，或者用简明文字注写在标题栏附近。

8.4.1　极限与配合

1. 互换性的概念

现代化大规模生产要求零件具有互换性，即一批相同规格的零件，未经挑选或修配，就能装到机器或部件上，并达到功能要求，零件间的这种装配性质称为互换性。它为提高生产效率，实施大批量专业化生产创造条件。

2. 极限和公差

要使零件具有互换性，要求零件间相配合的尺寸具有一定精确度。但零件加工时，不可能把零件的尺寸加工到绝对准确值，而是允许零件的实际尺寸在一个合理范围内变动，即为尺寸公差。以满足不同使用要求，形成极限与配合制度。

（1）公称尺寸：设计时给定的尺寸，如图 8-22 所示的孔、轴直径尺寸为ϕ40。

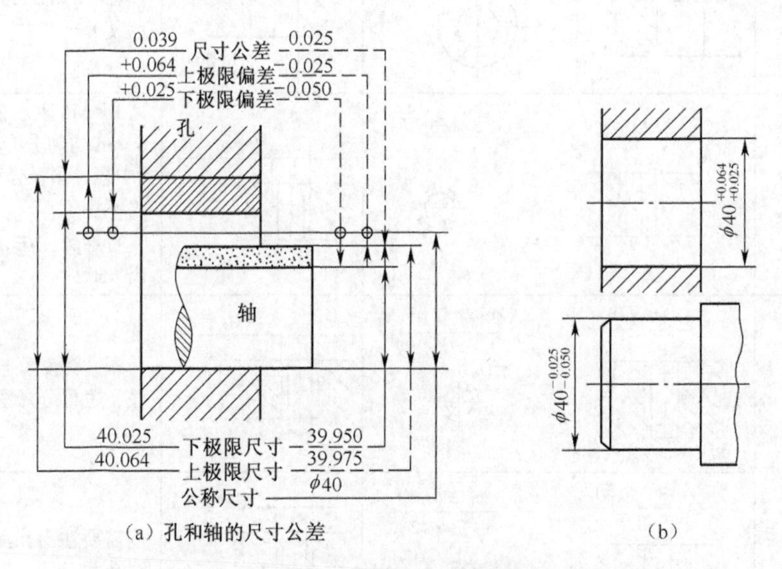

（a）孔和轴的尺寸公差　　（b）

图 8-22　极限配合术语图解

（2）实际尺寸：零件完工后，通过测量而获得的尺寸。

（3）极限尺寸：允许合格零件的尺寸变化的两个极限值，上极限尺寸和下极限尺寸。例如，图 8-22 中：

孔上极限尺寸为ϕ40.064，轴上极限尺寸为ϕ39.975；

孔下极限尺寸为ϕ40.025，轴下极限尺寸为ϕ39.950。

零件完工实测的尺寸在两个极限尺寸之间为合格尺寸：孔为ϕ40.025～ϕ40.064；轴的ϕ39.950～ϕ39.975。

（4）极限偏差：上、下极限尺寸减去公称尺寸所得的代数差，分上、下极限偏差。

上极限偏差：上极限尺寸减去公称尺寸所得的代数差。孔代号用 ES，轴代号用 es 表示。

孔（ES）= ϕ40.064 − ϕ40 = +0.064；轴（es）= ϕ39.975 − ϕ40 = −0.025

下极限偏差：下极限尺寸减去公称尺寸所得的代数差。孔代号 EI，轴代号 ei。

孔（EI）= 40.025 − 40 = +0.025；轴（ei）= ϕ39.950 − 40 = −0.050

实际偏差要在上极限偏差和下极限偏差范围内。

（5）尺寸公差（简称公差）：允许偏离公称尺寸的变动量。公差值等于上极限尺寸减下极限尺寸之差，或上极限偏差减下极限偏差。例如，在图 8-22 中：

孔公差 = 40.064 − 40.025 = (+0.064) − (0.025) = 0.039；

轴公差 = 39.975 − 39.950 = (−0.025) − (−0.050) = 0.025。

上、下极限偏差有正值、负值或零。而公差绝对值，没有正、负之分，也不可能为零。

同一规格尺寸的公差越小，尺寸精度越高，实际尺寸的允许变动量越小，越难加工。反之公差越大，尺寸精度越低，越易于加工。

（6）公差带：为了便于分析尺寸公差和进行有关计算，以公称尺寸为基准（零线），用增大了间距的两条直线表示上、下极限偏差，这两条直线所限定区域，称为公差带。用这种方法画出的图，称为公差带图，如图 8-23 所示。

（7）零线：公差带图中零线是确定正、负偏差的基准线，正偏差位于零线上方，负偏差位于零线下方。

公差带图表示公差大小和公差相对于零线位置。

3. 标准公差与基本偏差

公差带是由公差带大小及其相对于零线的位置的两个要素组成的。分别用标准公差和基本偏差带来确定，如图 8-24 所示。

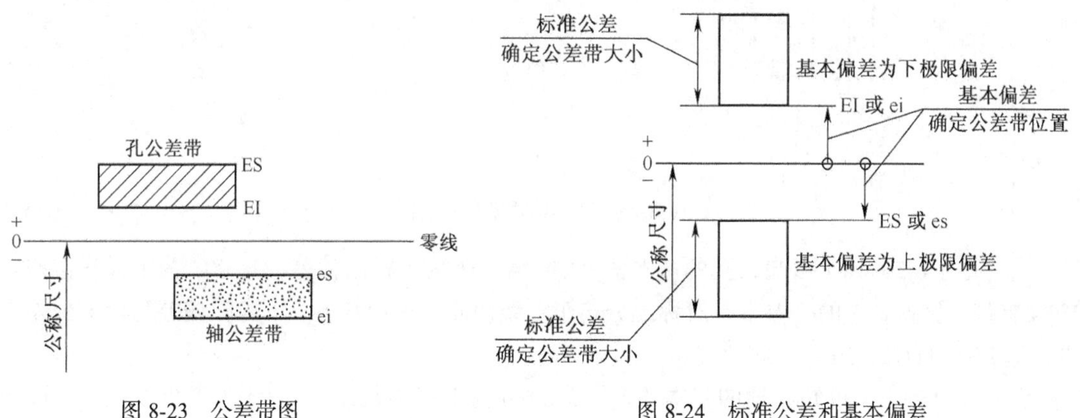

图 8-23　公差带图　　　　图 8-24　标准公差和基本偏差

（1）标准公差及等级。公差带大小用标准公差确定。标准公差代号用“IT”表示，后面的阿拉伯数字表示公差等级。

标准公差分为 20 个等级，依次为 IT01，IT0，IT1，IT2…IT18。01 级公差值最小，精度最高，IT18 级公差值最大，精度最低。

标准公差各等级的数值可查阅附表 24。同一基本尺寸，公差等级越高，标准公差值越小；同一公差值随着基本尺寸增大，公差值也随之增大。

（2）基本偏差。基本偏差是用于确定公差带相对零线位置的上极限偏差或下极限偏差，一般指靠近零线的那个偏差。位于零线以上的公差带，下极限偏差为基本偏差；位于零线以下的公差带，上极限偏差为基本偏差，如图 8-24 所示及图 8-22（b）的 $\phi 40^{+0.06}_{+0.02}$ 的基本偏差为下极限偏差+0.025；$\phi 40^{-0.025}_{-0.050}$的基本偏差为上极限偏差−0.025。

① 国家标准规定，孔和轴各有 28 个基本偏差，它们的代号用拉丁字母表示，孔用大写字母 A，B，…，ZC 表示，轴用小写字母 a，b，…，zc 表示。如图 8-25 所示。孔与轴基本偏差数值可查附表 25、附表 26。

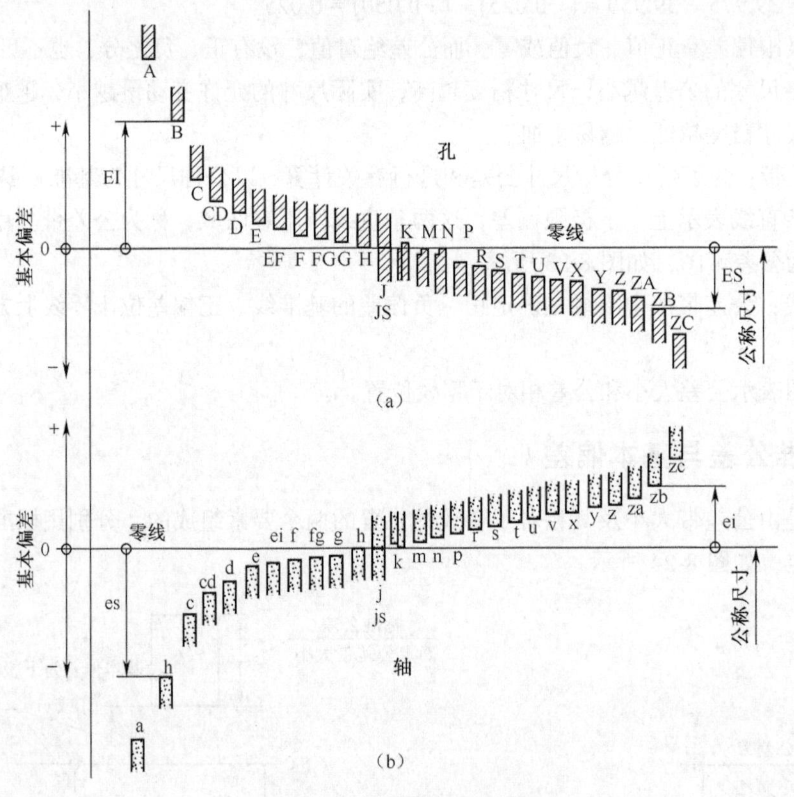

图 8-25　基本偏差系列示意图

② 从图 8-25（a）可知，孔的基本偏差中，A～H 为下极限偏差，J～ZC 为上极限偏差。JS 没有基本偏差，它的公差带是对称地分布于零线两侧，表示其上、下极限偏差为标准公差一半，即 ES = +IT/2，EI = −IT/2。

从图 8-25（b）可知，轴的基本偏差中，a～h 为上极限偏差，j～zc 为下极限偏差。js 没有基本偏差，它的公差带对称分布在零线两侧。表示其上、下极限偏差各为标准公差一半，即 es = +IT/2，ei = −IT/2，写成±IT/2。

（3）孔和轴的公差带代号。它由基本偏差代号和标准公差代号（省略“IT”字母）所组成。两种代号并列，位于公称尺寸之后，并与其字号相同，如图 8-26 所示。

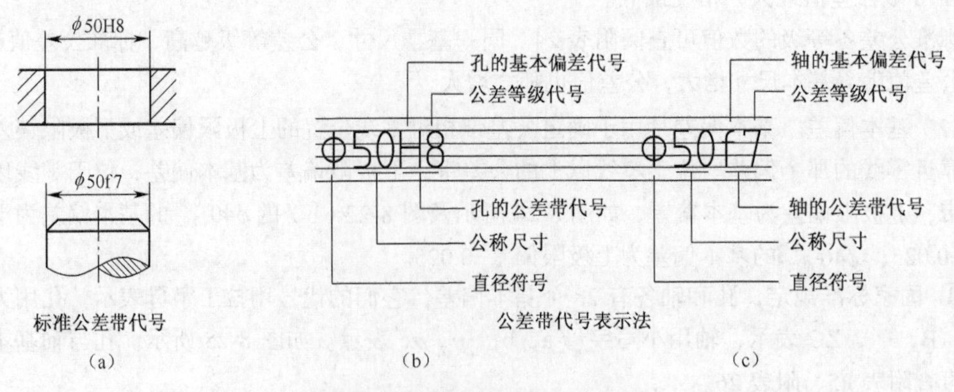

图 8-26　孔、轴公差带代号表示法

ϕ50H8 的含义：公称尺寸为ϕ50，基本偏差为 H 的 8 级孔。

ϕ50f7 的含义：公称尺寸为ϕ50，基本偏差为 f 的 7 级轴。

4. 配合和基准制

（1）配合。公称尺寸相同的互相结合的孔与轴的公差带之间的关系，称为配合。这里的孔、轴配合主要指圆柱形的内、外表面的配合，同时也包括一般内、外表面组成的配合（如键与键槽的配合等）。根据使用不同要求，孔与轴结合有松有紧，有间隙有过盈，因此，国家标准把配合分为三大类。

① 间隙配合。是指孔的实际尺寸总比与其相配合的轴的实际尺寸大，孔与轴存在间隙，如图 8-27（a）所示，间隙有最大间隙和最小间隙（包括最小间隙等于零），如图 8-27（b）所示，轴在孔中能作相对运动。孔的公差带在轴的公差带之上，如图 8-27（c）所示。

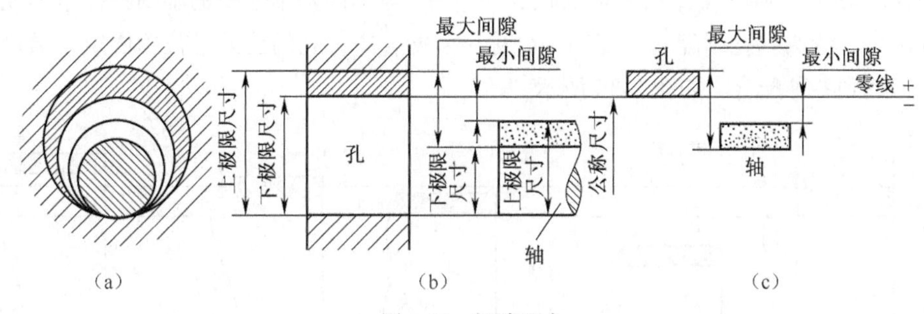

图 8-27　间隙配合

间隙配合主要用于孔与轴的活动连接。

② 过盈配合。是指孔实际尺寸总比与其相配合的轴的实际尺寸小，孔与轴存在过盈，如图 8-28（a）所示。过盈有最大过盈和最小过盈（包括最小过盈等于零），如图 8-28（b）所示。配合时，需借助外力或把带孔零件加热膨胀后，才能把轴压入孔中，轴与孔不能做相对运动。孔的公差带在轴的公差带之下，如图 8-28（c）所示。

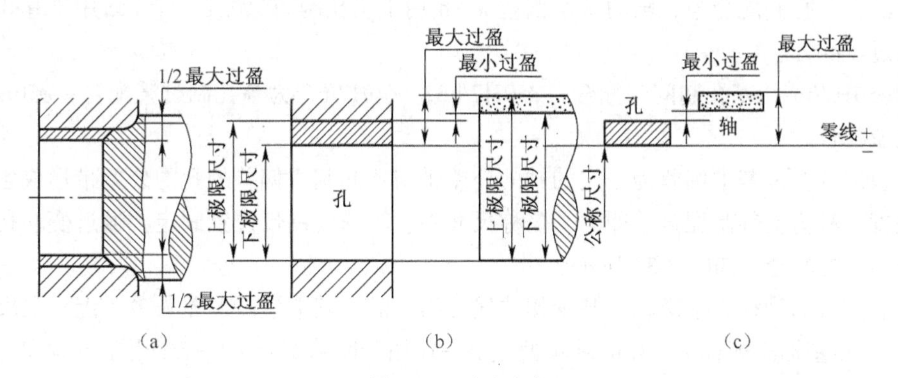

图 8-28　过盈配合

过盈配合主要用于孔与轴的紧固连接。

③ 过渡配合。是指轴的实际尺寸比孔的实际尺寸有的小、有的大，孔轴配合时，可能出现间隙或出现过盈，但间隙和过盈都相对较小；最大间隙和最大过盈，如图 8-29（b）所示。孔与轴公差带相互交叠，如图 8-29（a）所示。这种介于间隙和过盈配合，即为过渡配合。

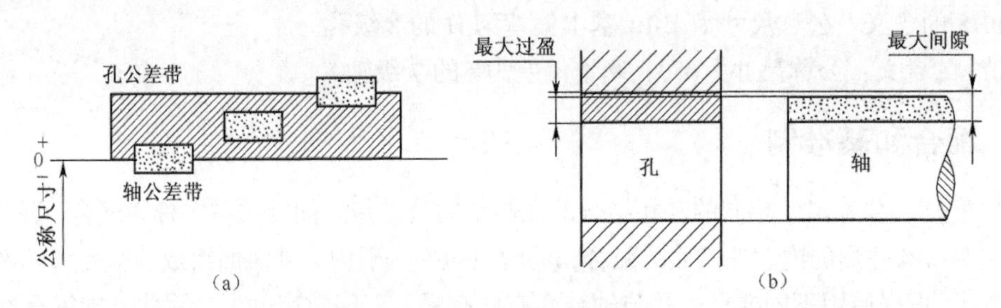

图 8-29　过渡配合

过渡配合主要用于孔、轴之间的定位连接。

（2）配合制。孔与轴公差带形成配合的一种制度，称为配合制。国家标准规定两种配合制度。

① 基孔制配合。基本偏差为一定的孔的公差带，与不同基本偏差的轴的公差带形成各种配合的一种制度，称为基孔制配合。即同一公称尺寸配合中，孔的公差带位置固定，通过变动轴的公差带，达到各种配合。如图 8-30 所示。

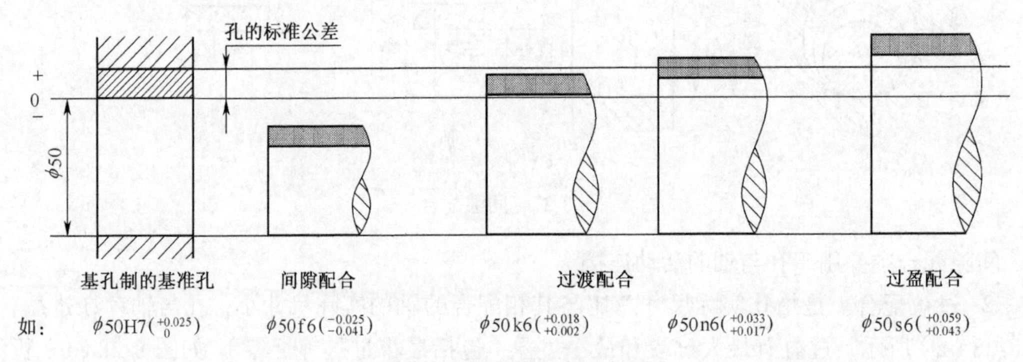

图 8-30　基孔制配合示意图

基孔制配合的孔称为基准孔，基本偏差代号为“H”，其下极限偏差为零，下极限尺寸等于公称尺寸。在基孔制配合中，轴的基本偏差 a～h 用于基孔制间隙配合，j～zc 用于基孔制的过渡配合或过盈配合。

例如ϕ50H7/f6 为基孔制间隙配合；ϕ50H7/k6，ϕ50H7/n6 为基孔制过渡配合；ϕ50H7/s6 为基孔制过盈配合。

② 基轴制配合。基本偏差为一定的轴的公差带与不同基本偏差的孔的公差带形成各种配合的一种制度，称为基轴制配合。即同一公称尺寸中，轴的公差带位置固定，通过变动孔的公差带，达到各种的配合，如图 8-31 所示。

基轴制配合的轴称为基准轴，基本偏差代号为“h”，其上极限偏差为零（上极限尺寸等于公称尺寸）。在基轴制配合中，孔的基本偏差 A～H 用于间隙配合，J～ZC 用于过渡配合或过盈配合，如图 8-31 所示。

例如：ϕ50F7/h6 为基轴制间隙配合；ϕ50K7/h6，ϕ50N7/h6 为基轴制过渡配合；ϕ50S7/h6 为基轴制的过盈配合。

③ 优先常用配合。在一般情况下，优先选用基孔制配合，因为加工同样公差等级的孔比轴困难，同时还可减少刀具、量具的数目。但对于同一轴径在不同位置装上不同配合性质的孔的

情况，如滚动轴承外圈和座孔的配合以及键与轴、轴套上的键槽的配合，则选用基轴制。

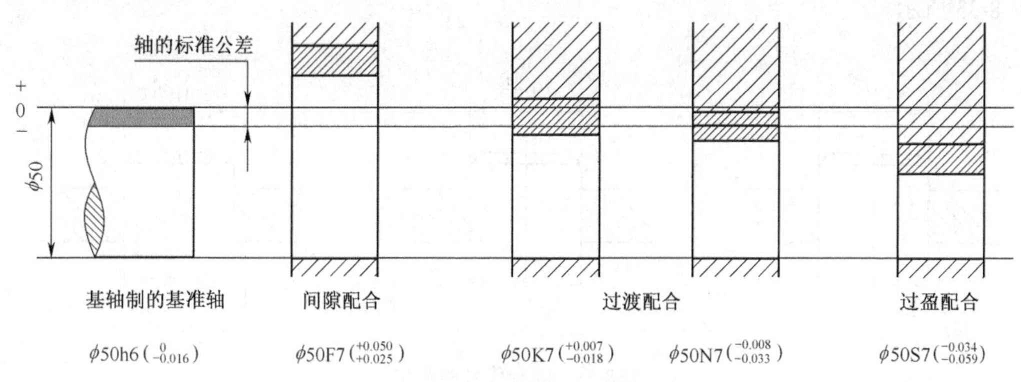

图 8-31　基轴制配合示意图

由于 20 个标准公差等级和 28 种基本偏差可组成大量的配合，国家标准对孔、轴公差带的选用分为优先、其次和最后三类。基孔制和基轴制的常用、优先配合可查阅附表 27 和附表 28。极限偏差值查阅附表 25、附表 26。

5. 极限与配合的标注与识读

（1）零件图上的标注。在零件图上极限与配合的标注法有以下三种。

① 在孔或轴的基本尺寸后面标注公差代号，如图 8-26 所示。这种标注法适用于大批量生产的零件图。

② 在孔或轴的基本尺寸后面标注上、下极限偏差值，如图 8-32（a）所示。这种标注法适用于单件小批量生产的零件图。

图 8-32　零件图尺寸公差的标注

标注上、下极限偏差数值时应注意：偏差数字比公称尺寸数字的字高小一号；上极限偏差注在基本尺寸的右上方，下极限偏差应与公称尺寸注在同一底线上；上、下极限偏差小数点须对齐，小数点后的位数相同；若一个偏差为“零”时，用“0”标出，并与另一个偏差小数点的个位数对齐；若上、下极限偏差数值相同，只需在数值前标注“±”符号，且字高与公称尺寸相同，如图 8-32（b）所示。

③ 在孔或轴的公称尺寸后面同时标注公差带代号和上、下极限偏差数值，偏差数值须加上括号，如图 8-32（c）所示。

（2）装配图上的标注。装配图上标注线性尺寸的配合代号时，其代号必须注在基本尺寸的右边，用分数形式注出，分子为孔的公差带代号，分母为轴的公差带代号，其注写形式有三种，如图 8-33 所示。

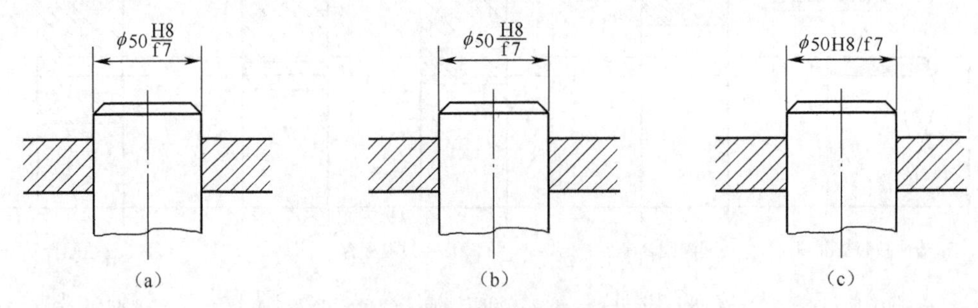

图 8-33　配合代号的标注

标注标准件、外购件与零件（孔或轴）的配合代号时，可以只标注相配零件（孔或轴）的公差带代号，如图 8-34 所示。

（3）读尺寸公差代号及偏差数值。

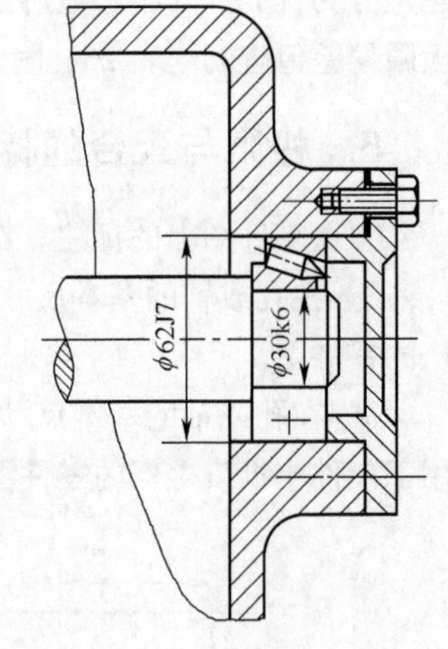

图 8-34　零件与标准件、外购件相配的配合代号标注

［例 8-1］　解释ϕ30H8/f7 的含义，查附表 25、附表 26 确定孔、轴偏差值并注写，指出轴与孔是什么性质的配合。

① ϕ30H8 表示公称尺寸为ϕ30，基本偏差为 H 的 8 级基准孔的公差带代号。孔的极限偏差值从附表 26 中的>24～30 的横行和 H8 竖行交汇查得上、下极限偏差值为“$^{+33}_{0}$”μm。

② ϕ30f7 表示公称尺寸为ϕ30，基本偏差为 f 的 7 级轴的公差代号。极限偏差值从附表 25 中的 > 20～30 的横行和 f7 竖行交汇查得上、下极限偏差值为“$^{-20}_{-41}$”μm。

③ 把单位从“μm”换算成“mm”，孔应注写为 $\phi 30^{+0.033}_{0}$，轴应注写 $\phi 30^{-0.020}_{-0.041}$。

④ $\phi 30^{+0.033}_{0}$ 表示上极限尺寸为ϕ30.033，下极限尺寸为ϕ30，实
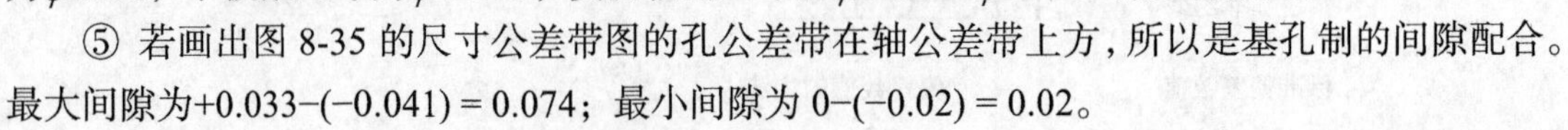
测孔的尺寸在ϕ30～ϕ30.033 为合格孔；$\phi 30^{-0.020}_{-0.041}$ 表示上极限尺寸为ϕ29.98，下极限尺寸为ϕ29.959，实测轴的尺寸在ϕ29.98～ϕ29.959 都是合格的。

⑤ 若画出图 8-35 的尺寸公差带图的孔公差带在轴公差带上方，所以是基孔制的间隙配合。最大间隙为+0.033−(−0.041) = 0.074；最小间隙为 0−(−0.02) = 0.02。

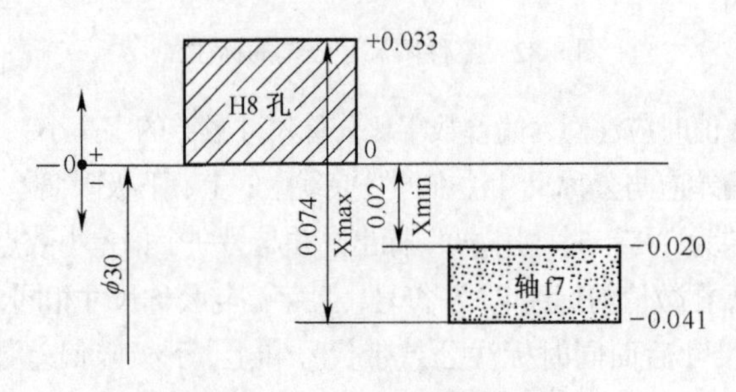

图 8-35　ϕ30H8/f7 的公差带图

8.4.2 几何公差（形状、方向、位置和跳动公差）

1. 基本概念

零件加工过程中，除了会产生尺寸误差，还会产生几何误差。如加工图 8-36（a）圆锥体可能会出现实际圆截面不圆；加工图 8-36（b）圆柱面时，出现实际圆柱面不完全圆柱面的形状误差。这种被测实际要素形状和相对于理想形状所允许的变动量为形状公差。图 3-36（a）称圆度，图 8-36（b）称圆柱度。

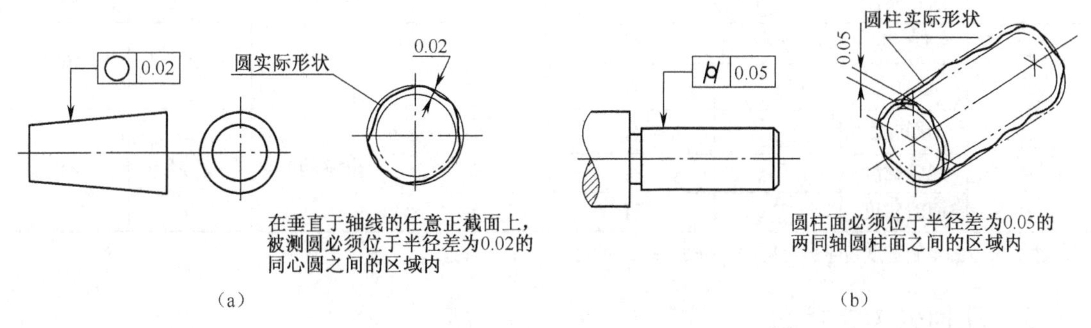

图 8-36 形状公差举例

又如加工图 8-37 顶面可能会出现与底面 A 歪斜的不平行，加工图 8-37（b）ϕd 圆柱时，出现实际轴线对端面 A 不垂直，这种被测实际要素的位置对理想要素的位置所允许的变动量称为位置公差。图 8-37（a）称平行度，图 8-37（b）称垂直度。

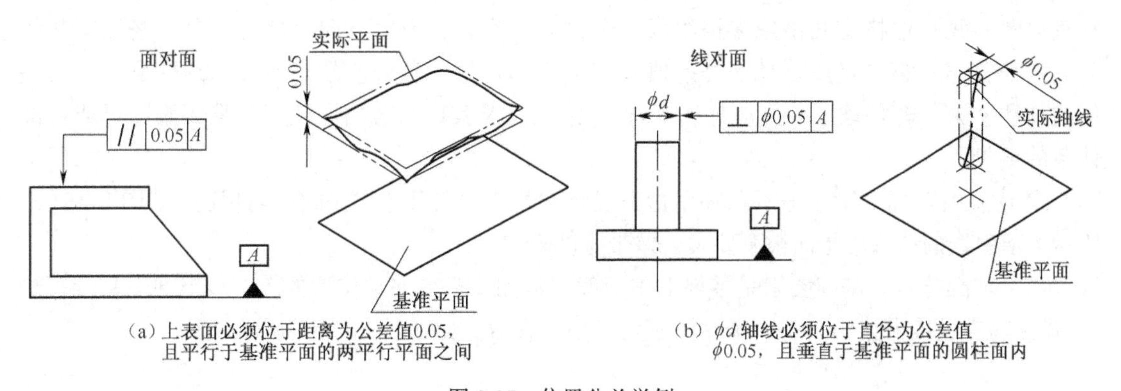

图 8-37 位置公差举例

为了实现零件在机器或部件中的装配和使用功能要求，在图样上除了给出尺寸及其公差要求外，还必须给出几何公差（形状、公差、位置和跳动公差）要求。几何公差在图样上的注法应按照 GB/T 1182—2008 的规定。

2. 几何公差的几何特征和符号

几何公差的几何特征和符号，见表 8-2。

表 8-2　　几何公差的几何特征和符号

公差类型	几何特征	符　号	有无基准	公差类型	几何特征	符　号	有无基准
形状公差	直线度	—	无	位置公差	位置度	⌖	有或无
	平面度	⏥	无		同心度（用于中心点）	◎	有
	圆度	○	无		同轴度（用于轴线）	◎	有
	圆柱度	⌭	无		对称度	⌯	有
	线轮廓度	⌒	无		线轮廓度	⌒	有
	面轮廓度	⌓	无		面轮廓度	⌓	有
方向公差	平行度	//	有	跳动公差	圆跳动	↗	有
	垂直度	⊥	有				
	倾斜度	∠	有		全跳动	⌰	有
	线轮廓度	⌒	有				
	面轮廓度	⌓	有				

注：符号的笔画宽度占字体高度的十分之一。

3. 几何公差的标注

在技术图样中，几何公差用代号标注，当代号标注有困难时，允许在技术要求中用文字说明。几何公差代号由几何公差有关项目的特征符号、框格、指引线、公差值、基准代号的字母所组成，如图 8-38 所示。

（1）公差框格及内容。公差框格（矩形）和带箭头指引线用细实线画出，框格应水平或垂直放置。矩形框格由两格或多格组成，框格自左到右，或由下向上填写。第一格注写几何公差特征符号；第二格注写几何公差值和有关附加符号，若公差带是圆形、圆柱形，在公差值前加注“ϕ”；若是球形，则应加注“$s\phi$”。第三格及其以后各格，注写基准要素字母或基准体系的字母。

（2）指示符号。用箭头表示，并用指引线将被测要素与公差框格的一端相连，如图 8-38（a）所示。指引线的箭头应指向被测要素公差带宽度方向。

（3）基准符号。基准要素是零件上用于确定被测要素方向和位置的点、线或面。基准符号（字母注写在基准方格内）与一个涂黑三角形相连表示。如图 8-38（b）所示。

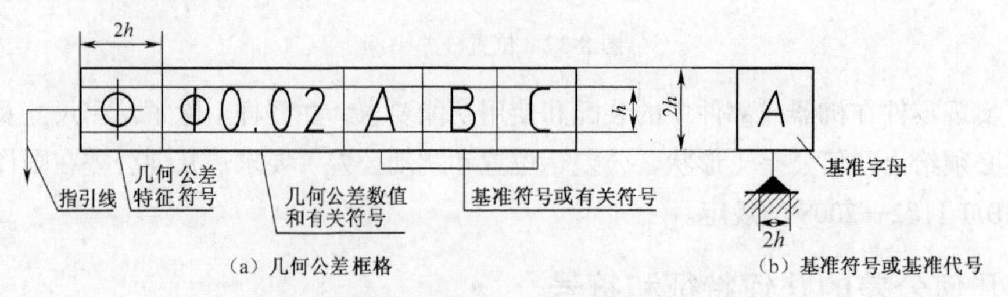

（a）几何公差框格　　（b）基准符号或基准代号

图 8-38　几何公差框格与基准代号

（4）几何公差标注举例。几何公差标注举例，如表 8-3 所示。

表 8-3 几何公差标注示例

	图例	说明
被测要素和基准要素是轮廓线或表面	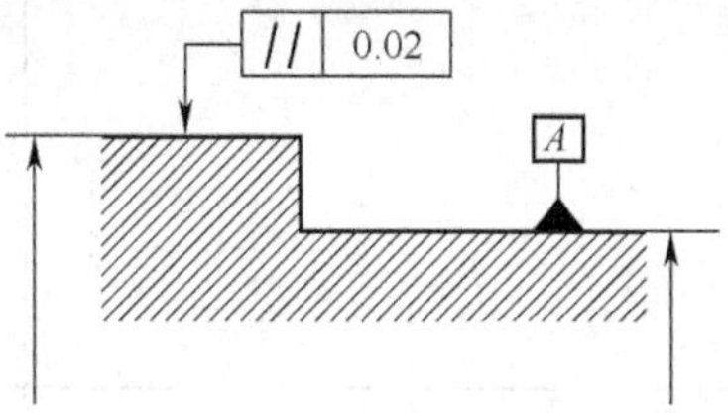 // 0.02 A (a) 用基准符号标注 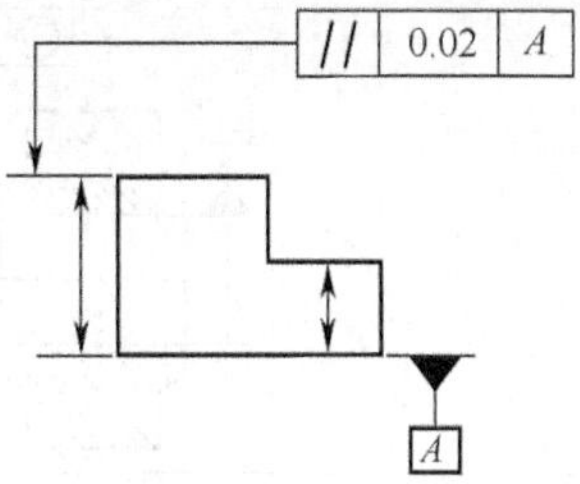 (b) 用基准代号标注	带指引线的箭头或基准符号置于被测要素或基准要素的轮廓线或其延长线上，但必须与尺寸线明显错开
被测要素和基准要素是轴线、中心平面、中心点	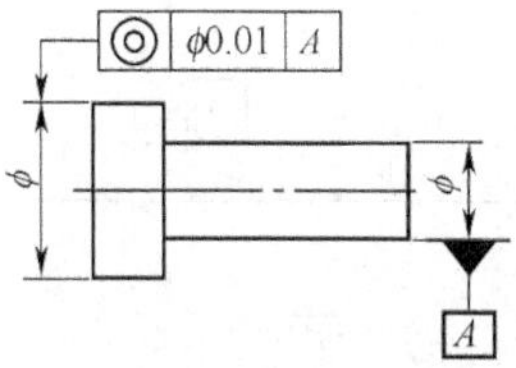 ◎ φ0.01 A ⌯ 0.01 A ⌯ 0.1 A—B — φ0.04 (a) 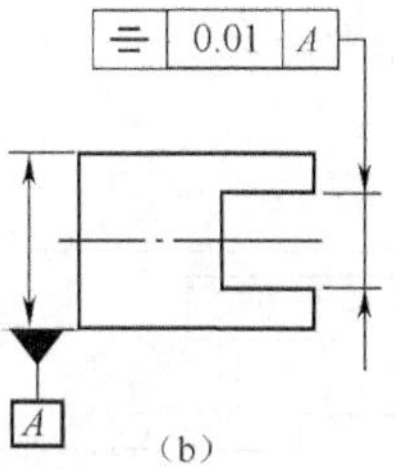 (b) 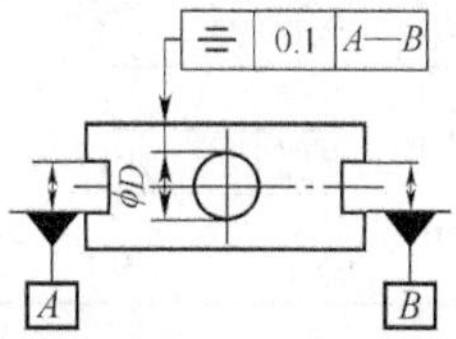 (c) 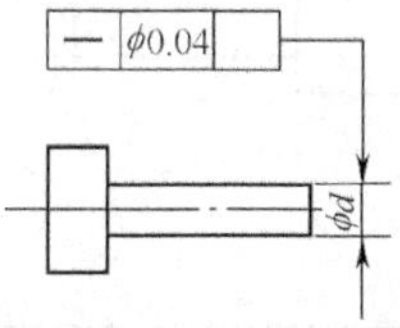 (d)	带指引线箭头或基准符号对着被测要素的尺寸线，或其延长线重合，也可把指引线的箭头直接指向被测要素或基准要素
几个不同被测要素具有相同几何公差	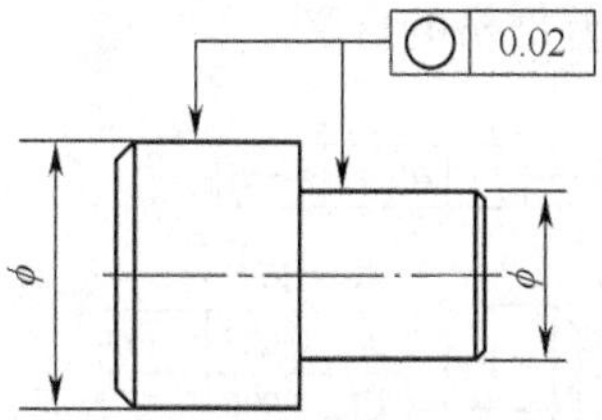 ○ 0.02 ◎ φ0.05 A (a) 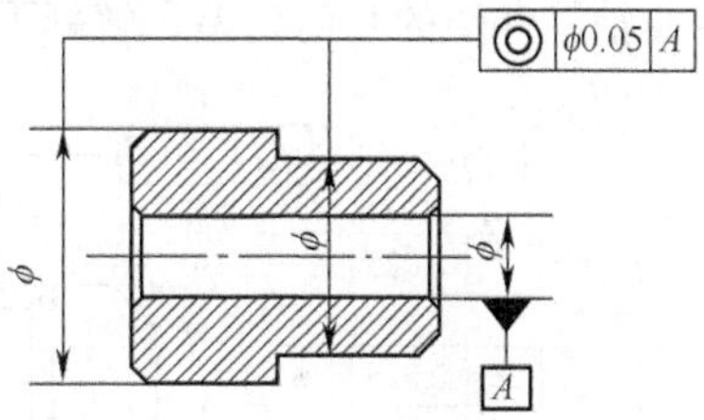 (b)	从框格同一端引出带箭头指引线分别指向被测要素
几个相同被测要素具有相同几何公差要求	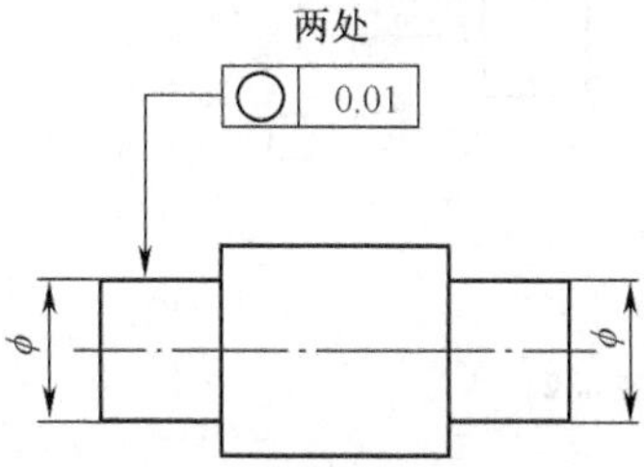 两处 ○ 0.01 ↗ 0.02 A—B (a) 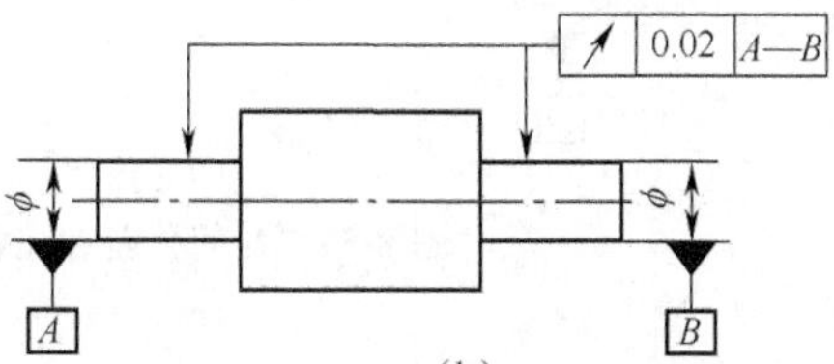 (b)	应在公差框格上方用文字加以简要说明，或在同一公差框格内，引出指引线分别指向被测要素

续表

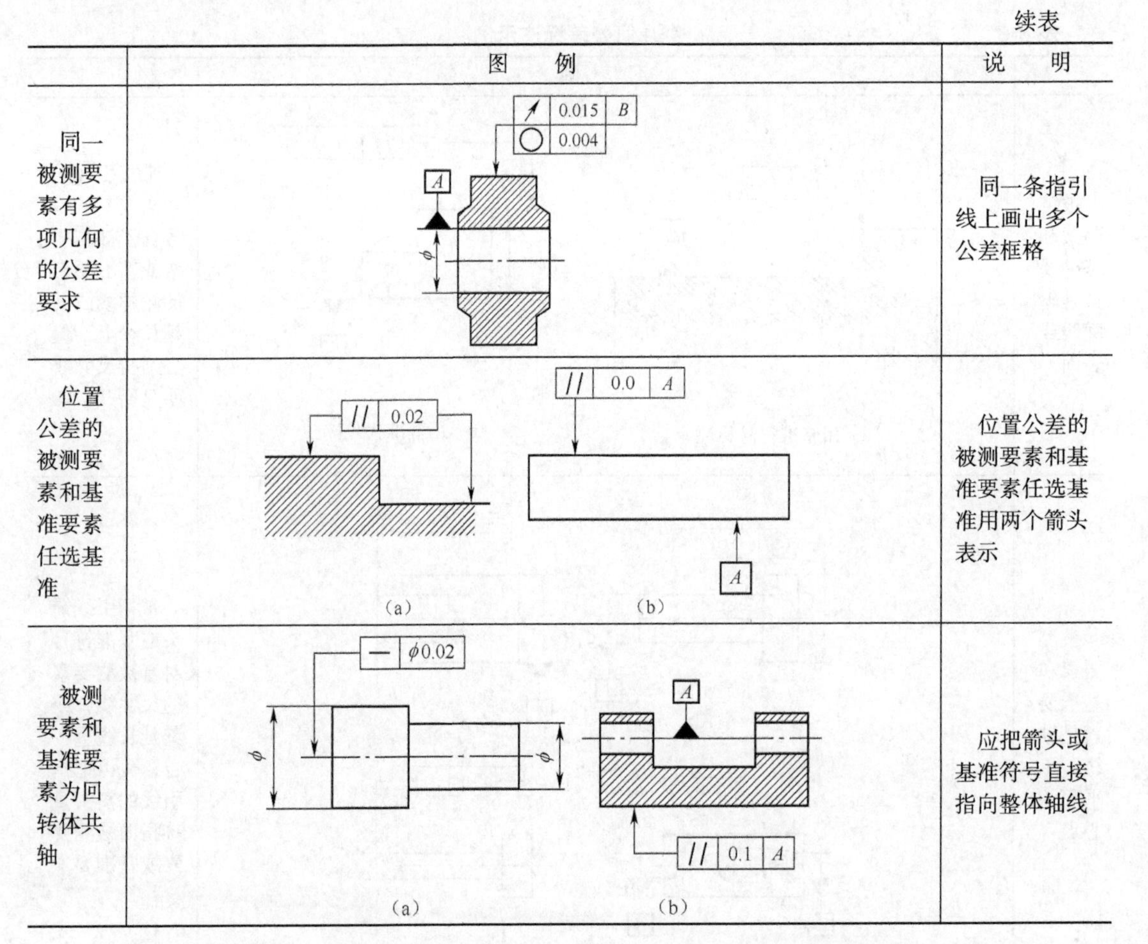

	图例	说明
同一被测要素有多项几何的公差要求		同一条指引线上画出多个公差框格
位置公差的被测要素和基准要素任选基准	(a)　(b)	位置公差的被测要素和基准要素任选基准用两个箭头表示
被测要素和基准要素为回转体共轴	(a)　(b)	应把箭头或基准符号直接指向整体轴线

4. 形位公差标注的识读示例

读图 8-39 所示曲轴零件图的几何公差，解释下列公差框格的含义。

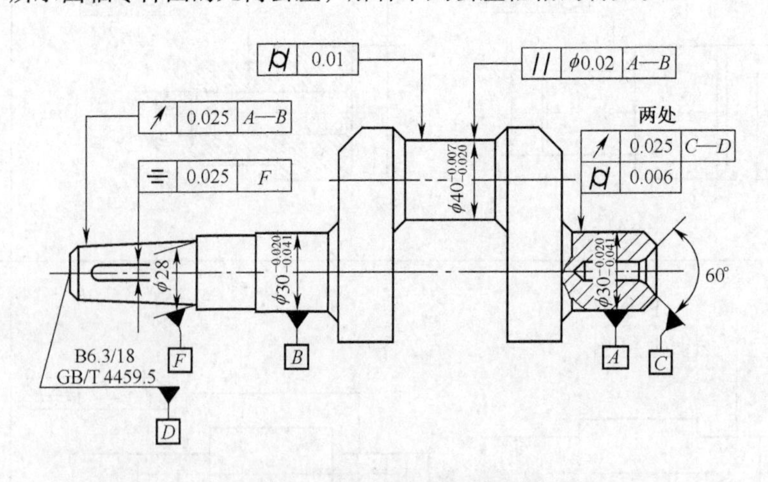

图 8-39　几何公差标注识读示例

↗	0.025	A—B

：左端 ϕ28 圆锥段对 ϕ30 公共基准轴线 A—B 的圆跳动公差为 0.025。

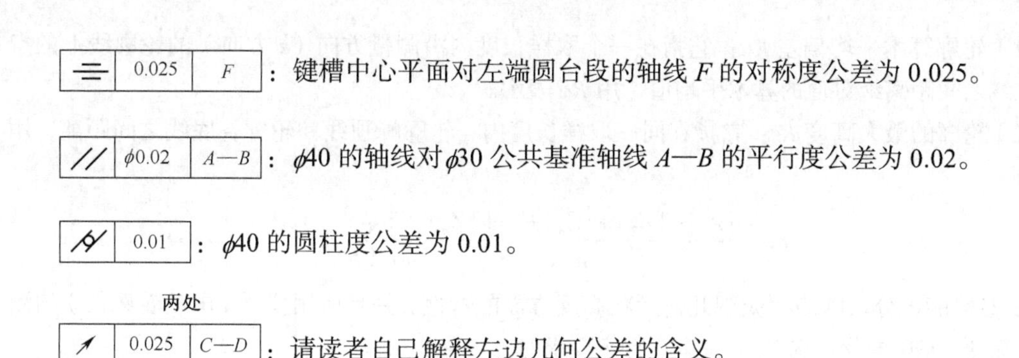

：键槽中心平面对左端圆台段的轴线 F 的对称度公差为 0.025。

：ϕ40 的轴线对 ϕ30 公共基准轴线 A—B 的平行度公差为 0.02。

：ϕ40 的圆柱度公差为 0.01。

：请读者自己解释左边几何公差的含义。

8.4.3 表面粗糙度

在机械图样上，除了对零件的部分结构给出尺寸公差和几何公差外，还应根据功能要求，对零件的表面质量——表面结构给出要求。表面结构包括表面粗糙度、表面波纹度、表面纹理、表面缺陷和表面几何形状。

表面结构的各项要求在图样表示法的 GB/T 131—2000 均有具体规定。本节主要介绍广泛应用的表面粗糙度表示法。

1. 表面粗糙度的概念

零件经过加工后，由于刀痕、金属塑性变形等的影响，在加工面上若用放大镜（或显微镜）下观察，如图 8-40 所示，看到较小间距和峰、谷、凹凸不平情况，零件加工表面上具有较小间距与峰、谷所组成的微观几何形状特征称为表面粗糙度。

表面粗糙度直接影响零件的耐磨性、抗腐蚀性、抗疲劳性、密封性以及零件间配合。

实际表面
间距
峰
理想表面
谷

图 8-40 表面粗糙度放大状况

2. 表面粗糙度的评定参数

国家标准规定，表面粗糙度以参数值的大小评定。在生产实际中，轮廓参数是我国机械图样中目前最常用的评定参数。本节仅介绍评定粗糙度轮廓（R 轮廓）中的两个高度参数 Ra 和 Rz，如图 8-41 所示。

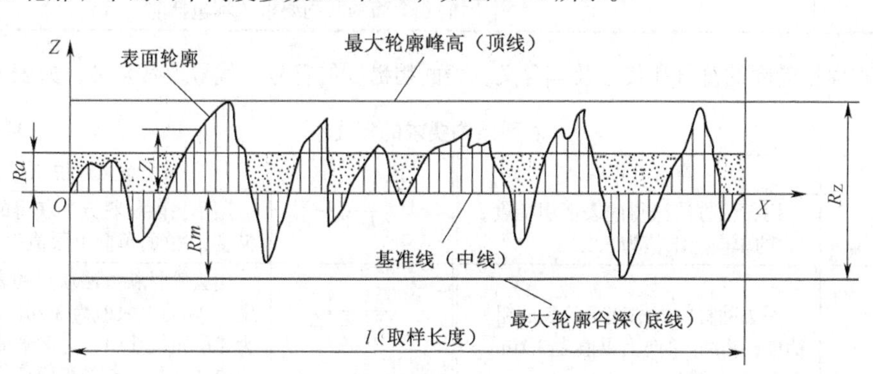

图 8-41 轮廓算术平均偏差 Ra

（1）轮廓算术平均偏差 *Ra*：它指在一个取样长度内沿测量方向（*z* 方向）的轮廓线上的点与基准线之间距离绝对值的算术平均值，用 *Ra* 表示。

（2）轮廓的最大高度 *Rz*：它指在同一取样长度内，轮廓峰顶线和轮廓谷底线之间距离，用 *Rz* 表示。

$$Ra = \frac{|Z_1| + |Z_2| + |Z_3| + \cdots + |Z_n|}{n} = \frac{1}{n}\sum_{i=1}^{n}|Z_i|$$

Ra 参数能充分反映表面微观几何形状高度方面的特性，并且所用仪器（电动轮廓仪）的测量比较简便，GB 推荐首选 *Ra*，只有在特定要求时，才采用 *Rz*。

选用表面粗糙度，既要满足功用要求，又要考虑经济合理。一般情况下凡零件上有配合要求或有相对运动表面，粗糙度值要小，表面质量越高，加工成本也越高。因此，在保证使用要求的前提下，应选用较大的参数值，以降低制造成本。

3. 表面粗糙度的符号、代号

（1）表面粗糙度符号及其含义。表面粗糙度的图形符号如表 8-4 所示。

表 8-4 表面结构的符号

符号名称	符号	意义及说明
基本图形符号	√	基本图形符号，未指定表面加工方法的表面，当通过一个注释解释时可单独使用
扩展图形符号	√（加短横线）	扩展图形符号，用去除材料，例如车、铣、钻、磨、剪切、抛光、腐蚀、电火花加工、气割等
	√（加圆圈）	扩展图形符号，表示不去除材料的表面，例如铸、锻、冲压变形、热轧、冷轧、粉末冶金等
完整图形符号	上述三个符号加横线	在上述三个符号上均可加一横线，用于注写对表面结构的各种要求
	上述三个符号加横线及小圈	在上述三个符号上均可加一小圈，表示投影图中封闭的轮廓所表示的所有表面具有相同的表面结构要求 （a）（b）图中标号 1、2、3、4、5、6 注：图（a）中的表面结构符号是指对图（b）中封闭轮廓的 6 个面的共同要求（不包括前、后表面）

（2）表面粗糙度的符号和代号及其含义。表面粗糙度的符号和代号及其含义，如表 8-5 所示。

表 8-5 表面结构要求的标注 单位：μm

代号	意义及说明	代号	意义及说明
√ *Ra* 3.2	用任何方法获得的表面粗糙度，*Ra* 的单向上限值为 3.2μm	√（加圆圈） *Ra* 3.2	用不去除材料方法获得的表面粗糙度，*Ra* 的单向上限值为 3.2μm
√（加短横线） *Ra* 3.2	用去除材料方法获得的表面粗糙度，*Ra* 的单向上限值为 3.2μm	√（加短横线） U *Ra* 3.2 L *Ra* 1.6	用去除材料方法获得的表面粗糙度，*Ra* 的上限值为 3.2μm，下限值为 1.6μm，其中 U—上限值；L—下限值（本例为双向极限要求）

续表

代　　号	意义及说明	代　　号	意义及说明
Rz 3.2	用去除材料方法获得的表面粗糙度，*Rz* 的单向上限值为 3.2μm	Ra Max3.2	用不去除材料方法获得的表面粗糙度，*Ra* 的最大值为 3.2μm
Ra Max3.2	用任何方法获得的表面粗糙度，*Ra* 的最大值为 3.2μm	U Ra Max3.2 L Ra Min 1.6	用去除材料方法获得的表面粗糙度，*Ra* 的最大值为 3.2μm、最小值为 1.6μm（双向极限要求）
Ra Max3.2	用去除材料方法获得的表面粗糙度，*Ra* 的最大值为 3.2μm	Ra Max3.2 Rz Max12.5	用去除材料方法获得的表面粗糙度，*Ra* 的最大值为 3.2μm，*Rz* 的最大值为 12.5μm

注：单向极限要求均指单向上限值，可免注“U”；若为单向下限值，则应加上“L”。

4. 表面粗糙度的标注

表面粗糙度符号、代号的画法及其在零件图的标注方法见表 8-6。

表 8-6　　表面粗糙度符号、代号的画法及其在图样标注

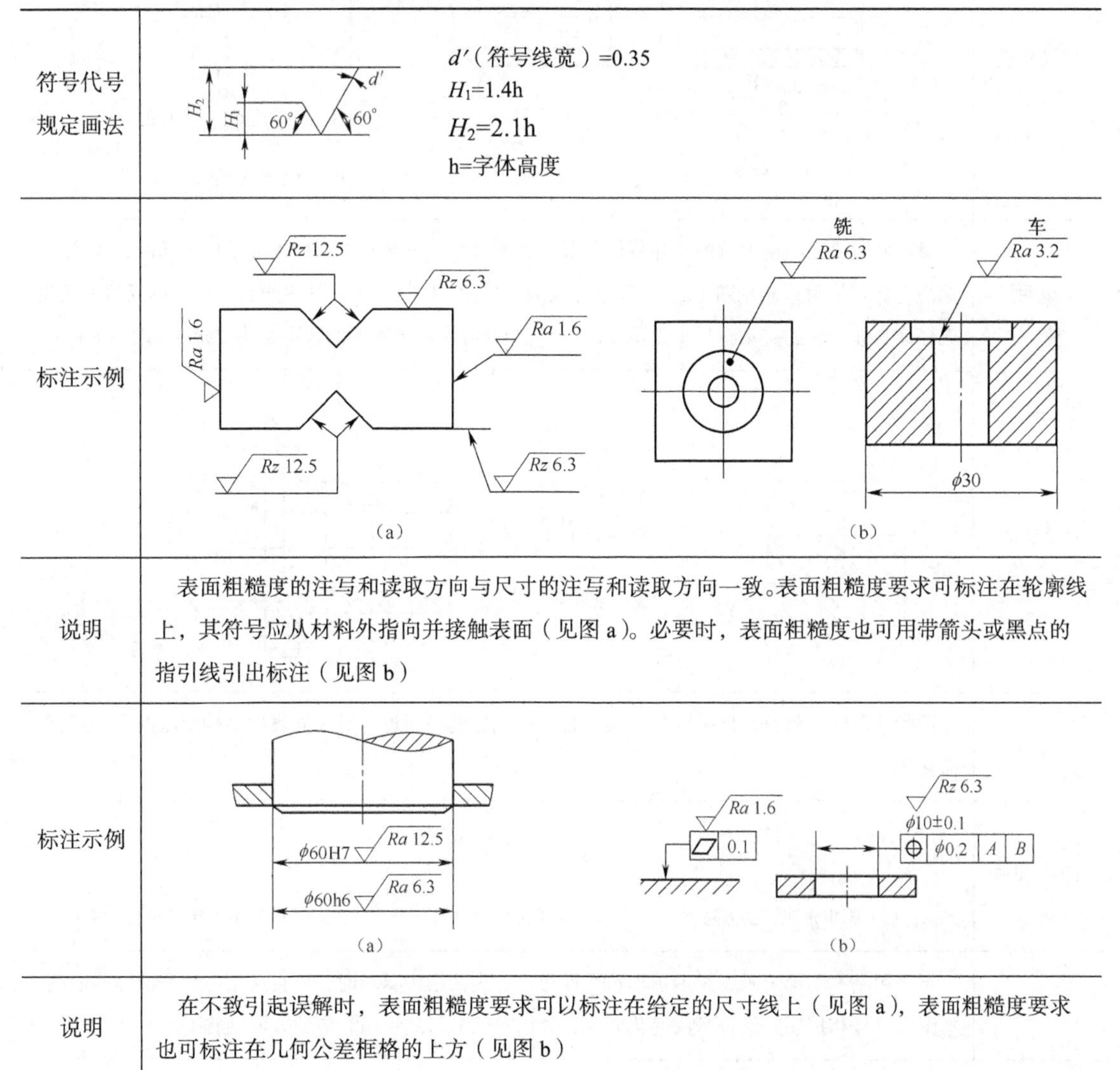

符号代号规定画法	*d'*（符号线宽）=0.35 H_1=1.4h H_2=2.1h h=字体高度
标注示例	（a）　（b）
说明	表面粗糙度的注写和读取方向与尺寸的注写和读取方向一致。表面粗糙度要求可标注在轮廓线上，其符号应从材料外指向并接触表面（见图 a）。必要时，表面粗糙度也可用带箭头或黑点的指引线引出标注（见图 b）
标注示例	（a）　（b）
说明	在不致引起误解时，表面粗糙度要求可以标注在给定的尺寸线上（见图 a），表面粗糙度要求也可标注在几何公差框格的上方（见图 b）

续表

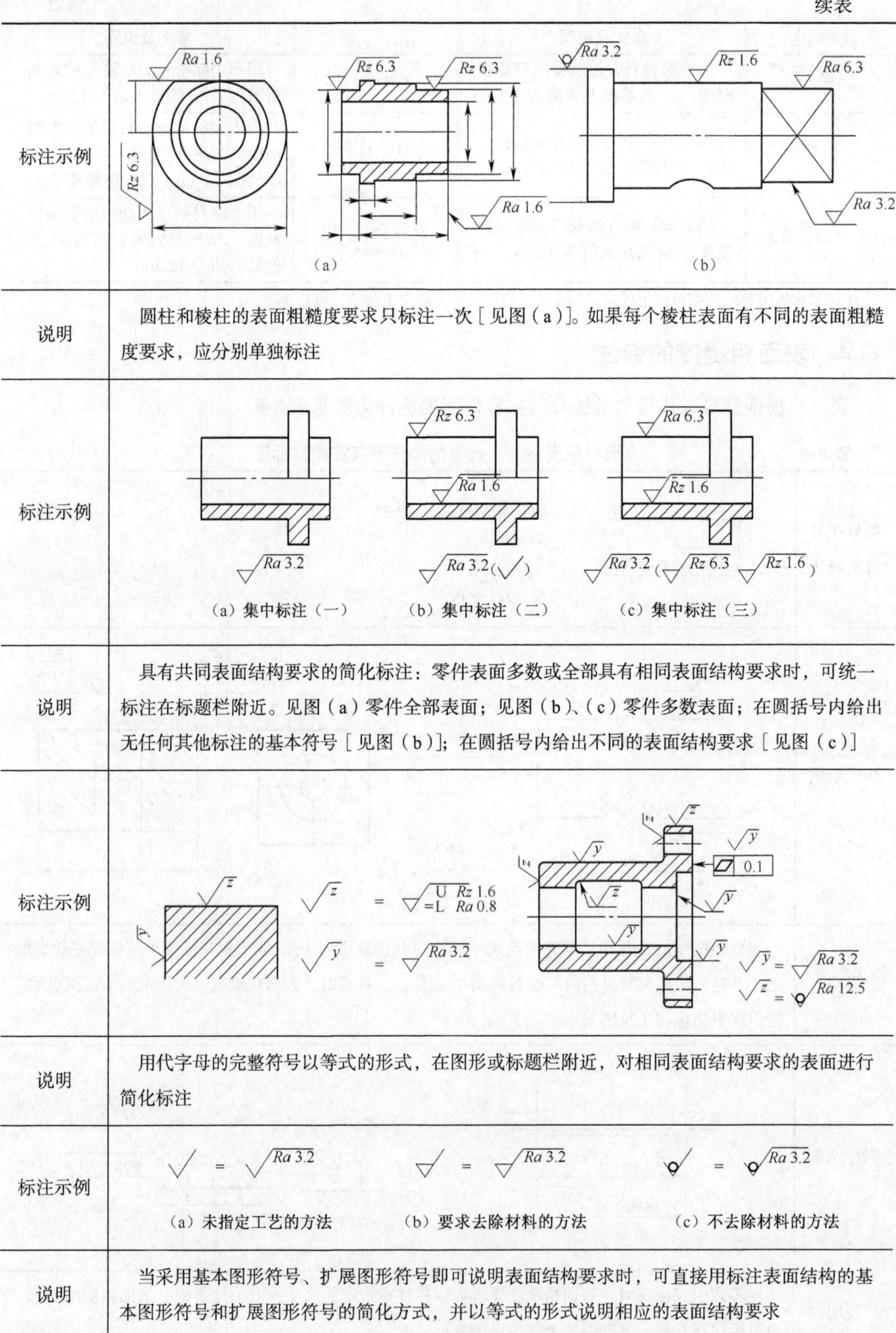

标注示例	（a）　（b）
说明	圆柱和棱柱的表面粗糙度要求只标注一次［见图（a）］。如果每个棱柱表面有不同的表面粗糙度要求，应分别单独标注
标注示例	（a）集中标注（一）　（b）集中标注（二）　（c）集中标注（三）
说明	具有共同表面结构要求的简化标注：零件表面多数或全部具有相同表面结构要求时，可统一标注在标题栏附近。见图（a）零件全部表面；见图（b）、（c）零件多数表面；在圆括号内给出无任何其他标注的基本符号［见图（b）］；在圆括号内给出不同的表面结构要求［见图（c）］
标注示例	
说明	用代字母的完整符号以等式的形式，在图形或标题栏附近，对相同表面结构要求的表面进行简化标注
标注示例	（a）未指定工艺的方法　（b）要求去除材料的方法　（c）不去除材料的方法
说明	当采用基本图形符号、扩展图形符号即可说明表面结构要求时，可直接用标注表面结构的基本图形符号和扩展图形符号的简化方式，并以等式的形式说明相应的表面结构要求

续表

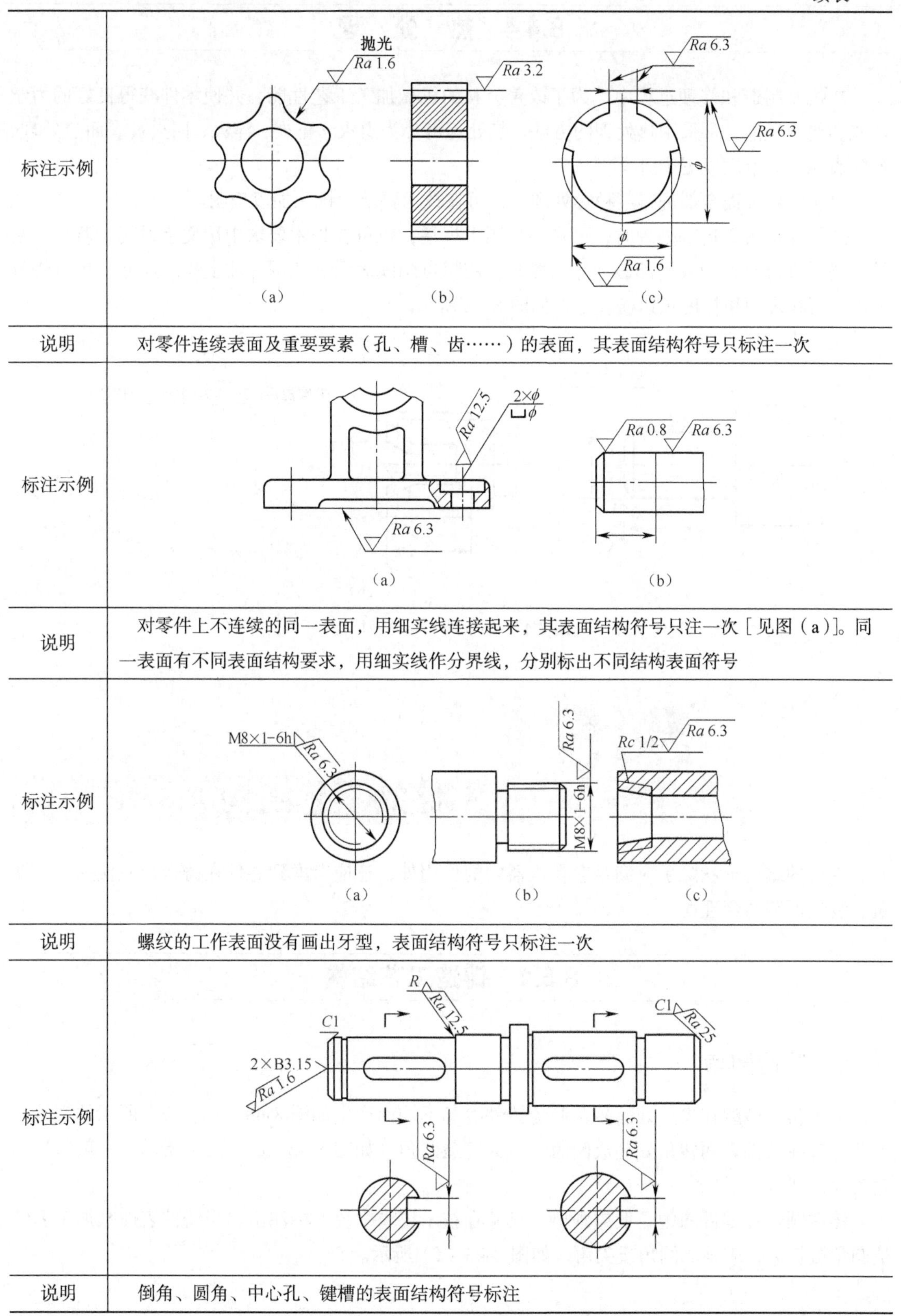

标注示例	(a) (b) (c)
说明	对零件连续表面及重要要素（孔、槽、齿……）的表面，其表面结构符号只标注一次
标注示例	(a) (b)
说明	对零件上不连续的同一表面，用细实线连接起来，其表面结构符号只注一次［见图（a）］。同一表面有不同表面结构要求，用细实线作分界线，分别标出不同结构表面符号
标注示例	(a) (b) (c)
说明	螺纹的工作表面没有画出牙型，表面结构符号只标注一次
标注示例	
说明	倒角、圆角、中心孔、键槽的表面结构符号标注

8.4.4 热 处 理

在机器制造和修理过程中，为了改善材料的机械加工工艺性能，并使零件获得良好的力学性能和使用性能，常采用热处理的方法。热处理可分为退火、正火、淬火、回火及表面热处理，见附表 30。其标注方法如下。

（1）零件表面全部进行某种热处理时，可在技术要求中统一加以说明。

（2）零件表面局部处理时，可在零件图上标注，也可在技术要求中用文字说明。若需要在零件局部进行热处理或局部镀（涂）覆时，用粗点画线表示其范围并注上相应尺寸，也可将其要求注写在表面粗糙度长边横线上，如图 8-42 所示。

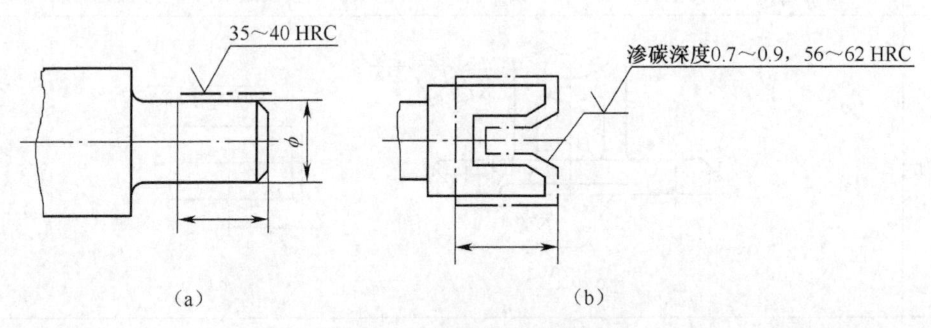

图 8-42 表面局部热处理标注

8.5 零件的工艺结构

零件的结构形状除了应满足它在机器中的作用外，还应考虑到零件在铸造、机械加工、测量、装配环节的合理性。

8.5.1 铸造工艺结构

1. 铸造圆角

为了防止砂型在尖角处落砂及避免铸件冷却不均而产生如图 8-43（a）、（b）所示的裂纹和缩孔，应在铸件表面转角处制成圆角，称为铸造圆角，如图 8-43（c）、（e）所示。一般铸造圆角为 *R*3～*R*5。

铸造圆角在零件图中一般应画出，尺寸在技术要求中统一标注出。当铸件表面被加工后铸造圆角被切去，应画成倒角或尖角，如图 8-43（f）所示。

2. 起模斜度

铸件造型时，为了能将木模从砂型中取出，在铸件的内外壁上常沿着起模方向作出一定的斜度，称为起模斜度，如图 8-43（d）所示。起模斜度一般取 1:20 或 1°～3°，在图样上不必画出。

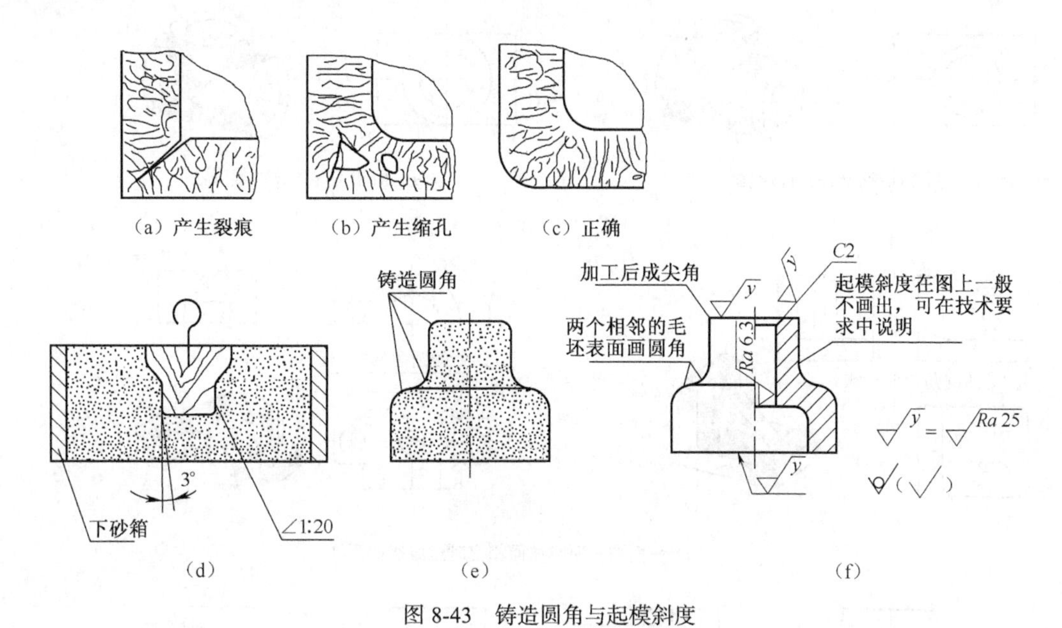

图 8-43　铸造圆角与起模斜度

3. 铸件壁厚

若铸件壁厚不均匀，当铸件冷却时，会因壁的厚薄不同而收缩不均，产生如图 8-44（c）所示的缩孔或裂缝。因此设计时，应使壁厚保持均匀，厚薄转折处应逐步过渡，如图 8-44（a）、（b）所示。

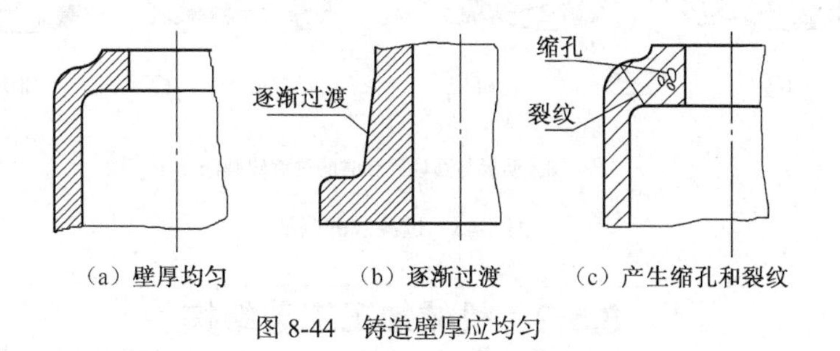

图 8-44　铸造壁厚应均匀

4. 过渡线

由于铸造圆角的存在，铸件表面上的相交线就变得不明显了，这条交线称为过渡线。为了读图时能分清不同表面的界线，交线用细实线表示，但过渡线两端部不与圆角轮廓线相交，应留有间隙，如图 8-45 所示。

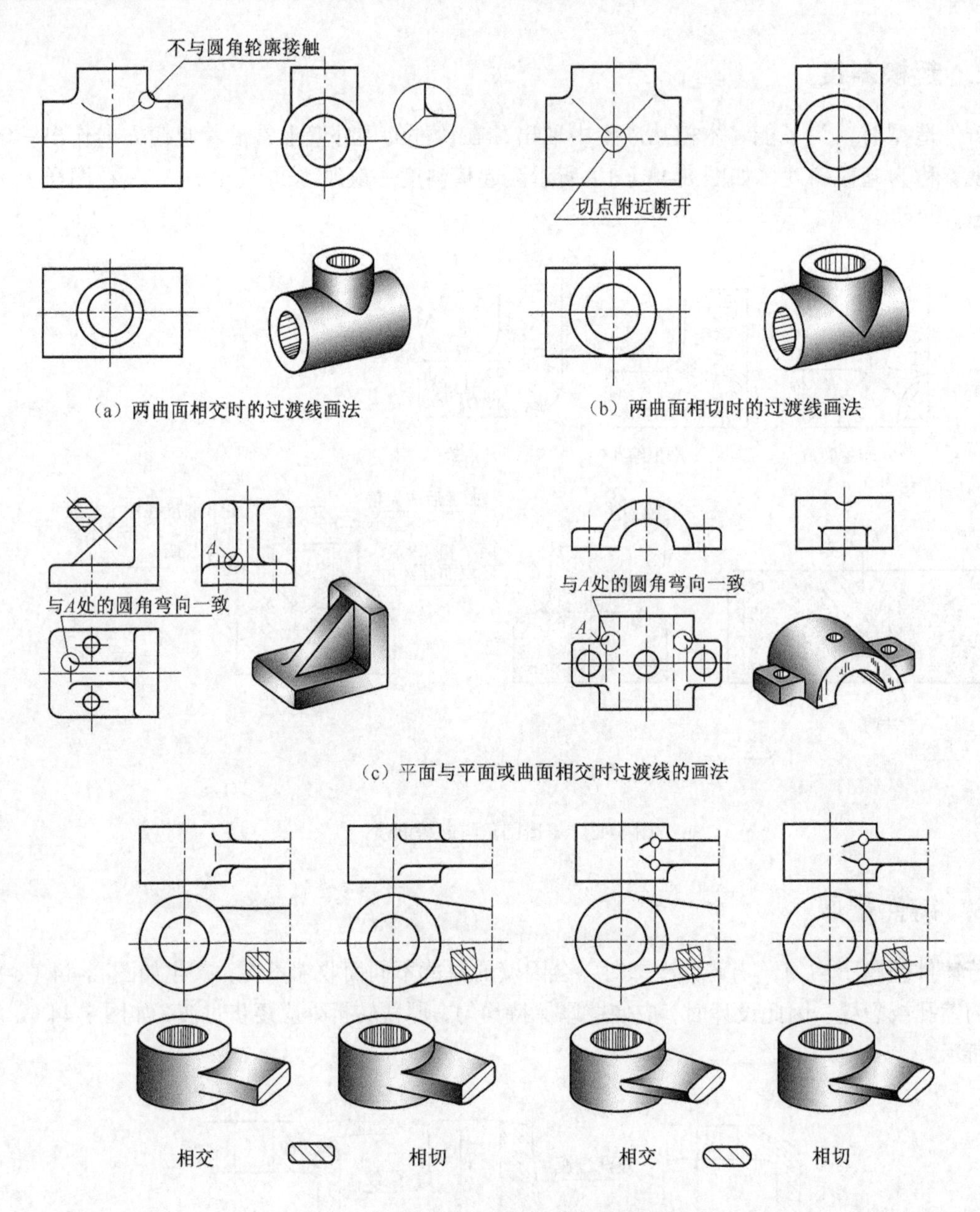

（a）两曲面相交时的过渡线画法

（b）两曲面相切时的过渡线画法

（c）平面与平面或曲面相交时过渡线的画法

（d）肋板与圆柱组合时的过渡线画法

图 8-45　过渡线的画法

8.5.2　机械加工工艺结构

1. 倒角和倒圆

为了除去零件加工后留下的毛刺和锐边，以便对中装配，常在轴、孔的端部加工出倒角。为了避免轴肩处因应力集中而产生裂纹，常在轴肩处加工成过渡圆角。倒角和圆角的数值可在附表 19 查得。45° 倒角和圆角的尺寸标注形式如图 8-46（a）所示。对于非 45° 倒角，按图 8-46（b）所示标注；当倒角的尺寸很小时，在图样中不必画出，但必须注明尺寸或在技术要求中加以说明。

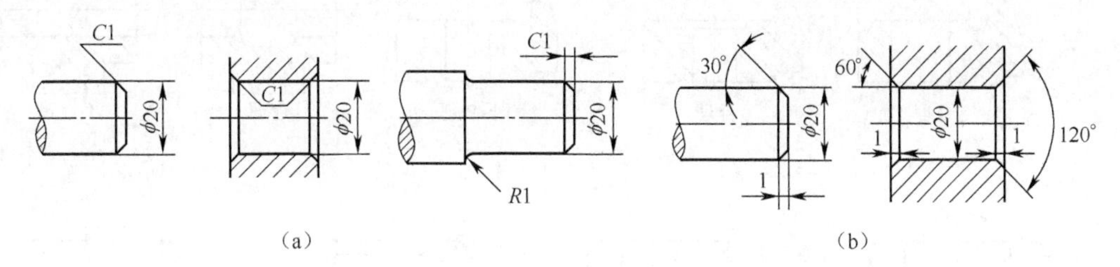

（a）　（b）

图 8-46　倒角和圆角的尺寸注法

2. 退刀槽和越程槽

零件切削或磨削时，为保证加工质量，便于退出刀具或砂轮，以及装配时保证接触面紧贴，常在轴肩处和孔的台肩处预先车削出退刀槽或砂轮越程槽，如图 8-47 所示，它们的结构形式和尺寸可从附表 20 和附表 21 查得。其尺寸注法可按图 8-47（a）、（b）所示的“槽深 × 直径”或“槽宽 × 槽深”的形式标注，也可分别注出槽宽和直径。当槽的结构比较复杂时，可画出局部放大图并标注尺寸，如图 8-47（c）、（d）所示。

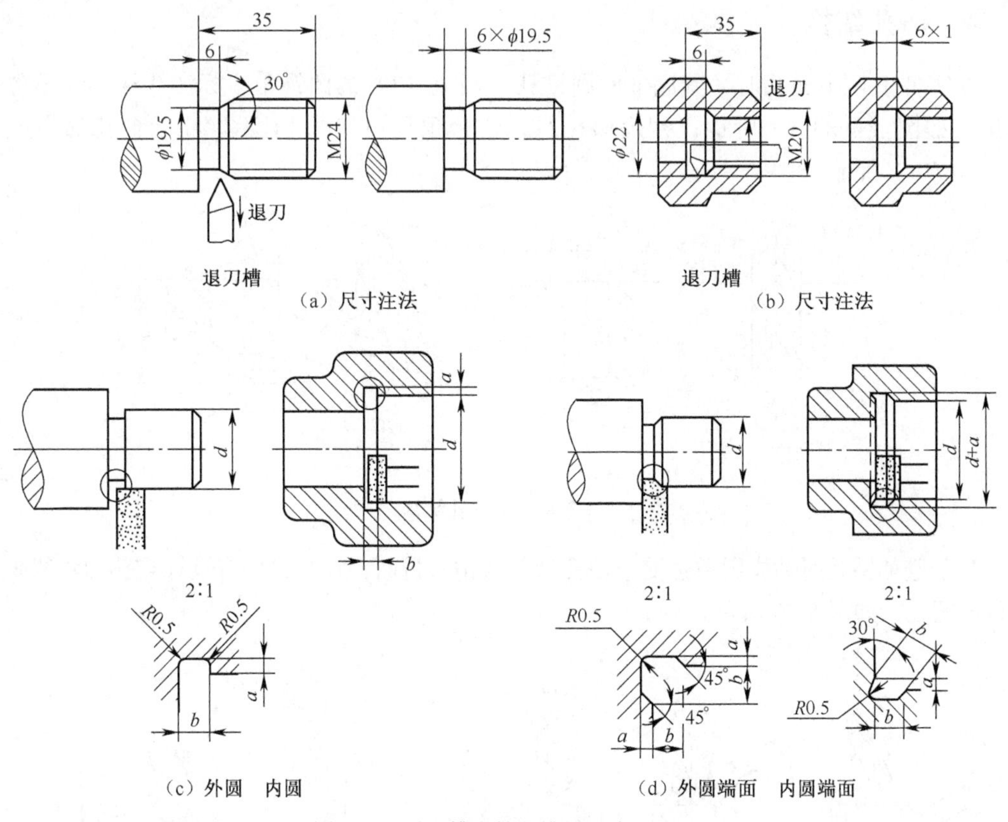

图 8-47　退刀槽和越程槽的尺寸注法

3. 凸台和凹坑

为了使零件表面接触良好，减少加工面积，常在零件的接触部位作出凸台和凹坑，如图 8-48 所示。

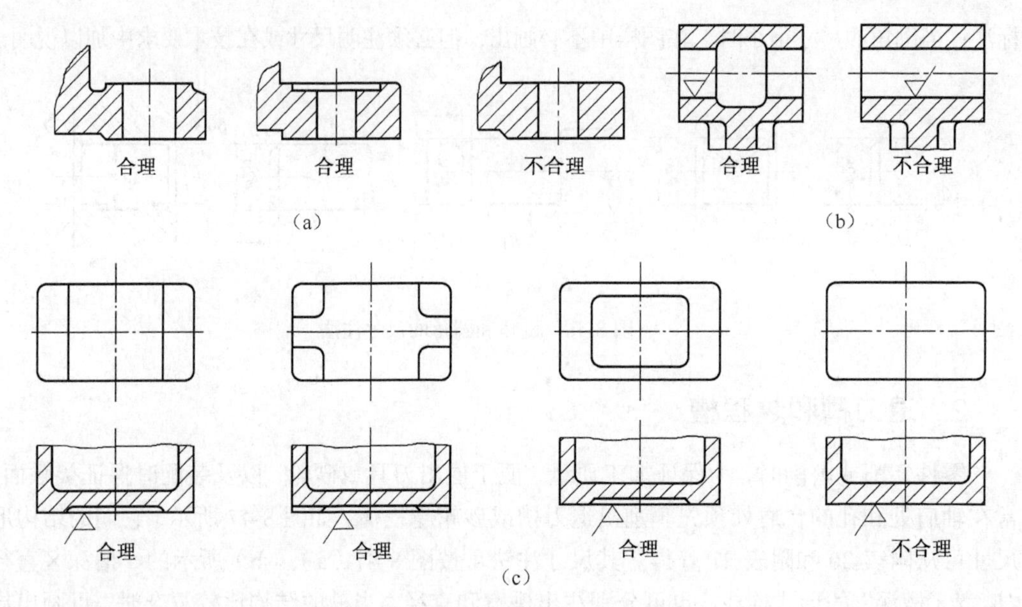

图 8-48　凸台和凹坑

4. 钻孔结构

在零件上钻不通孔时，其底部的圆锥孔应画成 120°的圆锥角，标注孔深尺寸不包括圆锥角，如图 8-49（a）所示；钻阶梯孔时，锥台顶角 120°，但不标注圆台孔的高度，如图 8-49（b）所示。

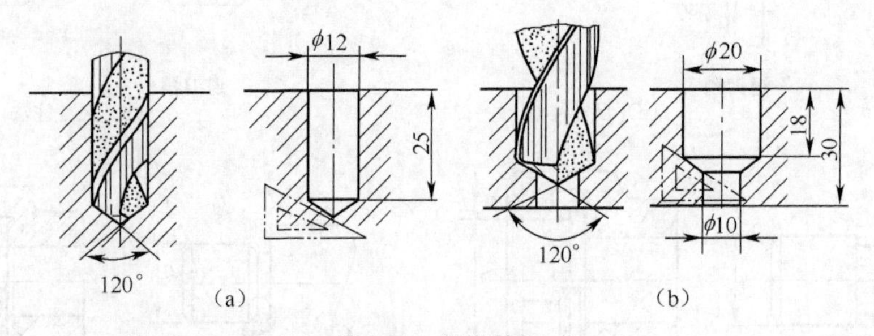

图 8-49　钻孔结构

为了避免钻孔时钻头因单边受力使孔偏斜或钻头折断，在孔口处应设计与孔的轴线垂直的凸台或凹孔，如图 8-50 所示。

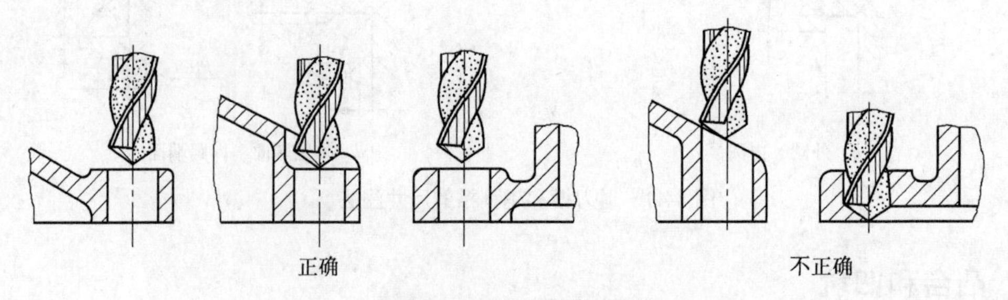

图 8-50　钻孔的孔口结构

8.6 读零件图

正确、熟练地识读零件图，是技术工人和工程人员必须掌握的基本功之一。

8.6.1 读零件图的基本要求

（1）了解零件的名称、材料和用途。

（2）根据零件图的表示方案，想象零件的结构形状。

（3）分析零件图标注的尺寸，识别尺寸基准和类别，确定零件各组成部分的定形尺寸和定位尺寸及工艺结构的尺寸。

（4）分析零件图标注技术要求，明确制造该零件应达到的技术指标。了解制造该零件时应采用的加工方法。

8.6.2 读零件图的方法和步骤

1. 读标题栏

阅读标题栏，了解零件名称、材料、绘图比例等。初步了解其用途以及属于哪类零件。

2. 分析表示方案

（1）浏览全图，找出主视图。

（2）以主视图为主搞清楚各个视图名称、投射方向、相互之间的投影关系。

（3）若是剖视图或断面图，应在对应的视图中找出剖切面位置和投射方向。

（4）若有局部视图、斜视图，必须找出表示部位的字母和表示投射方向的箭头。

（5）检查有无局部放大图及简化画法。通过上述分析，初步了解每一视图的表示目的，为视图的投影分析做准备。

3. 读视图

读视图想象形状时，以主视图的线框、线段为主，配合其他视图的线框、线段的对应关系，应用形体分析法和线面分析法及读剖视图的思维基础来想象零件各个部分的内外形。想象时，先读主体，后读非主体；先读外形，后读内形；先易后难，先粗后细。在分部分想象内、外形的基础上，综合想象零件整体结构形状。

读图想象形状时，不仅注意主体形状，更好注意仔细、认真分析每一个细小结构。

4. 读尺寸

（1）想象零件的结构特点，阅读各视图的尺寸布局，找出三个方向的尺寸基准。了解基准类别以及同一方向有否有主要基准和辅助基准之分。

（2）应用形体分析法和结构分析法，从基准出发找出各部分的定形尺寸和定位尺寸以及工艺结构的尺寸，确定总体尺寸，检查尺寸标注是否齐全、合理。

读尺寸应认真、仔细，避免读错、漏尺寸而造成废品。

5. 读技术要求

阅读零件图上所标注的尺寸公差、几何公差和表面结构（如表面粗糙度）。确定零件哪些部位精度要求较高、较重要，以便加工时，采用相应的加工、测量方法。

6. 综合归纳

通过上述的读图后，对零件的结构形状、尺寸和技术要求等内容进行综合归纳，形成了比较完整认识，若发现存在问题，还能提出改进意见。读图步骤往往不是严格分开和孤立进行的，而常常是彼此联系、互补或穿插地进行。

8.6.3 读典型零件图

1. 读轴套类零件图

读图 8-51 所示车床尾座空心套的零件图。

（1）读标题栏。从标题栏可知，零件名称是车床尾座空心套，属轴套类零件，材料用 45 钢，数量只有 1 件，绘图比例为 1:2。从零件名称略知其用途。

（2）分析表示方案。空心套采用主、左两个视图，全剖主视图轴线水平放置，两个移出断面图、一个 *B* 向斜视图。

（3）读视图。从全剖主视图沿轴线的空白线框和带剖面线框及径向尺寸，可知空心套主体是圆筒状；两个断面图表示两处的键槽、小圆孔和螺纹孔的结构；*B* 向斜视图的刻度线，从左视图所注 *B* 和 45° 箭头表示空心套左端外圆柱轴向刻度位置。

（4）读尺寸。空心套的径向尺寸以轴线为设计和加工、测量基准，从图中轴向尺寸 20.5、42、148.5 等的起点，确定空心套右端面为轴向主基准，是加工、测量各小圆孔、槽的定位测量基准。

读结构尺寸：左端 4 号莫氏圆锥孔$\phi 31.269$，长度自然形成；键槽宽$10_{0}^{+0.03}$、长 160、深度$50.5_{-0.02}^{0}$；小圆孔$\phi 8_{0}^{+0.015}$的定位尺寸为 148.5 及 12；油槽 2×1，长 54 及油孔$\phi 5$ 配作（为装配后加工）的定位尺寸 20.5；M8 指普通粗牙螺纹，中径、顶径公差代号为 6H，定位尺寸 20.5 等。

（5）读技术要求。

① 尺寸公差和表面粗糙度。空心套外径$\phi 55\pm0.01$，上极限偏差值为 0.01，下极限偏差值为 −0.01，上极限尺寸为$\phi 55.01$，下极限尺寸为$\phi 54.99$，合格尺寸在两者之间；表面粗糙度 *Ra*1.6 的上极限值为 1.6 μm、[⌭|0.04 / ○|0.04]几何公差的圆度公差 0.04，圆柱度公差 0.04，要达到此技术要求，必须经过磨削加工。圆锥孔$\phi 31.269$ 的[↗|0.01|*A*]圆跳动公差 0.01，以$\phi 55\pm0.01$ 轴线 A 为基准，也要磨削加工才能达到；$\phi 35_{0}^{+0.025}$的公称尺寸$\phi 35$，长 42−3−2=37，上极限偏差为 0.025，下极限偏差值为 0，上下极限尺寸为$\phi 35$～$\phi 35.025$。表面粗糙度 *Ra*6.3，上限值为 6.3μm，[↗|0.012|*A*]圆跳动公差 0.012 以$\phi 55\pm0.01$ 轴线为基准，用精车加工。

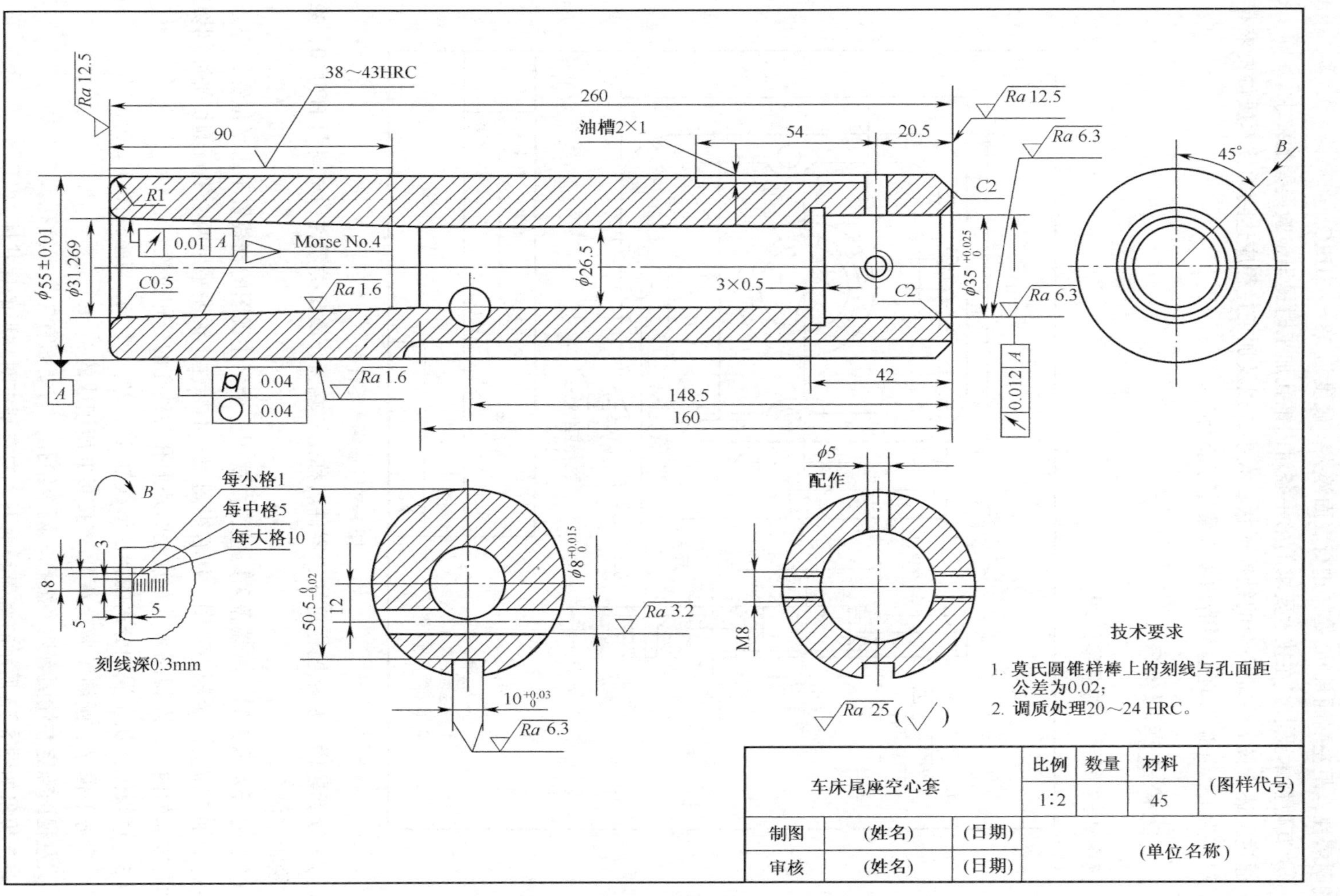

图 8-51 车床尾座架中心套零件图

② 热处理。空心套材料为 45 钢；为了提高空心套的材料的强度和韧性，在技术要求的第二条，说明对空心套进行整体调质处理，硬度为 20～24HRC；为了提高四号莫氏锥度的内圆锥孔的耐磨性，距左端面长 90 处，进行表面淬火，硬度为 38～43HRC。

③ 其他技术要求。在技术要求的第一条对内锥孔加工时提出检验误差的要求。

通过上述读图，对空心套的结构形状、大小，以及加工过程应达到的技术质量要求有了深入了解，为工人正确合理地制造该零件奠定了基础。

2. 读轮盘类零件图

读图 8-52 所示右端盖零件图。

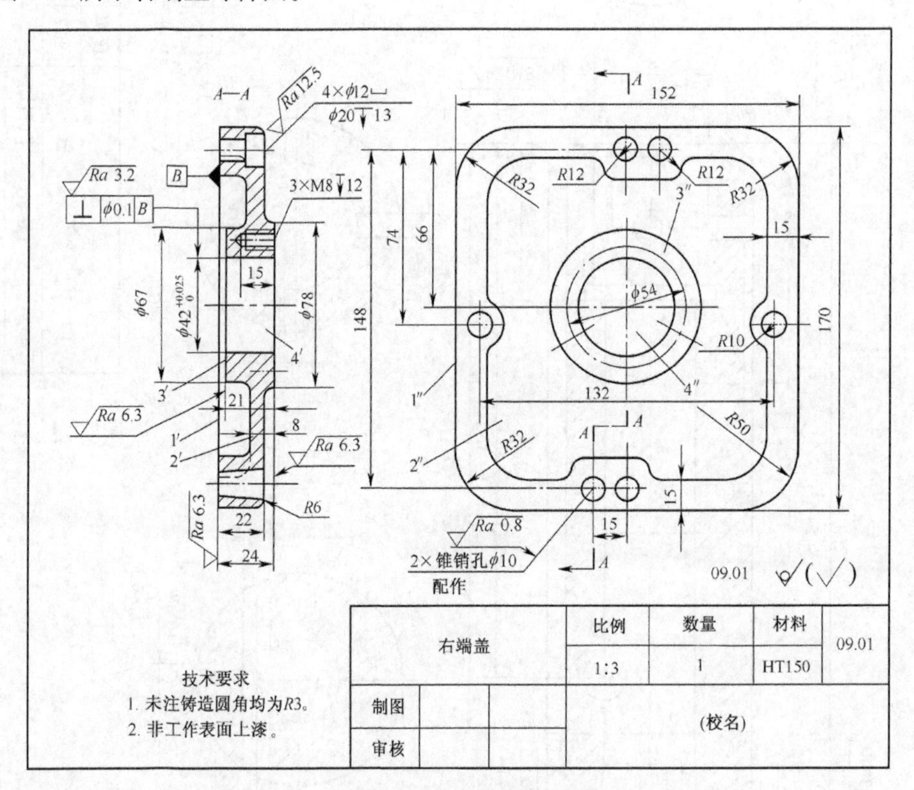

图 8-52　右端盖零件图

（1）读标题栏。从标题栏可知，零件名称是右端盖、属盘类零件，材料用 HT150，数量 1 件，绘图比例 1:3。

（2）分析表示方案。右端盖采用主、左视图，全剖主视图的轴线置于水平位置，符合车或镗主孔的加工位置。全剖主视图，从右视图 *A—A* 标注，说明采用两个平行剖切平面剖切来表示轴向方向的内形；左视图表示右端盖的外形和各种孔的分布位置。

（3）读视图。从左视图分离的特征形线框 1″，2″，3″，4″与主视图 1′，2′，3′，4′ 对应关系，想象方框体 *Ⅰ*、圆筒（*Ⅲ*、*Ⅳ*）、连接板Ⅱ所组成的。

从左视图确定左端面有四个沉孔、两个销孔，右端面有三个螺纹孔。

综合想象如图 8-53 所示右端盖是上下、左右基本对称形的扁状体。

（4）读尺寸

① 尺寸基准：从左视图宽方向的尺寸 132，152，15 确定前后基本对称面为宽方向尺寸基

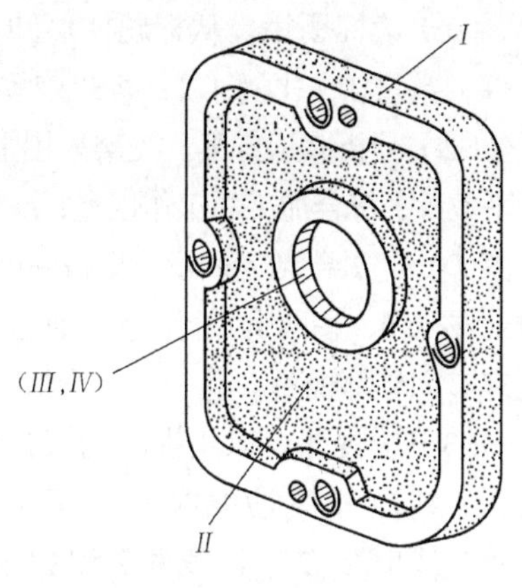

图 8-53　右端盖轴测图

准；从圆孔 $\phi42^{+0.025}_{0}$ 是主孔及尺寸 66、148，确定该圆孔横向中心线为高方向尺寸主要基准；从尺寸 74 确定沉孔、销孔为高方向辅助基准。从尺寸 22、24，确定以左端面 *B* 为轴向（厚度）的主要基准，尺寸 21 以右端为辅助基准。

② 主体方框体的尺寸 152、170、15、*R*32 及 22；圆筒尺寸 $\phi42$、$\phi78$、21。

③ 各种孔的尺寸：4 × ϕ12⌴ϕ20↧8，表示 4 个圆柱形沉孔，小圆孔 ϕ12，沉孔直径 ϕ20，深 13，孔心距 132，148。74 为孔组定位尺寸；3 × M8↧12，表示 3 个普通粗牙螺纹孔，公称尺寸 82，螺孔深 12，中、顶径公差带 6H（省略标注）均布在 ϕ54 圆筒右端面上；2 × 圆锥销孔 ϕ10 为配作，定位尺寸 148 及 15。

（5）技术要求。主孔 $\phi42^{+0.025}_{0}$ 表示孔公称尺寸 ϕ42，上、下极限偏差值分别为+ 0.025 和 0，是基准孔，表面粗糙度 *Ra* 上极限值为 3.2 μm，轴线以左端面 *B* 为基准的垂直度公差 ϕ0.1。

3. 读叉架零件图

读图 8-54 所示支架零件图。

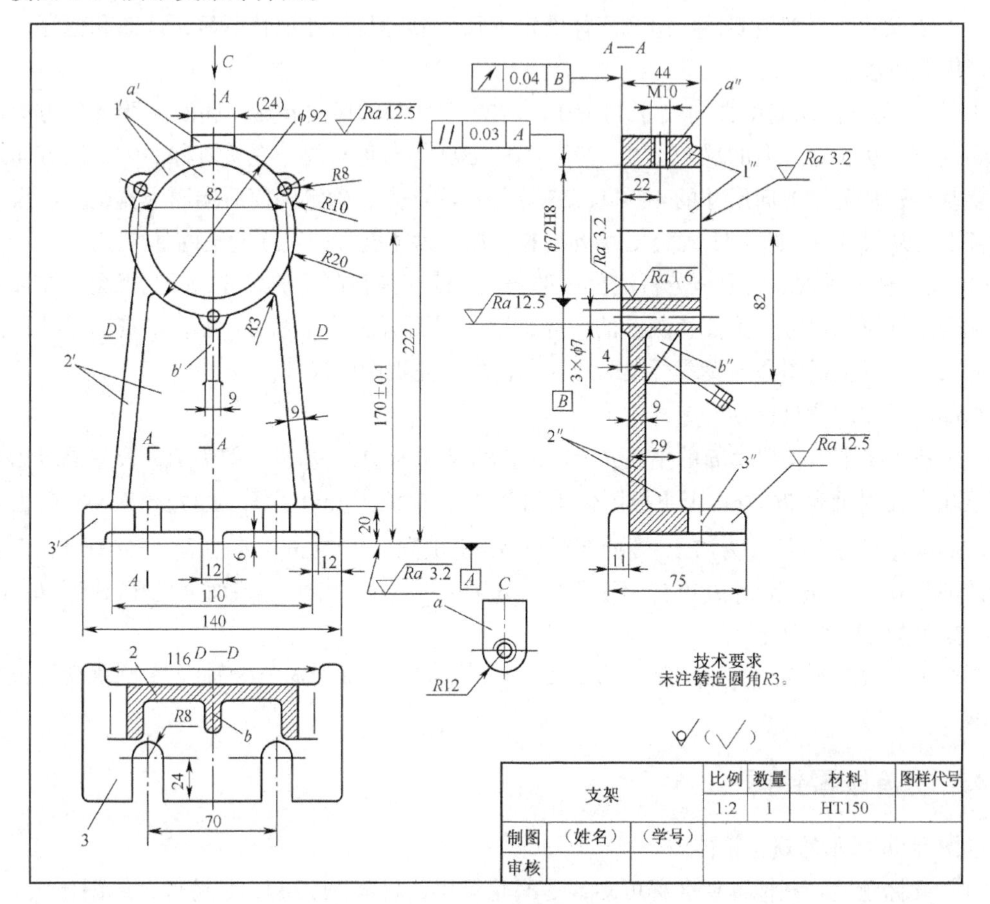

图 8-54　支架零件图

（1）读标题栏。从标题栏可知，零件名称是支架，属叉架类零件，材料 HT150，说明是铸造件，数量 1，比例 1:2，略知该零件是用来支承轴、套零件。

（2）分析表示方案。支架采用主、俯、左三个基本视图，主视图表示支架外形主体特征，底板水平放置，符合加工和工作位置；*D—D* 全剖俯视图，从主视图 *D—D* 处剖切，表示连接板断面和底板的形状；*A—A* 全剖左视图，用两个平行剖切平面在主视图 *A—A* 处剖切，还有 *C* 向局部视图。

（3）读视图。以主视图的线框为主，对俯、左视图关系，线框 1′对应线框 1″，想象支撑套筒体 *I*；线框 2′对应线框 2，2″，以线框 2 和 2′的形状想象支持板 *II*；线框 3′对应线框 3，3″，以线框 3 形状为主，配合线框 3′想象底板 *III*。

从 *C* 向局部视图线框 *a* 对应线框 *a*′和线 *a*″，想象带螺孔拱形凸台；从线框 *b*′、*b*″及 *b*，想象三角形肋板。

从反映位置特征主、左视图各线框相对位置和连接关系，综合想象支架的主体由 *I*、*II*、*III*形体和凸台、肋板组成左右对称支架形体，如图 8-55 所示。

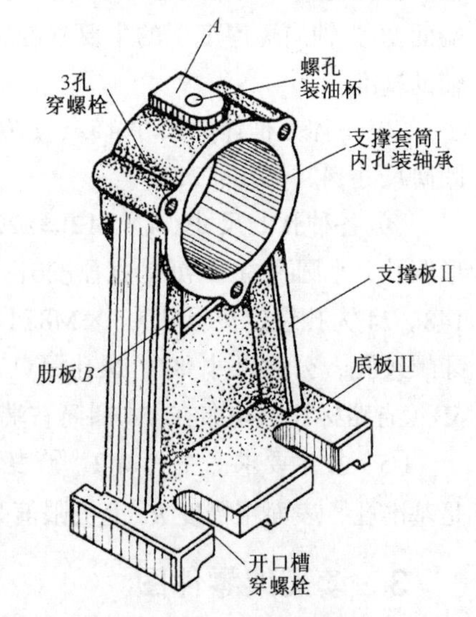

图 8-55　支架零件轴测图

（4）读尺寸。叉架类零件各组成形体的定形尺寸和定位尺寸比较明显，读图和标注尺寸都要用形体分析法。

① 尺寸基准。从高度方向尺寸 170±0.1、222、20 等的标注起点，底面 *A* 为高度方向尺寸的主要基准；从长度方向的尺寸 140、70、110、ϕ92 等对称布局，左右对称面为长度方向尺寸的主要基准；从宽度方向尺寸的 4、44、22 等的标注起点，确定圆筒后端面为宽度方向尺寸的主要基准，从尺寸 9、29、11 确定支撑板 *II*的后端面为宽度方向尺寸的辅助基准。

② 读主体尺寸时，按形体分析法分三部分读，读支撑套筒 *I* 的尺寸，以左视图所注尺寸为主，配合主视图的尺寸；读支撑板Ⅱ的尺寸，以主视图所注尺寸为主，配合左视图尺寸。读底板 *III*的尺寸，以主视图和俯视图所注尺寸为主，配合左视图的尺寸。

细部的尺寸读者自行分析。

（5）技术要求。支撑套筒的主孔ϕ72H8，公称尺寸为ϕ72，基本偏差为 H，公差等级为 8 级的基准孔，在附录表 26 查得上下极限偏差值为 $^{+46}_{0}$，单位为μm，换算为 $\phi72^{+0.046}_{0}$，它的上极限尺寸ϕ72.046，下极限尺寸为ϕ72。表面粗糙度 *Ra* 上极限值 1.6 μm，定位尺寸 170±0.1，上下极限偏差都是 0.1，上极限尺寸ϕ170.1，下极限尺寸ϕ69.9；| // | 0.03 | *A* |轴线对底面 *A* 的平行度为 0.03，加工该孔需要精车或磨削加工。

圆筒上定位左端面 B 表面粗糙度 *Ra*3.2，| ↗ | 0.04 | *B* |　该面对ϕ72H8 轴线 B 圆跳动的公差值为 0.04。

4. 读箱体零件图

读图 8-56 所示的蜗轮箱体。

（1）读标题栏。从标题栏名称可知，是蜗轮箱体，材料 HT200，是铸件，绘图比例 1:3。从零件名称了解它是蜗杆蜗轮传动的壳体件。

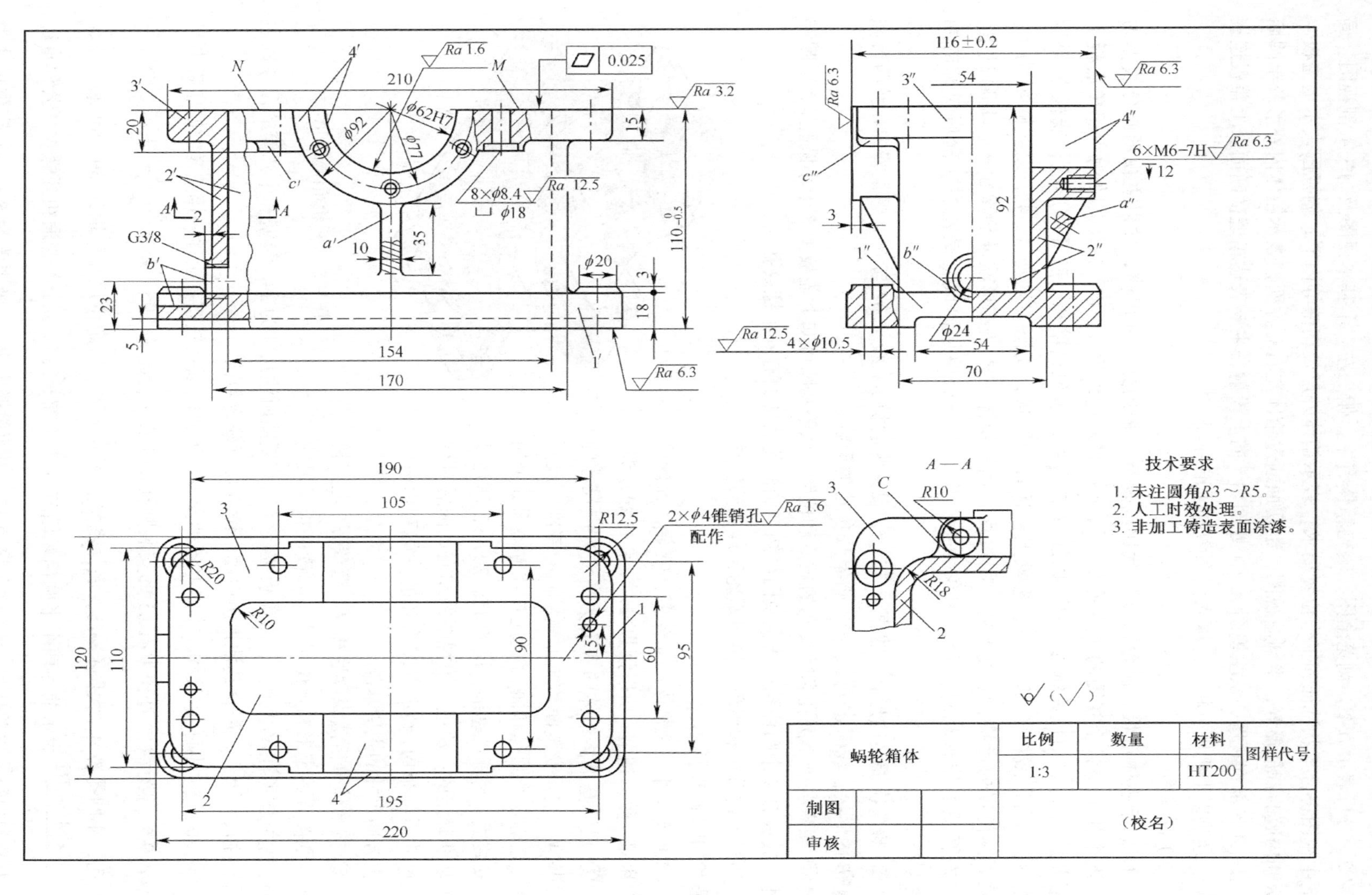

图 8-56 蜗轮箱体零件图

（2）分析表示方案。浏览全图，蜗轮箱体有主、俯、左三个基本视图及 *A—A* 剖视图。局部剖主视图符合形状特征和工作位置要求，表示箱体外形及箱壁等内形；俯视图表示上盖板、底板和内腔的特征形等；半剖左视图，剖切面通过箱体左右对称面，表示箱体内外形及半圆筒等；*A—A* 局部剖视图，从主视图 *A—A* 处剖切，向上投射，主要表达箱壁横断面及上盖板连接关系。通过以上视图分析，为深入读图做好了准备。

（3）读视图。

① 想象主体形状。涡轮箱体形状比较复杂，采用分部分识读，并以主视图画分线框为主，逐个找出与各个视图的对应关系。如线框 1′对应线框 1，1″，以 1，1″为主想象底板Ⅰ的形状；线框 2′对应线框 2，2″，以线框 2 为主，想象箱壁和空腔Ⅱ的形状；线框 3′对应线框 3，3″，以线框 3，3′为主，想象上盖板Ⅲ的形状；线框 4′对应 4，4″，以线框 4′为主，想象半圆筒Ⅳ的形状。通过上述读图过程，蜗轮箱体主要四部形状就想象出来。并通过主、俯、左视图的线框相对位置，想象为上、中、下三层叠加而成，是左右、前后对称的壳体件。

② 想象次要结构形状。线框 a' 与 a''，想象为肋板 *A*；线框 b'' 与 b'，想象管螺孔及凸台和凹槽 *B* 的形状；线框 c' 与 c、c''，想象凸台 *C* 的形状。

③ 想象各个小圆孔和螺纹孔的数量和位置，从俯视图可知上盖板上 8 个小圆孔，2 个圆锥销孔，底板有 4 个圆柱孔；从主视图可知半圆筒前后端面有 6 个螺纹孔。

通过上述分析和想象，得出蜗轮箱体的整体结构形状如图 8-57 所示。

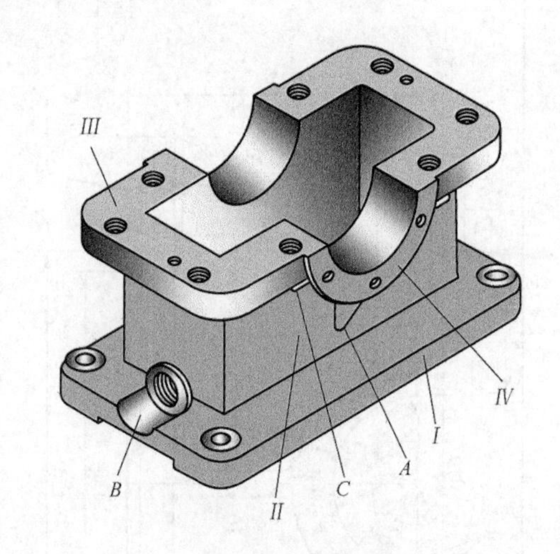

图 8-57　蜗轮箱体轴测图

（4）读尺寸。该箱体尺寸较多、较杂，分析尺寸较困难，较易遗漏，所以读尺寸时，要仔细分析。

① 尺寸基准。箱体的底面为高度方向尺寸的主要基准，它是安装面和加工测量面的基准，尺寸 $110_{-0.5}^{\ 0}$ 是确定半圆孔和面 *M* 的定位尺寸。面 *M*（加工、安装面）为辅助基准，尺寸 15，20，92 都是以它为基准确定的；从主、俯视图的左右、前后对称形及尺寸对称布局，确定以左右和前后的对称面为长、宽方向尺寸的主要基准。

② 按形体分析法识读底板 *I*、箱壁 *II*、上盖板 *III*、半圆筒 *IV* 的定形和定位尺寸。如读底板 *I* 尺寸以俯、左视图所注尺寸为主，上盖板 *II* 尺寸以俯视图所注尺寸为主，箱壁和半圆筒的尺寸以主视图所注尺寸为主，配合其他视图识读。读者自行确定数值。

③ 确定各种圆孔的尺寸。箱体上各种安装和连接的圆孔较多，应逐一搞清楚。如底板上尺寸 $4\times\phi10.5$，表示 4 个直径为 $\phi10.5$ 的安装圆孔，孔心距分别为 195，95；$\dfrac{8\times\phi8.4}{\phi18}$ 表示 8 个圆柱形沉孔，小圆孔 $\phi8.4$，大圆孔 $\phi18$，底面刮平，深度不要求，定位尺寸分别为 60、90 和 105、190；$\dfrac{6\times\text{M6}-7\text{H}}{12}$ 表示前后两个半圆筒端面有 6 个（前、后各 3 个）普通粗牙螺纹，公称直径 $\phi6$，中径和顶径公称差代号 7H，纹孔深为 12，表面粗糙度 *Ra* 上极限值为 6.3 μm；定位尺寸为

ϕ77；$\frac{2\times圆锥销孔\phi4}{配作}$表示 2 个圆锥销孔公称直径为$\phi$4，不能单独加工，必须与箱盖装配后一起同钻、铰，表面粗糙度 *Ra* 上极限值为 1.6 μm，定位尺寸 190 与 15。

④ 其他结构尺寸。如 G3/8 表示非螺纹密封管螺纹，尺寸代号为 3/8；肋板尺寸为 10，35 和 3。其他小尺寸读者自己分析。

（5）读技术要求。

① ϕ62H7 是箱体的重要尺寸，与滚动轴承相配合，公称尺寸为ϕ62，基本偏差为 H，标准公差为 7 级（IT7），从附表 26 查得上下偏差值 $^{+30}_{0}$，单位为μm，换算为 $\phi62^{+0.03}_{0}$，上极限尺寸ϕ62.03，下极限尺寸ϕ62，该圆孔加后实测尺寸在ϕ62～ϕ62.03 为合格。表面粗糙度 R_a 上限值 1.6 μm，加工时把上箱盖合起来精镗孔。尺寸“$110^{0}_{-0.5}$”，上下极限偏差为 0 及−0.5，即上盖板端面 M 的定位尺寸上、下极限尺寸为 110 和 109.5，表面粗糙度 *Ra* 的上极限值为 3.2 μm，|⏥|0.025| 平面度公差为 0.025，该平面在平面磨床磨削。

请读者说明尺寸 116±0.2 的含义。

② 其他技术要求。图中还注有三条技术要求：a. 未注铸造圆角 *R*3～*R*5 表示箱体未注出圆角的尺寸。b. 人工时效处理：箱体是铸铁件，为了消除内应力，避免加工后变形和尺寸变动，需采取时效处理。c. 非加面涂漆：在箱体非加工面的铸造表面上漆上防锈漆。由于箱体是传动机构的主要件，所以使用强度较高铸铁 HT200。

图中未注偏差的尺寸误差，按 GB/T6414 的 IT12 规定执行。

第9章 装配图

9.1 装配图的作用和内容

任何机器或部件都是由一些零（组）件按一定技术要求装配而成的。如图 9-1 所示传动器是一种中间传动的部件，它由 13 种零（组）件（包括标准件）装配而成的。

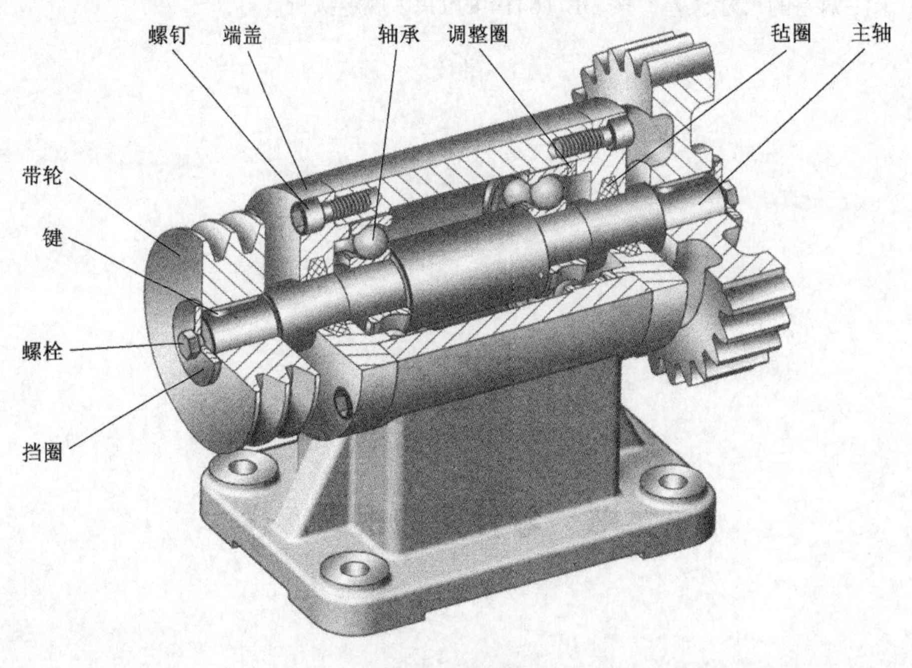

图 9-1　传动器

表示机器或部件（统称装配体）及其连接、装配关系和工作原理的图样，称为**装配图**，如图 9-2 所示。

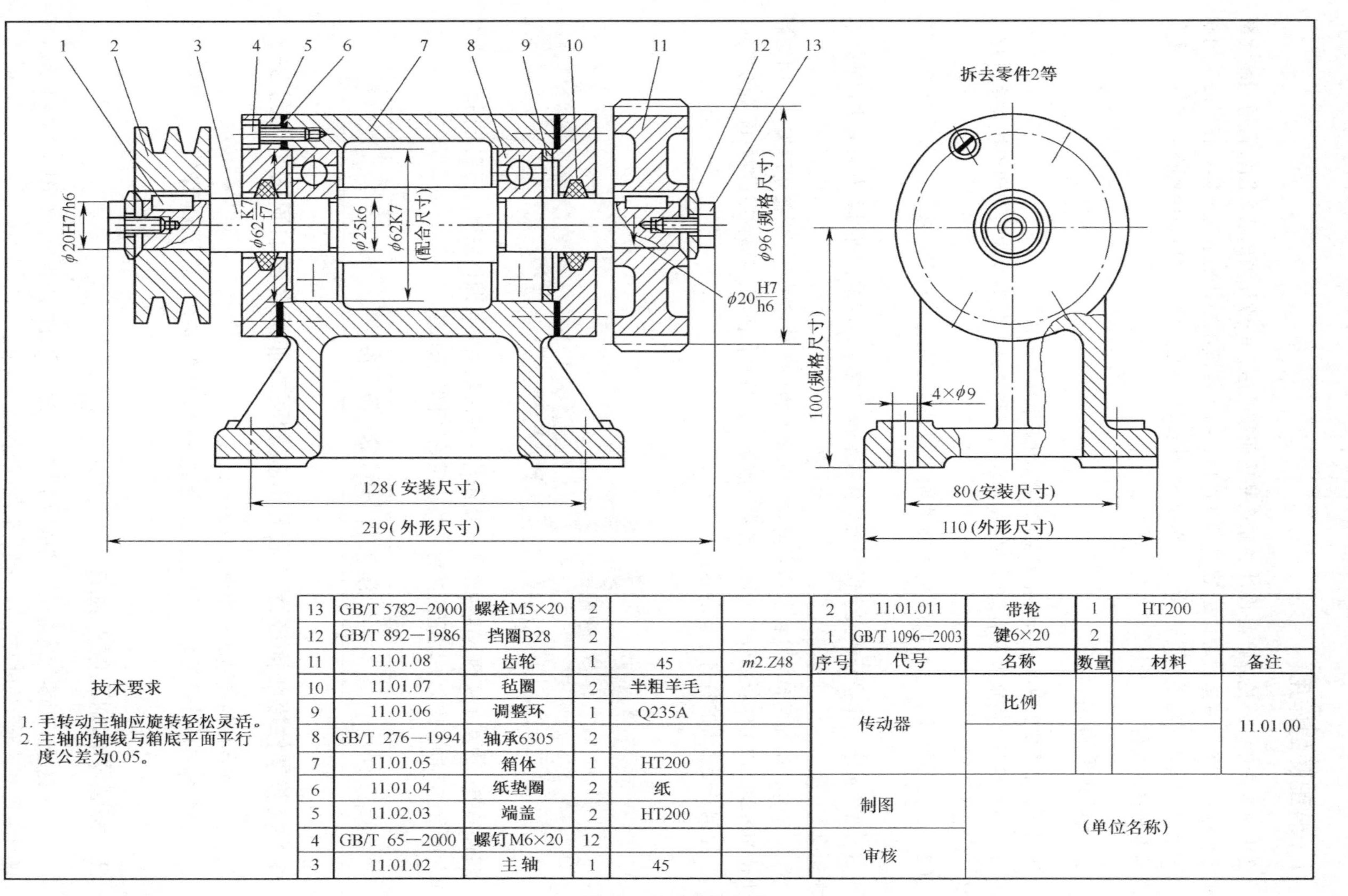

技术要求

1. 手转动主轴应旋转轻松灵活。
2. 主轴的轴线与箱底平面平行度公差为0.05。

13	GB/T 5782—2000	螺栓M5×20	2		
12	GB/T 892—1986	挡圈B28	2		
11	11.01.08	齿轮	1	45	$m2.Z48$
10	11.01.07	毡圈	2	半粗羊毛	
9	11.01.06	调整环	1	Q235A	
8	GB/T 276—1994	轴承6305	2		
7	11.01.05	箱体	1	HT200	
6	11.01.04	纸垫圈	2	纸	
5	11.02.03	端盖	2	HT200	
4	GB/T 65—2000	螺钉M6×20	12		
3	11.01.02	主 轴	1	45	

2	11.01.011	带轮	1	HT200	
1	GB/T 1096—2003	键6×20	2		
序号	代号	名称	数量	材料	备注
传动器		比例			11.01.00
制图		(单位名称)			
审核					

图 9-2 传动器装配图

1. 装配图的作用

在工业生产中，不论新产品设计、原产品仿照或改造，一般先画出装配图，再根据装配图拆画零件图；在产品制造过程中，制造出零件后，再根据装配图装配成装配体；在产品使用和技术交流中，从装配图了解其性能、工作原理、使用和维修方法等，所以装配图是指导产品和使用的重要技术文件。

2. 装配图的内容

从图 9-1 和图 9-2 中可看出一张完整的装配图应包括下列内容。

（1）一组视图。用来表示装配体的结构形状、工作原理、各零件的装配和连接关系以及零件的主体结构形状。

（2）必要的尺寸。标注出装配体的性能（规格）、装配、检验、安装及外形所必需的尺寸。

（3）技术要求。用符号或文字说明装配体在装配、检验、调试、使用等方面应达到的技术要求和使用规范。

（4）序号、明细栏和标题栏。序号上对装配体上的每一种零（组）件按顺序编号；明细栏用来说明各零（组）件的序号、代号、名称、数量、材料和备注等；标题栏注明装配体的名称、图号、比例及责任者的签名和日期等。

9.2 装配图的画法

机件的表达方法（视图、剖视图、断面图等）在装配图中可照样采用，但装配图和零件图表示的侧重点不同，因此，装配图尚有一些规定画法和特殊画法。

9.2.1 规定画法

1. 相邻零件接触面或配合面与非接触面或非配合面的画法（见图 9-3）

（1）两相邻零件的接触面或配合面只画一条线。

（2）两相邻零件非接触面或非配合面，不论它们的间隙多少，都应画两条线，以表示存在间隙。

2. 相邻零件剖面线的画法

（1）为了区分不同零件的范围，相邻两个零件的剖面线方向应相反。如图 9-3（b）所示的套与箱体和图 9-4 所示的轴与箱体、轴与套的剖面线方向相反。

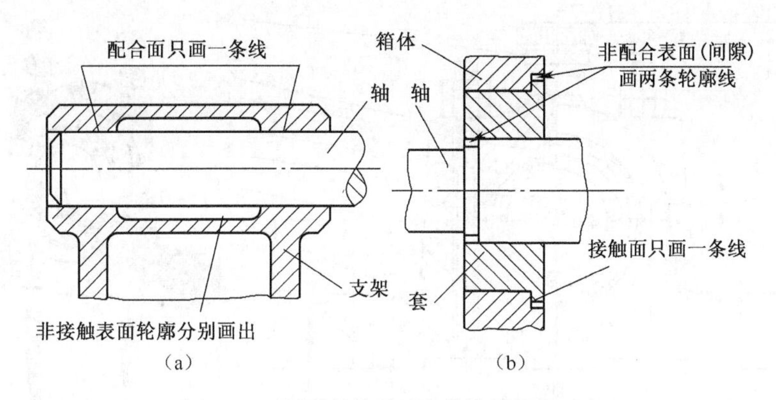

图 9-3　两零件的接触面和非接触面的画法

（2）相邻零件的剖面线可以同向，但要改变剖面线的间隔（密度）或把两件的剖面线错开，如图 9-4 所示套和箱体的剖面线方向相同，但剖面线间隔不同。

（3）同零件不同剖视图的剖面线方向和间隔相同。如图 9-2 所示的装配图中的箱体 7 的主视图和左视图都往左斜 45°，间隔相同。

当图中断面厚度≤2 mm 时，允许用涂黑代替剖面线，如图 9-5 所示调整圈、垫片。

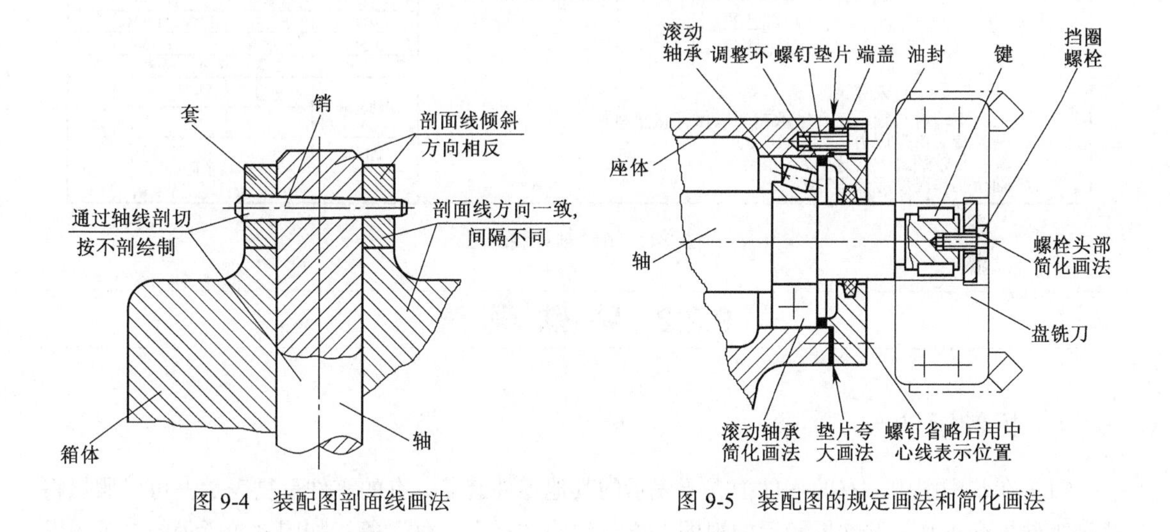

图 9-4　装配图剖面线画法

图 9-5　装配图的规定画法和简化画法

3. 实心杆和标准件的规定画法

（1）对紧固件、销、键以及轴、手柄、杆、球等实心件，即剖切面通过对称面或轴线，按不剖绘图，如图 9-5 所示的轴、键、螺钉，图 9-4 所示的销。

（2）若需表示实心杆（轴、手柄、连杆）零件上的孔、槽、螺纹、键、销或与其他零件的连接情况，可用局部剖视图，如图 9-4 所示的轴上的圆锥销，图 9-2 和图 9-5 所示的轴系端部的局部剖视图。

（3）若横向剖切标准件和实心件，照常画出剖面线，如图 9-6 所示的俯视图，螺栓 6 的横断面画剖面线。

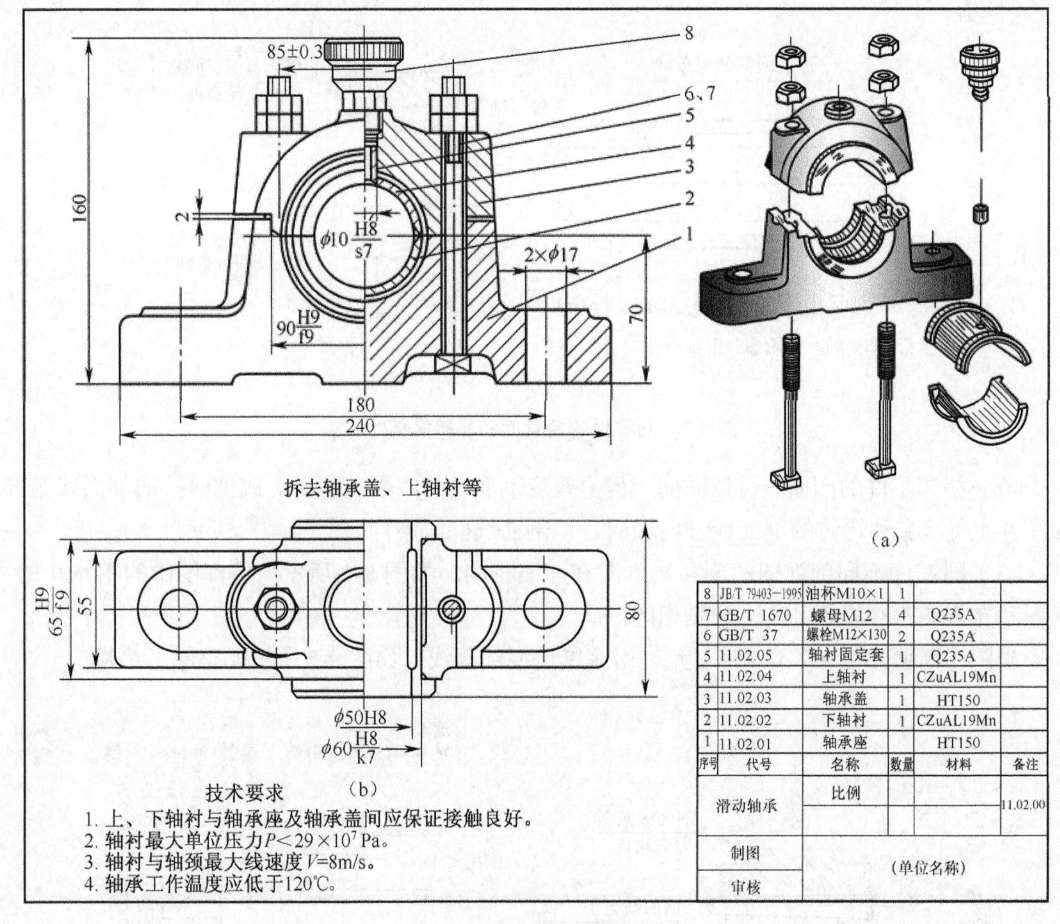

图 9-6　滑动轴承装配图

9.2.2　特殊画法

1. 拆卸画法

（1）在装配图中，有的零件把需要表示的其他零件遮盖，有的零件重复表示，可以假想将这种零件拆卸不画，并在拆卸后的视图上方，注明“拆去 x 件”等，如图 9-2 所示的左视图拆去零件 2，图 9-6 所示的俯视图拆去轴承盖，上轴衬。

（2）在装配图中，也可沿着零件的结合面剖切，它也是属于拆卸画法。画图时，零件间的结合面不画剖面线，但被剖切到的零件仍应画剖面线。如图 9-6 所示的半剖的俯视图，是沿着滑动轴承结合面剖切而得的。

2. 假想画法

（1）对于运动零件的运动范围和极限位置，可用双点画线来表示或用尺寸表示，如图 9-7 所示。

（2）不属于本部件但与本部件有密切关系的相邻零件，可用双点画线表示其轮廓形状，如图 9-5 所示的铣刀盘。

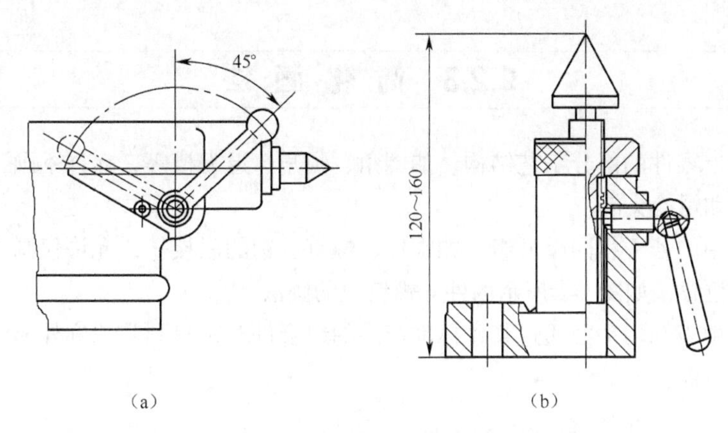

图 9-7　运动极限位置表示法

3. 夸大画法

装配图中的薄片、细小的零件、小间隙，若按全图采用的比例画出，表示不清楚时，允许将它们适当夸大画出。如图 9-5 所示垫片和图 9-2 所示的纸垫圈 6 的厚度及轴 3 的轴径与端盖 5 孔径的间隙，就是用夸大方式画出的。

4. 展开画法

传动机构的传动路线和装配关系，若按正常的规定画法，在图中会产生互相重叠的空间轴系此时，可假想按传动顺序把各轴剖开，并将其展示在一个平面上（平行某一投影面）的剖视图，并在剖视图上注“×—×展开”，如图 9-8 所示的三星轮 *A*—*A* 展开。

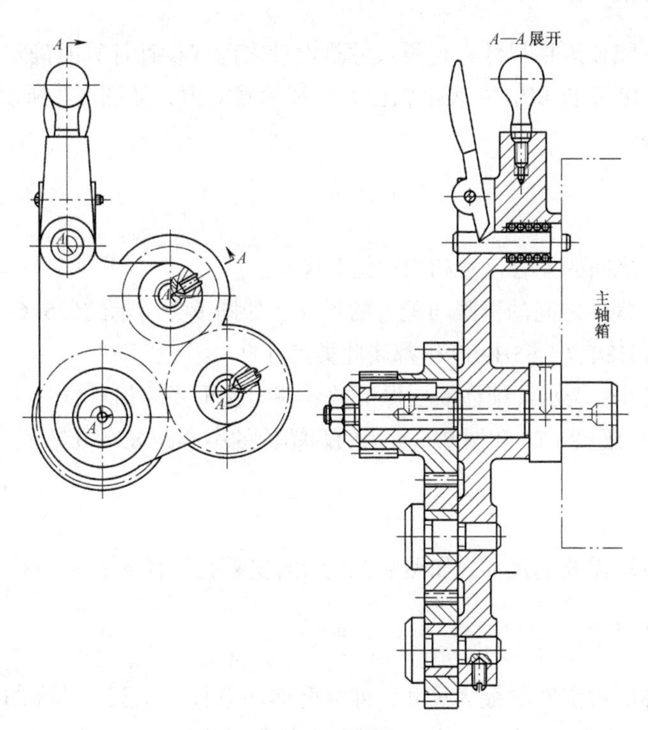

图 9-8　三星轮展开画法

9.2.3 简化画法

（1）装配图上零件的部分工艺结构，如倒角、圆角、退刀槽等，允许不画，如图 9-5 所示的轴的工艺结构和螺栓头部。

（2）装配图中的若干相同零件组，如螺栓、螺钉、销的联接等，允许仅画出一处。其余用点画线表示中心位置，如图 9-2 所示的件 4 螺钉组的画法。

（3）装配图中当剖切平面通过某些标准产品的组合件时，只画其轮廓外形，如图 9-6 中所示的油杯 8 可以不剖。

9.3 装配图的尺寸标注和技术要求

9.3.1 装配图的尺寸标注

装配图与零件图不同，不必像零件图注全尺寸，只要注出与装配体的性能、装配、安装、检验或调试等有关的尺寸，一般分为下列几种。

1. 性能（规格）尺寸

表示装配体的性能或规格尺寸，这类尺寸是设计之前或设计计算时确定的，如图 9-6 所示的滑动轴承孔径ϕ50H8 及长 80，它表示轴径大小和承载能力；如图 8-2 所示的ϕ96 齿轮分度圆直径和箱体高 100 等。

2. 装配尺寸

表示装配体零件之间的配合尺寸和相对位置尺寸。

（1）配合尺寸：零件之间的极限与配合的尺寸，如图 9-2 所示的ϕ25k6、ϕ62k7/f6 和图 9-6 所示的 90H9/f9、ϕ60H8/K7、65H9/f9 等都属此类尺寸。

（2）相对位置尺寸：表示装配体需要保证的零件间较重要的相对位置的尺寸，如图 8-12 所示的两齿轮之间的中心距 28.76 和图 9-6 所示的两螺栓的中心距 85 ± 0.3 等。

3. 安装尺寸

装配体在安装时所需要的尺寸，如图 9-2 所示的安装孔直径 4 × ϕ9 与孔中心距离 128、80。

4. 外形尺寸

装配体外形轮廓所占空间的最大尺寸，即装配体的总长、总宽、总高的尺寸。这是装配体在包装、运输、厂房设计时所需的尺寸，如图 9-2 所示的总长 219、总宽 110 和总高 100 + 齿顶圆直径 1/2，图 9-6 中 240、80 及 160 等。

5. 其他重要尺寸

指在设计中经过计算或根据需要而确定的重要尺寸。如图 9-2 中的齿轮分度圆直径$\phi 96$，如图 9-6 所示轴承宽度尺寸 80。

以上五类尺寸，并不是所有装配体都具有的，有时，同一个尺寸可能有不同的含义。因此，装配图上到底要标注哪些尺寸，需要根据装配体的功用和结构特点而定。

9.3.2 装配图的技术要求

一般从以下三个方面考虑。

1. 装配要求

指装配过程中应注意事项及装配后应达到的技术要求等。如精度、装配间隙润滑要求以及密封要求等。如图 9-2 所示的技术要求 2 和图 9-6 所示的技术要求 1。

2. 检验要求

指对装配体基本性能的检验、试验、验收方法的说明等，如图 9-2 所示技术要求 1。

3. 使用要求

对装配体的性能、维护、保养、使用注意事项的说明，如图 9-6 所示技术要求 2、3、4。

上述各项技术要求，不是每张装配图都要求全部注写，应根据具体情况而定。

9.4 装配图上零、部件的序号和明细栏

为了便于装配图阅读和生产过程的图样管理，装配图上的零、部件必须编序号，并填写标题栏。

1. 序号

装配图的序号是由指引线、小圆点（或箭头）和序号数字所组成的，如图 9-9 所示。

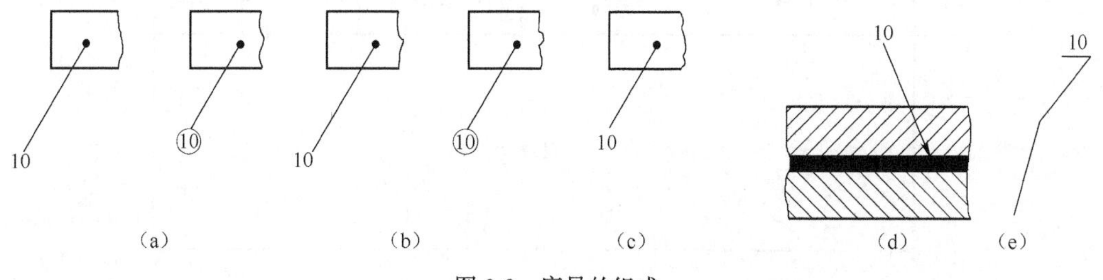

图 9-9 序号的组成

（1）指引线从零、组件可见轮廓内（画一小黑点）引出，互不相交。若不便在零件轮廓内画出小黑点，可用箭头代替，箭头指在该零件轮廓线上［见图 9-9（d）］。

（2）指引线不与轮廓线或剖面线平行，必要时可转折一次［见图 9-9（e）］。

（3）标准化组件（油杯、滚动轴承、电动车等）可视为一整体，只编写一个序号。对一组紧固件可共用一条指引线（见图 9-10）。

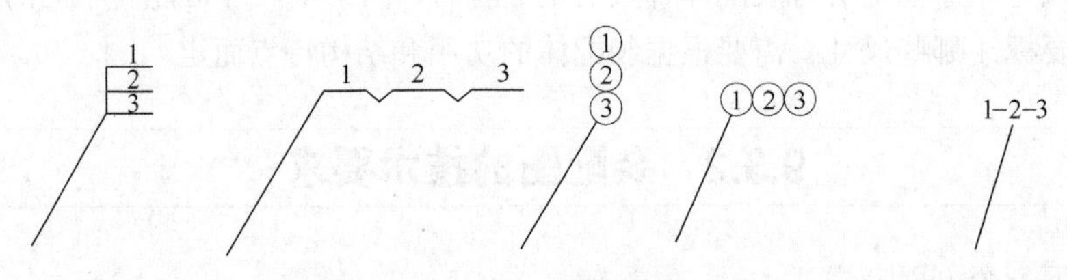

图 9-10　公共指引线

（4）序号的数字注写在指引线末端的水平线上或圆圈内，数字高比图中所注尺寸数字大 1 号或 2 号，如图 9-2 所示。

（5）序号应按顺时针或逆时针方向在整组图形外围整齐排列，并尽量使序号间隔相等。如图 9-2 和图 9-6 所示。

2. 明细栏

明细栏是装配体全部零件的详细目录，格式如图 9-11 所示。用图 9-2 说明。

（1）序号：自下而上，若位置受限制，可移到标题栏左边。明细栏的序号与零部件序号一致。

（2）代号：注写每一个零件的图样代号或标准件的标准代号，如 GB/T5783—2000。

（3）名称：注写每一个零件名称，若标准件应注出规定标记中除标准号以外其他内容，如螺栓 M5 × 20。

（4）材料：填写制造该零件所用材料，如调整环，用 Q235A。

（5）备注：填写必要附加说明或其他重要内容，如齿轮齿数、模数等。

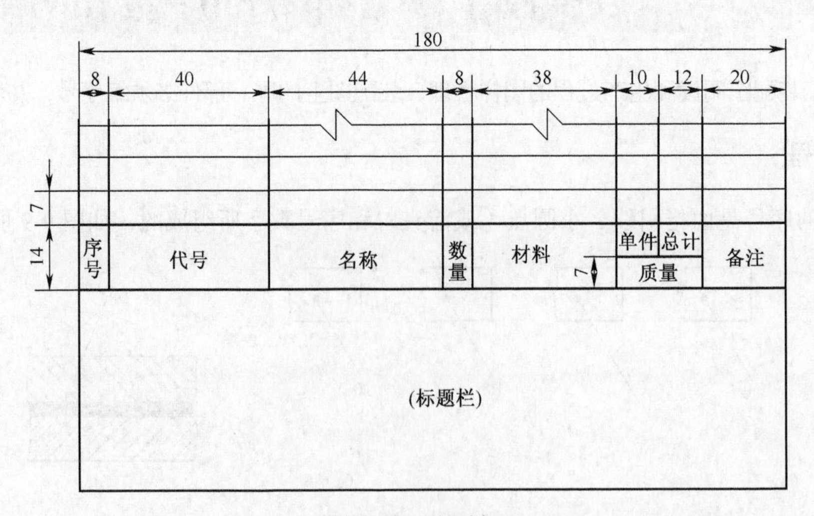

图 9-11　明细栏

9.5 装配结构的合理性

为了保证装配体能顺利装配，确保性能要求和装拆方便，应考虑装配体上各零（组）件之间的工艺结构的合理性。

1. 接触面与配合面的结构

（1）两个零件在同一方向上只能有一对配合面和接触面，这样既可保证两个零件配合性质和接触良好，又可降低加工要求，如图 9-12 所示。

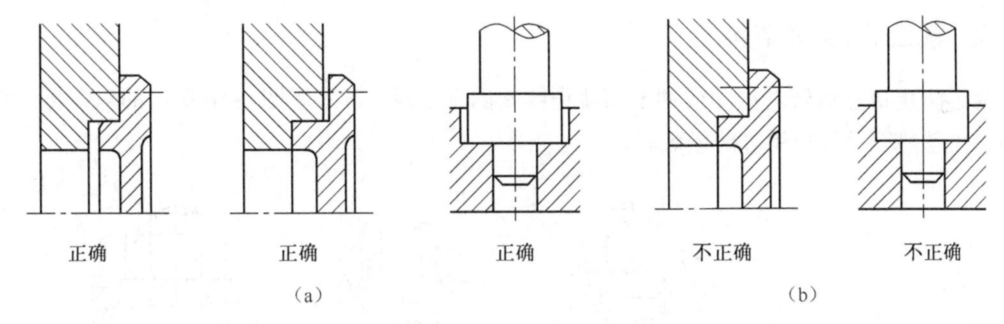

图 9-12 同一方向接触面结构

（2）为了保证孔端面和轴肩端面的接触良好，应将孔口端面加工倒角，轴肩端面处加工出退刀槽，如图 9-13 所示。

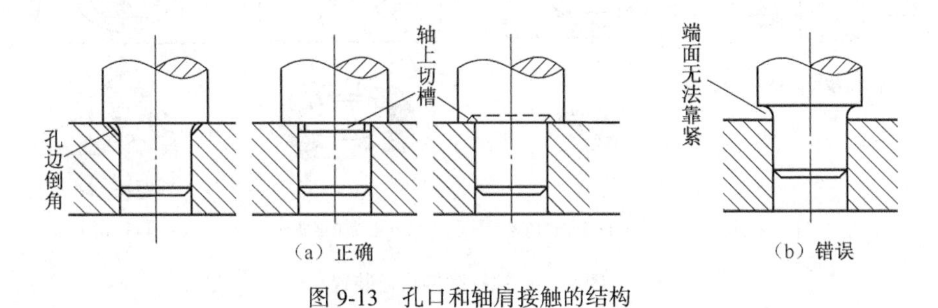

图 9-13 孔口和轴肩接触的结构

2. 零（组）件的紧固与定位

（1）机器运转时，为了防止滚动轴承产生轴向窜动，应采用轴向定位结构。如图 9-14 所示，图中用轴肩、套筒、弹性挡圈固定滚动轴承的内套圈；图 9-15 中用箱体孔肩、端盖固定滚动轴承外套圈。

（2）机器运转时，为了避免齿轮、带轮轴向窜动，甚至脱落，应采用紧固结构加以固定，如图 9-15 中的齿轮通过轴肩、螺母、垫圈固定。同时把齿轮宽度 L_1 制成大于装配的轴段长度 L_2。

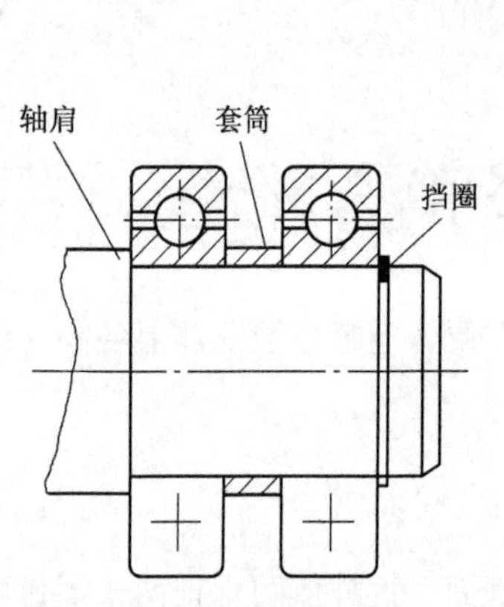

图 9-14　滚动轴承的轴向固定

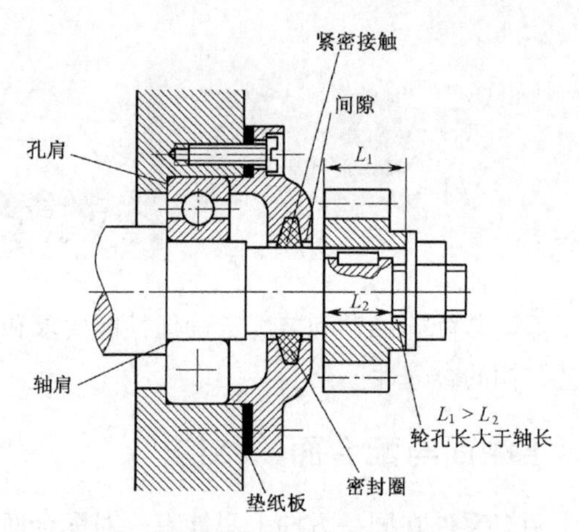

图 9-15　滚动轴承和轮子的固定和油封

3. 紧固件连接结构

为了防止机器运转时振动或冲击而使螺纹紧固件松脱，常采用图 9-16 所示的双螺母、弹簧垫圈、止动垫圈及开口销等防松装置。

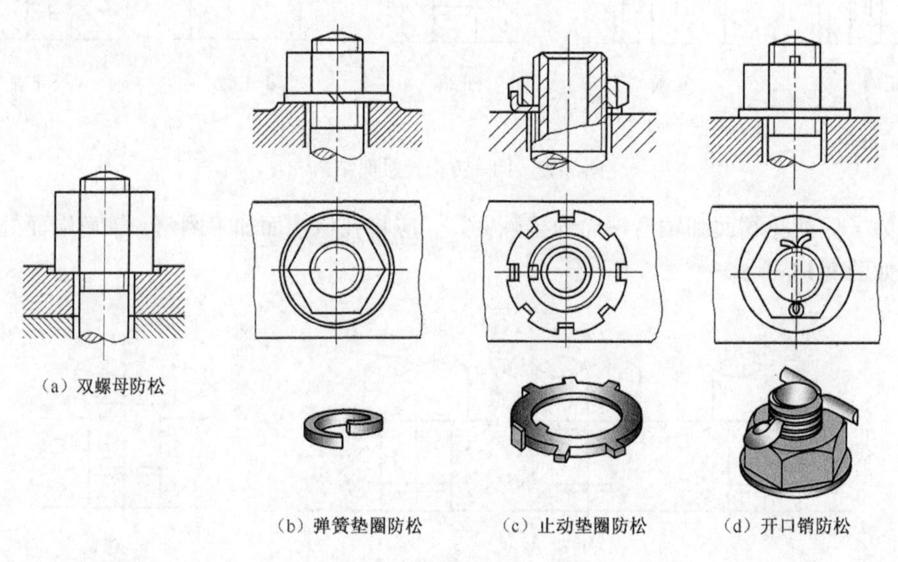

（a）双螺母防松　（b）弹簧垫圈防松　（c）止动垫圈防松　（d）开口销防松

图 9-16　螺纹联接防松装置

4. 密封结构

为了防止装配体的液体向外渗漏，同时也避免外部的灰尘、杂物等侵入，必须采用密封装置。

（1）滚动轴承处的密封，如图 9-15 所示，在箱体端面与轴承盖接触面处加装垫圈（同时能调整轴向间隙）；在轴承盖圆孔中加工梯形圆环槽，填入密封材料，使材料紧套在轴颈上，起着防漏作用。圆孔的孔径应大于轴颈，以免轴旋转时，轴颈磨损。

（2）泵和阀常见密封装置，如图 9-17（a）所示，拧紧压紧螺母，通过填料压盖将填料压紧在填料函内而起密封作用。填料压盖与阀体端面应留间隙以示能将填料压紧。图 9-17（b）所示画法是不正确的。

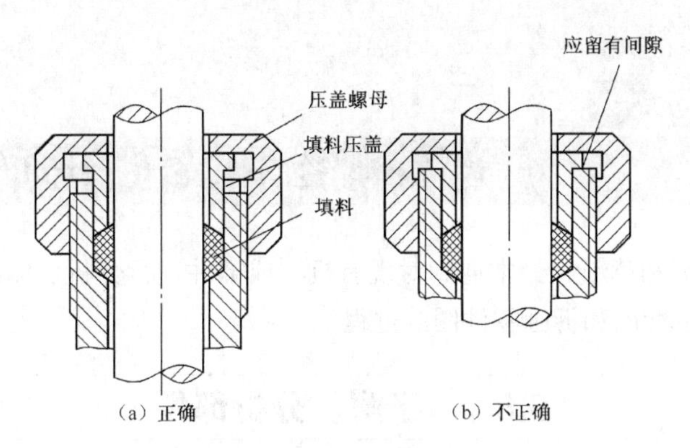

图 9-17　填料函密封装置

5. 考虑维修、安装和装拆的方便与可能

（1）滚动轴承若以轴肩或孔肩定位，应使轴肩或孔肩的高度应小于轴承内圈或外圈的厚度，使维修时便于从孔中拆卸出滚动轴承，如图 9-18 所示。

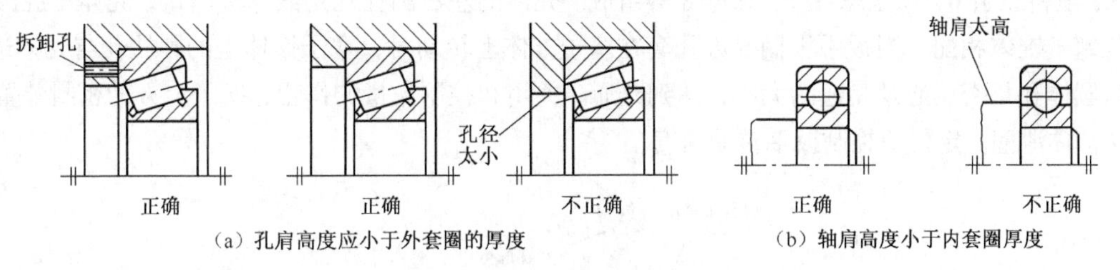

图 9-18　方便滚动轴承装拆的结构

（2）用螺纹紧固件连接零件时，应考虑到拆、装的可能性，留足操作空间，如图 9-19 所示。

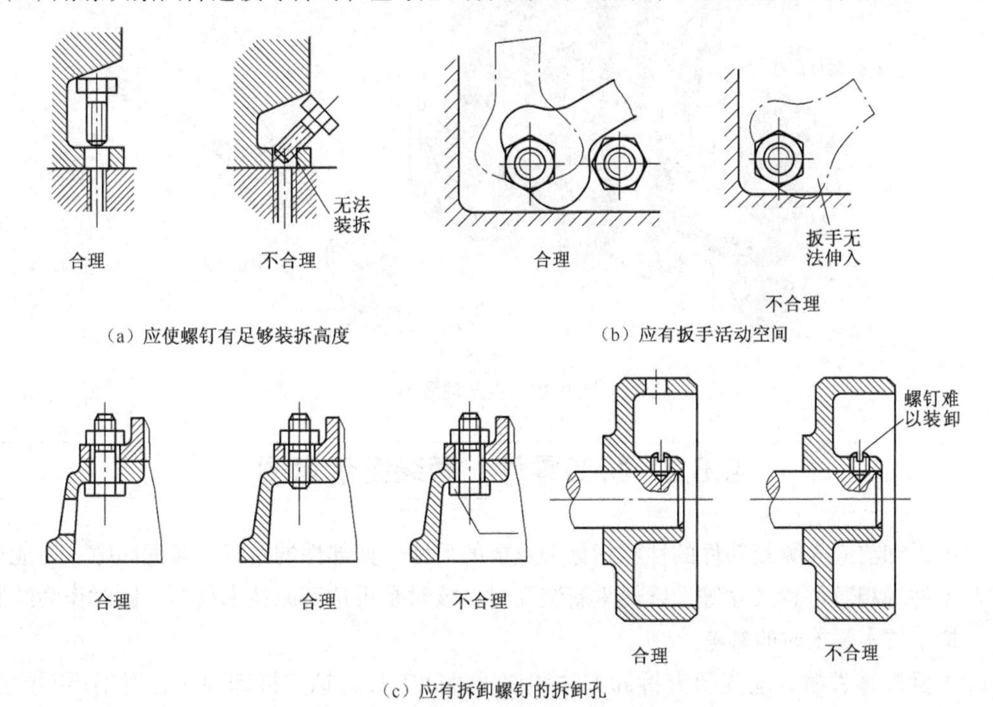

图 9-19　螺纹连接件装配结构的合理性

9.6 部件测绘和装配图画法

机器的修配、仿造和革新，经常遇到对现有机器或部件进行分析、测绘，画出零件草图，然后整理、改进绘出装配图和拆画零件图的过程。

9.6.1 了解、分析部件

拆卸部件前要对部件进行详细观察，分析研究，了解其用途、性能、工作原理、结构特点，以及零件之间的装配关系、相对位置和拆卸方法等。若有产品说明书，可由说明书对照实物分析，也可参照同类产品图纸和资料等分析。总之，必须充分了解测绘对象，才能确保测绘顺利进行。

如图 9-20 所示的旋塞，它是管路中一种控制液体流动的快速开关。它由壳体 2、塞子 1、填料 3、填料压盖 6、双头螺柱 7、螺母 8 等组成。壳体的左右圆柱孔是液体进出口，壳体中腔圆锥孔与塞子锥体相配，当扳手手柄 5 方孔套在塞子方体上转动时，塞子锥体上的圆柱孔与壳体进、出口圆体孔是否相通及相通的大小，达到开通、关闭和控制流量的作用，塞子上方的密封装置可防止液体泄漏。定位块控制扳手转动角度。

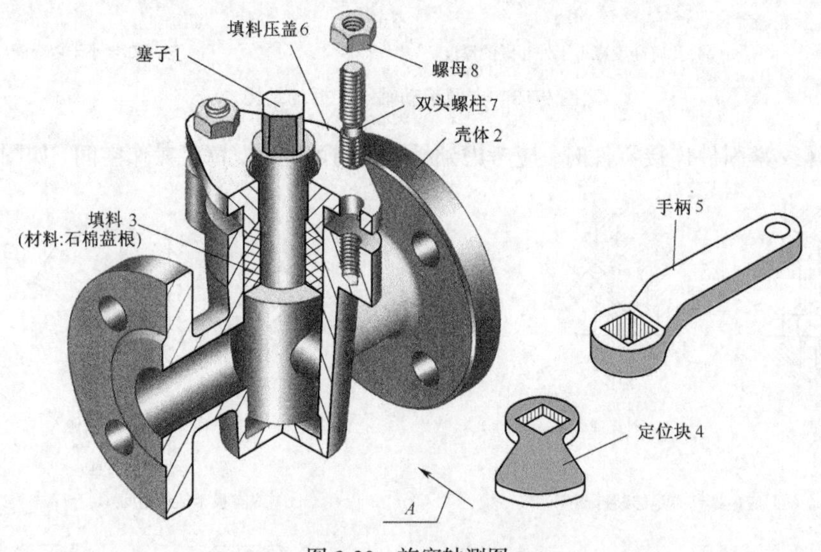

图 9-20　旋塞轴测图

9.6.2 拆卸零件，画装配示意图

（1）拆卸前应先测量部件的性能指标和重要的尺寸。如部件的精度、装配间隙、性能规格尺寸和零件的相对位置尺寸等，以便重新装配时，核对是否达到原技术指标，同时作为绘制装配图、拟定技术要求时的参考。

（2）拆卸零件时，应先研究拆卸方法和使用拆卸工具，拟定拆卸顺序，对不可拆的连接（焊接、铆接）和过盈配合的零件不要拆；对精度较高的配合零件尽量不拆。

（3）在拆下后的每个零（组）件上，逐一贴上标签，标签上注明与示意图相同的序号及名称。拆下的零件应妥善保管，避免碰坏、生锈或丢失。对螺钉、键、销等细小零件拆卸后仍装原位，对标准件应列出细目。

（4）为了便于把拆散后的零件装配复原和便于画出装配图，拆卸之前和拆卸过程中，应做好原始记录。最简单常用的方法是绘制装配示意图，也可应用照相或录像等手段。

装配示意图的画法没有严格规定，一般把装配体当作透明体，用简单的线条和国家标准规定的图形符号，将装配体的零件之间的相对位置、装配、连接关系及传动路线表示出来。装配示意图上应编上零件序号或注写零件名称和数量，如图 9-21 所示。

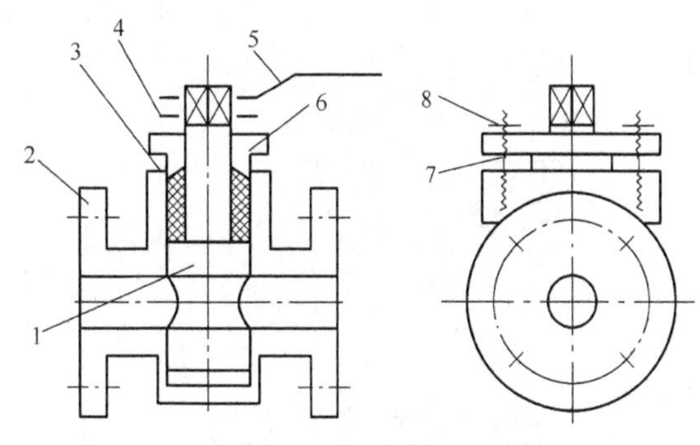

图 9-21　旋塞装配示意图

装配示意图不受前后层次的限制，宜尽可能将所有零件都集中在一个视图表示出来。只有当实在无法表示时，才画第二个视图，但应与第一个视图保持投影关系。

9.6.3　零件测绘

拆卸后，对零件逐一测绘，画出每个零件草图。一张完整的草图应具备零件图的全部内容，做到图示正确，尺寸装配图线清晰、字体工整。测绘步骤如下：

1.　了解和分析所测绘的零件

在测绘时，首先要了解零件的名称、材料及其在装配体中的位置、作用与其他零件的配合、连接关系，然后对零件的内外结构形状、技术要求和热处理等进行分析，并大致了解加工方法。

如图 9-22 所示的壳体，是旋塞的主体件，其材料为铸铁，属于阀体类零件，外、内形的主体结构是圆锥与圆柱垂直相交，竖向圆锥体的圆锥孔用来安装锥形塞，精度要求较高，圆孔用来安装填料和填料压盖；上端是带螺纹孔的拱形凸缘；横向圆筒体的两端是圆形法兰。整体结构呈左右前后对称。

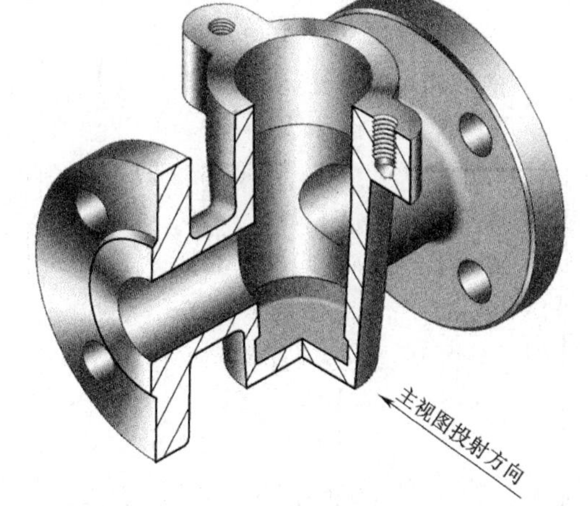

图 9-22　壳体轴测图

2.　确定零件表示方案

对壳体按图 9-22 所示箭头方向选择主视图投射方向，符合工作位置和显示形状特征的要求。为了表示其外形和内腔形状，主视图采用半剖；为了进一步表达左、右法兰连接孔的分布和上端凸缘与圆锥体的组合关系，左视图选用半剖；为表示上部凸缘形状，采用了 *A* 向局部视图，如图 9-23（c）所示。

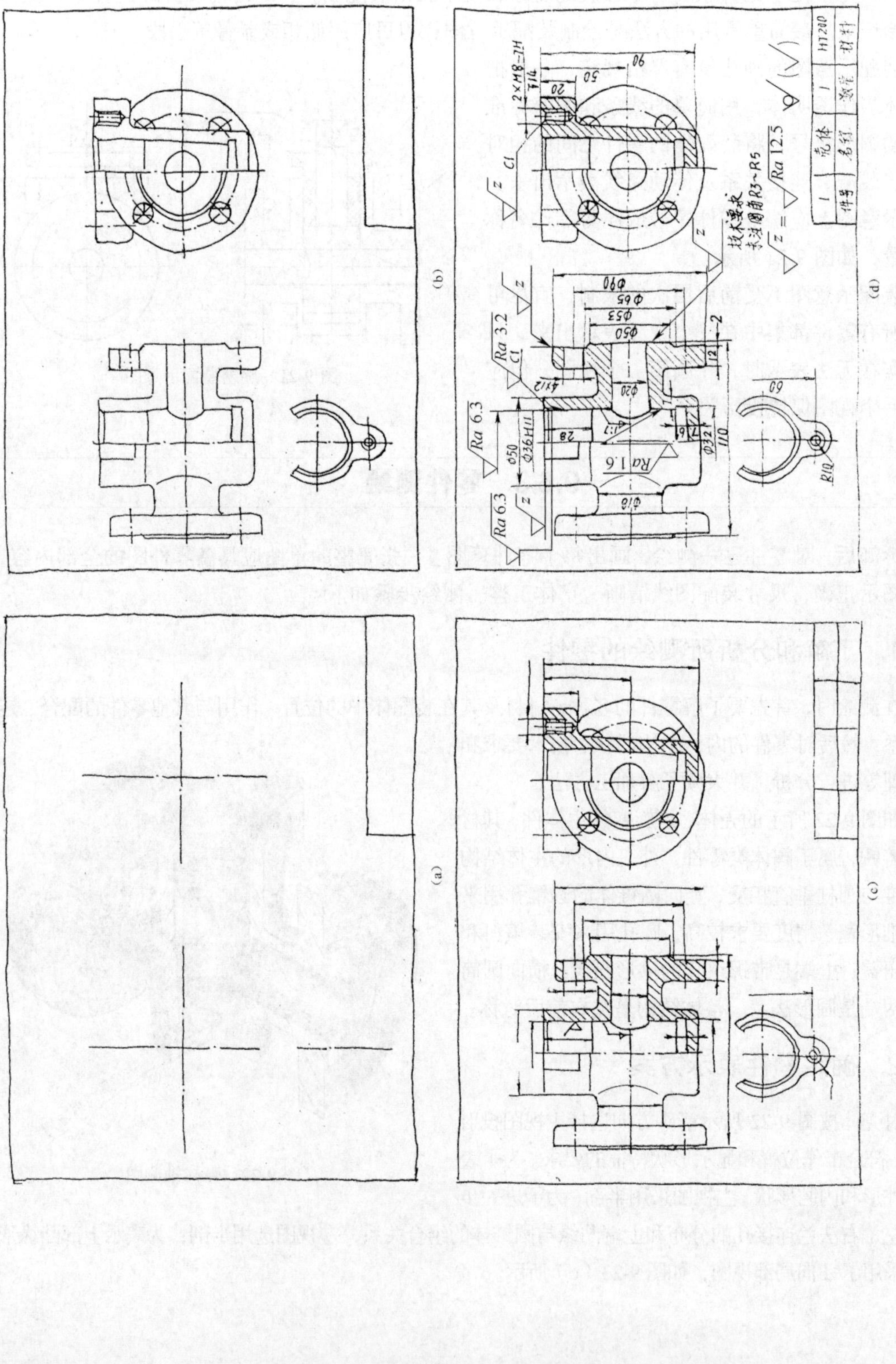

图 9-23 壳体零件草图的作图步骤

3. 绘零件草图

（1）根据选定的表达方案，确定绘图比例，画出各主要视图的作图基准线，确定各视图的位置，如图 9-23（a）所示。

（2）画出基本视图内、外形轮廓，如图 9-23（b）所示。

（3）画出其他视图、剖视图；选择长、宽、高方向的尺寸基准，确定定形和定位尺寸，画出尺寸线和尺寸界线，如图 9-23（c）所示。

（4）集中测量尺寸数值并填入图中，标注技术要求，填写标题栏，核对全图，如图 9-23（d）所示。

其他零件见图 9-24、图 9-25、图 9-26、图 9-27。对于标准件，只要测量出其规格尺寸，然后可查阅标准手册，列表登记。如螺柱 M8 GB/ T 6170、螺母 M8 GB/T 898，各两件。

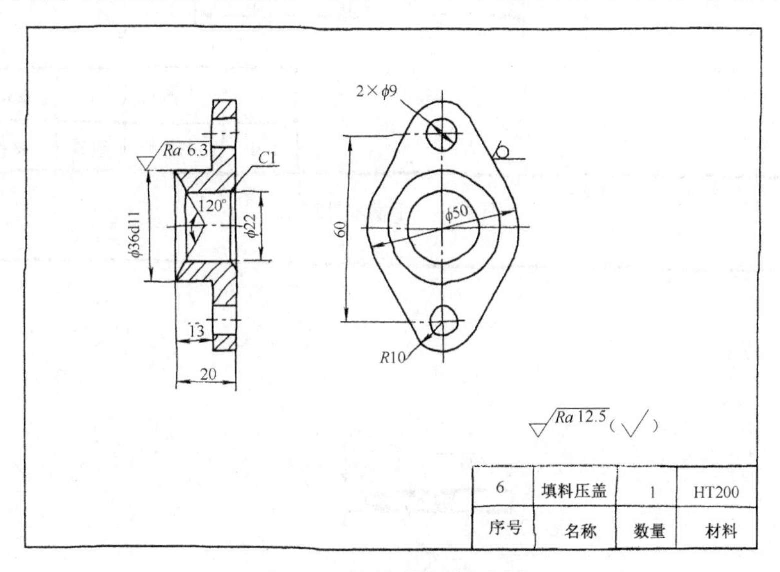

图 9-24 填料压盖零件草图

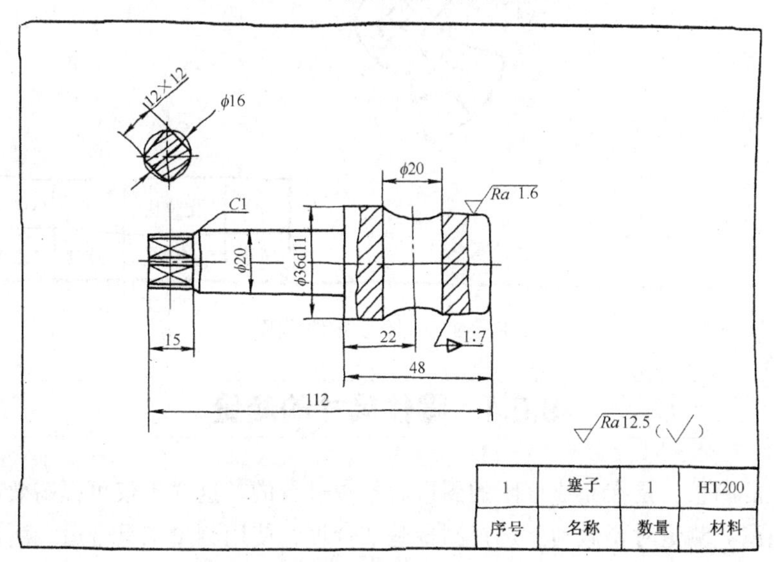

图 9-25 塞子零件草图

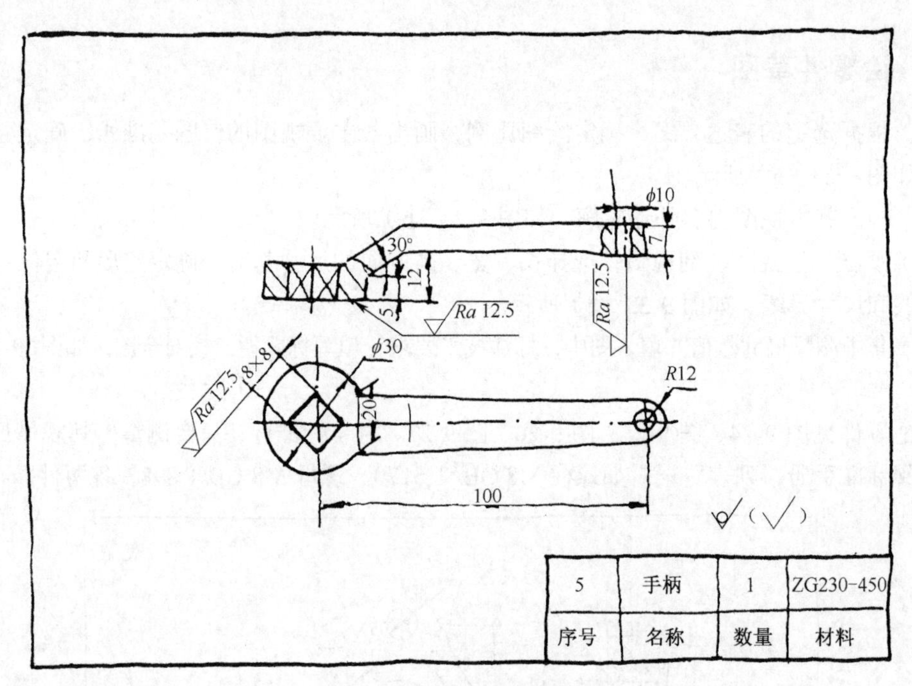

图 9-26　手柄零件草图

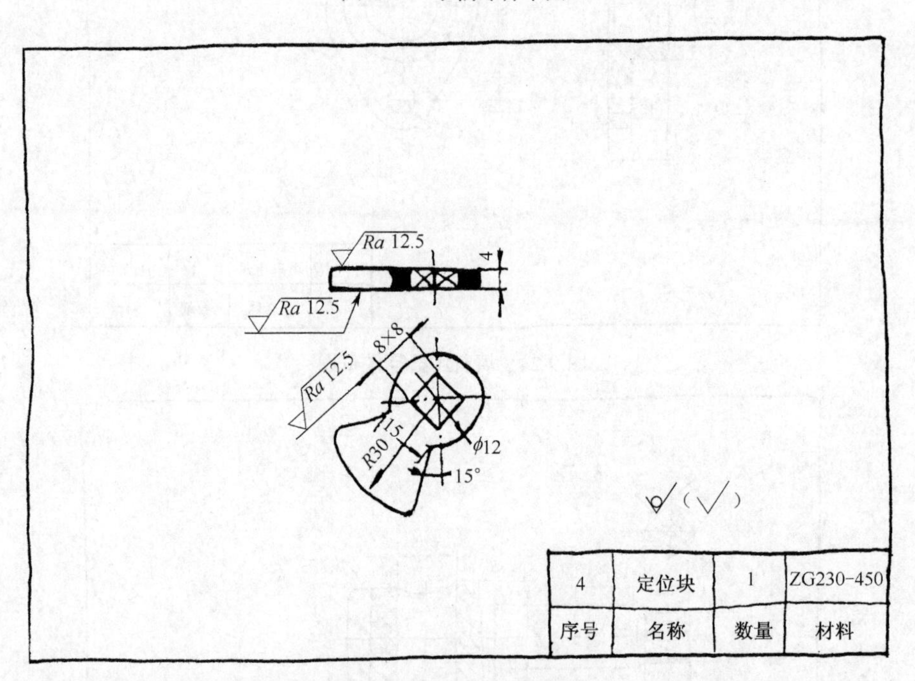

图 9-27　定位块零件草图

9.6.4　零件尺寸的测量

零件尺寸的测量，是在完成草图的图形后集中进行的，这样不仅可提高效率，还可避免尺寸错误和遗漏。测量时要做到：选择测量基准合理，使用测量工具合适，测量方法正确，测量数字准确。

1. 测量零件尺寸的方法

零件尺寸常见的测量方法如表 9-1 所示。

表 9-1　　零件尺寸常见的测量方法

项目	测量方法	
测量直线尺寸	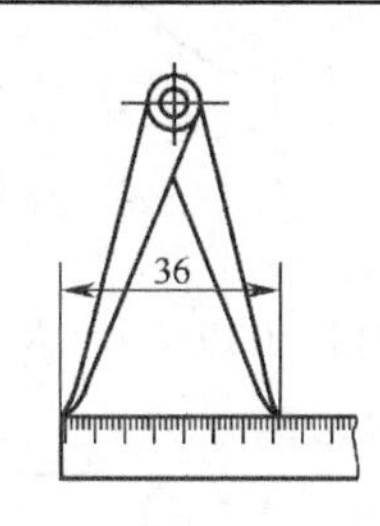 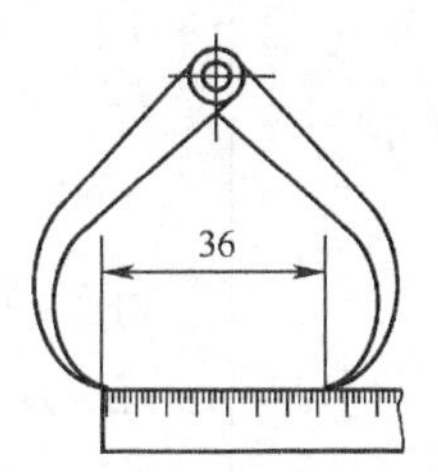 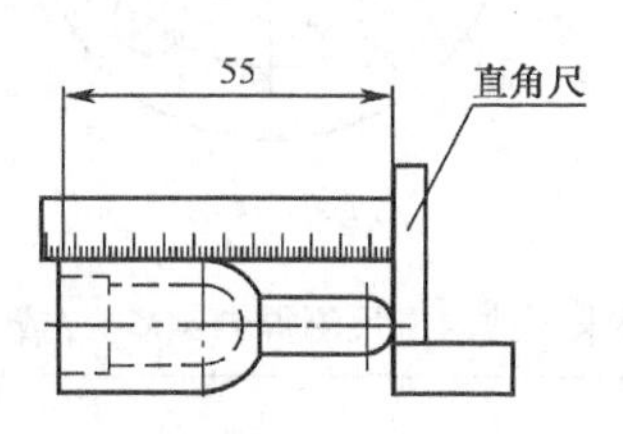 一般用直尺直接测量，也可用直角尺配合测量	
测量直径	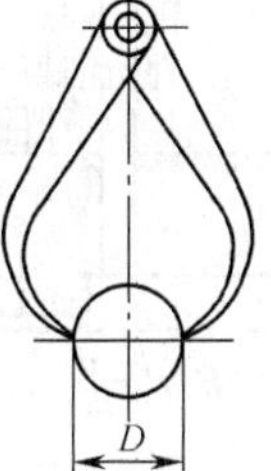 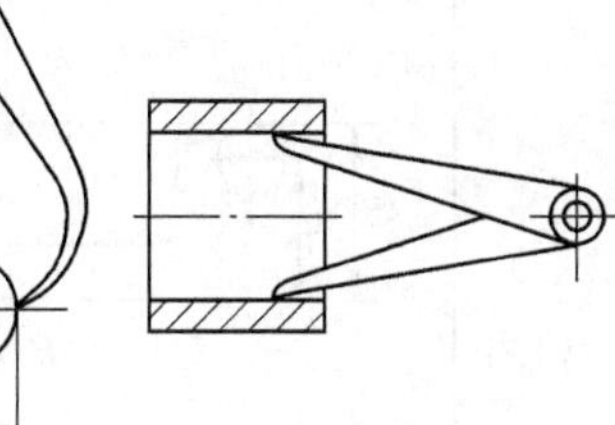 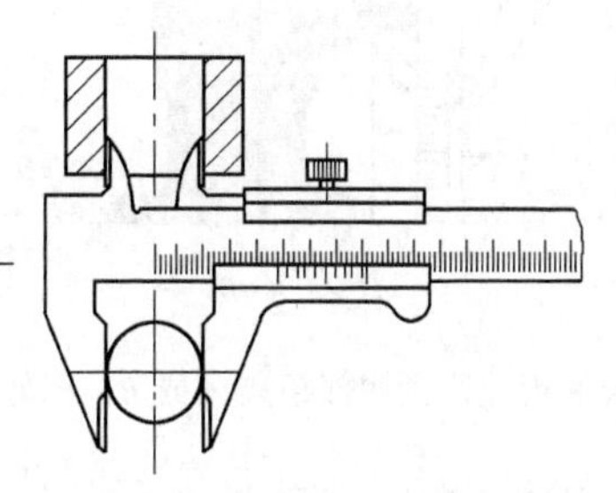 测量外径用外卡钳，测量内孔用内卡钳，若尺寸精度要求高，则用游标卡尺	
测量壁厚及深度	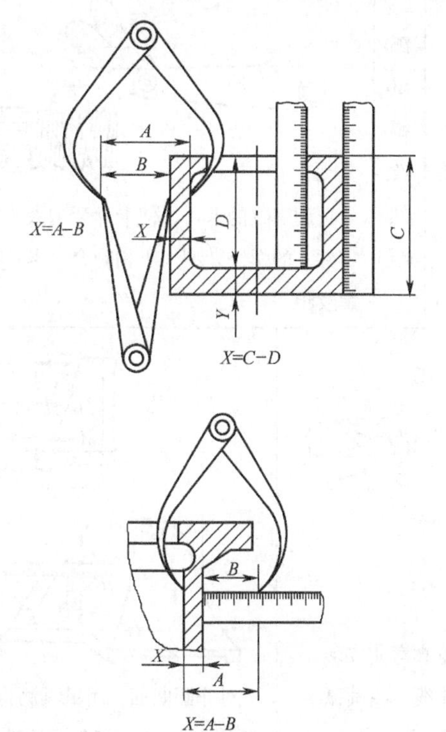	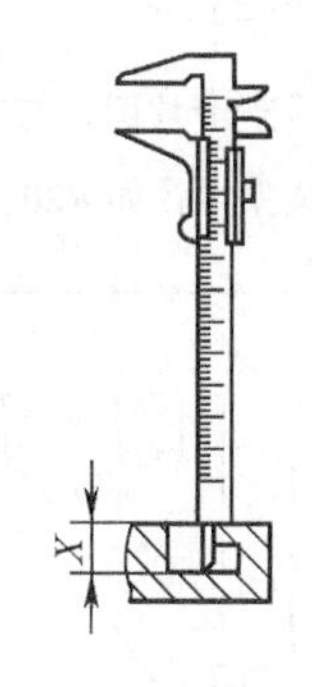 用深度游标尺测量孔深 X

续表

<table>
<tr>
<td>测量孔间距</td>
<td colspan="3">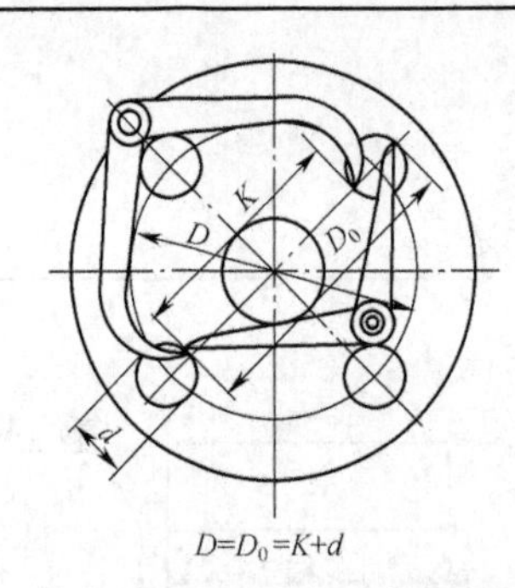$D=D_0=K+d$
用外卡尺或内卡尺测得 $D=K+d$ 或 D</td>
<td colspan="3">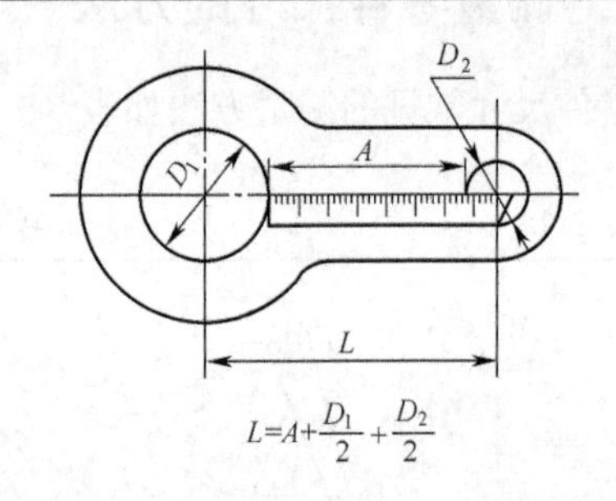$L=A+\dfrac{D_1}{2}+\dfrac{D_2}{2}$
用直尺测得相邻孔边尺寸 A 及直径 D_1、D_2，$L=A+D_1/2+D_2/2$</td>
</tr>
<tr>
<td>测量孔中心高</td>
<td colspan="3">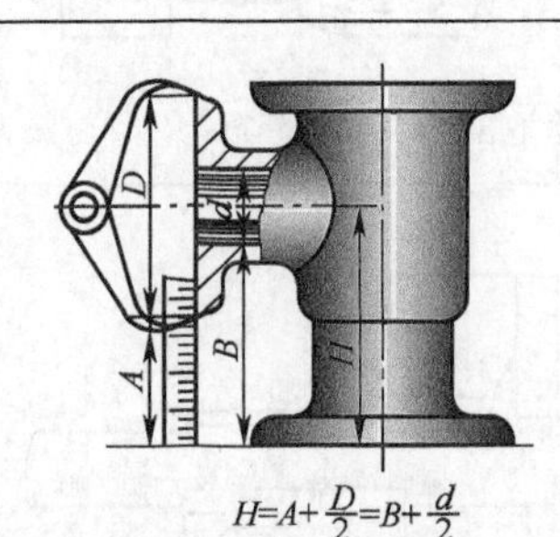$H=A+\dfrac{D}{2}=B+\dfrac{d}{2}$
用直尺测得孔边到底部距离 A 或 B，用外卡尺测得凸缘直径 D 或内卡尺测得 d。$H=A+\dfrac{D}{2}=B+\dfrac{d}{2}$</td>
<td colspan="3">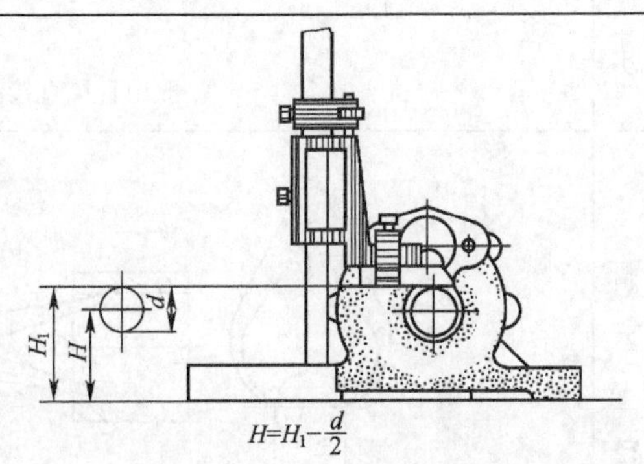$H=H_1-\dfrac{d}{2}$
用高深游标尺测得 H，测量轴径 d，$H=H_1-\dfrac{d}{2}$</td>
</tr>
<tr>
<td>测量圆弧半径</td>
<td colspan="3">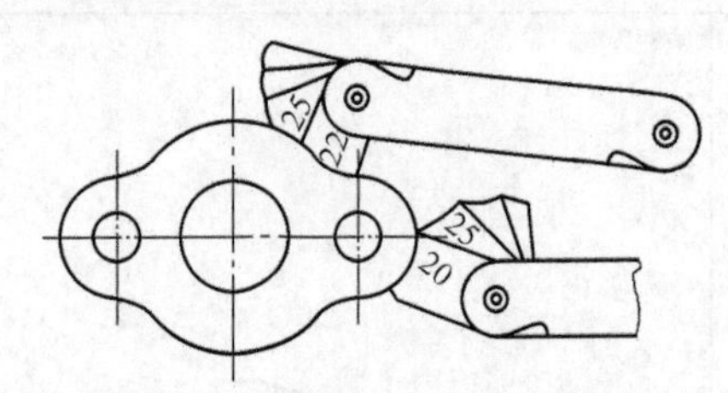选用圆角量规卡片圆弧与零件轮廓圆弧相吻合，卡片标值即圆弧半径如 $R20$、$R22$</td>
<td>测量螺纹螺距</td>
<td colspan="2">选用螺纹的卡片，使卡片牙型大小与被测零件上的螺纹牙型大小相吻合，卡片标值即螺纹距</td>
</tr>
<tr>
<td>测量曲面尺寸</td>
<td colspan="2">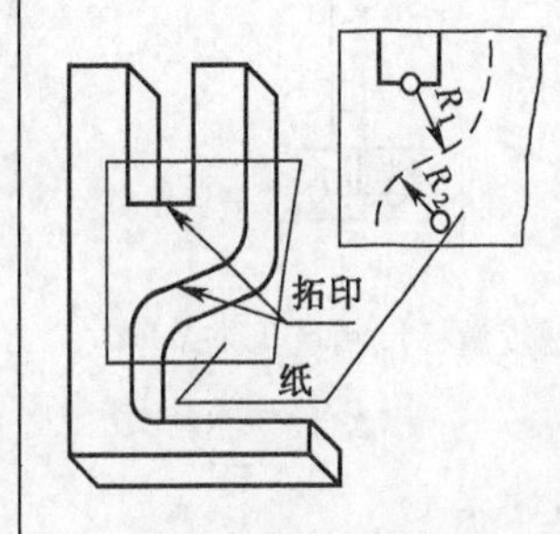把曲面轮廓拓印在纸上，找出其半径，如 R_1，R_2</td>
<td colspan="2">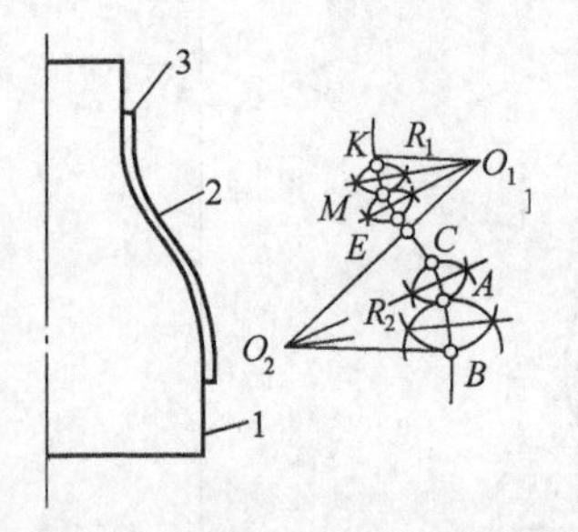用铅丝沿曲面轮廓弯曲成形，然后把铅丝画出曲线，找圆弧半径 R_1、R_2</td>
<td colspan="2">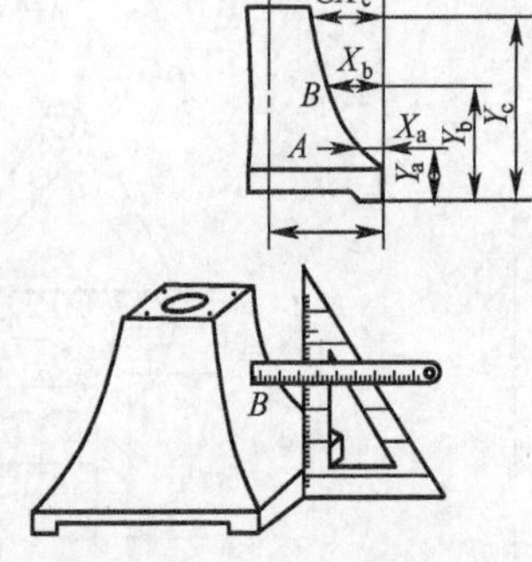对非圆曲面，用量具测得每一曲面上的 X、Y 坐标值，连面曲线</td>
</tr>
</table>

2. 测量尺寸应注意事项

（1）对一些具有功能性及规格要求的尺寸，应把测得尺寸作为参考值；再通过计算和查标准，而获得标准尺寸。例如两齿轮孔的中心距，取决于两齿轮分度圆直径的尺寸；进、出口内螺纹的规格尺寸应由管螺纹标准查得。

（2）对配合尺寸（如配合的孔与轴的直径），一般只测出它的基本尺寸，通过分析使用要求，确定配合性质和公差等级。如壳体上端孔，只需测得尺寸ϕ36，分析它与填料压盖是间隙相配，精度要求不高，选择 H11。对相关联的尺寸，测得尺寸应协调一致，如下端圆锥孔的锥度应与旋塞锥度相同（锥度 1: 7）；上端圆孔ϕ36H11 与压盖ϕ36d11 相配，凸缘螺孔的孔心距 60 与压盖圆孔的孔心距相同，不然就无法装配。

（3）对于零件上损坏或磨损的那部分尺寸，不能直接测量出真实尺寸，应进行分析，参照相关零件的有关资料进行确定。

（4）对标准结构的尺寸，如倒角、圆角、退刀槽、键槽、螺纹孔、锥度和中心孔等的尺寸，先把测量结果作为参考值，然后在相关的标准表中查得标准值。

9.6.5 画装配图

根据零件草图，标准件目录和装配示意图画装配图。画装配图的过程也是一次检验、校对所绘零件草图中的零件形状和工艺结构、尺寸标注等是否正确的过程，若发现零件草图上有错误和不妥之处，应及时校对改正。

1. 确定图示方案

（1）主视图。以最能反映出装配体的结构特征、工作原理、传动路线、主要装配关系的方向，作为画主视图的投射方向，并以装配体的工作位置作为画主视图的位置。主视图一般都需取剖视，以表示部件主要装配干线各个零件的装配关系（工作系统和传动路线）。

图 9-20 所示的旋塞应以 *A* 向作为画主视图的投射方向，并取全剖视。它表示旋塞的结构特征、塞子装配线的传动情况、密封装置和工作原理。

（2）其他视图。装配图的表达重点是零件装配和连接关系及主体零件形状，无须把每个零件的细小结构形状都完整表达清楚。

2. 确定比例和图幅

根据视图数目和大小及各视图间留出的空白（注写装配体上五种尺寸和编写序号）来确定绘图比例和图幅大小。图幅右下角应有足够的位置画标题、明细栏和注写技术要求。

3. 画图步骤

（1）图面布局。画出图框，定出标题栏和明细栏位置。画出各视图的主要作图基准线（装配体的主要轴线、对称中心线、主体零件上较大的平面或端面等），如图 9-28 所示。

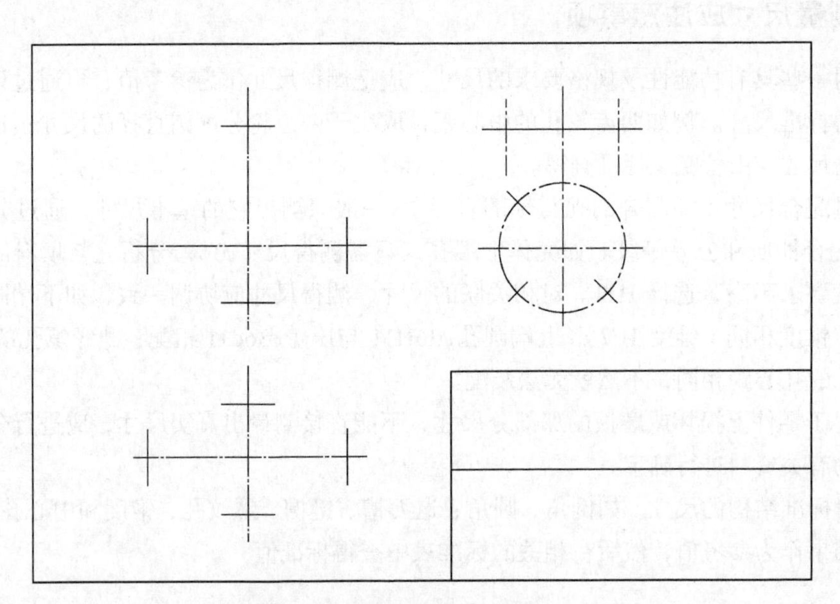

图 9-28　旋塞装配图画图步骤（一）

（2）逐层画出各视图。围绕着装配干线，由里向外（也可由外向内），逐个画出相关零件的轮廓。一般从主视图开始，先画主要部分，后画细节部分；取剖视部分应直接画成剖开的形状；还应正确地表示装配工艺结构、轴向定位。如图 9-29 所示。

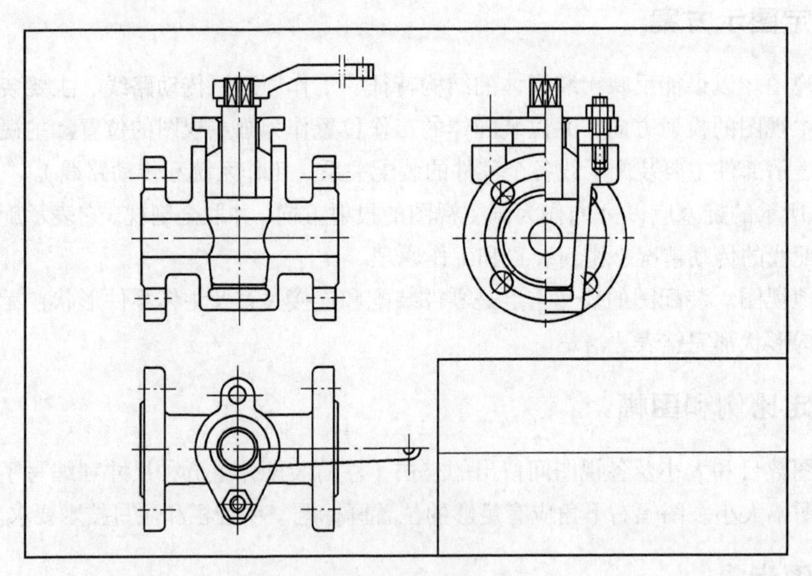

图 9-29　旋塞装配图画图步骤（二）

（3）校核、描深、画剖面线。

（4）标注尺寸、配合代号及技术要求。

（5）编注序号，填写明细栏、标题栏，如图 9-30 所示。

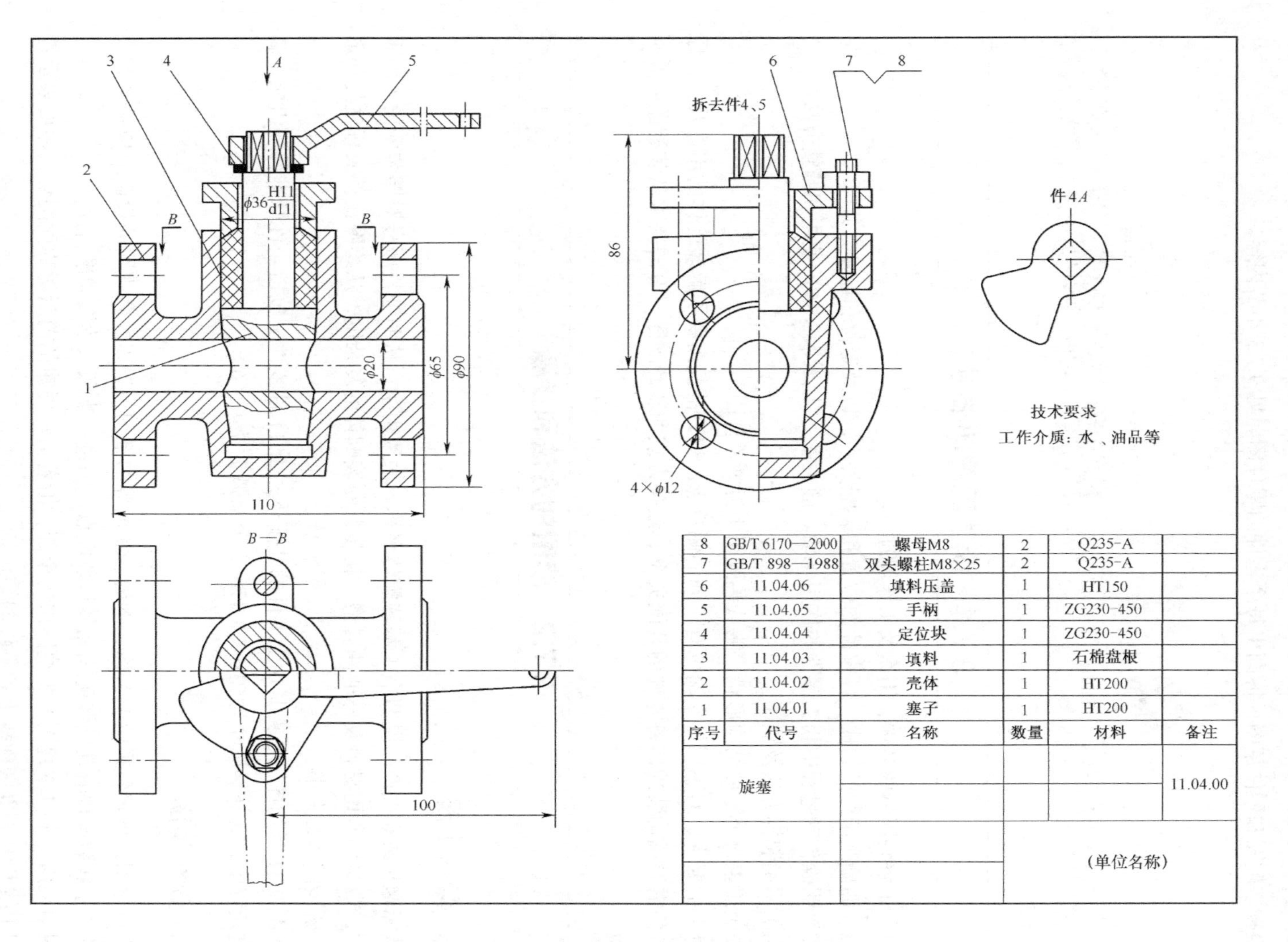

图 9-30　旋塞装配图画图步骤（三）

9.6.6 拆画零件图

根据装配图和零件草图，拆画出每个零件的零件图。见9.7.3小节内容。

9.7 读装配图

9.7.1 读装配图的要求

（1）了解装配体的名称、用途及工作原理。

（2）明确装配体的组成、各零件的位置和装配关系，以及定位和连接方式。

（3）明确传动过程中相关零件的作用（动、静关系），以及装配体的使用和调整方法。

（4）明确装拆方法及顺序。

（5）想象每个零件结构形状，能从装配图中拆画零件图。

以上的要求，对不同工作岗位有不同的侧重点。如有的仅需要了解装配体的用途及工作原理；有的需要明确装配体各零件的装配关系、连接方式和装卸顺序；有的要求从装配图中拆画零件图。

9.7.2 读图的方法和步骤

1. 概括了解

从标题栏或有关产品说明书了解装配体名称，大致用途；从明细栏序号对照装配图了解零件名称、数量和所用材料及标准件规格，初步判断装配体的复杂度；从绘图比例及标注的外形尺寸了解装配体的大小。

如图9-31活动虎钳是夹紧加工工件的装配体，由11件零件（包括4件标准件）组成，属中等复杂程度，其外形尺寸为210×（116+2个圆弧半径）×60。

2. 分析视图

浏览全图，确定各视图的名称、剖视、断面等的剖切位置以及各视图的投影对应关系和表示目的。了解装配件有几条装配线和零星装配点，为进一步深入读图做准备。

图中采用三个基本视图。主视图采用全剖，沿着活动虎钳的前后对称面剖切，主要表示螺杆装配干线及*B*—*B*装配线上各零件的结构。

左视图用半剖，主要表示*B*—*B*处断面形状和活动钳身与固定钳身配合关系；俯视图衬托虎钳的外形，还有三个其他的画法，进一步表示工作原理。

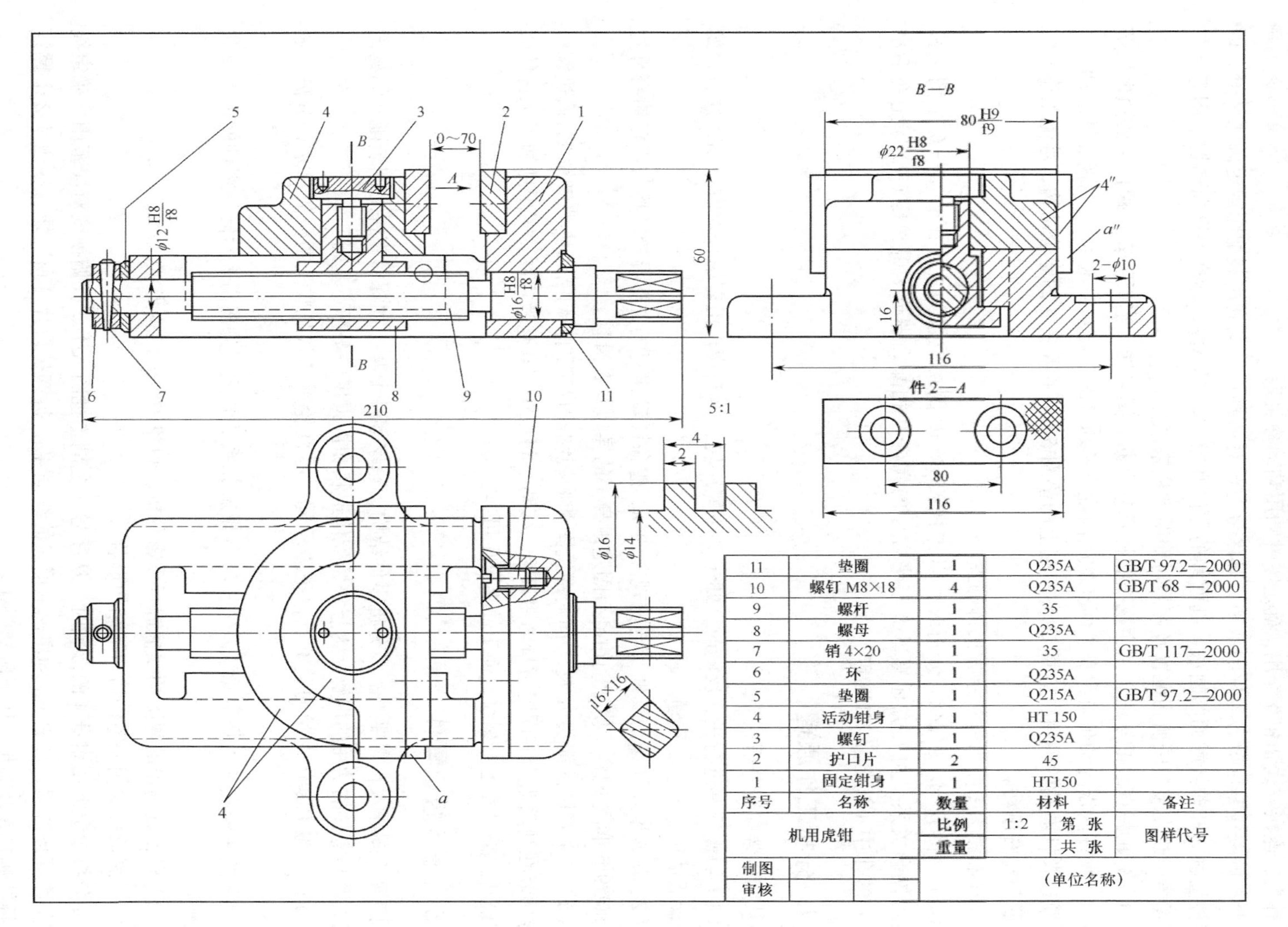

图 9-31 活动虎钳装配图

3. 分析装配线上各个零件的结构

分析时，常以主视图装配干线为主，从动力传入开始展开，逐个零件展开，弄清各零件的配合种类、连接方式和相互作用，确定零件功用和动静关系。

分析的关键是区分各零件的范围，其区分方法有两种：一是利用装配图规定画法区分，即两零件接触面和非接触面的画法，剖面线的方向和密度、实心件、标准件纵向剖切不剖等；二是根据指引线在装配图所指位置及序号对照明细栏来区分。

（1）分析螺杆装配干线。从主视图螺杆及移出断面图可知，当扳手套在螺杆1四边形头部旋转时，螺杆两端的轴颈与钳身1两孔的间隙配合（ϕ16H8/f7与ϕ12H8/f7），实现旋转运动。

通过螺杆右端的轴肩、垫圈11和左端上的垫圈5、环6及销7的定位结构，避免工作时螺杆松脱和左右窜动。

从局部放大图看出螺杆是方形传动螺纹。

（2）分析*B*—*B*装配线。分析时，以主视图*B*—*B*剖切位置为主：配合*B*—*B*半剖左视图的对投影关系，可知方牙螺母8与带方牙的螺杆9相配，螺母8通过螺钉3固定在活动钳身4的孔中（配合ϕ22H8/f7）。

4. 分析工作原理

从两条装配线分析入手。

（1）当螺杆9进行正、反转时，螺母8不能旋转，推动螺母沿着螺杆左右移动，这时，螺母带动活动钳身4左右移动。

（2）从判断左视图的线框 a″与俯视图的 a，想象活动钳身的方形导槽结构与固定钳身导边为ϕ80H9/f9间隙配合，使活动钳身沿固定钳身1的导边左右滑移。

（3）从主视图的箭头A及A向局部视图和俯视图的局部剖，判断二块护口片2，通过螺钉10分别装在活动钳身和固定钳身的钳口上，移动空间在0～70毫米之间，实现把加工工件的夹紧与松开。护口片上有刻纹，使工件夹得更可靠。

5. 分析想象零件

随着读图深入，需要进一步分析零件结构，想象零件形状，加深对零件之间装配和结构的对应关系和零件的功用的理解。为想象装配体形状和拆画零件图打下基础。

分析、想象零件形状的关键点，把表示同一零件轮廓形状从装配图分离出来，分离办法如下：

（1）按装配图三条规定画法及“三等”投影关系从装配图分离出表示同一零件的视图形状的范围。

（2）根据分离出的视图的线框进行投影分析，想象内、外结构形状。

（3）想象拆卸相关零件后留下结构形状。

如分析想象活动钳身4的形状时，从序号4全剖主视图入手，找俯视图对应范围，确定线框4是特征形线框，及*B*—*B*剖左视图形状的线框4″；拆卸护口片2留下缺口导槽及2个螺钉孔；拆卸螺钉3及螺母8留下阶梯圆孔。

对于难于想象的结构及被遮零件的轮廓进行分析及补充，如图9-33所示线框a及双点画线。

通过上述分析和想象，活动钳身形状如图 9-33 所示。

6. 装拆顺序

（1）如图 9-31 所示，拆卸时，卸件 7→件 6→件 5→从螺母 8 旋出螺杆件 9→件 11。从螺母 8 旋出螺钉 3（件上有两个小圆孔为拆卸孔）→从活动钳身 4 取出件 8。活动钳身件 4 的导槽沿着固定钳身 1 的导边从右往左推出。旋出螺钉件 10→卸下件 2。

（2）装配时，先把护口片 2 通过螺钉 10 固定在活动钳身 4 和固定钳身 1 的护口槽上，然后把活动钳身 4 装入固定钳身 1，把螺母 8 装入活动钳身孔中，并旋入螺钉 3。把垫圈 11 套入螺杆 9 的轴肩处，把螺杆 9 装入固定钳身 1 的孔中，同时使螺杆 9 与螺母 8 旋合→垫圈 5→环 6→打入销钉 9。

以上装、拆零件顺序与步骤如图 9-32（a）所示。

7. 归纳总结

通过上述的分析，对活动虎钳的工作原理、主体结构和零件主体形状、作用及零件装配关系有了完整、清晰的认识，综合想象出图 9-32（b）所示的立体形状。

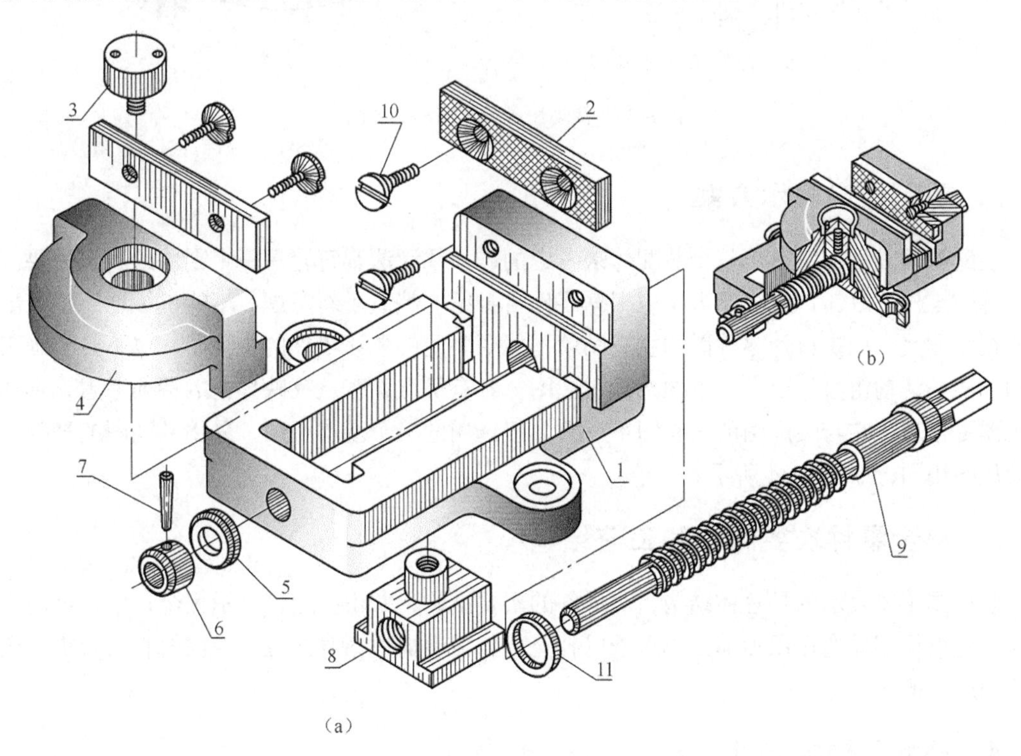

图 9-32　活动虎钳

9.7.3　由装配图拆画零件图

设计机器或修配，需要从装配图画出零件图，简称“拆画”。拆画是在读懂装配图，弄清楚零件结构形状的基础上进行的。下面以拆画活动虎钳的活动钳身为例，说明拆图的方法和步骤。

1. 想象拆画零件的结构形状

从活动虎钳的装配图，分离想象活动钳身的形状（见图9-33）。

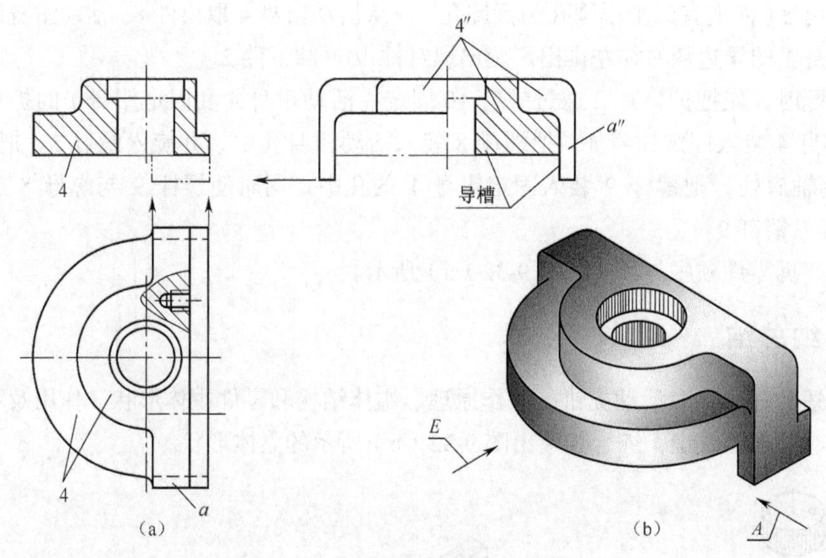

图9-33　活动钳身分离图和立体图

2. 重新选择表示方案

装配图的表示方案是从整个装配体来考虑的，往往无法都符合每一个零件的表示需要。因此，拆画零件图时，选定视图方案应根据零件自身结构特点重新考虑，不能机械地照抄装配图上的视图方案。如护口片零件图的主视图就不能用装配图上该零件的主视图，也不必要画三个视图。又如活动钳身从 *A*、*B* 方向选择主视图，各有优点，若从反映导槽的特征考虑，选择 *B* 向视图更合理，它与装配图的主视图不一致。但选用的三个基本视图、采用剖视图的种类，又与装配图相同，如图9-34所示。

3. 补全零件次要结构和工艺结构

装配图主要表示的是总体结构，对零件的次要结构，并不一定都表示完全，所以拆画零件图时，应根据零件的作用和加工要求予以补充。如活动虎钳钳身的方口导槽的直角转折处应有铣刀的退刀槽 2 × 2。

4. 补标所缺的尺寸

由于装配图一般只标注五类尺寸，所以在拆画的零件图中应予补充。

（1）抄注。装配图上已注出的重要尺寸，应直接抄注在零件图上。如从 ϕ22 H8/f8 和 80H9/f9 确定活动钳身的圆孔 ϕ22H8 及导槽 80H9，查附表 26 得上下极限偏差 “$^{+33}_{0}$”、“$^{+74}_{0}$”，单位μm，并转换为 $\phi22^{+0.033}_{0}$ 和 $80^{+0.074}_{0}$。

（2）查找。零件标准结构的尺寸数值应从明细栏或有关标准查得。如螺孔 2 × M8 × 18，退刀槽 2 × 2。

（3）计算。需要计算确定的尺寸，应由计算而定，如装配图上的齿轮分度圆和齿顶圆的直径等尺寸。

（4）量取。在装配图上没有标出的其他尺寸，按图中量得尺寸乘以比例，所得数值取整数。

（5）协调。有装配关系和相对位置关系的尺寸，在相关的零件图上要协调一致。如两个螺钉孔的中心距 40 与护口片两个螺孔的中心孔距离 40 应一致。

5. 零件图上技术要求的确定

根据零件表面作用及与其他零件的关系，采用类比法参考同类产品图样、资料来确定技术要求。孔 ϕ22 及导槽底面的表面粗糙要求较高，用 Ra 1.6；该零件是铸件，应注写有关技术要求。

拆画活动钳身的零件图如图 9-34 所示。

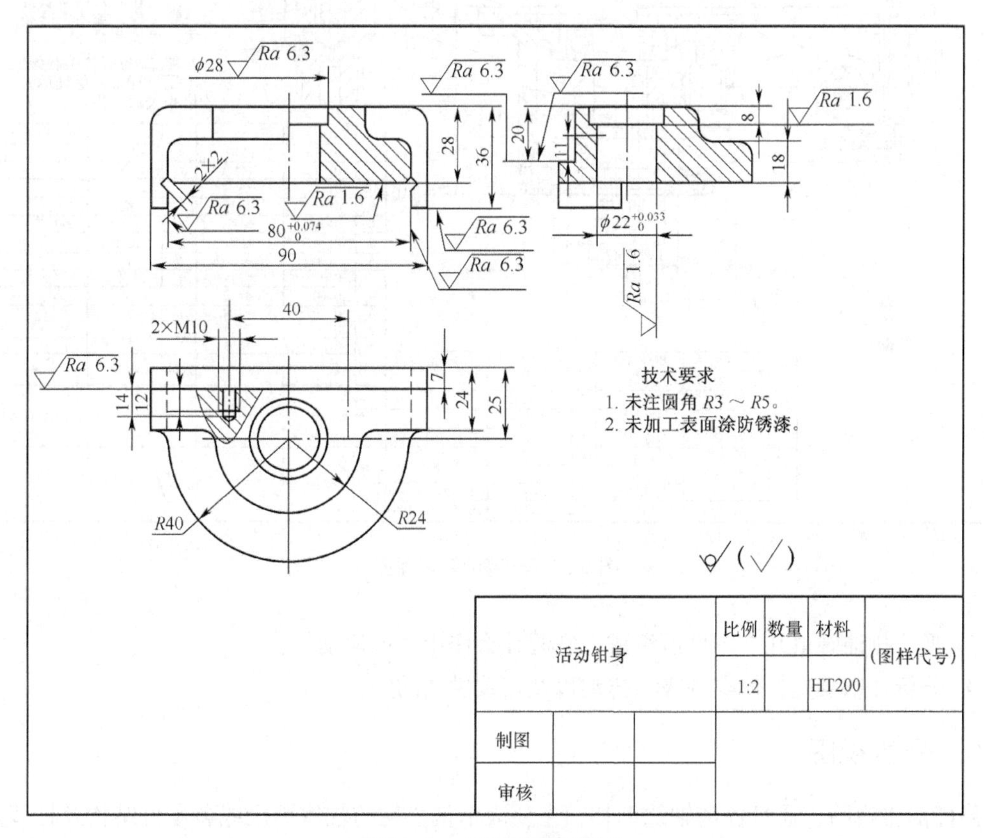

图 9-34　活动钳身零件图

［例 9-1］　读图 9-35 所示柱塞泵装配图，回答问题。

① 柱塞泵的四个视图表示的侧重点是什么？

② 在主轴装配线和柱塞装配线上各有几个零件？各零件主要结构是什么形状？零件之间

是什么配合及定位和固定方法。分析传动路线（动力传入件 16 主轴开始）各零件之间的动静关系和相互作用。

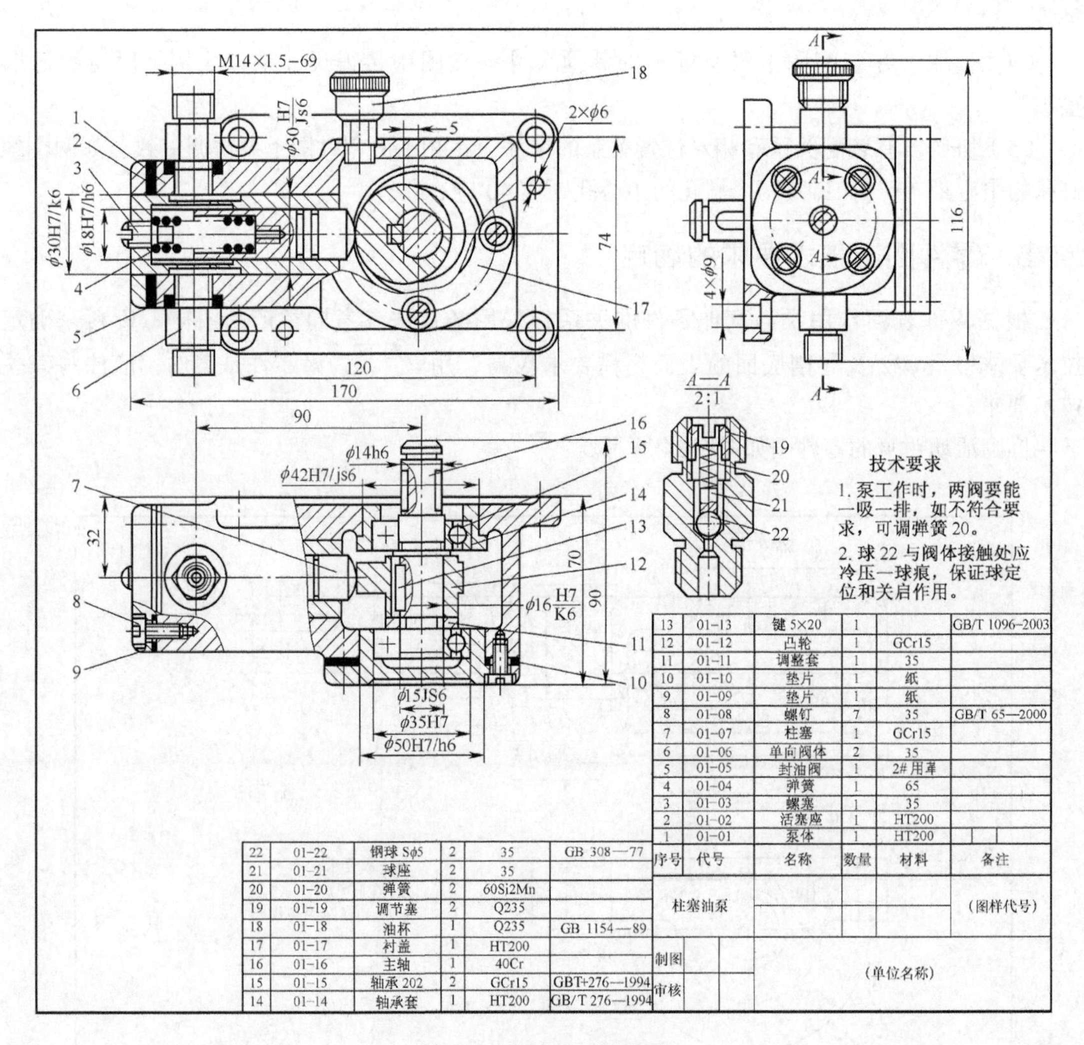

图 9-35　柱塞油泵装配图

③ 吸、排油阀由几个零件所组成，它起什么作用，如何动作？

④ 分析柱塞泵是如何实现吸、排油以及连续供油的？

1. 分析视图

局部剖主视图，通过柱塞轴线剖切，主要表示偏心轮与柱塞装配线各零件结构及柱塞泵外形；局部剖俯视图，主要表示主轴装配线上各个零件结构，衬托柱塞泵外形；左视图进一步衬托柱塞泵外形；*A—A* 剖视表达吸（排）油阀各零件。

2. 分析主轴装配线的结构

分析时，以俯视图为主，配合主视图；动力传入主轴 16，并通过 $\phi 15$JS6 固定在两个球轴承 15 内孔中，实现旋转运动。球轴承外圈通过 ϕ35H7 装在前、后端的衬盖 17、轴承套 14 的孔中，衬盖 17 通过 ϕ50H7/h6 装在泵体、前端孔中，由螺钉 8 拧紧在箱体端面上；轴套 14 通过 ϕ42H7/js6 装在泵体后端孔中。凸轮 12 通过 ϕ16H/k6 装在主轴 16 的轴径上，由轴肩及调整圈 11 固在主轴上，起着轴向定位。当主轴旋转时，通过键 13 带动凸轮 12 旋转。调整圈 11 和垫片 10 可调整轴向间隙，保证偏心轮灵活旋转及避免轴向窜动。如图 9-36（a）、（b）所示。

3. 分析柱塞装配线的结构

分析时，以主视图为主、配合俯视图：柱塞 7，通过弹簧 4 作用力贴紧在凸轮上，凸轮（偏心距 5 mm）旋转推动柱塞在柱塞座 2 内孔中，通过 ϕ18 H7/h6 的间隙配合，实现作左右往复滑移。柱塞座 2 通过螺钉 8 固定在泵体 1 的圆孔中，属过渡配合 ϕ30 H7/k6 与 ϕ30 H7/js6。柱塞套有两个油孔对准油阀。如图 9-36（a）、（b）所示。

4. 分析吸、排油阀装配点

以 *A—A* 剖视图为主，配合主视图，单向阀体 6 的锥形孔为阀座结构，它与球体 22 紧密接触，通过弹簧 20 及球座 21 把球体压在阀座锥形孔中紧密相配。螺旋塞 19 调整弹簧 20 对球体的压力，阀体 6 通过螺纹连接在泵体上，如图 9-36（a）、（b）所示。

5. 分析工作原理

如图 9-36（d）所示，当凸轮往前旋转时，在偏心距为 5 mm 的作用下，逐步推动柱塞在柱塞套内往左作一直线滑动，柱塞套空腔逐步减少，压力增大，当空腔内的压力大于阀体内的弹簧压力及外界压力时，推开上方排油阀上的球体，排出柱塞套内的润滑油送到输油管中。同时，在弹簧力和油压作用下，下方吸油阀上的球体紧贴在阀座锥形孔中，使柱塞套润滑油不倒流到吸油管中。如图 9-36（c）所示，偏心轮往后旋转时，柱塞在弹簧作用下往右移动，柱塞套内腔增大，形成真空，上排油阀关闭，下吸油阀开启，柱塞套内腔吸入润滑油。因此，当偏心轮旋转一圈，柱塞泵进行吸油和供油一次。

6. 分析装拆顺序

在两条主要装配线上，应先拆卸柱塞装配线，后拆卸主轴装配线。拆卸柱塞装配线各零件的顺序是：旋出螺钉 8→拆出柱塞套 2 及垫圈 9→拆卸柱塞时应旋出螺钉 3，通过弹簧 4 作用及柱塞螺纹拆卸孔拆出柱塞 7 及弹簧 4。装配时正好相反。拆卸主轴装配线各零件的顺序为：旋出螺钉 8→从后往前拆出该轴系（一般轴承套 14 不拆卸）→拆出两端滚动轴承 15→拆调整套圈 11→偏心轮 12→键 13。其装配时的顺序读者自己分析。吸、排油阀各零件拆装顺序读者自行分析。上述装拆顺序如图 9-36（b）所示。

7. 归纳总结

在上述分析的基础上，还应进行总体归纳想象，以便对装配体的结构特点、工作原理等有一个完整的概念，也为拆画零件图打下基础。

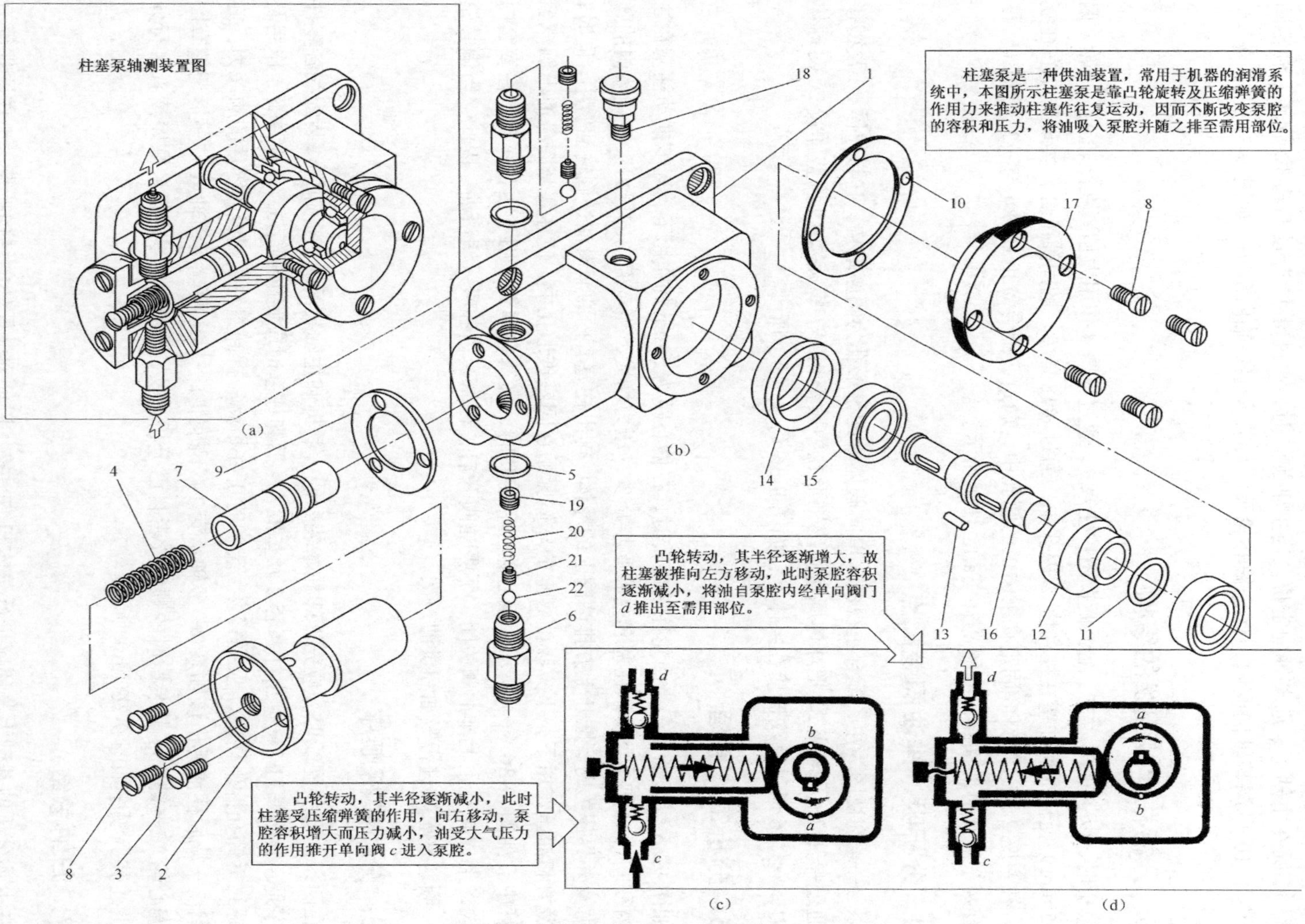
柱塞泵轴测装置图
(a)
(b)
柱塞泵是一种供油装置，常用于机器的润滑系统中，本图所示柱塞泵是靠凸轮旋转及压缩弹簧的作用力来推动柱塞作往复运动，因而不断改变泵腔的容积和压力，将油吸入泵腔并随之排至需用部位。
18
1
10
17
8
9
7
4
5
19
20
21
22
6
14
15
13
16
12
11
8
3
2
凸轮转动，其半径逐渐增大，故柱塞被推向左方移动，此时泵腔容积逐渐减小，将油自泵腔内经单向阀门 d 推出至需用部位。
凸轮转动，其半径逐渐减小，此时柱塞受压缩弹簧的作用，向右移动，泵腔容积增大而压力减小，油受大气压力的作用推开单向阀 c 进入泵腔。
d
b
a
c
(c)
d
a
b
c
(d)

图 9-36　柱塞泵结构形状及工作原理

*第10章 读第三角画法视图

国家标准规定机件图样应用正投影法，并采用第一角画法，必要时允许使用第三角画法。

随着国际技术交流的日益发展，常会遇到某些国家和地区采用第三角投影法（画法）画出的技术图样，因此掌握第三角画法视图的基本知识和读图基本方法是必要的。

10.1 第三角画法视图概述

1. 第一角和第三角投影法（画法）

第一角画法和第三角画法都采用正投影法，但物体放置的位置和视图配置位置不同，如图 10-1（a）所示。

第一角画法将物体置于第一分角内进行投射，并使物体处于观察者与投影面之间，保持着人—物体—投影面（视图）的投影关系。

第三角画法将物体置于第三分角内进行投射，并使投影面处于观察者与物体之间（假想投影面是镜面），保持着人—投影面（视图）—物体的投影关系。

第一角画法和第三角画法的投影面展开方向不同，第一角画法水平投影面向下旋转，俯视图在主视图的正下方，如图 10-1（b）所示；第三角画法水平投影面向上旋转，顶视图在前视图的正上方，如图 10-1（c）所示。

2. 第一角画法和第三角画法的特征标记

第一角画法和第三角画法都是国际标准化组织（ISO）所规定的通用画法，第一角画法称为 E 法，第三角画法称 A 法。为了区分采用哪一种画法，规定用图 10-2 所示的识别符号进行区分。采用第三角画法时，必须在图样标题栏中画出第三角画法识别符号。

采用第一角画法时，必要时也应画出其识别符号。

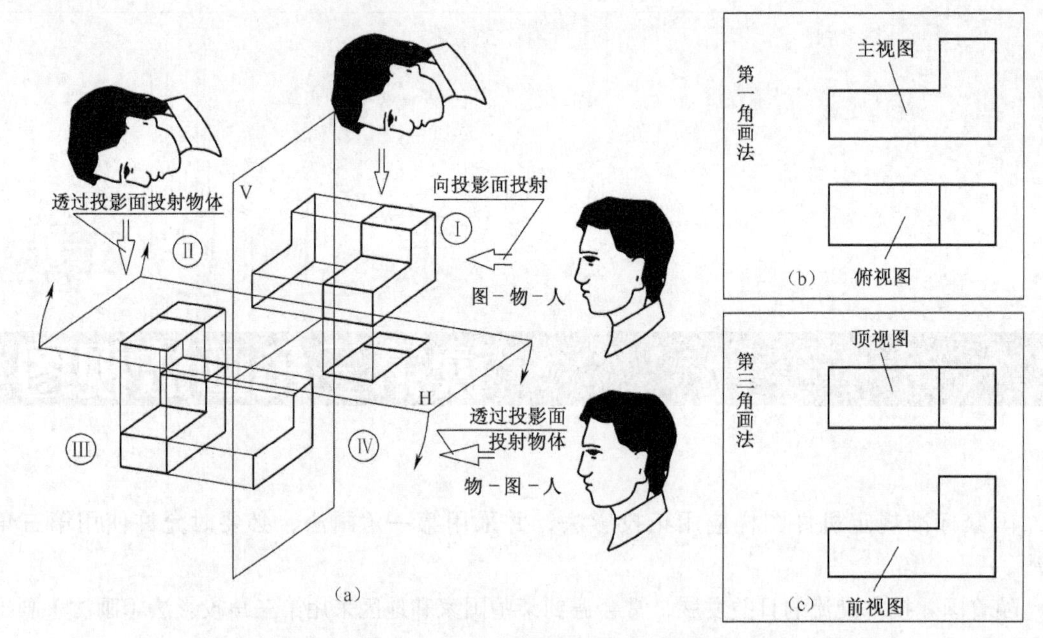

(a)　(b)　(c)

图 10-1　第一角画法和第三角画法的比较

3. 第三角画法的三视图

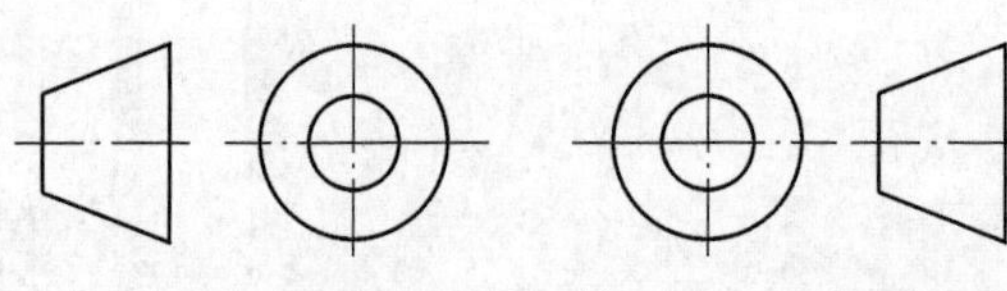
(a) E 法（第一角画法）　(b) A 法（第三角画法）

图 10-2　E 法和 A 法的识别符号

（1）第三角的三面投影体系。如图 10-3（a）所示为由 V 面、H 面和 W 面所构成的第三角画法的投影面体系。

（2）三视图的形成和名称。按图 10-3（b）所示，将物体置于第三角三投影面体系中，并分别向三个投影面投射，即得第三角画法的三个视图。

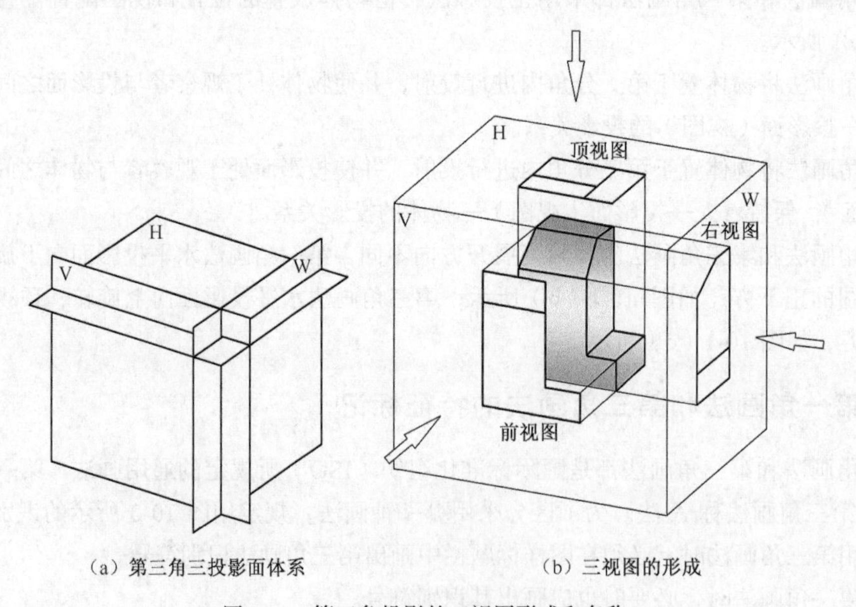

(a) 第三角三投影面体系　(b) 三视图的形成

图 10-3　第三角投影的三视图形成和名称

前视图——自前方投射在 V 面所得的视图。

顶视图——自上方投射在 H 面所得的视图。

右视图——自右方投射在 W 面所得的视图。

（3）三视图的配置位置。如图 10-4（a）所示，规定 V 面（前视图）不动，把 H 面（顶视图）绕 *OX* 向上翻转 90°，W 面（右视图）绕 *OZ* 轴向前旋转 90°，使三个投影面处在同一平面上。这时三视图配置位置如图 10-4（b）所示。

顶视图配置在前视图的正上方。

右视图配置在前视图的正右方。

（4）三视图之间的投影关系和方位关系（见图 10-4（b））。第三角画法的三视图之间的“三等”度量关系与第一角画法是相同的，仍然保持“长对正、高平齐、宽相等”的关系。

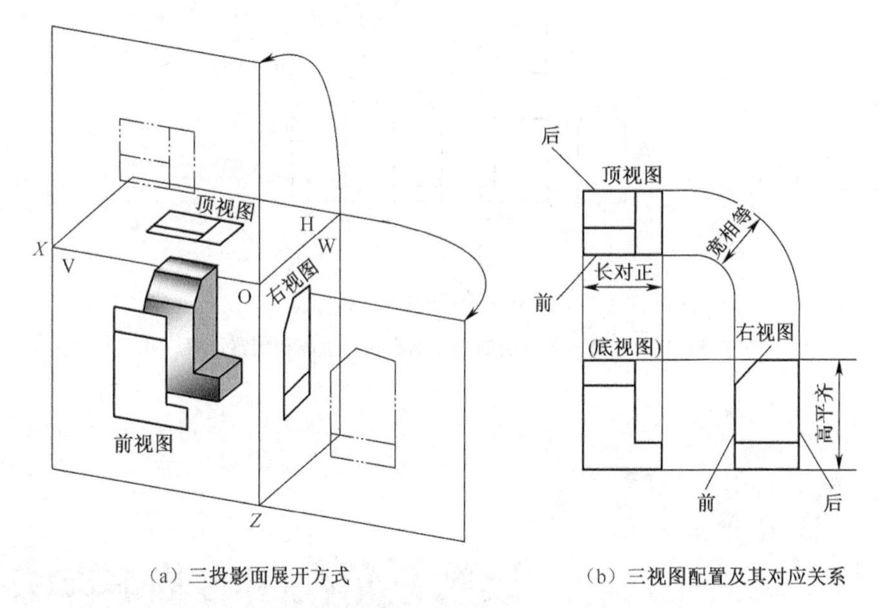

（a）三投影面展开方式　　（b）三视图配置及其对应关系

图 10-4　第三角画法三视配置及投影关系

由于第三角画法的展开方向和视图配置与第一角画法不同，因此，第三角画法中，靠近前视图的一侧表示物体的前面，远离前视图的一侧表示物体的后面，这与第一角画法正好相反。

4. 第三角画法的六面基本视图

按第三角投影方式，将物体置于正六面投影体系中，并向六个基本投影面投射，得六个基本视图。除上述三个基本视图外，还有左视图、底视图与后视图。图 10-5 所示为六个基本视图的形成、展开及配置位置。

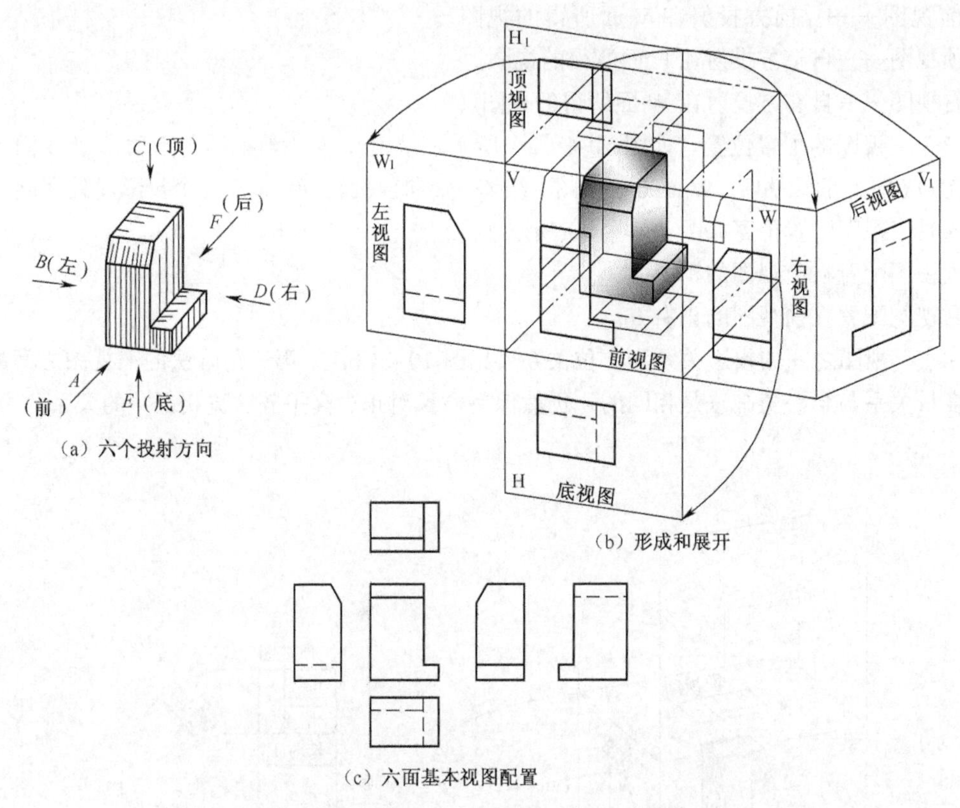

图 10-5　第三角画法的六面基本视图形成和配置位置

10.2 读第三角视图的基本方法

1. 识别视图名称及投射方向

初读第三角画法视图时，由于其视图的展开方向和配置位置与第一角画法不同，往往分不清视图之间的对应关系及投射方向，所以读图时，应先确定前视图，再找出其他视图名称及投射方向。如图 10-6（b）所示，确定前视图后，按箭头所指投射方向找到相应视图名称。

2. 明确各视图所表示方位

读图时，判断视图间表示物体的左右、上下方位较为容易，但判断表示物体前后方位较为困难，这是因为第三角的三视图与第一角的三视图展开方向不同，因此，判断顶、底、左、右视图表示物体的前、后方位成为初学读图的关键。这里介绍两种简捷又形象的思维方法。

（1）视图归位法。如图 10-6（b）、（c）所示，前视图不动，把顶视图绕水平线朝后下方位转 90°，左视图绕垂直线朝后左方位也转 90°，恢复到第三角投影面展开前的位置来想象顶、左视图表示物体的前、后方位。

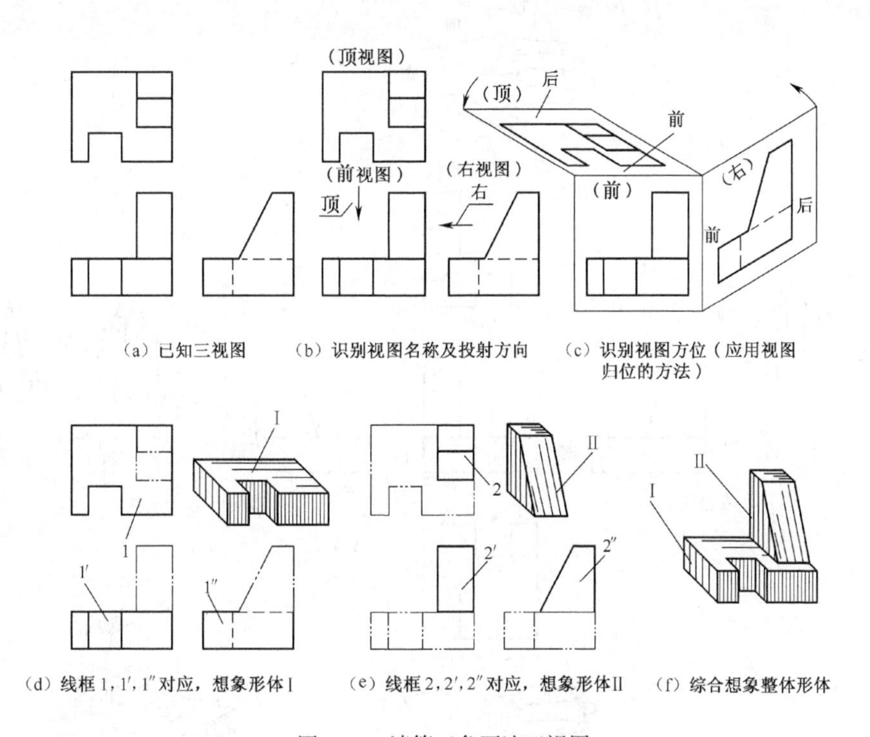

（a）已知三视图　（b）识别视图名称及投射方向　（c）识别视图方位（应用视图归位的方法）

（d）线框 1，1′，1″对应，想象形体 I　（e）线框 2，2′，2″对应，想象形体 II　（f）综合想象整体形体

图 10-6　读第三角画法三视图

（2）手掌翻转法。如图 10-7 所示，右手背模拟右、顶视图，左手背模拟左、底视图，然后把手掌翻转 90°，使手心朝向前视图，这时，大拇指表示前方位，小指表示后方位，以此来识别和想象右、顶和左、底视图所表示物体的前、后方位。

3. 分部分想形状及综合整体形状

读图时，仍然按分线框、找对应关系、想象物体每部分形状和方位，如图 10-6（d）（e）所示，从线框 1、1′、1″想象形体 Ⅰ，从线框 2、2′、2″想象形体 Ⅱ。然后按各视图所示的方位，综合想象出立体形状，如图 10-6（f）所示。

［例 10-1］　读图 10-8（a）所示第三角画法的三视图

（1）识别各视图名称及投射方向。从三视图配置位置，确定前、顶、左视图，并在前视图上确定顶、左视图的投射方向。

（2）划分线框，对投影，想象各部分形状。以前视图为主，按“三等”关系，确定线框 1′、1、1″和线框 4′、4、4″对应，以线框 1 和 4′为主，想象底板 Ⅰ 上切方槽Ⅳ；线框 2′、2、2″和线框 3′、3、3″对应，以线框 2″、3″为主，想象竖板 Ⅱ 和凸缘Ⅲ的形状。

（3）按“方位”想象整体形状。想象四部分形状，用视图归位或手掌翻转思维方法，确定这四部分上下、左右和前后相对位置，综合想象出图 10-8（b）所示的立体形状。

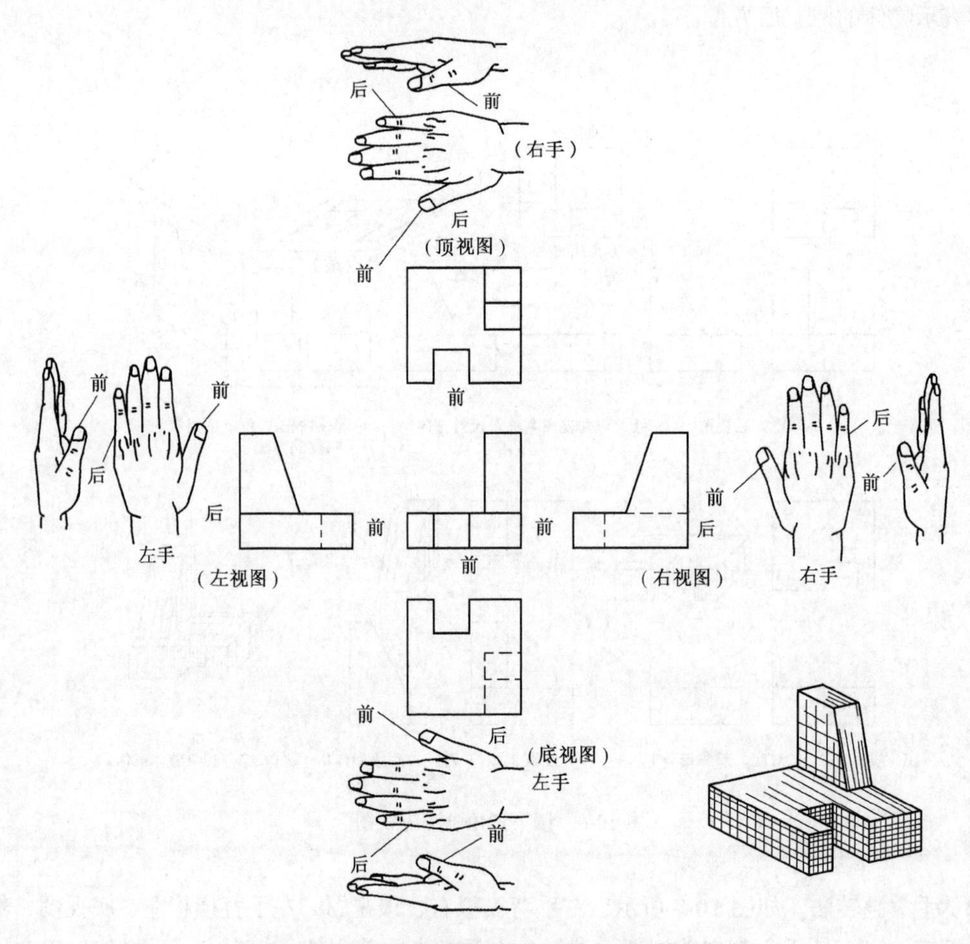

图 10-7　应用手掌翻转法辨认视图表示的前后方位

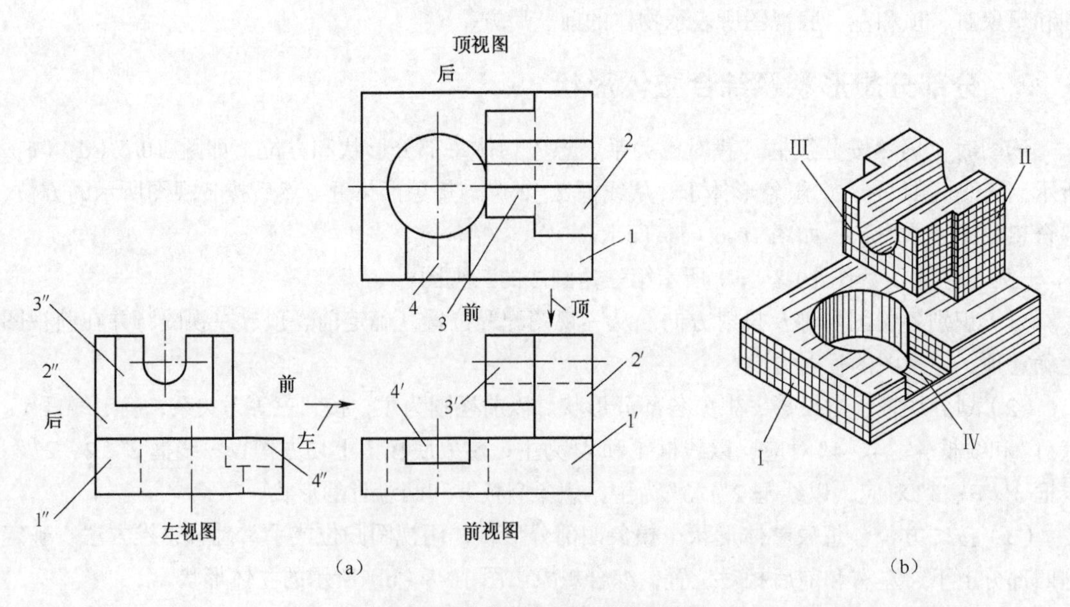

图 10-8　读第三角画法三视图举例

10.3 读第三角剖面图的方法和步骤

第三角画法的剖视图、断面图统称为剖面图。以图 10-9（a）为例说明其读图方法和步骤。

1. 识别剖面（视）图名称及对应关系

读图时，先确定那些是剖面（视）图，然后从对应视图的剖切线（用粗双点画线表示）和箭头确定剖切位置和投射方向。

如图 10-9（b）所示前剖面图，从右视图的剖切线，确定用单一剖切面，通过支座前、后对称面完全剖开；顶剖面图采用局部剖，在前剖面图找到剖切位置 *A—A*。

2. 判断剖面图表示空与实和远与近的结构形状

带剖面符号的线框表示实体部分，不带剖面符号的空白线框（除规定画法外）表示空腔范围或远离剖切面后的结构的读图思维方法在读第三角画法的剖面图时仍然有效,这里不再重述。

3. 找线框、线段对应关系，想象各部分内、外形状

读者可按图中已标出的编号，找线框、线段的对应关系，如线框 3、3′、（3″）对应，想象其各部分内、外形。

4. 综合想象整体形状

通过上述分析后，应用视图归位思维方法，判断各部分形状的相对位置，归纳想象出图 10-9（c）所示的支架整体立体形状。

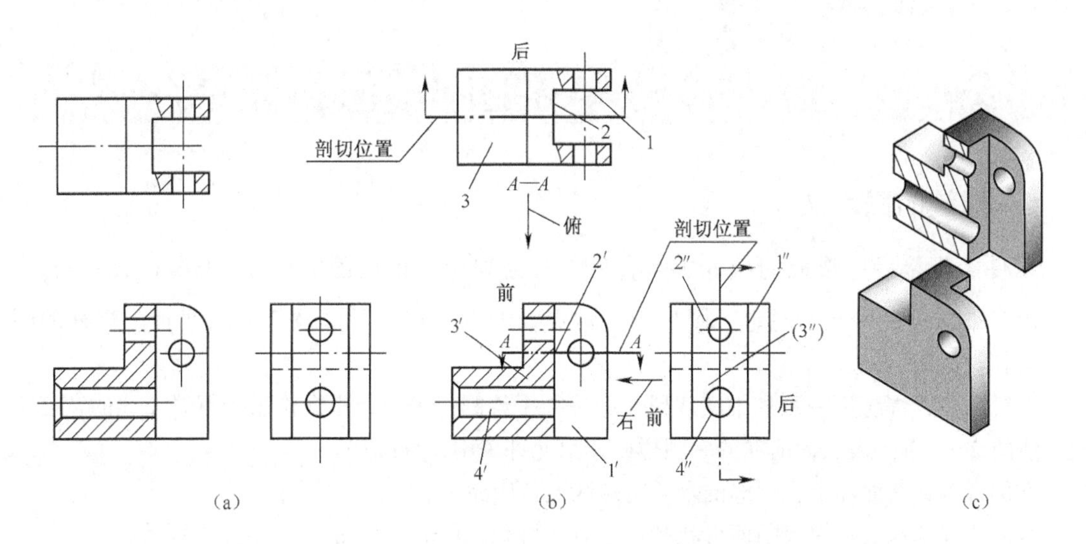

图 10-9　读第三角画法支架剖面（视）图

*第11章 焊接图

焊接图是指焊接加工所用的图样。焊接是一种不可拆的联接，是在工件联接处局部加热到熔化或半熔化状态使其熔合在一起的联接。常用方法有焊条电弧焊、气焊、氩弧焊等。焊接广泛应用于造船、机械、化工、建筑等行业。

常用的焊接接头形式有对接接头、角接接头、T 形接头、搭接接头四种。如图 11-1 所示。

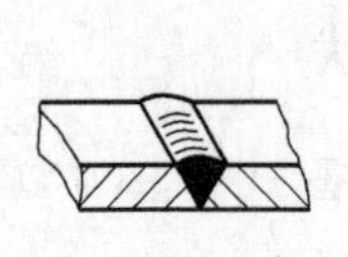

（a）对接接头

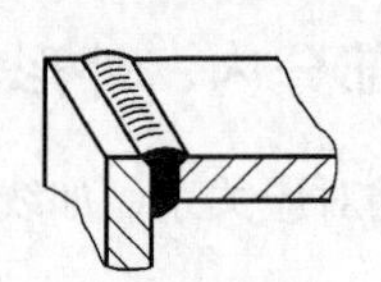

（b）角接接头

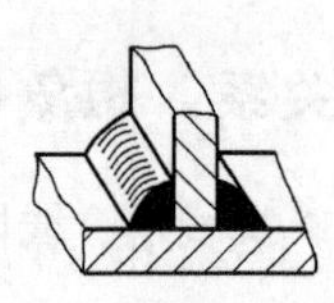

（c）T 形接头

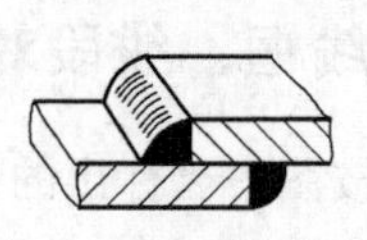

（d）搭接接头

图 11-1 常用焊接的接头形式

11.1 焊缝的图示法和符号

1. 焊缝的图示法

工件经焊接后所形成的接缝（熔合处）称为焊缝。根据国家标准《GB/T 324—1988 及 GB/T 12212—1990》规定，图样中表示焊缝的方法有图示法及符号法两种。焊缝的图示法如图 11-2 所示。

在视图中，焊缝用一系列细实线段（允许徒手绘制）表示，也允许采用粗线（线的宽度为粗实线的 2～3 倍）表示，但在同一图样中，只允许采用一种画法。

在剖视图或断面图上，焊缝的金属熔焊区通常应涂黑表示。

当需要详细地表示焊缝断面形状和尺寸时，可采用局部放大图，如图 11-3 所示。

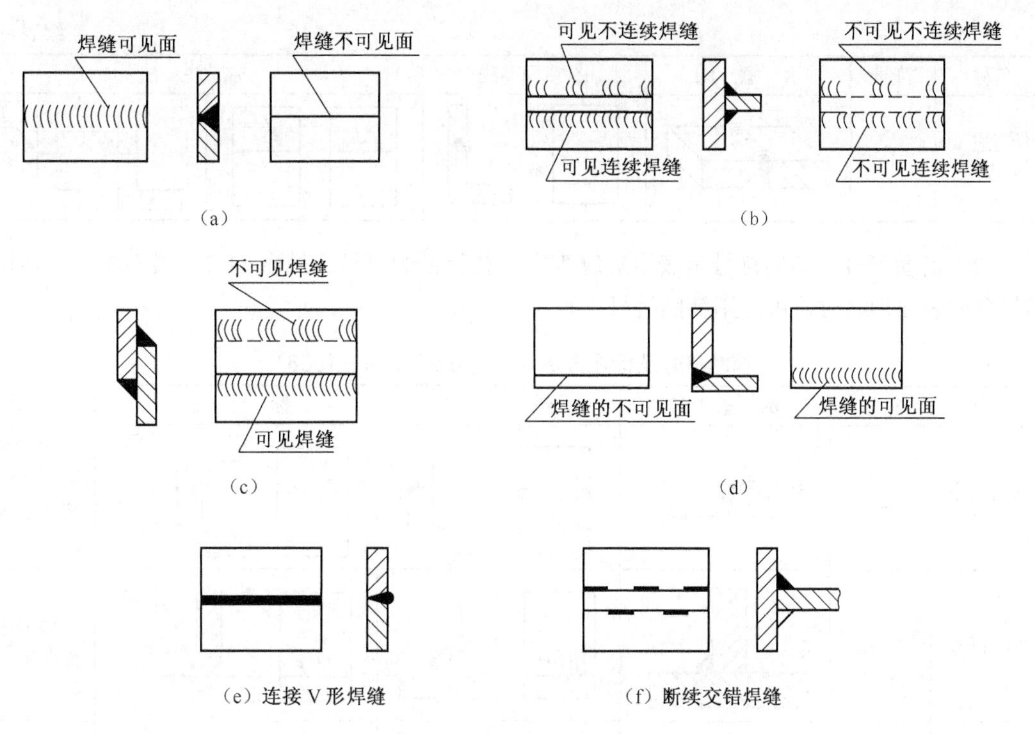

图 11-2　焊缝的规定画法

必要时也可用轴测图示意地表示焊缝，如图 11-1 所示。

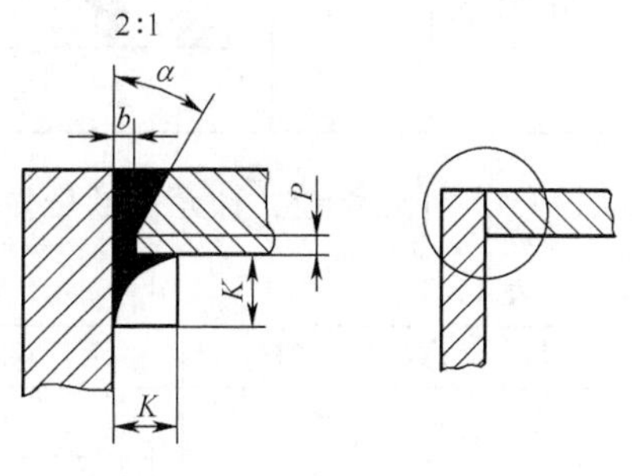

图 11-3　焊缝的局部放大图

2. 焊缝的符号表示法

焊缝符号一般由基本符号与指引线组成。必要时，还可以加上辅助符号、补充符号和焊缝尺寸符号。

（1）基本符号。基本符号是表示焊缝横断面形状的符号，它采用近似于焊缝横截面形状的符号表示。常见焊缝的基本符号及标注示例见表 11-1。

表 11-1　　常见焊缝基本符号及标注方法（摘自 GB/T 324—1988）

名称	符号	示意图	图示法	标注法
I形焊缝	||			
V形焊缝	V			
单边V形焊缝	レ			

续表

名称	符号	示 意 图	图 示 法	标 注 法
带钝边V形焊缝	Y	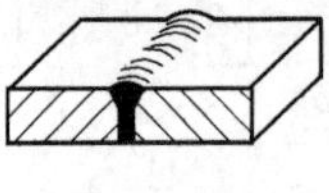	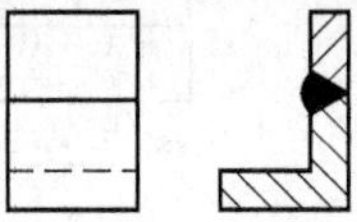	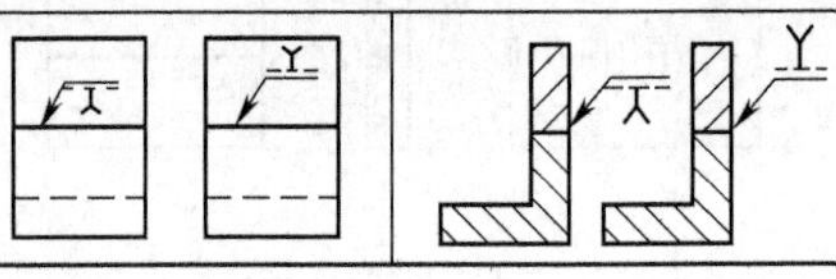

（2）辅助符号。辅助符号是表示焊缝表面形状特征的符号，见表 11-2。当不需要确切地说明焊缝的表面形状时，可不用辅助符号。

表 11-2　　辅助符号及标注方法（摘自 GB/T 324—1988）

名称	符号	示 意 图	图 示 法	标 注 法	说明
平面符号	—		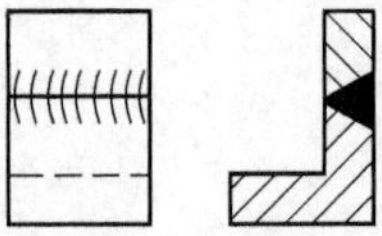	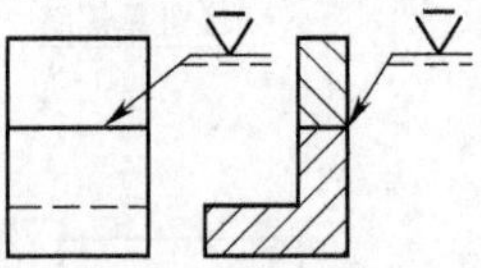	焊缝表面平齐（一般通过加工）
凹面符号	◡	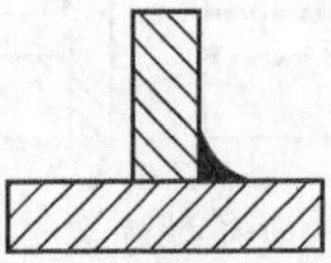	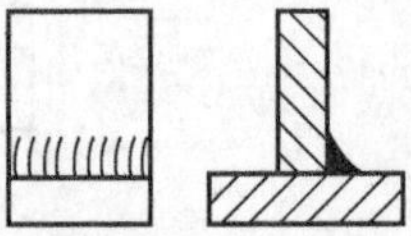	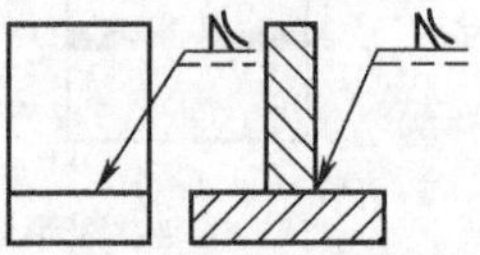	焊缝表面凹陷
凸面符号	⌒		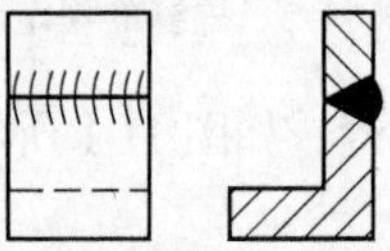	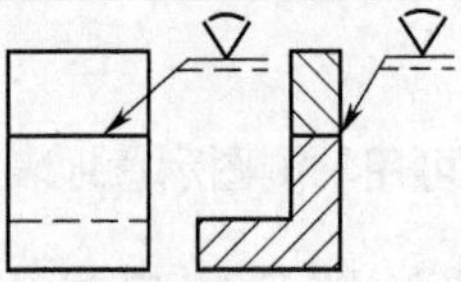	焊缝表面凸起

（3）补充符号。补充符号是为了补充说明焊缝的某些特征而采用的符号，见表 11-3。

表 11-3　　常用焊缝补充符号及标注示例

名　称	符号	示 意 图	标 注 示 例	说　明
三面焊缝符号	⊏	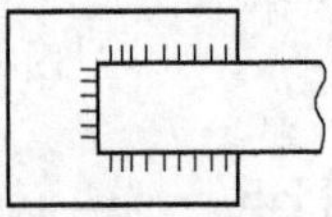	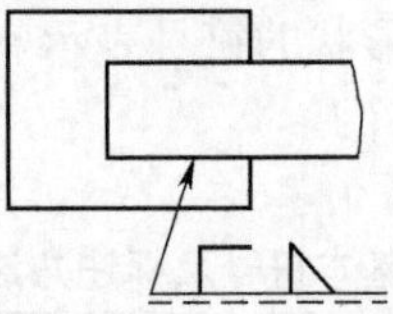	表示三面施焊的角焊缝
周围焊缝符号	○	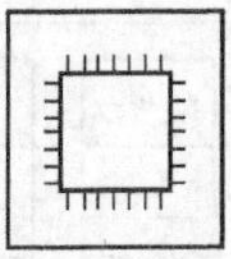	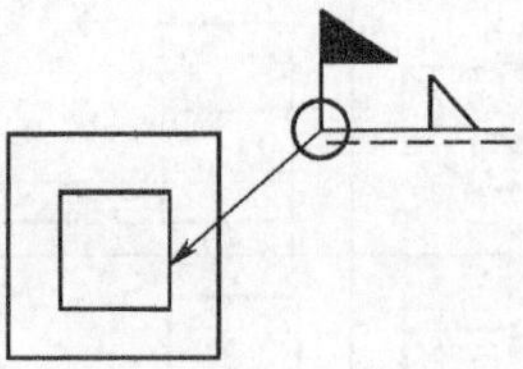	表示现场沿工件周围施焊的角焊缝
现场符号				
尾部符号	<		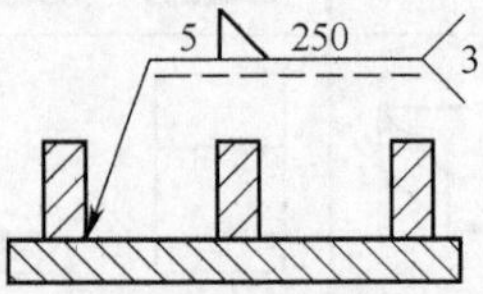 5 250 3	需要说明相同焊缝数量及焊接工艺方法时，可在实线基准线末端加尾部符号。图中表示有 3 条相同的角焊缝

（4）指引线。指引线一般由带箭头的箭头线和两条基准线（一条为细实线，另一条为虚线）两部分组成，如图 11-4（a）所示。当需要说明焊接方法时，可在基准线的末端加一尾部符号，作为补充说明，如图 11-4（b）所示。

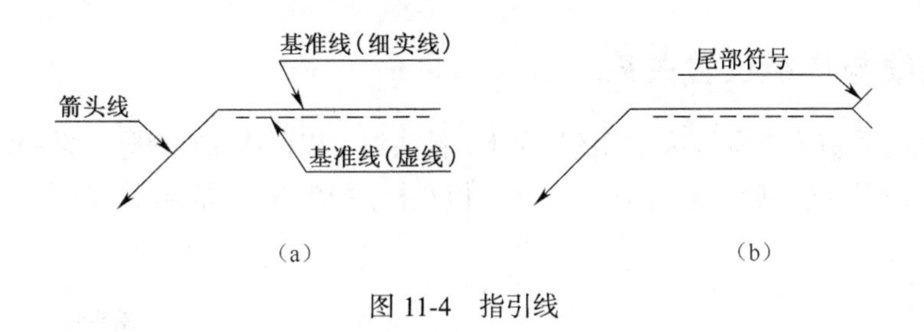

图 11-4　指引线

基准线的虚线可以画在基准线的细实线下侧或上侧。

基准线一般与图样标题栏的长边平行，必要时也可与标题栏的长边垂直。

（5）焊缝尺寸符号。焊缝尺寸符号是用字母表示对焊缝尺寸的要求，常见焊缝尺寸符号见表 11-4。

表 11-4　　常见焊缝尺寸符号及标注示例

名　称	符　号	示 意 图	标 注 示 例
工件厚度	δ		
坡口角度	α		
坡口深度	H		
根部间隙	b		
钝边高度	P		
焊缝段数	n		
焊缝长度	l		
焊缝间距	e		
焊角尺寸	K		
熔核直径	d		
相同焊缝数量符号	N	—	—

11.2 焊缝的标注方法

1. 箭头线与焊缝位置关系

箭头线与焊缝位置在没有特殊要求的情况下，箭头线可以标注在有焊缝一侧［见图 11-5（a）］，也可以标注在没有焊缝一侧［见图 11-5（b）］。但在标注 V、Y 形焊缝时，箭头指引线应指向带有坡口一侧。

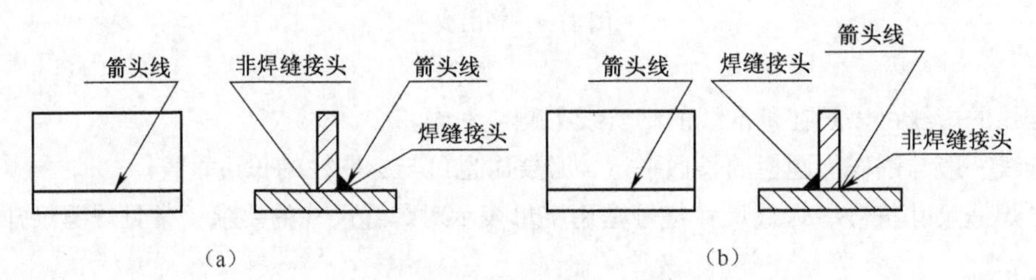

图 11-5　箭头线的位置

2. 基本符号在指引线上的位置

为了能在图样上明确焊缝的位置，对基本符号相对于基准线的位置，按图 11-6 所示作如下规定。

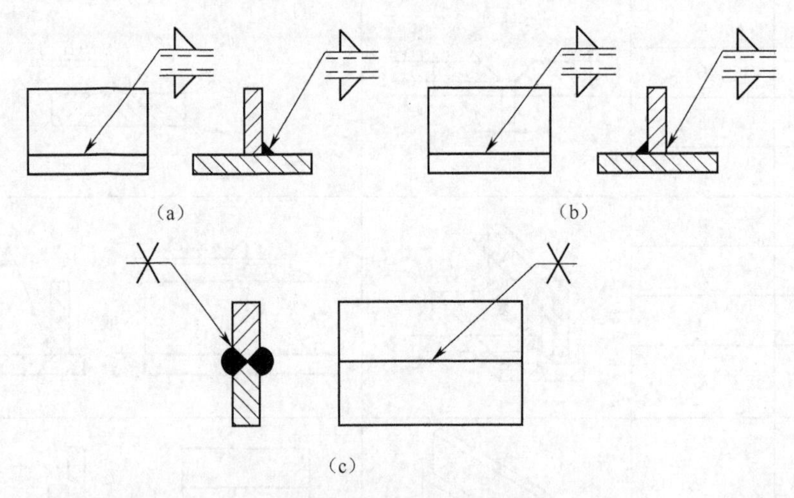

图 11-6　基本符号的位置

（1）如果焊缝在接头的箭头一侧，基本符号应标在基准线的细实线一侧，上下方均可，如图 11-6（a）所示。

（2）如果焊缝在接头的非箭头一侧，则将基本符号标在基准线的虚线一侧，上下方均可，如图 11-6（b）所示。

（3）若是对称焊缝或双边焊缝时，基准线中的虚线一侧可省略，如图 11-6（c）所示。

3. 焊接尺寸符号和数据的标注

焊缝尺寸符号及数据的标注原则如图 11-7 所示。

（1）焊缝横截面上的尺寸，标在基本符号的左侧。

（2）焊缝长度方向的尺寸，标在基本符号的右侧。

（3）坡口角度α、坡口面角度β、根部间隙 b 标在基本符号的上侧或下侧。

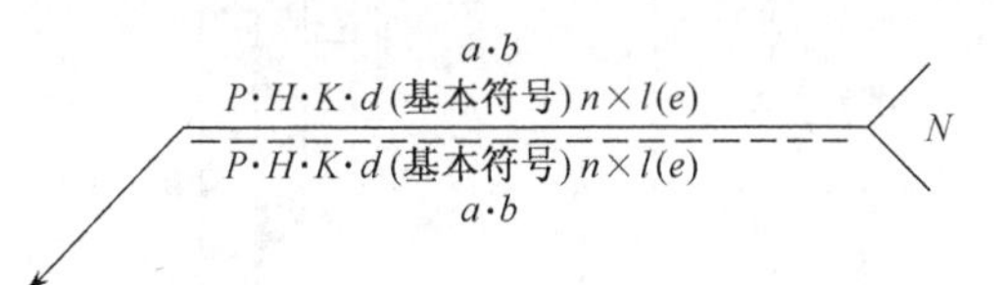

图 11-7　焊缝尺寸符号及数据的标注位置

（4）相同焊缝数量及焊接方法代号标在尾部。

（5）当需要标注的尺寸数据较多，又不易分辨时，可在数据前面增加相应的尺寸符号。

4. 焊接标注的方法

表 11-5 所示为常见焊接标注示例及说明。

表 11-5　　常见焊接标注示例

接头形式	焊缝形式	标注示例	说明
对接接头			带钝边 V 形焊缝，坡口角度为α，根部间隙为 b，钝边高度为 P，环绕工件周围施焊
T 形接头			对称断续焊缝。n 表示焊缝段数，l 表示每段焊缝长度，e 表示焊缝段的间距，K 表示焊角尺寸。对称断续焊缝的尺寸只允许在基准上标注一次
			接头上侧为单面角焊缝，焊角尺寸为 K；接头下侧为对称角焊缝，焊角尺寸为 K_1
角接接头			双面焊缝。接头上侧为带钝边单边 V 形焊缝，坡口角度为α，根部间隙为 b，钝边高度为 P；接头下侧为角焊缝，焊缝表面凹陷，焊角尺寸为 K

续表

接头形式	焊缝形式	标注示例	说明
搭接接头	K	K	三面角焊缝，焊角尺寸为 K，现场装配时施焊

11.3 读焊接图

焊接图除具有完整的零件图内容外，还须有焊接的有关内容（焊接要求、焊缝的尺寸等）的说明、标注和每个构件的明细栏。

读焊接图时，除了想象焊接件各组成部分的形状、数量外，还要读懂焊接符号。图 11-8 所示为挂架焊接图。主视图中的焊缝符号 5◺O 表示环绕 ϕ40 周围角焊缝，焊角高 5 mm。左视图中的焊缝符号"$\frac{5}{5}$▷"表示双面断续角焊缝，焊角高 5 mm。左视图中的焊缝符号"$\frac{5}{5}$▷ 5×10(8) 与 $\frac{5}{5}$▷ 3×10(8)"表示双面断续角焊缝，焊角高 5 mm，焊缝长 10 mm，焊缝间距 8 mm，焊缝段数分别为 5 和 3。

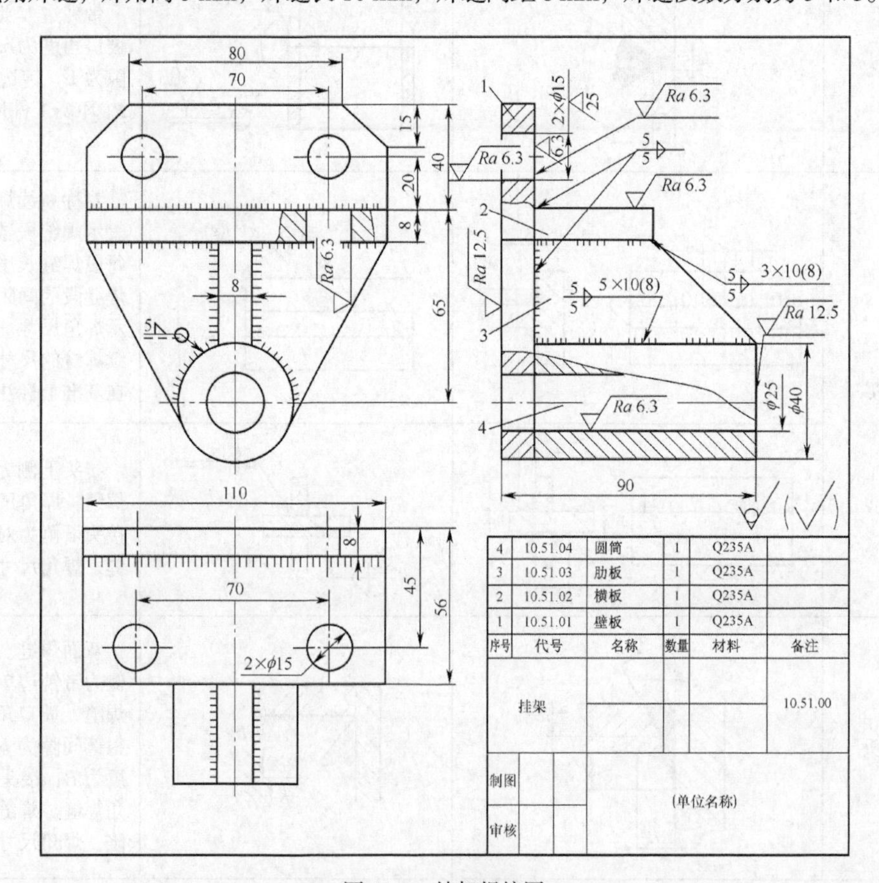

4	10.51.04	圆筒	1	Q235A	
3	10.51.03	肋板	1	Q235A	
2	10.51.02	横板	1	Q235A	
1	10.51.01	壁板	1	Q235A	
序号	代号	名称	数量	材料	备注
挂架					10.51.00
制图					(单位名称)
审核					

图 11-8　挂架焊接图

附录 1 螺 纹

附表 1 普通螺纹直径与螺距（摘自 GB /T 193—2003）

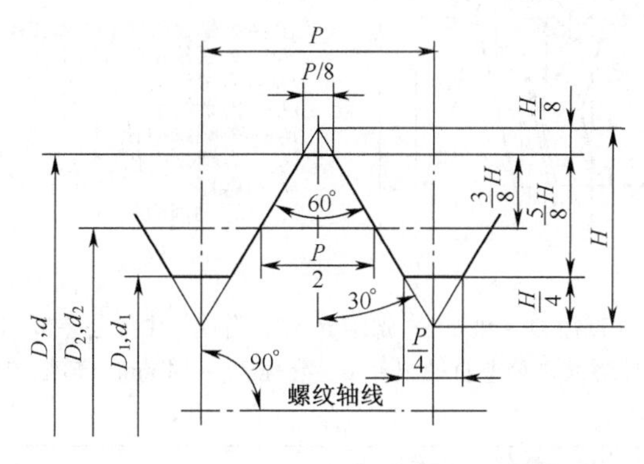

D— 内螺纹大径
d — 外螺纹大径
D_2— 内螺纹中径
d_2— 外螺纹中径
D_1— 内螺纹小径
d_1— 外螺纹小径
P — 螺距

标记示例：

M24—7S（公称直径 $d = 24$ mm，螺距为 3 mm，普通粗牙右旋外螺纹，中径和大径公差带均为 7S，中等旋合长度）。

M24 × 1.5LH—7H（公称直径 $D = 24$，螺距为 1.5 mm，普通细牙左旋内螺纹，中径和小径带均为 7H，中等旋合长度）。

（单位：mm）

公称直径 D、d		螺距 P		粗牙小径 D_1、d_1	公称直径 D、d		螺距 P		粗牙小径 D_1、d_1
第一系列	第二系列	粗牙	细牙		第一系列	第二系列	粗牙	细牙	
3		0.5	0.35	2.459	6		1	0.75	4.917
	3.5	0.6		2.850		7	1		
4		0.7		3.242	8		1.25	1、0.75	6.647
	4.5	0.75	0.5	3.688	10		1.5	1.25、1、0.75	8.376
5		0.8		4.134	12		1.75	1.25、1	10.106

续表

公称直径 D、d		螺距 P		粗牙小径 D_1、d_1	公称直径 D、d		螺距 P		粗牙小径 D_1、d_1
第一系列	第二系列	粗牙	细牙		第一系列	第二系列	粗牙	细牙	
	14	2	15、1.25、1	11.835		33	3.5	（3）、2、1.5	29.211
16		2	1.5、1	13.835	36		4	3、2、1.5	31.670
	18	2.5	2、1.5、1	15.294		39	4		34.670
20		2.5	2、1.5、1	17.294	42		4.5	4、3、2、1.5	37.129
	22	2.5		19.294		45	4.5		40.129
24		3		20.752	48		5		42.587
	27	3		23.752		52	5		46.587
30		3.5	（3）、2、1.5、1	26.211	56		5.5		50.046

注：1. 优先选用第一系列，其次是第二系列，第三系列尽可能不用。（此表未列出）

2. 括号内尺寸尽可能不用。

3. M14 × 1.25 仅用于火花塞；M35 × 1.5 仅用于滚动轴承锁紧螺母。

附表 2　梯形螺纹直径和螺距（摘自 GB/T 5796.1～5796.3—2003）

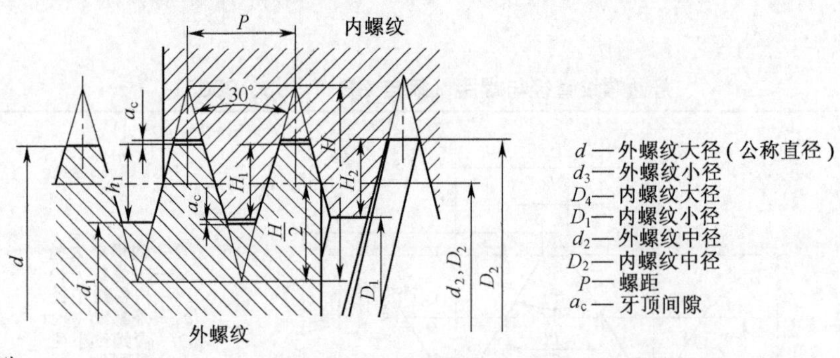

标记示例：

Tr40 × 7—7H（单线梯形内螺纹、公称直径 D = 40 mm、螺距 P = 7，右旋、中径公差带 7H）。

Tr60 × 14（P7）LH—8e（双线梯形外螺纹、公差直径 d = 60、导程 P_h = 14 mm、螺距 P = 7 mm、中径公差带为 8e）。

梯形螺纹的基本尺寸

d 公称系列		螺距 P	中径 $d_2 = D_2$	大径 D_4	小径		d 公称系列		螺距 P	中径 $d_2 = D_2$	大径 D_4	小径	
第一系列	第二系列				d_3	D_1	第一系列	第二系列				d_3	D_1
8	—	1.5	7.25	8.3	6.2	6.5	—	22	5	19.5	22.5	16.5	17
—	9	2	8.0	9.5	6.5	7	24	—		21.5	24.5	18.5	19
10	—		9.0	10.5	7.5	8	—	26		23.5	26.5	20.5	21
—	11		10.0	11.5	8.5	9	28	—		25.5	28.5	22.5	23
12	—	3	10.5	12.5	8.5	9	—	30	6	27.0	31.0	23.0	24
—	14		12.5	14.5	10.5	11	32	—		29.0	33	25	26
16	—	4	14.0	16.5	11.5	12	—	34		31.0	35	27	28
—	18		16.0	18.5	13.5	14	36	—		33.0	37	29	30
20	—		18.0	20.5	15.5	16	—	38	7	34.5	39	30	31

续表

梯形螺纹的公称尺寸													
d公称系列		螺距 P	中径 $d_2=D_2$	大径 D_4	小径		d公称系列		螺距 P	中径 $d_2=D_2$	大径 D_4	小径	
第一系列	第二系列				d_3	D_1	第一系列	第二系列				d_3	D_1
40	—	7	36.5	41	32	33	—	50	8	46.0	51	41	42
—	42		38.5	43	34	35	52	—		48.0	53	43	44
44	—		40.5	45	36	37	—	55	9	50.5	56	45	46
—	46	8	42.0	47	37	38	60	—		55.5	61	50	51
48	—		44.0	49	39	40	—	65	10	60.0	66	54	55

注：1. 优先选用第一系列的直径。

2. 表中所列的螺距和直径，是优先选择的螺距及与之对应的直径。

附表 3　　管螺纹

用螺纹密封的管螺纹
（摘自 GB/T 7306—1987）

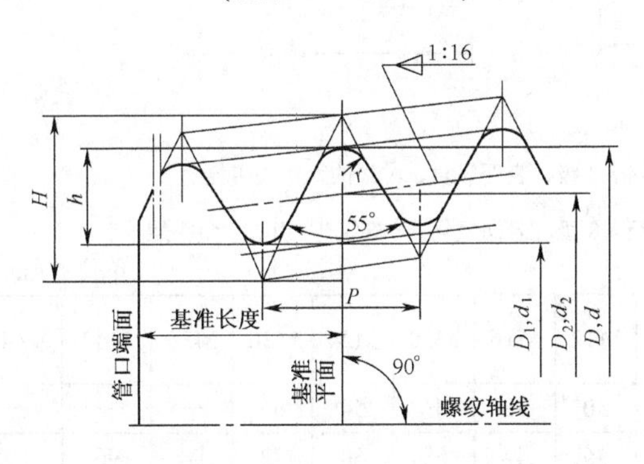

标记示例：
R1 1/2（尺寸代号 1 1/2，右旋圆锥外螺纹）
Rc1 1/4 -LH(尺寸代号 1 1/4，左旋圆锥内螺纹）
Rp2(尺寸代号 2，右旋圆柱内螺纹）

非螺纹密封的管螺纹
（摘自 GB/T 7307—2001）

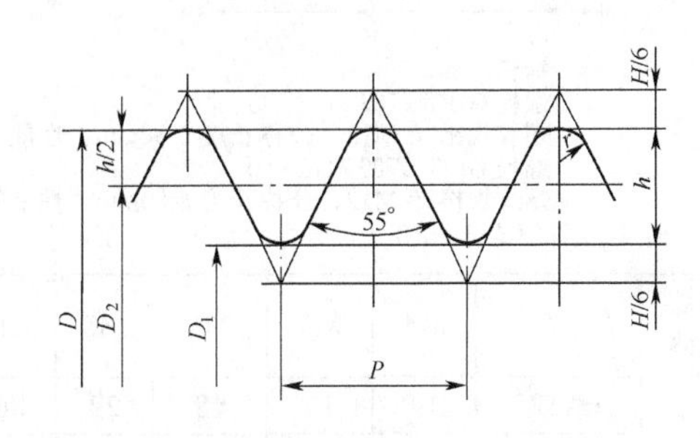

标记示例：
G1 1/2 -LH（尺寸代号 1 1/2，左旋内螺纹）
G1 1/4 A（尺寸代号 1 1/4，A 级右旋外螺纹）
G2B-LH(尺寸代号 2，B 级左旋外螺纹）

尺寸代号	基面上的直径（GB/T 7306）基本直径（GB/T 7307）			螺距 P/mm	牙高 h/mm	圆弧半径 r/mm	每 25.4 mm 内的牙数 n	有效螺纹长度/mm（GB 7306）	基准的基本长度/mm（GB/T 7306）
	大径 $d=D$/mm	中径 $d_2=D_2$/mm	小径 $d_1=D_1$/mm						
1/16	7.723	7.142	6.561	0.907	0.581	0.125	28	6.5	4.0
1/8	9.728	9.147	8.566						
1/4	13.157	12.301	11.445	1.337	0.856	0.184	19	9.7	6.0
3/8	16.662	15.806	14.950					10.1	6.4
1/2	20.955	19.793	18.631	1.814	1.162	0.249	14	13.2	8.2
3/4	26.441	25.279	24.117					14.5	9.5
1	33.249	31.770	30.291	2.309	1.479	0.317	11	16.8	10.4
1 1/4	41.910	40.431	28.952					19.1	12.7
1 1/2	47.803	46.324	44.845						
2	59.614	58.135	56.656					23.4	15.9
2 1/2	75.184	73.705	72.226					26.7	17.5
3	87.884	86.405	84.926					29.8	20.6
4	113.030	111.551	110.072					35.8	25.4
5	138.430	136.951	135.472					40.1	28.6
6	163.830	162.351	160.872						

附录2 常用标准件

附表4　　六角头螺栓

六角头螺栓—A和B级（摘自GB/T 5782—2000）　　六角头螺栓—全螺纹—A和B级（摘自GB/T 5783—2000）

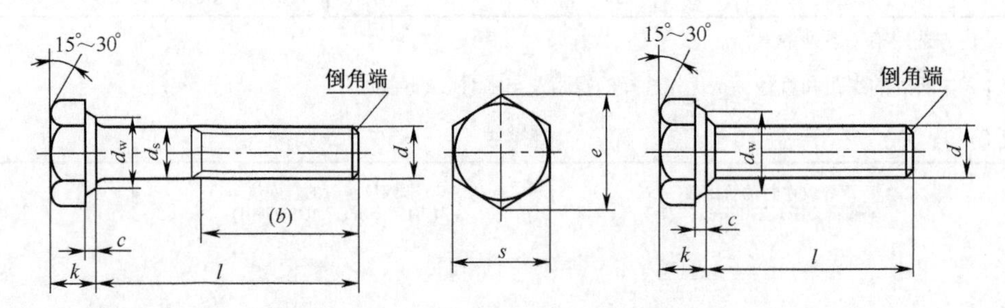

标记示例：
螺栓 GB/T 5782 M12×80
螺纹规格 d=M12、公称长度 l=80mm、性能等级8.8级、表面氧化、A级的六角头螺栓
螺栓 GB/T 5782 M12×80
螺纹规格 d=M12、公称长度 l=80mm、性能等级8.8级、表面氧化、全螺纹、A级的六角头螺栓

（单位：mm）

螺纹规格	d	M4	M5	M6	M8	M10	M12	M16	M20	M24	M30	M36	M42	M48
b 参考	l≤125	14	16	18	22	26	30	38	46	54	66	—	—	—
	125<l≤200	20	22	24	28	32	36	44	52	60	72	84	96	108
	l>200	33	35	37	41	45	49	57	65	73	85	97	109	121
c_{max}		0.4	0.5		0.6			0.8					1	
k		2.8	3.5	4	5.3	6.4	7.5	10	12.5	15	18.7	22.5	26	30
d_{max}		4	5	6	8	10	12	16	20	24	30	36	42	48
s_{max}		7	8	10	13	16	18	24	30	36	46	55	65	75
e_{min}	A	7.66	8.79	11.05	14.38	17.77	20.03	26.75	33.53	39.98	—	—	—	—
	B	7.50	8.63	10.89	14.2	17.59	19.85	26.17	32.95	39.55	50.85	60.79	71.3	82.6
d_{wmin}	A	5.88	6.88	8.9	11.63	14.63	16.63	22.49	28.19	33.61	—	—	—	—
	B	5.74	6.7	8.74	11.47	14.47	16.47	22	27.7	33.25	42.7	51.1	59.95	69.45
l 范围	GB/T 5782	52～40	25～50	30～60	35～80	40～100	50～120	65～160	80～200	90～240	110～300	140～360	160～440	180～480
	GB/T 5783	8～40	10～50	12～60	16～80	20～100	25～120	30～150	40～150	50～150	60～200	70～200	80～200	90～200
l 系列	GB/T 5782	20～65（5进位）、70～160（10进位）、180～400（20进位）												
	GB/T 5783	8、10、12、16、18、20～65（5进位）、70～160（10进位）、180～500（20进位）												

注：1. 未端按GB/T2规定。

2. 螺纹公差：6 g：力学性能等级：8.8。

3. 产品等级：A级用于 d≤24 和 l≤10 d 或≤150 mm（按较小值）；

B级用于 d>24 和 l>10 d 或>150 mm（按较小值）。

附表 5　　双头螺柱

$b_m=1d$(摘自GB/T 897—1988)　$b_m=1.25d$(摘自 GB/T 898—1988)　$b_m=1.5d$(摘自GB/T 899—1988)　$b_m=2d$(摘自GB/T 900—1988)

A 型

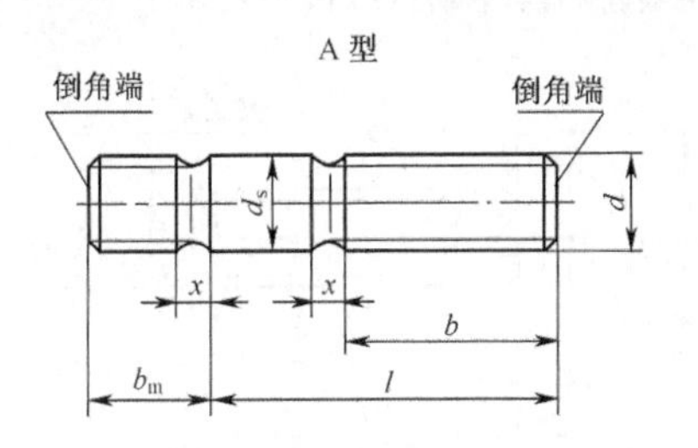

B 型

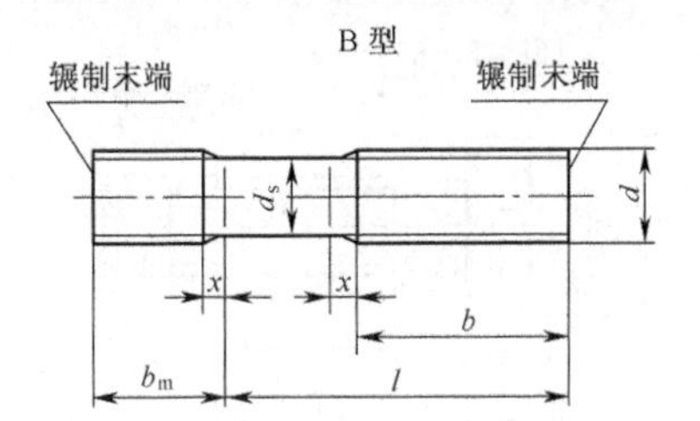

标记示例：
螺柱 GB/T 897 M10×50
两端均为粗牙螺纹，d=M10、l=50mm、性能等级 4.8 级、不经表面处理B 型、$b_m=1d$ 的双头螺柱
螺柱 GB/T 897 AM10-M10×1×50
旋入一端为粗牙螺纹、旋螺母 一端为螺距 P=1mm 的细牙螺纹、d=10mm、l=50mm、性能等级为 4.8 级、不经表面处理、A 型、$b_m=1d$ 的双头螺栓

（单位：mm）

螺纹规格 d		M4	M5	M6	M8	M10	M12	M16	M20	M24	M30	M36	M42	M48
b_m	GB/T 897	—	5	6	8	10	12	16	20	24	30	36	42	48
	GB/T 898	—	6	8	10	12	15	20	25	30	38	45	52	60
	GB/T 899	6	8	10	12	15	18	24	30	36	45	54	65	72
	GB/T 900	8	10	12	16	20	24	32	40	48	60	72	84	96
d_s		A 型 d_s = 螺纹大径　B 型 d_s ≈ 螺纹中径												
x		1.5 P												
$\frac{l}{b}$		$\frac{16\sim22}{8}$	$\frac{16\sim22}{10}$	$\frac{20\sim22}{10}$	$\frac{20\sim22}{12}$	$\frac{25\sim28}{14}$	$\frac{25\sim30}{16}$	$\frac{30\sim38}{20}$	$\frac{35\sim40}{25}$	$\frac{45\sim50}{30}$	$\frac{60\sim65}{40}$	$\frac{65\sim75}{45}$	$\frac{70\sim80}{50}$	$\frac{80\sim90}{60}$
		$\frac{25\sim40}{14}$	$\frac{25\sim50}{16}$	$\frac{25\sim30}{14}$	$\frac{25\sim30}{16}$	$\frac{30\sim38}{16}$	$\frac{32\sim40}{20}$	$\frac{40\sim55}{30}$	$\frac{45\sim65}{35}$	$\frac{55\sim75}{45}$	$\frac{70\sim90}{50}$	$\frac{80\sim110}{64}$	$\frac{85\sim110}{70}$	$\frac{95\sim110}{80}$
$\frac{l}{b}$				$\frac{32\sim75}{18}$	$\frac{32\sim90}{22}$	$\frac{40\sim120}{26}$	$\frac{45\sim120}{30}$	$\frac{60\sim120}{38}$	$\frac{70\sim120}{46}$	$\frac{80\sim120}{54}$	$\frac{95\sim120}{60}$	$\frac{120}{78}$	$\frac{120}{90}$	$\frac{120}{102}$
						$\frac{130}{32}$	$\frac{130\sim180}{36}$	$\frac{130\sim200}{44}$	$\frac{130\sim200}{52}$	$\frac{130\sim200}{60}$	$\frac{130\sim200}{72}$	$\frac{130\sim200}{84}$	$\frac{130\sim200}{96}$	$\frac{130\sim200}{108}$
											$\frac{210\sim250}{85}$	$\frac{210\sim300}{97}$	$\frac{210\sim300}{109}$	$\frac{210\sim300}{121}$
l 系列		16、(18)、20、(22)、25、(28)、30、(32)、35、(38)、40、45、50、(55)、60、(65)、70、(75)、80、(85)、90、(95)、100、110、120、130、140、150、160、170、180、190、200、210、220、230、240、250、260、280、300												

附表 6　　螺钉

开槽圆柱头螺钉（摘自GB/T 65— 2000）

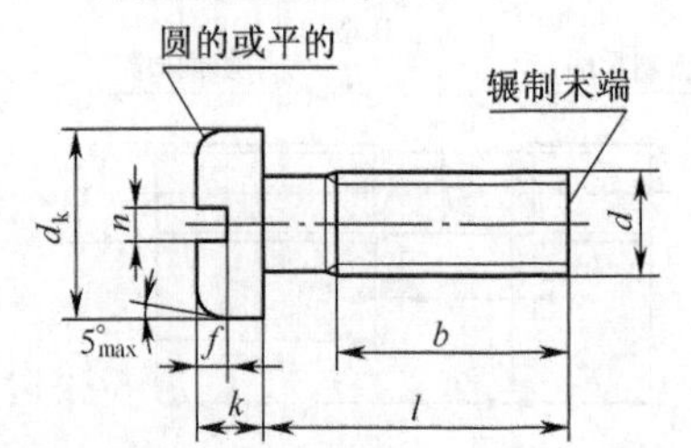

开槽盘头螺钉（摘自 GB/T 67— 2000）

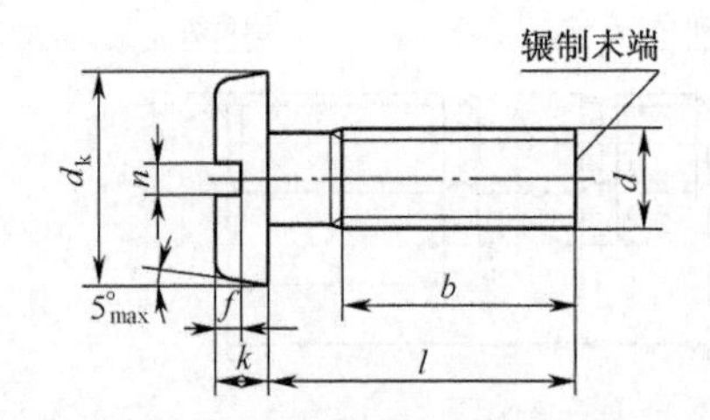

开槽沉头螺钉（摘自GB/T 68—2000）

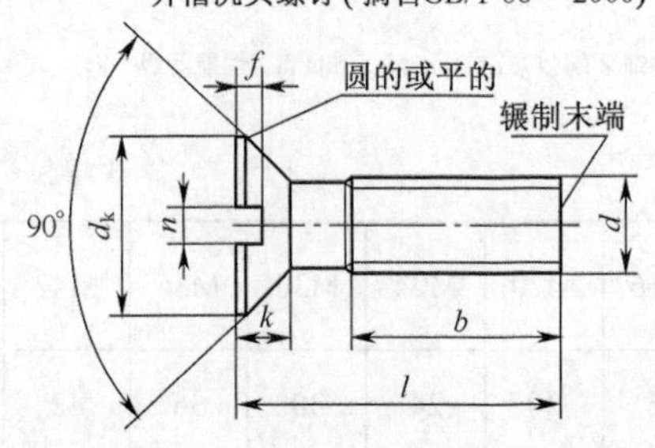

开槽半沉头螺钉（摘自GB/T 69—2000）

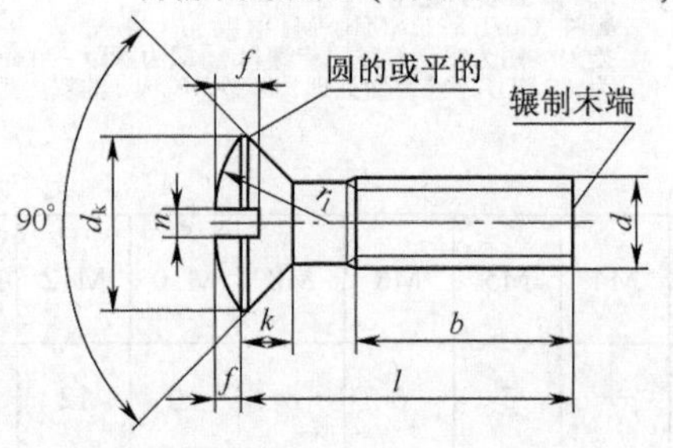

无螺纹部分杆径≈中径或＝螺纹大径

标记示例：
螺钉 GB/T 65　M5×20
螺纹规格 d=M5、公称长度 l=20mm、性能等级为 4.8 级、不经表面处理的开槽圆柱头螺钉

（单位：mm）

螺纹规格 d	P	b_{min}	n公称	f	r_f	k_{max}			d_{kmax}			t_{mm}				l范围
				GB/T 69	GB/T 69	GB/T 65	GB/T 67	GB/T 68 GB/T 69	GB/T 65	GB/T 67	GB/T 68 GB/T 69	GB/T 65	GB/T 67	GB/T 68	GB/T 69	
M3	0.5	25	0.8	0.7	6	1.8	1.8	1.65	5.6	5.6	5.5	0.7	0.7	0.6	1.2	4～30
M4	0.7	38	1.2	1	9.5	2.6	2.4	2.7	7	8	8.4	1.1	1	1	1.6	5～40
M5	0.8	38	1.2	1.2	9.5	3.3	3.0	2.7	8.5	9.5	9.3	1.3	1.2	1.1	2	6～50
M6	1	38	1.6	1.4	12	3.9	3.6	3.3	10	12	11.3	1.6	1.4	1.2	2.4	8～60
M8	1.25	38	2	2	16.5	5	4.8	4.65	13	16	15.8	2	1.9	1.8	3.2	10～80
M10	1.5	38	2.5	2.3	19.5	6	6	5	16	20	18.3	2.4	2.4	2	3.8	12～80
l系列			4、5、6、8、10、12、（14）、16、20、25、30、35、40、50、（55）、60、（65）、70、（75）、80													

注：螺纹公差：68；机械性能等级：4.8、5.8；产品等级：A。

附表 7　　内六角圆柱头螺钉（摘自 GB/T 70.1—2000）

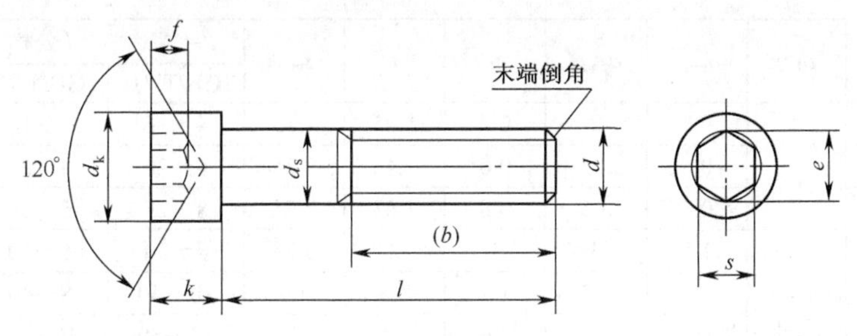

标记示例：
螺钉 GB/T 70.1 M5×20
螺纹规格 d=M5、公称长度 l=20mm、性能等级为 8.8 级，表面氧化的内六角圆柱头螺钉

（单位：mm）

螺纹规格 d	M3	M4	M5	M6	M8	M10	M12	M14	M16	M20	M24
P（螺距）	0.5	0.7	0.8	1	1.25	1.5	1.75	2	2	2.5	3
b 参考	18	20	22	24	28	32	36	40	44	52	60
b_{kmax}	5.5	7	8.5	10	13	16	18	21	24	30	36
k_{max}	3	4	5	6	8	10	12	14	16	20	24
t_{min}	1.3	2	2.5	3	4	5	6	7	8	10	12
s 公称	2.5	3	4	5	6	8	10	12	14	17	19
e_{min}	2.87	3.44	4.58	5.72	6.86	9.15	11.43	13.72	16.00	19.44	21.73
d_{smax}	= d										
l 范围	5～30	6～40	8～50	10～60	12～80	16～100	20～120	25～140	25～160	30～200	40～200
l≤表中数值时，制出全螺纹	20	25	25	30	35	40	45	55	55	65	80
l 系列	5、6、8、10、12、(14)、(16)、20、25、30、35、40、45、50、(55)、60、(65)、70、80、90、100、110、120、130、140、150、160、180、200										

注：括号内规格尽可能不采用。

附表 8　　紧定螺钉

开槽锥端紧定螺钉
（摘自GB/T 71—2000）

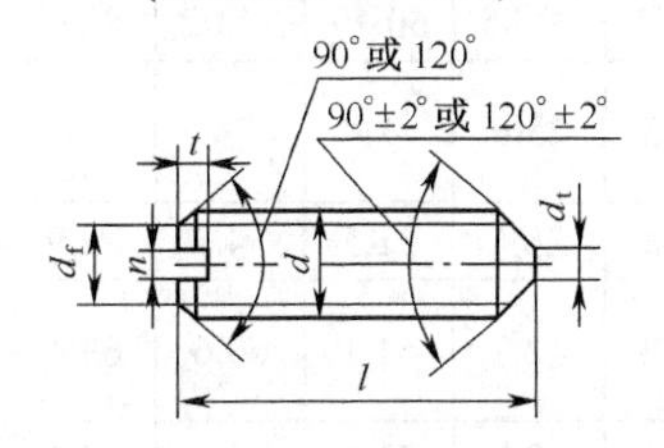

开槽平端紧定螺钉
（摘自GB/T 73—2000）

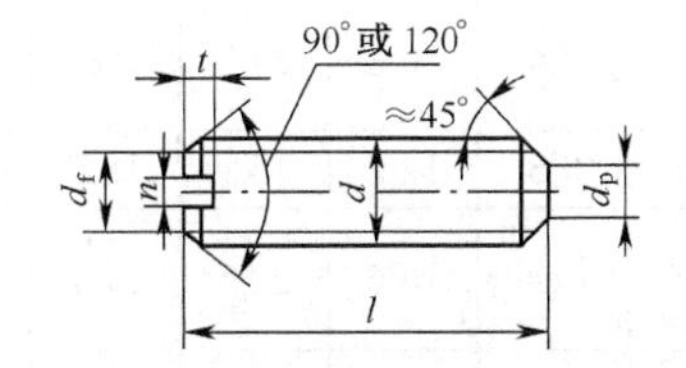

开槽长圆柱端紧定螺钉
（摘自GB/T 75—2000）

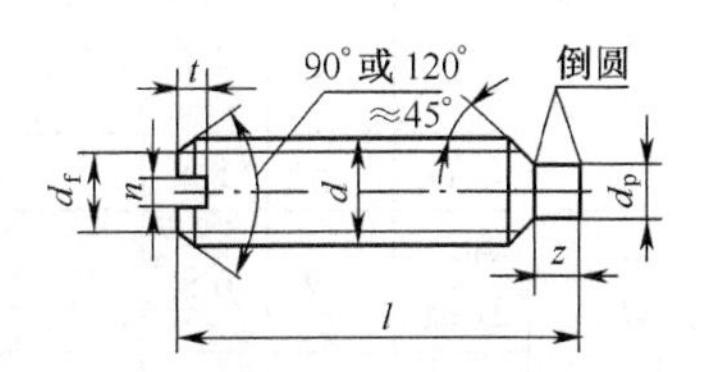

标记示例：
螺钉 GB/T 71 M10×20
螺纹规格 d=M10、公称长度 l=20mm、性能等级为 14H 级、表面氧化的开槽锥端紧定螺钉。

续表

（单位：mm）

螺纹规格 d	P	$d_{f}\approx$	d_{tmax}	d_{pmax}	n	t	z_{max}	l公称		
								GB/T 71	GB/T 73	GB/T 75
M3	0.5	螺纹小径	0.3	2	0.4	1.05	1.75	4～16	3～16	5～16
M4	0.7		0.4	2.5	0.6	1.42	2.25	6～20	4～20	6～20
M5	0.8		0.5	3.5	0.8	1.63	2.75	8～25	5～25	8～25
M6	1	螺纹小径	1.5	4	1	2	3.25	8～30	6～30	10～30
M8	1.25		2	5.5	1.2	2.5	4.3	10～40	8～40	10～40
M10	1.5		2.5	7	1.6	3	5.35	12～50	10～50	12～50
M12	1.75		3	8.5	2	3.6	6.3	14～60	12～60	14～60
l系列	4、5、6、8、10、12、（14）、16、20、25、30、40、45、50、（55）、60									

附表 9　六角螺母

六角螺母—A 和 B 级 (GB/T 6170—2000)　　　六角螺母—C 级 (GB/T 41—2000)

允许制造的型式

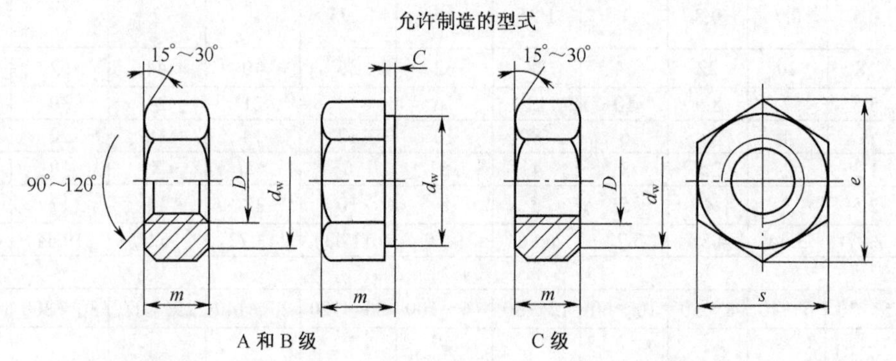

A 和 B 级　　　C 级

标记示例：

螺纹规格 D=M12、性能等级为 10 级、不经表面处理、A 级的六角螺母：螺母 GB/T 6170 M12

螺纹规格 D=M12、性能等级为 5 级、不经表面处理、C 级的六角螺母：螺母 GB/T 41 M12

（单位：mm）

螺纹规格 D		M4	M5	M6	M8	M10	M12	M16	M20	M24	M30	M36	M42	M48
c		0.4	0.5		0.6			0.8					1	
s_{max}		7	8	10	13	16	18	24	30	36	46	55	65	75
e_{min}	A、B 级	7.66	8.79	11.05	14.38	17.77	20.03	26.75	32.95	39.55	50.85	60.79	72.02	82.6
	C 级	—	8.63	10.89	14.2	17.59	19.85	26.17	32.95	39.55	50.85	60.79	72.02	82.6
m_{max}	A、B 级	3.2	4.7	5.2	6.8	8.4	10.8	14.8	18	21.5	25.6	31	34	38
	C 级	—	5.6	6.1	7.9	9.5	12.2	15.9	18.7	22.3	26.4	31.5	34.9	38.9
d_{wmin}	A、B 级	5.9	6.9	8.9	11.6	14.6	16.6	22.5	27.7	33.2	42.7	51.1	60.6	69.4
	C 级	—	6.9	8.7	11.5	14.5	16.5	22	27.7	33.2	42.7	51.1	60.6	69.4

注：1. A 级用于 $D\leqslant16$ 的螺母；B 级用于 $D>16$ 的螺母；C 级用于 $D\geqslant5$ 的螺母。

2. 螺纹公差；A、B 级为 6H，C 级为 7H；力学性能等级：A、B 级为 6、8、10 级，C 级为 4、5 级。

附表 10　　垫圈

小垫圈—A 级（摘自 GB/T 848—2002）　　平垫圈—A 级（摘自 GB/T 97.1—2002）　　平垫圈倒角型—A 级（摘自 GB/T 97.2—2002）

30°～45°　(0.25～0.5)h　h　d_1　d_2

标记示例：
垫圈 GB/T 97.2–2002 8
公称尺寸 d=8 mm，性能等级为 140HV 级，倒角型，不经表面处理的平垫圈。

（单位：mm）

公称尺寸（螺纹规格 d）			3	4	5	6	8	10	12	14	16	20	24	30	36
内径 d_1	产品等级	A	3.2	4.3	53	6.4	8.4	10.5	13	15	17	21	25	31	37
		C			5.5	6.6	9	11	13.5	15.5	17.5	22	26	33	39
GB/T 848—2002	外径 d_2		6	8	9	11	15	18	20	24	28	34	39	50	60
	厚度 h		0.5	0.5	1	1.6	1.6	1.6	2	2.5	2.5	3	4	4	5
GB/T 97.1—2002 GB/T 97.2—2002	外径 d_2		7	9	10	12	16	20	24	28	30	37	44	56	66
	厚度 h		0.5	0.8	1	1.6	1.6	2	2.5	2.5	3	3	4	4	5

注：1. 性能等级 140 HV 表示材料的硬度，HV 表示维氏硬度，140 为硬度值。有 140 HV、200 HV 和 300 HV 三种。

2. 主要用于规格 M3～M36 的标准六角螺栓、螺钉和螺母。

附表 11　　标准型弹簧垫圈（摘自 GB/T 93—1987）

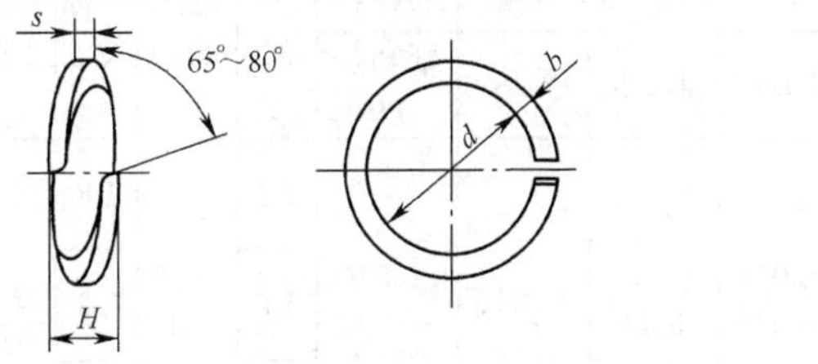

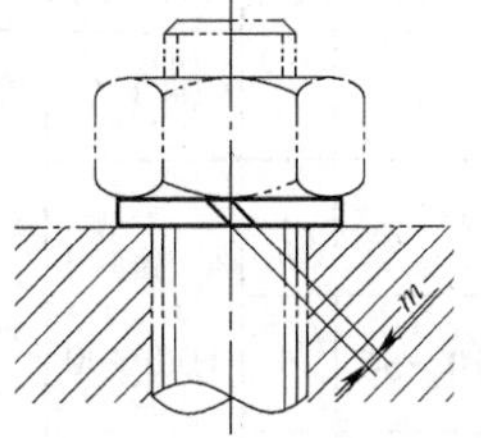

标记示例：
垫圈 GB/T 93—1987 16
规格 16mm，材料为 65Mn、表面氧化的标准型弹簧垫圈。

（单位：mm）

规格（螺纹大径）		4	5	6	8	10	12	16	20	24	30
d	min	4.1	5.1	6.1	8.1	10.2	12.2	16.2	20.2	24.5	30.5
	max	4.4	5.4	6.68	8.68	10.9	12.9	16.9	21.04	25.5	31.5
S、b	公称	1.1	1.3	1.6	2.1	2.6	3.1	4.1	5	6	7.5
	min	1	1.2	1.5	2	2.45	2.95	3.9	4.8	5.8	7.2
	max	1.2	1.4	1.7	2.2	2.75	3.25	4.3	5.2	6.2	7.8
H	min	2.2	2.6	3.2	4.2	5.2	6.2	8.2	10	12	15
	max	2.75	3.25	4	5.25	6.5	7.75	10.25	12.5	15	18.75
m≤		0.55	0.65	0.8	1.05	1.3	1.55	2.05	2.5	3	3.75

附表 12　　普通平键

GB/T 1095— 2003 平键、键槽的剖面尺寸

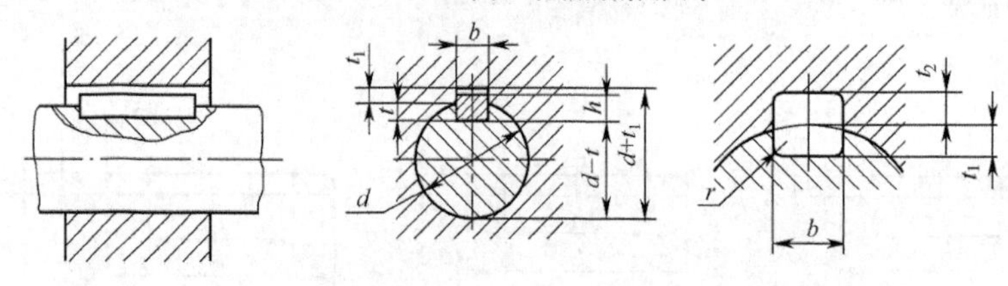

GB/T 1096—2003 普通平键的型式尺寸

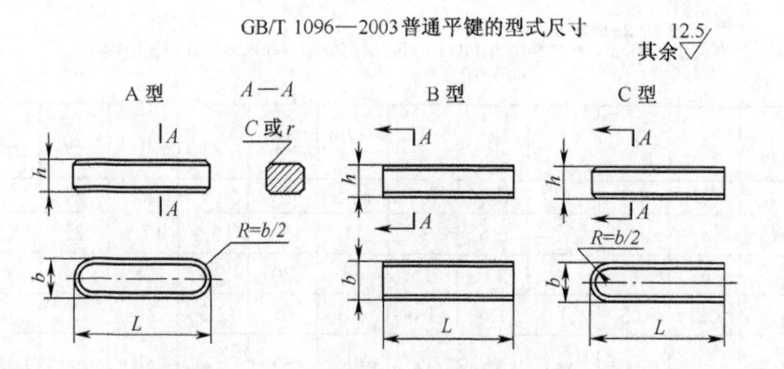

标记示例：

GB/T 1096 键16×100（圆头普通平键A 型 、b=16、h=10、L=100）
GB/T 1096 键B16×100（平头普通平键 B 型 、b=16、h=10、L=100）
CB/T 1096 键C16×100（单圆头普通平键C 型 、b=16、h=10、L=100）

（单位：mm）

轴	键		键槽											
			宽度 b						深度					
				极限偏差					轴 t		毂 t_1		半径 r	
公称直径 d	公称尺寸 b × h（h9）	长度 L（h11）	公称尺寸 b	较松键联结		一般键联结		较紧键联结	公称尺寸	极限偏差	公称尺寸	极限偏差		
				轴 119	毂 D10	轴 N9	毂 JS9	轴和毂 P9					最大	最小
>10～12	4 × 4	8～45	4						2.5		1.8		0.08	0.16
>12～17	5 × 5	10～56	5	+0.0 300	+0.078 +0.030	0 −0.030	±0.015	−0.012 −0.042	3.0	+0.1 0	2.3	+0.10	0.16	0.25
>17～22	6 × 6	14～70	6						3.5		2.8			
>22～30	8 × 7	18～90	8	+0.036 0	+0.098 +0.040	0 −0.036	±0.018	−0.015 −0.051	4.0		3.3		0.16	0.25
>30～38	10 × 8	22～110	10						5.0		3.3			
>38～44	12 × 8	28～140	12						5.0		3.3			
>44～50	14 × 9	36～160	14	+0.043 0	+0.120 +0.050	0 −0.043	±0.022	−0.018 −0.061	5.5	+0.2 0	3.8	+0.2 0	0.25	0.40
>50～58	16 × 10	45～180	16						6.0		4.3			
>58～65	18 × 11	50～200	18						7.0		4.4			

续表

<table>
<tr><th>轴</th><th colspan="2">键</th><th colspan="11">键　槽</th></tr>
<tr><th rowspan="4">公称直径
d</th><th rowspan="4">公称尺寸
$b\times h$
（h9）</th><th rowspan="4">长度 L
（h11）</th><th colspan="6">宽度 b</th><th colspan="4">深　度</th><th rowspan="3">半径 r</th><th rowspan="3"></th></tr>
<tr><th rowspan="3">公称尺寸
b</th><th colspan="5">极 限 偏 差</th><th colspan="2">轴 t</th><th colspan="2">毂 t_1</th></tr>
<tr><th colspan="2">较松键联结</th><th colspan="2">一般键联结</th><th>较紧键联结</th><th rowspan="2">公称尺寸</th><th rowspan="2">极限偏差</th><th rowspan="2">公称尺寸</th><th rowspan="2">极限偏差</th></tr>
<tr><th>轴 119</th><th>毂 D10</th><th>轴 N9</th><th>毂 JS9</th><th>轴和毂 P9</th><th>最大</th><th>最小</th></tr>
<tr><td>>67～75</td><td>20 × 12</td><td>56～220</td><td>20</td><td rowspan="4">+0.052
0</td><td rowspan="4">+0.149
+0.065</td><td rowspan="4">0
−0.052</td><td rowspan="4">±0.026</td><td rowspan="4">−0.022
−0.074</td><td>7.5</td><td rowspan="4"></td><td>4.9</td><td rowspan="4">+0.2
0</td><td rowspan="4">0.40</td><td rowspan="4">0.60</td></tr>
<tr><td>>75～85</td><td>22 × 14</td><td>63～250</td><td>22</td><td>9.0</td><td>5.4</td></tr>
<tr><td>>85～95</td><td>25 × 14</td><td>70～280</td><td>25</td><td>9.0</td><td>5.4</td></tr>
<tr><td>>95～110</td><td>28 × 16</td><td>80～320</td><td>28</td><td>10</td><td>6.4</td></tr>
</table>

注：1. （$d-t$）和（$d+t_1$）两个组合尺寸的极限偏差，按相应的 t 和 t_1 的极限偏差选取，组（$d-t$）极限偏差应取负号（−）。

2. L 系列：6～22（2 进位）、25、28、32、36、40、45、50、56、63、70、80、90、100、110、125、140、160、180、200、220、250、280、320、360、400、450、500。

3. 键 b 的极限偏差为 h9，键 h 的极限偏差为 h11，键长 L 的极限偏差为 h14。

附表 13　圆柱销（不淬硬钢和奥氏体不锈钢）（摘自 GB/T 119.1—2000）　（单位：mm）

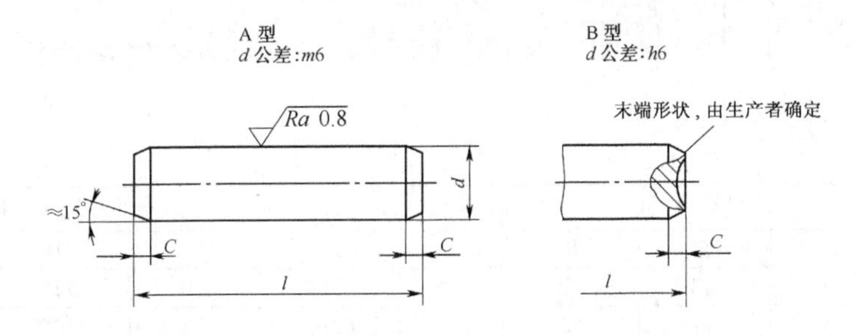

标记示例：
销 GB/T 119.1 6 m6×30
（公称直径 d=6、公差为 m6、公称长度 l=30、材料为钢、不经表面处理的圆柱销）
销 GB/T 119.1 10 m6×30—A1
（公称直径 d=10、公差为 m6、公称长度 l=30、材料为 A1 组奥氏体不锈钢、表面简单处理的圆柱销）

d（公称）m6/h8	2	3	4	5	6	8	10	12	16	20	25
$c\approx$	0.35	0.5	0.63	0.8	1.2	1.6	2	2.5	3	3.5	4
$l_{范围}$	6～20	8～30	8～40	10～50	12～60	14～80	18～95	22～140	26～180	35～200	50～200
$l_{系列}$（公称）	2、3、4、5、6～32（2 进位）、35～100（5 进位）、120～≥200（按 20 递增）										

注：1. 材料用钢时硬度要求为 125～245 HV30，用奥氏体不锈钢 A1（GB/T 3098.6）时硬度要求 210～280 HV30。

2. 公差 m6：$R_a \leqslant 0.8\ \mu m$；

公差 h8：$R_a \leqslant 1.6\ \mu m$。

附表 14　　圆锥销（摘自 GB/T 117—2000）

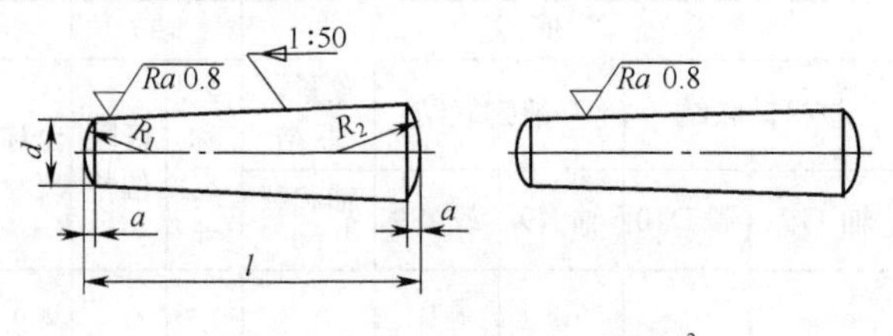

$R_1 \approx d \quad R_2 \approx \frac{a}{2} + d + \frac{(0.021)^2}{8a}$

标记示例：
销 GB/T 117 10×60
公称直径 d=10、长度 l=60、材料为 35 钢、热处理硬度 28~38HRC、表面氧化处理的 A 型圆锥销

（单位：mm）

$d_{公称}$	2	2.5	3	4	5	6	8	10	12	16	20	25
$a\approx$	0.25	0.3	0.4	0.5	0.63	0.8	1.0	1.2	1.6	2.0	2.5	3.0
$l_{范围}$	10~35	10~35	12~45	14~55	18~60	22~90	22~120	26~160	32~180	40~200	45~200	50~200
$l_{系列}$	2、3、4、5、6~32（2 进位）、35~100（5 进位）、120~200（20 进位）											

附表 15　　深沟球轴承（GB/T 276—1994）

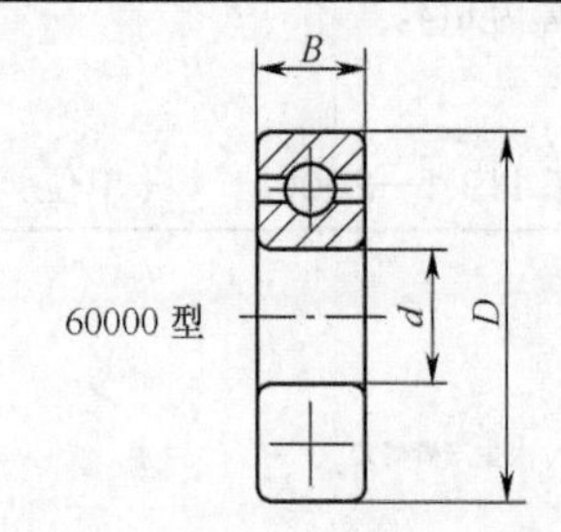

标记示例：
滚动轴承 6206 GB/T 276—1994
类型代号 6 尺寸系列代号为 (02)、内径代号为 06 的深沟球轴承。

（单位：mm）

轴承代号		外形尺寸			轴承代号		外形尺寸		
		d	D	B			d	D	B
01 系列	6004	20	42	12	03 系列	6304	20	52	15
	6005	25	47	12		6305	25	62	17
	6006	30	55	13		6306	30	72	19
	6007	35	62	14		6307	35	80	21
	6008	40	68	15		6308	40	90	23
	6009	45	75	16		6309	45	100	25
	6010	50	80	16		6310	50	110	27
	6011	55	90	18		6311	55	120	29
	6012	60	95	18		6312	60	130	31
	6013	65	100	18		6313	65	140	33
	6014	70	110	20		6314	70	150	35
	6015	75	115	20		6315	75	160	37
	6016	80	125	22		6316	80	170	39
	6017	85	130	22		6317	85	180	41
	6018	90	140	24		6318	90	190	43
	6019	95	145	24		6319	95	200	45
	6020	100	150	24		6320	100	215	47

续表

轴承代号		外形尺寸			轴承代号		外形尺寸		
		d	D	B			d	D	B
02系列	6204	20	47	14	04系列	6404	20	72	19
	6205	25	52	15		6405	25	80	21
	6206	30	62	16		6406	30	90	23
	6207	35	72	17		6407	35	100	25
	6208	40	80	18		6408	40	110	27
	6209	45	85	19		6409	45	120	29
	6210	50	90	20		6410	50	130	31
	6211	55	100	21		6411	55	140	33
	6212	60	110	22		6412	60	150	35
	6213	65	120	23		6413	65	160	37
	6214	70	125	24		6414	70	180	42
	6215	75	130	25		6415	75	190	45
	6216	80	140	26		6416	80	200	48
	6217	85	150	28		6417	85	210	52
	6218	90	160	30		6418	90	225	54
	6219	95	170	32		6419	95	240	55
	6220	100	180	34		6420	100	250	58

附表 16　　圆锥滚子轴承（GB/T 297—1994）

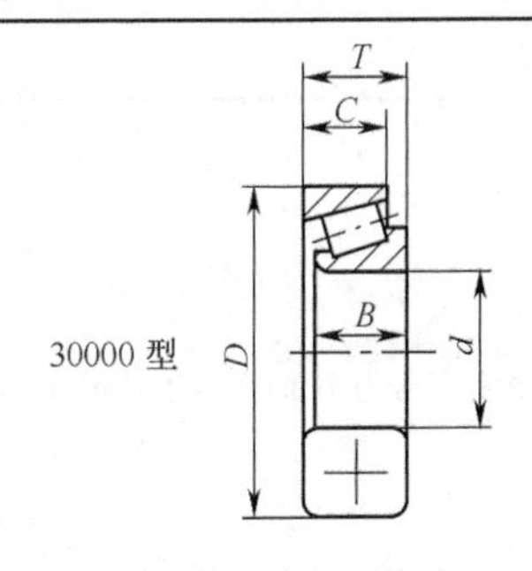

标注示例:
滚动轴承 30312 GB/T 297—1994
类型代号 3 尺寸系列代号为 03、内径代号为 12 的圆锥滚子轴承

（单位：mm）

轴承代号		外形尺寸					轴承代号		外形尺寸				
		d	D	T	B	C			d	D	T	B	C
02系列	30204	20	47	15.25	14	12	22系列	32204	20	47	19.25	18	15
	30205	25	52	16.25	15	13		32205	25	52	19.25	18	16
	30206	30	62	17.25	16	14		32206	30	62	21.25	20	17
	30207	35	72	18.25	17	15		32207	35	72	24.25	23	19
	30208	40	80	19.75	18	16		32208	40	80	24.75	23	19
	30209	45	85	20.75	19	16		32209	45	85	24.75	23	19
	30210	50	90	21.75	20	17		32210	50	90	24.75	23	19
	30211	55	100	22.75	21	18		32211	55	100	26.75	25	21
	30212	60	110	23.75	22	19		32212	60	110	29.75	28	24
	30213	65	120	24.72	23	20		32213	65	120	32.75	31	27
	30214	70	125	26.75	24	21		32214	70	125	33.25	31	27
	30215	75	130	27.75	25	22		32215	75	130	33.25	31	27
	30216	80	140	28.75	26	22		32216	80	140	35.25	33	28
	30217	85	150	30.50	28	24		32217	85	150	38.50	36	30
	30218	90	160	32.50	30	26		32218	90	160	42.50	40	34
	30219	95	170	34.50	32	27		32219	95	170	45.50	43	37
	30220	100	180	37	34	29		32220	100	180	49	46	39

续表

轴承代号		外形尺寸					轴承代号		外形尺寸				
		d	*D*	*T*	*B*	*C*			*d*	*D*	*T*	*B*	*C*
03系列	30304	20	52	16.25	15	13	23系列	32304	20	52	22.25	21	18
	30305	25	62	18.25	17	15		32305	25	62	25.25	24	20
	30306	30	72	20.75	19	16		32306	30	72	28.75	27	23
	30307	35	80	22.75	21	18		32307	35	80	32.75	31	25
	30308	40	90	25.75	23	20		32308	40	90	35.25	33	27
	30309	45	100	27.75	25	22		32309	45	100	38.25	36	30
	30310	50	110	29.25	27	23		32310	50	110	42.25	40	33
	30311	55	120	31.50	29	25		32311	55	120	45.50	43	35
	30312	60	130	33.50	31	26		32312	60	130	48.50	46	37
	30313	65	140	36	33	28		32313	65	140	51	48	39
	30314	70	150	38	35	30		32314	70	150	54	51	42
	30315	75	160	40	37	31		32315	75	160	58	55	45
	30316	80	170	42.50	39	33		32316	80	170	61.50	58	48
	30317	85	180	44.50	41	34		32317	85	180	63.50	60	49
	30318	90	190	46.50	43	36		32318	90	190	67.50	64	53
	30319	95	200	49.50	45	38		32319	95	200	71.50	67	55
	30320	100	215	51.50	47	39		32320	100	215	77.50	73	60

附表 17　　推力球轴承（GB/T 301—1995）

51000 型

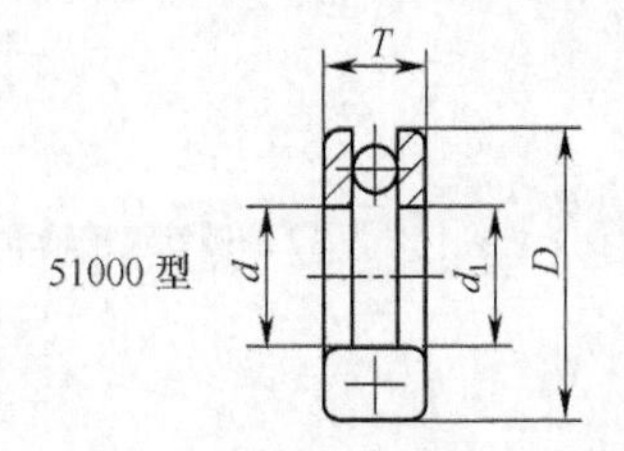

标记示例：
滚动轴承 51310 GB/T 301—1995
类型代号 5 尺寸系列 13、内径代号为 10 的推力球轴承

（单位：mm）

轴承代号		外形尺寸				轴承代号		外形尺寸			
		d	*D*	*T*	$d_{1\min}$			*d*	*D*	*T*	$d_{1\min}$
11系列	51104	20	35	10	21	13系列	51304	20	47	18	22
	51105	25	42	11	26		51305	25	52	18	27
	51106	30	47	11	32		51306	30	60	21	32
	51107	35	52	12	37		51307	35	68	24	37
	51108	40	60	13	42		51308	40	78	26	42
	51109	45	65	14	47		51309	45	85	28	47
	51110	50	70	14	52		51310	50	95	31	52
	51111	55	78	16	57		51311	55	105	35	57
	51112	60	85	17	62		51312	60	110	35	62
	51113	65	90	18	67		51313	65	115	36	67
	51114	70	95	18	72		51314	70	125	40	72
	51115	75	100	19	77		51315	75	135	44	77
	51116	80	105	19	82		51316	80	140	44	82
	51117	85	110	19	87		51317	85	150	49	88
	51118	90	120	22	92		51318	90	155	50	93
	51120	100	135	25	100		51320	100	170	55	103

续表

轴承代号		外形尺寸				轴承代号		外形尺寸			
		d	D	T	$d_{1\min}$			d	D	T	$d_{1\min}$
12系列	51204	20	40	14	22	14系列	51405	25	60	24	27
	51205	25	47	15	27		51406	30	70	28	32
	51206	30	52	16	32		51407	35	80	32	37
	51207	35	62	18	37		51408	40	90	36	42
	51208	40	68	19	42		51409	45	100	39	47
	51209	45	73	20	47		51410	50	110	43	52
	51210	50	78	22	52		51411	55	120	48	57
	51211	55	90	25	57		51412	60	130	51	62
	51212	60	95	26	62		51413	65	140	56	68
	51213	65	100	27	67		51414	70	150	60	73
	51214	70	105	27	72		51415	75	160	65	78
	51215	75	110	27	77		51416	80	170	68	83
	51216	80	115	28	82		51417	85	180	72	88
	51217	85	125	31	88		51418	90	190	77	93
	51218	90	135	35	93		51420	100	210	85	103
	51220	100	150	38	103		51422	110	230	95	113

附录 3 零件常用的结构要素

附表 18 紧固件通孔及沉孔尺寸（GB/T 125.2～152.4—1988 GB/T 5277—1985）（单位：mm）

螺纹规格 d				4	5	6	8	10	12	14	16	20	24
通孔直径 d_1 GB/T 5277—1985		精装配		4.3	5.3	6.4	8.4	10.5	13	15	17	21	25
		中等装配		4.5	5.5	6.6	9	11	13.5	15.5	17.5	22	26
		粗装配		4.8	5.8	7	10	12	14.5	16.5	18.5	24	28
六角头螺栓和螺母用沉孔	GB/T 152.4—1988	用于螺栓及六角螺母	d_2（H15）	10	11	13	18	22	26	30	33	40	48
			d_3	—	—	—	—	—	16	18	20	24	28
			t	锪平为止									
圆柱头用沉孔	GB/T 152.3—1988	用于内六角圆柱头螺钉	d_2（H13）	8	10	11	15	18	20	24	26	33	40
			d_3	—	—	—	—	—	16	18	20	24	28
			t（Hs13）	4.6	5.7	6.8	9	11	13	15	17.5	21.5	25.5
		用于开槽圆柱头及内六角圆柱头螺钉	d_2（H13）	8	10	11	15	18	20	24	26	33	—
			d_3	—	—	—	—	—	16	18	20	24	—
			t（H13）	3.2	4	4.7	6	7	8	9	10.5	12.5	—

续表

螺纹规格 d				4	5	6	8	10	12	14	16	20	24
沉头用沉孔	$90^{\circ}{}^{-2^{\circ}}_{-4^{\circ}}$ d_2 t d_1 GB/T 152.2—1988	用于沉头及半沉头螺钉	d_2（H13）	9.6	10.6	12.8	17.6	20.3	24.4	28.4	32.4	40.4	—
			$t\approx$	2.7	2.7	3.3	4.6	5	6	7	8	10	—

注：尺寸下带括号的为其公差带。

附表 19　　倒角和倒圆（GB /T 6403.4—1986）

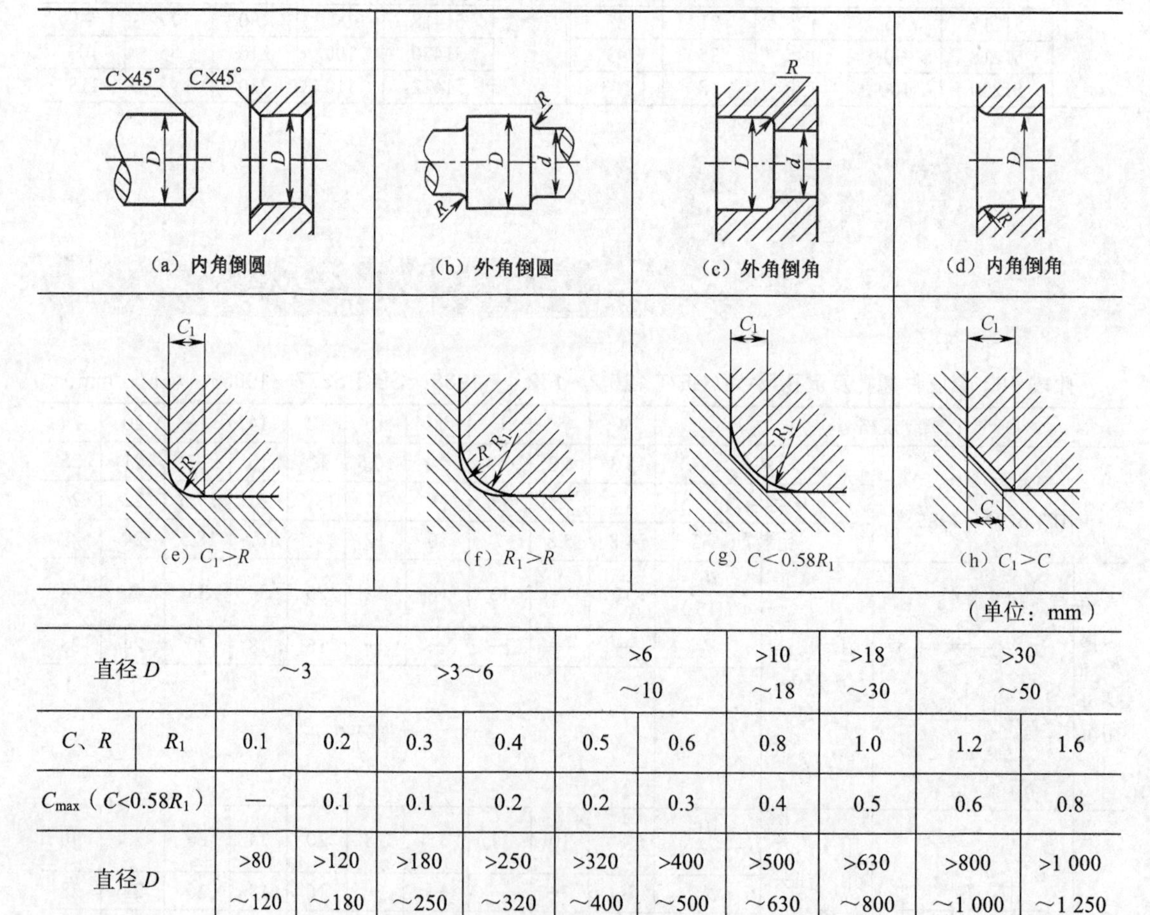

（a）内角倒圆　（b）外角倒圆　（c）外角倒角　（d）内角倒角

（e）$C_1>R$　（f）$R_1>R$　（g）$C<0.58R_1$　（h）$C_1>C$

（单位：mm）

直径 D	～3		>3～6		>6～10		>10～18	>18～30	>30～50	
C、R　R_1	0.1	0.2	0.3	0.4	0.5	0.6	0.8	1.0	1.2	1.6
C_{max}（$C<0.58R_1$）	—	0.1	0.1	0.2	0.2	0.3	0.4	0.5	0.6	0.8
直径 D	>80～120	>120～180	>180～250	>250～320	>320～400	>400～500	>500～630	>630～800	>800～1 000	>1 000～1 250
C、R　R_1	2.5	3.0	4.0	5.0	6.0	8.0	10	12	16	20
C_{max}（$C<0.58R_1$）	1.2	1.6	2.0	2.5	3.0	4.0	5.0	6.0	8.0	10

注：倒角一般采用45°，也可采用30°或60°。

附表 20　砂轮越程槽（GB/T 6403.5—1986）　（单位：mm）

1. 回转面及端面砂轮越程槽尺寸

磨外圆	磨内圆		磨外端面	磨内端面		磨外圆及端面		磨内圆及端面	
d	～10			10～50		50～100		>100	
b_1	0.6	1.0	1.6	2.0	3.0	4.0	5.0	8.0	10
b_2	2.0	3.0		4.0		5.0		8.0	10
h	0.1	0.2		0.3	0.4		0.6	0.8	1.2
r	0.2	0.5		0.8	1.0		1.6	2.0	3.0

2. 燕尾导轨砂轮越程槽尺寸

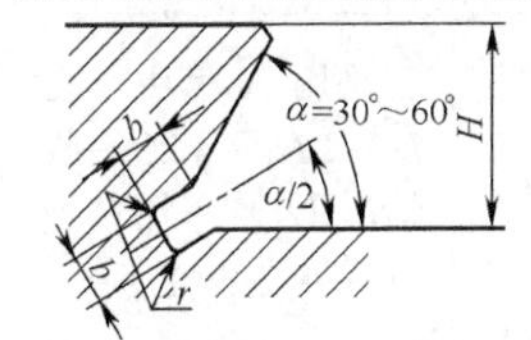

H	≤5	6	8	10	12	16	20	25	32	40	50
b h	1	2		3			4			5	
r	0.5	0.5		1.0			1.6			1.6	

附表 21　普通螺纹退刀槽和倒角（GB/T 3—1997）

外螺纹

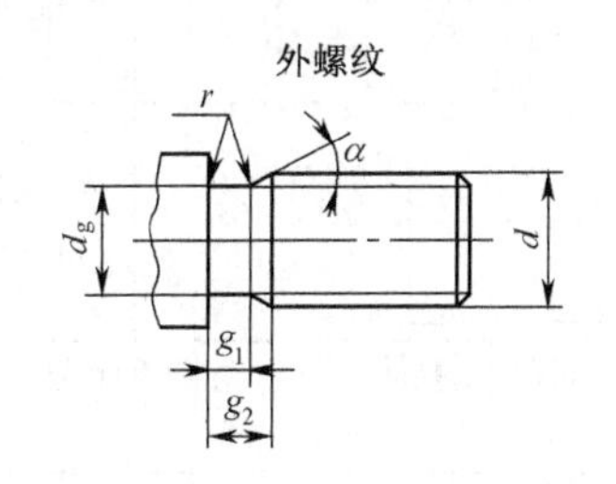

内螺纹

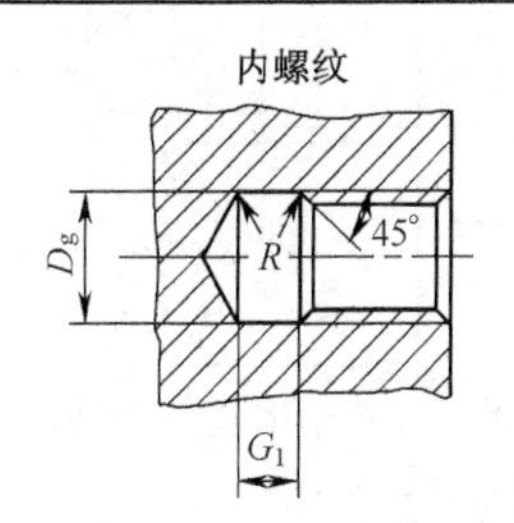

（单位：mm）

	螺距 P	0.5	0.6	0.7	0.75	0.8	1	1.25	1.5	1.75	2	2.5	3
外螺纹	$g_{2\ max}$	1.5	1.8	2.1	2.25	2.4	3	3.75	4.5	5.25	6	7.5	9
	$g_{1\ min}$	0.8	0.9	1.1	1.2	1.3	1.6	2	2.5	3	3.4	4.4	5.2
	d_g	$d-$0.8	$d-$1	$d-$1.1	$d-$1.2	$d-$1.3	$d-$1.6	$d-$2	$d-$2.3	$d-$2.6	$d-$3	$d-$3.6	$d-$4.4
	$r\approx$	0.2	0.4	0.4	0.4	0.4	0.6	0.6	0.8	1	1	1.2	1.6
	始端端面倒角一般为 45°，也可采用 60°或 30°；深度应大于或等于螺纹牙型高度；过渡角α不应小于 30°												
内螺纹	G_1	2	2.4	2.8	3	3.2	4	5	6	7	8	10	12
	Dg	D+0.3					D+0.5						
	$R\approx$	0.2	0.3	0.4	0.4	0.4	0.5	0.6	0.8	0.9	1	1.2	1.5
	入口端面倒角一般为 120°，也可采用 90°：端面倒角直径为（1.05～1）D。其中 D 为螺纹公称直径代号												

附表 22　　中心孔表示法（接自 GB/T 4459.5—1999）　　（单位：mm）

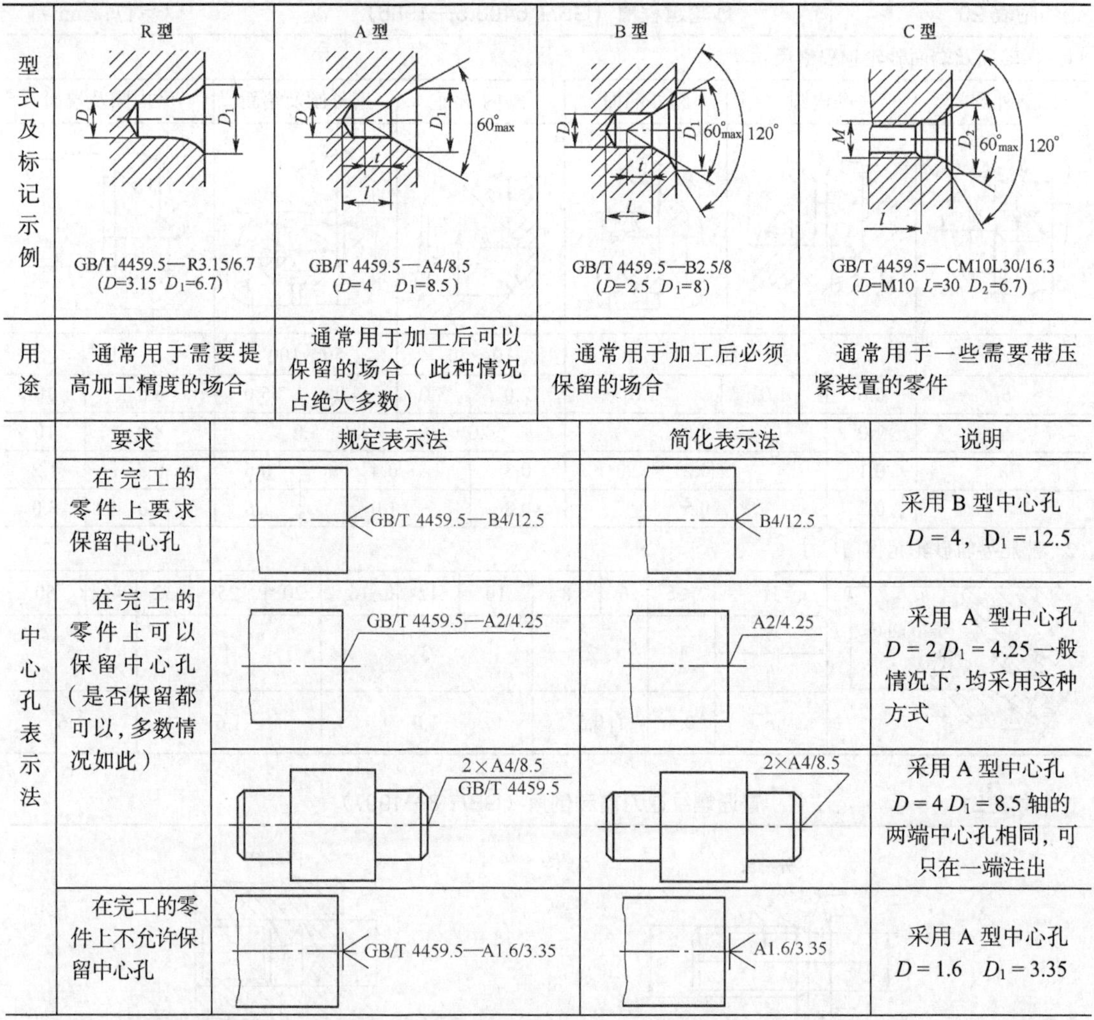

	R型	A型	B型	C型
型式及标记示例	GB/T 4459.5—R3.15/6.7 (D=3.15　D_1=6.7)	GB/T 4459.5—A4/8.5 (D=4　D_1=8.5)	GB/T 4459.5—B2.5/8 (D=2.5　D_1=8)	GB/T 4459.5—CM10L30/16.3 (D=M10　L=30　D_2=6.7)
用途	通常用于需要提高加工精度的场合	通常用于加工后可以保留的场合（此种情况占绝大多数）	通常用于加工后必须保留的场合	通常用于一些需要带压紧装置的零件

	要求	规定表示法	简化表示法	说明
中心孔表示法	在完工的零件上要求保留中心孔	GB/T 4459.5—B4/12.5	B4/12.5	采用B型中心孔 $D=4$，$D_1=12.5$
	在完工的零件上可以保留中心孔（是否保留都可以，多数情况如此）	GB/T 4459.5—A2/4.25	A2/4.25	采用 A 型中心孔 $D=2$ $D_1=4.25$一般情况下，均采用这种方式
		2×A4/8.5 GB/T 4459.5	2×A4/8.5	采用A型中心孔 $D=4$ $D_1=8.5$ 轴的两端中心孔相同，可只在一端注出
	在完工的零件上不允许保留中心孔	GB/T 4459.5—A1.6/3.35	A1.6/3.35	采用A型中心孔 $D=1.6$　$D_1=3.35$

注：1. 对标准中心孔，在图样中可不绘制其详细结构；2. 简化标注时，可省略标准编号；3. 尺寸 L 取决于零件的功能要求。

中心孔的尺寸参数

导向孔直径 D（公称尺寸）	R型	A型		B型		C型	
	锥孔直径 D_1	锥孔直径 D_1	参照尺寸 t	锥孔直径 D_1	参照尺寸 t	公称尺寸 M	锥孔直径 D_2
1	2.12	2.12	0.9	3.15	0.9	M3	5.8
1.6	3.35	3.35	1.4	5	1.4	M4	7.4
2	4.5	4.25	1.8	6.3	1.8	M5	8.8
2.5	5.3	5.3	2.2	8	2.2	M6	10.5
3.15	6.7	6.7	2.8	10	2.8	M8	13.2
4	8.5	8.5	3.5	12.5	3.5	M10	16.3
（5）	10.6	10.6	4.4	16	4.4	M12	19.8
6.3	13.2	13.2	5.5	18	5.5	M16	25.3
（8）	17	17	7	22.4	7	M20	31.3
10	21.2	21.2	8.7	28	8.7	M24	38

注：尽量避免选用括号中的尺寸。

附录 4 表面粗糙度及极限与配合

附表 23　　表面粗糙度 *Ra* 值与加工方法的关系和应用举例

表面特征		*Ra*(μm)	加工方法	适用范围
加工面	粗加工面	100　50　25	粗车、粗铣、粗刨、粗镗、钻	非接触表面，如：钻孔、倒角、轴端面等
	半光面	12.5　6.3　3.2	精车、精铣、精刨、精镗、精磨、细锉、扩孔、粗铰	接触表面：不甚精确定心的配合表面
	光面	1.6　0.8　0.4	精车、精磨、刮、研、抛光、铰、接削	要求精确定心的重要的配合表面
	最光面	0.2　0.1　0.05　0.025	研磨、起精磨、镜面磨、精抛光	高精度、高速运动零件的配合表面；重要的装饰面
毛坯面		√	铸、锻、轧制等，经表面清理	无须进行加工的表面

附表 24　　基本尺寸小于 500 mm 的标准公差（GB/T1800—2000）　　（单位：μm）

基本尺寸	公差等级																			
mm	IT01	IT0	IT1	IT2	IT3	IT4	IT5	IT6	IT7	IT8	IT9	IT10	IT11	IT12	IT13	IT14	IT15	IT16	IT17	IT18
≤3	0.3	0.5	0.8	1.2	2	3	4	6	10	14	25	40	60	100	140	250	400	600	1 000	1 400
＞3～6	0.4	0.6	1	1.5	2.5	4	5	8	12	18	30	48	75	120	180	300	480	750	1 200	1 800
＞6～10	0.4	0.6	1	1.5	2.5	4	6	9	15	22	36	58	90	150	220	360	580	900	1 500	2 200
＞10～18	0.5	0.8	1.2	2	3	5	8	11	18	27	43	70	110	180	270	430	700	1 100	1 800	2 700
＞18～30	0.6	1	1.5	2.5	4	6	9	13	21	33	52	84	130	210	330	520	840	1 300	2 100	3 300
＞30～50	0.7	1	1.5	2.5	4	7	11	16	25	39	62	100	160	250	390	620	1 000	1 600	2 500	3 900
＞50～80	0.8	1.2	2	3	5	8	13	19	30	46	74	120	190	300	460	740	1 200	1 900	3 000	4 600
＞80～120	1	1.5	2.5	4	6	10	15	22	35	54	87	140	220	350	540	870	1 400	2 200	3 500	5 400
＞120～180	1.2	2	3.5	5	8	12	18	25	40	63	100	160	250	400	630	1 000	1 600	2 500	4 000	6 300
＞180～250	2	3	4.5	7	10	14	20	29	46	72	115	185	290	460	720	1 150	1 850	2 900	4 600	7 200
＞250～315	2.5	4	6	8	12	16	23	32	52	81	130	210	320	520	810	1 300	2 100	3 200	5 200	8 100
＞315～400	3	5	7	9	13	18	25	36	57	89	140	230	360	570	890	1 400	2 300	3 600	5 700	8 900
＞400～500	4	6	8	10	15	20	27	40	68	97	155	250	400	630	970	1 550	2 500	4 000	6 300	9 700

附表 25　　　　　　公称尺寸至 500 mm 优先及常用配合

代号	e	d		e		f		g		h						js
基本尺	等															
寸/mm	⑪	8	⑨	7	8	⑦	8	⑥	7	5	⑥	⑦	8	⑨	10	⑪	6
≤3	−60 −120	−20 −34	−20 −45	−14 −24	−14 −28	−6 −16	−6 −20	−2 −8	−2 −12	0 −4	0 −6	0 −10	0 −14	0 −25	0 −40	0 −60	±3
>3 ～6	−70 −145	−30 −48	−30 −60	−20 −32	−20 −38	−10 −22	−10 −28	−4 −12	−4 −16	0 −5	0 −8	0 −12	0 −18	0 −30	0 −48	0 −75	±4
>6 ～10	−80 −170	−40 −62	−40 −76	−25 −40	−25 −47	−13 −28	−13 −35	−5 −14	−5 −20	0 −6	0 −9	0 −15	0 −22	0 −36	0 −58	0 −90	±4.5
>10 ～14 >14 ～18	−95 −205	−50 −77	−50 −93	−32 −50	−32 −59	−16 −34	−16 −43	−6 −17	−6 −24	0 −8	0 −11	0 −18	0 −27	0 −43	0 −70	0 −110	±5.5
>18 ～24 >24 ～30	−110 −240	−65 −98	−65 −117	−40 −61	−40 −73	−20 −41	−20 −53	−7 −20	−7 −28	0 −9	0 −13	0 −21	0 −33	0 −52	0 −84	0 −130	±6.5
>30 ～40 >40 ～50	−120 −280 −130 −290	−80 −119	−80 −142	−50 −75	−50 −89	−25 −50	−25 −64	−9 −25	−9 −34	0 −11	0 −16	0 −25	0 −39	0 −62	0 −100	0 −160	±8
>50 ～65 >65 ～80	−140 −330 −150 −340	−100 −146	−100 −174	−60 −90	−60 −106	−30 −60	−30 −76	−10 −29	−10 −40	0 −13	0 −19	0 −30	0 −46	0 −74	0 −120	0 −190	±9.5
>80 ～100	−170 −390	−120 −174	−120 −207	−72 −107	−72 −126	−36 −71	36 −90	12 −34	−12 −47	0 −15	0 −22	0 −35	0 −54	0 −87	0 −140	0 −220	±11
>120 ～140 >140 ～160 >160 ～180	−200 −450 −210 −460 −230 −480	−145 −208	−145 −245	−85 −125	−85 −148	−43 −83	−43 −106	−14 −39	−14 −54	0 −18	0 −25	0 −40	0 −63	0 −100	0 −160	0 −250	±12.5
>180 ～200 >200 ～225 >225 ～250	−240 −530 −260 −550 −280 −570	−170 −242	−170 −285	−100 −146	−100 −172	−50 −96	−50 −122	−15 −44	−15 −61	0 −20	0 −29	0 −46	0 −72	0 −115	0 −185	0 −290	±14.5
>250 ～280 >280 ～315	−300 −620 −330 −650	−190 −271	−190 −320	−110 −162	−110 −191	−56 −108	−56 −137	−17 −49	−17 −69	0 −23	0 −32	0 −52	0 −81	0 −130	0 −210	0 −320	±16
>315 ～355 >355 ～400	−360 −720 −400 −760	−210 −290	−210 −350	−125 −182	−125 −214	−62 −119	−62 −151	−18 −54	−18 −75	0 −25	0 −36	0 −57	0 −89	0 −140	0 −230	0 −360	±18
>400 ～450 >450 ～500	−440 −840 −480 −880	−230 −327	−230 −385	−135 −198	−135 −232	−68 −131	−68 −165	−20 −60	−20 −83	0 −27	0 −40	0 −63	0 −97	0 −155	0 −250	0 −400	±20

轴公差带极限偏差表（GB/T1800.4—2009）（圆圈者为优先公差带）　　（单位：μm）

k		m		n		p		r		s		t		u	v	x	y	z
级																		
⑥	7	6	7	5	⑥	⑥	7	6	7	5	⑥	6	7	⑥	6	6	6	6
+6 0	+10 0	+8 +2	+12 +2	+8 +4	+10 +4	+12 +6	+16 +6	+16 +10	+20 +10	+18 +14	+20 +14	—	—	+24 +18	—	+26 +20	—	+32 +26
+9 +1	+13 +1	+12 +4	+16 +4	+13 +8	+16 +8	+20 +12	+24 +12	+23 +15	+27 +15	+24 +19	+27 +19	—	—	+31 +23	—	+36 +28	—	+43 +35
+10 +1	+16 +1	+15 +6	+21 +6	+16 +10	+19 +10	+24 +15	+30 +15	+28 +19	+34 +19	+29 +23	+32 +23	—	—	+37 +28	—	+43 +34	—	+51 +42
+12 +1	+19 +1	+18 +7	+25 +7	+20 +12	+23 +12	+29 +18	+36 +18	+34 +23	+41 +23	+36 +28	+39 +28	—	—	+44 +33	—	+51 +40	—	+61 +50
															+55 +39	+56 +45	—	+71 +60
+15 +2	+23 +2	+21 +8	+29 +8	+24 +15	+28 +15	+35 +22	+43 +22	+41 +28	+49 +28	+44 +35	+48 +35	—	—	+54 +41	+60 +47	+67 +54	+76 +63	+86 +73
												+54 +41	+62 +41	+61 +48	+68 +55	+77 +64	+88 +75	+101 +88
+18 +2	+27 +2	+25 +9	+34 +9	+28 +17	+33 +17	+42 +26	+51 +26	+50 +34	+59 +34	+54 +43	+59 +43	+64 +48	+73 +48	+76 +60	+84 +68	+96 +80	+110 +94	+128 +112
												+70 +54	+79 +54	+86 +70	+97 +81	+113 +97	+130 +114	+152 +136
+21 +2	+32 +2	+30 +11	+41 +11	+33 +20	+39 +20	+51 +32	+62 +32	+60 +41	+71 +41	+66 +53	+72 +53	+85 +66	+96 +66	+106 +87	+121 +102	+141 +122	+163 +144	+191 +172
								+62 +43	+73 +43	+72 +59	+78 +59	+94 +75	+105 +75	+121 +102	+139 +120	+165 +146	+193 +174	+229 +210
+25 +3	+38 +3	+35 +13	+48 +13	+38 +23	+45 +23	+59 +37	+72 +37	+73 +51	+86 +51	+86 +71	+93 +71	+113 +91	+126 +91	+146 +124	+168 +146	+200 +178	+236 +214	+280 +258
								+76 +54	+89 +54	+94 +79	+101 +79	+126 +104	+139 +104	+166 +144	+194 +172	+232 +210	+276 +254	+332 +310
+28 +3	+43 +3	+40 +15	+55 +15	+45 +27	+52 +27	+68 +43	+83 +43	+88 +63	+103 +63	+110 +92	+117 +92	+147 +122	+162 +122	+195 +170	+227 +202	+273 +248	+325 +300	+390 +365
								+90 +65	+105 +65	+118 +100	+125 +100	+159 +134	+174 +134	+215 +190	+253 +228	+305 +280	+365 +340	+440 +415
								+93 +68	+108 +68	+126 +108	+133 +108	+171 +146	+186 +146	+235 +210	+277 +252	+335 +310	+405 +380	+490 +465
+33 +4	+50 +4	+46 +17	+63 +17	+51 +31	+60 +31	+79 +50	+96 +50	+106 +77	+123 +77	+142 +122	+151 +122	+195 +166	+212 +166	+265 +236	+313 +284	+379 +350	+454 +425	+549 +520
								+109 +80	+126 +80	+150 +130	+159 +130	+209 +180	+226 +180	+287 +258	+339 +310	+414 +385	+499 +470	+604 +575
								+113 +84	+130 +84	+160 +140	+169 +140	+221 +196	+242 +196	+313 +284	+369 +340	+455 +425	+549 +520	+669 +640
+36 +4	+56 +4	+52 +20	+72 +20	+57 +34	+66 +34	+88 +56	+108 +56	+126 +94	+146 +94	+181 +158	+190 +158	+250 +218	+270 +218	+347 +315	+417 +385	+507 +475	+612 +580	+742 +710
								+130 +98	+150 +98	+193 +170	+202 +170	+272 +240	+292 +240	+382 +350	+457 +425	+557 +525	+682 +650	+822 +790
+40 +4	+61 +4	+57 +21	+78 +21	+62 +37	+73 +37	+98 +62	+119 +62	+144 +108	+165 +108	+215 +190	+226 +190	+304 +268	+325 +268	+426 +390	+511 +475	+626 +590	+766 +730	+936 +900
								+150 +114	+171 +114	+233 +208	+244 +208	+330 +294	+351 +294	+471 +435	+566 +530	+696 +660	+856 +820	+1 036 +1 000
+45 +5	+68 +5	+63 +23	+86 +23	+67 +40	+80 +40	+108 +68	+131 +68	+166 +126	+189 +126	+259 +232	+272 +232	+370 +330	+393 +330	+530 +490	+635 +595	+780 +740	+960 +920	+1 140 +1 100
								+172 +132	+195 +132	+279 +252	+292 +252	+400 +360	+423 +360	+580 +540	+700 +660	+860 +820	+1 040 +1 006	+1 290 +1 250

附表 26　　公称尺寸至 500 mm 优先及常用配合

代号	C	D		E		F		G		H					
基本尺寸/mm	等														
	⑪	⑨	10	8	9	⑧	9	6	⑦	6	⑦	⑧	⑨	10	⑪	12
≤3	+120 +60	+45 +20	+60 +20	+28 +14	+39 +14	+20 +6	+31 +6	+8 +2	+12 +2	+6 0	+10 0	+14 0	+25 0	+40 0	+60 0	+100 +
>3~6	+145 +70	+60 +30	+78 +30	+38 +20	+50 +20	+28 +10	+40 +10	+12 +4	+16 +4	+8 0	+12 0	+18 0	+30 0	+48 0	+75 0	+120 0
>6~10	+170 +80	+76 +40	+98 +40	+47 +25	+61 +25	+35 +13	+49 +13	+14 +5	+20 +5	+9 0	+15 0	+22 0	+36 0	+58 0	+90 0	+150 0
>10~14	+250	+93	+120	+59	+75	+43	+59	+17	+24	+11	+18	+27	+43	+70	+110	+180
>14~18	+95	+50	+50	+32	+32	+16	+16	+6	+6	0	0	0	0			0
>18~24	+240	+117	+149	+73	+92	+53	+72	+20	+28	+13	+21	+33	+52	+84	+130	+210
>24~30	+110	+65	+65	+40	+40	+20	+20	+7	+7	0	0	0	0	0	0	0
>30~40	+280 +120	+142	+180	+89	+112	+64	+87	+25	+34	+16	+25	+39	+62	+100	+160	+250
>40~50	+290 +130	+80	+80	+50	+50	+25	+25	+9	+9	0	0	0	0	0	0	0
>50~65	+330 +140	+174	+220	+106	+134	+76	+104	+29	+40	+19	+30	+46	+74	+120	+190	+300
>65~80	+340 +150	+100	+100	+60	+60	+30	+30	+10	+10	0	0	0	0	0	0	0
>80~100	+390 +170	+207	+260	+126	+159	+90	+123	+34	+47	+22	+35	+54	+87	+140	+220	+350
>100~120	+400 +180	+120	+120	+72	+72	+36	+36	+12	+12	0	0	0	0	0	0	0
>120~140	+450 +200															
>140~160	+460 +210	+245 +145	+305 +145	+148 +85	+185 +85	+106 +43	+143 +43	+39 +14	+54 +14	+25 0	+40 0	+63 0	+100 0	+160 0	+250 0	+400 0
>160~180	+480 +230															
>180~200	+530 +240															
>200~225	+550 +260	+285 +170	+335 +170	+172 +100	+215 +100	+122 +50	+165 +50	+44 +15	+61 +15	+29 0	+46 0	+72 0	+115 0	+185 0	+290 0	+460 0
>225~250	+570 +280															
>250~280	+620 +300	+320	+400	+191	+240	+137	+186	+49	+69	+32	+52	+81	+130	+210	+320	+520
>280~315	+650 +330	+190	+190	+110	+110	+56	+56	+17	+17	0	0	0	0	0	0	0
>315~355	+720 +360	+350	+440	+214	+265	+151	+202	+54	+75	+36	+57	+89	+140	+230	+360	+570
>355~400	+760 +400	+210	+210	+125	+125	+62	+62	+18	+18	0	0	0	0	0	0	0
>400~450	+840 +440	+385	+480	+232	+290	+165	+223	+60	+83	+40	+63	+97	+155	+250	+400	+630
>450~500	+880 +480	+230	+230	+135	+135	+68	+68	+20	+20	0	0	0	0	0	0	0

孔公差带极限偏差表（GB/T1800.4—2009）（圆圈者为优先公差带）　　（单位：μm）

Js		K		M		N		P		R		S		T		U
级																
7	8	6	⑦	7	8	6	⑦	6	⑦	6	7	6	⑦	6	7	⑦
±5	±7	0 −6	0 −10	−2 −12	−2 −16	−4 −10	−4 −14	−6 −12	−6 −16	−10 −16	−10 −20	−14 −20	−14 −24	—	—	−18 −28
±6	±9	+2 −6	+3 −9	0 −12	+2 −16	−5 −13	−4 −16	−9 −17	−8 −20	−12 −20	−11 −23	−16 −24	−15 −27	—	—	−19 −31
±7	±11	+2 −7	+5 −10	0 −15	+1 −21	−7 −16	−4 −19	−12 −21	−9 −24	−16 −25	−13 −28	−20 −29	−17 −32	—	—	−22 −37
±9	±13	+2 −9	+6 −12	0 −18	+2 −25	−9 −20	−5 −23	−15 −26	−11 −29	−20 −31	−16 −34	−25 −36	−21 −39	—	—	−26 −44
±10	±16	+2 −11	+6 −15	0 −21	+4 −29	−11 −24	−7 −28	−18 −31	−14 −35	−24 −37	−20 −41	−31 −44	−27 −48	—	—	−33 −54
														−37 −50	−33 −54	−40 −61
±12	±19	+3 −13	+7 −18	0 −25	+5 −34	−12 −28	−8 −33	−21 −37	−17 −42	−29 −45	−25 −50	−38 −54	−34 −59	−43 −59	−39 −64	−51 −76
														−49 −65	−45 −70	−61 −86
±15	±23	+4 −15	+9 −21	0 −30	+5 −41	−14 −33	−9 −39	−26 −45	−21 −51	−35 −54	−30 −60	−47 −66	−42 −72	−60 −79	−55 −85	−76 −106
										−37 −56	−32 −62	−53 −72	−48 −72	−69 −88	−64 −94	−91 −121
±17	±27	+4 −18	+10 −25	0 −35	+6 −48	−16 −38	−10 −45	−30 −52	−24 −59	−44 −66	−38 −73	−64 −86	−58 −93	−84 −106	−78 −113	−111 −146
										−47 −69	−41 −76	−72 −94	−66 −101	−97 −119	−91 −126	−131 −166
±20	±31	+4 −21	+12 −28	0 −40	+8 −55	−20 −45	−12 −52	−36 −61	−28 −68	−56 −81	−48 −88	−85 −110	−77 −117	−115 −140	−107 −147	−155 −195
										−58 −83	−50 −90	−93 −118	−85 −125	−127 −152	−119 −159	−175 −215
										−61 −86	−53 −93	−101 −126	−93 −133	−139 −164	−131 −171	−195 −235
±23	±36	+5 −24	+13 −33	0 −46	+9 −63	−22 −51	−14 −60	−41 −70	−33 −79	−68 −97	−60 −106	−113 −142	−105 −151	−157 −186	−149 −195	−219 −265
										−71 −100	−63 −109	−121 −150	−113 −159	−171 −200	−163 −109	−241 −287
										−75 −104	−67 −113	−131 −160	−123 −169	−187 −216	−179 −225	−267 −313
±26	±40	+5 −27	+16 −36	0 −52	+9 −72	−25 −57	−14 −66	−47 −79	−36 −88	−85 −117	−74 −126	−149 −181	−138 −190	−209 −241	−198 −250	−295 −347
										−87 −121	−78 −130	−161 −193	−150 −202	−231 −263	−220 −272	−330 −382
±28	±44	+7 −29	+17 −40	0 −57	+11 −78	−26 −62	−16 −73	−51 −87	−41 −98	−97 −133	−87 −144	−179 −215	−169 −226	−257 −293	−247 −304	−369 −426
										−103 −139	−93 −150	−197 −233	−187 −244	−283 −319	−273 −330	−414 −471
±31	±48	+8 −32	+18 −45	0 −63	+11 −86	−27 −67	−17 −80	−55 −95	−45 −108	−113 −153	−103 −166	−219 −259	−209 −272	−317 −357	−307 −370	−467 −530
										−119 −159	−109 −172	−239 −279	−229 −292	−247 −287	−337 −400	−517 −580

附表 27　公称尺寸至 500mm 基孔制常用、优先配合（摘自（GB/T1800.2—2009）

基准孔	轴																				
	a	b	c	d	e	f	g	h	js	k	m	n	p	r	s	t	u	v	x	y	z
	间隙配合								过渡配合			过盈配合									
H6						$\frac{H6}{f5}$	$\frac{H6}{g5}$	$\frac{H6}{h5}$	$\frac{H6}{js5}$	$\frac{H6}{k5}$	$\frac{H6}{m5}$	$\frac{H6}{n5}$	$\frac{H6}{p5}$	$\frac{H6}{r5}$	$\frac{H6}{s5}$	$\frac{H6}{t5}$					
H7						$\frac{H7}{f6}$	$\frac{H7}{g6}$ ▲	$\frac{H7}{h6}$ ▲	$\frac{H7}{js6}$	$\frac{H7}{k6}$ ▲	$\frac{H7}{m6}$	$\frac{H7}{n6}$ ▲	$\frac{H7}{p6}$ ▲	$\frac{H7}{r6}$	$\frac{H7}{s6}$ ▲	$\frac{H7}{t6}$	$\frac{H7}{u6}$ ▲	$\frac{H7}{v6}$	$\frac{H7}{x6}$	$\frac{H7}{y6}$	$\frac{H7}{z6}$
H8					$\frac{H8}{e7}$	$\frac{H8}{f7}$ ▲	$\frac{H8}{g7}$	$\frac{H8}{h7}$ ▲	$\frac{H8}{js7}$	$\frac{H8}{k7}$	$\frac{H8}{m7}$	$\frac{H8}{n7}$	$\frac{H8}{p7}$	$\frac{H8}{r7}$	$\frac{H8}{s7}$	$\frac{H8}{t7}$	$\frac{H8}{u7}$				
H8				$\frac{H8}{d8}$	$\frac{H8}{e8}$	$\frac{H8}{f8}$		$\frac{H8}{h8}$													
H9			$\frac{H9}{c9}$	$\frac{H9}{d9}$ ▲	$\frac{H9}{e9}$	$\frac{H9}{f9}$		$\frac{H9}{h9}$ ▲													
H10			$\frac{H10}{c10}$	$\frac{H10}{d10}$				$\frac{H10}{h10}$													
H11	$\frac{H11}{a11}$	$\frac{H11}{b11}$	$\frac{H11}{c11}$ ▲	$\frac{H11}{d11}$				$\frac{H11}{h11}$ ▲													
H12		$\frac{H12}{b12}$						$\frac{H12}{h12}$													

注：1. $\frac{H6}{n5}$、$\frac{H7}{p6}$ 在≤3 mm 和 $\frac{H8}{r7}$ ≤100 mm 时为过渡配合。

2. 方框中▲的配合符号为优先配合。

附表 28　公称尺寸至 500mm 基轴制常用、优先配合（摘自 GB/T1800.2—2009）

基准轴	孔																				
	A	B	C	D	E	F	G	H	Js	K	M	N	P	R	S	T	U	V	X	Y	Z
	间隙配合								过渡配合				过盈配合								
h5						$\frac{F6}{h5}$	$\frac{G6}{h5}$	$\frac{H6}{h5}$	$\frac{Js6}{h5}$	$\frac{K6}{h5}$	$\frac{M6}{h5}$	$\frac{N6}{h5}$	$\frac{P6}{h5}$	$\frac{R6}{h5}$	$\frac{S6}{h5}$	$\frac{T6}{h5}$					
h6						$\frac{F7}{h6}$	$\frac{G7}{h6}$ ▲	$\frac{H7}{h6}$ ▲	$\frac{Js7}{h6}$	$\frac{K7}{h6}$ ▲	$\frac{M7}{h6}$	$\frac{N7}{h6}$ ▲	$\frac{P7}{h6}$ ▲	$\frac{R7}{h6}$	$\frac{S7}{h6}$ ▲	$\frac{T7}{h6}$	$\frac{U7}{h6}$ ▲				
h7					$\frac{E8}{h7}$	$\frac{F8}{h7}$ ▲		$\frac{H8}{h7}$ ▲	$\frac{Js8}{h7}$	$\frac{K8}{h7}$	$\frac{M8}{h7}$	$\frac{N8}{h7}$									
h8				$\frac{D8}{h8}$	$\frac{E8}{h8}$	$\frac{F8}{h8}$		$\frac{H8}{h8}$													
h9				$\frac{D9}{h9}$ ▲	$\frac{E9}{h9}$	$\frac{F9}{h9}$		$\frac{H9}{h9}$ ▲													
h10				$\frac{D10}{h10}$				$\frac{H10}{h10}$													

续表

基准轴	孔																				
	A	B	C	D	E	F	G	H	Js	K	M	N	P	R	S	T	U	V	X	Y	Z
	间隙配合							过渡配合							过盈配合						
h11	A11/h11	B11/h11	C11/h11 ▲	D11/h11				H11/h11													
h12		B12/h12						H12/h12													

注：方格中▲的配合符号为优先配合。

附录 5 常用金属材料及热处理

附表 29 常用金属材料

标准	名称	牌号	应用举例	说明
GB/T 700—2006	碳素结构钢	Q215-A	金属结构构件，拉杆、套圈、铆钉、螺栓、短轴、心轴、凸轮（载荷不大的）、吊钩、垫圈；渗碳零件及焊接件	Q为钢材屈服点“屈”字汉语拼音首位字母，数字表示屈服强度（MPa），A、B、C、D为质量等级
		Q235	金属结构构件，心部强度要求不高的渗碳或氰化零件：吊钩、拉杆、车钩、套圈、气缸、齿轮、螺栓、螺母、连杆、轮轴、楔、盖及焊接件	
		Q275	转轴、心轴、销轴、链轮、刹车杆、螺栓、螺母、垫圈、连杆、吊钩、楔、齿轮、键以及其他强度需较高的零件。这种钢焊接性尚可	
GB/T 699—1999	优质碳素结构钢	15	塑性、韧性、焊接性和冷冲性均良好，但强度较低。用于制造受力不大、韧性要求较高的零件，紧固件、冲模锻件及不要热处理的低负荷零件，如螺栓、螺钉、拉条、法兰盘及化工储器、蒸汽锅炉等	牌号的两位数字表示碳的平均质量分数，45 钢即表示碳的平均质量分数为 0.45% 含锰量较高的钢、须加注化学元素符号“Mn”
		20	用于不受很大应力而要求很大韧性的各种机械零件，如杠杆、轴套、螺钉、拉杆、起重钩等。也用于制造压力＜6 MPa、温度＜450 ℃的非腐蚀介质中使用的零件，如管子、导管等	
GB/T 699—1999	优质碳素结构钢	35	性能与30钢相似，用于制造曲轴、转轴、轴销、杠杆、连杆、横梁、星轮、圆盘、套筒、钩环、垫圈、螺钉、螺母等。一般不作焊接用	牌号的两位数字表示碳的平均质量分数，45 钢即表示碳的平均质量分数为 0.45% 含锰量较高的钢、须加注化学元素符号“Mn”
		45	用于强度要求较高的零件，如汽轮机的叶轮、压缩机、泵的零件等	

续表

标　准	名　称	牌　号	应用举例	说　明
GB/T 699—1999	优质碳素结构钢	60	这种钢的强度和弹性相当高，用于制造轧辊、轴、弹簧圈、弹簧、离合器、凸轮、钢绳等	
		75	用于板弹簧、螺旋弹簧以及受磨损的零件	
		15Mn	性能与 15 钢相似，但淬透性及强度和塑性比 15 钢都高些。用于制造中心部分的机械性能要求较高，且须渗碳的零件，焊接性好	
GB/T 699—1999	优质碳素结构钢	45Mn	用于受磨损的零件，如转轴、心轴、齿轮、叉等，焊接性差。还可作受较大载荷的离合器盘、花键轴、凸轮轴、曲轴等	牌号的两位数字表示碳的平均质量分数，45 钢即表示碳的平均质量分数为 0.45% 含锰量较高的钢、须加注化学元素符号“Mn”
		65Mn	强度高，淬透性较大、脱碳倾向小，但有过热敏感性。易生淬火裂纹，并有回火脆性。适用于较大尺寸的各种扁、圆弹簧，以及其他经受摩擦的农机具零件	
GB/T 3077—1999	合金结构钢	15Gr	渗碳后用于制造小齿轮、凸轮、活塞环、衬套、螺钉	合金结构钢牌号前两位数字表示钢中含碳量的万分数。合金元素以化学符号表示，含量小于 1.5%时仅注出元素符号
		30Gr	用于制造重要调质零件、轴、杠杆、连杆、齿轮、螺栓	
		45Gr	用于制造强度及耐磨性要求高的轴、齿轮、螺栓等	
		20GrMnTi 30GrMnTi	渗碳后用于制造受冲击、耐磨要求高的零件，如齿轮、齿轮轴、十字轴、蜗杆、离合器	
GB/T 11352—2009	工程铸钢	ZG200-400	用于制造受力不大韧性要求高的零件，如机座、变速箱体等	“ZG”表示铸钢，是汉语拼音铸钢两字首位字母。ZG 后两组数字是屈服强度（Mpa）和抗拉强度（Mpa）的最低值
		ZG310-570	用于制造重负荷零件、如联轴器、大齿轮、缸体、机架、轴	
GB/T 9439—1988	灰铸铁	HT100	低强度铸铁，用于制造把手、盖、罩、手轮、底板等要求不高的零件	“HT”是灰铁两字汉语拼音的首位字母。数字表示最低抗拉强度（Mpa）
		HT150	中等强度铸铁，用于制造机床床身、工作台、轴承座、齿轮、箱体、阀体、泵体	
		HT200 HT250	较高强度铸铁，用于制造齿轮、齿轮箱体、机座、床身、阀体、气缸、联轴器盘、凸轮、带轮	
		HT300 HT350	高强度铸铁，制造床身、床身导轨、机座、主轴箱、曲轴、液压泵体、齿轮、凸轮、带轮等	

续表

标准	名称	牌号	应用举例	说明
GB/T 1348—1988	球墨铸铁	QT400-15 QT450-10 QT500-7	具有中等强度和韧性，用于制造油泵齿轮、轴瓦、壳体、阀体、气缸、轮毂	"QT"表示球墨铸铁，它后面的第一组数值表示抗拉强度值（MPa），"-"后面的数值为最小伸长率（%）
		QT600-3 QT700-2 QT800-2	具有较高的强度，用于制造曲轴、缸体、滚轮、凸轮、气缸套、连杆、小齿轮	
GB/T 9440—1988	可锻铸铁	KTH300-06	具有较高的强度，用于制造受冲击、振动及扭转负荷的汽车，机床等零件	"KTH"、"KTZ"、"KTB"分别表示黑心，珠光体和白心可锻铸铁，第一组数字表示抗拉强度（MPa），"-"后面的值为最小伸长率（%）
		KTZ550-04 KTB350-04	具有较高强度、耐磨性好，韧性较差，用于制造轴承座、轮毂、箱体、履带、齿轮、连杆、轴、活塞环	
GB/T 1176—1987	黄铜	ZCuZn38	一般用于制造耐蚀零件、如阀座、手柄、螺钉、螺母、垫圈等	铸黄铜、含锌38%
	锡青铜	ZCuSn5 Pb5Zn5	耐磨性和耐蚀性能好，用于制造在中等和高速滑动速度下工作的零件，如轴瓦、衬套、缸套、齿轮、蜗轮等	铸锡青铜、锡、铅、锌各含5%
		ZCuSn10P1		铸锡青铜、含锡10%，含铅1%
	铝青铜	ZCuAl9 Mn2	强度高、耐蚀性好，用于制造衬套、齿轮、蜗轮和气密性要求高的铸件	铸铝青铜、含铝9%，含锰2%
GB/T 1173—1995	铸造铝合金	ZAlSi7Mg	适用于制造承受中等负荷、形状复杂的零件，如水泵体、气缸体、抽水机和电器、仪表的壳体	铸造铝合金含硅约7%，含镁约0.35%
F_z 2500 1992	非金属	T112-32-44 T122-30-38 T132-32-36	用作密封、防震缓冲衬垫	T112细毛；T122半粗毛；T132粗毛（$8/cm^3$）的百分数（如$0.32\sim0.448/cm^3$）

附表30　　热处理方法及应用

名称	处理方法	应用
退火 （5111）	将钢件加热到临界温度以上，保温一段时间，然后缓慢地冷却下来（例如在炉中冷却）	用来清除铸、锻、焊零件的内应力，降低硬度，改善加工性能，增加塑性和韧性，细化金属晶粒，使组织均匀，适用于含碳量在0.83%以下的铸、锻、焊零件
正火 （5121）	将钢件加热到临界温度以上，保温一段时间，然后在空气中冷却下来，冷却速度比退火快	用来处理低碳和中碳结构钢件及渗碳零件，使其晶粒细化、增加强度与韧性，改善切削加工性能
淬火 （5131）	将钢件加热到临界温度以上，保温一段时间，然后在水、盐水或油中急速冷却下来	用来提高钢的硬度、强度和耐磨性。但淬火后会引起内应力及脆性，因此淬火后的钢件必须回火

续表

名　称	处理方法	应　用
回火 （5141）	将淬火后的钢件，加热到临界温度以下的某一温度，保温一段时间，然后在空气或油中冷却下来	用来消除淬火时产生的脆性和内应力，以提高钢件的韧性和强度
调质 （5151）	淬火后进行高温回火（450～650 ℃）	可以完全消除内应力、并获得较高的综合力学性能。一些重要零件淬火后都要经过调质处理
表面淬火 （5210）	用火焰或高频电流将零件表面迅速加热至临界温度以上，急速冷却	使零件表层有较高的硬度和耐磨性，而内部保持一定的韧性，使零件既耐磨又能承受冲击，如重要的齿轮、曲轴、活塞销等
渗碳 （5310）	将低、中碳（<0.4% C）钢件，在渗碳剂中加热到 900～950 ℃。停留一段时间，使零件表面的渗碳层达 0.4～0.6 mm，然后淬火	增加零件表面硬度、耐磨性、抗拉强度及疲劳极限。适用于低碳、中碳结构钢的中小型零件及大型重负荷、受冲击、耐磨的零件
液体碳氮共渗	使零件表面增加碳与氮，共扩散层深度浅（0.2～0.5 mm）。在 0.2～0.4 mm 层具有 66～70 HRC 的高硬度	增加结构钢、工具钢零件的表面硬度、耐磨性及疲劳极限，提高刀具切削性能和使用寿命。适用于要求硬度高、耐磨的中、小型及薄片的零件和刀具
渗氮 （5330）	使零件表面增氮、氮化层为 0.025～0.8 mm，氮化层硬度极高（达 1 200 HV）	增加零件的表面硬度、耐磨性、疲劳极限及抗蚀能力。适用于含铝、铬、钼、锰等合金钢、如要求耐磨的主轴、量规、样板、水泵轴、排气门等零件
冰冷处理	将淬火钢件继续冷却至室温以下的处理方法	进一步提高零件的硬度、耐磨性、使零件尺寸趋于稳定，如用于滚动轴承的钢球
发热发黑	用加热办法使零件工作表面形成一层氧化铁组成的保护性薄膜	防腐蚀、美观，用于一般紧固件
时效处理	天然时效：在空气中存放半年到一年以上 人工时效：加热至 200 ℃左右。保温 10～20 h 或更长时间	使铸件或淬火后的钢件慢慢消除其内应力。而达到稳定其形状和尺寸

附表 31　　热处理硬度及应用

硬度	HB（布氏硬度）	材料抵抗硬的物体压入其表面的能力称“硬度”。根据测定的方法不同，可分布氏硬度、洛氏硬度和维氏硬度 硬度的测定是检验材料经热处理后的力学性能——硬度	用于退火、正火、调质的零件及铸件的硬度检验
	HRC（洛氏硬度）		用于经淬火、回火及表面渗碳、渗氮等处理的零件硬度检验
	HV（维氏硬度）		用于薄层硬化零件的硬度检验

附录6　部分课堂讨论题答案

1. 图 5-29 答案

题图 5-29（a）线框 1′对应横向线甲，线框 2′对应横向线乙；面Ⅰ（甲）在前（凸出），面

Ⅱ（乙）在后（凹入）；物体为两层柱形体；与图 5-29 所示形体Ⅰ凹、Ⅱ凸相反。

题图 5-29（b）的线框 1′对应横向线丙，线框 2′对应横向线乙、线框 3′对应横向线甲；面Ⅲ（甲）最前（凸出）、面Ⅱ（乙）居中、面Ⅰ在后（凹入）；物体是三层柱形体；与图 5-28（b）凸凹关系和层次均不相同。

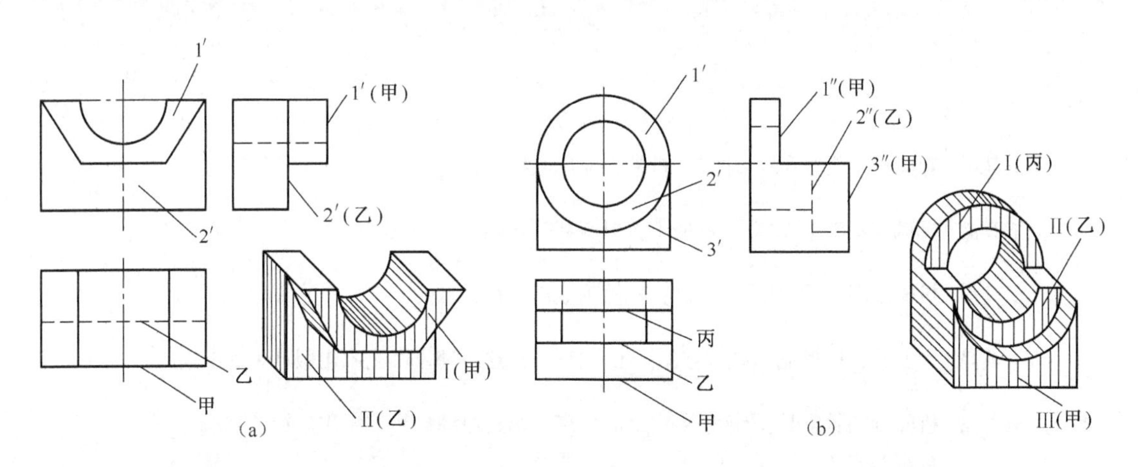

图 5-29　已知主、俯视图想象立体形状，徒手画出左视图和斜二轴测草图答案

2. 图 6-13 剖视图正误画法答案

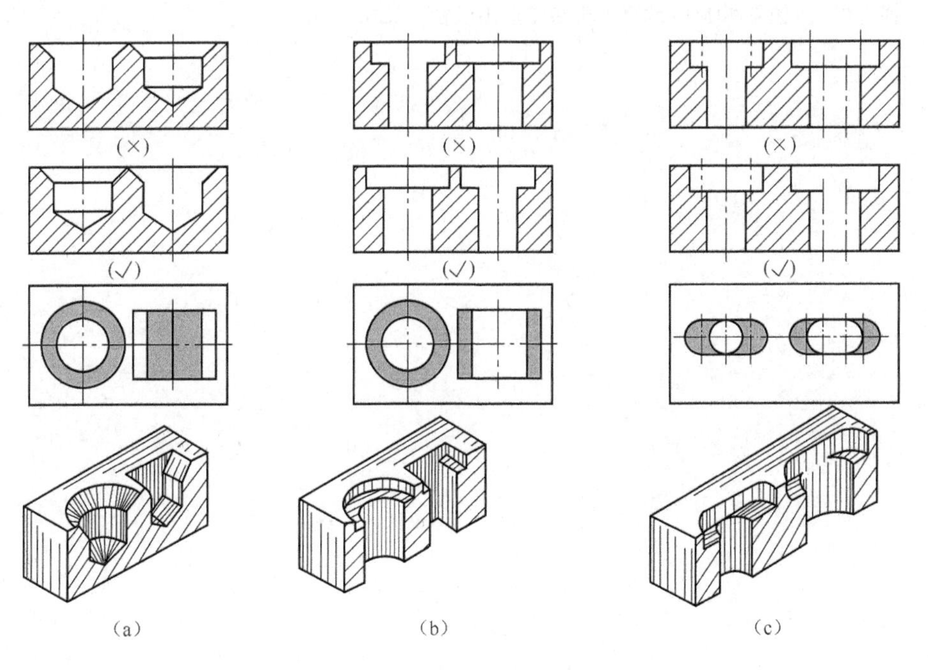

图 6-13　剖视图正误画法答案

参考文献

1. 王其昌. 看图思维规律[M]. 北京：机械工业出版社，1988.

2. 王其昌. 机械制图[M]. 北京：机械工业出版社，1998.

3. 王其昌. 机械制图习题集[M]. 北京：机械工业出版社，1998.

4. 王其昌. 大型彩色机械制图教学挂图[M]. 北京：福建海潮摄影艺术出版社，2006.

5. 王其昌. 机械制图教学挂图使用教程[M]. 北京：福建海潮摄影艺术出版社，1998.

6. 夏华生. 机械制图[M]. 北京：高等教育出版社，2005.

7. 王幼龙. 机械制图[M]. 北京：高等教育出版社，2006.

8. 钱可强. 机械制图[M]. 北京：机械工业出版社，2010.